心理学译丛·教材系列

女性心理学

（第6版）

The Psychology of Women 6th Edition

［美］玛格丽特·W·马特林（Margaret W. Martlin）著

赵 蕾 吴文安 等译

中国人民大学出版社

·北京·

心理学译丛·教材系列
出版说明

我国心理学事业近年来取得了长足的发展。在我国经济、文化建设及社会活动的各个领域，心理学的服务性能和指导作用愈发重要。社会对心理学人才的需求愈发迫切，对心理学人才的质量和规格要求也越来越高。为了使我国心理学教学更好地与国际接轨，缩小我国在心理学教学上与国际先进水平的差距，培养具有国际竞争力的高水平心理学人才，中国人民大学出版社特别组织引进"心理学译丛·教材系列"。这套教材是中国人民大学出版社邀请国内心理学界的专家队伍，从国外众多的心理学精品教材中，优中选优，精选而出的。它与我国心理学专业所开设的必修课、选修课相配套，对我国心理学的教学和研究将大有裨益。

入选教材均为欧美等国心理学界有影响的知名学者所著，内容涵盖了心理学各个领域，真实反映了国外心理学领域的理论研究和实践探索水平，因而受到了欧美乃至世界各地的心理学专业师生、心理学从业人员的普遍欢迎。其中大部分版本多次再版，影响深远，历久不衰，成为心理学的经典教材。

本套教材以下特点尤为突出：

● 权威性。本套教材的每一本都是从很多相关版本中反复遴选而确定的。最终确定的版本，其作者在该领域的知名度高，影响力大，而且该版本教材的使用范围广，口碑好。对于每一本教材的译者，我们也进行了反复甄选。

● 系统性。本套教材注重突出教材的系统性，便于读者更好地理解各知识层次的关系，深入把握各章节内容。

● 前沿性。本套教材不断地与时俱进，将心理学研究和实践的新成果和新理论不断地补充进来，及时进行版次更新。

● 操作性。本套教材不仅具备逻辑严密、深入浅出的理论表述、论证，还列举了大量案例、图片、图表，对理论的学习和实践的指导非常详尽、具体、可行。其中多数教材还在章后附有关键词、思考题、练习题、相关参考资料等，便于读者的巩固和提高。

希望这套教材的出版，能对我国心理学的教学和研究有极大的参考价值和借鉴意义。

中国人民大学出版社

前 言 >>>>>>

Preface

女性心理学（第6版）

　　听信大众传媒的人可能会觉得，在现今时代，女性运动几乎已经不见踪影。报纸和杂志鲜有关于男女薪资差距的内容。与之相反，职业版块的文章告诉大家，成千上万名身居高位的女性不堪承受压力而辞职，回归家庭，投身家务事。

　　我刚开始教授女性心理学这门课程是在20世纪70年代，和那时相比，美国当前的政治氛围确实更加保守。但是，对于因性别、种族或其他社会分类而造成的不公平待遇，我的学生们——大部分学生可能也正在看这篇前言——仍然感到义愤填膺。

　　他们对此投入的感触与同情绝不比前人少。比如，就在我写这篇前言的时候，我收到了3名学生的电子邮件，她们最近都上过我的女性心理学课。每个人都详细描述了对性别问题和社会公正问题的关注如何成为她们生活中的重要内容。一名女学生写到了她做的一件非常有挑战性的工作，她提交了在学校、收容所和戒毒所进行HIV预防的一些方法。另一名学生讲了她读本科时在一个公共健康项目中第一个学期的情况。她曾经写过两篇论文，一篇是关于女性健康的探究，另外一篇比较了芬兰和美国没有父亲的孩子的健康状况。还有一名学生写的是一名被强暴的好朋友。她在帮助这位朋友的过程中，选择了在一家强暴危机康复中心做义工顾问。

　　幸运的是，女性心理学仍然令人兴奋，值得研究，30年前也是如此。原因之一在于现在的学生能够获知更多的信息。比如，现在学生们有一门必修课，课程内容是国际问题或多元文化问题。同时，学生们还能够通过网络方便地搜索相关信息。因此，生活在21世纪的学生可能掌握的信息更多，特别是关于并非生活在北美国家的人们的情况。十年以前，我在女性心理学课堂上问学生们有多少人知道血汗工厂的问题，大约有20%的人举手；而2006年春季学期我问同样的问题时，班上所有的学生都举起了手。

　　此外，女性心理学的另外一个方面在这几年有了戏剧性的发展。1987年这本教材的第1版刚出来时，我们掌握的女性生活的研究资料非常有限，而且很难找到女性自己写的资料。在20世纪90年代，我都找不到多少关于有色人种女性的信息。跨文化研究更不常见。到了21世纪，每年发表的此类文章成千上万，都包含着各种分类信息，要都了解它们变成了一个巨大的挑战。

　　本书是《女性心理学》的第6版，通过女性生活的重要实例，为读者提供综合性指导。我特别加入了在大部分教材中都省略或略去的一些重要主题：儿童的性别发展、女性和工作、爱情、怀孕和育儿、残疾妇女以及中老年女性。

　　本教材参考文献部分提到的资料只是我参考文献中的一部分。在本教材的第1版中我提到，由于研究资料有限，很多作者都不愿意写这个话题的教材。最近几十年来研究的快速发展使这项工作大受裨益。但是作者现在却面临着另一个挑战：女性心理学资料多到用来编纂多卷本的百科全书都没有问题。

 ## 特点和编写结构

　　本教材综合采用了发展法和主题法两种方法。在第1章中，列出了一些一般概念和重要的研究方法及存在的偏见。在第2章中，探讨了性别、行为方式形成中的几种通常模式。在第3、第4章中，研究了女性在婴儿期、儿童期和青年期的发展。

　　在接下来的9个章节中，将女性生活中的重要因素做了探讨，包括认知和社会性别比较（第5、第6章）、工作经历（第7章）、爱情（第8章）、性（第9章）、育儿（第10章）、生理和心理健康（第11、第12章）以及女性受到的家庭暴力（第13章）。

　　从第5章到第13章中的一些素材顺便提到了老年女性，在第14章中则对她们的生活进行了专门探讨。比如，在第8章中提到了老年女性长期的爱情关系，在第9章中提到了性和衰老，在第11章里讲到了健康问题。在第14章中将焦点放在了中年和老年女性。在最后一章里，对当前21世纪女性的状态、女性研究和性别关系进行了总结评价。

　　不管是在我的教学中还是在本教材的编写中，组织结构都是一个重要方面。例如，我自己的学生都很喜欢这种按生命进程顺序和主题顺序交叉写作的方法。但是，每章又都独立成篇，喜欢使用其他教学方法的教师能够比较容易地重新排列主题顺序。

　　本书结构上的第二个特点是关于女性心理学的4个常见主题，这些主题在女性生活的很多方面都有迹可寻。此外，这些主题有助于本教材的连贯性，否则，对于教师和学生们来说本书就显得太庞杂了。

　　我还保留了教授们和学生们对本书的前5版的赞誉：
- 每篇开头的主题大纲为学生们提供了本章的全面结构。
- 每章开头的判断对错激发了学生的兴趣，同时也涵盖了后面将要探讨的重要问题。
- 写作风格有趣清晰；我尽量引用女性对自身经历的自述和事例，使读者感同身受。
- 所有的重要术语使用的定义都相同。一些教授使用本书章节时不按顺序，为此，我为每章中出现的重要术语都做了解释。例如，术语"社会结构主义"在第一章中有解释，在后面几章中出现时也做了解释。
- 非正式性范例引发读者参与互动，为严谨研究明确了步骤。
- 小节总结有助于学生们在开始新一节的学习前提前预习其中的主要概念。每章包括3～5个小节总结。
- 每章结尾的复习问题有助于学生对于本章概念进行分类和梳理。有些教师告诉我，他们还把这些问题用来作为讨论或写作话题。
- 每章结尾的重要术语列表可供学生用来对该章重要概念进行自我测试。
- 最后，推荐阅读为想进一步仔细探讨每章主题的学生提供了参考资料来源。我对每份参考资料的内容范围都进行了注释。

　　这本教材为不同知识背景的学生们而写。我特别加入了充分的学习帮助，使那些仅仅上过基础心理课的学生们也能进行阅读。本书也可供高年级学生使用，因为它覆盖了所有主题，参考了大量资料。本书主要是供课程教学使用，包括女性心理学、性别心理学、性别比较心理学以及性别角色心理学。研究性别心理学的教师大概会希望能再补充进一些男性心理学的内容。

第6版的特点

《女性心理学》第6版仍然延续学生和教授们看好的前几版的特点和写作风格。审阅第5版的教授对那本书的整体结构表示赞许。因此，我在第6版中保留了相同的主题顺序，只是有以下几点请读者注意：

● 尽可能扩大了对生活在美国和加拿大的有色人种女性的探讨。

● 加入了更多跨文化视角信息，反映了当代本领域的研究情况。这些内容为了解全球很多地方的女性生活情况提供了更广阔的角度。

● 引入了更多的"女性声音"。搜寻了无数素材，寻找能够丰富和补充关于女孩和女人定量研究的引用语。

● 第6版经过了全新编订。它共包含2 864条参考资料，其中有1 415条是新加的。而且其中有1 925条发表于2000年以后。新的编订反映出了女性生活的变化、对于自身观念的改变和社会对于女性问题态度的变化。

具体章节中的新加内容

对于熟悉第5版的教授们来说，以下是本版内容变动指南：

● 第1章新增了社会阶层、种族主义和美国中心论民族主义内容。

● 第2章重新进行了编排，增加了信教女性、隐性性别模式和跨文化问题。

● 第3章更新了女性婴孩期、性关系中的个人和教育的国际观点。

● 第4章新增了不同文化对待月经的态度、种族身份的发展和年轻女同性恋的经历。

● 第5章讨论了哈佛校长 Lawrence Summers 针对女性与科学的言论；这一章还新增了跨文化研究，扩充了模式威胁内容。

● 第6章探讨了在英雄主义、亲密友谊和领导风格方面的性别比较新研究。

● 第7章新增了当前薪资歧视、待遇歧视和夫妻家务分工方面的内容。

● 第8章更新了关于同居、在北美和其他国家的女同性恋的合法状态以及单身女性的经历。

● 第9章新增了性的双重标准、学校里的性教育和避孕用具在跨文化中的使用。

● 第10章在不同种族女性的怀孕比较、生育的跨文化视角和产后心情骚动方面新增了内容。

● 第11章更新了各种健康问题介绍、社会阶层和关于人乳头状瘤病毒的更多详细内容。

● 第12章特别列出了近10年发表的200多份参考资料，同时探讨了两个新主题：对《精神疾病诊断与统计手册》的批评和对心理疗法及社会阶层的研究。

● 第13章改动比较多，增加了女性遭遇的暴力实例、当前的普及率和跨文化视角。

● 第14章讨论了一种对衰老的双重标准进行的新研究，同时增加了退休、经济问题和因失去生活伴侣而悲伤的女同性恋的内容。

● 第15章更新了从事心理学研究的女性人数，对有色人种女性和女权主义的内容进行了扩充；这章的最后一部分也重新进行了结构编排。

Margaret W. Matlin
纽约杰纳苏

目 录

2 ▎ 判断对错

_____ 1. 如果一个公司不愿意雇用男接待生，那么这个公司就有性别歧视。

_____ 2. 如果你认为完全应当把女性看作人，那么你就是一个女权主义者。

_____ 3. 女权主义者们之间在男女是区别很大还是相当类似的问题上是有分歧的。

_____ 4. 非常有讽刺意味的是，20世纪初期的大多数女性心理学家进行的调查都是用来证明男性比女性更加聪明的。

_____ 5. 在20世纪的美国和加拿大，关于女性的心理研究增长尤为迅速，因为很多女性获得了心理学博士学位。

_____ 6. 在一盒粉笔里如果有一根标着"肉色"（一种浅粉色），这就是一种以白种人为标准的暗示。

_____ 7. 亚裔美籍女性比欧裔美籍女性更有可能接受大学教育。

_____ 8. 美国的土著人有250多种土著语言。

_____ 9. 性别研究中的一个问题是研究人员的期望会影响研究的结果。

_____ 10. 研究人员在现实生活中观察到的性别差异比在实验室中观察到的更大。

在我开始写本章的那周，有3篇文章引起了我的注意。它们并非多么令人瞠目结舌，可是它们都反映出，即使是在当前人们仍然把女性和男性区别对待。

● 美国拥有最多雇员的沃尔玛公司被控对女性员工有性别歧视。尽管有近70%的员工是女性，但是只有14%的女性晋升到管理层。并且在所有的职员层次中，男性的工资都比女性的工资高。例如，男经理平均能挣105 700美元，而女经理仅有89 000美元。在低层次的工作中男性也比女性挣得多。比如，男收银员平均能挣14 500美元，而女收银员只有13 800美元（Burk，2004）。

● 2004年，美国参议院通过了总统乔治·布什对J·莱恩·赫尔姆斯的提名，任命其为阿肯色州的一个地方法院的法官。几年前赫尔姆斯曾经在报纸上发表过一篇文章，其中提到"妻子应该服从丈夫"并且"女性应该服从男性的权威"。可是，就是这样一个有争议的提名竟然在参议院中以51比46的票数通过（Chatterjee，2004）。

● 日本的皇储德仁皇太子和他的妻子雅子在1993年结婚，并且有了一个女儿爱子。

但是日本法律明确规定只有男性才能继承王位。因此，生儿子的压力使得雅子皇后染上了与压力有关的精神疾病。而她的教育背景、工作和性格都不重要。女儿也毫无价值，因为"皇储公主"是不被接受的（"Pricess or Prisoner?"，2004）。现在看来，爱子公主的堂兄可能会继承王位。

以上3个例子表明了我们在本书中所要研究的问题。即使是在21世纪，女性仍然经常被歧视。虽然这种歧视通常是比较细微的，但是也可能会带来致命伤害。

而且，大众媒体和学术界经常忽略女性和关于她们的重要问题。比如，在一本畅销的导论性质的心理学教材的索引中，当我搜索关于女性的主题时，我没有找到"怀孕"这一项，尽管怀孕是大多数女性一生中非常重要的一环；同样，"强奸"这个主题也没有。但是，在字母R的词条下却有关于神经敏感接收器的介绍，以及关于映射和快速动眼的多种参考资料。

我们研究女性心理是为了发现一些仅和女性相关的心理问题。女性有一些特殊的经历，比如月经、怀孕、生育和绝经。而另外一些痛苦经历几乎完全加在女性身上，比如强奸、家庭暴力和性虐待。在研究女性心理时，我们也要关注一些通常只从男性角度考虑的领域，比如成就、工作、性能力和退休。

我们还要从其他问题上比较男女差异。人们是否区别对待男孩和女孩？男女在智力和社交方面是否真的差别很大？这些重要的问题在大部分心理学著作中没有提到，而它们将是我们这本书的重点。

我们研究女性心理学首先会从本学科的一些重要的概念开始。然后，我们会简单地介绍女性心理学的历史。本章的第三部分将为您提供有色人种的女性知识，为在随后的章节中关于种族划分的讨论提供背景知识。然后，我们会探讨一些研究人员在研究女性心理时所遇到的问题和偏见。在最后一部分中，我们将会讲述本书的主题和如何更有效地利用本书。

女性心理学的核心概念

我们首先来考虑两个在女性心理学中最为关键而且互相联系的术语：性和性别。我们将会探讨的其他核心概念包括不同形式的偏见、女权运动的不同方法和关于性别异同的心理学观点。

性和性别

性和性别这两个术语带来了很多争议（Kimball，2003；LaFrance *et al.*，2004；Pryzgoda & Chrisler，2000）。性（sex）是一个相对狭义的术语，通常仅指与生育有关的那些先天生理特征，比如性染色体和性器官（Kimball，2003）。相反，性别（gender）是相对广义的，指由于人类文化带来的心理和社会特征。例如，一个朋友给我看她的 7 个月大的儿子的照片，照片中还有一个足球。摄影师给婴儿、母亲以及每个看照片的人提供了性别信息。在本书中我们将重点研究心理学，而不是生理学，因此，你会发现更经常出现的是性别而不是性。例如，您会遇到性别比较、性别角色和性别定式。

令人遗憾的是，性和性别的区别在心理学论文和著作中没有得到强调（Kimball，2003）。例如，一本很有权威的学术杂志名为《性角色》，而《性别角色》可能更合适。

一个非常有用的相关短语是"区别对待性别"（doing gender）（Golden，2004；C. West & Zimmerman，1998a）。根据这个概念，我们在与别人交往时会向对方传递自己的性别特征；同样也会意识到对方的性别。例如，你会通过你的外貌、声音和言谈来向别人传递性别信息。同时，你在意识到交谈对象的性别后，一般会根据男女有不同的反应。"区别对待性别"这个短语强调了性别是一个动态的过程，而不是静态和一成不变的。

社会偏见的范畴

贯穿本书始终的一个重要术语是**性别歧视**（sexism，可能应该更名为 genderism）。性别歧视（或男性至上主义）是一种建立在人们的性别差异基础上的偏见。如果一个人认为女性不能成为合格的律师，或者男性不适合做幼儿园教师的话，那么他就有性别歧视。性别歧视表现在人们的社交行为、男女受媒介的关注度以及工作歧视中。性别歧视是很猖獗的。例如，我去年的女性心理学课程上的一名学生去参加一个比较出名的高中进行的教师招聘，当时她穿了一件和她身后的男生类似的外套。主考官问候她："孩子，你好啊。"而却对她身后的男生做出了这样的问候："很高兴遇到你。"并且主动伸出手去和那个男生握手。但是，性别歧视也可能比较细微，比如用"girl"来称呼一个成年妇女。

因为本书主要讲女性，所以我们会重点强调性别歧视。可是，无数其他的歧视充斥着我们的社会关系，在各种关系中，一个社会群体被认为是"正常"，而其他的群体被视为低等的（Canetto et al.，2003）。比如**种族歧视**（racism），这是一种针对特定人种或种族的歧视。研究表明，白人学龄前儿童倾向于选择白人儿童作为朋友，即便是班级里有很多黑人儿童（Katz，2003）。在本书中，您会发现性别歧视和种族歧视复杂地掺合在一起。例如，有色人种女性的经历与欧美男性的经历是相当不同的（Brabeck & Ting，2000；Kirk & Okazawa-Rey，2001）。

本书主要讲女性，所以我们会重点强调性别歧视。可是，我们还会探讨一些其他形式的歧视，即由一个人的社会等级差异而产生的对社会地位的影响。例如，**等级歧视**（classism）就是由根据收入、职业和教育等因素划分的社会等级而产生的歧视。遗憾的是，虽然社会等级对人们的生活产生了重大影响，但是心理学家们却没有重视它的作用（Fine & Burns，2003；B. Lott，2002；Ocampo et al.，2003；Saris & Johnston-Robledo，2000）。例如，在美国，公司主要领导的工资是工资最低工人的大约475倍（Belle，2004）。在第7章我们会了解到，公司领导和刚进入公司的员工的工作的确有区别，可是，心理学家通常认为社会等级问题应该交给社会学家去解决（Ostrove & Cole，2003）。在第11章，我们会了解到社会等级对人的身体健康和预期寿命都有重大影响。

还有一种歧视是**能力歧视**（ableism），即针对个体的残疾而产生的歧视（Olkin，2004；Weinstock，2003）。心理学家不仅忽视社会等级问题，而且会忽视残疾的问题，尽管残疾对人的生活产生了很大的影响（Asch & McCarthy，2003）。在第11章，我们会了解到能力歧视是怎样在工作场所和人际关系中给残疾人带来不便的。

另一个重要问题是**异性恋主义**（heterosexism），即针对男同性恋者、女同性恋者和双性恋者这三组人群的歧视，而他/她们都不是绝对的异性恋者。异性恋主义表现在个人行为中，也表现在机构的政策中，比如法律系统（Garnets，2004a；Herek，2000）。由于异性恋主义的存在，男女的情感关系被公认为是正常的，因此，同性恋者得不到同等的权利和利益。在第2章和第8章，我们会详细讨论异性恋主义，在第4章、第9章、第10章和第12章，我们还会探讨女同性恋者们的心理生活。

在第14章，我们强调了**年龄歧视**（ageism），即建立在年龄差别上的歧视。年龄歧视主要是直接针对老年人的（Schneider，2004；Whitbourne，2005）。这主要表现在个体的有偏见的信仰、态度和行为上。例如，一个青少年可能会不愿意挨着一个老年人坐。一些机构在员工雇用政策上也会表现出年龄歧视。

女权主义方法研究

贯穿本书的一个中心术语是**女权主义**（feminism）。这是一种女性应当被作为人来尊重的观念系统，即女性的经历和观点应该受到重视。女权主义者强调男女在社会、经济和法律方面应当平等（Pollitt，2004）。Rozee及其同事（2004）指出："女权主义是一种生活哲学、一个社会观点和一张通向公平的蓝图"（p.12）。

我们必须强调关于女权主义者的另外一些问题。首先，如果再仔细读一下女权主义的定义，您会注意到男性并未被排除在外。事实上，男女都可能是女权主义者，目前，很多专著和论文探讨了男性女权主义者（Enns & Sinacore，2001；Goldrick-Jones，2002；A. J. Lott，2003）。仔细想一想，您所知道的提倡女权主义原则的男性要比女性多吧。我们会在本书的最后一章讨论男性女权主义者和日益增长的男性研究的原则。

其次，尽管您的许多朋友不愿意称自己为女权主义者，但是他们却可能是合格的女权主义者（Dube，2004；Liss et al.，2000；Pollitt，2004）。您可能也听到有人说："我不是女权主义者，但是我认为男女应当得到同等的待遇。"这个人可能错误地认为女权主义者必须是恨男性的，必须要求所有当权的男性都应被女性替下来。其实事实并非如此，我们必须记住，女权主义的特点是要求尊重女性而不是强调与男性的对抗。

再次，女权主义包括多种多样的而不是单一的观点和角度（Dube，2004）。让我们看一看女权主义的4种不同的理论方法：自由女权主义、文化女权主义、激进女权主义和有色人种女权主义。

1. 自由女权主义（liberal feminism）以性别平等为目的，要求男女应有同等的权利和机会。自由女权主义者认为可以通过制定法律来保证男女的平等权利（Chrisler & Smith，2004；Enns & Sinacore，2001）。他们强调，男女性别差异是比较小的，如果女性能有和男性同等的机会，这些区别会更小（Enns，2004a）。革命女权主义者认为，如果我们能减轻文化中严格的性别角色区别，那么所有的人都能受益（Goldrick-Jones，2002）。

2. 文化女权主义（cultural feminism）强调那些公认的女性比男性更优越的特征，比如生育和看护。因此，文化女权主义关注性别差异中女性的优势，而不像革命女权主义强调男女的类似（Chrisler & Smith，2004；Enns，2004a；Henley et al.，1998）。文化女权主义者经常声称社会应当在强调合作而不是侵略的基础上重新构建（Enns

& Sinacore，2001；Kimball，1995）。

3. 激进女权主义（radical feminism）认为造成女性受压迫的根本原因不在于一些表面的法律和政策，而是深深植根于整个性别体系。激进女权主义者认为男性至上主义充斥着整个社会，从个体的到国家的，甚至国际的男女关系中都存在不平等（Chrisler & Smith，2004；Tong，1998）。他们常说我们的社会需要在性别政策和对女性的暴力制裁政策上进行有成效的变革（Enns，2004a）。他们坚持用大规模的社会变革来改变日益猖獗的女性受压迫现象（Enns & Sinacore，2001；Goldrick-Jones，2002）。

4. 有色人种女权主义（women-of-color feminism）指出，其他3种女权主义过分强调了性别而忽视了人类的其他分类，如种族和社会阶层（Baca Zinn et al.，2001；Chrisler & Smith，2004）。根据该观点，仅仅对以上3种女权主义进行简单的调整是不能达到真正的女权主义的（Enns，2004a）。例如，一个有色人种的女同性恋的生活与一个欧美女同性恋者的生活是会有很大区别的（Lorde，2001）。如果我们想了解一个黑人女同性恋的生活，我们就必须从她的观点出发，而不是仅仅关注欧美女同性恋然后"把区别和不同加上去"（Baca Zinn et al.，2001）。

在第15章，我们会进一步探讨在女权主义和女性方面的研究。不过，核心的一点是女权主义不是简单的一种单一的观点。相反，女权主义者们在性别关系和为女性赢得更好生活的理想途径方面已经有了很多不同的观点。为了弄清上面所说的4种女权主义，可以参照专栏1.1。

专栏 1.1　辨别女权主义的 4 种角度

假设在一个小组讨论中，下面8个人分别做出了关于女权主义的陈述。请判断他们各自的观点是4种角度的哪一个：革命女权主义、文化女权主义、激进女权主义和有色人种女权主义。答案在本章的最后。

1. 柯拉："现在婚姻中女性基本上就是仆人，把自己的大部分精力花费在提高别人的生活上。"

2. 玛塔："太多的人认为白人女性是女权主义的核心，而其他人却在女权主义范围以外。"

3. 纳瑞达："法律必须要保证女性有和男性同等的受教育的权力；女性需要和男性一样挖掘出自己全面的潜能。"

4. 塞维亚："作为一名女权主义者，我的目标是让人们重视传统女性的特征，以使社会从女性身上学会如何合作。"

5. 玛莉亚："社会需要大的变革来消除对女性的压迫。"

6. 迈克尔："我认为我自己是一个女权主义者。但是，我感觉很多女权主义者没有能够足够重视诸如社会阶层和种族等因素。"

7. 斯高特："我认为，在职场上女性应该得到与男性确实同等的晋升机会。"

8. 特里："因为女性比男性更平和，我认为女性需要组织起来建立一个和平的社会。"

Source：Based on Enns (2004a).

性别异同的心理学分析

研究女性的心理学家通常会从性别相似性角度或是差异性角度来研究性别问题。下面我们来看这两个角度。

一、性别相似性角度

强调**性别相似性角度**（similarities perspective）的心理学家们都认为男性和女性在智力和社会能力方面基本相同。他们也认为社会可能会造成暂时性的区别。例如，女性在工作场所可能更谦虚谨慎，这是因为她们通常拥有较少的权力（Kimball，1995；B. Lott，1996）。持这种观点的人趋向于自由女权主义，他们认为，通过缩减性别差异并增加平等权利法律，性别相似性还会进一步增加。

如果他们是正确的，为什么男女差异常常看上去那么大呢？我们来了解一个社会建构主义者的解释。首先我们来读下面的文章：

> 克里斯今天非常非常生气！真是受够了！克里斯穿上灰色的套装，走到公司，闯进老板的办公室，大声叫嚷："我给公司挣的钱比谁挣的都多，我没有被提拔，他们却都高升了！"……克里斯怒气冲冲地把拳头砸在老板的办公桌上。大家忙着劝他（她），却无济于事。克里斯愤怒地离开办公室扬长而去。（Beall，1993，p. 127）

这里尽管没有指出克里斯的性别，但是大部分人都认为克里斯是男性。可见，读者会根据他们关于性别的文化信息来建构性别。

社会建构主义（social constructionism）则认为，个人和文化依据先前的经验、社会活动和信仰来建构或形成自己对现实的理解（Gergen & Gergen，2004；Kimball，2003；Lonner，2003；Marecek et al.，2004）。例如，一个年轻女性会通过社交活动和她所处文化圈的其他活动来了解性别知识，并从而形成对女性身份的识别。

社会建构主义者认为，由于我们对社会的观察总会受到信仰的影响，所以我们不可能客观地对待社会现实（Marecek et al.，2004；Yoder & Kahn，2003）。在当前的北美文化中，我们都认为女性和男性是非常不同的。结果就是我们会倾向于以一种夸大男女性别差异的方式来感受、记忆和考虑性别问题。本书中的观点（以及目前大部分关于女性心理的书）支持相似性角度和社会建构主义者的观点。

二、性别差异性角度

相反，另外有一些女性心理学家持**差异性观点**（differences perspective），认为男性和女性在智力和社会能力方面是存在差异的。持此观点的女权主义心理学家通常强调与女性相关的被低估了的长处。他们可能会强调女性会比男性更加关注人际关系，更善于照顾人。由此可见，强调差异的心理学家也倾向于文化女权主义。批评家们指出这种观点过于强调性别差异，会进一步加深人们的性别定式（Clinchy & Norem，1998）。

持差异性观点的人们认为**本质主义**（essentialism）能够解释性别差异。本质主义认为性别是个体的一个基本的稳定的特征。在本质主义者看来，所有女性都有不同于男性的心理特征。他们还强调女性的心理特征是普遍的、任何一个文化中都有的——这种观点和跨文化研究是不一致的（Chrisler & Smith，2004；Lonner，2003；Wade & Tavris，1999）。他们还指出女性比男性更加善于关心和照顾别人，是出于她们与生俱来的本性，而不是因为社会目前赋予了她们照看儿童的任务（Hare-Mustin &

Marecek，1994；Kimball，1995）。我们会在第 6 章详细地分析本质主义者在看护上的观点。

小结——女性心理学的核心概念

1. 性仅仅指和生育相关的生理和社会特征（如性染色体）；性别则指心理特征（如性别角色）。区别对待性别指在社交活动中我们会依性别角色做事，并会感受到别人的性别角色。

2. 本书将会讨论到的一些社会偏见包括男性至上主义、种族歧视、等级歧视、能力歧视、异性恋主义和年龄歧视。

3. 女权主义强调男女应该在社会、经济和法律方面平等。拥有此观点的男性和女性都被视为女权主义者。尽管很多人不认为自己是女权主义者，他们实际上持有女权主义观点。

4. 4 种女权主义观点包括：革命女权主义、文化女权主义、激进女权主义和有色人种女权主义。

5. 心理学家通常持性别相似性观点（通常和社会建构主义相结合）或是性别差异性观点（通常与本质主义相结合）。

女性心理学简史

10

早期心理学家关于女性的观点一般都是否定的（Kimball，2003）。下面来看 G. Stanley Hall 的观点。他建立了美国心理学会，开拓了青少年心理学研究，并且领导了在美国开展的反对男女同校运动。不幸的是，他认为学术活动会"以损害生育能力为代价"，所以他反对年轻女性接受大学教育（G. S. Hall，1906；Minton，2000）。您可以想象到，Hall 这种观点加重了性别偏见的研究。我们来简略了解早期的一些工作，然后探寻女性心理学出现的根源，最后得出本学科目前的地位。

性别比较的早期研究

较早研究心理学的大都是男性，只有为数不多的女性曾做过努力（Furumoto，2003；Pyke，1998；Scarborough & Furumoto，1987）。早期关于性别的研究主要集中在性别差异上，并且经常受性别歧视主义者的偏见的影响（Milar，2000；Morawski，1994）。

心理学家 Helen Thompson Woolley（1910）说，这些早期的研究充斥着"个人偏见……主观臆断，甚至受到情感驱使"。比如，早期的科学家们认为心智容量位于大脑的前叶。不出所料，早期的研究人员认为男性比女性的前叶大（Shields，1975）。可见，研究人员常常会改变他们先前的说法来适应当前最流行的大脑理论。

可是，在 20 世纪早期，两位心理学家发现了不同的结论。Helen Thompson Woolley 发现男女有着类似的智能，而且女性实际上在一些记忆和思考任务上还能比男性得到更高的分数（E. M. James，1994；H. B. Thompson，1903）。Leta Stetter Hollingworth（1914）也研究了性别偏见，并且证明了月经周期对智力影响很小（Benjamin & Shields，1990；Klein，2002）。第一代的女性心理学家们用他们的研究成果来证明男女应该拥有同样接受大学教育的机会（LaFrance et al.，2004；Milar，2000）。

女性心理学作为学科的出现

在心理学研究的早期，大部分心理学家对性别研究鲜有重视。在20世纪30年代，女性人数占据了美国心理学学会成员的大约三分之一（M. R. Walsh, 1987）。然而，女性很少能有机会到研究型大学工作，而那里才是进行心理学研究和建构理论的最佳场所（Chrisler & Smith, 2004; Furumoto, 1996; Scarborough, 1992）。因此，女性心理学在20世纪上半叶没有显著的发展（Marecek *et al.*, 2003; Morawski & Agronick, 1991）。

11　　　20世纪70年代，更多的女性加入到心理学研究队伍中。女权主义和女性运动在大学校园得到认可，因此大学中增加了许多关于女性研究的课程（Howe, 2001a; Marecek *et al.*, 2003; Rosen, 2000）。对女性研究的兴趣的迅速提升影响了心理学领域。例如，在1969年成立了女性心理学协会。1973年，一些美国心理学家成立了一个现称为女性心理学研究会的组织，它是目前美国心理学协会最大的分支之一（Chrisler & Smith, 2004）。

1972年，一组加拿大心理学家向加拿大心理学协会递交了一份提议，建议召开主题为"关于女性，关注女性"的论坛。当得知加拿大心理学协会拒绝了他们的提议后，他们明智地决定在附近的一个宾馆召开这次讨论会。不久，他们在加拿大心理学界成立了加拿大心理学协会女性地位专题组（Pyke, 2001）。

在美国和加拿大，女性心理学日趋成为大学校园中的一门标准课程。许多心理学家发现自己开始关心一些原来从未出现过的关于性别的问题。

比如，在1970年，我突然回想并注意到，在我整个的大学学习生涯中，从斯坦福大学的本科时代到密歇根大学的博士时代，竟然只有一位女教师！我想到为什么这些大学没有雇用更多的女教师，为什么我接受的教育很少涉及女性或性别。

在20世纪70年代中期，女性心理学的领域迅速扩大。研究者们积极地探讨着诸如女性成就动机、家庭暴力、性骚扰和以前被忽视的其他主题（Kimball, 2003; LaFrance *et al.*, 2004; A. J. Stewart, 1998）。

许多人曾经以21世纪的观点来回望20世纪70年代，并评价那个时代的成就和发现。20世纪70年代的研究通常有两个问题。第一个问题是，我们当时没有认识到性别问题的极度复杂性。例如，大部分人乐观地认为，不需要多少因素就可以解释为什么只有这么少的女性拥有主要管理者的地位。现在，我们要解释清楚这个问题需要涉及很多因素，在第7章可以了解到这一点。

20世纪70年代的第二个问题是，女性有时把自己的命运归咎于自身。在回答为什么在管理者岗位上很少有女性时，研究者通常有两个答案：（1）女性不够果断；（2）害怕成功。另外一种观点——环境的错误所致，却被忽视（Henley, 1985; LaFrance *et al.*, 2004; Marecek *et al.*, 2003）。研究人员和大众媒体通常强调错误归因于女性的个性，而不强调陈规陋习和带有偏见的社会制度。与此同时，许多研究者逐渐把研究中心从性别差异转向了性别区分和性别主义（Unger, 1997）。

12　　女性心理学当前的地位

目前，我们知道对于女性心理学的问题可能会有复杂的答案。同时，这一领域的研究继续迅速增长。例如，以"心理学信息"为主题检索自2000年1月至2006年6月的资料，就有138 054篇学术论文提及女性、性别或女权主义。有4本专门刊载相关文章的刊物：《女性心理学（季刊）》、《性别角色》、《女权主义和心理学》和《加拿大女性研究》。

一个相关的发展是心理学家逐渐意识到诸如

种族、社会等级和性别定向这样的因素是如何复杂地与性别问题相互作用的。在本书中，我们通常不能作出适用于所有女性的判断。比如，在第12章，我们将会看到饮食失调问题要归因于诸如种族和性别定向等因素。

当前的女性心理学领域也是多学科的。在这本书6个版次的写作过程中，我参阅了许多领域的资料，比如生物学、医学、社会学、人类学、历史学、哲学、传媒学、政治学、经济学、商业、教育学、宗教和语言学。在准备现在这版时，我所收集的复印资料厚达 8 英尺多，还有 600 多本最近 4 年出版的新书！当前对女性心理学的研究特别流行，因为心理学博士中女性占了很大的比例，比如在 2002 年就占了 72%（Bailey，2004）。

然而，女性心理学研究相对还是年轻的，一些重要问题还没有澄清。在本书中，对于很多问题，您会读到类似"我们还没有足够的资料得出结论"的句子。我的学生们告诉我，这些句子使他们很恼火："为什么不能直接告诉我们答案是什么？"然而，在现实中互相冲突的研究结果通常是不能被总结概括为一个明确的结论的（Unger，1997）。

另外一个问题是我们的知识基础继续迅速变化。新的研究常常需要对先前的结论做修改，所以本版教科书和以前的 5 版都不同。例如，在第 1 版中，关于认知能力的性别比较的材料与其主题的关系不够密切。其他变化较大的领域包括青少年问题、女性与工作以及女性与身体健康。随着我们进入 21 世纪，男性和女性都在不断变化，因此，女性心理学领域特别有挑战性。比如，走出家门工作的女性数量明显增加。在许多领域，生活在 2006 年的女性与生活在 1956 年的女性在心理上都有明显的差异。21 世纪末的女性心理学肯定是无限美好的！

13 ▌ 小结——女性心理学简史

1. 早期对性别的大多数研究更关注性别差异，强调女性的劣势。而 Hele Thompson Woolley 和 Leta Stetter Hollingsworth 则开展了性别公平研究。

2. 在 20 世纪 70 年代以前，性别研究一直被忽视，直到 70 年代在美国和加拿大出现了妇女心理学这一学科。然而，当时的研究者没有预料到问题的复杂性；另外，女性社会地位低的原因往往被归咎于女性本身。

3. 当前，性别研究广泛开展而且呈多学科发展趋势。随着研究的开展，知识基础也在持续发展变化。

女性和种族

在本章中，我们已经介绍过"种族歧视"或对某一种族团体的偏见。在这里，我们将会专门讨论种族，来为下一步的讨论提供一个框架。在研究女性心理学时，我们需要考虑到种族的多样性，这样才能真实地描绘出女性的生活，而不仅仅是白种女性的生活。我们还需要了解女性怎样构建或理解她们自己的种族身份（Madden & Hyde，1998）。我们首先来了解一种**以白种人为标准**的观念（White-as-normative），然后了解关于种族的一些知识，最后讨论的主题是以美国为中心的民族主义，持此偏见的人认为美国比其他国家有特殊的优势。

▌ 以白种人为标准的观念

根据 Peggy McIntosh（2001）的研究，美国和加拿大的文化建立在一个把白种人作为标准或"正常"的隐性的假设上。根据**以白人为标准**的观念，白人有一些他们常常自以为是的优越感。例如，如果一个白人女性开会迟到了，人们不会认为"她来晚了是因为她是白人"。如果一个白人女性使用信用卡，就不会让人怀疑她使用的是偷窃的卡。可是，白人很少会意识到这种白色皮肤带来的好处（Corcoran & Thompson，2004）。我们的学校系统也把白种人或欧裔美国人作为标准。

目前，种族术语还不固定。我会用"白种人"和"欧裔美国人"来指不是拉丁裔、亚裔或土著的美国人。

来看这个白种人为标准的例子：McIntosh说，作为一位白人妇女，她能确信她的孩子肯定会被教授从白种人观念出发来看待周围的事物。相反，任何其他种族的儿童都不会有这种保障。比如，Aurora Orozco（1999）出生在墨西哥，童年时来到加利福尼亚。她还记得她刚转学到一所美国学校时学生们唱的一首歌：

清教徒从海外而来

为你我构建了住处
感恩节啊，感恩节
我们快乐地为你鼓掌（p.110）

Orozco感觉她自己的种族特色在这里是被忽视的，因为这里的儿童都只应该为她（他）们的清教徒祖先鼓掌。

以白种人为标准观念的另一个方面就是白种人往往认为黑人、拉丁后裔、亚裔美国人和美国土著都属于少数民族，而欧裔美国人不是（Peplau，Veniegas *et al.*，1999；Weedon，1999）。事实上，所有的人都有自己的种族特色。您能想到在白种人为标准的观念背后隐含的其他假设吗？

有色人种女性

图1—1展现了在2004年统计的美国居民的主要人种构成，图1—2展示了在加拿大居住的人口的种族来源。下面我们来简单地了解一下这4个种族，为将来关于种族的讨论提供背景知识。

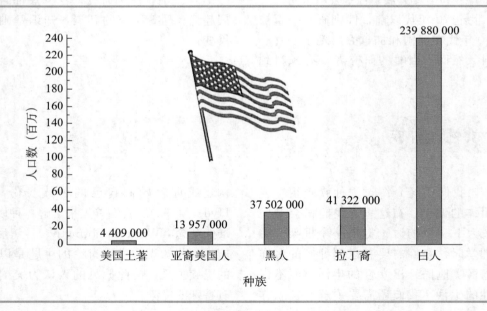

图1—1 2004年美国人口统计（以种族分类）

注：有些人在统计时填写了两个或者多个种族，因此他们的数据出现在两个或多个类别中。
Source：U. S. Census Bureau（2006）.

拉丁裔女性

从图1—1中可以看出，拉丁裔是目前美国的第二大种族。现在，他们更愿意被称作"拉丁裔"（Latinas/Latinos），而不是政府部门常用的"说西班牙语的美国人"（Hispanic）（Fears，2003）。问题在于"说西班牙语的美国人"侧重西班牙的血统，而不是拉丁美洲的身份。然而，不幸的是"拉丁裔"这个词的词尾是"-os"，使得人们在同时指男女时往往漏掉了女性。我会用目前通行的用法：用"Latinas"指拉丁裔的女性；用"Latinas/os"同时指两种性别。（拉美女权主义者创造性地使用一个没有性别倾向的单词 Latin@s，它包含了-as 和-os 两个词缀。）

目前，墨西哥裔美国人占到了美国的拉丁裔人数的 60％左右（Pulera，2002）。巧合的是，墨西哥裔的美国人往往自称 Chicanas 或 Chicanos，尤其是当他们感到需要从政治上强调墨西哥血统时（D. Castañeda，2004）。

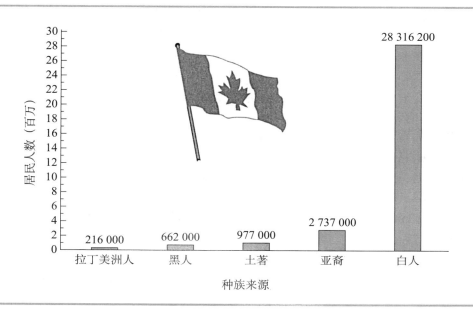

图1—2　加拿大居民自己报告的种族来源

Source：Statistics Canada（2006）.

研究种族问题时必须强调每一种族内部的广泛而多样的特征和经历（D. Castañeda，2004）。例如，拉丁后裔拥有相同的语言和许多类似的风俗和价值观。在加利福尼亚中部农场长大的墨西哥裔的美国女性与生活在曼哈顿的波多黎各女孩就有着不同的经历。另外，在艾奥瓦州生活了三代的家庭中的拉丁裔女性，与因受到死亡威胁而刚刚离开美国中部出生地的拉丁裔女性也有着不同的经历（Martin，2004）。

Donna Castañedu（2000b）描绘了她和其他拉丁裔女性是怎样把两种文化合在一起研究的，即不时地在她们的拉丁风俗和现在所处的欧美文化之间来回穿梭。她这样写道：

> 每次当我回家时，都对穿越文化界限有着很深的感受。在这个有着 7 个孩子的家庭中，我是唯一一个上大学的，而且到了最高峰——获得了博士学位。作为一个十分看重

孩子的家庭中的长女……我不仅没有孩子，而且还是单身！每次回家都如同是从一个世界走进另一个世界，从一个自我走入另一个自我。在我明白了任何时候我都不仅仅是一个人、一个身份后，我现在比前些年能更容易地适应这种转变了。（p.205）

黑人女性

如果您重新审视图 1—1 中的美国种族数据，您将会发现在美国，黑人是第三大种族团体。有些刚刚从非洲和加勒比海地区来到美国，而有些黑人家庭自 18 世纪初就生活在北美了。在加拿大，黑人通常是由加勒比地区、非洲或者英国来的。可是，有大约半数的黑人是出生在加拿大的（Knight，2004）。

任何一个非白种人都遇到过种族歧视，本书将会提供很多种族偏见的例子。然而，在美国，黑人经历的种族歧视是特别明显的（Schneider，

2004）。例如，Bernestine Singley（2004）是一个
50 多岁的黑人律师，她的穿着比较保守，可是即
便如此，每当她从达拉斯机场下飞机的时候，"机
场保安会把我拉到一边，打开我的包裹搜查，连
我身上也不放过，然后，把我的书包放在检测器
下查看我是否带有违禁药品或者爆炸物。而这些
都是在众目睽睽之下干的"，她这样写道（p. 13）。

"黑人"（Black）和"非洲裔美国人"（African American）经常会通用。通常，我会用"黑
人"，因为它更有包容性（Boot，1999）。"非洲裔
美国人"好像排除了许多可能与其加勒比地区血
统有深厚联系（例如，牙买加、特立尼达或海地）
的北美人以及生活在加拿大的黑人。如同黑人诗
人，同时也是美国前桂冠诗人 Gwendolyn Brooks
在一次访谈中所说，她一般把"黑人"视为全球
住在农村的家庭。"黑人"就像一把公共的伞，是
受人欢迎的术语（B. D. Hawkins，1994）。

亚裔美国女性

和拉丁裔美国人一样，亚裔美国人也来自许
多不同的国家，包括中国人、菲律宾人、日本人、
越南人、韩国人、南亚人（即来自印度、巴基斯
坦和孟加拉国的人），和其他大约 25 个种族文化群
体（Chan，2004）。下面来看一位现住在明尼苏达
州的老挝女性，她是一万名赫蒙族（Hmong）难
民中的一员。她与住在多伦多中国村的台湾女性
或在新泽西州的来自南亚的女医师是很难找到共
同点的（Chan，2004）。尽管许多亚裔美国女性都
有自己的职业，但是来自菲律宾、韩国和中国的
制衣女工却在北美最紧张的工作环境下工作（Kato，1999；Vō & Scichitano，2004）。

亚裔美国人通常被认为是较出色的少数民族，
而且他们确实通常在学术上很有成就（Daseler，
2000；Schneider，2004）。例如，在美国 46% 的亚
裔女性获得了学士及以上学位，而欧裔女性的比
率只有 27%（"The Nation：Students"，2004）。

然而，在本书中，我们可以看到亚裔女性在
成功道路上会遇到很多障碍。例如，Madhulike
Khandelwal 博士描述了她在波士顿的马萨诸塞大
学做教授的经历："一般都认为亚洲人在来美国之

前很少能接触到英语，所以他们被认为是追随者
而不是领导，而女性则被认为要么地位低下，要
么性'异常'。"她还记得有一次因为她英语"说
得那么好"而受到表扬。事实上，印度曾是英国
的殖民地，因此 Khandelwal 博士是把英语作为第
一语言而长大的（Collison，2000，p. 21）。

土著和第一民族女性

土著美国人和第一民族人（First Nations）[1]
有着共同的地理来源和相同的被白种北美人侵略、
剥夺财产和管制的历史。然而，他们的语言、价
值观和目前的生活方式很少有共同点（Hall &
Barongan，2002；McLeod，2003）。实际上，他们
代表了所有民族团体中最复杂的一个。例如，在美
国，土著人有 250 多种不同的部落语言和 550 多种
不同的部落背景（Daly，2001；Trimble，2003）。

许多美国土著女性在试图把自己的抱负和所
处的部落文化相融合时，总是困难重重。例如，
一个美国土著女孩这样解释这种冲突："作为一个
年轻女孩，我应当开始组建家庭了。当奶奶告诉
别人我正要去上大学时，他们会以为我不务正业。
但是，在我看来，上大学不会使我变得不再是土
著印第安人或是忘记我的身份"（Garrod et al.，
1992，p. 86）。

我们注意到每一个种族团体都有许多不同的
分支。即使我们只看其中一个分支——比如华裔
美国人，这个分支内部的多样性也很大（American Psychological Association，2003；Kowalski，
2000）。在研究不同种族间的差异时，要认识到从
种族分支内部的差异中找出共同点是相当困难的。
如同前文所说，我们必须重新审视把欧裔美国人
看作标准的现象。在美国和加拿大，大部分的欧
裔美国学生都把白人、中产阶级和北美人作为
"正常人"（Cushner，2003）。

目前大多数关于女性心理学的研究还只是描
述白种中产阶级女性的经历，不过研究范围正在
逐渐扩大。例如，女性心理学社团以及其他团体
组织了许多关于黑人女性的会议和演讲。在本书
各章节，我们将会尽量地考虑到所有女性的经历
的差异性。

---

[1] 加拿大用"第一民族"和"土著居民"两个术语来指欧洲人来到美洲之前，在加拿大生活的人；这两个术语有时可以互换，尽管
有些人用"第一民族"专指在加拿大萨斯喀彻温和马尼托巴省的原住民（McLeod，2003）。

以美国为中心的民族主义

我们已经强调过以白种人为标准的观念。下面我们来研究一个相关的偏见，即美国居民把美国视为标准。

根据**以美国为中心的民族主义**（U. S. -centered nationalism），世界上所有其他国家都比美国地位低，全球都要受美国控制。以美国为中心的民族主义从许多方面表现出来，而美国人却注意不到（Hase，2001）。例如，我的加拿大同事的电子邮箱的结尾用"ca"。日本人的电子邮箱以"jp"结尾，希腊人的要以"gr"结尾。相反，美国人不需要在电子邮箱后加任何单词，因为我们美国占有优势，我们是"标准的"，而其他国家是居次要地位的。（如果你是个美国人，你会感觉这种观点不准确，可是假如日本是标准，而每一个美国人的电子邮箱地址都需要加个"us"后缀，你会有什么感受？）

为了更好地说明以美国为中心的民族主义，我们来举个例子。假如你明天在报纸上读到别的国家（比如意大利或者法国）的士兵在虐待来自美国的政治犯：有些囚犯未经审判就被单独监禁了一年多；有些被强迫脱光衣服互相鸡奸；还有些囚犯被殴打，头被塞进马桶里。所有这些折磨都是日内瓦国际公约所明令禁止的。面对这些，你

有何感受？你会因为美国公民受到这样的折磨而大发雷霆吗？

好，现在我们来换个角度：美国士兵是这些折磨别人的人，而受折磨的是别的国家的人。你是否因为这是美国人干的事就觉得这样的折磨是合理的？2004 年夏天，全世界都发现美国士兵真的正在使用上面这些手段虐待在伊拉克和古巴的监狱里的伊拉克人和其他欧洲国家的人。

在美国，讨论以美国为中心的民族主义是十分困难的（Hase，2001）。让学生听到自己的国家受批评是不容易的，这种态度常常会被学生们的教育经历所加深。例如，如果您在美国长大，您的中学同学可能会被鼓励去尊重和重视其他种族的人而不仅仅是他们自己。然而，是否有人教您对其他国家也一视同仁——还是所有人都简单地认为美国与全球其他国家相比有特权地位？在本书中，我们将会探讨性别歧视、种族歧视和年龄歧视这些偏见，即一个团体比另一些有着更为优越的地位。我们需要明白以美国为中心的民族主义产生了类似的不平等问题，这是一个全球性的，而不是人际或团体之间的问题。

小结——女性和种族

1. 在北美文化圈中，白种人是标准。结果是，白种人错误地认为他们没有种族遗传特色。

2. 拉丁裔美国人有自己的语言、共同的价值观和风俗，但是其他的特点却差异很大；拉丁裔美国女性经常说她们必须不时地穿梭于拉丁文化和欧美文化之间。

3. 在美国，黑人构成了第三大种族团体，黑人在居住社区和家庭历史方面有着很大差异。

4. 亚裔美国人也有许多不同的背景。尽管他们被认为是较出色的少数民族，但是他们也经常

经历歧视和紧张的工作环境。

5. 尽管美国土著和加拿大土著有相同的地理和历史背景，他们却代表着很多不同的民族。

6. 各个种族之间或种族分支内的差异总是很大。

7. 另外一种和种族偏见相关的偏见是以美国为中心的民族主义，认为美国比其他国家的身份地位更高。例如，美国政府认为美国可以被允许去破坏国际法律。

当前研究中的问题和偏见

前面我们已经提到过早期的女性心理学研究的偏见。下面我们来看看当代研究者在研究性别和女性心理学时所产生的问题。

20　　任何人进行心理学研究时都要面临潜在的偏见。然而，由于研究人员可能对正在研究的课题有强烈的早已存在的情感、价值观和观点，所以，在研究女性心理时，偏见就是一个特殊的问题。在视觉形状感觉领域，随着研究人员年龄的增长，他们可能对诸如视网膜和视觉皮质的主题不再有强烈的情感上的反应；而心理学研究者在遇到不符合传统女性定位的研究对象，如单身妇女或同性恋妈妈时，先前存在的对性别问题的反应就会特别强烈。

图1—3展示了偏见和不恰当的实验步骤怎样影响了研究过程的每一步。为了减轻这些问题，心理学家们往往接受培训来仔细考虑研究的每一步。尽管大多数当前的研究回避了明显的错误，学生们也必须学会怎么来评价心理学研究。下面我们仔细观察研究的每一个阶段，然后研究心理学中的批判性思维这一更加普遍的问题。

Ⅰ. 形成假设

　A. 运用一个有偏见的理论
　B. 根据无关研究形成假设
　C. 仅仅从某个领域询问问题

Ⅱ. 设计研究

　A. 选择操作界定
　B. 选择被试
　C. 选择研究人员
　D. 总结易混变量

Ⅲ. 开展研究

　A. 研究人员的期待对结果的影响
　B. 被试的期待对结果的影响

Ⅳ. 分析数据

　A. 重视数据意义而不是实用意义
　B. 过分扩大化
　C. 得出不是研究中出现的解释

Ⅴ. 交流成果

　A. 遗漏展现性别相似点的分析
　B. 选择关注性别差异的题目
　C. 杂志编辑不接受表明性别相似点的研究
　D. 二手资料重视性别差异而不是性别相似点

图1—3　偏见是如何在5个不同的阶段影响研究的

形成假设

研究人员常常偏爱某一特定的心理学理论，如果该理论对女性有偏见，那么，研究人员在开始他们的研究之前就已经有了偏见倾向（Caplan & Caplan，1999；McHugh & Cosgrove，1998）。例如，西格蒙德·弗洛伊德（Sigmund Freud）的一个理论认为女性实际上乐于受罪，当赞同此观点的心理学家研究遭受家庭暴力的女性时，他们的观点就会具有偏见性。

第二个问题是研究人员形成假设所依据的前人的研究有可能是与他们想要研究的主题不相关的。例如，几十年前研究人员想研究在母亲外出工作的情况下，孩子的心理是否会受到伤害。研究人员本身对工作族妈妈的偏见导致他们关注如下的研究结论：在质量低劣的婴儿院长大的孩子往往会有心理问题。一周在外工作 40 多小时的工作族妈妈的孩子的生活与在婴儿院中无父无母的孩子是截然不同的。然而，这些早期的研究人员认为工作族妈妈的孩子会出现类似的心理问题。

偏见影响假设形成的最后一个方面与研究人员设计的问题的本质有关。例如，正在研究美国土著女性的研究人员通常会考察诸如酗酒或自杀问题（Hall & Barongan，2002）。如果研究人员认为这些女性有缺陷，那么带着这种偏见研究人员就不能够问及体现她们优点的问题，例如，有着强烈种族经历的女性是否会对变老有着更加积极的态度。

到目前为止，我们已经回顾了偏见对假设形成的早期阶段的影响。具体来说，偏见会影响到理论定位、先前的相关研究以及研究内容。

21

设计研究

设计研究中的一个重要早期步骤是选取**操作界定**（operational definition）。操作界定具体地表明了如何测量研究中的一个**变量**（variable）。来看一下在**共鸣**（empathy，指您与别人有着同样的感受的能力）问题上的性别比较研究。我们可能会问研究对象诸如"您最好的朋友悲伤时，您是否也感到悲伤"这样的问题来作为操作界定。也就是说，我们会用自我报告的方式来研究共鸣。

22

这个共鸣研究的操作界定看起来是完全没有性别歧视的，直到我们发现其中存在潜在的偏见。男性和女性在产生共鸣方面可能是平等的，但是男性会更不愿意"报告"他们感到了共鸣。性别定式强调男性不能过于敏感。假如我们使用另一种研究方法，在研究对象观看一部悲剧电影时观察他们的面部表情，我们可能会对不同性别在共鸣方面的差异得出不同的结论。理想情况下，一个假设应在许多不同的操作界定下进行测试，以便从更广阔的角度来研究问题。

研究设计中的第二个偏见的来源是对研究对象的选择。心理学家通常以欧裔美国中产阶层为研究对象，其中最常见的是大学生。结果造成了我们对有色人种和贫困人员所知甚少（S. Graham，1997；B. Lott，2002；Saris & Johnston-Robledo，2000）。对于研究题目的选择也会影响研究对象的选择。对于靠福利救济生活的母亲或者女罪犯的行为的研究集中在黑人和拉丁裔女性身上，但是对身体形象或公平的研究往往仅限于欧裔美国人。

研究设计中的第三个偏见的来源在于对将要开展研究的研究人员的选择。比如，研究人员的性别至关重要（e. g.，F. Levine & Le De Simone，1991）。我们设想如果由一名男性研究人员通过访谈方式来开展男女对婴儿的兴趣的比较研究，男性被试可能会隐藏自己对婴儿的浓厚兴趣以避免尴尬，这样研究结果中性别差异就会大一些。同样的研究如果由女性研究人员来进行，可能会出现较小的性别差异。

最后一个偏见的来源在于把**易混变量**（confounding variable）包括在内。易混变量是指除了被研究的核心变量外的任何变量，这些变量在任何情况下都不对等，并可能会影响到研究的结果。在性别比较的研究中，易混变量是指两组研究对象中除了性别以外的一些变量。例如，如果我们要比较大学男生和女生的空间能力差异，一个可能的易混变量是他（她）们所花在电子游戏和其他强调空间能力的活动上的时间。由于男大学生有更多这些活动的经历，因此，在空间能力方面的性别差异可能是由于空间经历的差异造成的，而不是他（她）们在空间能力方面的真正差异。

23　　我们要关注易混变量的原因是，我们需要比较的两组研究对象除了中心变量不同外，其他变量因素要尽量相似。粗心的研究人员会忽略适当的预防。例如，如果研究人员要研究性别定位是否影响心理调节，他们可能会去比较已婚异性恋女性和同性恋女性。这两组是不适合做比较的，因为有些同性恋女性可能当时不在恋爱阶段。根据研究人员的研究目的，比较恋爱中的单身异性恋女性和恋爱中的单身同性恋女性更为合适。

　　研究设计中的任何一个问题都可能导致我们做出不充分或不适当的结论。在一些研究中对研究对象的选择意味着我们将了解不到别的群体的行为。另外，操作界定、研究人员的性别和易混变量的介入都可能会影响到结论的本质。

开展研究

　　在心理学家正式开展研究时，又会产生进一步的问题。此时的一个偏见来源是**研究人员的期望**（researcher expectancy）（Rosenthal，1993）。根据这一概念，研究人员在研究时的偏见会影响到研究结果。在一个数学能力测试中，如果研究人员期望男性比女性表现得好，他们就会在一定程度上用不同的态度对待这两个组，男性组和女性组会因此有不同的反应（Halpern，2000）。任何研究人员——无论男女，如果对男性和女性有不同的期待，都会对研究结果产生影响。

　　心理学的其他领域也会受到研究人员的期望的干扰。在性别研究中，研究人员不得不注意到哪些研究对象是男性，哪些是女性。假如研究人员在评价青少年男女在面对困难任务时的独立程度，这些评价可能会反映研究人员对于女性和男性行为的期望和定式，而不是真实情况。尽管对青少年男女的行为的客观研究显示不出性别差异，这些研究人员对男青少年的独立程度的评价仍高于对女青少年的评价。

　　同研究人员一样，研究对象也有可能对他（她）们自己的行为有预先的期望和定式（Jaffee et al.，1999）。例如，许多女性知道女性在月经前可能会心烦意乱和情绪暴躁。如果有人告诉她，她正在参加一项关于月经如何影响情绪的研究，她可能会提供关于月经前的更多的否定评价。如果她不知道这个研究的目的，她的回答可能会是不同的。当你在了解一项使用自我报告方法的研究时，你要记住这个可能存在的问题。

　　总之，研究人员和研究对象对结果的期望都会使结果带有偏见，而不能反映现实情况。

24　　## 分析数据

　　关于性别和女性心理研究的数据可能会从许多方面被误解。例如，有些研究人员会混淆数据意义和实用意义。在第 5 章，我们会讨论到在数学测试中的男女能力差异具有**数据意义**（statistical significance）。数据意义是指不会偶然出现的研究结果。在计算数据意义时，数学公式受到研究对象数目大小的影响。例如，如果一项研究测试了10 000名男性和10 000名女性，几乎任何性别差异都会有数据意义。

　　例如，10 000名男性和10 000名女性接受了一项标准的几何学测试。对数据的一项分析显示，男性的分数明显比女性高。可是，进一步的分析发现男性的平均分是 40.5，女性是 40.0。尽管这个区别是有数据意义的，然而，它却几乎没有**实用意义**（practical significance）。实用意义，顾名思义，指的是研究结果对现实世界有一些有意义和实用价值的应用（Halpern，2000）。在这个假设的几何学测试中，0.5 分的差异对于男女在地理方面应该怎样区别对待没有任何实用价值。不幸的是，研究人员在应该讨论性别差异是否有实用价值时，往往只讨论数据意义。

在研究人员分析所收集到的数据时，另外一个潜在的问题是他们可能会忽视其他角度的解释。例如，假设研究人员宣称男性在空间能力测试中的较好表现是因为他们比女性有更强的天生的空间能力。他们可能忽略了我们前面提到过的一个解释：男大学生往往比女大学生有更多的空间活动经历。来看另一个例子，假设女性在焦虑性测试中分数较高，真正的原因可能是男性不愿意"报告"他们感受到的焦虑，而不是在焦虑方面真正存在性别差异。在分析这个研究数据时，研究人员必须考虑到其他角度的解释。

当研究人员进行不恰当的归纳时，就会出现另外一个问题。例如，研究人员可能会以特殊群体作样本，却把其研究结果应用到正常群体。比如说你正在调查出生前受到异常高强度的男性荷尔蒙刺激的婴儿，研究人员就会以偏赅全，从而得出男性荷尔蒙影响正常婴儿的结论，这是非常不幸的（Halpern，2000）。别的研究人员可能会研究一组欧裔美国男女大学生，然后把研究结果运用于所有人，包括有色人种和未接受大学教育的人群（Reid & Kelly，1994）。

总之，研究的分析阶段含有几种歪曲事实的可能性。研究人员可能会忽视实用价值，忽略另外的解释，笼统地概括研究结论。

交流成果

在开展了设计好的研究，并进行了相关的分析后，研究人员通常会用书面形式汇报他们的研究结果。其他的偏见源泉也就随之而出。心理学家持续关注性别差异，性别相似点很少会被认为是令人惊奇的心理学新闻（Bohan，2002；Caplan & Caplan，1999；LaFrance et al.，2004）。因此，在研究人员归纳研究结果时，他们会把男女之间有着近似分数的某些分析省去，却会汇报研究中发现的所有的性别差异。可以想象到，这种有选择的汇报未能体现研究中发现的性别相似点，却过分强调了性别差异。

偏见甚至会影响到对研究报告的题目的选择。一直到最近，研究性别心理特征的课题还倾向于包含"性别差异"（gender differences）这个短语。因此，研究侵略性的课题可能会是"侵略性的性别差异"（Gender Differences in Aggression），尽管它只报告了 1 个有数据意义的性别差异，而有 5 个关于性别相似的比较。"性别差异"强调不同点，并建议我们应该进行差异研究。与之相应，我倾向于用一个更为中性的术语——"性别比较"（gender comparisons）。

在写好一份关于研究结果的报告后，研究人员会把报告送报刊编辑审阅，由他们来决定是否能出版。如同研究人员一样，报刊编辑对性别差异更感兴趣（Clinchy & Norem，1998；Halpern，

2000）。这种有选择地出版使得过分强调性别差异的情况更甚，而性别相似问题受到相对较少的重视。

在发表的报刊文章被诸如教科书、报纸和杂志等采用时，会出现更为严重的歪曲现象。例如，一本介绍心理学的教科书可能会谈到在一项研究中发现男性比女性更有侵略性，却忽视了许多其他研究中报告的在侵略性上男女的相似点。

当性别研究被大众媒体报道时，研究结果通常会被更加严重地歪曲。例如，一篇《新闻周刊》上关于做梦的文章有一个部分是"不同的做梦人：年龄和性别"。这个部分根本就没有讨论任何性别比较。在该文章的别的部分出现了一个表格列举了男性和女性最常见的梦，但是没有相关研究的描述（Kantrowitz & Springen，2004）。另外，男性和女性平均只有 7% 的差异，属于没有实际意义的数据。与之类似，一封写给大学教育者的公开信使用"研究人员确信性别影响学习者学习风格"（1995）为标题，其实，原始研究根本就没有发现任何有数据意义的性别差异（Philbin et al.，1995）。

为了迎合读者，媒体甚至会错误地代表某一类人群。例如，一篇关于孕期压力的期刊文章强调该研究是在鼠类身上进行的（Dingfelder，2004）。可是，这篇文章却配有一张有着焦急表

情的孕妇的大幅照片，很多读者可能会错以为压力会导致儿童精神失常。你在有空时可以试一下

专栏 1.2 中的内容，看能否发现类似的媒体偏见。

专栏 1.2　分析媒体报告中的性别比较

选择一份你通常阅读的杂志或报纸。找出关于性别比较或女性心理学的报告。在你阅读文章时，对照图 1—3，看能否发现潜在的偏见。你能否找出哪个领域的结论没有足够的证据（比如，相关因素的操作界定）？

▎批判性思考和女性心理学

如前所述，当人们遇到关于性别的资料时一定要谨慎。为了防止许多潜在的偏见，需要仔细审视发表的资料。这种警惕或谨慎就是**批判性思考**（critical thinking），是一个更为普遍的方法的一部分。批判性思考包括以下 3 个成分：

1. 对于所见所闻要质疑。

2. 要看结论是否有现成的证据支持。

3. 对于证据提出其他角度的解释。

在女性和性别心理学的课程中，一个重要的技巧是要能够批判地思考问题。Elizabeth Loftus（2004）强调："科学不仅仅是一个要求记忆事实的大碗，而是一种思考方式……一种观点可能听起来是正确的，但是这和它是否真正正确并没有关系。"（p8）然而，不幸的是，我们的主流文化不提倡批判性思考（Halpern，2004b）。我们被要求相信我们的所见所闻，而不能质疑，不能判定证据是否支持结论，不能提出其他解释。

心理学家 Sandra Scarr 描述了一场辩论（1997）。她应邀在国家电台讨论关于工作族妈妈的题目。她提到了最近的 8 项研究都表明妈妈是否外出工作对婴儿的安全感没有任何影响。参加讨论的还有一位精神病分析专家，她刚刚出版了一

本新书，她认为妈妈应该在家照看婴儿。她的证据来源于她的病人，他（她）们说由于年幼时由保姆而不是妈妈照看，所以精神上受到伤害。这位精神病分析专家说，她必须为年幼的婴儿们打抱不平，因为她理解他（她）们的痛苦，而他（她）们又太小，无法表达自己所受的伤害。

Scarr 说，无论是对话节目的主持人还是打电话参与节目的人，都认为她的研究证据和精神病分析专家的直观证据同样地具有说服力。然而，批判性思考者会进行质疑，检验实验证据，并考虑其他解释。例如，他们可能会反问，是否能从为数不多的精神病患者的自我反省报告中就总结出关于当前时代的婴儿的情况。他们可能也会问这位精神分析专家是否曾经直接测试过她提到的婴儿的痛苦。自然而然地，批判性思考者也会考察更多基于 Scarr 研究结果的发现，以寻找潜在偏见的证据。

因为准确性是研究的一个重要目标，所以我们必须辨认并消除偏见的来源，它们有可能歪曲准确性并错误地指代女性。我们也必须要用批判性思考来考察研究证据（Halpern，2004b）。只有这样我们才能对女性和性别有更加清楚的理解。

▎小结——研究中的问题和偏见

1. 在研究人员形成假设时，偏见会影响他们的理论定位、他们认为相关的研究和他们选择的研究主题。

2. 在研究人员设计研究时，偏见会影响操作

界定的选择、研究对象和研究人员的选择。另一个偏见就是易混因素的介入。

3. 在研究人员开展研究时，偏见可能会包括研究人员的期望和研究对象的期望。

4. 在研究人员分析研究结果时，偏见包括忽视实用价值、忽略可能的解释、笼统概括研究结果。

5. 在研究人员交流研究结果时，性别差异可能会被过分强调。文章的标题可能会更强调性别差异，讲述性别差异的文章会更受青睐，大众媒体也会歪曲研究结果。

6. 对于潜在的偏见的警惕是批判性思考的重要特征。批判性思考要求进行质疑，判定证据是否支持结论，以及为证据提供其他角度的解释。

 # 关于本教材

28

我编这本书的目的是帮您理解并记住关于女性心理学的观念和知识。我们首先来了解本书的4个主题，随后看一些能帮助你更有效学习的本书的特色。

本书的主题

女性心理学这一学科异常复杂，而且非常年轻，以至于我们不能用大量的普遍原则来总结这个复杂的领域。然而，在本书中你会发现一些重要的主题。下面我们稍作说明，为您将会遇到的各种题目提供一个框架。

主题1：性别心理区别通常较小而且不连贯

在前面关于偏见的部分我们提到，发表的研究结果中的性别差异夸大了现实情况。然而，即使是发表了的关于男女能力和个性的文学作品也表明性别相似点通常比性别差异更广泛。在长期的内在的心理特征方面，男女是没有那么大区别的（Basow, 2001；Bem, 2004；Hyde & Plant, 1995）。在性别研究中，一个研究可能展示性别差异，但是另一个明显类似的研究却可能会展示性别相似。性别差异往往有一种"时隐时现"的特征（Unger, 1998；Yoder & Kahn, 2003）。

你会发现主题1和前面所提到的相似性观点是一致的。主题1还特别反对基本教育说的观点。如前所述，基本教育说认为性别是个体的一个基本的、稳定的特征。

不过，我们首先来澄清两点。第一，我认为男性和女性从心理上来讲是相似的；当然，他（她）们的性器官使他（她）们自然地区分开来。第二，在我们当前的文化中，男性和女性有着不同的社会角色，因此他（她）们会获得一些不同的技术和特点（Eagly, 2001；Yoder & Kahn, 2003）。男性比女性更可能成为主管，而女性更倾向于做秘书。然而，在一个文化中，如果男性和女性能有相似的社会角色，那些性别差异将几乎不会再存在。

在本书中，我们会在一些情况下发现性别差异，而另外一些情况则不会出现。性别差异最可能出现在以下3种情况下（Basow, 2001；Unger, 1998；Yoder & Kahn, 2003）：

1. 在人们进行自我评价而不是由研究人员客观地记录行为时。

2. 当研究人员在现实生活环境中（男性通常有更多的权力），而不是在实验室环境中（男女有相对相同的权力）观察研究对象时。

3. 当人们意识到他们正在被别人评价时。

在这3种情况下，人们会依性别定式来表现。女性倾向于以大众认为女性应该的方式来回应；男性倾向于以大众认为男性应当的方式来回应。

主题1集中在**性别作为主题变量**（gender as a subject variable），或是影响个体行为的特征方面。我们会发现研究对象的性别对行为的影响通常很小。

主题2：人们对男性和女性的反应不同

我们前面提到，性别作为一个主题变量通常是不重要的。相反，**性别作为刺激物变量**（gender as a subject variable）却是重要的（Bem, 2004）。性别作为一个刺激物变量是指别人对某个人的反

29

应。当心理学家研究性别作为一个刺激物变量时，他们可能会问："人们对女性的反应是否不同于对男性的？"

在北美文化中，性别是一个非常重要的——也许是最重要的（Bem，1993）社会分类。为了证明这一点，你试着忽略你看到的下一个人的性别吧！

在本书中，我们会发现性别是一个重要的刺激物变量。一般情况下，男性比女性更受珍视。例如，许多父母希望第一胎生儿子，而不是女儿。在第 2 章，我们还会讨论男性在宗教、神话、当前的语言和媒体中体现的优势。另外，在职场男性尤其受重视。

如果人们对男性和女性的反应不同，这就表明他们相信性别差异。我们把这种现象叫做"性别差异的表象"。你会发现男女都倾向于夸大这些性别差异。

主题 3：在许多重要领域，女性比男性更易被忽视

在我们文化中重要的领域，男性通常比女性更重要。只要稍微浏览一下日常的报纸，你就会确信男性和关于男人的话题更受重视（Berkman，2004）。在第 2 章，我们会讨论到对所有媒体的研究，它使我们确信男性比女性更常见于媒体。另一个例子是，由于老师倾向于忽视女生，所以在班级里女生和女性会相对不受重视（Sadker & Sadker，1994）。女性在英语中也相对受到忽视。从历史上来说，英语在许多方面是以男性为中心——男性的经历被当作标准（Basow，2001；Bem，1993，2004）。许多人仍然用表示男性的 man 和 mankind 来同时指男性和女性，而不是用泛指人的 humans 和 humankind。

30 心理学家们使得许多重要主题被忽视了。例如，心理学研究人员很少关心女性生活中的许多主要生理事件，包括月经、怀孕、生育和哺乳。女性多见于如下领域：女性杂志、肥皂广告、校园短剧的服装委员会和工资较低的工作。然而，这些领域在我们的文化中都不占主要地位，或根本没有地位。

如前所述，有色女性比白种女性更易被忽视。在第 2 章，我们会重点讨论有色女性是如何被媒体忽视的。心理学家直到最近才注意到这组不常见的人群（Guthrie，1998；Holliday & Holmes，2003；Winston，2003）。你想想看，你上次在报纸上或在电视节目中看到关于亚裔、拉丁裔或土著美国女性的主题是什么时间？低收入的女性也很少出现在电视和电影中。

主题 4：女性内部的差异很大

在本教材中，我们探讨女性之间在心理特征、生活选择以及对生理事件的反应上是怎样不同的。实际上，女性个体之间的差异如此之大，以至于我们往往不能对女性做出普遍的结论（Kimball，2003）。要注意到主题 4 是与基本教育说相矛盾的，基本教育说认为所有的女性都具有相同的、有别于男性的心理特征。

你可以回想一下你认识的女性之间的差异。她们可能在侵略性或对别人情绪的敏感度上有很大的差异。她们在生活选择方面区别也很大，比如职业的选择、婚姻中的地位、性别定位、生育的愿望等。另外，女性对生理事件的反应也不同。有些女性害怕月经、怀孕、生育和更年期；有的则认为它们很正常，甚至有好处。

前面我们讨论过种族问题，并注意到每一个种族内部的差异是很大的。在本书中，当我们考察北美洲以外国家的女性生活时，我们会收集到女性相互差异的更多证据。

我们强调过女性内部的差异很大。你可以想象到，男性内部也会有类似的巨大差异。这些性别内部的差异又把我们重新带回到本书的主题 1。每当两组被试内部的差异很大时，我们就很难在这两组之间发现具有统计意义的差异。就性别来说，我们不太可能在女性和男性的平均分之间发现很大的差异。在第 5 章，我们会详细讨论这个统计数据问题。现在只需要记住女性内部差异很大，男性内部差异也是如此。

怎样有效使用本书

本教材有许多特色，它们可以帮您更加有效地学到知识。请您仔细阅读这一部分，以便好好

利用它们。

31　　1. 每章开头都有一个概要。在您学习新的一章时，请务必先阅读概要来使自己熟悉该章的范围。

　　2. 每章开头都有 10 题判断对错。在每章后面都附有答案。这些问题能鼓励您去思考该章的一些有争议的和新奇的研究结果。

　　3. 每章都有一些专栏，如专栏 1.1 和专栏 1.2。自己试着做一下，或者请您的朋友来做试验。这些试验都很简单，而且很少需要或不需要设备。列出专栏的目的是为了使材料更具体并与个人有关。对于记忆的研究表明：如果所记材料是具体的并且与个人经历相关，材料就会易于被记牢（Matlin，2005；T. B. Rogers *et al.*，1977）。

　　4. 新术语以黑体字出现（如性别），并在同一句子中提供解释。好好理解这些解释，因为任何一个学科的重要组成部分就是它的术语。

　　5. 提供阶段小结。许多教材在每章末尾设有小结，但是我喜欢在每一个部分末尾提供小结。例如，第一章有 5 个小结。这一特点能帮您更经常

地复习所学知识，以方便您在学习新知识前能自信地掌握本教材细微的、易于掌握的部分。在每个部分结束时，您可能想通过自我测验来看能否回忆起重要的知识点。那么，您可以通过小结来检验。巧合的是，有些学生谈到，如果他们一次只读一个部分，然后休息一会儿，再复习小结和进行下一节的学习，他们的学习效率会更高。

　　6. 每章最后都有一系列的复习性问题。有些问题检查您的具体记忆，有的要求您把本章的几部分知识联系起来，还有一些要求把所学知识应用于日常生活。

　　7. 每章结尾附有按出现顺序排列的关键术语表。您可以进行自我检测，看能否解释所有术语。

　　8. 在每章结尾附有推荐读物列表。包括重要的文章、书目和与本章密切相关的杂志的专版。如果您正在写一篇相关主题的论文，或者您个人对某一领域感兴趣，这些读物都会有用的。我希望您能超越本教材所提供的材料，并自主学习女性心理学。

▋ 小结——关于本教材

　　1. 主题 1 认为男女性别的心理差异通常较小，并且不一致；性别差异更可能出现在（1）人们进行自我评价时；（2）现实生活中；（3）人们意识到别人正在评价自己时。

　　2. 主题 2 表明人们对男性和女性的反应不同；例如，男性通常更受重视。

　　3. 主题 3 表明在许多重要领域，女性与男性

相比受到忽视；例如，英语是以男性为中心的。

　　4. 主题 4 表明女性内部差异很大，比如在心理特征、生活选择和对生理过程的反应方面。

　　5. 本书中能帮你更有效学习的特征包括：章节概要、判断对错、专栏、术语、小结、本章复习题、关键术语和推荐读物。

本章复习题

　　1. 虽然性和性别有时可以互换使用，但是它们还是有一些意义上的区别。请给它们下个定义，然后判断下面的题目中应该用哪一个术语：

　　（1）男孩和女孩是各自怎样学会"男性"和"女性"姿态的；

　　（2）荷尔蒙是如何影响女性和男性胎儿的；

　　（3）对青少年男女的自信心的比较；

　　（4）身体特征在青春期的发展变化，比如女性的阴毛和乳房；

　　（5）人们关于男女性格特征的观念。

　　2. 把"女权主义"和"性别歧视"运用于自己的经历。你是否认为自己是一个女权主义者？

你能否找出上周你所观察到的性别歧视的例子？本章所用的术语"女权主义"和"性别歧视"与媒体中常见的用法有何不同？另外，给下列术语下定义，并各自举出例子：种族歧视、等级歧视、异性恋主义、能力歧视、年龄歧视、以美国为中心的民族主义、以白种人为标准的观念。

3. 描述本章讨论的 4 种女权主义。（关于性别差异的）相似性观点和差异性观点是怎样和这 4 种女权主义相联系的？社会建构主义和基本教育说是如何与这两种观点相联系的？

4. 描述与性别和女性心理学相关的早期研究。在"当前研究中的问题和偏见"一部分，我们讨论了在形成假设过程中产生的偏见。这些问题与解释某些早期研究有什么关系？

5. 简要陈述女性心理学从早期到目前的发展过程。

6. 从图 1—1 和图 1—2 来看关于种族多样性的说法和你学校中的情况是否相符。如果不符，差异何在？种族问题是如何与本书的两个主题相联系的？

7. 假如你要研究领导能力的性别比较，请描述一些偏见如何会影响到你的研究。

8. 假如你在报刊中读到的一篇文章以"女性比男性更易受到情绪影响"作结论，从批判性思考的角度出发，你会问到什么问题来发现研究中潜在的偏见和问题？（查看图 1—3 来判断你对第 7 题、第 8 题的答案是否完整。）

9. 分别描述本书的 4 个主题，并各举一个例子。是否有哪个主题与你原先关于女性和性别的观点相矛盾？如果相矛盾，又是怎样表现的？

10. 性别作为主题变量和刺激物变量有何区别？假如你读到一篇比较男女侵略性的文章，这里性别是主题变量还是刺激物变量？假如另一个研究考察人们如何判断具有侵略性的男女的区别，其中性别是主题变量还是刺激物变量？

 ## 关键术语[①]

* 性 （sex，3）
* 性别 （gender，4）
  区别对待性别 （doing gender，4）
* 性别歧视 （sexism，4）
* 种族歧视 （racism，4）
  等级歧视 （classism，5）
* 能力歧视 （ableism，5）
* 异性恋主义 （heterosexism，5）
* 年龄歧视 （ageism，5）
* 女权主义 （feminism，5）
* 自由女权主义 （liberal feminism，6）
  文化女权主义 （cultural feminism，6）
* 激进女权主义 （radical feminism，6）
  有色人种女权主义 （women-of-color feminism，7）
* 性别相似性角度 （similarities perspective，7）
* 社会建构主义 （social constructionism，8）

* 性别差异性角度 （differences perspective，8）
* 本质主义 （essentialism，9）
  白种人为标准的观念 （White-as-normative concept，13）
  美国为中心的民族主义 （U. S.-centered nationalism，18）
* 操作界定 （operational definition，21）
* 变量 （variable，21）
* 共鸣 （empathy，22）
* 易混变量 （confounding variable，22）
  研究人员的期望 （researcher expectancy，23）
* 数据意义 （statistical significance，24）
* 实用意义 （practical significance，24）
* 批判性思考 （critical thinking，26）
  性别作为主题变量 （gender as a subject variable，29）
  性别作为刺激物变量 （gender as a stimulus

---

① 本书各章"关键术语"括号内所标数字为原书页码，即本书边码。——编者注

variable，29) 　　　　　　　　　　　　　　　 ＊以男性为中心（androcentric，29）

注：标有 ＊ 的术语是 InfoTrac 大学出版物的搜索术语。你可以通过网址 http://infotrac. thomsonlearning. com 来查看这些术语。

推荐读物

1. Bernal，G. ，Trimble，J. E. ，Burlew，A. K. ，& Leong，F. T. L. （Eds. ）. （2003）. *Handbook of racial and ethnic minority psychology.* Thousan Oaks，CA：Sage。该书是关于种族的综合读本，共有 32 章，涵盖了很多课题，如少数民族的压力、心理学角度的民族身份和跨文化的职业咨询。

2. Caplan P. J. ，& Caplan J. B. ，（1999）. *Thinking critically about research on sex and gender*，New York：Longman。Paula Caplan 是一位知名心理学家，该书对她的关于女性心理学的观点做了详尽的探讨。她和她的儿子杰拉米一起编写了这部佳作，以将批判性思考原则运用到性别研究上。

3. Chrisler，J. C. ，Goldern，C. ，& Rozee，P. D. （Eds. ）（2004）. *Lectures on the psychology of women* （3ʳᵈ ed. ）Boston：McGraw-Hill。该书有 23 章，都是女性心理学领域的知名专家撰写，主题涉及贫穷、体重和性骚扰。

4. Eagly，A. H. ，Beall，A. E. ，& Sternberg，R. J. （Eds. ）（2004）. *The psychology of gender* （2ⁿᵈ ed. ）. New York：Guilford。这里所列出的这些推荐读物中，该书提供了关于理论和生理因素的最丰富的信息。

5. Enns，C. Z. （2004）. *Feminist theories and feminist psychotherapies* （2ⁿᵈ ed. ）. New York：Haworth。我特别推荐这本书，因为它详尽地描述了女权主义和女权主义疗法的不同分支，这个话题我们会在第 12 章进行讨论。

6. Scarborough，E. ，& Furumoto，L. （1987）. *Untold Lives：The first generation of American women psychologists*. New York：Columbia University。对那些对早期心理学历史上的女性研究人员感兴趣的人来说，该书是不可多得的。它不仅介绍了那些重要的女性，而且解释了她们的生活的促成因素。

34

专栏的参考答案

专栏 1.1
1. 激进女权主义；2. 有色人种女权主义；3. 自由女权主义；4. 文化女权主义；5. 激进女权主义；6. 有色人种女权主义；7. 自由女权主义；8. 文化女权主义。

判断对错题参考答案

1. 对；2. 对；3. 对；4. 错；5. 错；6. 对；7. 对；8. 对；9. 对；10. 对。

第2章

性别定式与其他性别偏见

36　　■　判断对错

_____ 1. 通常情况下，历史学家和人类学家更为关注男性的生活，而会忽视女性所做的贡献。

_____ 2. 在 1900 年以前，几乎所有杰出的哲学家都认为女性明显比男性差。

_____ 3. 在听到诸如"所有的学生都带着铅笔"（Each student took his pencil）这样的句子时，人们通常会想到男生，而不是女生。

_____ 4. 当前，电视体育节目中女性播报员占了大约 40%。

_____ 5. 在电视节目中，黑人出现的频率相对适中，但是，拉丁裔在黄金时段电视节目中出现的频率比其他人种要少 5%。

_____ 6. 在完成关于性别定式的标准问卷调查时，人们的性别定式会比在没有意识到被测量时更强烈。

_____ 7. 当女性以典型的男性行为方式做事时，人们更可能对该女性的能力产生偏见。

_____ 8. 当前的调查表明，至少一半以上的同性恋曾因其性取向而受到语言上的威胁。

_____ 9. 在父母被问及为什么孩子的数学那么好时，他们通常会把女儿的成功归因于勤奋，而把儿子的高分归因于数学能力。

_____ 10. 当前的研究表明，日本大学生、墨西哥裔美国大学生和欧裔美国大学生都会内化传统的性别定式。

在开始本章写作的那个上午，我正在等着两个搬运工来把家里的一张书桌搬到办公室。随着每天日常生活的开展，我突然意识到我正在经历着明显的性别定式。起先，另一个办公室的吉姆给我打电话说两个搬运工，鲍勃和杰克，正驾驶一辆白色的厢式货车朝我这里来，然后吉姆又重新确认了我家的方向。（我自然地想到，"大多数男性不会这么在意提前打电话并确认方向，但是，大部分的女性会如此"。）鲍勃和杰克来到后，鲍勃看了看桌子，随后和杰克开玩笑说，桌子那么小，杰克一只手就能搬走了。（我自然地想到，"嗯……和大多数男人一样，他们不想让一个女人认为他们手无缚鸡之力"。）我让他们来点儿咖啡和点心。（我自然地想到，"这些精致的小点心是不合适的，可是我又没有任何的'男式点心'"。）他们很喜欢咖啡，却根本就没有动点心。杰克是一个大学生，我们三个就谈起了工作、养老和离异家庭儿童的话题。（我想了想，"如果与两个刚认识的女性聊天，我也会聊同样的内容"。）

定式（stereotypes）是我们对特定群体的观点。**性别定式**（gender stereotype）是关于男性和女性特征的观点（Fiske, 2004; D. J. Schneider,

2004）。也就是说，定式是指关于某一社会团体的观点，它可能并不与现实相对应（Whitley & Kite, 2006）。

有些性别定式可能部分地准确。例如，女性会比男性更经常地问路。但是，这个定式并不适用于所有的男性，毕竟，吉姆向我询问过到我家的路。另外，我也认识一些女性，她们宁愿闲逛一个小时，也不愿意问路。本书主题 4 强调，个体的心理特征差异很大，没有任何性别定式能准确描述某一特定社会团体的所有成员。可是，我们都有性别定式，即便是研究定式的心理学家也是如此（Salinas, 2003; D. J. Schneider, 2004）。

与定式相关的还有一些概念。**偏见**（prejudice）是指对一组人的有偏见的态度或情绪反应（Crandall & Eshleman, 2003; Whitley & Kite, 2006）。**歧视**（discrimination）是指对某个群体的偏见行为（Fiske, 2004; Ostenson, 2004; Whitley & Kite, 2006）。例如，某一组织的主管可能会对女性有偏见，并通过不升迁女性为主管来歧视她们。表 2—1 对这三个术语做了对比。而最为概括性的术语——**性别歧视**（gender bias）包括了以上三个术语：**性别定式**（gender stereotypes）、**性别**

偏见（gender prejudice）和**性别歧视**（gender discrimination）。

下面我们通过女性在历史、哲学、宗教中，以及在当前语言和媒体中的地位来分析性别定式。

在本章的第二部分，我们会关注定式的内容：什么是当前的定式？第三部分讨论定式是如何影响我们的思维、行为和身份的。

37

表2—1	三种关于女性的性别偏见的比较	
术语	简明定义	例子
定式	关于女性的观点	克里斯认为女性不聪明
偏见	关于女性的态度或情绪	克里斯不喜欢女律师
歧视	针对女性的行为	克里斯不雇用女职员

性别偏见的表现

在观察男性和女性被描述的方式时，我们会发现一个系统的模式。在这一部分里我们会发现，女性是"第二性"（de Beauvoir，1961）。与主题2相一致的是，女性通常表现为比男性低等。另外，

38

与主题3相一致的是，女性通常被忽视。在阅读历史上、语言中和媒体中的性别歧视时，请考虑一下它们是如何影响了你对于女性和男性的观念的。

历史上的性别偏见

寥寥数页对于背景知识的讨论，肯定不能对性别歧视这个如此大的题目有公正的看法。但是，我们仍需要总结几个主题以了解当前关于女性的观点的源泉。

历史文献中女性被忽略的现象

最近几十年，不少学者逐渐认识到我们对于历史上女性的生活所知甚少（Erler & Kowaleski，2003；Stephenson，2000）。对于史前人类生活感兴趣的人类学家通常会主要研究打猎的工具，而打猎通常是男人的活动。人们忽略了这样一个事实：女性通常收集蔬菜和谷物来提供大部分的食物，女性还要修建房舍（Hunter College Women's Studies Collective，1995；Stephenson，2000）。在17世纪的欧洲，女性通常还要种庄稼、养家禽和出售农产品（Wiesner，2000）。

可是，因为女性的工作主要是在家里，所以在许多历史书籍中女性受到忽视。女性艺术家往往会通过音乐、舞蹈、刺绣和编织来表达自己的感情。这些相对柔弱和无名的艺术形式与男性在绘画、雕塑和建筑方面的艺术成就相比更难以保存。很少有女性能有机会或是被鼓励去成为艺术家（Wiesner，2000）。但是，近几年，女权主义历史学家开始研究女性在家庭以外的贡献（Erler & Kowaleski，2003；Wiesner，2000）。例如，在意大利，Lavinia Fontana 描绘了 16 世纪的 Bolgona（C. P. Murphy，2003），Artemesia Gentileschi 是一位 17 世纪在罗马和佛罗萨居住的活跃的艺术家；Gentileschi 的生活被拍成了电影，还写成了一部历史小说（Vreeland，2002），近期还展出了她的画展（e. g.，"Orazio and Artemisia"，2002）。

再者，许多女性的功绩被抹杀了。你是否知道在公元 9 世纪以前女性通常主持修道院（Hafter，1979）？你的历史课本上可曾写着：1776 年，国会选派 Mary Katherine Goddard 主持印制《独立宣言》的官方版？有意无意地，传统的历史学家使得女性在历史书籍中被忽视。而热衷于女性历史的学者正在挖掘着女性众多成就的资料。许多大学的历史课程也关注着女性的经历，这使得

女性成了关注的焦点，而不再是边缘化的。

哲学家眼中的女性

几个世纪以来的哲学家通常都把女性描述为比男性低等。例如，希腊哲学家亚里士多德（公元前384—前322）认为女性不可能是完全有理性的。他还认为女性比男性更有可能会忌妒、撒谎（Dean-Jones，1994；Stephenson，2000）。

很多近代的哲学家通常持有同样的观点。例如，吉恩·雅克·卢梭（1712—1778）认为女性就是来取悦并服务于男性的（Hunter College Women's Studies Collective，1995）。也就是说，这位杰出的革新哲学家在女性的地位方面并未能做出革新！卢梭的观点得到了政治家的赞同。法国皇帝拿破仑·波拿巴（1769—1821）写道："女性天生是男人的奴隶……是男人的财产……只不过是生育孩子的工具（选自 Mackie，1991，p. 26）。"

在 20 世纪以前，唯一能被当代女权主义者所接受的著名哲学家是约翰·斯图亚特·穆勒（1806—1873），他是一位英国哲学家，其观点受到妻子（Harriet Taylor Mill，1807—1858）的很大影响。他认为，女性应该有与男性同等的权利和机会，应该有权掌控财产、参加选举、受教育和选择职业。在哲学教材中，他是个很重要的人物，但是他的关于女性的观点直到最近才出现在课本中（Hunter College Women's Studies Collective，1995）。

宗教和神话中的性别偏见

我们发现，历史和哲学对女性并不友善。而在宗教和神话中，女性也受到了不同于男性的待遇。尽管女性通常比男性更不起眼，但对女性的描述也是有好有坏。

犹太教徒和基督教徒都知道亚当和夏娃的故事，我们来看看故事中亚当和夏娃的区别。首先，上帝以"自己的形象"创造了人类，然后用亚当的肋骨创造了夏娃。也就是说，女性来自于男性，因此，女性是次要的。另外，夏娃没能抵挡住诱惑并导致亚当犯罪。所以，女性道德上的缺点污染了男性。当亚当和夏娃从伊甸园中被驱逐出来时，他们所受到的诅咒明显不对等：亚当必须工作以挣取食物和维持生计；而夏娃必须承受生育的痛苦，还必须遵从她的丈夫。

在犹太教为男性而设的传统祈祷词中可以找到更多关于女性地位的例子，如"尊敬的上帝啊，宇宙之王，我感谢你没有让我成为女人"。另外，律法（《圣经·旧约》之首五卷）细化了613条宗教条例，但是只有 3 条适用于女性。在这些重要的犹太教风俗中，女性相对受到忽视（Ruth，2001；R. J. Siegel et al.，1995）。

对于基督教徒来说，"新约"的许多地方都表现出对待男性和女性的不同（Sawyer，1996）。例如，圣·保罗的一封信中写道："在教堂里，女性应该保持沉默。因为她们不被允许说话，而且她们应该是附属地位的，法律中也是这么表述的"（1 Corinthians 14：34，Revised Standard Version）。

进入 21 世纪以后，有的犹太女性成了学者，很多专为男性设计的仪式也接受女性了（P. D. Young，2005）。女性还在新教中获得了领导地位。例如，美国圣公会最近推选了一位女性——Katharine Jefferts Schori 做它的大主教。在天主教会中，尽管女性不能有很高的职位，但是有些女性还是成了非神职的领导（P. D. Young，2005）。

伊斯兰教以穆罕默德写在《古兰经》里的教义为基础。学者指出穆罕默德关心男女的平等问题（Sechzer，2004；Useem，2005）。可是，穆罕默德的继承者增加了更多的限制。当前，伊斯兰文化在对待女性方面已有了很大的变化（El-Safty，2004）。

在印度教中，女性的名字取自于丈夫。因此，未婚女性或寡妇是没有身份的（R. J. Siegel et al.，1995）。印度女神 Kali 是一个阴险的恶魔，她有着翅膀、吊眼角、血色长舌、脸和胸脯。印度教徒认为她出自于罗马诸神的尸体，打败了她的敌人，并且吸干了他们的鲜血（Wangu，2003）。

当我们从各种宗教和古罗马神话中综合归纳

关于女性的观点时，我们能得出如下观点：

1. 女性是魔鬼。女性会给男性带来伤害，就像夏娃给亚当带来的伤害。女性甚至会嗜血如命，如 Kali 女神。

2. 女性是令人恐怖的女巫。女性会像神话故事中邪恶的巫师和继母一样诅咒别人。古希腊神话中的 Scylla 就是一个长着 6 个脑袋的海中怪兽，她能吸掉男人的骨头并吃掉他们。

3. 女性是高尚的。女性也会是高尚和圣洁的，尤其是当她们照顾男性和养育儿童时。例如，圣

母玛丽亚就集中代表了细心体贴和自我牺牲。玛丽亚也表明女性从来不能为自己要求什么。神话中还把女性描述为能生育和贴近自然的"土地之母"（Mackie，1991；Sered，1998）。

请留意这些时而负面时而正面的女性形象，而所有的形象都强调了女性与男性的区别。这些传统被称作**大男子主义**（androcentrism）或**主流男性问题**（normative-male problem）：男性是主流，女性是次要的。

语言中的性别偏见

如同宗教一样，语言也促成了女性的第二等级身份。具体来说，人们通常用次要或负面的词汇来指代女性。另外，在语言中女性经常被忽视，例如"he"这个词既可以指男性，也可以指女性（Weatherall，2002）。在第 6 章比较男女使用语言方面的差异时，我们会讨论一个相关话题。

女性术语

在很多情况下，人们用不同的术语来指代男性和女性，而这两个术语并不是并列的（Adams & Ware，2000；Gibbon，1999）。例如，约翰·琼斯会被称为"医生"，而简·琼斯则会被称为"女医生"。这一用法表明，男医生是正统，而女医生是个别。

有时，一对单词中，指代女性的会比指代男性的单词有较为负面或较为不重要的内涵，或带有更多性别特征。比如，"单身汉"（bachelor）的正面含义是"一个有着许多爱情伴侣的幸福而又幸运的"人。而"老处女"（spinster）又是什么意思呢？它的内涵就是负面的：没有男人娶的女人。同样地，请比较"主人"（master）和"女主人"（mistress）、"市长"（major）和"女市长"（majorette）、"雕刻家"（sculptor）和"女雕刻家"（sculptress）、"奇才"（wizard）和"巫婆"（witch）（Adams & Ware，2000；Gibbon，1999；Weatherall，2002）。在语言中，女性还可能会被儿童化。

例如，有些场合成年女性会被称作"女孩"（girls 或 gals），而成年男性则不会被称作"男孩"（boy）。当报纸上的文章用这些带有偏见的术语而不是中性词汇来指代女性时，人们就会认为她们在能力上有缺失（Dayhoff，1983）。

男性标准

1998 年版的一本认知心理学教材是这样开始的："我们是谁？是什么？心智是什么？心智有什么作用？……这些问题自人类（man）存在以来就有了。"我在读这些句子时不禁想到：女性是否真的包含在作者所用的单词"man"中呢？女性读者肯定会有同样的问题。这里的"man"这个例子揭示了一个被称为男性标准的问题。**男性标准**[（masculine generic），有时被称为**"向心标准"**（androcentric generic）]是指用男性名词和代词来指代所有人，包括男性和女性，而不仅仅是指男性（Wodak，2005）。表 2—2 列举了一些男性标准的例子。老师可能这样教过你，在"所有的学生都带着铅笔"（Each student took his pencil）这句话中，"his"（他的）其实包括了"her"（她的）。所以，在这句话中，你就应该认为"his"是中性的，尽管并没有表示出任何女性的内容（Adams & Ware，2000；Romaine，1999；Wayne，2005；Weatherall，2002）。

表 2—2	男性标准的术语
商人（businessman）	资助（patronize）
人力（manpower）	他、他的（指男性和女性）（he/his/him）
主席（chairman）	售货员（salesman）
司仪（master of ceremonies）	人类（mankind）
祖先（forefather）	手艺（workmanship）
尼安德特人（Neanderthal man）	人造的（man-made）
异卵双生（fraternal twins）	

Source：American Psychological Association（2001）and Doyle（1995）.

有清楚的研究证据证明这些男性标准的单词其实并不是中性的。有 50 多项研究表明，诸如"男性"（man）和"他"（he）等单词会令人产生关于男性而不是女性的联想（e. g.，M. Crawford，2001；Lambdin *et al*.，2003；Romaine，1999；Weatherall，2002）。这个问题不单纯是一个语法问题，而是政治和生活的问题。

专栏 2.1 展示了 John Gastil（1990）的一项典型研究的一部分。Gastil 列出了许多句子，其中都有一个男性标准代词（例如，"美国人大都认为自己看电视的时间过多"句子中用"he"指代美国人）。其他一些句子使用了中性代词（例如，"过马路时行人要注意安全"一句中用"they"指代行人）。Gastil 请被试描述各个句子所带来的印象。

42

专栏 2.1　男性标准和中性代词带来的形象联想

向一位朋友大声读出句子 1。然后请朋友大声描绘出他（她）头脑中产生的形象。用余下的 7 个句子重复这一过程。请留意所有标有（T）的句子，看你的朋友是想起一名男性还是女性，还是其他的答案。

1. 在天热的时候应该开着消火栓。（Fire hydrants should be opened on hot days. ）

（T）2. 美国人大都认为自己看电视的时间过多。（The average American believes he watches too much TV. ）

3. 巴西的热带雨林是一个自然奇观。（The tropical rain forests of Brazil are a natural wonder. ）

（T）4. 过马路时行人要注意安全。（Pedestrians must be careful when they cross the street. ）

5. 公寓总是一片狼藉。（The apartment building was always a mess. ）

（T）6. 在吃饭后病人需要休息。（After a patient eats，he needs to rest. ）

7. 在墙角有一箱子穿旧了的鞋子。（In the corner sat a box of worn-out shoes. ）

（T）8. 青少年在合唱时经常会做白日梦。（Teenagers often daydream while they do chores. ）

与句子 4 和句子 8 相比，句子 2 和句子 6 是否会引发更多的男性形象联想？为了获得更多的例子，可以请更多的朋友来参加这个实验，或者把数据与其他同学所得到的数据结合起来。

如图 2—1 所示，女性被试在看到含有"he"的句子时产生男性形象的次数是产生女性形象次数的 4 倍。相反，她们看到含有"they"的句子时产生男性和女性的形象的次数相等（即一对一的几率）。图 2—1 还显示，男性被试在看到有"he"的句子时产生男性形象的次数是产生女性形象的次数的 13 倍，而在有"they"的句子时只有 4 倍。

总之，男性标准术语确实会比中性术语使人产生更多的男性形象的联想。

其他研究表明，男性标准问题对人们的职业选择有着重要的影响。例如，Briere 和 Lanktree（1983）用不同版本向学生们呈现了一段描述心理学职业的文字。一组学生看到的版本使用中性词汇，而另一组学生看到的版本使用男性化语言。

43

结果看到中性词汇版本的学生认为心理学更适合于女性。M. E. Johnson 和 Dowling-Guyer（1996）也发现了类似的结果：如果心理咨询师使用中性语言而不是男性化语言，大学生们会给予他（她）更高的评价。

最近几年中使用有性别偏见的语言的现象明显降低。例如，大多数作家现在使用 "people"，而不是男性化的 "man"。另外，大学生倾向于使用非性别歧视语言（Parks & Roberton，1998a，1998b，2000）。在性别偏见测试中分数较低的人更有可能会避免使用性别歧视语言（Swim et al.，2004）。Parks 和 Roberton（1998a）也发现有些男生认可中性语言。例如，一位男大学生说：

> 作为一名男性，我很容易想到人们开辟山川……但是我认为如果换个角色，我会想改变什么……如果我是女性，我会觉得受到了不公正的待遇，因为认为女性都属于指代男性的 "mankind" 是不公平的。女性和男性都应该属于指代所有人的 "humankind"。（p. 451）

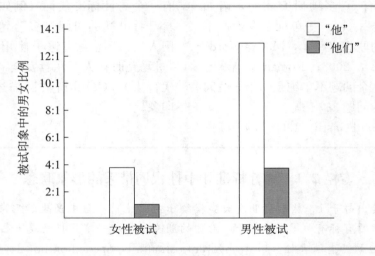

图 2—1　基于代词和被试性别的男女形象比例

Sourse：Based on Gastil（1990）.

诸如美国心理学协会（2001）等组织都十分警惕有性别歧视的语言。另外，许多书籍和文章提供了替代性别歧视语言的建议（e. g.，Foertsch & Gernsbacher，1997；Gibbon，1999；Pauwels，1998；Russo，1999）。表 2—3 提供了一些建议。

表 2—3	非性别语言的建议

1. 使用复数，"Students can monitor their progress" 可以用来替换 "A student can monitor his progress"。

2. 使用 "you"，"Suppose that you have difficulty recalling your social Security number" 的性别歧视就比 "Suppose that a person has difficulty recalling his Social Security number" 弱，而且使读者身临其境。

3. 使用 "his or her" 或者 "her or his"，比如 "A student can monitor her or his progress"，代词的前后顺序可能会显得很别扭，但是女性不能总是出现在后面。

4. 不用代词，"The student is typically the best judge of the program" 可以用来替换 "The student is usually the best judge of his program"。

Source：Based on American Psychological Association（2001）.

语言变化确实需要大家的努力推进。我们经常会发现自己重新回到了男性标准。例如，一辆大卡车在能见度很低时超了我的车，我大声喊道："这司机他（he）到底想干什么啊？"我 9 岁的女儿善意地提醒我，"也可能是她（she），妈妈。"

媒体中的性别偏见

在一本杂志中有一个香水广告，广告上一位女性被鲜花簇拥着，闭着眼睛，如同是在举行葬礼。另外一个广告中有一个正在擦抗皱霜的 20 岁左右的女性，插图中的文字说要在你有第一道皱纹前使用该抗皱霜。你能否把广告中的人物换个性别——让一具死尸状的男模特做香水广告，或者做个广告来鼓励 20 岁左右的男性购买抗皱霜？如果你想看一个广告是否有性别歧视，你可以把广告中的人物改变性别，看看这种改变是否很唐突。

在第 3 章，我们会关注面向孩子的媒体。在本章，我们首先看看面向成年人的媒体中的性别定式，然后再讨论这些性别定式的影响。

性别定式的表现

数以百计的研究对媒体中女性的表现做了调查。或许你偶尔会发现体贴的父亲和精明的母亲。但是，研究通常会得出以下 8 个结论，它们都支持本书的主题 2（对于女性的不同待遇）和主题 3（对女性的忽视）。

1. 女性相对受到忽视。研究表明，女性在媒体中未得到充分的重视。例如，在新闻中女性相对受到忽视。对美国和加拿大的报纸的头版新闻的调查显示，只有 15%～25% 的文章是关于女性的（Bridge, 1994；United Nations, 1995；C. Wheeler, 1994）。在电视上，只有 20% 的经济、政治和国际问题的新闻是由女性报道的（Grieco, 1999；Hoynes, 1999）。另外，只有 20% 的体育节目主持人是女性（R. L. Hall, 2004）。在美国 5 家主要的报刊中，女性在专栏作家中只占到了 10%～28%（Ashkinaze, 2005）。

此外，男性还主导了娱乐界。例如，在黄金时段的电视节目中，男性演员占据了 60%～70%（Lauzen & Dozier, 2002；Perse, 2001）。下面再看看电影界，在 1965—2001 年间获得奥斯卡最佳电影的影片中，主要人物只有 3 个是女性——而且是欧裔美国人（A. G. Johnson, 2001）。对电视节目中人物的分析表明，男性角色是女性角色的 2.4 倍（Gerbner, 1997）。另外，我们很少在电视上看到女性运动员。事实上，电视对于女性运动的报道

仅仅占到所有运动的 9%（R. L. Hall, 2004）。

在当前黄金时段的电视广告中，54% 的主人公是男性，46% 是女性。这和 1988 年统计的比例是完全一致的（Bretl & Cantor, 1988；Ganahl et al., 2003）。甚至新科技也强调男性。例如，65% 的动漫形象是男性（Milborn et al., 2001）。此外，女性很少是电子游戏的主人公，部分原因是只有不到 10% 的电子游戏设计人员是女性（"On-line", 2004）。

2. 女性的声音通常是不被注意的。女性很少被看到，听到的就更少了。例如，只有 5% 的广播节目主持人是女性（Flanders, 1997）。广告中也听不到女性的声音（Perse, 2001）。试想一个你熟悉的经典电视广告，那个称赞产品质量的权威的声音是谁呢？通常它会是一个男性的声音。最近几年，这些声音中男性所占的比例一直比较稳定。在美国的研究中发现 70%～90% 是男性；在英国、葡萄牙、法国、丹麦、澳大利亚、土耳其和日本也发现了类似的情况（Arima, 2003；Bartsch et al., 2000；Furnham & Mak, 1999；Furnham & Skae, 1997；Hurtz & Durkin, 1997；Neto & Pinto, 1998；Uray & Burnaz, 2003）。

3. 职业女性的工作形象很少被展现。例如，电视广告和流行杂志上都会描绘在工作场所的男性，而不是女性（Arima, 2003；Morrison & Shaffer, 2003；D. J. Schneider, 2004）。另外，电视上出现的女性可能会提到她们的工作，可是很少真正出现在自己的工作岗位上。

在第 4 章，我们会发现青少年女性有着宏伟的职业规划。但是，在开始恋爱后，她们经常会放弃自己的计划。对像《17 岁》这样的杂志的分析发现了类似的例子（Peirce, 1990；Schlenker et al., 1998；Willemsen, 1998）。关于外表和男友的文章经常会让人忽略了职业规划和个人独立的文章。在面向成年女性的杂志中，关于恋爱、食物、化妆品和家庭产品的文章远远超过了关于职业和其他重要课题的文章（S. H. Alexander, 1999；French, 1992）。

4. 女性做家务的场景经常被展现。此时所表

现出来的比例相当准确地反映了现实情况。无论是在北美、欧洲、亚洲还是非洲，电视和广播广告都很少展示男性照看孩子或做家务的场景（Arima，2003；Bartsch *et al.*，2000；Furnham & Mak，1999；Furnham & Thomson，1999；Furnham *et al.*，2000；G. Kaufman，1999；Mwangi，1996；Perse，2001；Vigorito & Curry，1998）。

5. 男性和女性在媒体中的表现不同。媒体中的男性比女性更为严肃。例如，当一个女性参加政治选举，你会发现几乎所有的报刊文章都提到了她的发型、身材和服饰（Pozner，2001）。有意思的是，女性比男性出现频率高的电视广告唯有美容产品和服装（Ganahl *et al.*，2003）。此外，体育评论员在说男运动员时往往用"男人"，而在提到女运动员时会叫她们"姑娘们"，这与我们在先前讨论的语言中的偏见是一致的（R. L. Hall，2004）。在媒体中，男性和女性有着不同的人品。在电视和电影中，女性相对无权和被动，男性通常好强和专制（Haskell，1997；Scharrer，1998）。

6. 女性的身体与男性的身体得到不同的使用。杂志和电视上很少有超重的女性（G. Fouts & Burggraf，1999；Greenwood & Pietromonaco，2004；Lin，1998）。在连环画上，女性的身体被夸张地描绘，胸脯很大，腰围很细。她们穿着短裙子或紧身衣（Fraser，1997；Kilbourne，2003；Massoth，1997）。再者，浏览一下杂志中的广告你会发现女性会比男性更多地起到装饰作用。女性穿着性感，拿着个盛液体的瓶子，或者依偎在男性的怀里。相反，男性强壮，通常摆出严肃、尊贵的姿势（Millard & Grant，2001）。

外表美对于女性来说肯定比对于男性更重要。例如，在黄金时段的电视节目中，尽管只有40%的演员是女性，却有65%的对于外貌的赞扬是指向女性的（Lauzen & Dozier，2002）。

7. 有色人种女性很少出现，而且通常是以一种偏见的方式出现。在电视上，有色人种主要是出现在情景喜剧中（C. C. Wilson & Gutiérrez，1995）。例如，黑人很少出现在爱情关系中（Perse，2001）。

在电视节目和广告中，黑人也有合理的代表。但是，其他种族的人却很少出现（Boston *et al.*，2001；Coltrane & Messineo，2000；Perse，2001）。

例如，拉丁裔是美国增长最快的种族，现在已代表12%的美国人口。可是，在黄金档的电视节目和杂志广告中，他们只占了2%（Espinosa，1997；Kilbourne，1999）。通常，他们只是不起眼的配角（Cortés，1997；Rodríguez，1997）。媒体中出现的土著女性更少（S. E. Bird，1999；Perse，2001）。

在前面对于女性和宗教的讨论中，我们注意到宗教中的女性不是圣人就是罪人。媒体中的有色人种的女性也是一样。大部分的有色人种女性不是"好女孩"就是"坏女孩"——无性的或是性感的。她们很少能像媒体中的欧裔女性那样形成美好品质（Coltrane & Messineo，2000；Espinosa，1997；Rodríguez，1997；Vargas，1999）。总之，有色人种女性不是被媒体忽略就是被歪曲。

8. 低阶层的女性很少出现，而且通常以有偏见的方式出现。出乎意料的是，媒体研究人员很少注意到社会阶层的问题。实际上，一些关于电视和其他媒体的书甚至没有把"社会阶层"列入索引中（Bucy & Newhagen，2004；Cortese，1999；Kilbourne，1999；Shanahan & Morgan，1999）。

但是，研究表明黄金时段的电视和其他媒体主要关注中等阶级或有钱人（Mantsios，2001）。如果想在电视中找低收入的女性，你就要看脱口秀节目，比如 The Jerry Springer Show。毕竟，如果她们来自黑人和白人结合的家庭或者发生了不幸的家庭，那么让她们出现在电视中就是合情合理的（Mantsios，2001）。在报纸或杂志中，除了描述正在接受公众帮助的妈妈的文章，你很难找到关于低收入女性的文章。而且这些文章很少关注低收入情况下养活一家子的困难（Bullock *et al.*，2001）。另外，出现在杂志文章中的低收入女性中，黑人占了一半左右，这比实际生活中的比例要高得多（D. J. Schneider，2004）。

现在你已经熟悉了一些女性出现在媒体中的方式，请你看一下专栏2.2。同时，分析一下杂志广告来评价定式的出现情况。请特别留意非传统的广告。正在参加案件调查的女性律师是否自信和有能力？正在给婴儿换尿布的父亲呢？

你可能会想通过在互联网上的地址来与广告商分享观点。赞助商通常对公众的观点比较在意。例如，在看到《多伦多生活》杂志中关于一个宾馆的广告时，我曾给它的主管写信说该广告过于性感。主管回信说，由于公众的抱怨，广告已经停刊了。你也应该学会赞扬一些公司的非传统广告。

48

专栏 2.2　电视中男性和女性的表现

准备几张纸，连续记录 5 个电视节目中男性和女性的情况，请把男性和女性分开来记，记录下每个在屏幕上出现超过几秒钟的个体的行为。用简单的标记来记下每个人正在做什么，比如工作（W）、做家务（H）、或者为其他家庭成员效劳（F）。另外，请记下广告中男性和女性声音的数量。你能否用除了课本中描述的方式以外的模式来描述女性和男性的情况？

在你所看到的电视节目中，社会阶层和种族是如何表现的？你能否找出非性别定式的例子？

性别定式的影响

在媒体中，女性以有偏见的方式出现，这究竟是反映了现实，还是影响了现实生活？尽管这个课题还没有被广泛研究，我们还是有关于以上这两种观点的证据（D. J. Schneider, 2004）。媒体反映的现实就是：女性通常很少被看到和听到，而且比男性做了更多的家务活。媒体还反映出女性过多地认为自己是装饰性的。但是，在其他方面，广告并没有反映真实情况。例如，你的女性朋友是否有着满脖子的饰品，或是请邻居去闻马桶里的味道？

研究表明，媒体会通过改变人们的行为和观念来影响现实。在一个经典的研究中，研究人员发现，看到非传统电视广告的大学女生比那些看了传统电视广告的更为自信（Jennings et al., 1980）。

广告还会影响性别角色态度。例如，非传统型的男性在看到不带有性别定式的广告后会变得更为非传统。相反，看到带有性别定式的广告后，男性会变得更为传统（Garst & Bodenhausen, 1997）。其他研究表明，在看了带有性别定式的广告后，男性和女性的女权主义态度会降低（MacKay & Covell, 1997）。

媒体还会影响我们对他人做判断的方式。例如，J. L. Knight 和 Guiliano（2001）让学生阅读一篇关于女运动员的文章并从各个方面评价她。如果文章强调了她的运动能力而非外表魅力时，学生们会在能力、好强和英勇方面给她评价较高。即便是微小的区别也会对人们的定式带来重要影响（M. J. Levesque & Lowe, 1999）。尽管我们还没有见到更多的振奋人心的例子，媒体还是应该有能力帮助人们接受非传统性别角色。

49

小结——性别偏见的表现

1. 性别定式是关于男性和女性特征的观点；偏见是指有偏见的态度或情绪反应；歧视是指有偏见的行为。

2. 我们对于女性在历史中的表现所知甚少。总体上来说，哲学家们强调女性比男性低等。

3. 犹太教和基督教都认为女性是低等的；印度教也对女性有不好的评价。各种宗教和古代神话都认为女性是恶魔、女巫或圣母。

4. 用来描述女性的术语通常强调她们次要的身份，这些术语都是负面的或把女性儿童化。

5. 许多研究表明，男性标准使得人们更多地考虑男性而不是女性；男性标准的术语很容易被替换。

6. 媒体中的女性以一种定式的模式出现。女性比男性出现的次数少，她们很少以职业形象出现，却经常出现在家务场景中。媒体以更严肃的方式来处理男性；女性的身体在媒体中也有不同于男性的表现。

7. 黑人女性和低收入的女性更有可能会被低估或者以一种定式出现。

8. 媒体中女性定式的表现助长了带有性别定式的行为、自我认知和态度。另外，如果女性以一种性别定式的方式出现，我们会认为她们不够有能力。

人们关于女性和男性的观念

在本章第一部分，我们了解了男性和女性在历史、哲学、宗教、神话、语言和媒体中的出现情况。这些情况无疑会让人们形成关于性别的观念。下面我们转向大学——更确切地说，在大学校园中的男女。他们的性别定式是怎样的？为什么性别主义是一个复杂的问题？什么思维过程产生了这些定式并使其保持强势？性别定式是如何影响人们的行为的？最后，人们是否接受这些定式，以至于女性会以"女性化的"词语来描述自己，而男性倾向于用"男性化"的词语？

50

性别定式的内容

性别定式如此广泛，以至于它渗透到了广泛的行为中（Barnett & Rivers，2004；P. Kaminski，personal communication，2004）。例如，大部分人相信男性的数学分数比女性高，但是，在第 5 章中我们会看到，通常女性的成绩更好些。大部分人还认为男性领导比女性领导更有效率，但是我们在第 6 章会反驳这种定式。另外，大部分人认为男性比女性更有可能会患心脏病，但是在第 11 章我们会发现这种定式是不正确的。

在这里我们主要关注人们关于男性和女性的个性特征的定式。在继续读之前，请看一下专栏 2.3。该专栏并不要求你评价你自己关于男性和女性的定式或观念，而是要你猜测大部分人所想的。你可能会发现你的答案是准确的。

专栏 2.3　关于男性和女性的定式

本专栏要求你猜测大多数人对男性和女性的看法。在你认为大多数人都认为是女性特征的词前面写 W；在大多数人都认为是男性特征的词前面写 M。

___	自信	___	易变	___	温柔	___	贪婪
___	善良	___	热情	___	好斗	___	紧张
___	积极	___	能干	___	敏感	___	健谈
___	喧闹	___	虚荣	___	冲动	___	耐心
___	谦虚	___	勇敢	___	创新	___	权势

答案在本章的后面，根据是研究人员的研究中所获得的材料（Cota *et al.*，1991；Street，Kimmel，& Kromrey，1995；J. E. Williams & Best，1990；J. E. Williams *et al.*，1999）。

如果你查看一下关于男性和女性性格特征的列表，你会发现这两个列表是不同的。理论家认为，"能动作用"（agency）描述的是对于自身利益的关注，与之相关的术语（如自信的、竞争的）通常是男性化的；而"交流"（communion）强调对个体与他人关系的关注，与之相关的术语（如温柔的、热情的）通常是女性化的（Eagly，2001）。一般情况下，较高身份的性格特征是和男性相关的（Ridgeway & Bourg，2004）。

下面我们从各个种族来看关于男女定式的问题，然后再考虑某些变量是如何影响我们的定式的。

来自不同种族的性别定式

除了关于男女的简单的定式，人类还创造了不同种族的性别定式（Deaux，1995；D. J. Schneider，2004）。例如，Yolanda Niemann 及其同事（1994）请来自 4 个不同种族的大学生列出 10 个最能代表这 4 个种族男女各自特征的形容词，实验对

51

象中有男性也有女性，因此最后我们得到了 8 组数据。表 2—4 汇总了所有被试的数据资料，并列出了对于每一类人最常用的 3 个形容词。可见，人们并没有可以适用于所有 4 个种族的统一的定式。相反，性别和种族共同作用从而产生了一系列的性别定式。

表 2—4	使用最多的 3 个用来描述 4 个种族男性和女性的形容词
欧裔女性	**欧裔男性**
有魅力的、聪明的、任性的	聪明的、任性的、上层的
非洲裔女性	**非洲裔男性**
声音洪亮的、皮肤黑的、敌视的	运动的、敌视的、皮肤黑的
亚裔女性	**亚裔男性**
聪明的、低声细语的、友善的	聪明的、矮的、追求成就的
墨西哥裔女性	**墨西哥裔男性**
黑/棕色头发的、有魅力的、友善的	下层的、工作努力的、敌视的

Source：Based on Niemann *et al*.（1994）.

然而，在现实生活中，我们可以在这些种族性别种类中再做划分。例如，在所有的种族的定式中，女性都有"好"和"坏"之分。从事种族研究的专家学者指出，黑人女性如果不是被看作热情而不性感的"妈妈"——这是自奴隶时代就有的一个定式——就是被看作是性感放荡的（C. M. West，2004）。对拉丁裔女性也有类似的描述，不是圣女就是荡妇（Baldwin & DeSouza，2001；Peña，1998）。亚裔女性被认为或是羞怯、顺从的少女（或少妇），或是恐怖、独断的"恶妇"（LeEspiritu，2001；Matsumoto & Juang，2004）。

有意思的是，对于人们关于土著美国女性的定式我们却了解得很少（Russell-Brown，2004）。Niemann 及其同事（1994）没有研究土著美国女性，所以在表 2—4 中没有列出来。大多数人听到"土著人"或"印第安人"时，他们想到的是一个男性。总之，在北美大部分地方的人们对于这个当地最少的有色人种女性没有清晰的定式（Comas-Díaz & Greene，1994）。

对于性别定式的种族内部的研究发现了这些定式的复杂性。没有任何简单划一的定式可以代表所有的女性。相反，根据我们正在研究的群体的社会阶层、种族和其他特征，我们可以做出进一步的划分（Lott & Saxon，2002）。

影响定式的因素

我们已经谈到正在研究的对象的各种特征能影响我们的定式。例如，种族作为一个刺激物变量可以影响这些定式。下面我们换个角度，看一下研究主体——拥有这些定式的人们——的特征。在关于性别的研究中，主体变量有时是重要的。（你如果想回顾刺激物变量和主体变量之间的区别，请看第一章。）

定式是否会被主体变量所影响，如性别、种族和所处文化？或者，无论我们的社会背景如何，我们都有着一样的性别定式吗？答案好像是处于这两个可能性之间。

请考虑一下研究人员的性别的影响。通常，男性和女性有类似的性别定式，但是男性的比女性的更为传统（e.g.，Bryant，2003；Frieze *et al*.，2003；Levant & Majors，1997；D. J. Schneider，2004；Twenge，1997）。在不同性别内部，对于性别定式的强度也有细微的区别（Monteith & Voils，2001）。与本书主题 4 相一致的是，有些女性有较强的性别定式，而有些女性认为男性与女性比较相像。

相反，研究人员的种族对于性别定式没有一致的影响（R. J. Harris & Firestone，1998；Levant *et al*.，1998）。性别定式比我们起初所想的要复杂得多（Deaux，1999；D. J. Schneider，2004）。

别的国家的人们是否也有不同的性别定式呢？跨文化研究是很有挑战性的，因为有些在北美使用的英语术语不能简单地翻译成其他文化的语言（Best & Thomas，2004；Gibbons *et al*.，1997）。

Deborah Best 和 John Williams 曾经进行了关于性别定式的最为广泛的跨文化研究（Best & Thomas, 2004; J. E. Williams & Best, 1990; J. E. Williams *et al.*, 1999）。他们测评了 100 所大学中的来自 25 个国家的学生（其中男女各占一半）。结果显示，来自不同文化中的人们的性别定式是类似的。例如，人们通常认为男性更为外向和有进取心，而女性更为依附和顺从（Best & Thomas, 2004; Matsumoto & Juang, 2004）。

总之，性别、种族和文化等因素对于人们的性别定式有着复杂的影响。但是，各组人们的性别定式之间的一致性比差异性更为明显。现在在继续学习之前来看一下专栏 2.4。

专栏 2.4   运用隐性关联测试来评价关于社会群体的隐性态度

请登录"隐性工程"网站（https：//implicit. harvard. edu/implicit/demo/），你能测试到自己对性别、种族、性取向、残疾人和老年人的态度。一定要按照提示尽快地做出反应，因为缓慢做出的反应评估出的是显性态度，而不是隐性态度。

隐性性别定式

到目前为止，我们讨论了**显性性别定式**（explicit gender stereotypes），这是你知道自己是在被测试的情况下所展现的一种性别定式。例如，一个研究人员问你："你是否认为男性的数学能力比女性更强？"大多数有着社会意识的学生会回答"不"。类似的显性问题暗示，有着严格的性别定式是不合适的。结果，你会做出一个更为合适的答案，而不是你想说的"是"（Fazio & Olson, 2003）。请注意，这些传统的显性测试可能会低估人们性别定式的强度。

20 世纪 90 年代末以来，心理学家使用了一种不同的技巧来进行研究。**隐性性别定式**（implicit gender stereotypes）是你在没有意识到被测试的情况下所展示的定式。这种研究通常会使用你刚才在专栏 2.4 中做过的隐性关联测试（IAT）。该测试的原理是：如果两个词汇是相关的，人脑就可以把它们很快地联系在一起；而在联系无关的词汇时人们会花费更多的时间（Greenwald & Nosek, 2001; Greenwald *et al.*, 1998; Whitley & Kite, 2006）。

下面来看一下 Nosek 及其同事（2002）运用隐性关联测试开展的研究。被试坐在电脑前，由电脑展示一系列词汇。一个典型的与性别定式相关的测试是这样的：如果屏幕上的词汇与数学有关（比如微积分或数字），或者与男性有关（比如叔叔或儿子），被试就按左边的键；如果词汇与艺术有关（比如诗歌或舞蹈），或者与女性有关（比如婶婶或女儿），被试就按右边的键。请注意，如果人们有定式认为数学和男性有关，艺术和女性有关，那么这些关联就是非常容易的。

然后，测试指令交换一下，以使关联和性别定式不一致。在一个典型的测试中，如果屏幕上出现的词汇与数学和女性相关，就按左键。如果词汇与艺术和男性相关就按右键。无论是哪种情况，被试都被要求尽快做出反应，以使他们不是有意识地考虑他们的反应。

试验结果表明，被试对与性别定式一致的关联要比对与性别定式不一致的关联明显反应快。也就是说，数学和男性仿佛是一起的，而女性和艺术仿佛是一起的。因此，这个研究表明在使用隐性测试时人们会展现出更强的性别定式，可是，如果运用显性测试，人们会考虑到要做出社会上欢迎的答案从而否定了这些定式（Hewstone *et al.*, 2002）。

当前性别主义的复杂性

在本章的开头我们介绍了 3 个相互联系的概念：定式、偏见和歧视。在前面我们主要讨论了定式。下面我们来了解偏见（有偏见的态度），以及当前性别偏见的复杂性。

1989 年，一位得克萨斯州的参议员说："知道为什么上帝要创造女人吗？那是因为羊不会打字。"（Armbrister，cited in Starr，1991，p.41）这句话明显带有性别主义，毫无疑问。而现在的性别主义更为隐蔽和复杂（Brant et al.，1999）。下面我们来看偏见的 3 个组成成分：（1）关于女性能力的态度；（2）关于女性"友好"的态度；（3）一个相关课题，一个新近设计出来的标准，用来测试现在相当普遍的复杂而又矛盾的性别歧视。最后，我们会了解一些关于人际关系中的性别歧视的研究。

关于女性能力的态度

过去的 40 年中所进行的诸多研究主要集中在人们对于女性成就的态度上（e.g.，Beyer，1999b；Goldberg，1968；Swim et al.，1989）。有些研究要求学生们对在控制情况下的男性或女性进行判断。例如，Haley（2001）请白人大学生参加一个虚拟的申请奖学金研究。该申请包括一个申请表格和一篇两页的文章。在研究中，有些学生接到的申请表格中明确指出申请人是男性；其他的学生收到的申请表格是一样的，唯一不同的是申请人是女性。研究要求学生决定申请表格中的学生应该得到多少奖学金。Haley 的研究表明，男大学生给男申请人分配的奖学金比给女申请人的高大约 1 900 美元。相反，女大学生给女申请人分配的奖学金只是稍微比男申请人多大约 300 美元。

Susan Fiske 及其合作作者（2002）和 Peter Glick 及其合作作者（2004）所做的研究中要求来自 16 个不同国家的学生和不是学生的人员评价不同种类的群体，如男性和女性。被试认为男性明显比女性更有可能与身份和权位相关。

我们应该注意到有些研究并没有对女性的能力持负面态度。研究人员尝试着找出女性能力可能被低估的情况。下面是他们的结论：

1. 男性比女性更有可能会低估女性（Eagly & Mladinic，1994；Frieze et al.，2003；Haley，2001）。

2. 在人们对于所评价的人所知甚少时，人们对女性的评价不如对男性的好（Swim et al.，1989）。

3. 那些在某职业中有专长的评价人员最有可能会低估女性；当评价人员是男性时则更甚。据此观点，学生不会有太大的偏见——所以，研究学生的态度是最常用的（e.g.，Haley，2001）。在现实生活中，女性很有可能会受到来自"专家"的评价，而专家往往持有更大的偏见。

4. 当女性以传统的男性方式行为时受到的歧视最为强烈（Eagly et al.，1992；Eagly & Mladinic，1994；Fiske & Stevens，1993；Fiske et al.，1993）。下面我们来看一位会计师 Ann Hopkins 上诉于法庭的性别歧视案（Fiske et al.，1991；Fiske & Stevens，1993）。她很有希望被提升为一位股东，在所有的 88 个候选人中，只有她是女性。尽管她给公司带来的生意是所有的候选人中最多的，可是公司并没有提升她。理由是她缺少人际交往能力，而她强硬的管理风格也使得人们称她为"男人"。

请注意这种对于能力较强女性的偏见的两面性。一方面，如果这些女性行为风格是典型的女性化和温顺的，那么她们不可能有说服力。如果 Ann Hopkins 穿着性感，行为温顺，她能给公司带来 2 500 万美元的生意吗？而另一方面，如果这些女性行为男性化和果断，那么她们的上司会给她们负面的评价。值得庆幸的是，Hopkins 在她的案件到达美国高级法院后获胜（Clinchy & Norem，1998）。

关于女性"友好"的态度

人们认为女性不是特别有能力，但是都承认女性一般都比较友好。Alice Eaply 对此进行了一系列的研究。她的关于性别比较的研究构成了第 6 章。在本研究中，要求大学生用"友好/不友好"、"好/坏"和"善良/讨厌"等尺度来评价"男性"和"女性"（Eagly，2001，2004；Eagly & Mladinic，1994；Eagly *et al.*，1991）。与男性相比，女性在这些方面通常得到的正面评价较高。例如，"大男子主义的男性"得到的分数最低；与"性感女性"相比，男性被认为是很不友好的。其他研究也证实女性得到的正面评价比男性多，而且女性也比男性更热情（Fiske *et al.*，2002；Glick *et al.*，2004；Whitley & Kite，2006）。

我们知道，人们并不是对所有女性都给予正面评价。例如，W. D. Pierce 及其同事（2003）请

一些加拿大的大学生给下面 3 种人打分："男性"、"女性"和"女权主义者"。图 2—2 展示了他们的反应，其中，"－2"是最负面的评价，"0"是中等评价，"＋2"是最肯定的评价。你可以看到，他们给"女性"的打分比给"男性"的高很多。可是，"女权主义者"的分数最低。在另外一个对加拿大和美国的大学生的试验中也出现了类似的结果（Haddock & Zanna，1994；Kite & Branscombe，1998）。

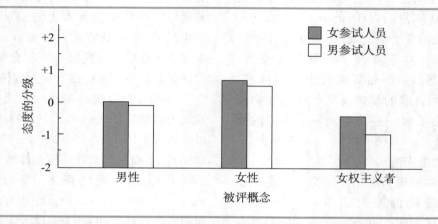

图 2—2　基于参试人员性别的对"男性"、"女性"和"女权主义者"等概念的态度

注：＋2＝特别认可；－2＝特别反对。
Source：Based on Pierce *et al.*（2003）.

自相矛盾的性别主义

我们发现当前的性别主义是非常复杂的，人们可能会认为女性能力不够，但是却相当友好——除非她们是女权主义者。

Peter Glick 和 Susan Fiske（1996，2001a，2001b）曾试图用一个他们称之为"自相矛盾的性别歧视"的量表来衡量性别主义的复杂性。他们认为，性别主义不是对女性的普遍的厌恶，而是一种对于女性的自相矛盾的深厚偏见。这一量表包含两种性别主义：恶意的性别主义和善意的性别主义。

恶意的性别主义（hostile sexism）是一种较为严重的性别主义，认为女性比男性低等，而且应该"安分守己"，主要是针对那些非传统的女性，如职业女性和女权主义者。**善意的性别主义**（benevolent sexism）是一种较为隐性的性别主义，认为女性特别友好和纯真，主要是针对传统女性

的，如家庭妇女（Fiske，2004；Fiske *et al.*，2002）。但是它也强调女性与男性有别，而且女性是弱势群体。

请注意这两种性别主义与宗教和种族中女性的不同表现以及我们刚刚讨论的包含肯定和否定的混合态度是一致的。所有这些一般倾向都显示了对女性的矛盾心理。

自相矛盾的性别主义已经在全球 19 个国家中的 15 000 个男性和女性中做过实验（Glick *et al.*，2000）。在这些国家中既有恶意的性别主义也有善意的性别主义。这些研究还表明在恶意的性别主义方面的差异比在善意的性别主义方面的差异更大。另外，Glick 及其同事还从联合国获得了这 19 个国家的性别平等状况的数据。性别平等的根据是女性的收入状况以及政府高级官员中女性成员的比例等。

在性别平等程度低的国家，被试的善意和恶

意性别主义都比较高。对于恶意的性别主义比较
容易理解：当人们认为女性比男性低等时，女性
的工资就会比较低，也很难得到政府中的职位。
性别平等与善意的性别主义之间的关系更为微妙。
但是，善意的性别主义也使得人们认为性别不平
等是合理的。因为它认为女性善良而无助，男性

必须在工作场合避免让她们承担太多的责任
（Glick & Fiske，2001a，2001b）。

　　总之，对于自相矛盾的性别主义的研究更表
明了当前性别主义的微妙与复杂。同时，它还表
明这两种不同的性别主义在全球都很普遍。

人际交往中的性别歧视

　　我们已经了解了性别定式和性别偏见的本质。
我们下面来分析性别歧视。在北美，无论是在实
验研究还是现实生活中，人们对待男性和女性的
态度都是不同的；另外，在有些国家中性别歧视
甚至会带来致命的后果。

北美的性别歧视

　　一项经典的性别歧视实验研究是 Bernice Lott
在基本的人际交往情况下进行的。研究人员在隔
光玻璃后对成对的互不认识的学生在一起工作的
场景进行了观察（Lott，1987；Lott & Maluso，
1995）。该研究表明女性很少会对同伴做不好的评
价（无论是男是女）。但是男生对女性同伴的负面
评价比对男性同伴的更多。

　　实验研究中的结论与现实生活中所做的研究
是 相 符 的（e.g.，Anthis，2002；Landrine &
Klonoff，1997；Swim et al.，2001）。例如，Janet
Swim 及其同事（2001）进行的系列研究中，请大
学女生记录她们在为期两周的时间内自己所遇到
的严重的性别主义言论与行为的数量。她们汇报
说，这种事情平均会一周发生一次或两次。一类
性别主义言论与行为强调传统的性别定式评价
（例如，"你是个女的，所以应该给我叠衣服"）。
另一类是贬低女性的言论和行为（例如，一个男
人对一个正在与朋友聊天的女性说："小姐，给我
来点啤酒！"）。第三类包含有淫秽的言论和行为。
另一个在北卡罗来纳社区进行的研究表明，61%
的女性说她们每天或者经常听到性暗示（比如，
"真好的屁股啊"）（Nielsen，2002）。

　　在第 7 章（工作场所的性别歧视）中，我们会
讨论其他形式的人际交往中的性别歧视。在第 12
章，我们会发现人际交往中的性别歧视可能会造成
女性较多的精神抑郁现象（Schmitt et al.，2002；

Swim et al.，2001）。女性遭受的交往歧视不会
立即消失。相反，这些性别歧视经历通常会降
低女性生活的质量。这一部分给本书主题 2 提
供了充分的证据：人们对待男性与女性的方式
不同。

其他文化中的性别歧视

　　本书中的大多数研究都集中在美国、加拿大
和其他英语国家。但是，在许多国家中我们刚才
讨论的性别歧视——比如对于女同事的负面评
价——会被认为是不值得一提的。最近，阿富汗
的女性所受到的性别歧视极为严重。在一段动乱
之后，一个叫做"塔利班"的组织在 1994 年控
制了阿富汗。他们不允许女性外出工作。因此，
先前做教师、医生、护士的未婚女性只能沿街乞
讨，甚至成为妓女（W. Anderson，2001；Physi-
cians for Human Rights，1998；Vollmann，2000）。
女性不能进入学校接受教育，也不能接受医疗护
理（Latifa，2001；Lipson，2003）。阿富汗女性的
受教育比例只有 4%，而男性达到了 30%（Amiri
et al.，2004）。这个差距比其他大多数的发展中
国家都大（United Nations，2006）。

　　外出时，阿富汗女性需要穿着罩袍，把整个
身子完全包起来，只在眼睛处留一个小孔来看路。
如果身体的某个部位露了出来，她就要挨揍。例
如，一个女性曾经描述她阿姨一不小心把脚踝露
了出来，结果一个士兵用一根金属棍子打断了她
的腿。可以想象，这些限制对于女性的精神健康
有着严重的危害。

　　你可能知道，在 2001 年"9·11"事件之后美
国摧毁了大部分的塔利班组织的领导。但你或许
不知道，在 20 世纪 90 年代美国政府援助给塔利班
上亿美元来抵抗俄罗斯的军队。令人遗憾的是，

美国政府那时忽视了塔利班组织对女性的虐待。同样令人遗憾的是，现在塔利班组织又重新发展了它的势力。例如，30 所女子学校被它毁坏，这些学校的老师也受到威胁（A. Williams，2003，2004）。另外，越来越多的女孩和妇女遭受到性骚扰（Kristof，2004）。大多数的女性还被迫穿着罩袍，而且大部分的女孩在 16 岁以前就要结婚（Huggler，2006）。

而在斯堪的纳维亚地区，那里的女性比美国的女性所受到的性别歧视程度还小。例如，在国会（这些国家中的最高政府机构）中女性的比例从冰岛的 24％，到芬兰和挪威的 39％（Solheim，2000）。而目前美国参议院中女性只有 16％。以美国为中心的观念使得美国民众认为在我们的社会中女性得到了很好的照顾。大多数情况下这是正确的。但遗憾的是，本书会告诉你很多例外。

异性恋主义

在前面对于当前性别主义的讨论中，我们发现人们对男性和女性做了明确的区分。他们可能对女性有恶意，可能没有恶意，但是最重要的是人们认为女性与男性从心理上有区别。在讨论主题 2 时我们强调过，人们对于男性和女性的反应不同。通过这一章我们会发现人们把世界分成两类：女性与男性。

我们的文化中的性别分类对于恋爱有着重要的影响。具体来说，这种性别分类使得人们相信"男性"中的一员应该与"女性"中的一员相爱。很多人都为同性恋关系而感到困扰。

女同性恋（lesbian）是指在心理、精神和性方面对其他女性感兴趣的女性。**男同性恋**（gay male）是指在心理、精神和性方面对其他男性感兴趣的男性。**双性恋**（bisexual）是指在心理、精神和性方面对男性和女性都感兴趣的人。第 4 章会讲述青春期女性是如何开始形成性取向的；在第 8 章我们会讨论性取向的可能性解释，以及同性恋和双性恋女性的恋爱问题；第 9 章主要讨论女同性恋的性问题；第 11 章讨论女同性恋妈妈；第 14 章是关于年长的女同性恋关系的。

但是，在这里我们会集中讨论异性恋。在第一章我们提到，**异性恋主义**（heterosexism）是对男女同性恋和双性恋，或者任何不是异性恋的群体持贬低态度的信念体系（Whitley & Kite，2006）。一个相关的术语是**性偏见**（sexual prejudice），即一种基于某个个体的性取向而对此个体所产生的负面态度（Garnets，2004；Herek，2004）。下面我们来看一些异性恋主义的例子，然后看与其相关的因素。我们强调过性别主义把男

性放在核心，而把女性放在边缘。同样，异性恋主义使得异性恋处于核心，而其他的则处于边缘位置。

异性恋主义的例子

很多不同种类的异性恋主义表明我们的文化看重异性恋而不是同性恋。例如，很多同性恋汇报说他（她）们的伴侣在家庭聚会的时候不受欢迎。另外，超过半数的同性恋曾经由于自己的性取向而受到语言上的威胁（D'Augelli et al.，2002）。例如，克拉拉在高中时是学生会主席，她对同班同学说她是同性恋。第二天，在学校的一面墙上就有人用红笔写了大字"克拉拉将会死掉"（Owens，1998）。

调查还表明大约有三分之一的同性恋曾经被跟踪，还有三分之一的同性恋曾被袭击（Herek et al.，1997；Herek et al.，2002；Pilkington & D'Augelli，1995）。例如，一位妇女讲述了她和她的一些女性朋友在一个公园散步时受到了 3 个男人的威胁。尽管她们说她们不想打架，那些男人还是袭击了她们。一个女性的鼻子被打破了，一个被打昏了，还有一个脸部被打，另一个被打得严重出血（Herek et al.，2002）。

我们发现，由于同性恋的性取向，他们经常遭受白眼、威胁和人身攻击等人际交往歧视。他们还受到来自组织机构的歧视，即来自政府、公司和其他组织机构的对于同性恋和双性恋的歧视。例如，大多数的保险公司拒绝给同性恋上保险。我记得一个朋友解嘲道，她的保险金不能使与她一起生活了 20 年的女朋友受益。相反，一个男同事的妻子，尽管结婚还不到 3 年而且已经与丈夫分

手，却仍然能够领到保险金。

与异性恋主义相关的因素

人们对于同性恋和双性恋的态度是很复杂的。一般来说，男性在对同性恋的态度方面比女性更为不友好（Herek，2002a；Whitley & Kite，2006）。男性比女性更可能犯反同性恋罪（Herek *et al.*，2002）。还有，人们一般都对男同性恋比对女同性恋的态度更为不友好（Herek，2000a；Schellenberg *et al.*，1999）。

另外，有着传统性别角色的人比有非传统性别角色的人更可能会表达性别偏见（Basow & Johnson，2000；Whitley & /Egisdóttir，2000；Whitley & Kite，2006）。一般地，有异性恋主义态度的人们通常会在政治和宗教上较为保守。他们还倾向于成为种族主义者（Horvath & Ryan，2003；Kite & Whitley，1998，2002）。但是，学生们经历大学教育后会变得更为宽容（Hewitt & Moore，2002；Schellenberg *et al.*，1999）。你可以通过专栏 2.5 来评价自己对同性恋的态度。

专栏 2.5　对同性恋的态度

请对以下问题做出"是"或"否"的判断。（请注意，该问卷是为异性恋者而设计的，因此，有些问题可能会不适合于同性恋者或双性恋者。）

1. 我不介意同性恋。
2. 如果我发现室友是同性恋，我会换个地方住。
3. 在公众选举中，我会投票给同性恋候选人。
4. 在公众场合同性别的两个成年人手牵手是很让人厌烦的。
5. 我认为同性恋没有罪。
6. 我不愿意给同性恋的老板打工。
7. 如果一个组织有同性恋的工人，我是不愿意在这样的单位上班的。
8. 我不介意自己孩子的老师是同性恋。
9. 同性恋比异性恋更有可能有诸如恋童癖等行为。
10. 我认为同性恋运动是件好事。

要了解你的态度，可以把第 1、3、5、8 和 10 题的答案中"是"的数量加起来；然后，把第 2、4、6、7 和 9 题的答案中"否"的数量加起来。最后，把这两个数加起来，如果得到的数值接近 10 就表明你对同性恋的态度比较宽容。

Source：Based on Kite & Deaux（1986）.

小结——人们关于女性和男性的观念

1. 人们认为男性和女性在很多方面有着本质性的区别，男性在能动方面能力较强，女性在交流方面能力较强。这些性别定式在最近几十年以来都是如此。

2. 人们对不同种族的女性有着不同的定式；但是，在大多数情况下，各个种族内部都有"好女人"和"坏女人"。

3. 性别、种族和文化等因素可能会影响到个体的性别定式强度。但是，性别定式从总体上来说是一致的。

4. 心理学家发明了隐性关联测试，根据反应的速度而不是评价尺度来评价定式的强度，因为在使用评价尺度时，被试可能会提供出社会认可的答案。

5. 在下面 4 种情况中，女性的能力可能会被低估：（1）男性做评价人员时；（2）对被评价女性所知甚少；（3）评价人员是专家；（4）女性以典型的男性行为方式做事。

6. 人们通常会在友善方面给女性较高的评价，但是对女性主义者的评价却比较低。

7. 在自相矛盾的性别主义量表中，男性在善意的和恶意的性别主义方面都比女性的分数高。

8. 研究表明了人际交往中的性别歧视（例如，关于女性的负面言论或性别歧视的评价）。在阿富汗等社会中的性别歧视比北美更为严重。

9. 严格的性别分类助长了异性恋主义；同性恋经常会受到骚扰，很多甚至受到袭击。男性比女性通常会表现出更多的性歧视，有传统性别角色的人也更可能会表现出性歧视。

性别定式的结果

到目前为止，我们已经研究了和性别有关的很多定式、性别偏见和性别歧视。可是，性别定式对我们的认知过程、举止行为和性别身份都有着重要的影响。事实上，性别定式能够强烈地影响我们的生活（Schaller & Conway，2001）。

性别定式与认知错误

性别定式的一个结果就是导致我们犯认知错误——也就是说，错误在我们的认知中发展。**社会认知论**（social cognitive approach）解释了这些错误是如何产生的。社会认知论还为性别定式、异性恋定式以及在种族、社会等级和年龄上的定式提供了一个有用的理论解释。社会认知论，定式是指能够指导我们处理包括性别问题在内的信息的信念系统（Schaller & Conway，2001；Sherman，2001）。

我们倾向于把所遇到的人分成不同的社会群体，这几乎是一个不可避免的认知过程（Brehm et al.，2005；Macrae & Bodenhausen，2000；D. J. Schneider，2004）。我们把人分成男性和女性，白人和黑人，高官和平民，等等。

社会认知论认为定式通过创建类别来帮助我们简化与组织世界。我们给人分类的主要方法是根据其性别（Harper & Schoeman，2003；Kunda，1999；D. J. Schneider，2004）。这种根据性别而给别人分类的过程是习惯性的和自然的。但是，问题在于这一分类和定式过程通常会使我们产生错误思维。而这些错误又会导致进一步的错误。具体来说，因为我们有了定式，我们就会认为男性与女性不同，而这种观念又使得我们的定式进一步加深；加深了的定式会使人们更倾向于认为男

性与女性不同。因此，定式很难改变（Barone et al.，1997；Macrae & Bodenhausen，2000）。

下面我们来看几种性别定式导致认知错误的途径：

1. 人们倾向于夸大男女之间的差异。

2. 人们倾向于认为男性是主导的，而女性是次要的。

3. 人们通常会在性别定式的基础上做出有偏见的判断。

4. 人们通常会有选择地记住与性别定式相一致的信息。

夸大男女之间的差异

我们通常会夸大群体内部的相似性和群体之间的差异（T. L. Stewart et al.，2000；Van Rooy et al.，2003）。我们把世界分成男性和女性两个群体，并倾向于认为所有的男性都是相似的，所有的女性都是相似的，而这两个群体之间是不同的，这种倾向就是**性别分化**（gender polarization，Bem，1993）。性别分化使得我们去谴责那些不遵守这些严格规定的人们。比如我们在前面讨论过，很多人尽管对女性持有肯定态度，却对女权主义者持否定态度。

在本书中我们始终强调了男性和女性的性格是类似的。但是，令人遗憾的是，性别分化通常

65

在男性和女性之间设立了一个人为的鸿沟。人们通常认为男女之间的心理特征差异很大，而实际情况并非如此（J. A. Hall & Carter，1999；C. L. Martin，1987）。人类的认知过程好像倾向于明显的区别，而不是日常生活中更为常见的模糊的差异（Van Rooy et al.，2003），而且尤为强调建立在性别基础上的差异。

以男性为主导

66　　　在本章前面的介绍中，我们提到以男性为主导是指男性的经历被看作是标准，即整个种族的标准。相反，女性的经历是男性经历的附属（Basow，2001；Bem，1993，2004）。例如，当我们听到"person"这个单词时，我们会倾向于认为这个人是个男性而不是女性（M. C. Hamilton，1991；Merritt & Kok，1995）。类似地，D. T. Miller 及其同事（1991）请人们描述一个"典型的选民"，72%的被试描述了一个男性。另外，成年人和儿童通常都会用"he"来指一个动物玩具，除非这个玩具有明显的女性着装（Lambdin et al.，2003）。

在人们讨论性别差异时，男性占主导的观念也会出现（Tavris，1992）。在第 5 章你会学到，男性与女性在自信方面有时有差异。但是，研究通常认为男性有着"正常"水平的自信，而女性却缺乏。也就是说，男性是比较的标准。事实上，女性有着充分的自信，她们能够很准确地判断她们的表现。从这个角度来看，男性是过于自信和以自我为中心了。

在第 1 章我们已经看到了以男性为中心的例子。性别心理学的早期历史表明男性是中心。我们对男性语言的讨论以及不同性别出现在媒体中的比例都反映了以男性为中心的现实。另外，以男性为中心在工作场合、家庭生活以及医疗保健中都很明显（Basow，2001），这一点我们在本书随后的章节中可以了解到。

对男性和女性做出有偏见的判断

许多性别定式是建立在事实基础上的，因此这些定式至少部分地正确（Schaller & Conway，2001）。可是，性别定式可能还会导致我们以有偏见的方式来理解特定行为（Blair，2001）。例如，人们在判断情绪反应时往往会有定式的解释（M. D. Robinson & Johnson，1997）。Chingching Chang 和 Jacqueline Hitchon

（2004）开展了一个有代表性的关于带有偏见的判断的研究。他们给一些美国大学本科生发放广告，有的是男性政治候选人的广告，有的是女性政治候选人的广告。我们看到，广告中并没有介绍该候选人所擅长的领域。在看了广告后，请学生们对候选人在各个领域的能力进行了评价。尽管学生们并没有相关的背景知识，他们还是认为女候选人在"女性问题"上比男性更有能力，如儿童和保健。同时，他们认为在诸如经济和国家安全这类"男性问题"上，男性比女性更有能力。当我们在没有相关背景知识的情况下进行判断时，我们会依靠性别定式。

我们倾向于做出定式的判断这种现象自然是受到很多变量的影响的。关于个体的具体信息的影响力有时会非常大，以至超过定式（Kunda & Sherman-Williams，1993）。一个女性可能会非常适合一个工作，因此她的实际能力会超过她是个女性这个"问题"。但是，如果我们正忙于别的事，我们更有可能会用性别定式来判断（Macrae & Bodenhausen，2000；D. J. Schneider，2004）。67

人们对一种被称为归因的判断进行了许多研究。**归因**（attribution）是指对于人们行为的原因的解释。第 5 章讨论了人们如何就自己的行为做解释。在本章，我们会讨论人们如何就其他人的行为做出定式解释。

对于归因的研究十分广泛和复杂。研究表明，人们通常会认为女性在某事上的成功是因为她的努力（D. J. Schneider，2004；Swim & Sanna，1996）。例如，研究人员研究了父母在孩子数学方面的成就中的贡献。在女儿数学成绩好时，父母会认为是因为她用功。相反，儿子数学好，父母会认为他有能力（Eccles，1987）。请注意这个研究的意义：人们认为女性应该更为努力来达到与男性同等水平的成绩。

在人们解释平常被认为低等的人的成功时，通常会用"努力和用功"来解释。例如，一个白人男演员在一出戏剧中成功扮演了银行家，人们会认为是由于其较高的能力（Yarkin et al.，1982）。但是，在评价白人女性、黑人男性或者黑人女性时，人们就会找出不同的原因。对于后 3 类人，人们通常会认为努力和运气是最重要的成功原因，而很难相信这 3 类人的成功是因为他们的能力。

我们来回顾一下目前为止了解到的性别定式的社会认知研究。性别定式简化了我们对"男性"和"女性"两个社会群体的认识，同时产生了偏见。由于性别定式，我们会夸大男性和女性之间的差异。我们还认为男性的经历是主导的，而女性的经历是例外，故而需要解释。而且我们在评价男性和女性时是带有偏见的。例如，在评价男性和女性各自擅长的领域时，我们会做出有偏见的判断。在社会认知领域的研究还强调了一个最终的性别定式成分：人们对于定式特征的记忆。

对于个体特征的记忆

有时，人们对于性别一致的信息比对性别不一致的信息的记忆更为准确，但并非总是如此（e.g., Cann, 1993; D. F. Halpern, 1985; T. L. Stewart & Vassar, 2000）。例如，Dunning 和 Sherman（1997）请被试读一个诸如"办公室里的女人喜欢在饮水机旁谈话"的句子。在一个随后的记忆测试中，研究人员向被试展现了一些句子，
68 并让他们判断哪个句子是先前见过的（即和先前展现的句子一样），哪个是新的。

最有意思的结果是被试对那些与先前句子所暗含的性别定式相一致的新句子的判断（例如，"办公室里的女人喜欢在饮水机旁闲聊"），这类句子中有29%被错认为是出现过的。相反，那些与性别定式不一致的新句子（例如，"办公室里的女人喜欢在饮水机旁讨论体育"）中，只有18%被错认为是出现过的。显然，当在原句中看到女性在饮水机旁谈话，人们有时会做出与性别定式相一致的推测（例如，女人们肯定在闲聊）。因此，在后来看到一个说在闲聊的句子时，那肯定是熟悉的。

社会认知论的研究表明，我们在同时做着别的事的时候（比如，在记忆其他信息），最有可能会记住关于性别定式的信息，当我们已建立了强烈的性别定式时也会如此（Hilton & von Hippel, 1996; Sherman, 2001）。在我们没有别的任务时以及定式不强烈时，我们有时可能会记住与性别定式不一致的内容。

性别定式与行为

在前面，我们讨论了性别定式的内容和当前性别主义的复杂本质。社会认知论使我们理解了我们思想中的错误是如何产生的。但是，如果仅仅关注我们的思维过程，我们就会忽略一个非常重要的问题：性别定式会影响人们的行为。也就是说，性别定式会影响别人和我们自己的行为与选择。

性别定式是通过**自我实现的预期**（self-fulfilling prophecy）来影响行为的，即你对某人的期待会使他或她以你所预期的方式来做事（Rosenthal, 1993; Skrypnek & Snyder, 1982）。例如，如果父母认为女儿学不好数学，她就可能会对自己的数学能力感到悲观，因此，她的数学成绩也会下降（Eccles et al., 1990; Jussim et al., 2000）。

一个相关的问题是**定式威胁**（stereotype threat）。如果你属于一个被认为是低等的群体，并且有人提醒了你的身份。这时，你会经历定式威胁，你会紧张，表现不正常（K. L. Dion, 2003;

Jussim et al., 2000; C. M. Steele et al., 2002）。

我们来看 Shih 及其同事（1999）所做的研究，所有的被试都是亚裔女性。在北美，一种定式是亚裔的"数学好"（与其他种族的人相比）；而另一个定式是女性的"数学不好"（与男性相比）。在该研究中，要求一组被试说明自己的种族，并回答一些关于其种族特征的问题，然后参加了一个比较难的数学测试，结果正确率为54%。第二组被试没有提前回答问题，仅仅是参加了同样的数学测试，结果正确率为49%。第三组先说明了自己的性别，并回答了与其相关的问题，然后参加了同样的数学测试，这一组的正确率仅为43%。

显然，当亚裔女性被提到自己的种族时，她们的表现会比较好；但是，在被提到自己的性别时，她们受到定式威胁，表现得不好。该研究在中小学的亚裔女孩中也进行了，并且得到了相同的结论（Ambady et al., 2001）。其他研究表明，拉丁裔大学女生比欧裔大学女生更容易受到定式

威胁（Gonzalez *et al.*，2002）。

但是，人们不会总是在性别定式的控制之下（Fiske，1993；Jussim *et al.*，2000）。我们不会任人摆布，我们自己的信念和能力通常比别人的期望更能决定我们的行为。另外，在数学研究中的 3

组学生的成绩差距不大（Shih *et al.*，1999）。当然，我们仍要关注性别定式潜在的有力影响。Jussim 及其同事（2000）强调，这些性别定式导致男性与女性之间保持着重要的不平等。

内化性别定式

在本章，我们已经讨论了以下主题：（1）性别定式在宗教、语言、媒体中的表现；（2）当前性别定式的本质；（3）性别定式对我们的思维和行为的影响。但是，性别定式不仅描述了我们关于男性和女性的特征的观念，而且说明了他们应该有什么样的行为（Clinchy & Norem，1998；Eagly，2001）。按照传统的观点，女性应该"女性化"，男性应该"男性化"。那么，人们是否真的认可了这些定式，并因此对于各自理想的形象有着截然不同的标准呢？

评价关于性别的自我观念

研究人员制作出了很多不同的量表来评价人们对自己性别相关特征的观念。例如，Sandra Bem（1974，1977）设计了一个人们对自己的心理特征进行评价的 Bem 性别角色量表（BSRI）。

Bem 性别角色量表提供了一个女性尺度的分数和一个男性尺度的分数。如果一个人在两个尺度上的分数都很高，就会被看作具有**两性特征**（androgynous）。在 20 世纪 70 年代，心理学家通常会敦促男性和女性都发展更多的两性特征。

研究人员开展了数以百计的研究试图发现具有两性特征的个体是否有不同凡响的好处，不少人对这些研究做了回顾（e.g.，Auster & Ohm，2000；Matlin，2000；C. J. Smith *et al.*，1999；Stake，2000；C. A. Wade，2000）。现在，你们会听到两性特征这一概念，尤其是在大众媒体中。

与媒体相反的是，当前心理学家已经对两性特征不再感兴趣。他们认为两性特征有不少问题。例如，研究表明具有两性特征的人们并不比其他人在心理上更健康。评论家认为两性特征试图让我们相信解决性别歧视的办法在于改变个体。可是，社会现实是，我们应该尽量降低女性在组织机构中所遇到的歧视与偏见。1983 年，Sandra

Bem 本人也提出反对两性特征概念，她敦促心理学家们把注意力转向贯穿本书的另一个问题：为什么我们的文化会这么强调性别？

人们是否内化性别定式

尽管两性特征这一概念已不再受到心理学家的重视，许多研究人员仍在研究人们是否把性别定式运用于对自我的看法。例如，在工作场合许多人学会了一些被认为是传统的男性（或女性）的技能（J. A. Harvey & Hansen，1999；Stake，1997）。

许多人确实把性别定式内化到自我观念中。可是，社会环境明显地起到了作用。例如，女性在有很多陌生人在场的情况下会表现出女性化行为（C. J. Smith *et al.*，1999）。

跨文化研究表明，有些种族的人并不具有欧裔美国人所具有的性别定式。例如，Sugihara 和 Warner（1999）用 BSRI 量表对墨西哥裔美国大学生做了研究。只有 22% 的女大学生可以归为典型女性，只有 22% 的男大学生可以归为典型男性。另外，Sugihara 和 Katsurada（1999，2000）研究了日本大学生的自我性别观念。在男性 BSRI 量表中，男大学生的分数明显比女大学生的高，但是，在女性 BSRI 量表中，男生和女生的分数却相近。同时，男生和女生在女性量表中的分数明显比男性量表中的分数高。另外一种解释是，有些与性别相关的术语不能被成功地翻译成另一种语言（Best & Thomas，2004）。

性别定式对于个人是否重要

我们发现，人们倾向于把性别定式融入自己的自我观念中。但是他们是否相信这些性别定式是影响他们个性的关键因素呢？Auster 和 Ohm（2000）要求美国大学生根据"评价个性特征的重要程度"这一要求来完成 BSRI 量表。

71　　　**关于性别定式内化的结论**

在讨论中我们发现人们关于性别的自我观念通常是灵活的。但是，研究表明，许多欧裔美国人会表现出性别定式特征，尤其是男性和在某些社会环境中。当前的材料表明，在许多其他文化中，人们有着类似的与性别相关的特征。另外，美国男女大学生在他们认为重要的个性特征方面十分相似。

我们不能对当前内化性别定式的讨论的结论过分简化。但是，男性和女性显然对性别相关的特征有着类似的观点。这与本书主题1相一致，心理特征方面的性别差异通常不大。在本书中，我

们会始终强调，男性和女性在信仰、能力和个性特征方面并非截然不同。

此外，你会发现关于自己的定式的具体信息。我的一个学生这样写道：

> 我们的定式深深地植根于我们的思维，并一代代地传承下去。要想改变这些定式，需要深思和努力。只有通过分析我们的信仰、观点和文化，我们的社会才能理解不平等。质疑我们所知道的是很难的，可是却非常有价值。（Coryat，2006）

72　　**小结——性别定式的结果**

1. 性别定式的一个结果是导致我们在认知过程中犯错，这些错误与社会认知论角度的定式是相关的。

2. 社会认知论认为，在性别定式中人们倾向于（1）夸大男女之间的差异；（2）认为男性是主导的；（3）对男性和女性做出有偏见的判断；（4）有选择地记住与性别定式相一致的信息。

3. 对诸如父母对孩子的数学能力的期望的研究表明，性别定式会通过自我实现的预期来影响

行为。同时，对性别定式威胁的研究表明，在强调性别的情况下，人们的表现会被自己的性别定式所束缚。

4. 在具体的情况下，很多人通常有灵活的自我观念而不是完全内化性别定式。研究表明，欧裔美国人比其他文化群体更有可能会内化性别定式。此外，美国大学的男女学生在与性别相关的重要特征方面的评价是类似的。

本章复习题

1. 如何解释"性别定式"？根据本章所学知识，你认为对于女性的定式是否能真实地表现一个你所认识的女性？为什么？

2. 在本章，我们研究了女性在历史中被遗忘的现象。请讨论学者们曾经遗漏的与女性相关的话题。列出女性在历史书中不受重视的几个原因。

3. 我们在本章讨论了女性经常被忽视，例如，男性是主导的，女性是次要的。请从历史、宗教、神话、语言和媒体等方面来总结女性被忽视的现象。大男子主义的社会认知论的研究表明了什么？

4. 在本章，我们指出人们通常对男性的肯定态度比对女性的多。请从哲学、宗教、神话、语言和媒体等方面来讨论该观点。然后，请指出为

什么在了解了当前对于自相矛盾的性别主义的研究后，该问题变得更为复杂了。

5. 对人们关于不同种族的女性的性别定式的研究（即种族作为一个刺激物变量）表明了什么？类似地，对于种族如何影响个体性别定式的研究（即种族作为主题变量）说明了什么？最后，种族与人们内化性别定式是如何相关的？

6. 什么是异性恋主义？性别定式与异性恋主义有何关系？社会认知论认为，我们平常的认知过程会使人们形成对于同性恋的定式。请描述这4种认知偏见是如何导致这些性别定式的。　　　　73

7. 社会认知论认为，性别定式产生于把人类分成"男性"和"女性"两类正常的认知过程，

请描述促使人们认为女性比男性更健谈的认知偏见（该性别定式其实并不正确）。

8. 什么是自我实现的预期？为什么在我们研究性别定式如何影响行为时自我实现的预期会与此有关？请指出自己的行为中，哪种行为比你所预期的更为定式，并指出自我实现的预期是如何与此相关的。

9. 在媒体和人们的性别定式中女性和男性不同，可是，人们并不会把这些性别定式加入到自我观念中。请用本章的材料来讨论该命题。

10. 在本章，我们讨论了跨文化研究。在北美以外的文化中性别定式和其他的性别歧视是如何起作用的？在其他文化中，性别差异什么情况下大，什么情况下小？

 ## 关键术语

* 定式（stereotype，36）

* 性别定式（gender stereotype，36）

* 偏见（prejudice，37）

* 歧视（discrimination，37）

* 性别歧视（gender bias，37）

* 大男子主义（androcentrism，40）

  主流男性问题（normative-male problem，40）

* 男性标准（masculine generic，41）

  大男子标准（androcentric generic，41）

* 能动作用（agency，51）

* 交流（communion，51）

  显性性别定式（explicit gender stereotypes，53）

  隐性性别定式（implicit gender stereotypes，54）

  恶意的性别主义（hostile sexism，57）

  善意的性别主义（benevolent sexism，57）

* 女同性恋（lesbian，61）

* 男同性恋（gay male，61）

* 双性恋（bisexual，61）

* 异性恋主义（heterosexism，62）

* 性歧视（sexual prejudice，62）

* 社会认知论（social cognitive approach，64）

* 性别分化（gender polarization，65）

* 归因（attributions，67）

* 自我实现的预期（self-fulfilling prophecy，68）

* 定式威胁（stereotype threat，68）

  两性特征（androgynous，69）

注：这里标有 * 的术语是 InfoTrac 大学出版物的搜索术语。你可以通过网址 http://infotrac.thomsonlearning.com 来查看这些术语。

 ## 推荐读物

1. Barnett, R., & Rivers, C. (2004). *Same Difference: How gender myths are hurting our relationships, our children, and our jobs*. New York: Basic Books. 一般作者在介绍性别的科普知识时总是讲那些众所周知的定式，而该书解释了为什么这些定式对男女都有害，我强烈推荐这本书。

2. Moskowitz, G. B. (Ed.). (2001). *Cognitive social psychology*. Mahwah, NJ: Erlbaum. 本书的 23 章大都和定式有着直接或者间接的关系。

3. Schneider, D. J. (2004). *The Psychology of stereotyping*. New York: Guilford Press. 我推荐这本非常有条理的书，作者讨论了一些定式的内容，以及儿童是如何形成关于种族和性别的定

式的。

4. Whitley, B. E., Jr., & Kite, M. E. (2006). *The psychology of prejudice and discrimination*. Belmont, CA; Wadsworth。Benard Whitley 和 Mary Kite 都因对性别歧视、年龄歧视和异性恋主义的研究而出名，这本出色的教材有很多有趣的引述和媒体关于歧视的报道，同时还有针对相关研究的清晰讨论。

专栏的参考答案

专栏 2.3：

大多数人认为的女性特征有：温柔、善良、敏感、冲动、谦虚、易变、热情、紧张、健谈、耐心；男性特征有：自信、好斗、积极、喧闹、创新、贪婪、能干、虚荣、勇敢、有权。

判断对错的参考答案

1. 对；2. 错；3. 对；4. 错；5. 对；6. 错；7. 对；8. 对；9. 对；10. 错。

第**3**章
幼年和童年时期

76   ▊   判断对错

_____   1. 在胎儿发育的前几周，男婴和女婴有着相似的性腺和外部生殖器。

_____   2. 美国和加拿大的居民对于自己第一个孩子的性别有强烈的偏好，超过三分之二的人希望
第一个孩子是男孩。

_____   3. 大人在逗男孩玩时通常会用足球玩具，但如果大人认为这个孩子是女孩，他会给她一个
玩具娃娃。

_____   4. 对儿童的性别发展的解释几乎完全是基于：父母奖励与性别一致的行为，而惩罚与性别
不一致的行为。

_____   5. 父母会批评好斗的女孩，而不批评好斗的男孩。

_____   6. 许多研究表明，欧裔父母比其他种族的父母更容易向孩子传达较强的性别信息。

_____   7. 老师通常会给男孩更多的反馈信息。

_____   8. 过去 10 年的研究表明，男孩和女孩在儿童电视节目中的出现频率基本相等，并且在这些
节目中孩子们很少以性别定式的方式行为。

_____   9. 婴儿从 6 个月开始就可以感觉到女性的面貌与男性的面貌不同。

_____   10. 一般来说，女孩比男孩更有可能会选择一个非传统的职业。

在一个炎热的夏天，一个小女孩正在参加另一个学龄前儿童的生日聚会。孩子们脱光衣服在后院的游泳池里避暑。小女孩的妈妈把她从聚会中接回来时和她聊起了下午的事。妈妈问聚会中有几个男孩和几个女孩。"我不知道"，孩子回答，"他们都没有穿衣服"（C. L. Brewer, personal communication, 1998）。在本章，我们会发现儿童的性别概念与成人通常有令人吃惊的差异。但是，孩子也知道很多性别知识。例如，即使是学龄前儿童也对我们文化中的性别定式了解得很清楚。

在本章我们会讨论一个被称作性别形成的过程。**性别形成**（gender typing）包括儿童如何获取关于性别的知识，以及如何形成自己的个性、偏好、技巧、行为和自我观念（Eckes & Trautner, 2000b; Liben & Bigler, 2002）。我们首先会了解胎儿和婴儿时期的发育情况，并解释一些性别形成的理论。然后我们会研究导致性别形成的因素，诸如学校系统和大众媒体等因素，确实能保证在北美长大的儿童认识到性别的重要性。在最后，我们会集中讨论儿童关于性别的知识和定式，从中可见，即使婴儿也能区别男人和女人的脸。

77   ## 性别发展的背景

性别的一些重要的生理部分在**胎儿时期**（prenatal period），即出生前形成，尤其是性器官。许多性别信息是在**婴儿时期**（infancy），即从出生到 18 个月大的时候获得的。一个关于性别发展的完备理论必须足以解释促使儿童性别形成的社会力量，并要强调儿童通过主动掌握性别知识来促进自己的性别形成。

胎儿的性发育

在怀孕时，一个有着 23 个染色体的卵子与一个有着 23 个染色体的精子结合，它们一起构成了一个含有 23 对染色体的细胞，其中第 23 对是**性染色体**（sex chromosomes），即决定胎儿是男是女的染色体，其他的 22 对染色体决定着许多生理和心理特征。

母亲的卵子都有一个 X 染色体，而父亲的精子含有一个 X 染色体或 Y 染色体。如果卵子与一个 X 染色体精子结合，那么染色体就成了 XX，孩子就会是女孩。如果卵子被一个 Y 染色体授精，那么染色体就是 XY，孩子就会是男孩。这个事实是具有讽刺意味的，我们的文化如此重视的一个特征——某人是男还是女（Beall et al.，2004），竟然是由一个简单的现象决定的：到底是 X 染色体精子，还是 Y 染色体精子首先与卵子结合！

典型的胎儿发育

男女胎儿的染色体是不同的。可是，在怀孕后的 6 周内，男女胎儿在其他方面基本是一样的（M. Hines，2004）。例如，每个胎儿都有两套内部生殖系统。女性的内部生殖系统被称作缪氏管（Müllerian ducts），最终会发育成子宫、输卵管和阴道；男性的内部生殖系统被称作中肾管（Wolffian ducts），最终会发育成包括前列腺和精囊等在内的结构（Federman，2004）。

在怀孕的前几周，男孩和女孩的**性腺**（gonads）看起来也是一样的。如果胎儿有一对 XY 染色体，Y 染色体微小的部分会引导性腺在受孕的第 6 周开始发育成男性的睾丸。相反，如果胎儿有一对 XX 染色体，性腺会从受孕的第 10 周开始发育成女性卵巢（Fausto-Sterling，2000；M. Hines，2004）。

怀孕的第 3 个月，胎儿的荷尔蒙导致了进一步的性差异，包括外部性器官发育。男胎儿的睾丸分泌出两种物质，一种是缪氏萎缩荷尔蒙，它可以使女性缪氏管萎缩；另一种是**男性荷尔蒙**（androgen），高强度的男性荷尔蒙会促使中肾管的生长和发育（Crooks & Baur，2005），还能促使外部生殖器的生长，而生殖结节发育成男性的阴茎。

几乎同时，女胎儿的卵巢分泌出**女性荷尔蒙**（estrogen）。与女性受忽视这一主题相一致的是，我们对女性胎儿发育所知甚少（Crooks & Baur，2005；Fitch et al.，1998）。例如，最近发表在著名的《新英格兰医药期刊》上的一篇文章列出了"决定男性特征的因素"的精确数据，可是却没有相对应的女性的数据（Federman，2004）。比如，生殖结节发育成女性的阴蒂（参照图 3—1）。可是，这个发育过程是否需要一种具体的荷尔蒙，或者在缺少男性荷尔蒙的情况下阴蒂就发育成了，对于这一点，我们并不清楚。

总之，胎儿的性发育有着复杂的顺序。首先是怀孕，这决定了胎儿的性别；怀孕后的前几周，男胎和女胎几乎是一样的；然后就发生了男孩与女孩之间进一步的差异：（1）内部生殖系统的发育；（2）性腺的发育；（3）荷尔蒙的生成；（4）外部生殖器的发育。

非典型的胎儿发育

我们上面看到的情况是典型的。但是，这一发育过程有时会发生偏差。结果就造成了一个既不明显是男性也不明显是女性的中性婴儿。**中性人**（intersexed individual）没有明显的男性或者女性的性器官，而且不具有匹配的染色体特征、内部生殖系统、性腺、荷尔蒙和外部性器官。也就是说，世界上不仅仅有男性和女性两类性别（Golden，2004；S. J. Kessler，1998；Marecek et al.，2004）。事实上，Fausto-Sterling（2000）估计中性人占到人口总数的 2%。

一种非典型的模式被称为**男性荷尔蒙反应迟顿综合征**（androgen-insensitivity syndrome），即男性遗传基因（XY）分泌出了正常数量的荷尔蒙，但是由于遗传基因的缺陷而导致其身体没有对男性荷尔蒙做出反应（Fausto-Sterling，2000；M. Hines，2004；L. Rogers，2001）。结果，生殖结节没有发育成阴茎，外部生殖器看起来像是女性的。这些孩子因为没有阴茎通常会被视为女孩。可是，他们只有一个浅洞，而不是完整的阴道，而且没有子宫。这种综合征通常会因到了正常发育的时候没有来月经而被发现（M. Hines，2004）。

79

六周前没有区别

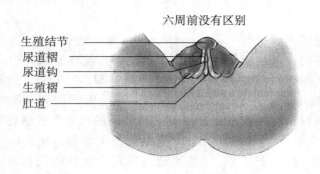

生殖结节 ——
尿道褶 ——
尿道钩 ——
生殖褶 ——
肛道 ——

七到八周

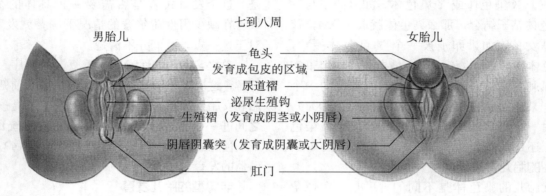

男胎儿   女胎儿

龟头
发育成包皮的区域
尿道褶
泌尿生殖钩
生殖褶（发育成阴茎或小阴唇）
阴唇阴囊突（发育成阴囊或大阴唇）
肛门

12周已完全成形

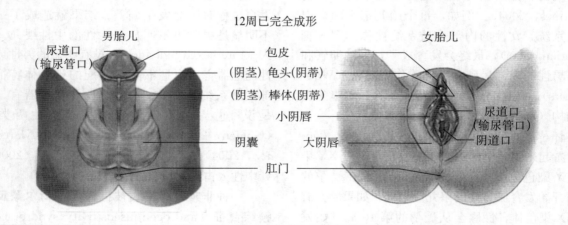

男胎儿   女胎儿

尿道口
（输尿管口）   包皮
                                      （阴茎）龟头(阴蒂)
                                      （阴茎）棒体(阴蒂)
                                      小阴唇   尿道口
阴囊   大阴唇   （输尿管口）
                                                                   阴道口
                    肛门

图 3—1　胎儿外生殖器的发育

Source：Based on Crooks & Baur (2005).

　　第二种非典型模式是**先天性肾上腺肥大**（congenital adrenal hyperplasia），即女性遗传基因（XX）在胎儿发育过程中遇到和男性一样多的男性荷尔蒙，从而使得其生殖器在出生时看起来像是男孩。

80 传统的治疗方法是手术，从而使生殖器看来女性化（Chase & Hegarty，2000；M. Hines，2004；Mac Laughlin & Donahoe，2004）。

　　我最感兴趣的关于非典型胎儿发育的是下面一些问题：为什么我们的文化要求所有的婴儿必须归入女性或男性两类（Blizzard，2002；Golden，2004；S. J. Kessler，1998）？为什么我们不能接受某些非男非女的中性人？为什么医生通常建议中性人进行手术以使其外部生殖器要么是男性，要么是女性？现在，许多成年中性人认为，中性儿童不应该仅仅因为社会承认单一性别而被迫接受一种性别（Colapinto，2000；M. Diamond & Sigmundson，1999；Fausto-Sterling，2000；Navarro，2004）。正如一个中性人写道：

> 我出生时健全而美丽，只是与众不同。错误不在于我的身体，也不在于我的性器官，而在于文化的决定……治愈我们的方法不在于承认我们的身体存在"错误"，而在于承认

中性的存在。（M. Diamond，1996，p. 144）

在前面两章我们指出，性别分化使我们严格区别两性。Carla Golden（2004）写道，"女权主义心理学会用不同的眼光来看待事物"（p. 99）。根据这种观点，我们能否超越这种分化，并接受人类不仅仅有两个选择这一事实？

人们对不同性别婴儿的反应

在前面几章和对中性人的讨论中，我们提到了个体的性别——"男"或"女"——非常重要。你可能听说过很多女性在怀孕期间就去求证几个月后才出生的孩子的性别。有趣的是，如果一个女性不去求证自己孩子的性别，她的朋友和亲戚会不同意："你能不能帮我个忙去看看你孩子是男还是女啊？我想给你的孩子钩个毛线鞋，要知道

用什么颜色的线啊！"

父母对孩子性别的偏好

几十年以前，美国和加拿大的研究人员发现大多数人希望自己的头一个孩子是男孩。最近的研究没有发现如此明显的对婴儿性别的偏爱（Marleau & Saucier，2002；McDougall *et al.*，1999）。请看一下专栏 3.1，是关于性别偏好的。

专栏 3.1 对头胎孩子性别的偏好

你刚刚读过大多数的北美人不再对孩子的性别有明确的偏好。可是，有些人可能怀有强烈的偏见。你可以各自找 10 名没有孩子的女性和男性，问他们头胎想要男孩还是女孩。请一定要选择那些适合问这些问题的人，并逐一地对他们进行询问。在记录下所有人的反应后，粗略地计算出比例。男性和女性被试的偏好是否有差异？如果对他们进行匿名问卷调查，那么他们的答案是否会不同呢？

在有些文化中，父母特别偏爱男孩。在印度和韩国，这种偏爱如此强烈以至于很多女性会进行产前性别鉴定。如果胎儿是女孩，妈妈通常会要求流产（Bellamy，2000；Carmichael，2004）。有选择地性别流产在中国也十分常见，而女性人口的减少也产生了严重的社会后果。例如，在中国的某些地方，对男孩的偏爱十分严重，以至于男女婴儿的比例达到 120∶100。这意味着许多成年适龄男子将找不到老婆（Beach，2001；Glenn，2004；Hudson & den Boer，2004；Pomfret，2001）。这种对男婴的偏爱也是本书主题 2 的一个重要证据：人们通常对男性和女性的反应不同。不幸的是，这种产前的性别偏爱表明在孩子出生前偏见就已经存在了（Croll，2000；Rajvanshi，2005）。

在其他文化中即便是没有对胎儿进行有选择的流产，也有对女婴的偏见（Croll，2000）。例如，C. Delaney（2000）说土耳其山区的居民认为女孩不过是家里临时的客人，因为她们结婚后就会离开家。相反，男孩在结婚后也还会在家里，并最终继承家里的财产。当地的一句俗语说"儿子是家里火炉的火苗，女儿是里面的灰烬"（p. 124）。

对女婴的偏见还可能会产生严重的健康方面的后果。例如，我认识一个 20 岁左右的女学生，她是一个早产儿。很多年后，她父亲说，因为她是个女孩，所以家里人决定不把她送进恒温育婴箱，而如果她是个男孩家里人就会那样做了。幸运的是，她活了过来。

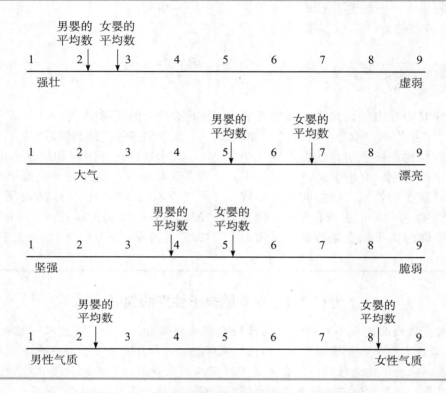

人们对于男婴和女婴的性别定式

人们是否认为男婴和女婴不同？在一个经典的研究中，Katherine Karraker 及其同事（1995）调查了 40 个刚出生两天的孩子的父母。这些婴儿在体重和健康方面都是相似的，研究人员让这些父母根据一些尺度来评价他们刚刚出生的孩子。

如图 3—2 所示，女婴的父母认为自己的女儿相对柔弱，而男婴的父母认为自己的儿子相对强壮。请注意，这些父母还认为女孩比男孩更细心、敏感和女性化。其他的研究表明父母还会为儿子和女儿安排不同的生活环境和玩具（A. Pomerleau et al.，1990）。

图 3—2 从四个方面对新生男女婴儿的平均评价

Source：Based on Karraker et al.（1995）.

陌生人也有同样的根据性别来做判断的趋势。例如，你是否曾经认为一个孩子是男孩而其实她却是个女孩？大多数人认为这种经历很让人困惑。我们尽量保持非性别歧视的观点，可是我们却不自觉地为这种性别偏见辩解，"噢，当然，我以前没有注意到她有长睫毛"，或者"是呀，她的手那么好看"。一般来说，研究表明当人们认为该婴儿是女孩而不是男孩时，人们会对她有不同的看法（e.g.，Archer & Lloyd，2002；Condry & Condry，1976；Delk et al.，1986；Demarest & Glinos，1992；C. Lewis et al.，1992）。

但是，我们应该强调，有些人对婴儿没有性别定式的态度。例如，Plant 及其同事（2000）让被试观看一段录像，录像中一个 9 个月大的婴儿看起来辨不清男女，因为被拿走了玩具正在哭。在看录像前有一半的被试被告知该婴儿是个叫凯兰的女孩，而另一半的被试被告知该婴儿是个叫布里安的男孩。除此之外，这两组获得的信息完全一样。在观看完录像后，每个人都对孩子的情绪做了评价。愤怒是一种典型的男性化情绪。那么，被试是否会认为"布里安"比"凯兰"更愤怒呢？

Plant 及其同事发现对情绪有着强烈性别定式的男性被试会对男孩在发怒方面的评价比对女孩的高。但是，其他的被试对男孩和女孩有着类似的评价。我们必须注意到这些被试住在美国最开放的社区之一，威斯康星州的麦迪逊。而北美的普通群众可能会表现出更强的性别定式。

到目前为止，我们仅仅是讨论了成人对于婴儿的看法。那他们真的会在与男孩和女孩交往时表现不同吗？有一项研究表明，人们会根据自己对婴儿性别的判断来给婴儿不同的玩具。在一个研究中，大学生给自己认为是女孩的婴儿玩具娃娃的几率是 80%，给足球的几率是 14%；认为在和男孩一起玩的大学生在 20% 的情况下会给他玩具娃娃，64% 的情况下会给他足球（Sidorowicz & Lunney，1980）。令人遗憾的是，总是玩有性别定式的玩具会使孩子的能力和兴趣受到限制。

Marilyn Stern 和 Katherine Karraker（1989）对婴儿的性别标签的研究做了总结，超过三分之二的研究说明了至少一种性别效应；也就是说，性别标签"男"或者"女"对人们对婴儿的评价有着显著的影响。一般来说，在人们判断孩子的活动和心理特征时，性别差异会最大；相反，在人们对婴儿的发育情况和个性特征进行判断时，性别差异最小（Golombok & Fivush，1994）。

另外，亲戚和朋友也会通过其对于问候卡片的选择来传递性别定式。通常，给男孩父母的卡片上会有体育活动和机械玩具，而给女孩的卡片上会强调孩子的温顺。还有，给男孩父母的卡片上会提到父母肯定非常高兴（Bridges，1993）。因此，在父母打开信封时他们就会收到这种强烈的性别信息。

请注意这些关于成人对婴儿的态度的研究倾向于支持社会建构主义。在第 1 章我们了解到，**社会建构主义**（social constructionism）认为我们会根据自己以往的经验和信仰来构建和形成对现实的看法。例如，在知道一个婴儿是女孩时我们通常会注意敏感和女性化的行为；而如果同一个婴儿被认为是男孩，我们会注意他的男性化的行为。也就是说，我们根据自己以往关于性别的信念来形成对现实的态度。

当前的讨论表明，性别发展可以部分地由人们对婴儿的态度来解释：父母和陌生人都会做出一些性别区分。但是，成人的不同态度不能完全解释该问题。在本章随后的部分我们会发现，孩子对于性别重要性的观点也能部分地解释该问题。他们首先通过成人、伙伴、学校和媒体获得这些观点，然后通过自己的思考使这些观点夸大。

性别发展理论

我们怎么解释性别发展呢？什么理论能解释儿童如何获得他们关于性别的知识，以及他们如何获得与性别相关的个性特征、爱好、自我观念、技巧和行为？

对于性别发展的一个早期的解释是 Sigmund Freud 的心理分析理论。可是，该理论没有得到实证研究的证实，并且很少被用来解释当前的性别发展（e. g.，Bussey & Bandura，2004；Liben & Bigler，2002；C. L. Martin et al.，2002）。如果你对本课题感兴趣，可以参考其他的资料（e. g.，L. C. Bell，2004b；Callan，2001）。在目前对于性别发展的讨论中，我们会集中讨论两个当前的观点。这两个观点强调了儿童发展的两个不同过程：社会学习和认知发展。20 年以前，人们认为这两种观点是对立的。现在我们必须认识到性别发展是个复杂的过程，任何一种观点都不足以解释全部过程。事实上，孩子是通过这两种重要的方法获得关于性别的知识的（Bem，1981，1993；Bussey & Bandura，2004；Powlishta et al.，2001）：

（1）从社会学习观点看，孩子向别人学习与性别相关的行为。

（2）从认知发展论看，孩子主动分析和形成自己关于性别的观点。

社会学习论

社会学习论认为传统的学习方法解释了性别发展的重要部分（Bandura & Bussey，2004；Bussey & Bandura，2004；B. Lott & Maluso，2001；W. Mischel，1966）。更具体来说，**社会学习论**（social learning approach）提出了用来解释女孩如何学会"女性化"和男孩如何学会"男性化"的两个主要方法：

（1）孩子会因为"与性别符合"的行为而得到奖励，因为"与性别不符"的行为而受罚。

（2）孩子观察和模仿与自己同性别的人的

行为。

　　我们首先来看奖励和惩罚是如何通过直接的学习经历起作用的。两岁的吉米来回地开着一个玩具卡车并发出"嘟嘟"的马达声，父母在旁边微笑着看着，即奖励了吉米"男性化"的行为。如果他穿上姐姐紫色的芭蕾舞裙在餐厅里来回跳华尔兹，父母就会有不赞许的行为。假如这个孩子是两岁的萨拉（女孩名），她会因为穿着紫色的芭蕾舞裙而得到父母的笑脸，而会因为开卡车的行为而引起父母皱眉。根据这种最初的社会学习，孩子会根据其他人的肯定和否定反应直接学会许多与性别相关的行为。稍后，你会看到成人和其他儿童会对女孩的行为和男孩的行为有不同的反应（Fabes & Martin，2000）。

　　根据第二个社会学习理论的方法，孩子还会通过观察和模仿别人来学习，这一过程被称为模仿（modeling）。孩子特别喜欢模仿同性别的人或者因为某行为而得到表扬的人（Bussey & Bandura，2004；Carli & Bukatko，2000；Leaper，2000；B. Lott & Maluso，2001）。例如，小女孩最可能会模仿妈妈，尤其在有人表扬妈妈的某行为时。此外，除了模仿现实生活中的人，孩子还经常模仿书、电影、电视中的人物（Bussey & Bandura，2004）。

86　　通过奖励和惩罚的直接学习是儿童学习"与性别符合"的行为的主要途径。随着儿童逐渐长大，第二个因素（模仿）变得活跃起来。孩子会观察其他人的行为，内化该信息，并在随后的时间模仿该行为（Bussey & Bandura，1999，2004；B. Lott & Maluso，2001；Trautner & Eckes，2000）。下面我们来看性别图式和其他认知过程是如何促使人们一生都在学习性别知识的。

认知发展论

　　社会学习论关注行为，而认知发展观点则关注思想。具体来说，认知发展论（Cognitive developmental approach）认为，儿童是从环境中寻找信息的主动的思考者，儿童还会试图理解并把信息有条理地整合起来（Liben & Bigler，2002；C. L. Martin et al.，2002）。

　　认知发展论中的一个重要的概念是图式。图式（schema）是我们用来整理关于某主题的一般观念。如在第2章所谈到的，人会自动把人类分成不同的群体。

　　在很小的时候，儿童就形成了强烈的性别图式（gender schemas）。性别图式会把信息分成两个概念：女性和男性。同时，这些性别图式会鼓励儿童以与其性别图式一致的方式来思考和行为（C. L. Martin & Halverson，1981；C. L. Martin & Ruble，2004；C. L. Martin et al.，2002，2004）。儿童的性别图式可能包括相当重要的信息，比如幼儿园老师指导孩子按照男女排成不同的队（Bem，1981，1993）。图式也会包括不重要的信息，比如女性比男性的睫毛更突出。随着儿童年龄的增长，他们的性别图式会变得更为复杂和灵活（C. L. Martin & Ruble，2004）。

　　认知发展论指出，儿童会主动地认识自己的性别（Kohlberg，1966）。性别发展的最初的重要步骤之一是性别身份（gender identity）：女孩认识到自己是女孩，男孩认识到自己是男孩。在一岁半到两岁半时，大多数的儿童就已经能准确地标明自己的性别身份了。

　　在此后不久，儿童就学会了如何把男性和女性分类。此时，他们已经开始对与自己的性别身份相一致的人、事和活动有偏好了（Kohlberg，1966；C. L. Martin et al.，2002；Powlishta et al.，2001）。例如，一个意识到自己是女孩的儿童会喜欢女性化的物品和活动。我的一个女学生提供了一个这类偏见的生动例子：她4岁的女儿会问她遇到的每一只狗的性别，如果是一只"女狗"，87她就会跑过去热情地拍它；如果是一只"男狗"，她就会轻蔑地扫一眼赶忙走开。认知发展观认为，女孩喜欢典型女性化的活动是因为这些活动与她们的性别身份相一致。

对于性别发展理论的评价

　　我们讨论了关于性别发展的两个主要理论，两者对于解释儿童的性别形成都是必须的。它们合起来可以归纳为：

　　1. 社会学习理论认为儿童的行为很重要。

　　（1）儿童会因为与性别相关的行为而得到奖励和惩罚。

　　（2）儿童会模仿同性个体的行为。

　　2. 认知发展理论认为儿童的思想很重要。

　　（1）儿童形成了强烈的性别图式。

　　（2）儿童用性别图式来评价自己，以及周围的人和事物。

解释儿童性别定式的发展需要把学习和认知这两个理论结合起来（e.g., Bussey & Bandura, 1999，2004；C. L. Martin *et al.*，2002，2004）。从一定程度上来说，儿童先有行为后有思想。也就是说，社会学习理论的两个成分会在儿童形成明确的性别图式或关于性别的其他观点之前起作用（Warin, 2000）。但是，随着儿童的认知发展越来越复杂，儿童的认知发展会提高他们通过直接学习和模仿来学习性别定式行为的能力。

在本章随后的内容中，我们会转向关于儿童性别发展的研究。我们首先来看促成性别形成的外部因素，包括父母和老师对孩子与性别相关行为的奖励和惩罚，以及媒体提供的性别定式行为的例子。然后，我们会讨论从婴儿到儿童后期儿童关于性别的观点是如何发展的。

▌ 小结——性别发展的背景

1. 在胎儿发育过程中，男女胎儿起初看起来基本一样，男婴的睾丸从第 6 周开始发育，女婴的卵巢从第 10 周开始发育。

2. 在胎儿发育过程中，起初中性的外部生殖器官一般会发育成男性或女性的外生殖器。

3. 非典型的胎儿发育会诞生一个中性婴儿，既不明显是男性也不明显是女性。例如，有男性荷尔蒙反应迟顿综合症的男性的外生殖器看起来像是女性；而有先天性肾上腺肥大综合征的女性的外生殖器看起来像是男性。

4. 研究表明我们的文化不接受中性婴儿，因为他们不能被归入两种"可接受"的性别分类中的任何一种。

5. 在美国和加拿大，大多数的父母不再偏爱男孩子；而在某些国家（如印度、韩国和中国）性别偏爱十分严重，以至于女胎儿可能会被流产。

6. 父母会对初生婴儿有不同的判断，这是婴儿的性别起到的作用。

7. 陌生人会根据自己对婴儿性别的推断对婴儿有不同的判断，他们还会据此以不同的方式与婴儿交流。

8. 性别形成可以通过两个理论来解释：（1）社会学习理论（儿童会因"与性别相符"的行为得到奖励，因"与性别不符"的行为受到惩罚；儿童会模仿同性别的个体的行为）；（2）认知发展理论（儿童主动的思考过程促成了性别形成；儿童用性别图式来进行评价）。

形成性别定式的因素

在上一部分，我们讨论了关于性别定式形成的两个解释。社会学习论强调父母通常鼓励符合性别定式的行为，而不鼓励"不合性别"的行为；另外，父母和媒体通常会提供性别定式行为的示范。认知发展论认为儿童主动地根据从父母和其他资源得到的信息来建构他们的性别图式。下面我们进一步详细讨论形成性别定式的这些因素，首先看一下父母，然后了解朋友、学校和大众媒体。你会发现所有这些因素都会促成儿童性别角色的发展。

▌ 父母

在前面我们发现父母在一定程度上对男婴和女婴的反应不同。由于父母还不知道他们孩子的独特个性，那些反应倾向于定式化（Jacklin & Maccoby, 1983）。然而，当孩子学会走路后，父母对于孩子的个性有了更多的了解（B. Lott & Maluso，1993）。因此，父母通常会根据孩子的个性特征而不是性别来对孩子做出反应。

在这一部分，我们会看到父母有时会鼓励性别定式的活动和谈话方式。他们还会在侵略性和独立性方面对儿子和女儿有不同的态度。然而，父母可能并非你所想象的那样对男孩和女孩做出十分明显的区分（R. C. Barnett & Rivers，2004；Fagot，1995；Leaper，2002；Ruble & Martin，1998）。我们还会考虑与父母的性别定式倾向有关的因素。

性别定式的活动

在父母给孩子们分配任务时，他们会鼓励性别定式活动。你可以想象到，女孩子们通常会分到诸如洗碗或擦拭家具等工作；而男孩通常会分到户外的工作，比如割草坪或往外运送垃圾（Antill et al.，1996；Coltrane & Adams，1997；Leaper，2002）。在亚洲的研究表明，女孩通常会比男孩进行更费时的家务活，而男孩则有更多的时间来做家庭作业（Croll，2000）。此外，在非工业化的文化中男孩获得的自由时间大约是女孩的两倍（McHale et al.，2002）。

研究发现，父母往往通过给女儿和儿子不同的玩具来鼓励孩子发展符合性别定式的兴趣（Caldera & Sciaraffa，1998；Coltrane & Adams，1997；Leaper，2002）。可是，一项研究显示，孩子玩玩具时父母表现出较轻的性别定式行为（Idle et al.，1993）。换句话说，如果父母发现3岁的坦亚（女孩）喜欢玩 Fisher-Price 汽车加油站，他们不会打断她而给她一个玩具娃娃。不过，通常情况下，女孩对玩具的要求较灵活，而男孩会拒绝女性化的玩具（E. Wood et al.，2002）。

也许比鼓励更有影响力的是父母对于他们认为不适合的行为进行制止。他们尤其会制止男孩玩与性别不符的玩具，而不是女孩。也就是说，父母更加担心男孩变得女人气，而不太担心女孩变得像男孩子一样（Campenni，1999；Sandnabba & Ahlberg，1999）。一个可能的解释是成年人倾向于把男孩的女性化举止看作同性恋倾向，但是人们一般不会把女孩的男性化举止当成同性恋倾向（Sandnabba & Ahlberg，1999）。

我们已经了解到男孩子最有可能成为关于适

当性别举止信息的接受者，与此类似的是，成年男性比成年女性更有可能提供这些信息（Bussey & Bandura，1999；Coltrane & Adams，1997；Leaper，2002）。例如，父亲通常会比母亲更多地鼓励女孩玩一些诸如茶具和玩具娃娃等典型的女孩式的玩具，男孩则去玩诸如足球和拳击手套等典型的男孩式的玩具。

总之，看起来父母确实增加了他们孩子的一些性别定式行为。然而，我们很快会发现许多父母尽量谨慎地平等对待自己的儿子和女儿。

关于情绪的谈话

另外一种性别定式行为集中在谈话上。父母更倾向于和女儿谈论别人和情绪，而不和儿子讨论这些话题（Bronstein，2006；Fivush et al.，2000；Shields，2002）。

父母与孩子的谈话最有意思的方面可能是，父母通常根据孩子的性别来谈论不同的情绪（Chance & Fiese，1999；Fivush & Buckner，2000；Leaper，2002）。在关于婴儿的章节中，我们看到有些成年人倾向于认为男婴哭是因为生气，而女婴哭是因为害怕。相关的研究调查了妈妈和两岁半到三岁的孩子的谈话。在半个小时的观察中，21%的妈妈和自己的儿子说到了生气，而没有哪一个妈妈和自己的女儿讨论到生气；相反，她们和自己的女儿讨论害怕和伤心（Fivush，1989）。妈妈们特别倾向于和她们的女儿详细地讨论伤心，来弄明白为什么她们的女儿在当时会伤心（Fivush & Buckner，2000）。同时，在与女儿交流时妈妈会更为动情，而与儿子交流时就不会（Fivush & Nelson，2004）。

如同母亲一样，父亲也通常倾向于和女儿讨论伤心，而不和儿子讨论（S. Adams et al.，1995；Fivush & Buckner，2000；Fivush et al.，2000）。不出意料的是，对于3~4岁的儿童的研究表明，女孩比男孩更经常会谈论伤心经历（Denham，1998；Fivush & Buckner，2000）。在第12章，我们会看到当女性感到悲伤时，她们可能会去找出自己伤心的原因，而这个活动可能会导致女性比男性更加压抑（Nolen-Hoeksema，1990，2003）。早期的家庭影响导致了成年后的性别差异。

关于侵略性的态度

在大众媒体对性别角色发展的说明中，你可

能会读到父母会制止女儿的侵略性行为，但是却容忍甚至鼓励儿子的侵略性行为。从直觉上来说，这种描述很有感染力。然而，研究的结果却与之不一致。有些研究发现了上面提到的差异，而另外的研究却没有发现什么区别（Lytton & Rom-ney，1991；Powlishta *et al.*，2001；Ruble & Martin，1998）。你有空时做一下专栏 3.2。通过你自己的观察，你是否发现父母对女儿和儿子的侵略性行为有不同的反应？

专栏 3.2　对儿子和女儿的侵略性的容忍

你找一个父母经常带孩子去的地方，比如百货商店、玩具店和快餐厅。观察一些有两个或多个孩子的家庭，并留意孩子对父母或者兄弟姐妹的直接的语言或者肢体攻击。父母对于孩子的这些攻击做何反应？父母是否会因为孩子性别的不同而有不同的反应？

91　在第 6 章，我们会讨论在一些人际交往中，成年男性是怎样比成年女性更有侵略性的。很显然，父母对于儿子和女儿行为的不同反应和惩罚能够解释其中大部分的差异。

可是，父母会通过其他的途径来提供关于侵略性和能力的知识。社会学习理论的第二个成分强调，男孩会通过效仿他们的父亲而变得有侵略性。另外，认知发展理论强调，家庭结构提供给了孩子关于合适的"男性"和"女性"的行为知识。孩子们注意到在他们自己的家庭中，父亲做决策，并选择看哪个电视节目；父亲也可能会使用身体上的优势来胁迫，以确定权力。孩子们通过观察他们父母的行为，往往会明白侵略性和能力是"男孩子的事"，而不是"女孩子的事"。

关于独立性的态度

根据大众媒体对性别角色发展的描述，父母会鼓励儿子去自己发现和做事，而会过分保护和帮助女儿。同样地，这一点并不像媒体所说的那么明显。

在有些情况下，父母确实更多地鼓励男孩学会独立，而不鼓励女孩。对刚学走路的婴儿的研究发现，男孩更经常地被单独留在房间里，而女孩则通常会有人看护和陪伴（Bronstein，2006；Fagot，1978；Grusec & Lytton，1988）。另外，一个对于做了母亲的女性的调查发现，她们会在很多的日常活动中允许男孩比女孩有更大的独立性（Pomerantz & Ruble，1998）。

而有些研究表明，父母给儿子和女儿的言语指示是相同的（Bellinger & Gleason，1982；Leaper *et al.*，1998）。可是，另外的研究显示，妈妈会给女儿比儿子更多的警示，可能是因为她们认为女儿更有可能会听从这些话（Leaper，2002；Morrongiello & Hogg，2004）。显然，在这个领域的性别差异研究还远不是一致的（Leaper，2002；Powlishta *et al.*，2001；Zemore *et al.*，2000）。

父母性别定式的个体差异

如上所述，父母可能会鼓励性别定式的活动。他们与女儿讨论悲伤情绪的时间要多于儿子。然而，他们并不总是更多地鼓励儿子要有侵略性和独立性，而不怎么鼓励女儿这样（Leaper，2002；Powlishta *et al.*，2001；Ruble & Martin，1998）。

与本书主题 4（个体差异）一致的是，父母在传达给孩子性别信息方面差异很大。有些父母对待男孩和女孩差别很大，而有些父母则尽量地避免性别歧视。例如，Tenenbaum 和 Leaper（1997）研究了墨西哥裔美国父亲在一个女性化的条件下（玩一些玩具食物）与他们的学龄前孩子的交流。对性别持传统态度的父亲在这种情况下通常不怎么和孩子交谈。相反，持非传统态度的父亲会问孩子这样的问题："这个三明治上有什么啊？""我们应该煎这个鸡蛋吗？"通过问这样的问题，父亲向孩子传递着这样的信息：男性对于做传统意义92上的女性的工作应该感到很正常。

近来很少有研究专门针对不同种族的父母对男孩和女孩的不同态度（Hill，2002；Raffaelli & Ontai，2004）。因为即使在同一个种族内部，差异都会很大，所以可想而知，研究结果常常会相当复杂或者相互矛盾（L. W. Hoffman & Kloska，1995；P. A. Katz，1987）。例如，Flannagan 和 Perese（1998）开展的一个研究结果汇报说，妈妈与孩子的谈话取决于家庭的种族和社会阶层。我在关于父母种族的研究中发现的唯一与之相一致的是，接受了较好教育的非洲裔妈妈会以一种较轻的性别定式抚养孩子（Flannagan & Perese, 1998；Hill，2002）。

父母的性别定式的个体差异的另一个源泉更为清晰划一。当你知道父母关于性别的个人的观点对于他们传递给孩子的信息有重大影响时，你不会十分吃惊吧。例如，Fiese 和 Skillman（2000）研究了一组大部分都是欧裔的美国父母。每一位父母都被要求给他（她）的 4 岁的孩子讲一个自己小时候的经历。有女性定式的母亲和有男性定式的父亲都倾向于以一种性别定式的方式来和孩子交流。换句话说，他们给儿子讲述关于成功的故事的数量是给女儿讲的将近三倍。可是，既有女性又有男性定式个性的父母就会以没有性别定式的方式来和孩子交流。具体来说就是，他们和儿子与女儿讨论关于成就的故事的次数基本相当。

有些父母尽力对自己的孩子一视同仁。在第 2 章，我们讨论了 Sandra Bem 提出的与两性特征相关的理论，在本章也提到了她的性别图式理论。Bem（1998）描述了她和 Daryl Bem 无性别定式的抚养孩子的方式：

　　例如，我们会轮流做饭、开车、给孩子

洗澡等等，这样我们的行为将不会教孩子性别和行为之间的关系。因为我们已经养成了平等的轮流工作的习惯，所以这种做法对我们来说是很容易的。另外，我们尽量既给孩子们安排传统的男性活动，又安排传统的女性活动，比如既玩玩具娃娃，又玩卡车玩具；既穿粉红色衣服，又穿蓝色的衣服；既有男性玩伴，也有女性玩伴。可能是由于我们的孩子的性格，这做起来也很容易。如果可能，我们还会带他们去外面了解一下非传统的性别模式。(p.104)

关于父母性别定式的差异的讨论表明种族对父母对待孩子的态度没有清晰划一的影响。可是，在生活中持非传统性别观点的父母会以一视同仁的方式看待自己的儿子和女儿。

在继续讨论之前，我们归纳一下关于父母的一般结论。父母经常通过他们对于孩子的"男性的"和"女性的"活动的反应来鼓励性别定式。他们还会更多地和女儿，而不是儿子，讨论情绪，尤其是悲伤情绪。相反，他们通常会在侵略性和独立性方面平等地对待孩子。总的来说，在鼓励性别定式方面父母并不与大众媒体所说的一致。我们需要把其他因素也考虑在内，包括下面 3 个表现出更大性别歧视的因素：伙伴、学校和大众媒体。

伙伴

在美国和加拿大，一旦孩子开始上学后，性别知识的一个主要来源就是他们的**伙伴**（peer group），也就是和他们年龄相仿的孩子。一个孩子有可能是被相对没有性别歧视的父母照看大的。但是，在上学的第一天，如果詹尼弗穿着她的旅行鞋，而约翰带着他的新玩具娃娃，他们的伙伴就会认为不合适。研究表明，在强调性别定式方面伙伴比父母更有影响力（Maccoby，2002）。

伙伴们通过以下 4 种途径鼓励性别定式：（1）他们排斥那些有非性别定式行为的孩子作伙伴；（2）他们鼓励性别隔离；（3）他们对其他性别的孩子有偏见；（4）他们区别对待男孩和女孩。在你阅读本节的讨论时，请注意社会学习理论是如何解释各个主题是怎样作用于孩子的性别定式的。

排斥非传统行为

一般来说，孩子倾向于排斥那些行为特别异性化的伙伴（C. P. Edwards et al.，2001）。例如，孩子们通常认为女孩子不应该玩那些有侵略性的、"战斗型"的电子游戏（Funk & Buchman，1996）。另外，喜欢主导讨论的女孩子也会因为过于专横而得不到高分（Zucker et al.，1995）。在小时候行为像男孩的顽皮姑娘长大后经常说，她们的伙伴劝说她们要表现得更像女孩的话语对她们是很有影响力的（B. L. Morgan，1998）。在社会学习理论中我们了解到，儿童会因为自己与性别符合的行为而受到表扬，会因为与性别不符合的行为而受到惩罚（Bussey & Bandura，2004）。

非传统的男孩会经历更加严重的拒绝（Bussey

& Bandura，2004；Fagot *et al.*，2000）。例如，Judith Blakemore（2003）让 3～11 岁的儿童判断他们是否愿意和一个违反了传统性别定式的儿童做朋友。孩子们大都说不喜欢有着女孩发型或者穿女孩衣服，或者玩芭比娃娃，或者长大后想做护士的男孩。相反，如果女孩违反了性别定式，他们的评价就没有如此严重。伙伴们提供了一个不成文的男孩的规范，也就是关于男孩应该怎样说话和做事的一系列的严格的准则（Pollack，1998）。这个规范明确地禁止男孩谈论紧张、害怕和其他"敏感的"情绪。如同我们在对认知发展论的讨论中所提到的，儿童的性别图式通常非常严格。

94

性别隔离

性别隔离（gender segregation）就是喜欢与同性儿童在一起的倾向。在美国和加拿大，孩子们在 3 岁或 4 岁开始喜欢和同性孩子一起玩，而这个倾向会持续增长直到青春期早期（C. P. Edwards *et al.*，2001；Gardiner *et al.*，1998；Maccoby，1998，2002）。在一个研究中，80％以上的 3～6 岁儿童明显喜欢与同性的伙伴一起玩耍（C. L. Martin & Fabes，2001）。

性别隔离的一个结果是，这些性别单一的群体会鼓励孩子们去学习和实践性别定式行为（Fabes *et al.*，2003；Golombok & Hines，2002；Maccoby，1998，2002）。男孩子们学到他们应该体质强壮，更有侵略性，不能承认他们有时也会害怕；女孩子们则学会关注服饰和魅力，而不是能力。反过来，这些活动会加强儿童的性别图式，以至于"男孩"群体明显与"女孩"群体不同（Fabes *et al.*，2003）。

同时，男孩和女孩还了解到男孩子有更大的权力。这种不平等加重了男孩子的**权力感**（entitlement），男孩子会感到因为他们是男的，所以他们应该得到更大的权力（McGann & Steil，2006；L. M. Ward，1999）。性别隔离的另外一个结果是，仅仅和同性伙伴玩耍长大的孩子会学不到将来他们与男性和女性共同工作时所需要的广泛的技巧（Fagot *et al.*，2000；Shields，2002）。

这种喜欢交同性朋友的倾向会继续增长直到大约 11 岁（Maccoby，1998）。随着青少年早期的恋爱关系的发展，男孩和女孩在一起的时间又会增加。

性别偏见

伙伴鼓励性别定式的第 3 种方法是对异性的偏见（Carver *et al.*，2003；Narter，2006）。在前面讨论的性别图式理论中，我们提到孩子更喜欢和同性的孩子一起。例如，Powlishta（1995）向 9～10 岁的孩子展示了一系列孩子和成年人之间交流的小录像。在看完每一段录像之后，孩子们都给录像中的孩子打分，用十分制量表，标志着从"十分不喜欢"到"非常喜欢"。

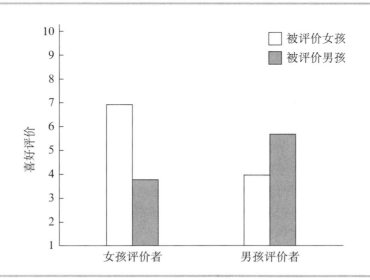

图 3—3　男孩和女孩对录像中的男女儿童的评价，数据表明了对异性的偏见

Source：From Powlishta，K.（1995）．Intergroup processes in childhood. *Developmental Psychology*，*31*，781 - 788. © 1995 by the American Psychological Association. Reprinted with permission.

从图 3—3 可以看出，女孩更喜欢录像中的女孩，而男孩更喜欢录像中的男孩。与此类似的是，在对 3～10 岁的巴西儿童的研究中，孩子们会给同性较好的评价，而会给异性负面评价（de Guzman *et al.*，2004）。这种偏见来源于孩子们明确的性别图式，同时它又加强了孩子们认为女性和男性不同的观念。

95 **区别对待**

伙伴提高性别定式的第 4 种方式是，他们会在与男孩和女孩的交往中运用不同的标准。区别对待的一个最有意思的例子是，孩子们对女孩的反应取决于其外在吸引力，而这不会被用到男孩身上。在一项经典的研究中，Gregory Smith（1985）任意挑选了 5 天，每天在教室里用 5 分钟的时间观察了一些中产阶层的欧裔学前儿童。他记录下别的孩子是怎么对待每一个被观察儿童的。其他孩子是否忠实于当前社会道德准则——帮助、喜欢和表扬这个被观察的孩子？或者，其他孩子是否好斗——击打、推搡或脚踢这个被观察的孩子？

然后，Smith 计算每一个孩子的外表是怎样与这些遵从社会准则的和有侵略性的行为联系起来的。结果表明，外表（已由大学生提前评价出）与女孩被接受的程度是相关联的。具体来说，外表有魅力的女孩更有可能得到遵从社会准则的待遇。图 3—4 表明了一个明显的正相关。换句话说，最"可爱的"女孩最有可能被别人帮助、喜欢和表扬。相反，缺乏魅力的女孩很少得到这些正面的反应。然而，史密斯发现男孩子的外表和他得到的遵从社会准则的待遇是没有关系的；有魅力和缺乏魅力的男孩都会得到近似的对待。

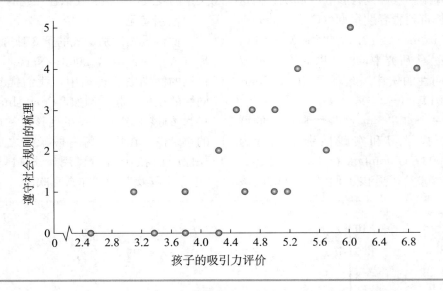

图 3—4　女孩的吸引力与遵守社会规则的正相关

Source：G. J. Smith（1985）.

Gregory Smith（1985）还发现了一个侵略性分数的可比较模式。也就是说，不太有魅力的女孩更有可能被打、被推和被踢，而可爱的女孩很少会被这样对待。然而，外表却与对男孩的攻击没有关系。小女孩们从她们的伙伴那里学到了一个她们一生都会重复的道理：长得漂亮对女性来

96 说很重要，漂亮的女孩和女人会得到更好的待遇。男孩子们则懂得外表和他们的生活没有关系。

如同父母的影响一样，伙伴对于孩子性别定式的影响还没有被完全研究清楚（Maccoby，2002）。然而，我们已经看到孩子会通过很多途径对同龄人产生影响。具体来说，他们会排斥伙伴的非传统性行为；他们会鼓励性别隔离，以至于男孩和女孩之间很少能有交流；他们还能对异性儿童表现出偏见；最后，他们会区别对待女孩和男孩，比如强调女孩子的外表，而不强调男孩子的外表。

学校

一般北美的小学生在学校里和老师一起的时间比在家里和家人一起的时间要多。因此，教师和学校有很多的机会影响性别定式（Maher & Ward，2002）。

学校的组织结构就表明了男性比女性更重要（主题 2）。具体地说，大多数的主要领导和其他高级官员通常都是男的，而那些教"小孩子"的 80% 都是女性（Maher & Ward，2002；Meece & Scantlebury，2006）。我们先来研究教师们的行为是如何偏爱男生的；然后我们考虑性别公平教育怎样来减弱孩子的性别定式；最后，我们会关注在一些发展中国家，女孩不能同男孩一样接受良好教育的严重问题。

教师的行为

自 20 世纪 90 年代早期，大众媒体开始公布一个重要的问题：女孩子在班级里受不到平等的待遇（Grayson，2001；Rensenbrink，2001；Sadker & Sadker，1994）。公布的报告突出表明了在教育系统中女孩被忽视的现象，这一点显然是和本书主题 3 相吻合的。根据这些报告，班级活动通常都会选择对男生有吸引力的，老师往往更加关注男生，而女生在教材和其他的教学材料中都会被忽略或误传（Maher & Ward，2002；Meece & Scantlebury，2006）。

更具体地说，该研究显示在班级里男生一般会得到更多的肯定性的反馈。他们的创造能力也更有可能被认可，他们更有可能被提问和参与到课堂讨论中（Basow，2004；DeZolt & Hull，2001；B. Lott & Maluso，2001）。Sadker 和 Sadker（1994）讨论到一个典型的例子，老师问："玛利亚，什么是形容词？"玛利亚正确地回答道："描述某物的一个单词。"这时，提姆喊道："形容词用来描述名词。"老师评价道，"提姆，答得好"（p.74）。请注意这位老师是怎样强调提姆而忽视玛利亚的正确答案的。老师还倾向于给男生更具体的建议（American Institutes for Research，1998）。巧合的是，男老师和女老师通常都会更加注意男生（Basow，2004）。

黑人女学生在班级里尤其可能受到忽视。在幼儿园时，黑人女孩会在班级里公开自己的观点，不过她们的观点可能不会被认同。因此到 4 年级时，她们就会变得更加被动和安静（Basow，2004）。另外，老师通常不鼓励黑人女孩承担学业上的任务，诸如辅导或教新学生如何准备作业等（Grant，1994）。

影响老师行为的另一个因素是社会阶层（Maher & Ward，2002）。老师会鼓励一个来自中等阶层家庭的孩子学会独立，而通常对来自低等阶层家庭的女孩强调简单的记忆（B. Lott，2003；Rist，2000）。

老师还会通过一系列的信息来强调性别角色。例如，一个朋友给我看了一张母亲节茶会的请柬，那是她 5 岁的儿子从学校带回家里来的。请柬要求母亲尽可能穿"茶会服装"，戴漂亮的帽子。据说这是一个教育孩子得体装扮的好方法。下个月爸爸们被邀请参加父亲节聚会，可是请柬丝毫没有提到服饰和礼节。请考虑一下这种对比传递给孩子们的信息……还有传递给父母们的信息！

总之，学校教育系统中的一些因素使女生们经常受到欺骗。值得庆幸的是，大部分的老师已经知道平等对待男生和女生。可是，在很多情况下女生还是会被忽视，得不到公平的反馈，还不被鼓励去提高学习能力。此外，学校会传递关于男性和女性角色的重要信息。

在北美学校中令人欣慰的变化

到目前为止，我们关于性别和教育的讨论强调了学校结构和教师的行为更倾向于偏爱男生。然而，幸运的是，北美的教育状况可能正在逐步改变着。许多培训教师的学院和大学现在都开设了关于性别和种族多样性的课程。媒体对于"沉默的女性"问题的关注也引起了教师对于需要给男女同学同等注意的警惕（Maher & Ward，2002）。结果，越来越多的老师更为关注性别公平教育（Rensenbrink，2001）。

一些培训已经被设计出来以改变孩子的性别定式（Bigler，1999a；Maher & Ward，2002；Wickett，2001）。例如，Bigler（1995）在一个为期 4 周的夏令营中，把一些 6～9 岁的孩子分到控制组班级或者强调性别的班级。控制组班级的老师得到指示，不要在他们的评价或对孩子的待遇中强调性别。同时，在强调性别的班级里的老师按照性别把座位隔离开，男生和女生的座位各在教室的一边。老师还用不同的公告牌展示女生和男生的美术作品，并不时地指导男生和女生开展不同的活动。

最有意思的结果出现在那些在参加该培训前没有特别强烈的性别图式的学生身上。在控制组班级里，做出男性和女性分别应该从事什么工作的性别定式的判断的学生，要比另一个班级的学生大约少一半。相反，如果在参加该培训前孩子们已经有了很强的性别图式，他们就不会被这个培训的本质所影响。

不幸的是，我们不能指望养成性别定式的长期的历史会被一个简单而又短暂的干预消除。许多培训都是失败的（Bigler，1999a）。一般情况下，当孩子们一起研究某个问题时，他们的性别定式就会明显改变，而这是成年人劝说所不能达到的效果（Aboud & Fenwick，1999；Bigler，1999b）。研究性别和教育的方法必须要更加成熟，因为孩子们会积极地建构他们的性别图式，他们不会仅仅通过较为被动的社会学习方法简单地获得这些信息（Bigler，1999a）。教育者们也必须要强调一个更加全面的关于性别的方法，这样的话，老师们从幼儿园开始就能给女生同等的注意，从而减轻对于性别的不合适的定式。

非工业化国家中的性别和教育

从国际上来说，我们经常遇到一个非常严峻的关于小女孩的教育问题。在很多国家，女孩得不到和男孩同等的教育机会。例如，在非洲的 55 个国家中有 45 个国家的男孩小学入学率比女孩高（United Nations，2006）。

联合国的调查数据显示，世界上的成年文盲大约有 8 亿，其中三分之二是女性（UNESCO，2004）。在那些食品和其他生活必需品匮乏的地方，女性的教育显得很奢侈。发展中国家女性受教育的比例差距很大。例如，古巴 97％ 的女性能阅读，而邻近的海地却只有 50％（UNESCO，2007）。有些国家最近已经开始了扫盲运动（Gold，2001；M. Nussbaum，2000）。例如，在伊朗的农村地区，女孩的小学入学率在最近 5 年里从 60％ 提升到了 80％（Bellamy，2000）。

不幸的是，没有接受教育的女性将会经历一生的缺憾。她们不能读报纸，不能签支票，不能签合同，不能进行很多其他能帮助她们独立并在经济上自给自足的活动（M. Nussbaum，2000）。而受过教育的女性更容易找到工作，通常推迟结婚，而且生育率比没有受过教育的女性低，婴儿的死亡率也低。她们的孩子通常更为健康，也更容易去接受教育（W. Chambers，2005）。也就是说，女性的教育对非工业化国家人民的健康和富裕有着广泛的影响。

发展中国家和发达国家之间的差距会继续加大（Bellamy，2000）。同时，诸如美国这样的发达国家的政府很少资助发展中国家的扫盲活动或其他社会福利项目，而这些活动或项目才能真正地改善发展中国家的女性生活。例如，美国在阿富汗花费了上百万美元，可是其中投资在医疗保健和教育上的还不足 1％（Lipson，2003）。

一位生活在北非沿海的加那利群岛的妇女描述了她为什么会后悔自己没有去读书：

> 一个人生活中最大的财富在于能够阅读和理解他（她）所读的东西。这是生命中最美好的礼物。这一生中我都在盼望着能学会读和写，因为对于我来说，会读、会写就等于有了自由。（Sweetman，1998，p. 2）

媒体

到目前为止，我们已经了解了父母、伙伴和学校是怎样区别对待女孩和男孩的。孩子们还会通过许多其他的途径来获得性别信息。例如，针对学龄前儿童的教育软件中的男性人物是女性人物的两倍（Sheldon，2004）。年龄大一些的孩子会通过电子游戏了解性别，但是，在有人物的游戏中，大约 40％ 的游戏完全没有女性的出现（Cassell & Jenkins，1998；Dietz，1998）。"芭比时装设

100　计者"游戏是最近专为女孩设计的最成功的互动游戏之一（Subrahmanvam *et al.*，2002），这个游戏就传递了非常明确的性别信息。

偶尔，我们会遇到有创意的游戏，比如"约丝·特若历险记"，这个游戏描述了一个 11 岁的华裔美国女孩当侦探的故事（Donovan，2000；网址 http：//www．josietrue．com）。然而，总体上来说，大量的男性电子游戏鼓励着男孩子们去掌握比女孩子更多的电脑技术。这些电子游戏也帮助男生掌握了更多的计算机技术（Subrahmanyam *et al.*，2002）。

就连万圣节的服饰也传递着性别信息：女孩子们可以是美丽的皇后、公主或者是惹人爱的小动物；而男孩子们则会是勇士、超人或者怪物（A. Nelson，2000）。大多数关于性别和媒体的研究都是探讨男性和女性在书本和电视中是怎么表现的。因此，我们下面来详细分析这两个领域。

书本

大部分儿童画册的主人公都是男性，通常男女比例大约是 2∶1（R. Clark *et al.*，2003；M. C. Hamilton *et al.*，2006；Tepper & Cassidy，1999）。可是，我找到的一个研究里的结果却是比例相同（Gooden & Gooden，2001）。不过一般情况下，在书中的插图里男性也会更常见（R. Clark *et al.*，1993；Gooden & Gooden，2001；Tepper & Cassidy，1999）。

那么，这些儿童书中的男孩们和女孩们都在做什么呢？与女孩相比，男孩拥有更广泛的职业（Crabb & Bielawski，1994；Gooden & Gooden，2001）。同时，男孩们帮助别人，独立解决问题，并且到处玩耍。与之相反，女孩在解决问题时需要帮助，而且通常在房间里安静地玩耍（D. A. Anderson & Hamilton，2005；R. Clark *et al.*，2003；L. Evans & Davis，2000；M. C. Hamilton *et al.*，2006）。

有些作家显然在试图写一些非性别歧视的书，来描述意志坚强的女性在生活中积极进取和自主自立。遗憾的是，大多数的作家仍然以性别定式的男性角色来描绘男性（Diekman & Murnen，2004）。另外，一项对最畅销的 200 本儿童书的研究发现，书中妈妈出现的次数比爸爸出现的次数高；与爸爸相比，妈妈更经常与孩子交流。令人遗憾的是没有任何一本书描述爸爸亲吻或者喂养婴儿（D. A. Anderson & Hamilton，2005）。在 21 世纪，儿童书竟然还不能体现性别平等，这太令人遗憾了！

你或许会对这种儿童文学中缺少女性角色的现象感到担忧。我们是否真的要担心孩子们的读物？结果证明，这些偏见确实对孩子有重要的影响。例如，Ochman（1996）设计了一个研究，该研究要求孩子们观看一些故事的录像。每一个故事都需要主人公去解决一个问题，并通过解决问题提高了他（她）的自尊心。同样的故事被呈现给 7～10 岁的孩子的班级；但是，一半班级所放映的录像的主人公是男孩，其余一半的主人公是女孩。

研究人员在研究初期进行了一个标准的自尊心测试。然后在随后的 6 周里，孩子观看这些录像；然后进行了第二次自尊心测试。最后，研究人员计算儿童自尊心的变化。如图 3—5 所示，如果女孩子们看到的是关于有成就的女孩的故事，而不是成功的男孩的故事，那么她们的自尊心将会有一个很大的增长；男孩子们也表现出同样的模式，在他们看到成功的男孩的故事，而不是成功的女孩的故事后，他们的自尊心也会增长。　　101

我们来考虑一下 Ochman 的研究的含义。如果孩子们了解到关于非常有能力的男孩的故事，而不是女孩的故事，那么男孩子们的自尊心就有可能会增长，而女孩子们的自尊心却不会被提升。

有责任心的父母和老师会浏览一下孩子们将要读的书，以确保在书中提到有能力的女性（Bem，1998）。他们还要善于发现新的资源，例如，一份由女孩和年轻女性主编的女权主义杂志《新月》（见图 3—6）。

电视

在美国，每个家庭平均有 2.4 台电视（Giles，2003）。另外，学龄前儿童平均每周要看 20 多个小时的电视（Paik，2001）。到高中毕业时，他们已经在看电视上花去了 18 000 小时，与之相对应的是，只在上课上花去了 12 000 个小时（D. G. Singer & Singer，2001）。在第 2 章，我们研究了电视节目中针对成年观众的性别定式。现在我们来看针对儿童的电视节目和电视广告。18 000 个小时的电视能够在性别定式方面提供影响强烈的教育。

102　　　在儿童的电视节目中，男性的出现率通常要比女性高（R. F. Fox，2000；Huntemann & Mor-gan，2001；Perse，2001）。例如，一个针对儿童的电视广告中有 183 个男孩，却只有 118 个女孩（M. S. Larson，2003）。

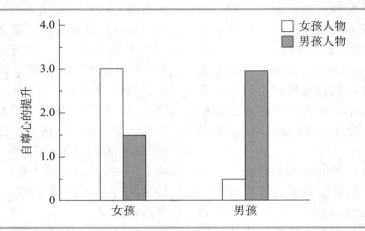

图 3—5　在看到关于女孩或男孩人物的故事后男孩和女孩自尊心的提升（与基础线相比）

Source：Based on Ochman（1996）.

图 3—6　《新月》（*New Moon*），一份专门面向年轻女性的杂志，讨论性别、种族偏见和生态学

Reprinted，with permission，from New Moon：The Magazine for Girls and Their Dreams；Copyright New Moon Publishing，2 West First Street，♯101，Duluth，MN 55802. Subscriptions ＄34.95/6 issues. Call 1 - 800 - 381 - 4743 or visit http：//www. newmoon. org.

103　　　在电视中，男性和女性所进行的活动也不同。例如，男性更有可能出现在工作场所，而女性更经常以照看人的角色出现（T. L. Thompson & Zerbinos，1995；Van Evra，2004）。如同我们对儿童的书本的分析一样，男孩更有可能表现出领导气派和独创性。电视节目中的男性经常是暴力的，用枪、激光和武术来攻击别人。这些节目显然促成了儿童的性别图式：男性通常有侵略性（Gunter *et al.*，2003；Kundanis，2003；M. S. Larson，2003；Perse，2001）；相反，女孩更有可能表现得比较可爱和无助（T. L. Thompson & Zerbinos，1995）。

　　　曾经有电视节目刚开始时看起来让人感觉到性别平等。例如，"能力膨胀的女孩"描述了 3 个小女孩。可是，这 3 个分别叫做花儿，毛莨儿和泡儿的可爱的、任劳任怨的卡通人物互相打架，为了得到一个有能力男人的青睐相互竞争，却很少能解决自己的问题（Corcoran & Parker，2004）。

　　　那么，孩子们能否真的能通过看电视学到性别角色定式呢？下面我们来看由 Signorielli 和 Lears（1992）所做的一个仔细的研究。研究人员们调查了 530 个 4 年级和 5 年级的学生，调查中采用了类似于美国的种族分布的样本。每个孩子完成了一个性别定式测试。测试中的典型的问题是，诸如涮碗这样的家务事是应该仅仅由女孩来做，由男孩来做，还是男孩女孩都应该做。Signorielli 和 Lears 发现看了更多时间电视的孩子通常会比其他孩子明显地具有更高的性别定式。

　　　如果你考虑到我们在第一章提出的一些潜在的研究问题，你可能会想到这些研究结果是否能用易混变量来解释。例如，教育程度较高的父母也许会限制孩子看的电视节目，还会遏制他们的性别定式。然而，Signorielli 和 Lears（1992）进行了对结果的二次分析，他们从统计上来控制诸如性别、种族、阅读能力和父母的教育程度等潜在的易混变量。看电视和性别定式的关系仍然是很明显的，虽然不是特别强。一般地说，研究通常显示在看电视和性别定式之间有着一定的联系（e. g.，C. P. Edwards *et al.*，2001；Huntemann & Morgan，2001；Perse，2001）。

　　　想培养没有性别定式的孩子的父母应该限制他们所看的电视节目。父母还应该鼓励孩子看那些表现女性的能力和男性照看别人的电视节目。父母还可以选择那些没有性别定式和展现有能力的女性的教育和娱乐节目录像。父母可以不时地在适当的时机停下这些录像来和孩子讨论与性别相关的问题（Gunter & McAleer，1997）。电视和录像能够展示女性和男性行为的正面的榜样，他们甚至能使孩子们减轻性别定式。不幸的是，到目前为止，大众媒体还没有能够实现这个潜能。

104　**小结——形成性别定式的因素**

　　　1. 父母倾向于鼓励孩子的性别定式活动（比如，选择玩具和分派家务活），他们会更多地和女儿讨论不同的情绪；他们还会在孩子的侵略性和独立性方面区别对待男孩和女孩，但是，这种区别对待并不一致。

　　　2. 在区别对待男孩和女孩方面，父母差别很大，不过种族对父母的性别定式没有一致的影响。父母可以设计有创意的方法来对孩子一视同仁。

　　　3. 伙伴们排斥其他孩子的非性别定式的行为；伙伴们还鼓励性别隔离；他（她）们对异性孩子存有偏见；他（她）们在与男孩和女孩交流时会运用不同的标准（如外表）。

　　　4. 北美的学校通过男性和女性职业的分配来鼓励性别定式。与女生相比，男生在班级中得到更多的关注和有用的反馈。

　　　5. 一些学校建立了一些项目帮助孩子们改变性别定式，但这些项目必须既易于理解又相对高级，以便能产生重要的影响。在一些非工业化国家，男孩更有可能进入学校接受教育。

　　　6. 关于儿童的书和电视节目继续忽视女性，并以性别定式的行为来展现男孩和女孩。研究表明，读书和看电视可以影响孩子关于性别的看法。

儿童关于性别的知识

　　我们在前面列出了儿童从环境文化中获得性别信息的一些重要方法。下面我们来看儿童的性别知识学得有多好：他们对于性别知道多少？他们有什么样的性别定式？在第2章，我们讨论了成年人的性别定式；下面我们会看到，在儿童进入幼儿园之前就已经确立了关于性别的观点。请记住我们强调的关于性别定式的认知发展研究：儿童会主动地形成性别图式，这些图式会促使他们以与自己的性别一致的方式来指导自己的行为。

　　非常有意思的是，6个月的婴儿就已经知道了关于性别的一些东西，他们能把男性和女性放在不同的类别中（Golombok & Hines，2002；C. L. Martin & Dinella，2001；Ruble *et al*.，2004）。在一个典型的研究中，P. A. Katz 和 Kofkin（1997）通过一系列幻灯片向每一个婴儿展示不同女人的头和肩（这些幻灯片展示了各种各样的服装、发型、面部表情等）。在看了一些幻灯片后，婴儿就会对这些女性刺激物失去兴趣。然后，研究人员展示测试幻灯片，一个男性或是一个女性。在 P. A. Katz 和 Kofkin 的研究中，他们发现这些6个月的婴儿注视男性幻灯片的时间明显地比女性的长。这个注视模式告诉我们，儿童认识到这个新幻灯片和前面所看的幻灯片属于不同的类别。在

看完一系列展示男性的幻灯片后，婴儿也会更长时间地注视一个女性的幻灯片。

　　其他研究表明，8个月大的婴儿知道了女性的声音来自一张女性的脸，而男性的声音来自一张男性的脸（Bussey & Bandura，2004；M. L. Patterson & Werker，2002）。这一系列的研究表明，在婴儿会说话或走路之前，他们就根据性别把人们分成两个类别。

　　很显然，年龄大点的会说话的儿童的性别知识会更加容易些。例如，几乎所有的3岁婴儿都能够正确地分辨自己是男孩还是女孩（P. A. Katz，1996；Narter，2006）。然而，就像在本章开头讲到的在一个生日聚会中的小插曲所反映的一样，孩子关于性别的观点往往会和成年人的看法不同。儿童通常都会同意那个小女孩的观点，认为衣服能最准确地能判断一个人的性别。儿童通常要到六七岁才能解释男女之间的区别（Ruble *et al*.，2004）

　　我们首先来研究儿童关于性别定式活动和职业的知识。然后，我们来讨论一个更加抽象的分别，即儿童关于性别定式性格特征的知识。我们还会分析影响儿童性别定式强度的一些因素。

儿童关于活动和职业的性别定式

　　在很小的时候，儿童就已经明确地知道什么是与性别相符的活动。认知发展论认为，儿童会主动地构建性别图式。例如，当四五岁的孩子有机会给画上颜色时，75%的男孩子会选择一幅汽车画、棒球运动员画，或其他男性的图画；而67%的女孩子会选择小猫画、芭蕾舞蹈演员画，或其他女性的图画（Boyatzis & Eades，1999）。4岁的孩子还知道，男孩子"应该"喜欢工具类的玩具，而女孩子"应该"喜欢碗碟之类的玩具（Raag，1999）。另外，大人想要劝说孩子玩那些被认为适合异性的玩具也是有困难的（Fisher-

Thompson & Burke，1998）。到5岁的时候，大多数的孩子显现出对与性别相符的玩具的偏爱（C. F. Miller *et al*.，2006）。

　　另外，与中性或者非性别定式的活动相比，儿童对于那些适合自己性别的活动会记忆更深刻一些（F. M. Hughes & Seta，2003；Susskind，2003）。儿童的性别图式还会扩展到职业（G. D. Levy *et al*.，2000；Liben *et al*.，2002）。Gary Levy 和他的同事们（2000）调查了年龄较小的儿童（3～4岁）和年龄大点的儿童（5～7岁），向他们询问类似于专栏3.3中的问题。如同在范例

中一样，该研究是选择题，研究人员指导孩子们回答是"女性"或"男性"。通过表 3—1，你可以看到，即使是年龄较小的儿童也有了关于职业的性别定式。

106

专栏 3.3　儿童关于男性和女性的职业的看法

在你得到其父母的许可后，请 4～7 岁的儿童逐个回答下面的这些问题。在得到他（她）的答案后，接着问他（她）："为什么你会认为男人/女人更适合这个工作？"

1. 飞机驾驶员是为别人开飞机的人。你认为谁更适合做飞机驾驶员，女人还是男人？
2. 服装设计员是为别人设计和制作衣服的人。你认为谁更适合做服装设计员，女人还是男人？
3. 汽车修理工是为别人修理汽车的人。你认为谁更适合做汽车修理工，女人还是男人？
4. 秘书是为别人打字和邮寄东西的人。你认为谁更适合做秘书，女人还是男人？

在问完全部的 4 个问题后，再问他（她）最喜欢哪个工作，最讨厌哪个工作。（对于年龄较小的儿童，你可能需要提示他们每一个职位是做什么的。）

Source：Based on G. D. Levy *et al.*（2000）.

表 3—1	儿童对于 4 个性别定式职业中男女相对能力的判断	
	儿童的年龄组	
	3～4 岁组	5～7 岁组
"女性化的"职业		
认为女性更有能力的比例	75%	78%
认为男性更有能力的比例	25%	22%
"男性化的"职业		
认为女性更有能力的比例	32%	7%
认为男性更有能力的比例	68%	93%

Source：Based on G. D. Levy *et al.*（2000）.

107　令人不安的是，儿童在考虑自己将来的职业时也表现出明显强烈的性别定式。例如，在 Gary Levy 和他的同事们（2000）所做研究的另一部分中，研究人员问孩子们，如果他们长大后从事了在专栏 3.3 中描述的职业中的一个，他们会有什么感受。女孩子们往往会说，如果她们从事那些典型女性化的职业，她们会感到高兴，而如果从事那些典型男性化的职业，她们则会生气或者失望。

另外，男孩子们喜欢从事典型男性化的职业，并且对从事典型女性化的职业感到异常生气和失望。在本章中我们可以看到，性别角色对男孩的限制比对女孩的限制要大，其他研究证实了在将来职业选择中的这种趋势（Etaugh & Liss, 1992; Helwig, 1998）。例如，Etaugh 和 Liss 的研究发现，从幼儿园到 8 年级的男生中没有一个人说会选择一个"女性化"的职业。

▌儿童关于性格的性别定式

从一定程度上来说，儿童关于性格的性别定式的发展要比他们关于活动的性别定式要慢一些，这可能是因为性格特色比活动和职业更加抽象

（Powlishta *et al.*，2001）。即便如此，年龄在 2 岁半到 4 岁的儿童也表现出一些性格定式倾向，他们倾向于认为男孩是与力量和侵略性联系在一起的，

而女孩是与温柔和温顺联系在一起的（G. Cowan & Hoffman，1986；Heyman，2001；J. E. Williams & Best，1990）。到了5岁，孩子们就会发展出对于情绪反应的性别定式（Widen & Russell，2002）。

在一个具有代表性的关于儿童性别定式的研究中，8～10岁的儿童观看了一系列女人、男人、女孩和男孩的照片（Powlishta，2000）。儿童们用诸如"温柔"和"坚强"等一些与性别有关的性格特征来评价每一张照片。与前面的研究一致的是，孩子们在典型的女性特征方面给女性照片的评价明显高于给男性照片的评价，在典型的男性特征方面给男性照片的评价也明显高于给女性照片的评价。

与儿童的性别定式相关的因素

有许多因素影响着儿童的性别定式。在前面我们提到，男孩在职业选择方面比女孩有更强的性别定式。种族和社会阶层可能与儿童的性别定式有着复杂的关系。令人遗憾的是，我找不到对于不同种族、不同社会阶层的儿童的性别定式的大规模研究。但是，跨文化研究显示，其他国家的儿童对于男女性格特征的观点一般都类似于北美的儿童（Best & Thomas，2004；Gibbons，2000）。另外一项跨文化研究的发现是，儿童都对男性比对女性有着更强的性别定式。这又一次说明，男性的性别定式相对来说更为严格。

儿童的性别观点是否受到了他们的家人的态度的影响？一般来说，在抚养孩子方面有着较强性别定式的父母所抚养的孩子更有可能持较强的性别定式（Ex & Janssens，1998；O'Brien et al.，2000；Powlishta et al.，2001）。

不出意料的是，儿童的年龄影响着他们的性别定式（Durkin & Nugent，1998；Lobel et al.，2000；Powlishta et al.，2001）。有些研究评定儿童关于生活上公众接受的性别定式的知识。年龄大一些的儿童显然会比年纪小点的儿童知道得多一些。毕竟，年龄大一些的儿童有更多的机会来学习社会中关于性别的传统观念。然而，还有别的研究对儿童的性别定式的灵活性做了评定。一个典型的问题可能是："谁要来烤面包？女人？男人？还是男女都能做？"年龄大一些的儿童一般会比年龄小的儿童更有可能会回答："男女都能做。"也就是说，年龄大一些的儿童比小的更加灵活。我们可以做个结论，年龄大一些的儿童对性别定式了解更多一些，但是他们也意识到人们不必要被这些性别定式所束缚（Blakemore，2003；Trautner et al.，2005）。

最后，与主题4相一致的是，儿童之间关于性别的观点差异很大。他们自己的兴趣爱好通常会导致他们对性别定式和非性别定式的活动的具体经验（Liben & Bigler，2002）。而这些经历又会反过来形成他们关于性别的观念和知识。

小结——儿童关于性别的知识

1. 6个月的婴儿就已经表现出区分男女的能力。

2. 儿童对于男女的活动、职业和性格特征都已经形成了性别定式。

3. 儿童的性别定式在许多文化中都是相对一致的；如果父母对性别持有传统观念，他们的孩子一般会有较强的性别定式。另外，年龄大一些的儿童对性别定式了解更多，可是他们同时有着更为灵活的观念。

本章复习题

1. 在发育初期，男性胎儿和女性胎儿是相似的。直到他们出生时，他们才在生殖腺、体内生殖系统和体外生殖器方面区别开。请问在正常的发育过程中，这三种差异是如何出现的？并请解释婴儿是如何发育成既非明显女性又非明显男性的。

2. 俗话说："旁观者清。"类似的是，婴儿的阳刚之气和阴柔之美也是旁观者清。请问父母和陌生人对自己感受到的男女婴儿之间的差异是如何提供证明的？

3. 5 岁的达琳娜正在玩一个玩具娃娃。请问怎么用当前的心理学理论来解释她的行为？请务必用到社会学习论提出的两个机制和认知发展方法论的核心观点。

4. 假设一个家庭中有一对双胞胎，女孩叫苏珊，男孩叫吉姆。根据家庭和性别定式的知识，你预计他们的父母会怎样对待苏珊和吉姆？请在下面 4 个范围内讨论：(1) 性别定式活动；(2) 对于情绪的讨论；(3) 侵略性；(4) 独立性。

5. 请列出伙伴们鼓励性别定式的 4 种方法。一个有经验的老师应该怎样把性别定式降到最小？这个老师还应该做好其他的什么预防措施，以确保男生和女生在班级里能被一视同仁？

6. 请详细描述书本和电视是怎样传达性别定式的。同时，讲述这些大众媒体是怎样影响儿童对于玩具的选择和其他活动的？

7. 假如你正在一个白天上班的托儿所照看从 6 个月到 5 岁的儿童。研究人员怎么能知道 6 个月大的婴儿就已经掌握了一些关于性别的知识？同时，描述一下年龄大一些的不同年龄的儿童对性别和性别定式的知识了解多少。

8. 随着年龄的增长，儿童对于性别定式了解得更多了，但是这些性别定式也得更加灵活了。描述一下能说明这个观点的研究。这种观点对于伙伴对性别定式的影响有什么意义？

9. 儿童会主动地构建自己关于性别的观念。请描述几种他们形成性别图式的途径。根据在关于伙伴的讨论中的 4 个主题来回答这个问题：儿童的性别图式是如何鼓励他们区别对待朋友的？

10. 男孩的性别定式是否比女孩的更加严格？父亲是否会比母亲更有可能鼓励这些性别定式？请讨论这个问题，并且在讨论中务必提到父母对于孩子与性别相关活动的反应，对于孩子的职业观点和其他你认为相关题目的反应。

109

关键术语

* 性别定式（gender typing，76）

* 发育阶段（prenatal period，77）

* 婴儿时期（infancy，77）

* 性染色体（sex chromosomes，77）

* 生殖腺（gonads，77）

* 雄性激素（androgen，78）

* 雌激素（estrogen，78）

* 两性人（intersexed individual，78）

* 男性荷尔蒙反应迟顿综合征（androgen-insensitivity syndrome，78）

* 先天性肾上腺肥大（congenital adrenal hyperplasia，78）

* 社会建构主义（social constructionism，83）

* 社会学习论（social learning approach，85）

* 模仿（modeling，85）

* 认知发展论（cognitive developmental approach，86）

* 图式（schema，86）

* 性别图式（gender schema，86）   * 性别隔离（gender segregation，94）

* 性别身份（gender identity，86）   权力感（entitlement，94）

* 伙伴（peer group，93）

注：这里标有 * 的术语是 InfoTrac 大学出版物的搜索术语。你可以通过网址 http：//infotrac. thomsonlearning. com 来查看这些术语。

推荐读物

1. Eagly，A. H.，Beall，A. E.，& Sternberg. R. J. (Eds.)(2004). *The psychology of gender* (*2nd ed*.). New York：Guilford。该书包括一些关于儿童性别问题的章节，如胎儿发育的生理基础、儿童性别定式理论和文化问题。

2. Eckes，T.，& Trautner，H. M. (Eds.) (2000). *The developmental social psychology of gender*. Mahwah，NJ：Erlbaum。我极力推荐这本手册，它有 14 章，包括性别社会化、性别发展理论、儿童的性别定式和跨文化研究等课题。

3. Rensenbrink，C. W. (2001). *All in our places*：*Feminist challenges in elementary school classrooms*. Lanham，MD：Rowman & Littlefield。该书的标题引自一首很多学生在小学诵唱的歌曲，"我们各在其位，笑容满面"。该书提出了一个不同的信息：女权主义教师可以创造没有性别歧视的课堂。

4. Van Evra，J. P. (2004). *Television and child development* (3rd ed.). Mahwah，NJ：Erlbaum。如果你对刚才在本教材中提到的电视和儿童性别定式感兴趣，我建议你读一读 Van Evra 的这本书。其中讲述了诸如暴力、文化差异和广告等本教材中没有展开的信息。

判断对错的参考答案

1. 对；2. 错；3. 对；4. 错；5. 错；6. 错；7. 对；8. 错；9. 对；10. 错。

第4章

青春期

判断对错

_____ 1. 研究人员认为痛经无法从身体角度进行解释。

_____ 2. 一些被称为经前综合征的一系列明显的症状通常会影响到 35%～50% 的北美青春期女性。

_____ 3. 在北美的调查显示，白人青少年比有色人种青少年更注重他们的种族身份。

_____ 4. 近期的研究显示，从孩童时代一直到中年，女性的自尊心都比男性的低。

_____ 5. 当前，学校、老师和伙伴们都会为那些想从事数学和科学研究的年轻女性提供有力的支持。

_____ 6. 在美国的所有的主要种族中，女性比男性更有可能得到上大学的机会。

_____ 7. 青春期的男孩和女孩愿意寻求工资待遇相近的工作。

_____ 8. 研究表明，大多数的青少年和父母相处得比较好。

_____ 9. 研究人员发现青春期女孩之间的关系一致表现出比青春期男孩之间的关系更为亲密。

_____ 10. 年轻的女同性恋更有可能是受到母亲，而不是父亲的影响。

一位年轻的非洲裔美国女性这样描述她为什么决定离开旧城区去接受大学教育：

> 我决定要去上大学……我不想过穷日子，不想靠救济生活。我想有个家，而且能有辆好车。但是现在我年龄大了，理解了教育不仅仅是获得工作的问题……教育是一个不断的探索，是一个不断的知识财富的积累。即使是在毕业后，还是有很多你不知道的东西。教育是一个过程，你经过这个过程并且毕业获得学历，可是下周当你打开电视时，你发现在你刚刚毕业的领域又出现了新事物。这就像一个无休止的知识演化，非常美妙。（Ross，2003，p.70）

这位年轻女性的自述向我们展示了当前的女孩和年轻女性怎样为自己构建一个有意义的生活——这是一种不受性别定式观点约束的生活。在本章，我们将会讨论青春期的生理和心理变化，主要是那些受性别影响较大的变化。在人类成长过程中，**青春期**（adolescence）被定义为介于儿童和成年人之间的过渡时期。青春期开始于**发育期**（puberty），即一个年轻人有生育能力的年龄（DeHart *et al.*，2004）。对于女性来说，发育期的主要生理标志就是**月经初潮**（menar-che）。

可是，没有任何具体的事件标志着青春期的结束和成年的开始。我们通常把成年与诸如与父母分开单独居住、大学毕业、参加工作和找到恋人等事件联系在一起。可是，所有的这些特征对成年来说都不是基本的条件。

青少年常常发现自己处在介于儿童和成人之间的尴尬境地。有时候，大人们会把青少年看成孩子——这对青少年来说是一把双刃剑，一方面减轻了他们的责任，另一方面却限制了他们的独立和能力（Zebrowitz & Montepare，2000）。大人们还给青少年传递了关于性行为和向成年过渡问题的复杂信息。父母告诉他们不要这么快就长大。另一方面，他们崇拜的偶像却都是很快就长大成人的：性感的青少年影视明星、广告中的青少年，甚至是隔壁的女孩（Cope Farrar & Kunkel，2002；Glesson & Frith，2004）。

在本章，我们会讨论关于青少年女性的 4 个重要话题：（1）发育期和月经；（2）自我观念；（3）教育和职业规划；（4）人际关系。我们还会提到其他相关的主题（例如认知能力、性行为和饮食失调），但是那些会在随后的章节中进行更为全面的讨论。

发育期和月经期

我们先来讨论女孩子进入青春期时所发生的生理变化。在详细介绍月经之前，我们先简要地看一下发育期。

发育期

大多数的女孩会在 10～15 岁之间进入发育期；月经初潮的平均年龄是 12 岁（Chumlea *et al.*，2003；Ellis，2004；Wu *et al.*，2002）。一般情况下，在美国黑人女孩和拉丁裔女孩月经初潮的年龄比欧裔女孩早一些，而亚裔女孩月经初潮的年龄比其他种族的女孩都晚一些（S. E. Anderson *et al.*，2003；Chumlea *et al.*，2003；Ellis，2004；Hayward，2003）。令人遗憾的是，目前还没有关于美国土著女孩这方面的资料。研究人员还没有为这种种族差异找到令人满意的解释，但是，体重是一个重要的因素（Adair & Gordon-Larsen，2001；K. K. Davison *et al.*，2003）。

月经初潮很少会出现在电视节目或者电影中。即使大众媒体关注月经初潮，大多数的信息也是负面的（Kissling，2002，2005）。现实生活中，年轻女性对于月经初潮在精神上的反应差异很大。能和值得信赖的成年人交流的年轻女性会对月经初潮感到舒适（Piran & Ross，2006）。可是，年轻女性报告说家庭成员有很大的负面反应（Costos *et al.*，2002）。例如，一个女性回忆说："妈妈"只是给了我一个卫生巾并且告诉我：'你现在已经是一个女人了，你必须要小心行事'……我不知道我应该小心什么"（p.54）。总之，对月经的各种不同的精神上的反应为本书的个体差异主题提供了材料。

在发育期，女孩子会经历自婴儿时期以来最显著的身体变化。具体来说，在大约 10～11 岁，她们会经历**第二性征**（secondary sex characteristics）的变化，第二性征即与生育相关却又不直接参与其中的身体部位。这些特征包括胸部和阴毛的发育（Ellis，2004；Fechner，2003；Summers-Effler，2004）。在发育期，女孩子还会在臀部和大腿积聚脂肪——在崇尚苗条身材的文化中，这往往成了女性抱怨的根源（La Greca *et al.*，2006；Piran & Ross，2006；Stice，2003）。

114

月经周期的生理

我们简要地看一下月经的生理成分和月经周期中的事件的先后顺序。女性在一生中平均会来 450 次月经。关于月经周期的这个知识自然地会和大部分女性首次来月经后的 40 年——青春期后的几十年联系在一起。可是，我们会在本章讨论与月经有关的各种课题，而不是推迟到后面讲。

产生月经的身体结构和器官

大脑中的视丘下部是产生月经的关键，因为它在月经周期中控制着女性身体中雌激素的水平。当雌激素较低时，视丘下部会把信号传递给大脑中的另外一个器官——脑下垂体。脑下垂体会产生两种重要的荷尔蒙：卵泡刺激素和促变黄体生成素。

总之，4种荷尔蒙促成了月经周期（L. L. Alexander *et al.*，2004；Crooks & Baur，2005；Federman，2006）：

1. 卵泡刺激素作用于卵巢中的卵泡，使它们产生雌激素和孕酮。

2. 黄体生成素是卵子发育所必需的。

3. 主要由卵巢产生的雌激素促进了子宫内壁的发育。

4. 主要由卵巢产生的孕酮通过抑制黄体生成素的过度产生而调节身体系统。

图4—1展示了与月经有关的一些主要器官，还有女性生殖系统中的其他重要器官。如同胡桃大小的两个**卵巢**（ovary）含有养育**卵子**（ova）的卵泡，还能产生雌激素和孕酮。在月经周期的中期，一个卵子会冲破它的卵泡，从卵巢进入输卵管，并最终到达子宫。**子宫**（uterus）是胎儿生长的地方。子宫内膜能在怀孕期间为受精卵的生长

提供发育的空间。如果一个受精卵没有着床，输卵管会在月经时把它冲出子宫。

月经周期中发生了什么

既然我们了解了月经周期的一些重要的器官，下面来看它们是怎么互相作用的。需要注意的问题是，大脑结构、荷尔蒙和体内生殖器官会很好地调节月经周期。它们会根据**反馈环**（feedback loop）来进行调整：当某种荷尔蒙的水平太低时，大脑中的一种结构就会得到信号，随后就会更多地产生那种荷尔蒙；如果一种荷尔蒙太高时，大脑就会得到这个信号，随即开始降低那种荷尔蒙的一系列事件。

1. 得到雌激素水平低的信号后，视丘下部就给垂体腺发出信号。

2. 作为回应，垂体腺产生卵泡刺激素，该荷尔蒙会促使卵泡更加成熟。该荷尔蒙还会发信号给卵巢以增加雌激素的产生量。

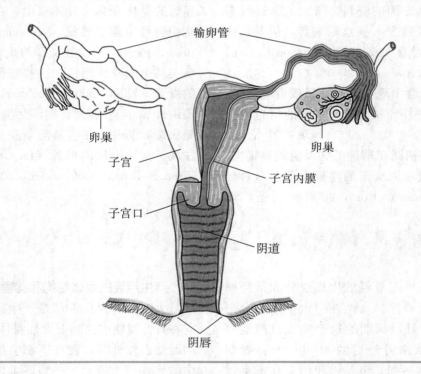

输卵管

卵巢

子宫

子宫口

阴道

子宫内膜

卵巢

阴唇

图4—1　女性生殖器官剖面图

注：图片右侧展示了卵巢、输卵管和子宫的内部构造。

3. 提高了的雌激素水平会刺激子宫内膜的发育（主要是为每个月可能的怀孕而准备的）。同时

垂体腺会停止释放卵泡刺激素。

4. 垂体停止释放卵泡刺激素，并开始产生黄

体生成素。

5. 黄体生成素通常会抑制除了一个卵泡以外的其他卵泡的生长，因此，通常只有一个卵泡会成熟。

6. 卵泡大约会在月经周期的第 14 天释放卵子，这个过程被称为排卵（ovulation）。

7. 无卵子的卵泡成熟后被称作黄体（corpus luteum），它会产生孕酮和雌激素。排卵后这两种荷尔蒙的水平都会提高。

8. 高水平的孕酮抑制了黄体生成素的分泌，并最终致使黄体分解。

9. 黄体分解时，孕酮和雌激素的分泌都大幅度下降。随着荷尔蒙含量的降低，子宫内膜不能再维持它已经习惯了的环境。所以，子宫内膜就会脱落，并成为月经而从阴道排出。

10. 这种低水平的雌激素的信号被传递到视丘下部后，又会产生新一轮的循环。

请注意，在维持月经周期方面所需要的控制和平衡（L. L. Alexander et al.，2004）。这一系列的反应促使了卵子的产生，并且如果没有受精卵的形成，月经就会产生，然后又是另一个循环周期。下面我们来看经常伴随月经的痛经现象。

痛经

痛经（menstrual pain 或 dysmenorrhea），通常指在月经期发生的腹部绞痛。痛经可能还伴随着头痛、恶心、头晕、乏力和背部偏下部位的疼痛（Crooks & Baur，2005；Hyde & DeLamater，2003）。痛经不同于经前综合征，下一节我们会讨论到这一点。

痛经到底有多么普遍？调查显示，高中和大学年龄段的女性有 50%～75% 都有痛经现象（Golub，1992；A. E. Walker，1998）。与本书主题 4 一致的是，女性对于诸如月经等事件的反应差异很大。痛经确实是普遍的，却并非不可避免的。

在美国的文化中，女性通常认为月经会是疼痛的，但是痛经显然不"全在脑子里"。致使痛经的子宫收缩是由前列腺素导致的。**前列腺素**（prostaglandins）是在月经前由于注意力高度集中而由身体产生的物质，它们会导致剧烈的腹部绞痛。

研究人员还发现，高度紧张的女性比不紧张的女性更有可能会痛经。可能是因为紧张的女性把注意力更多地集中在她们的腹部绞痛上，而这又会增加她们的紧张程度（Sigmon，Rohan et al.，2000）。然而，我们必须批判性地思考类似的相关结果。另外一个可能是，有着相对较为严重的痛经的女性（也许是其他种类的疼痛）因为这些痛苦的经历而变得更加紧张。综合所有这些证据，我们认为痛经可能是生理和心理因素共同作用的结果。

许多不同的治疗方法已经被用来减轻痛经。有些药物是有作用的，包括那些抑制前列腺素合成的药，如布洛芬（抗炎、镇痛药）。锻炼、热敷、放松、睡眠和改变饮食往往会减轻疼痛（Golub，1992；Hyde & DeLamater，2003）。

有争议的经前综合征

痛经已经被公认为是月经周期的组成部分。相反，经前综合征对专家和外行来说一样都是有争议的（Chrisler，2004b）。**经前综合征**（premenstrual syndrome，PMS）是指在来月经前几天所出现的一些症状。这些症状通常包括头疼、胸痛、身体某些部位的胀痛、对疼痛敏感、起痤疮和其他许多心理上的反应，通常包括抑郁、易怒、焦虑和没精神（Chrisler，2004b；Gottheil et al.，

1999）。

经前综合征有争议的一个原因是，研究人员对其定义不能达成一致（Chrisler，2004b；Figert，1996）。你再读一遍上面所列的症状，再添加一些你所了解到的关于经前综合征的一些大众的描述。有些批评家发现大约有 200 多种不同的症状和经前综合征有关（Gottheil et al.，1999）。你可以考虑一下由这个混乱所带来的问题。一位

研究人员可能在研究一位主要症状是焦虑的女性；另一位研究人员可能在研究有抑郁情绪的女性。在不能够对这个问题做出明确的操作界定的情况下，研究人员怎么能系统地研究经前综合征呢？此外，验血和其他的生理检测都不能评价一位女性是否在经历经前综合征（Chrisler，2004b；Gottheil *et al*.，1999）。

经前综合征有争议的另一个原因是，有些专家认为几乎所有的有月经的女性都会有经前综合征（参见 Chrisler，2004b）。这种观点是不公平的，因为它暗示所有的女性都生活在她们"狂怒的荷尔蒙"的怜悯之中（Chrisler，2002）。另外一种观点认为，经前综合征是我们文化所带来的一个谜。如果仔细考虑，这种观点也是不公平的，因为有些女性确实在来月经前比其他时间都要经历更多的痛苦。

我们对经前综合征的讨论采取了中庸之道，介于这两种极端的解释——生理说和心理—文化说之间。很显然，有一小部分的女性（可能有 2%～5%）有与她们的月经周期相关的明显的症状（Hardie，1997；Jensvold & Dan，2001），而别的女性却没有。这是女性之间巨大个体差异的一般主题中的一个例子，我们不可能做出一个适用于所有女性的判断。

下面我们来看一个最受关注的经前综合征表现：在月经周期中可能最明显的情绪变化。我们还会讨论对付经前综合征的方法和一个叫做"月经之悦"的不同的角度。

情绪变化

对于经前综合征的大多数研究都受到偏见的影响。例如，许多研究人员会要求女性回忆她们来月经前几天的情绪。你会想象到这种回溯性研究的问题。例如，大众媒体经常讨论经前综合征和坏情绪，结果，女性可能会回忆说她们来月经前的情绪很差，而实际上并没有这么差（Chrisler & Caplan，2002）。

许多设计精细的研究的结果使我们对经前综合征的情绪变化产生了怀疑（e. g.，Chrisler，2002，2004b；Chrisler & Caplan，2002；Offman & Kleinplatz，2004）。例如，Klebanov 和 Jemmott（1992）研究了预期对经前综合征的影响。

他们假装给一些女性进行医疗检查，然后告诉她们错误的周期阶段。然后这些女性参加了一个叫做月经抑郁问题问卷调查的标准量表。那些虽然没有处于经前期但是认为自己正在经前期的女性比认为自己处于月经周期中间阶段的女性汇报了更多的症状。

下面我们来看另外一个对经前综合征持批评态度的研究。Hardie（1997）要求在一所大学工作的 83 个受试女性把自己的日常状况记录在一个叫做"日常压力和健康日记"的小册子里。在为期 10 周的时间内，她们每天记录下她们的情绪状态、压力水平、健康状况、锻炼状况、笑、哭泣、经血等。在第 10 周末，她们填写了一个关于女性健康问题的问卷调查。在这个问卷中有一个关键的项目："我认为我有经前综合征。"

为了评价经前综合征，Hardie 用了许多人都用过的一个定义。该定义具体说明了一位女性在经前期应该比在其他阶段更加有抑郁感和更情绪化。在为期 70 天的研究中，这 83 个女性被试在她们的两个月经周期中都没有能够满足这个标准。另外，那些认为自己有经前综合征的女性在经前期也没有比别的女性有更多的不良情绪。换句话说，两组女性被试事实上汇报了相似的周期变化。

对经前综合征的心理和文化解释认为，尽管还没有被系统地证明，可是我们的文化显然接受了经前综合征这一既定事实。有着这种文化认可，女性就会认为经前综合征很正常。如果一个女性感觉到紧张，而她又正处于经前期，她会把情绪上的紧张归因于经前综合征（Cosgrove & Riddle，2001a；Hardie，1997）。例如，一位女士解释她通常是怎样分析她的情绪的："当我不知什么原因感到焦躁不安时，我会考虑我为什么会这样。然后，噢，知道了，现在应该是我来月经的前一周，有时，我会说可能就是这个原因吧。"（Cosgrove & Riddle，2001a，p. 19）

不幸的是，经前综合征使得女性认为自己有周期性的疾病。持有经前综合征观念的男性在推选一个女性到某个岗位工作时会犹豫（Chrisler，2004b）。毕竟，每个月她都会有几天失去控制！（顺便说一句，请在你继续往下读前看一下专栏 4.1）

专栏 4.1　月经的良好症状

如果你是一位正在经历月经周期的女性，请填写下面的问卷，这是根据月经之悦问卷（*Menstrual Joy Questionnaire*）改编而成的（Chrisler *et al.*，1994；J. Delanay *et al.*，1988）。如果你现在没有月经经历，请一位朋友来填写下表。

说明：用一个六分制量表来评价下面的项目。如果在来月经时你根本没有该情绪，请标注1，如果你十分强烈地感受到该情绪，请标注6。

____情绪高涨　　　____对别人的好感　　　____性的需求　　　____自信心

____剧烈运动　　　____创造的灵感　　　　____革命的热诚　　____做事的动力

____高度的注意力

你或你的朋友是否对以上项目中的一个或几个有着肯定的评价？

事实上，激素可能会给一小部分的女性带来经期前的问题。可是，以下这两个我们将要讨论的因素可能更重要。

1. 心理因素，比如焦虑和较强的传统女性角色认同感（Sigmon，Dorhofer *et al.*，2000；Sigmon，Rohan *et al.*，2000）。

2. 文化因素，比如我们文化中把经前综合征作为既定事实的观念和文化对于生理解释的强调（Chrisler，2004b；Cosgrove & Riddle，2001b）。

解决经前综合征

在我们还没有对经前综合征有个明确的界定，以及关于其来源的全面的理论时，要讨论解决或治疗它是非常困难的（Golub，1992；A. E. Walker，1998）。另外一个问题是，经常压抑或者焦虑的女性比其他女性更有可能会说自己有经前综合征（Sigmon *et al.*，2004）。研究表明，女性应该在整个月经周期中都监控自己的情绪反应，这样才能判定焦虑和压力是否在经期的所有阶段都同样会产生。最好的策略是找到一些办法在经期的所有阶段来减少导致这些情绪的问题的出现。在问题很严重的情况下，心理治疗对于发展这些策略可能会是有用的。

如果健康专家认为经前综合征是生理问题，他们通常会推荐锻炼作为治疗方法。他们还建议尽量避免食用盐、糖和咖啡因（Grady-Weliky，2003）。尽管这些治疗方法的效果还没有被证实，但是它们肯定没有副作用。有些医生建议服用医药公司现在为经历经前综合征的女性生产的抗抑郁药（P. J. Caplan，2004；Chrisler & Caplan，2002）。这种药品会带来副作用，而且对于大多数的女性来说不是必需的。Chrisler 和 Caplan（2002）总结道：

> 服用药物会让女性感觉明显的舒适，但是这对于缓解给她们带来严重经前综合征的压力和紧张没有任何作用。经前综合征是一种社会控制和伪装成毫无价值的牺牲品的控诉。（p. 301）

月经之悦

接下来，再读一遍这个标题。不错，就是月经之悦。Joan Chrisler 和她的同事们注意到通常的问卷都仅仅集中在月经的不良的一面。此外，大众媒体发表了数以百计的文章，讨论了与月经周期有关的变化中通常被夸大了的不良方面（Chrisler，2004b；Chrisler & Levy，1990；Chrisler *et al.*，1994）。很

显然，肯定会有些女性对月经有赞同的反应！因此，Chrisler 和同事们（1994）用类似于专栏 4.1 的月经之悦问卷（Menstrual Joy Questionnaire）进行了实验（J. Delaney *et al.*，1988）。有趣的是，先进行月经之悦问卷的女性在随后做月经综合征问卷时倾向于对她们的激励水平给予更为肯定的

评价。相对于那些没有被鼓励去考虑月经的良好方面的女性，考虑过月经的良好方面的女性更有可能会汇报到康乐、高兴和精力充沛的感受（Chrisler et al.，1994）。

在美国和加拿大的研究证实，很多女性对月经有良好的印象，比如精力更加充沛，创造力更加丰富，意志力更加坚强（Aubeeluck & Maguire，2002；Chrisler & Caplan，2002；S. Lee，2002）。例如，一个女性这样写道：

> 我认为月经是很好的，人的身体是如何给一个将来要长大的卵子提供营养的，然后又如何把它排出来……我认为月经是一个观察、思考和接触自己身体的机会。我认为它挺好。（S. Lee，2002，p. 30）

有些女性感觉月经使她们加深了自己是女性的良好感觉。一位女性这样写道："这是女性的一部分……是我的一部分……因此我喜欢月经。"（S. Lee，2002，p. 30）我的一个朋友提到另一个积极的想法：月经就好像是她的姐妹。当她来月经时，她就提醒自己说，全球所有的女性，无论种族、体形和年龄，都同样会来月经。不太具有诗意，但却意义重大的一点是，许多女性欢迎来月经，因为这意味着她没有怀孕。

我们需要强调，仅仅持有更乐观的态度不会使月经腹部绞痛和其他问题消失。然而，如果你能知道这些问题的原因，并提醒自己其他女性也有同样的经历，你可能会更容易解决这些问题。Chrisler 和她的同事们并不盼望着她们能为人们证明月经实际上是快乐的，而不是痛苦的。可是，只有这么少的研究涉及月经潜在的良好方面，这不是很有意思吗？

从文化角度看月经

在本书中，你会经常看到人们对女性的观点和女性的真实经历是有区别的。例如，人们关于女性的性别定式（第 2 章）与女性真实的认知技能（第 5 章）和女性的社会特性（第 6 章）常常是不同的。类似的是，我们会发现在这里关于月经的讨论中，文化对月经的态度与女性的真实经历也常常不同。

有些文化忌讳和处于月经期的女性来往。例如，居住在俄克何马州的当代克里克联盟的印第安人不允许来月经的女性和其他的部落成员使用同一个盘子或器皿（A. R. Bell，1990）。许多类似的关于月经的例子反映了女性所持的观念和对女性的贬低（J. L. Goldenberg & Roberts，2004；T. Roberts & Waters，2004；A. E. Walker，1998）。这些对月经的态度和本书的主题 2 是一致的：和女性有关的东西——例如，她们的月经——往往会在文化中得到不好的评价（Chrisler，2004b）。

大多数的欧裔女性对经期女性有不好的态度。在一个研究中，男性和女性都认为"经期女性"比"平常的女性"更易怒、更悲观、更暴躁（Forbes et al.，2003）。在另一个研究中，研究人员告诉学生他们马上要和一个女生一起完成一个解决问题的任务（T. Roberts et al.，2002）。实际上这个女生是一个试验伙伴。[试验伙伴（confederate）是指在试验中按照研究人员的指示去做的人，而真正的被试只是把她看作另一个被试。]在试验过程中，试验伙伴打开手提袋，一个发卡或者卫生巾"一不小心"从中滑落出来。在试验的后半部分，真正的被试对这个女性进行评价。无论男性还是女性被试都认为如果她的包里是一个卫生巾而不是一个发卡，那么她就是能力不足的、不可爱的人。

在北美的大部分地方，月经这个主题在我们的文化中也是相对被忽视的，这是与本书的主题 3 相一致的。我们通常不会公开地讨论月经（Kissling，2003）。相反，我们会用委婉的说法来表达。例如，你很少在电视节目中听到"月经"这个说法。广告中的"每月的那个时候"可能不会是指她的汽车贷款到期了吧。Aida Hurtado（2003）对拉丁裔的青少年做了一个调查，55%的女性从来没有跟父母讨论过月经。很多少女都强调要偷偷地扔掉用过的卫生巾，甚至有一个女性说这"比做墨西哥饭还复杂呢"。

北美小女孩对于月经的态度可能是在针对北美青少年的媒体的影响下形成的。Jessica Oksman（2002）研究了 36 期《17 岁》和《少女》两本杂志。她发现有 46 个广告强调月经应该是隐私的，不能被人知道。例如，通常的广告会指出"不需要让人知道"。相反，她只看到了一个广告有对月经肯定的信息："月经是力量、美丽和精神的标志，是女性的标志，也是你的标志。"设想一下，如果她们读到的信息中有 46 个是肯定的而只有一个是否定的，那么女性对月经感觉将会很美好。

小结——发育期和月经期

1. 青春期开始于发育期；对于女性来说，首次来月经是发育期的关键里程碑。

2. 月经周期需要大脑结构、荷尔蒙和体内生殖器官的复杂合作。

3. 痛经在年轻女性中很常见。痛经部分地是由前列腺素引起的，但是，心理因素也起到了重要的作用。

4. 经前综合征是有争议的一系列症状，大概包括头疼、胸痛、抑郁和易怒。想要研究经前综合征是很困难的，因为对其没有一个明确的界定。经前期相关情绪变化似乎相对少见。

5. 对于经前综合征的心理—文化解释认为，心理因素起到了一定作用，而且文化中的观点也鼓励女性用经前综合征来解释她们在经期前几天出现的不良情绪。

6. 由于对经前综合征的来源和本质的争议，要对其治疗提出好的建议是很困难的。

7. 实际上，有些女性对月经有乐观的反应。

8. 在许多文化中都有关于月经的荒诞的说法，这些说法表明了对女性生理过程的贬低。人们为月经提供了一些委婉用语，而且针对青春期女性读者的媒体向她们灌输着把月经看成秘密的思想。

青春期的自我观念和身份

我们已经了解到青春期的女性意识到发育期她们身体所发生的变化，以及来月经时她们所经历的主要变化。青少年已经具有抽象思考的认知能力，因此，她（他）们会开始问到类似"我是谁？"这样的复杂问题（Steinberg & Morris, 2001）。**身份**（identity）指个体对自己的个性特征以及生理、心理和社会角色的自我评价（Whitbourne, 1998）。本书会讨论身份的 4 个成分：体像（body image）、女权主义身份（feminist identity）、种族身份（ethnic identity）和自尊心（self-esteem）。

体像和外在吸引力

在第 3 章，我们了解到外表对于学前的女孩比对于男孩来说更重要。与不太吸引人的小女孩相比，可爱的小女孩更有可能得到爱抚和赞扬，而不大可能被打或推搡。然而，一般情况下，外表对于小男孩来说是没有影响的（G. J. Smith, 1985）。

在青春期，女性外表的重要性被过分夸大。年轻女性经常得到这样的信息：漂亮的外表和身材对于女性来说是最重要的（Galambos, 2004; Giles, 2003; Steinberg & Morris, 2001）。她们的皮肤必须白皙，牙齿必须整齐，头发必须顺滑，身材必须苗条。在美国和其他相对发达的国家，外表是特别重要的（Gibbons, Brusi-Figueroa *et al.*, 1997; Kirk & Okazawa-Rey, 2001）。在随后的种族身份这一部分，我们会看到有色人种女性很少在这些广告中看到自己种族的人。

有些北美的青少年对于身材苗条特别在意，以至于会给她们带来危及生命的饮食问题。（在第 12 章，我们会详细讨论这些饮食问题和美国文化对于苗条的强调。）这种对于体重的过分关注不仅仅出现在有饮食问题的女孩身上，它还会对整个青春期女性产生下意识的影响。例如，Polce-Lynch 和她的同事们（1998）对美国东北部的青少年做了个抽样调查，要求他们说出对自己的哪些

方面感到不满意。38% 的 8 年级女孩对自己的身材不满意，而只有 15% 的 8 年级男生对自己身材不满。

大众媒体强调美貌和苗条的重要性，年轻女性注意到了这种信息（Botta, 2003; Hofschire & Greenberg, 2002; Quart, 2003; C. A. Smith, 2004）。此外，对照性研究显示，如果女性看的是时尚杂志而不是有着普通女性照片的杂志，那么她们会更加对自己的身体不满意（D. F. Roberts *et al.*, 2004）。请试读一下专栏 4.2 来了解青少年杂志所提供给青少年女性的观点。

专栏 4.2　青少年杂志中的女性

请找一些专门为青少年女性设计的杂志。当前，在美国，《17 岁》、《YM》、《青少年》和《宇宙女孩》都是很流行的。浏览一下在广告或专栏文章中的女性照片。这些女性中有多少是超重的？有多少让人看了就反胃？然后，看一下杂志中的女性的种族。如果你看到一些有色人种的女性，那么她们的肤色是否是灰色的，有着典型的白种女性的特点？或者，她们是否有自己种族的典型特点？

请注意图片中女性的姿态。在这些地方如果放年轻男人的照片，你是否会感到十分可笑？有百分之几的照片看起来是在鼓励性关系？有多少女性看上去很有能力？这些照片会给高中女生传递什么信息？

遗憾的是，女性自我观念的形成往往是以她们是否认为自己有魅力为基础的。研究人员发现，外表是女性自我价值的最重要的砝码。对于男性来说，运动能力是自我价值中最重要的砝码（Denner & Griffin, 2003; Kwa, 1994）。那么，请注意，女性认为她们的外表很重要，而男性认为在运动中或者其他能够提高自我形象的活动中的表现才是最重要的。

最近几年，研究人员开始发现，参加运动的女孩通常会脱离青少年女性的主流形象。因此，女性运动员会比她们的非运动员同伴有更高的自

尊，这也就不足为奇了（Richman & Shaffer, 2000; Tracy & Erkut, 2002; J. Young & Bursik, 2000）。锻炼也会增加女性对生活的掌控（Vasquez, 2002）。

在最近几十年里，年轻女性参加运动的人数迅猛增长。现在，大众媒体也更倾向于报道女性运动员，这些强壮的女性的形象可能会产生影响。青少年女性观看在篮球或足球比赛中获胜的女运动员时，她们可能会意识到女性的身体能够很有运动能力而不是没有食欲的（Dowling, 2000; Strouse, 1999）。下面请看一下专栏 4.3。

专栏 4.3　评价女权主义身份

如果你是一位女士，请用 5 分制量表来评价下面的条目。（如果你坚决反对该条目，请标注 1 分；如果你认为完全符合该条目，请标注 5 分。）如果你是一位男士，请想出一位你很了解并且和你对女性问题有共识的女性，然后试着从她的角度来回答问卷。

　　　　　　1. 我想通过自己的工作把世界变得对所有人都更加公平。

_____　2. 我越来越清楚地意识到社会是有性别歧视的。

_____　3. 我对女性作家和女性研究的其他方面很感兴趣。

_____　4. 我认为大多数女性认为当贤妻良母感觉是最幸福的。

_____　5. 我不想和男人有同样的地位。

_____　6. 作为一位很强壮和有能力的女性我感到很自豪。

_____　7. 男人和男孩子平常对待我的方式让我很生气。

_____　8. 我对女性不必去做建筑和其他危险工作而感到高兴。

_____　9. 我认为男性和女性应该协同合作来实现更大的性别平等。

_____　10. 作为一个传统型的女性我感到很幸福。

注：这些条目与 Bargad 和 Hyde 1991 年制作的 39 条女权主义者身份发展量表（Feminist Identity Development Scale）类似。本缩略版中条目的信度和效度都未经检验。

女权主义身份

在第 1 章，我们强调过女权主义（feminism）是指重视女性经历和观点的观念系统。女权主义者们认为男女在社会、经济和法律面前都应该平等（L. A. Jackson et al.，1996；Pollitt，2004）。在该章，我们还分析了研究女权主义的一些不同角度。在第 2 章，我们简单地提到人们对于女权主义者的态度不如对一般女性的态度好。在本章，我们提到青少年已经有了抽象思考和对个体身份思考的能力。因此，她（他）们会考虑类似"我是怎么看待女性角色的"和"我是否是个女权主义者"这样的抽象问题。

大部分关于女权主义者价值观和身份的研究都是在处于青少年后期的大学生中开展的。对于用更加广泛的抽样调查来研究从青少年早期一直到成年人晚期的女权主义者身份的研究，我们是相当欢迎的。

无论是在美国还是加拿大，人们通常会说他们支持女权主义者的观点。但是他们却不愿意承认自己**女权主义者的社会身份**（feminist social identity），也就是不会直接说"是的，我是一个女权主义者"（Anastasopoulos & Desmarais，2000；Burn et al.，2000；Twenge & Zucker，1999）。研究人员发现了一些和女权主义观点有关的因素。

例如，支持女权主义观点的人比不支持的人的自我观念发展得更早、更完善（Bursik，2000）。**自我观念的发展**（ego development）是一种人们对于自我认识和与别人关系的更为复杂的观点的心理发展。

那些具有女权主义者社会身份的人更有可能会通过朋友、大学课堂或女权主义杂志和书籍来更广泛地接触到女权主义。她们也更有可能对女权主义者持肯定评价（Henley et al.，1998；Liss et al.，2001；A. Reid & Purcell，2004）。另外，女性比男性更有可能会认为自己是女权主义者（Burn et al.，2000；Henderson-King & Zhermer，2003；Toller et al.，2004）。最后，认为自己特别女性化的女性以及认为自己特别男性化的男性都不可能具有女权主义者的社会身份（Toller et al.，2004）。

有些人宣称老年女性比当前这一代的青少年女性更有可能把自己称为女权主义者（Jowett，2004）。可是，研究表明这些不同年代人之间的差异是很小的（Peltola et al.，2004）。

现在，请你参照本章结尾的答案来评价你的专栏 4.3 的答案。同时，请回答另外一个问题：你是否认为自己是女权主义者？

种族身份

种族身份（ethnic identity）是指人们属于某一种族的观念以及他们对于该种族的态度和行为

（Tsai et al., 2002；Yeh, 1998）。研究人员曾经做过研究，看青少年男孩和女孩在他们的种族身份感方面是否有区别。在研究中并没有发现任何有关联的性别差异（e.g., Rotheram-Borus et al., 1996；Waters, 1996）。可是，与有色人种男性相比，有色人种女性会对保持自己文化传统更感兴趣（K. K. Dion & Dion, 2004；Meece & Scantlebury, 2006）。

其他研究人员更加关注青少年的种族身份的本质，而不是性别比较。一般来说，欧裔美国青少年不关心他们的种族身份（Peplau et al., 1999；Poran, 2002；Waters, 1996）。在白种人被视为标准的情况下，白种人是不会注意到自己的特权身份的。

有些有色人种的年轻女性可能会尝试拒绝自己的种族身份。例如，一个非洲裔女性这样描述自己：

> 在相当长的一段时间，我好像忘记了自己的身世背景，我猜测从一定程度上可能是这样。从来没有人教育我去为自己的非洲裔身份而自豪。如同在班级里的谈话一样，我经过很长的一个阶段才分清我的压迫者。我很想和他们一样，和他们一样地生活，被他们所接受，甚至到了痛恨我自己的种族和身份的地步！现在，我对我过去的行为感到羞耻。当我否认自己的身份，拒绝接受我的同族时，我真的是迷失了自己。（Tatum, 1992, p. 10）

令人遗憾的是，把白种人当作标准的态度在选美中特别明显。例如，在美国的越南移民社区经常组织一些选美活动，其中的获胜者都是看起来非常像欧裔美国人的年轻越南女性。很多参赛选手甚至会进行一些整容手术来使得眼睛、下巴和鼻子看起来更"美国化"（Lieu, 2004）。另外，在印度参加"印度小姐"选美活动的女性都会参加一个为期 6 周的培训，其中包括近于饥饿疗法的节食和美肤，这样能使参赛选手看起来更"白"（Runkle, 2004）。

可是，有些有色人种的年轻女性会通过查看自己种族或者家庭的历史来了解自己的种族身份。她们通常发现自己的根基非常深远。一个墨西哥裔女性这样解释道：

> 我也把人们看作花朵……我之所以这样说，是因为在我们生活中不时地会出现一些超越现在生活的事情。它们一直深深地和我们的过去或我称之为"历史"的事情相联系。那些过去的事情在影响着我。而我并不完全知道那些过去的事情。但是，有些事情我曾经被告知，我能够看到我曾祖母影响我的方式，我还听说过我的姑姥姥的故事，这些都在影响着我。（Ford, 1999, p. 85）

研究人员才刚刚开始研究由于种族和性别交织而带来的关于身份的复杂问题。

自尊心

研究人员认为美国文化强调自尊心的重要性（Crocker & Park, 2004a, 2004b）。**自尊心**（self-esteem）是你有多喜欢你自己和如何评价自己的一个尺度（Malanchuk & Eccles, 2006）。青春期的男孩和女孩是否在自尊心方面存在差异？如同种族身份一样，因为答案可能要依赖许多重要因素，所以我们不能做出一个明确的结论。

在 20 世纪 90 年代，一些流行的书籍做出如下结论：相对于高中男生来说，高中女生的自尊心急剧下降（Pipher, 1994；Sadker & Sadker, 1994）。事实上，许多研究人员报告说青少年男女的自尊心有着适度的性别差异（e.g., J. Frost & McKelvie, 2004；Quatman & Watson, 2001；Widaman et al.,

1992）。然而，其他研究人员报告说，至少在某些情况下青少年男女的自尊心是相当的（e.g., Kling & Hyde, 2001；Meece & Scantlebury, 2006；D. Wise & Stake, 2002）。

在研究结果如此复杂的情况下，我们怎么能做出结论呢？值得庆幸的是，研究人员可以用一个叫做元分析的技术来研究性别比较。**元分析**（meta-analysis）是一种统计学方法，它能把关于一个主题的多个研究进行综合分析。首先，研究人员定位该主题的所有适当研究。然后，他们进行一个数据统计分析，来把这些研究中的结果综合起来。元分析会产生一个单一的数字，该数字会告诉我们某个特定变量是否有全面的影响。

例如，对于自尊心研究，元分析能够系统地把先前的许多研究归入一个涉及面巨大的研究，该研究能说明性别对于自尊心是否有全面的影响。

现在已经有两个很好的对于自尊心的性别比较的元分析研究，每一个都涉及了 200 多个性别比较（Kling *et al.*，1999；Major *et al.*，1999）。两个研究都表明，在自尊心方面，男性的平均分数都稍微——但是并不明显——比女性的平均分要高。然而，这两组研究人员进一步的研究发现，在孩童时代、青春期早期和成年人后期，性别差异是比较小的；而在青春期后期，性别差异会比较大。

128　　另外，欧裔美国人的自尊心性别差异较大，而黑人男性和女性的自尊心通常更加接近。这些研究结果和其他的认为黑人女性的自尊心比其他种族的女性要高的研究是一致的（Denner & Griffin，2003；Malanchuk & Eccles，2006；Tracy &

Erkut，2002）。显然，在面对歧视的时候，年轻的非洲裔女性形成了一系列的自尊心保护的策略（Collins，2002b）。

此外，Major 及其同事们（1999）发现，来自较低阶层和中产阶级的被试表现出的性别差异相对较大，相反，来自受过良好教育的上层社会的男性和女性之间的自尊心通常较为类似。

换句话说，在自尊心方面的性别差异是不一致的，而且取决于许多个性特征。我们知道年龄是一个重要的特征，接近 20 岁的女孩特别会受到我们文化中的性别角色的限制（Major *et al.*，1999）；种族也很重要，在评价自身价值时，黑人女性可能会用与其他女性不同的文化标准（Major *et al.*，1999）；社会阶级也同样重要，接受过良好教育的家庭可能会认为性别偏见是不公平的，因此，在这种家庭中长大的青少年女性会被鼓励着去冲破这些性别角色（Major *et al.*，1999）。

小结——青春期的自我观念和身份

1. 人们强调青少年女性的外在魅力，而且当前对于苗条身材的强调可能会导致饮食问题和过度关注外表的问题。

2. 自称为女权主义者的人更有可能会熟悉女权主义，并对女权主义者给予肯定的评价；女性比男性更有可能会声称自己是女权主义者。

3. 在小时候，有色人种的年轻女性可能会忽视自己的种族身份，但是在青春期时，该身份会被强化；一些青少年会进行整容手术或者美肤来使自己看起来更像欧裔人。

4. 在自尊心方面，男性的平均分比女性的平均分稍高；在青春期后期在欧裔美国人中、在得到相对较少教育的人中，这种性别差异相对较大。

教育和职业规划

我们在第 3 章发现，在小学教室里女生相对受到忽视，而男生则更受重视。现在我们来研究年轻女性的教育经历和职业规划。然后，第 5 章会研究认知技巧和成就动机方面的性别比较，第 6 章会集中讲解社会特征和个体特征方面的性别比较。

这样就能为我们在第 7 章来讨论女性和就业打下基础。在这一部分，我们会讨论年轻女生在初中和高中的经历、与数学和科技的早期接触、在高等教育中的经历、职业选择，以及理想和现实之间的差距。

年轻女性在初中和高中的经历

一个7年级的女生这样描述学校角色和社会角色混合的复杂挑战：

> 在学校里，我们学到了开放的思想，得到了较高的学分，获得了参与的机会，形成了特定的观点。有时候，你必须会奉承，会保持安静，要认识某些人，要保持自我，要有礼貌，要做大量研究来完成作业。在社会人群中，你必须要穿合适的衣服，要有某种观点，要学会欺负别人，还要会奉承别人，还必须开朗、勇敢，以及认识某些人……有时候，你还必须要吝啬。（J. Cohen et al.，1996，p. 60）

在本章中讨论过的一些青春期的特征使得年轻女性要想在学业上取得成功变得更加困难。她们的身体正在经历变化，她们可能会十分关注自己的外表，也有可能会通过挨饿来保持苗条。她们的自尊心也会较低。在初中和高中教室里，许多女生都感觉受到忽视（Levstik，2001）。在整个学术环境都对年轻女性不好的情况下，她们就会学得少，选择要求不严格的课程，并且选择没有挑战性的工作（Arnold et al.，1996；L. M. Brown，1998；Eccles，2004）。

在初中和高中阶段，如果学校能把性别平等放在首位，形成一个良好的师生体系，对女生提出较高的期望，并鼓励女生在自己的领域做出一番事业，那么年轻女性会更有可能保持学业上的理想（Cohen et al.，1996；Erkut et al.，2001；Fort，2005b）。另外，这些学校必须既强调种族平等又强调社会阶层平等（V. C. Adair & Dahlberg，2003；J. L. Hochschild，2003；Ostrove & Cole，2003）。例如，一个来自低收入家庭的欧裔女性生动地回忆起一个中学副校长对一车的学生大嚷："贱猪！大笨蛋！你们能成什么事啊"（N. Sullivan，2003，p. 56）。

与数学和科学的早期接触

Zelda Ziegler记得一次她在高中时参加工程考试的经历。当时，她是参加该考试的唯一的女性。监考老师站在教室前面，说这次考试是很合理的，"除了一个人以外，大家都不会感到考试难——她知道她是谁。"（J. Kaplan & Aronson，1994，p. 27）。庆幸的是，Ziegler并没有被这些话所吓倒。她继续深造，直到获得化学博士学位。现在，她成了指导对科学感兴趣的年轻女性的老师。

大多数的中学女生是不会遇到这么明显的性别歧视的，但是，她们通常会遇到潜在的偏见，而这又会阻碍那些最有毅力的学生之外的女生。例如，数学和科技老师可能会对男生的期待比对女生的期待高（Duffy et al.，2001；Piran & Ross，2006）。他们还会给男生更多的有益反馈。老师们还会强调男生比女生更为熟悉的例子。另外，他们还忽略了去鼓励有才能的女性从事数学和科技研究。对于年轻女性来说，中学往往是她们对这些传统意义上男性课程开始形成排斥态度的关键时期（Eccles，1997；Hanson & Johnson，2000）。

其他一些因素对从事数学和科技方面工作的性别差异也有影响：

1. 男同伴会对有意于这些领域的女性有不好的反应（Brownlow et al.，2002；Stake，2003）。

2. 尽管事实上女性工作得很出色，她们还是会在这些课程上感到能力欠缺（Erchick，2001；L. L. Sax & Bryant，2002；Tenenbaum & Leaper，2003）。

3. 父母倾向于认为男孩比女孩的科技天赋好。

4. 女性很少参加数学和科技课外活动小组，这个因素会进一步增加男性和女性的差别（L. L. Sax & Bryant，2002）。

有些学校改革了它们的教育体制来鼓励女生进入科学界工作（Stake，2003）。例如，Carolyn Turk（2004）描述了她的一个针对爱好机械的女中学生的项目。她这样写道："如果不是我误打误

130

撞加入了那个夏令营，我也不会成为一个工程师"
（p.12）。在这些学术环境下，年轻女性能学会去
冒险、犯错、结交朋友，并感受在非传统领域中
的成功（Stake & Nickens，2005）。

此外，父母可以通过无性别歧视的职业指导
来支持女儿在非传统领域中的兴趣。他们可以鼓

励她的大学计划，并尊重其学术兴趣（Betz，
2006；Song，2001）。再者，老师可以首先找出在
科技和数学方面有天赋的女生，然后，鼓励其父
母支持他们的女儿在这些领域中的兴趣（Eccles et
al.，2000；Reis，1998）。

高等教育

131　现在的北美，女性比男性更有可能接受高等
教育。例如，加拿大的全日制大学生中有 57% 是
女生（Statistics Canada，2006）。在美国的学院和
大学中，女生也占到了 56%（"The Nation：
Students"，2006）。如表 4—1 所示，所有的 5 个

种族中都存在这种性别差异，而黑人女性和男性
的差异最大。另外，你可能会感到吃惊，在有博
士学位的美国居民中女性占了 51%（"By the
Numbers"，2006）。

表 4—1	2004 年美国大学生男女性别比例（以种族为单位）	
	学生数	
种族	女生	男生
欧裔	6 434 800	4 988 000
黑人	1 406 300	758 400
拉丁裔	1 064 500	745 100
亚裔	597 100	511 600
美国土著人	107 500	68 600

Source：Based on The Nation：Students（2006）.

与学生中的性别比率相反，大学中的女性教
师相对较少。目前，在美国大学中，只有 39% 的
全职教师是女性（"The Nation：Faculty and
Staff"，2006）。如果年轻女性想获得科学学位，
女性教师会更少见。例如，在美国前 50 位的化学
系中，女性员工只有 17%（Kuck et al.，2004）。
因此，女大学生会认为她们进入了一个男性主导
的环境，而她们是不受欢迎的。大学环境从一定
程度上来说是否对女性是残酷的？有色人种女性
眼中的大学是什么样子的呢？

学术氛围

在 20 世纪 80 年代，一些观察人员认为正在接
受高等教育的女生经历着"寒冷的课堂气候"
（e.g.，R. M. Hall & Sandler，1982）。**寒冷的课
堂气候**（chilly classroom climate）是说，教职员
工在课堂中对待男生和女生的态度不同，女生会
感觉受到了忽略和低估。因此，有些女生很少参

加讨论，也不大会感到有学术能力（Basow，
2004；Pascarella et al.，1997）。

许多研究资料证明了高等教育中的寒冷的课
堂气候现象（Betz，2006；Murray et al.，1999）。
例如，当一个护士专业的女学生就一个某位男老
师刚刚讨论过的话题提问题时，这位老师把身子
转向男生们说："看，她理解不了，是吧？"（Shel-
lenbarger & Lucas，1997，p.156）

可是，研究人员并未发现一致的证据证明存
在寒冷的课堂气候现象（K. L. Brady & Eisler，
1995，1999；M. Crawford & MacLeod，1990）。
一般情况下，性别歧视更容易出现在男性主导的
学科，如数学、科学和机械（J. Steele et al.，
2002）。另外，女权主义者和有色人种的学生比其
他人更有可能会经历到"寒冷的气候"（Janz &
Pyke，2000）。

132

有色人种和高等教育

在表 4—1 中我们看到，黑人女性比男性更有可能会接受大学教育。产生这一差异的原因还未能弄清楚。理论家们认为，这一问题部分地是由一种文化氛围决定的，即年轻男性更加看重运动能力和较高薪水，而不是学术成就（Etson，2003；Roach，2001）。

有色人种的学生经常被认为不适合待在大学环境中（Gruber，1999；P. T. Reid & Zalk，2001）。一位年轻的波多黎各女性这样说："因为我有西班牙血统而且比较聪明，所以人们会用不同的眼光来看待我。有时候，我感到他们想要羞辱我。我曾遇到过几次这样的事情，人们看着我的肤色就认为我很愚笨，就马上想到'她不聪明'"（Reis，1998，pp. 157 - 158）。

有色人种的学生还面临着另外的复杂障碍。例如，亚裔家庭可能会不愿意让他们的女儿到离家很远的地方去上学（Zia，2000）。对于有色人种

女性来说，大学消费也往往是个问题，尤其是在移民家庭中（Delas Fuentes & Vasquez，1999；Hooks，2000b）。

一般情况下，我们了解最少的种族是美国土著。同样，我们对他们的大学入学率所知甚少。不过，在美国有一个重要的项目叫做**民族学院**（tribal colleges），这是一些提供从土著文化向欧裔"主流"文化过渡课程的，学制为 2～4 年的学院。当前有 32 个民族学院，大都在密西西比河西岸。这些学院主要是在保健护理领域培养土著女性，她们毕业后大都回到各自的社区工作（"New England Tribal College"，2004）。在加拿大，很多学校开始主动招收一些土著学生，政府也为土著高等教育提供了资金（Birchard，2006）。

至此，我们讨论了协调学校和伙伴之间关系的困难，在数学和科技方面的早期经历和高等教育中的挑战。下面我们来了解女性的职业规划。

职业理想

许多研究都调查了青少年的职业理想。一般来说，青少年男性和女性有着相似的职业目标。下面是其中的一些研究结果。

1. 青少年男女都希望能得到提升，他（她）们还渴望能拥有社会地位相似的职业（e. g.，Abele，2000；Astin & Lindholm，2001；C. M. Watson et al.，2002）。

2. 青少年女性比男性更有可能选择对其性别来说是非传统的职业（Bobo et al.，1998；C. M. Watson et al.，2002）。例如，Reis 及其同事们（1996）调查了比较有天赋的青少年，37% 的女性想做医生，而只有不到 1% 的男性想成为护士。

3. 在考虑将来的职业时，女性比男性更有可能会强调婚姻和孩子的重要性（Debold et al.，1999；Mahaffy & Ward，2002）。

4. 父母更加倾向于让女儿自主选择职业。在一项对中学生的调查中，88% 的女孩说她们的父母允许她们自主择业，而只有 38% 的男生这么说（Reis，1998）。

5. 青少年女性比男性更经常汇报说她们很好地搜集了关于将来职业的信息（Gianakos，2001）。

什么个性的女性通常会追求社会地位高的非传统职业呢？当然，她们应该是在学校中成绩较好的（C. M. Watson et al.，2002）。她们还要具有独立、自信、果断的品质，以及平静的心态和对生活满意的态度（Astin & Lindholm，2001；Betz，1994；Eccles，1994）。请注意，这些非传统型的女性通常具有一些能帮她们从事传统男性职业的特征。另外，她们平静的心态和对生活的满意表明她们有很强的调节能力。她们还倾向于表达女权主义观点，并超越其传统性别角色（Flores & O'Brien，2002；Song，2001；Vincent et al.，1998）。

打算从事地位高的非传统女性职业的女性更有可能来自于家庭教育程度较高和中高社会阶层的家庭（Kastberg & Miller，1996）。她们的母亲可能都在社会上工作，并持有女权主义观点（Belansky et al.，1992；J. Steele & Barling，1996）。其他有影响的背景特征包括：能给予支持

和鼓励的家庭、女性角色模范和青少年时的工作经历（Betz，1994；Flores & O'Brien，2002；Lips，2004）。

我们讨论了女性关于未来职业的理想以及与非传统型职业选择相关的因素。但是，她们的职业道路是否能与职业理想真正相一致呢？

职业理想与社会现实

年轻女孩在进入初中或高中时可能会有许多美好的生活目标。可是，她们会接受应该找个男朋友这一社会风气，由此，她们会随后失去那些生活目标（Reis，1998；C. M. Watson et al.，2002）。例如，一个 7 年级的女生这样评论道：

> 我不知道我的一些朋友怎么了。看看丽莎吧。有男生在时，她就那么不一样，总是傻笑，看上去很傻。她试图变得温柔，并开始表现得很傻。她的成绩也很糟，好像根本就不是以前我熟悉的她了。（Reis，1998，p. 130）

在前面的章节中你已经了解到，男孩和男人比女孩和女人持有更传统的性别观点。因此，恋爱中的女孩会发现她男友不支持自己职业中的雄心，她也会因此变得不再专心（Basow & Rubin，1999）。

在大学中，女生比男生更有可能会降低自己的理想（Betz，1994；Lips，2004）。例如，一项研究追踪调查了美国南部两所大学中的两组女大学生的生活：一组是黑人，另一组是白人（Holland & Eisenhart，1990）。在这两组中，三分之二的被试女生的职业理想在大学生涯中会降低；相反，她们在恋爱中花费了大量的时间和精力。对于恋爱的过多关注使得女生们厌倦学业，并进一步削弱了她们的职业身份。最终，她们的爱情变得比与职业相关的教育更加重要。

这一领域中的大部分研究对象是那些能够上大学的相对富有的女性。专栏作家 Molly Ivins（1997）提醒我们，这些被试个体的理想与很多年轻女性是不相关的。她描述了莎尼卡的处境：24岁，还没有结婚，却已经是 3 个孩子的妈妈了。她没有高中学历，没有工作，也不太想去工作。在她生孩子前被问及有什么理想时，她回答："我没有什么理想"（p. 12）。

小结——教育和职业规划

1. 青少年女生必须协调学业和社会关系的矛盾。

2. 老师和学校可能会对女生有偏见；他们还会根据种族和社会阶层对学生产生歧视。

3. 青少年女性可能会在从事数学和科技研究中受到阻碍；但是有些学校提供了一些改良的体制来帮助女生从事这些非传统型职业。

4. 在高等教育中的女性有时会遇到"寒冷的课堂气候"，但是当前的研究不能证明广泛存在对女大学生的歧视。

5. 有色人种的女性说她们有时候在学术环境中感到不舒适，但是，有些大学提供一些扶持性的培训。

6. 在职业的高级程度和社会地位方面，青少年男女有着类似的愿望；但是，女性更有可能会选择非传统职业，会强调婚姻和孩子。女性在选择特定的职业时较少感到来自父母的压力，她们会有效地搜集职业信息。

7. 女性选择社会地位较高的非传统型职业的相关因素有：成绩好、有自信、心态稳定以及有女权主义思想。其他的因素还有：父母的教育程度、母亲的就业情况和女权主义思想，以及父母的支持。

8. 在女性经历从初中到高中，再到大学时，她们的雄心壮志会被削弱；另外，恋爱可能会妨碍她们的学习成绩。

青春期时期的人际关系

在本章我们已经了解了对年轻女性至关重要的三组问题：（1）发育期和月经期；（2）自我观念和身份；（3）教育和职业规划。可是，青少年女性最为关注的是她们的社会交往。

下面来看一下一个14岁的非洲裔女孩罗比，她是家里7个孩子中最大的。她的描述表明了人际关系对于女性青少年的重要性。例如，在她想讨论她将来的打算时，她提到了来自家庭中的女性的支持："妈妈说，如果我想要做什么，我就肯定能

行！我也这么认为。我姑姑和祖母也一样，当然还有很多人"（J. M. Taylor *et al*., 1995，p.42）。罗比还强调了她的同班同学的支持。例如，在历史课上，他们选她进入一个特别小组，"孩子们都这样——可能是他们喜欢我，所以才接受我……你知道你是被需要的"（p.42）。

在关于青春期的最后一部分，我们会讨论青少年和家庭成员的关系。然后，我们会研究与朋友的关系，尤其是友情和恋情。

家庭关系

如果你相信大众媒体，你可能会认为青少年与父母有着不同的文化，他们互相交流的结果只会导致争吵。但是，研究资料却表明不是这样（Zebrowitz & Montepare，2000）。事实上，大多数的青少年和父母关系都很好。尽管他们可能会在诸如音乐和脏乱的房间这些小问题上持有不同的观点，但是，他们通常会在诸如宗教、政治、教育和社会价值观等更为实质的问题上持有一致的观点（Graber & Brooks-Gunn，1999；Smetana，1996；Smetana *et al*.，2003）。另外，当前的理论都强调青少年和父母的强烈感情纽带（W. A. Collins & Laursen，2004）。

尤其是当这些年轻女性经历种族和性别歧视时，家庭如果能为她们减轻伤害和痛苦，家庭就有可能成为有色人种青少年女性重要的身份认识来源（Vasquez & De las Fuentes，1999）。研究还表明，无论是在北美还是在其他文化中，青少年女性通常感到母亲比父亲更亲切（W. A. Collins & Laursen，2004；Gibbons *et al*.，1991；Smetana

et al.，2004）。

在大部分地区，女性和男性青少年会有着近似的家庭经历。可是，你或许还记得，父母通常会和女儿讨论忧虑和伤心情绪，而和儿子讨论愤怒情绪（第3章）。非常有意思的是，青少年女性更有可能会说这样的话："在我们家里，伤心、高兴、发怒、亲切、兴奋、害怕或者别的什么情绪都很正常"，而男孩通常不会（Bronstein *et al*.，1996）。家人对于情绪问题的讨论会鼓励年轻女性去考虑并体验这些情绪。我们会在第12章讨论消沉情绪时研究这种对于情绪问题的强调所带来的后果。

随着女孩的逐渐成熟，她们会开始注意到家庭中的性别问题。例如，年轻的拉丁裔和葡萄牙裔女性抱怨说她们父母给予她们兄弟更多的特权和自由（Raffaelli，2005；J. M. Taylor *et al*.，1995）。她们还说父母严厉禁止任何性行为。父母的关心对于女孩的恋爱产生了重要影响，我们会在本章结尾部分讨论这一问题。

友情

在第6章，我们会讨论成年时期友情模式的性别比较。我们对于青少年时期的友情了解甚少。

一般来说，女孩之间的友情会比男孩之间的更为亲密。可是，性别差异很小，有些研究认为没有

136

显著的性别差异（L. M. Diamond & Dubé，2002；Monsour，2002；Zarbatany et al.，2000）。

另外一个更为有趣的问题是亲密的友情对于青春期女孩的重要性。在她们的友情中，忠实和信任是最基本的（B. B. Brown et al.，1997；L. M. Brown et al.，1999）。例如，Lyn Mikel Brown（1998）研究了一组来自社会底层的欧裔青少年女性。她们说，在一个整体环境不好的情况下，她们与闺中好友的关系对她们是一种支持。

年轻女孩的友情的另一个重要部分是亲密的谈话。一个拉丁裔女孩这样谈论她的最要好的朋友："因为有些像贴心话之类的东西，如果你告诉别人就会感到不舒服，所以我就去找她"（Way，1998，p. 133）。

青春期女性试图在与别人的关系中形成明确的自我感，这对她们来说是很困难的。有些女性强调对别人的依赖，她们会过于关注其朋友，而忽视了自己的需要；还有一些年轻女性会在与别人的关系中保持独立，她们关心别人，但不会因为朋友的利益而牺牲自己的利益（Lyons，1990）。

对于女性友谊的研究揭示了贯穿她们一生的一个中心选择。从青年到老年的许多转折点，女性都面临着矛盾：是从事对自己前途有益的事，还是为别人（父母、朋友、男友或丈夫）做出牺牲（Eccles，2001）。

在后面有两章是关于女性自己的：认知能力和成就（第 5 章）以及工作（第 7 章）。还有几章中强调了处于社会关系中的女性：社会特征（第 6 章）、爱情（第 8 章）、性特征（第 9 章）和怀孕、生育及做妈妈（第 10 章）。我们会发现，女性必须经常在自己的需要与利益和她们生活中至关重要的人的愿望之间寻找平衡。

恋情

对于大多数人来说，青春期标志着恋爱的开始。我们会在第 8 章详细讨论这些经历，现在先来看看在青春期，异性恋和女同性恋女性所遇到的一些问题。在继续读之前，请你做一下专栏 4.4，来了解早期的异性恋。

专栏 4.4　性别和爱情

请猜测在下面引用的话中描述爱情的人是男人还是女人。然后，对照本章后面的答案。

_____ 第一个人："嗯，我们都很随和。嗯，我们喜欢深刻的感情。嗯，不是那种公开的，嗯，仅仅是明白互相关心着对方。嗯，哦，也不用必须用行为表现出来，什么形式的都可以。我们喜欢拥抱对方。嗯，我们喜欢一起外出，一起做事，也喜欢和对方的朋友在一起……我们在一起时喜欢有刺激性的东西。嗯，很多，我们非常坦诚，无话不谈。"

_____ 第二个人："我感到仅仅过了一会，（他/她）就要跟着我，要时时刻刻和我在一起，可能是因为我有很多话要说而且有权力……我刚刚，我不知道，反正我现在还是那样想。我真不知道（他/她）……为什么要时刻跟着我，要时刻和我在一起……我真的想说：'我也有别的朋友要应酬'……我只想说：'噢！离我远点！'"

_____ 第三个人："就像……你看，我们深爱着对方……这非常美妙。我们有很多的乐趣。有时候，我们非常喜欢对方，你看，我们性格互补，还有，我们拥抱。这都很美妙。我是说（他/她）非常出色……我们在一起很快乐，也会伤心，但是，正是因为有这些伤心，我们才感到很正常。如果一直很快乐，这不太正常吧？如果总是吵架，那就不好了。有快乐也有吵架，这就很正常了。就应该这样的啊。"

_____ 第四个人："我真的不是一个善于交际的人。如果我遇到某个人，我想我能够，哦……没有什么限制。我基本上每月都会遇到两个让我感到很酷的人……以前的朋友也还是朋友。（他/

她们）大部分都是为了生理需要。嗯，我感到没有什么好后悔的。"

Source：Based on Feiring (1998).

异性恋

你应该还记得，在第 3 章中提到的小男孩和小女孩之间的性别隔离，他（她）们之间会这样持续多年。因此，在他（她）们长到青春期初期时，与异性的接触还很有限（Compian & Hayward, 2003；Feiring, 1998）。

那么，年轻女性是怎么知道如何与这些并不熟悉的年轻男士进行交往，并发展恋情的呢？这类信息的一个重要的来源是大众媒体：电影、电视、音乐、书籍和电子游戏（J. D. Brown et al., 2006；Galician, 2004；J. R. Steele, 2002；Walsh-Childers et al., 2002）。当然，媒体通常会描述性别定式的恋情。媒体还暗示，高中女生必须要有男朋友。请看一个典型的文章题目，选自一本女性杂志（2001）："我怎么没有男朋友呢？（我怎么才能找到男朋友呢？）"这篇文章提到，如果一个女生忙于学习而找不到男朋友，她应该在图书馆中试着寻找，可能会有所发现。这些杂志还强调年轻女性必须把自己变得特别苗条和漂亮才能吸引到白马王子。稍后我们会了解到，这些杂志仅仅关注异性恋——那么多的内容竟然没有一页涉及女同性恋！

如果你相信媒体针对成年人的报告，你会认为青少年的爱情是很少的，但是青少年的性行为是很普遍的。可是，Hearn 及其同事（2003）调查
138 了来自低收入非洲裔和拉丁裔家庭的 12～14 岁女孩。结果显示，94% 的青少年有过恋爱经历，而只有 8% 有过性行为。

直到最近，青少年的爱情问题才引起了研究人员的注意（Raffaelli, 2005；Steinberg & Morris, 2001）。与本书主题 4 相一致的是，研究人员发现，在青少年的恋爱中性别特点的差异很大（Hartup, 1999；Tolman, 2002）。例如，如果你查看一下专栏 4.4 的答案，你会发现有些青少年表现出典型的性别定式行为，而另一些则明显超越了这些定式。

对于早期异性恋的研究表明，这些恋情通常平均会持续 4 个月左右，但是在青少年后期这些关系会持续得更长一些（B. B. Brown, 2004；Fei-

ring, 1996）。无论是男孩还是女孩，他（她）们都会对异性伴侣表示赞许，比如用"很好"或 139 "有趣"等。可是，男孩通常会强调女孩的外表；而女孩则强调男孩的人品，如乐于助人和亲密（Feiring, 1996, 1999b）。在第 8 章，我们会发现男性对于异性伴侣外表的强调一直到成年时期还存在。

在第 9 章，我们会详细讨论青春期异性恋中的一个重要因素：关于性行为的决定。我们知道，这些决定会对年轻女性产生重要影响，主要是因为它们会导致女性怀孕和致命的性传播疾病。

恋爱还会对学习和职业带来重要影响。每周年轻女性都会花费很多的时间编织浪漫的梦想、与朋友讨论爱情以及追求爱情（Furman & Shaffer, 2003；Rostosky et al., 1999）。一旦女性有了男朋友，她会根据他的需要来调整自己的生活来帮助他以及参加他所选择的社会活动（Holland & Eisenhart, 1990）。

可是，如果她的男友尊重她并且重视她的观点，那么这样的爱情会鼓励她去探寻关于自己身份和自我价值的重要问题（Barber & Eccles, 2003；Furman & Shaffer, 2003；R. W. Larson et al., 1999）。她能够注意到她与男友的交往是如何影响到自己的性格的（Feiring, 1999a）。她也可以考虑，在一个理想的持久的爱情中她到底需要什么（W. A. Collins & Sroufe, 1999）。显然，这样的自我探索会对成年后的女性的个人价值观以及爱情产生重要影响。

女同性恋

在第 8 章，我们会讨论到成年时期的女同性恋的很多方面。刚刚意识到自己的同性恋身份的青少年女性很难在电影或电视中见到关于女同性恋的好的形象（O'Sullivan et al., 2001）。心理学研究人员也更为关注青春期的男同性恋，而不大关注女同性恋。如同主题 3 所指出的，女性比男性更容易受到忽视。另外，心理学家通常关注一些可以观察到的问题，而年轻的女同性恋一般不会有像怀孕或艾滋病之类的健康问题（Welsh et al., 2000）。

可是，年轻的女同性恋经常从朋友那里听到对于同性恋的贬低。一项研究显示 99％的青少年同性恋在学校中听到过反同性恋评价（"Lesbian, gay, bisexual"，2001）。青少年女同性恋常常会受到恐吓或攻击（Prezbindowski ＆ Prezbindowski，2001）。她们还会受到父母的批评，因为他们有时候认为同性恋是一种罪。但是，有些幸运的青少年能找到某个学校或社区组织允许同性恋和双性恋（D'Augelli *et al*.，2002；L. M. Diamond *et al*.，1999）。另外，美国儿科学会最近发表了一篇长达 6 页的文章论述儿科医生是如何支持和帮助同性恋和双性恋的（Frankowski，2004）。

年轻的女同性恋说她们会在 11 岁左右首先感受到自己对别的女性的吸引力（D'Augelli *et al*.，2002）。她们会不时思考自己的爱情定位，并且认为自己只不过是感受到了一种与其他女性之间的强烈的情感，而不是性关系（Garnets，2004a）。她们最有可能向某个朋友倾诉（D'Augelli，2003）。如果她们选择告诉自己的父母，她更有可能会告诉母亲。调查显示，有三分之二的同性恋会告诉他（她）们的母亲，而只有四分之一的同性恋会告诉他（她）们的父亲（D'Augelli，2002，2003；Savin-Williams，1998，2001）。

与主题 4 相一致的是，年轻女性在告诉其父母她们的同性恋情况时，她们会遇到非常不同的经历。父母的第一反应会是震惊和反对（Savin-Williams，2001）。不过，一些女孩也说自己的父母持肯定态度。一个女孩这么说道："我们一直以来就很亲密，非常亲密，几乎无话不谈。我从不隐瞒她什么……所以我才敢告诉她。不久前，我告诉她我在和诺米（女孩名）约会……可是，她好像在我说之前就已经知道了"（Savin-Williams，2001，p. 67）。幸运的是，大多数的父母最终都对他们女儿的同性恋关系变得容忍，甚至是支持（Savin-Williams ＆ Dube，1998）。

在第 8 章中我们会看到，女同性恋通常会克服大部分来自社区和家庭的批评，并形成良好的自我形象（Owens，1998）。D'Augelli 及其同事（2002）调查了美国和加拿大的 552 名中学同性恋和双性恋女生，结果显示 94％的女生说她们很高兴自己是同性恋或者双性恋。

在本章和第 3 章，我们讨论了儿童和青少年是怎么形成性别定式的。在第 3 章，我们指出，儿童会形成详尽的关于性别的观点，主要是因为家人、朋友、学校和媒体会经常提供一些明确的性别信息。在本章，我们了解了发育期和月经期是如何帮助年轻女性形成自我认识的。我们还注意到，性别会影响青少年的身材观念、女权主义身份、种族身份和自尊心。性别还对青少年的职业规划和人际关系有着重要影响。

在随后的几章中，我们会转向讨论成年女性。首先，我们会讨论在认知和成就领域的性别比较（第 5 章），在性格和社会领域的性别比较（第 6 章）。然后，我们会研究在工作场所（第 7 章）和在社会关系中（第 8、9 和 10 章）的女性。在第 11、12 和 13 章，我们会讨论女性在健康、心理疾病和暴力中的一些问题。在第 14 章，我们会回到对发展框架的讨论，来了解中年和老年女性的经历。在最后一章，我们会讨论 21 世纪的性别问题的一些走向。

小结——青春期时期的人际关系

1. 尽管与家人有些不同的意见，青少年女性一般都与父母相处得很好，她们通常感到与母亲比与父亲更亲近。

2. 与青少年男性相比，女性之间的关系更为亲密。

3. 在性别定式程度上，青少年男女之间的恋情的个体差异很大。年轻女性在恋爱中花费了很多时间；而恋爱又会鼓励她们去发现关于自我身份的一些重要问题。

4. 青少年女同性恋经常会从同学和父母那里听到批评的声音。在女同性恋告诉父母她们的恋情时，她们有着十分不同的经历。大部分青少年女同性恋和双性恋对自己的性取向持肯定态度。

本章复习题

1. 在讨论月经期的部分，我们研究了经常被大众媒体讨论的两个课题：痛经和经前综合征。书中提到的资料与媒体中的介绍给你的印象有何不同？

2. 在本书中，社会建构主义观点一直贯穿始终。社会建构主义观点是指人们根据先前的经历和看法来建构或重塑自己对于现实的看法。请用该观点解释下面的问题：（1）经前综合征；（2）年轻女性对于苗条的重视；（3）异性恋爱情。

3. 在本书中，我们强调对于性别比较的研究的操作界定不同，研究结果也会差异很大（例如，你如何测量相关变量）。在女权主义身份和种族身份研究中，该区别是如何表现的？

4. 在本章中，我们认为，有些人（不是所有的人）会以一种有偏见的方式来引导和教育年轻女生。请把关于这个问题的介绍找出来。如果你正在进行一项从高中到大学的性别偏见的大规模研究，你还会要研究哪些在这里没有提到的问题？

5. 我们在本章的某些地方讨论了种族比较。请列出相关比较的信息，包括首次来月经的年龄、自尊心和高等教育的经历。

6. 请比较青少年男性和女性的职业理想。影响年轻女性的职业理想的因素有哪些？尽管我们没有对年轻男性进行类似的研究，请考虑一下这些因素是否会同样影响到他们的职业理想。

7. 请把关于自我观念的资料与关于职业理想和社会交际的资料联系起来，研究一下年轻女性在自我追求和社会关系中的艰难选择。

8. 我们在非传统职业、家庭关系和恋爱中都提到了父母的作用。讨论这些内容，看看在年轻女性形成对月经、女权主义身份和种族身份的看法过程中，父母是如何起到重要作用的。 142

9. 假如你是一位高中教师，你的一组同事获准开展一个旨在提高青少年女性生活的项目。请复习一下本章中的相关主题，并提出在该项目中应该被提到的 8～10 个课题。

10. 随后的两章会讨论学习表现和对成就的兴趣的性别比较（第 5 章），社会特征和个性特征的性别比较（第 6 章）。为了准备这两章的学习，请列个清单来比较青年男女在这些方面的差异。请务必列出中学以前的学习环境的经历，青少年在数学和科学、职业规划和友谊等方面的经历。

 关键术语

* 青春期（adolescence, 112）

* 发育期（puberty, 112）

* 月经初潮（menarche, 112）

* 第二性征（secondary sex characteristics, 113）

* 卵巢（ovaries, 114）

* 卵子（ova, 114）

* 子宫（uterus, 114）

* 反馈环（feedback loop, 115）

* 排卵（ovulation, 116）

* 痛经（dysmenorrhea, 116）

* 前列腺素（prostaglandins, 116）

* 经前综合征（premenstrual syndrome, PMS, 117）

* 试验伙伴（confederate, 121）

* 身份（identity, 123）

* 女权主义（feminism, 124）

* 女权主义者社会身份（feminist social identity, 125）

* 自我观念的发展（ego development, 125）

＊种族身份（ethnic identity，126）

＊自尊心（self-esteem，127）

＊元分析（meta-analysis，127）

＊寒冷的课堂气候（chilly classroom climate，131）

＊民族学院（tribal colleges，132）

注：这里标有＊的术语是 InfoTrac 大学出版物的搜索术语。你可通过网址 http：//infotrac. thomsonlearning. com 来查看这些术语。

推荐读物

1. Adair，V. C.，& Dahlberg，S. L.（Eds.）.（2003），*Reclaiming class：Women，poverty，and the promise of higher education in America.* Philadephia：Temple University Press。该书研究了社会阶层是如何影响女性的大学生活的；有几章介绍了美国的"社会福利改革"如何减少了女性接受高等教育的机会。

2. Brown，J. D.，Steele，J. R.，& Walsh-Childers，K.（Eds.）.（2002），*Sexual teens，sexual media：Investigating media's influence on adolescent sexuality.* Mahwah，NJ：Erlbaum。该书调查的媒体包括黄金时段的电视、白天的谈话节目、电影和青少年杂志。

3. Chrisler，J. C.，Golden，C.，& Rozee，P. D.（Eds.）.（2004）.*Lectures on the psychol-ogy of women*（3rd ed.）Boston：McGraw-Hill。该书有不少章节与青少年主题相关，有些讨论了课堂中的性别、女性的身体形象、女性和体育、月经和女同性恋。

4. Lerner，R. M.，& Steinbert，L.（Eds.）.（2004）.*Handbook of adolescent psychology* 2nd ed. Hoboken，NJ：Wiley。该手册中特别相关的章节包括发育、性、性别角色、青少年和媒体、青少年和父母关系以及青少年与朋友的关系。

5. O'Reilly，P.，Penn，E. M.，& deMarrais，K.（Eds.）（2001）.*Educating young adolescent girls.* Mahwah，NJ：Erlbaum。该书的范围远远超过了一般意义上的教育，因为它还涵盖了年轻的女性残疾人、青少年女同性恋和青春期的爱情。

专栏的参考答案

专栏 4.3

你可以通过增加对于第 1、2、3、6、7 和 9 项的评分，和降低对第 4、5、8 和 10 项的评分，来非正式地评价你的女权主义身份。分数越高，说明你的女权主义身份越强烈。

专栏 4.4

第一个人是男性；第二个人是女性；第三个人是女性；第四个人是男性。

判断对错的参考答案

1. 错；2. 错；3. 错；4. 错；5. 错；6. 对；7. 对；8. 对；9. 错；10. 对。

第5章

在认知能力和对待成就的态度方面的性别比较

判断对错

_____ 1. 男性通常会在很多的记忆能力测试中比女性得分高。

_____ 2. 在美国，女性通常会在语言能力测试中比男性得分高。该差异不大，却有着明显的统计学意义。

_____ 3. 在大多数的数学能力测试中，性别差异是很小的。

_____ 4. 在学生的数学成绩中很难发现明显的性别差异。

_____ 5. 认知能力中最大的性别差异是，男性通常在思考几何图形的旋转时比女性反应要快。

_____ 6. 超过半数的数学能力方面的性别差异可以归因于大脑功能的性别差异。

_____ 7. 男性通常会为了获得金钱和名声而争取成功；相反，女性通常会为了自我满足而争取成功。

_____ 8. 在别人面前评价自己的时候，男性往往会比女性给自己评的分数要高。

_____ 9. 女性的自信心比男性的自信心更容易受到别人评价的影响。

_____ 10. 在女性成功完成某个任务时，她们通常会说这是因为她们的能力所致，而男性则会把自己的成功归因于工作上的努力。

在我开始写本章前不久，《波士顿环球报》发表了一篇关于哈佛大学校长、经济学博士 Lawrence Summers 的专栏文章（Bombardieri，2005）。Summers 受邀参加一个由国家经济研究署赞助的研讨会，他选择了"为什么在最出名的大学里只有那么少的女性从事科技领域的高端研究"为发言题目。

Summers 说，在哈佛，男教师比女教师在科技方面更成功的一个原因是女性不具有男性在这些领域的内在能力。他还提议，研究人员以前归因于社会化的一些能力方面的性别差异，其实是可以由遗传因素解释的（Summers，2005）。后来哈佛的教职工给 Summers 博士投了"不信任票"，于是他在 2006 年 2 月辞职（R. Wilson，2006）。遗憾的是，Summers 博士以前没有读过关于数学能力的性别比较的研究。

当普通人在讨论思维方面的性别比较时，他们通常只强调性别差异，而忽略了性别相似。另外，人们通常用生理因素来解释这些性别差异。研究女性心理学的人需要了解这一领域的研究，因为它证明男性和女性的大部分认知能力非常相似（主题 1）。另外，与当前文化中强调生物学解释一致的是，大众媒体也强调用生物学解释很小数量的性别差异。可是，你应该知道，社会和文化的解释比生物学的解释起到了更重要的作用。

在本章，我们将讨论两个关于性别比较的广泛的问题：

1. 男性和女性的认知能力是否不同？

2. 男性和女性在成就和动机方面是否不同？

通过提出的这两个问题，我们将得到用来回答另一个重要问题的信息。在第 7 章，我们将了解到男性和女性倾向于从事不同的职业。例如，男性比女性更有可能成为工程师。我们是否能从主要的认知能力区别（例如，数学能力）或动机的主要区别（例如，对成功的态度）中得出职业选择中的性别差异？在本章，我们将集中讨论可以用来确定智力能力和成就动机的与学校有关的性别比较。相应地，在第 6 章，我们将会分析人与人之间的性别比较，尤其是社会和个人性格特征。以了解我们是否能把职业偏好中的性别差异归因于一些重要的个性特征中的性别差异，比如在交际方式、乐于助人和侵略性等方面。

性别比较的背景知识

在我们做这些具体的性别比较之前，我们需要考虑一些与第 6 章和本章相关的研究问题。首先，我们需要了解在开展和分析心理学研究时应该注意的问题。然后，我们会简略地描述用元分析方法来归纳关于同一课题的大量研究。

性别比较研究的注意事项

正如在第 1 章中所指出的，当心理学家开展对女性的研究或对性别比较的研究时，各种偏见会产生很大的影响。另外，我们在分析结果时要谨慎。下面我们来考虑与本章相关的 5 个具体问题：

1. 人们的期望值会影响研究结果。
2. 有偏见的样本会影响研究结果。
3. 男性和女性的分数通常会产生重叠的分布区域。
4. 研究人员发现并不是所有情况下都有性别差异。
5. 认知性别差异没有大到足以影响职业选择。

下面我们来详细看每一个应该注意的问题。

人们的期望值会影响研究结果

在第 1 章我们提到，偏见会影响到研究进程的每一个阶段。例如，期望发现性别差异的研究者通常会发现性别差异。研究参与人员的期望也会产生影响，包括关于认知的性别差异的期望（Caplan & Caplan，1999；Nosek *et al.*，2002）。在第 2 章我们结合性别定式威胁讨论了这个问题。

有偏见的样本会影响研究结果

几乎所有的关于认知能力的研究都关注大学生（D. F. Halpern，2000）。我们对没有接受大学教育的成年人几乎一无所知。另外，关于性别比较的大多数研究仅调查了美国和加拿大的欧裔样本（Eccles *et al.*，2003；McGuinness，1998）。如果研究的参与者能更加多样化，我们关于性别比较的结论可能就会不同。

男性和女性的分数通常会产生重叠的分布区域

为了讨论重叠的概念，我们需要了解频率分布图。一个 **频率分布图**（frequency distribution）可以告诉我们样本中某个分数点有多少人。

假设我们分别对一组男性和一组女性进行一次单词测试，然后用他们的分数来建立一个频率分布图（见图 5—1）。请注意男性的频率分布图与女性的频率分布图中重叠的这一小部分。男性和女性仅仅在一个很小的范围内得到相同的分数，大约在 54～66 之间。这两个分布图显示出如此小的重叠范围，可见其区别之大。正如你在这个图

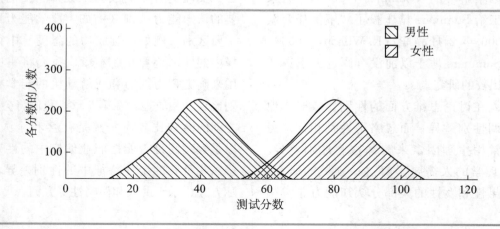

图 5—1　男性和女性在一个假想的测试中的成绩，这小范围的重叠表明了强烈的性别差异

上所看到的，女性的平均分是 80，而男性的平均分是 40。

　　然而，在现实生活中，男性和女性的特征分布不大可能会出现如图 5—1 中所示的区别，而会表现出更大范围的重叠（Eccles *et al.*, 2003；Gallagher ＆ Kaufman, 2004b；A. J. Stewart ＆ McDermott, 2004），如图 5—2 所示。请注意男性和女性在很大的范围内得到相同的分数，大约在 35～85 之间。正如我们在主题 1 的讨论中强调的，

男性和女性是非常相似的，这意味着他们的分数重叠会很多。请注意在图 5—2 中，女性的平均分是 63，而男性的平均分是 57。

　　当我们比较这两个跨度为 50 分的分布区域时，这 6 分的平均分差异就显得微不足道了。正如主题 4 强调的，女性之间的差异很大，而男性之间也显示出比较大的差异（A. J. Stewart ＆ McDermott, 2004）。

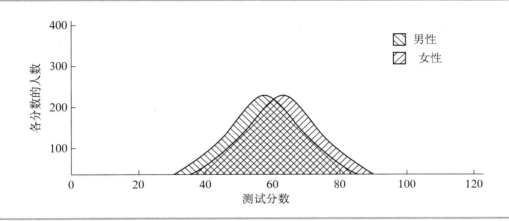

图 5—2　男性和女性在一个假想的测试中的成绩，这大范围的重叠表示微弱的性别差异

研究人员发现并不是所有情况下都有性别差异

　　鉴于先前对于主题 1 的讨论，你应该已经对这个问题比较熟悉了。在本章，你同样会注意到我们不能对性别差异做出概括性的论述。相反，我们在测试某组被试时或是在某些特殊情况下，性别差异通常会消失（D. F. Halpern, 2006；Hyde ＆ Mezulis, 2001；B. Lott, 1996）。通过这一观察我们会了解到性别差异并非不可避免（D. F. Halpern, 2004a）。简而言之，许多男性和女性在某些情况下具有相似的心理特征。

认知性别差异没有大到足以影响职业选择

　　例如，在某些需要空间技巧的任务中女性的

分数可能会稍微比男性的低。比如排在前 5％ 的人中有 7％ 的男性和 3％ 的女性（Hyde, 1981）。换句话说，大约有 30％ 的女性有较强的空间想象能力。

　　有些人认为，由于缺乏空间想象能力，所以女性很少从事工程师职业。目前美国的女工程师只占工程师总数的 12％（Bureau of Labor Statistics, 2004c）。如果较强的空间想象能力是成为工程师的唯一要求，那么这 12％ 的比例比我们预期的 30％ 要低得多。如果要找出女性在诸如工程师这些领域中数量少的原因，我们还需要寻找另外的解释。

总结多项研究的元分析

　　当心理学家想要就某个主题做个归纳时，他们通常会对关于该主题的所有研究进行归纳。多年以来，意在总结性别差异的心理学家会用个人成绩表法来进行研究。**个人成绩表法**（box-score

approach），也叫**计算法**（counting approach），是指研究人员要了解关于某个主题的所有适当研究，并基于其计算结果得出结论。尤其要注意的是，到底有多少研究显示没有性别差异？有多少研究

显示男性的分数较高？有多少研究中女性的分数较高？然而，遗憾的是，个人成绩表法通常会产生有歧义的计算。假如研究人员找出 16 个相关研究，结果发现其中 8 个显示没有性别差异，2 个显示女性的分数高，6 个显示男性的分数高，一个研究人员可能会因此得出结论说没有性别差异的存在，而另一个研究人员可能会说，男性的分数要稍微高一些。可见，个人成绩表法不能就归纳个体的研究提供系统的方法。

一个更有效的方法叫做**元分析**（meat-analysis），它能在对关于某个单一主题的大量研究进行归纳时提供统计方法。首先，研究人员试着找出关于这个主题的所有适当的研究，然后，归纳其结果并进行统计学的分析。这种元分析会计算两组群体之间（如男女）整体上差异的大小。例如，在关于语言能力的研究中，元分析就可以综合很多以前的研究到一个涵盖面很广的研究中，该研究能够提供一幅概括性的图画来说明性别对语言能力是否有全面的影响。

元分析会产生一个数据，该数据被称为效果尺度（d 值）。例如，如果许多研究的元分析显示女性和男性的整体数据是一样的，那么 d 值就是零。现在我们看到身高方面的性别差异的 d 值为 2.0，这是一个非常大的差异了！事实也是如此，男性和女性在身高上的分布区域只有 11％的重叠（Kimball，1995）。

与 2.0 的 d 值相比，心理方面的性别差异的 d 值是相对较小的。在一个重要的研究中，Janet Hyde（2005a）对 128 个针对认知技能的性别比较的研究进行元分析。她发现在这些性别差异中，30％处于"接近零"的范围（d 值低于 0.11），48％差异很小（$d=0.11\sim0.35$），15％有中等差异（$d=0.36\sim0.65$），只有 8％有较大差异（d 大于 0.65）。也就是说，这些性别比较中大多数都没有差异或者只有一个很小的差异。请记住这些重要的研究方法问题，然后来考虑现实中关于认知的性别比较研究。

150

小结——性别比较的背景知识

1. 在进行性别比较研究时，我们需要注意期望值和有偏见的样本会影响研究结果。

2. 男性和女性的分数的频率分布通常会产生重叠，所以大多数的女性和男性会得到相似的分数。

3. 不是所有情况下都有性别差异；同时，认知性别差异没有大到足以影响职业选择。

4. 与早期的个人成绩表法相比，元分析技术为归纳某个主题的所有研究并做出结论提供了系统的统计方法。这种技术显示很少有研究发现存在较大性别差异。

 ## 认知能力

我们从对于认知能力的研究来开始我们的调查。在本章的后半部分，我们将会讨论与成就动机相关的主题。在这里，我们首先来调查一些性别相似的认知能力，然后，我们会集中讨论已有证据证明存在性别差异的 4 种认知能力：1. 记忆能力；2. 语言能力；3. 数学能力；4. 空间能力。

没有一致性别差异的认知能力

在研究偶尔存在性别差异的 4 个领域之前，我们首先来看一些通常存在性别相似的领域。

总体智力水平

男性和女性相似的一个主要领域是总体智力

水平，这在智商测试的总体分数中可以看到（e. g.，Geary，1998；D. F. Halpern，2001；Herlitz & Yonker，2002；Stumpf，1995）。许多智力测试是通过消除有性别差异的项目来构成的。因此，智力测试的最终结果通常只显示性别相同点。其他的一些研究表明，在对于历史、地理和其他基础知识的掌握中也表现出性别相似（Meinz & Salthouse，1998）。

151　　　另外，我们需要摈弃一个流行的观点：媒体经常说女性在"多任务"，或同时进行两项任务方面，比男性更好。可是，认知心理学专家在这个领域并没有发现系统的性别差异（D. E. Meyer，

personal communication，2005）。

复杂的认知活动

　　许多其他具有挑战性的智力测试表明不存在广泛的性别差异。例如，在形成概念和解决大量复杂的问题时，男女都表现很好（Kimura，1992；Meinz & Salthouse，1998）。在许多创造性活动中，女性和男性也有相似的表现（Baer，1999；Ruscio et al.，1998）。

　　我们已经认识到在总体智力水平和复杂的认知能力方面，男性和女性通常是相似的。带着这些重要的相似点，我们来研究有时会出现些许性别差异的4个领域。

记忆能力

　　男性和女性在记忆能力方面是否有区别？在本章你会发现，最好的答案是："看情况"。具体来说，在某些记忆活动中女性更出色，在另外一些活动中男性会做得更好，还有一些活动中男女的表现很接近。此外，在记忆技巧方面我还没有找到任何性别比较的元分析。因此，我会描述一些针对不同活动的研究。

　　在一项记忆研究中，人们会看到一系列的单词，过一会儿研究人员要求他们回忆这些词汇。一般情况下，在这类记忆活动中女性会更准确（Herlitz et al.，1997，1999；Herlitz & Yonker，2002；Larsson et al.，2003；Meinz & Salthouse，

1998）。被记忆的项目的特征可能会起到作用（Herrmann et al.，1992）。

　　例如，Colley 及其同事（2002）给男性和女性一系列的词汇来记忆。这些词汇表单被称为"杂货店"或者"五金电器商店"。词汇单上的词汇要么与杂货店有关，要么与五金店有关（例如，坚果、盐和土豆片）。该研究包括了多项性别比较。下面我们来看看在试验前接受过中性指导的学生的试验结果。如图 5—3 所示，在"杂货店"词汇单上，女性记忆了更多的词汇，而男性和女性在记忆"五金电器商店"词汇单上的词汇方面有类似的表现。

152

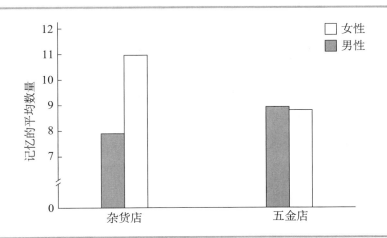

图5—3　男性和女性在一个基于被试性别和记忆任务种类的记忆活动中的表现

Source：Based on Colley et al.（2002）.

在另外一类记忆活动中，人们被要求记忆一些事件，而不是词汇。我们又一次发现性别差异的规律取决于事件的特征。例如，David Rubin及其同事（1999）发现男性比女性在记忆以前的世界杯赛的参赛球队和哪个候选人在总统选举中失利等方面表现得更好，这与传统定式中男性比女性对体育和政治更感兴趣一致。可是，研究人员发现在记忆谁获得了奥斯卡金像奖方面没有性别差异。

另外，女性在记忆自己经历的事情时比男性更准确（Colley *et al.*，2002；Fivush & Nelson，2004）。这一性别差异是因为传统的性别定式中女性比男性对社会和情感问题更感兴趣。同时，你可能还记得在第3章中我们学到，妈妈们更有可能会与女儿而不是儿子讨论情感问题。结果，女孩有更多的机会记忆自己经历的事情（Fivush & Nelson，2004）。

现在我们转向对非语言事物的记忆上。女性比男性在记忆面容方面更准确（Herlitz & Yonker，2002；Lewin & Herlitz，2002）。在记忆气味方面女性也比男性更准确（Larsson *et al.*，2003）。可是在记忆抽象形象方面男性和女性相似（Herlitz & Yonker，2002）。

在没有开展元分析之前我们不能对记忆的性别差异做出一个清晰的结论。可是，性别差异的规律显示男性和女性都会对自己熟悉和擅长的领域有更准确的记忆。认知心理学的研究表明，在某领域有专长的人会比其他人记忆该事物更为准确（Matlin，2005）。

语言能力

在为数不多的语言测试中，尽管总体上的性别相似更加突出，但是女性的分数稍微比男性高一些。下面来看以下3个领域的研究：一般研究、标准的语言测试和语言障碍研究。

一般语言能力

某些研究显示，在2岁以前，女孩掌握的词汇比男孩多，但是到3岁后，这些性别差异就消失了（N. Eisenberg *et al.*，1996；Huttenlocher *et al.*，1991；Jacklin & Maccoby，1983）。在我们研究学龄儿童时，相似之处比差异更为突出（Cahan & Ganor，1995；Maccoby & Jacklin，1974）。因此，如果你打算教小学，你班里的男生和女生的语言能力应该是相似的。

对于青少年和成年人的研究显示，在拼写、词汇和阅读方面，男女都有着相似之处（Collaer & Hines，1995；D. F. Halpern，1997；Hedges & Nowell，1995；Ritter，2004）。在某些特定领域，性别差异显示出统计数据上的意义，却没有实际运用上的意义（参见第1章）。例如，在**语言流利程度**（verbal fluency）方面，或者在规定好某种标准的情况下说出物体名称时（比如，以字母S开头的物体），女性要比男性表现好一些（D. F. Halpern，2000，2001；D. F. Halpern & Tan，2001）。

近年来，女性在书写能力方面的测试中得分也比男性高一些（Geary，1998；D. F. Halpern，2000，2004a；Pajares *et al.*，1999）。可是，这种性别差异对于女性在课堂和工作中的成功是否有实践意义还是个未知数。

我们在前面强调过，元分析在归纳关于某个具体课题的大量研究结果时是理想的统计工具。Janet Hyde和Marcia Linn（1998）为语言能力的性别比较设计了一个元分析。结果显示，平均的效果尺度（*d*值）仅为0.11，仅仅稍微偏向于女性。该值几乎接近于0，于是Hyde和Linn认为，不存在全面的性别差异。根据对美国学生的标准测试分数，其他研究人员也得到同样的结论（Feingold，1988；Hedges & Nowell，1995；Willingham & Cole，1997）。令人遗憾的是，相对于空间能力和数学能力方面的研究来说，在女性有优势的语言能力方面并没有得到广泛的研究（D. F. Halpern，2000）。当前若能开展一项语言能力的元分析，它将能帮助我们理解在该领域是否存在值得注意的性别差异。

下面我们来看看和大学生特别有关的一些测试。比如，你考大学时，可能已经通过了学习成绩测试（the Scholastic Achievement Test，SAT）。这项考试的语言部分包括阅读理解、语言分析和完形填空等。在学习成绩测试（SAT）中，性别差异很小。例如，在 2003 年的测试中，女生的平均分为 503，而男生的是 512（"The Nation：Students"，2004）。同样，在对英语语言、英语文学和外语进行考察的高级安置测试（Advanced Placement Tests）中，性别差异也很小（Stumpf & Stanley，1998）。

我们了解了一般语言能力从小学到大学的性别比较情况。下面我们来探讨一个相关课题：阅读障碍。

阅读障碍

某些研究表明男性比女性更有可能会有语言问题。例如，在学校中的研究显示，男生阅读障

碍的出现率是女生的 5 倍（D. F. Halpern，2000）。

Sally Shaywitz 及其同事们（1992）在一项重要研究中运用了更为客观的方法对学生进行分类。这些研究人员指出**阅读障碍**（reading disabilities）是指不能用一般的智力水平来解释的较差的阅读能力。因此，他们用客观的和数据统计上的术语来界定阅读障碍。① 这项研究的研究对象包括来自康涅狄格州的 12 个城市的儿童。

在学校评估男生和女生的阅读能力时，他们认为有阅读障碍的男生大约是女生的 4 倍。在图 5—4 中你可以看到这个巨大的性别差异。这个 4：1 的比率与早期的报告是一致的（D. F. Halpern，2000）。然后，Shaywitz 及其同事们用阅读障碍客观数据标准重新计算了该数据，其分数显示有阅读障碍的男生和女生在数量上基本上是相等的。

154

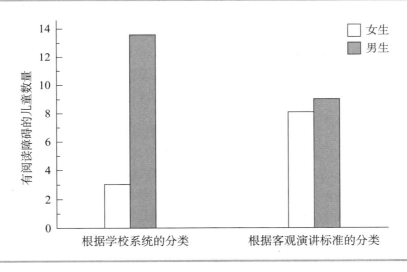

图 5—4　根据学校标准和客观研究标准得出的有阅读障碍的男孩和女孩的数量

155　为什么学校会认为有阅读问题的男生比女生多那么多呢？Shaywitz 及其同事（1990）认为，老师们往往把好动而又注意力不够集中的男生列入有阅读障碍之列。这些男生更有可能是阅读行为方式有问题，而不是阅读能力有问题。同样令人烦恼的是，许多女生才是真正有阅读能力问题，但是，她们总是静静地坐着，掩盖了阅读障碍

（J. T. E. Richardson，1997a）。这些循规蹈矩而又不被重视的女生就会错过在阅读问题上的额外辅导，而这些辅导可能会帮助她们在学校变得出色。如同在第 3 章所强调的，女生在学校往往不受重视，从而失去了很多的受教育机会。

在关于语言能力的讨论中，我们在各种测试的基础上了解到，性别差异在语言能力方面是很

---

① 通常，研究者用儿童的智力水平来预测他在一个标准化的阅读测验中的成绩。如果儿童在阅读测验中的成绩低于预测分数 1.5 个标准差，则会被归类于阅读障碍儿童。测验分数低于预测分数 1.5 个标准差意味着在同等智力水平的儿童中，他的阅读分数在 7% 的底部范围。

小的。另外，教师对学生的阅读问题的有偏见的判断导致阅读障碍中的性别差异的出现，至少从一定程度上来说是这样的。

数学能力

数学受到了研究人员和大众媒体的最多的关注。媒体的报道会引导人们去期待男性占优势的性别差异。实际上，大多数研究显示男女在数学能力方面是相似的，其实在数学考试中女性的分数更高一些。男性只是在学习成绩测试（SAT）中的数学部分比女性表现好。

一般数学能力

尽管男性可能会在某些解题活动中表现更好，可是在大多数的数学能力测试中，男性和女性都表现出性别相似（Feingold，1988；Geary，1998；Hedges & Nowell，1995）。例如，曾有一个建立在 300 多万人的标准测试分数上的元分析，它涵盖了 100 个研究。（该分析不包括 SAT 中的数学测试，我们稍后讨论。）通过对所有的样本和测试求平均值，Hyde 及其同事（1990）发现其 d 值仅为 0.15，男性和女性的分布范围几乎相同。

国家教育数据中心（2004）报告了 8 年级学生在一个标准数学测试中的分数。报告没有讨论是否有具有数据意义的性别差异。不过，这个报告的部分数据包括全球 34 个国家的平均数据。有意思的是，在 16 个国家中男生的平均成绩比女生的高，在另外 16 个国家中女生的成绩比男生的高，还有两个国家中的男生和女生平均成绩是一样的。

数学课程中的分数

我经常在我的班里问学生这个问题："你们是否听说过在 SAT 的数学测试中，男生比女生的平均分高？如果听说过，请举手。"学生们纷纷举手。然后，我问有多少人听说过在数学课程中女生的平均分比男生的高，结果没有人举手。实际上，有些有代表性的研究表明，在 5 年级、6 年级、8 年级和 10 年级以及大学的数学课程中，女生都会得到更高的分数（S. Beyer，1999a；Crombie et al.，2005；D. F. Halpern，2004a，2006；Kimball，1989，1995；Willingham & Cole，1997）。在与之相关的领域，女生也会得到更高的分数，比如高中的科技课程和大学的统计学课程

（C. I. Brooks，1987；Brownlow et al.，2000；D. F. Halpern，2004a；M. Stewart，1998）。

Meredith Kimball（1989，1995）认为，女生在处理熟悉的情况时会得到更高的分数，比如在对学过的数学知识进行测试时。与之相反，男生在处理新问题时会表现得更好，尤其是在类似 SAT 中的数学问题。Kimball 指出，无论如何，女生在数学课程中的较高分数应该得到更为广泛的关注。这种关注会鼓励女生、家长和教师对女生和女性的数学能力产生更高的信心。

学习成绩测试

在所有关于认知性别差异的研究中，媒体最为关注的课题就是在 SAT 中的数学测试中的表现。例如，2003 年的数据显示女生的平均分数是 503，而男生的是 537（"The Nation：Students"，2004）。

可是，数学成绩测试是否能有效测试出数学能力呢？如果一个考试能够实现它的测试目的，我们就认为它有着较高的**效度**（validity）。例如，SAT 测试旨在预测学生在大学课程中的分数。SAT 测试是有很高总体效度的，因为它确实能够预测到学生在大学中的分数。可是，SAT 的数学测试效度存在问题，因为它过低预测了女生在大学数学课程中的分数（De Lisi & McGillicuddy-de Lisi，2002；Leonard & Jiang，1999；Spelke，2005；Willingham & Cole，1997）。例如，Wainer 和 Steinberg（1992）比较了男生和女生在大学数学课程中的分数，然后他们回顾了这些学生的数学 SAT 成绩。他们发现，在大学中分数一样的男生和女生，在 SAT 测试中女生的平均分比男生的低了 33 分。举例来说，假如琼斯（女生）和史密斯（男生）在大学微积分学课程中得到了相同的分数 B。那么，回头看一下他们的 SAT 数学分数，我们会发现琼斯的分数是 600，而史密斯却得到了 633 分。根据类似的效度研究，有些大学已经停止使用 SAT 测试，或者改进了 SAT 数学测试（Hoover，2004；Linn & Kessel，1995）。

156

157

空间能力

大部分人对于本章所讨论的前两个认知能力都比较熟悉：语言能力和数学能力，而对空间能力则相对陌生。**空间能力**（spatial abilities）包括理解、感知和使用图形和形状的能力。在很多的日常活动中，空间能力都很重要，比如在玩电子游戏时，在看地图时，在布置宿舍的家具时，等等。

大多数的研究人员赞同空间能力多元化的说法（Caplan & Caplan, 1999; Chipman, 2004）。空间能力确实有许多不同的组成部分：空间视觉、空间感知和空间旋转。他们还都认为空间能力中的旋转能力是在所有空间活动中性别差异最大的。下面我们分别来看这些组成部分。

空间视觉

包含**空间视觉**（Spatial Visualization）的活动需要对空间信息进行复杂的处理。例如，图形辨认测试需要在一个较大的图画中找出暗含其中的某个图案或物体。专栏 5.1a 中展示了 3 个图形辨认测试。你在小时候可能也做过类似的游戏，比如在一个森林的图画中找出一些人来。

许多个体研究和元分析表明，在需要空间视觉的活动中，男性和女性的表现基本相同（e.g., Hedges & Nowell, 1995; Sanz de Acedo Lizarraga & García Ganuza, 2003; Scali & Brownlow, 2001; Scali et al., 2000）。例如，一个包括了 116 个研究的元分析产生了一个 0.19 的 d 值，这是一个很小的性别差异，显示男性的表现比女性要好一些（Voyer et al., 1995）。

下面我们来看空间视觉的一个具体的方面：阅读地图的能力。有一个研究发现男性表现更好，但是，令一个类似的研究表明并不存在性别差异（Beatty & Bruellman, 1987; Bosco et al., 2004; C. Davies, 2002; Galea & Kimura, 1993; Henrie et al., 1997; Lawton & Kallai, 2002）。相关研究显示，在从很远的地方回到出发地的能力上，男性比女性要好。但是，其他的研究并没有发现性别差异（Lawton, 1996; Lawton et al., 1996; Lawton & Morrin, 1999; Saucier et al., 2002; Schmitz, 1999）。可见，大家各有自己的观点，性别差异并不一致。

158

专栏 5.1　空间能力测试的例子

请试一下下面关于空间能力的 3 个测试。

a. 找出隐含的图形。在下面 3 个图中，先看一下左边的图形。然后试着找一下在右边的图形中它到底藏在什么地方。左边的图形可能需要被旋转才能在右边的图形中找到。

b. "水平"测试。假如这位女士拿着的是半杯水。请在水杯上画条线来表示水到哪里了。

c. 空间旋转测试。如果你把左边的图画旋转一下，你会得到右边的哪一个图形？

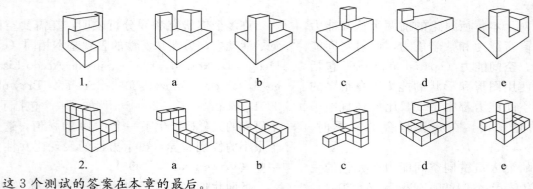

这3个测试的答案在本章的最后。

空间感知

　　在空间感知（spatial Perception）测试中，被试要在不受无关因素的影响下来辨认出水平或垂直方位。在专栏5.1b中有一个这样的例子："水平"测试。空间感知也可以通过"杆和框架"的测试来评价。在该测试中，被试坐在一个黑屋子里，注目观察被一个矩形框架所包围的一根杆子。被试要在不受这个倾斜的框架的影响的情况下，来把这根杆子调整为与地面垂直。对于空间感知的性别比较的元分析表明，男性比女性得到的分数稍高一些，其 d 值约为 0.40（Nordvik & Amponsah，1998；Voyer，Nolan，& Voyer，2000；Voyer，Voyer & Bryden，1995）。可是，在"水平"测试的研究中没有发现性别差异（Herlitz et al.，1999）。而另一个研究表明，在经过简单的培训后，性别差异就会消失（Vasta et al.，1996）。

空间旋转

　　空间旋转（mental Rotation）测试可以用来测试快速、准确地旋转一个二维或三维物体的能力。专栏5.1c中的两个问题就是关于该能力的。在旋转速度方面，空间旋转活动会产生所有空间能力中最大的性别差异。d 值一般在 0.50～0.90 之间（D. F. Halpern，2001，2004a；Nordvik & Amponsah，1998；Ritter，2004）。尽管在空间旋转方面的性别差异相对来说比较大，可是我们还是需要正确地认识该数据。0.90 的 d 值显然是比其他方面的认知 d 值大。可是，比较一下我们在前面所提到的 d 值为 2.00 的身高性别差异，那么这里的性别差异就显得很小了（Kimball，1995）。还有，一些在加拿大、美国和西班牙的研究中没有

发现性别差异（Brownlow & Miderski，2002；Brownlow et al.，2003；D. F. Halpern & Tan，2001；Loring-Meier & Halpern，1999；Robert & Chevrier，2003；Sanz de Acedo Lizarraga & García Ganuza，2003）。

　　其他研究表明，在空间旋转实验中的性别差异取决于该活动是怎样被解释给被试的。例如，Sharps 及其同事（1994）发现，如果实验要求强调该空间能力对于典型男性职业（比如战斗机驾驶员）的重要性，那么男性会比女性表现好得多；如果实验要求强调该空间能力对于典型女性职业的重要性（比如家居装饰），那么这种性别差异就不复存在了。

　　另外，Favreau（1993）指出，统计数据意义明显的性别差异通常会来自于那些大多数男女分数相近的研究。请看图 5—5，这是 Favreau 从 Kail 及其同事（1979）早期的研究中得出的。你会发现，大部分男性和女性的分数都在 2～8 之间。统计数据意义明显的性别差异几乎全部来自于那些空间旋转速度慢的 20% 的女性（Favreau & Everett，1996）。

　　我们怎么来总结空间能力呢？即使是像空间旋转这种公认的有性别差异的项目都变得模糊不清了。在实验要求强调该空间能力和传统女性领域有关时，性别差异就会降低。此外，任何能力上的欠缺都仅仅是相对于一小部分的女性。总之，这种不稳定的性别差异对于女性的生活是不会有重要影响的，因此，也肯定不能用来解释为什么美国只有 12% 的工程师是女性！

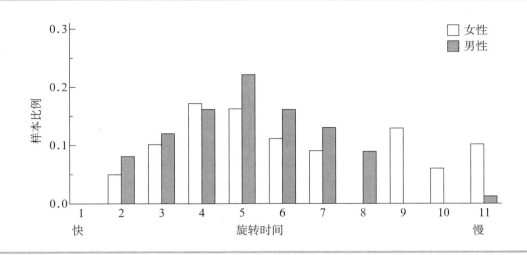

图 5—5　在脑海中旋转一个几何图形需要的时间，男性和女性的时间量有很大范围的重叠

注：越快说明做得越好。

Source：Based on Favreau（1993）and Kail *et al*.（1979）.

对于性别比较的解释

在本章，我们首先研究了许多男女相似的认知能力。然后，我们发现在大多数的语言能力和数学能力中，性别差异都很小。可是在解决数学问题和空间活动中的性别差异比较大。因此，我们应该为这些差异找出可能的原因。

我们先来看生物学角度的解释，然后讨论社会学角度的解释。可是，Diane Halpern（2004a）强调，生理因素和学习经验会互相影响。例如，如果你学习了数学课程，你就能够解决很多复杂的数学问题，而这个学习经历又会影响你大脑的神经结构。一旦这个神经结构发育起来，你就能够更好地解决数学问题。而这个提高了的技能又会促使你选择进一步地学习。在读下面的内容时，请记住生理和社会因素是不能被分成截然不同的两个系列的（D. F. Halpern & Ikier，2002）。

生物学解释

出乎意料的是，尽管对于是否存在性别差异还未弄清楚，媒体和一些研究人员却非常乐于从生物学角度来解释可能存在的性别差异（Brescoll & LaFrance，2004）。[①] Summers 博士明确地支持生物学解释（参见本章开头）。为了更清晰地了解生物学方面的原因，Diane Halpern（2000）把生物学解释分为三大类：基因、性激素和大脑结构。下面我们逐一分析。

1. 基因解释认为空间能力可能是 X 染色体所具有的隐性特征。但是，还没有研究结果表明基因会直接产生认知性别差异（D. F. Halpern，2000；J. T. E. Richardson，1997b）。

2. 在出生前和发育期，激素是至关重要的。那么人体的激素水平是否也会导致认知能力上的性别差异呢？结论往往会是很复杂或者互相矛盾的（Hampson & Moffat，2004；J. T. E. Richardson，1997b）。例如，如果男性的雄性激素水平较低，他们在空间活动中的表现就会更好；而如果女性的雄性激素水平较高，她们也会表现得更好（Kimura，1987）。

3. 生物学解释关注的最后一项是大脑结构。许多赞同生物学解释的研究人员倾向于强调大脑偏侧性中的性别差异。**大脑偏侧性**（lateralization）是指大脑的两个半球行使不同的

---

① 遗传学和大脑结构的生理因素显然在解释各种认知能力的个体差异方面起了重要的作用。例如，这些生理因素可以解释为什么有些人（包括男性和女性）在数学测试中能得到高分，而有些人却得分很低。可是，正如讨论中强调的，生理因素并不能充分解释性别差异。

功能。人的大脑的左半球行使语言功能，而右半球行使空间功能。对于大多数人来说，两个脑半球都能处理语言和空间的信息。但是，左半球处理语言信息时会更快、更准确；而右半球处理空间信息时更快、更准确。

通常的大脑偏侧性理论会认为，男性在完成空间活动时仅仅使用大脑右半球，而女性在所有的认知活动中都会同时使用大脑的两个半球（Gur et al.，1999；D. F. Halpern，2000；M. Hines，2004）。根据这种观点，在女性处理空间任务时，大脑的右半球只有一小部分会被用来处理空间信息。因此，她们解决空间问题会比较慢一些。

可是，没有研究能确切证明男性大脑有着更好的分工。例如，曾经有一项研究被广泛引用来"证明"男性的大脑分工更好（B. A. Shaywitz et al.，1995）。媒体也没有能够强调在 19 个被试女性中，只有 11 个表现出大脑分工理论所强调的左右脑半球平衡模式（Favreau，1997）。

也有一些其他的研究表明存在性别相似点或者仅有细微的性别差异（D. F. Halpern & Collaer，2005；Medland et al.，2002）。但是，你在当地的报纸上读不到。例如，Frost 及其同事（1999）对男性和女性的语言进程进行了大规模的研究。大脑映像数据显示了性别相似：男女两组都表现出强烈的大脑偏侧性，大部分活动都由左脑完成（Gernsbacher & Kaschak，2003）。另外，即使真的存在大脑分工中的差异，也还没有研究表明这些大脑中的性别差异会导致认知测试中的性别差异（D. F. Halpern，2000；Hyde，1996b；Hyde & Mezulis，2001）。

我们可以想象，在将来研究人员可能会找到能够用来解释性别差异的生理因素。但是，我们需要明白，这里所需要解释的差异既不普遍也不特别明显。实际上，用生物学上的差异来解释这么微不足道和时有时无的性别差异就有些大材小用了（J. B. Caplan & Caplan，1999）。就好比用棒球棒来打苍蝇一样，更小的工具，像苍蝇拍，可能会更合适。

此外，Diane Halpern 及其合作者（2004）提出了一个重要的观点。这一观点我们会在随后了解到，数学能力较好的男生通常比数学能力较好的女生花费在数学上的时间多。这个多出来的数

学经历会改变大脑结构。因此我们要对男女生来有着不同大脑结构这种假设持谨慎态度。

社会学解释

对于认知能力方面的性别差异，许多理论人员提出了从社会学角度的解释：（1）男女社会经历的不同；（2）社会对于男女态度的不同。

个体与某事物的接触显然会影响到他（她）的能力。如果你能经常接触到地图和其他的空间活动，你就会在空间旋转活动中反应相对迅速而准确（M. Crawford & Chaffin，1997；D. F. Halpern & Ikier，2002；Sanz de Acedo Lizarraga & García Ganuza，2003）。下面我们来看在经历方面的性别差异。

1. 在小学课本中展示人们如何运用数学知识时，往往会用男孩的图画，而不是女孩的。女孩更有可能会出现在提供帮助的角色中（Kimball，1995）。类似地，计算机杂志上的男性插图比女性插图多。如果出现了女性，广告的内容通常有性别定式的评论，如打印出来的漂亮色彩（Burlingame-Lee & Canetto，2005）。这些广告暗示女性注意电脑表面上的"女性化"特征，而不是它们在数学和科技方面的用途。如同在第 2 章、第 3 章所强调的，有能力的女性的形象能够提升女孩和女性的表现。如果小女孩能得到更多的类似的形象、角色榜样和经历，她们会认识到女性在数学中也可以做得很出色（Marx & Roman，2002；R. L. Pierce & Kite，1999）。

2. 父母和老师会给男孩和女孩提供不同的经历（Wigfield et al.，2002）。例如，父母会花费更多的时间来给他们的儿子讲解科学感念（Crowley et al.，2001）。

3. 现在的中学生有着同样的数学课程（Chipman，2004；De Lisi & McGillicuddy-De Lisi，2002）。可是，在课外，男孩和女孩在数学和空间活动中的经历会不同。数学能力较好的男生通常比数学能力同样较好的女生花费在数学上的时间多（D. F. Halpern，2000；Newcombe et al.，2002；Voyer et al.，2000）。男孩还更有可能会参加国际象棋俱乐部和数学组织，了解运动中的数字以及更多地接触计算机（J. Cooper & Weaver，2003；Hyde，1996a；J. E. Jacobs et al.，2004）。不过，Gilbert 及其同事（2004）描述了一个调整

的计划，该计划成功地提高了年轻女性在计算机和科技方面的经历。

我们了解了男生和女生在数学经历中的三个方面的差异。下面我们来看另外一个社会学角度的解释，它着重关注对数学的态度方面的性别差异。

1. 父母和老师的态度会间接地影响到孩子的自信心。例如，如果父母对于女孩在数学中的差强人意的表现持有强烈的性别定式观点，他们会把这些观点通过行为传达给女儿（J. E. Jacobs *et al.*，2004；Räty，2003；Räty *et al.*，2002）。老师会对黑人和拉丁裔女生有着较低的期待（S. J-ones，2003）。

2. 到 11 岁甚至更早时，男孩通常会认为自己比女孩的数学能力更强，尽管他们的分数实际上比女孩的分数低（Byrnes，2004；Crombie *et al.*，2005；J. E. Jacobs *et al.*，2002；Skaalvik & Skaalvik，2004）。另外，男孩通常比女孩更加喜欢数学（E. M. Evans *et al.*，2002）。可是，我们不能把情况过分简单化。与个体差异主题一致的是，女性对数学的态度也有很大差异，有些女性持肯定态度（J. B. Caplan & Caplan，2004；Oswald & Harvey，2003）。

3. 到大约 10 岁时，许多学生认为数学、计算机和科技都主要是男孩子的事（J. Cooper & Weaver，2003；Räty *et al.*，2004；J. L. Smith *et al.*，2005；T. J. Smith *et al.*，2001）。我们在第 3 章学习到，人们更喜欢与自己的性别角色一致的活动。因此，许多女生会不选数学，因为数学"过于男性化"。

4. 性别定式的压力可能会降低女孩在数学和空间测试中的表现。在第 2 章，我们介绍了这个概念：性别**定式威胁**（stereotype threat）。如果你所属于的团体受到性别定式的负面影响，你又时刻被提醒自己的身份，那么你的表现就会变糟（Davies & Spencer，2004；K. L. Dion，2003；C. M. Steele *et al.*，2002）。假如一个年轻女性正要去参

加 SAT 的数学测试，性别定式的压力就会在诸如 SAT 这类重要的测试中起作用，如 Susan Chipman（2004）所写，因为"显然很多人并不愿意相信女性的数学比较出色"（p. 18）。

当一个女生坐下后，想到"在这类考试中，女性是考不好的"，她就会比有同样数学能力的男性有更多的负面思绪（Cadinu *et al.*，2005）。因此，她会在这个重要的考试中出现更多的错误（请回头看一下在第 2 章中 Shih 及其同事在 1999 年所做的一个关于性别定式威胁的研究）。

研究人员针对性别定式威胁开展了很多研究（例如，Good *et al.*，2003；D. F. Halpern & Tan，2001；Schmader，2002；J. L. Smith，2004；Smith *et al.*，2005；Smith & White，2002；J. Steele *et al.*，2002）。大多数都报告说在有性别定式威胁的情况下女性的分数比没有性别定式威胁情况下的分数低。在一个典型研究中，Good 及其同事（2003）研究了由一名大学生指导的 7 年级女生的数学表现。在一种情况下，指导人员讲解智力是如何灵活作用，这样人们就能学会提高自己的技能。在这种情况下，女生的分数比另一个对照情况下的女生的分数高。在对照情况下，指导员讲解的是无关的信息。现在请看看本章开头介绍的哈佛校长 Summers 的评论，这些大庭广众之下的评论是如何导致对女性的性别定式威胁的？

我们已经了解了许多可能会在空间和数学活动中带来性别差异的生物学和社会学因素。目前，我们对这些复杂因素是如何导致这些性别差异的还没有一个全面的解释。可是，正如 Janet Hyde 和 Amy Mezulis（2001）所做的结论那样，"如果说过去几十年中对于性别差异的广泛研究教给了我们什么东西，那它应该是性别差异通常数量很小，与性别之间巨大的相似点比较起来，是不常见的"（p. 555）。另外，没有哪一个认知方面的性别差异足以能对人们的职业表现有重要影响。我们会在第 7 章讨论这个问题。

164

165　**小结——认知能力**

1. 在总体智力水平、构思力、解决问题能力　　和创造力中没有发现一致的性别差异。

2. 在记忆活动中，男性和女性都会对自己比较熟悉的领域记忆深刻。

3. 目前，在语言能力和阅读障碍中发现的性别差异很小。

4. 在大多数的测试中，数学能力方面的性别差异都可以忽略不计。在数学课程中，女生一般会比男生得的分数高。男生在 SAT 数学测试中会得到比女生高的分数，因为该测试过低地估计了女生将会在大学数学课程中的分数。

5. 在空间视觉活动中的性别差异很小，在空间感知活动中的性别差异稍大，在空间旋转活动中的性别差异最大。可是，大部分的男性和女性会在空间旋转活动中得到近似的分数。

另外，在人们得到培训或者任务被描述成女性化的活动的情况下，在空间能力方面的性别差异就会消失。

6. 对于认知方面的性别差异的生物学解释包括基因、激素和大脑结构（比如，大脑偏侧性），当前没有研究能够确切地支持上述解释。

7. 对于认知方面的性别差异的社会学解释包括强调社会经历方面的差异（教材和杂志中的插图、成年人的不同对待方式和课外活动）和对数学的态度的差异（父母和老师的态度、对数学能力的感知、认为数学是男孩子的事的观点和性别定式威胁）。

成就动机和对成就的态度

在前面对于认知能力方面的性别比较的讨论中，我们认为男女通常在思维能力方面是相同的。认知能力方面的差异还没有大到足以解释许多职业中的巨大的性别比例悬殊。有些观察人员却认为，这些悬殊现象可以归因于女性缺少动机所致，可能是因为女性仅仅是不想去从事该职业。在这一部分，我们会讨论**成就动机**（achievement motivation），它是指个体要实现以及做好某事的愿望（Hyde & Kling，2001）。

Arnold Kahn 和 Janice Yoder（1989）指出，

许多理论学家曾试图从女性的个体"缺陷"来解释她们很少从事某些社会地位高的职业这一现象。可是，女生的分数比男生的高，而且女生也比男生更有可能考上大学，也更少辍学（Eccles et al.，2003）。随后我们会发现，研究表明几乎与成就有关的所有领域都会表现出性别相似。可见，个体缺陷并不能解释在职业模式中的性别差异。在第 7 章，我们会研究其他的一些更有效的解释。

166

成就动机研究中的偏见

在讨论成就动机研究之前，我们需要首先指出在该领域存在的两个非常有意思的偏见。第一，用来衡量成就的活动通常都是传统意义上的男性活动（Todoroff，1994）。能找到一份社会地位高的职业、学业或学术上表现出色和其他一些与传统男性价值观相联系的成就，往往被用来解释什么是成功。而在传统意义上表现女性价值的成就却很少或根本没有得到重视。比如，一个年轻女性有可能能够带着 6 个刚刚学会走路的孩子玩，并且做得很好。可是，心理学家通常不把这类的成

就归入成就动机之列。如同在主题 3 中所强调的，在心理学界，传统上与女性相关的职业不能得到应有的重视。

第二个偏见适用于几乎所有的心理学研究。几乎所有的关于成就动机的研究都是在大学生中进行的。研究人员很少会研究非学术环境中的情况、年龄大些的人群、有色人种或北美以外的人群（Dabul & Russo，1998；Mednick & Thomas，1993）。我们还可以考虑一下在拉美地区的文化环境中对于成就动机的界定，这些文化更加重视社

会整体上的富足（Hyde & Kling，2001）。或许，与别人良好的合作，或者对于社会历史的了解都可以作为衡量成就动机的要素。在学习这一部分时，请牢记这些局限性。

让我们通过在追求成就方面的性别相似和对于成就的负面效应的担心这两个方面的讨论，来开始对于成就动机的研究。我们会发现，尽管在自信心方面更多的是对于性别相似的描述，但是有时也会发现男女之间的差异。另外，男性和女性通常会对自己的成就给出相似的解释。

成就动机

成就动机通常是通过下面的方法来测量的：研究人员要求被试看一些不同环境中的人们的画像，然后让他们根据这些画来编故事。如果所编的故事强调努力工作和出人头地，那么该被试就会得到较高的分数。有黑人和白人共同参加的研究表明，在成就动机方面男性和女性是相似的（Eccles et al.，2003；Hyde & Kling，2001；Krishman & Sweeney，1998；Mednick & Thomas，1993）。

男性和女性在**内在动机**（intrinsic motivation）上也是类似的，内在动机是为了满足自己的愿望而不是为了诸如金钱和赞扬之类的报酬，主动愿意去从事某一活动（Grolnick et al.，2002）。另外，在描述生活中重要的事件时，男性和女性都同样会强调动机（Travis et al.，1991）。

请做一下专栏 5.2，然后再继续读。

167

专栏 5.2　续写故事

请根据下面的开头来写一段话。

如果你是一位女生，请以"在第一学期期末后，Anne（女孩名）发现自己的成绩在医学课程中是第一名"为开头写一段话。

如果你是一位男生，请以"在第一学期期末后，John（男孩名）发现自己的成绩在医学课程中是第一名"为开头写一段话。

害怕成功

到目前为止，我们强调了人们是如何愿意去获得成功的。对于成就动机的研究也讨论了有些人是怎样害怕这类成功的。在 20 世纪 60 年代，Matfina Horner 提出，女性比男性更有可能会害怕成功（e. g.，Horner，1968，1978）。

更具体地来说，Horner 提出，特别**害怕成功**（fear of success）的女性是因为害怕在竞争中获得的成功将会带来一些不良后果，比如名声不好和失去女人味。Horner 说，男人不害怕成功，因为成就是男性角色中的一部分。

在 Horner 使用专栏 5.2 中的办法来进行研究时，她发现女性所写的通常是一个成功的女性被社会拒绝的故事；而男性所写的通常是一个成功的男性通过努力工作所带来的丰厚回报。大众媒体高兴了：怎么样，找到女性不如男性成功的原因了吧！

可是，在 Horner 所做的研究后的几年中，研究显示，在害怕成功方面有着相当一致的性别相似点（e. g.，Hyde & Kling，2001；Krishman & Sweeney，1998；Mednick & Thomas，1993；Naidoo，1999）。如果理论人员想要为女性很少从事社会地位高的工作找一个充分的解释的话，他们不大可能会从害怕成功中找到答案（Hyde & Kling，2001）。

对自己的成绩和能力的信心

自信心是与成就动机联系在一起的另外一个概念。我们会发现，有时候性别差异确实会在下面两个领域出现：（1）男性往往会比女性表达出更大的自信；（2）男性的自信心很少被别人的评价所影响。

168 **自信心水平**

有些研究表明，男性有时候会比女性对自己的能力更加自信（Eccles et al.，2003；Furnham，2000；Furnham et al.，1999；Pulford & Colman，1997）。[①] 在一个典型的研究中，Pallier（2003）对大学生进行了一个常识测试。与女生相比，男生对自己在考试中的分数有着很高的预测，可是在实际分数中 Pallier 并没有发现性别差异。

研究人员发现，在公众场合比在私下里做自我评估时的性别差异更大（J. Clark & Zehr，1993；Daubman et al.，1992；Lundeberg et al.，2000）。当另外一个学生说他（她）的分数较低时，女性更有可能会对自己的平均分做出较低的估计（Heatherington et al.，1993，1998）。另外一个可能的解释是，当女性与别人在一起时，她们比男性更有可能会变得谦虚（Daubman et al.，1992；Wosinska et al.，1996）。

在传统意义上的男性化活动中比在那些中性或传统意义上的女性活动中的性别差异更大（S. Beyer，1998；S. Beyer & Bowden，1997；Eccles et al.，2003）。例如，Brownlow 及其同事（1998）比较了一个叫做"危险任务"（Jeopardy）的电视节目中参与人员的策略。在典型男性化的题目中，男性对其表现所做的评估比女性的高；而在一些中性和典型女性化的题目中，男性和女性会运用类似的评估策略。

请看一下专栏 5.3，然后再继续读。

专栏 5.3   对于别人评价的反应

假设你对一组很重要的人士做了一个关于某一主题的演讲。随后，有人告诉你你讲得非常出色：你讲得很透彻，发音很清楚，而且你的观点很有意思。而另外一个人反对你所说的一切，而且不同意你的所有的观点。第三个人对你的讲演内容没有做评价，而是说你讲演的风格非常出色。

这些人的反馈会从多大程度上影响到你的自信心？根据评价的内容，你的自信心是会增加还是会降低？你的自我评价是否还会保持相对稳定？

Source：Based on T. Roberts（1991，p. 297）.

自信心和别人的评价

研究人员发现了在自信心方面的性别差异。下面我们来看第二个问题：个体自信心的稳定性。

169 具体来说，Tomi-Ann Roberts 和 Susan Nolen-Hoeksema（1989，1994）的研究表明，女性的自信心会受到别人的评价的影响，而男性的自信心会更为稳定。与这些研究结果相比，你怎么来回答专栏 5.3 中的问题？

在一个对于别人评价的反应的重要研究中，Roberts 和 Nolen-Hoeksema（1989）要求学生完成一系列复杂的认知活动。在几分钟后，被试对他们在活动中对自己的表现的自信心做了评价。又过了几分钟后，一半的被试（随意选择）从研究人员那里得到了良好的评价（例如"你做得很出色"或"你在这个活动中的分数高出了平均分"）；另外一半得到了不好的评价（"你做得不好"或"你在这个活动中的分数比平均分低"）。然后，再次评价了自信心。

图 5—6 展示了第一次评价和第二次评价时自信心所发生的变化。请注意，男性的自信心没有明显受到别人评价的影响。相反，在女性得到良 170 好评价时，她们的自信心会明显增加；在得到不

[①] 有时候，人们认为女性不够自信。另外一种观点是，男性过于自信，而女性的自信水平是适中的（Hyde & Mezulis，2001；Tavris，1992）。

良评价时，则会有更加明显的降低。

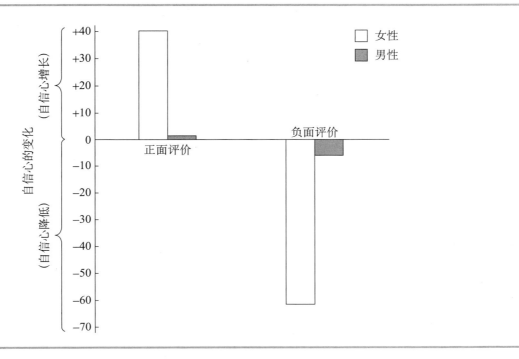

图 5—6　随着正面或负面评价出现的自信心的变化

注：负数表示自信心降低；正数表示自信心上升。

Source：Based on T. Roberts and Nolen-Hoeksema（1989）.

　　该结果在工作场合中也得到了验证，方法是测试银行职员被主管评价后的表现（M. Johnson & Helgeson，2002）。我们又一次发现女性对别人的反馈更依赖。但是，为什么男性和女性会对别人的评价有如此不同的反应呢？一个原因是女性比男性更有可能会相信别人的评价就是对自己的表现的准确评价（Johnson & Helgeson，2002；Roberts & Nolen-Hocksema，1994）。此外，女性更有可能用这些评价来评估自己的表现，即使这些评价其实是不准确的（Van Blyderveen & Wood，2001）。

　　在我第一次读到这些在别人评价方面的性别差异时，我承认我很沮丧。男性显然是相信自己的判断，而女性则倾向于根据她们碰巧听到的评价来调整自己的自信心。但是，我当时想到了我们第 2 章所讨论过的一个问题：以男性为标准（Tavris，1992）。或许，我们不应该认为男性是稳定的而女性是易变的。其实，男性可能是过于固执，始终相信自己的第一判断；而女性可能比较灵活，愿意去听、去接受新的信息。比较理想的情况是，人们应该根据有经验的专家的评价来做出反应。

成功的原因

　　在继续读之前，请做一下专栏 5.4。该专栏要求你考虑能够成功的原因。**原因**（attributions）是指对你的行为的解释。在你获得成功时，你通常会将其归因于下面 4 个因素的结合：能力、

努力、任务简单、好运气。请记住你在专栏 5.4 中的答案，下面我们来看原因模式中的性别比较。

专栏 5.4　解释成功的原因

想一下你上次考得很好的某个考试。你的成功肯定会有多方面的因素。下面列出了 4 个因素。你现在有100 分可以在这 4 个因素中分配。请按照每个因素对于成功的作用来分配，这些分数加起来正好是 100 分。

_____我对那次考试中的题目掌握得比较好。

_____我在准备考试中很用功。

_____考试很简单。

_____我就是运气好了些。

171　　　巧合的是，原因这个课题并不陌生，因为在第 2 章我们就曾经研究过和性别定式相关的类似课题。在那一章，我们发现，参照物的性别往往会影响到对原因的判断。具体来说，在人们对男性做判断时，他们通常会把男性的成功归因于他们能力高。可是，在对女性做判断时，人们往往会把其成功归因于其他的因素，比如任务比较简单或运气比较好。可是，在本章我们会把性别作为研究主题。我们尤为关注在对于自己的成功做判断时，男性和女性是否会用不同的原因来解释。

早期的许多研究都认为男性比女性更有可能会把成功归因为其能力高 (e. g.，Deaux，1979)。可是，有两个元分析做出结论说，在原因模式中的性别差异是很小的 (D. Sohn，1982；Whitley et al.，1986)。其他的研究和报告也指出，男女在为成功或失败找原因时是相似的 (Mednick & Thomas，1993；Russo et al.，1991；Travis et al.，1991；Wigfield et al.，2002)。

总之，在前面对认知能力、成就动机和害怕成功的讨论中，我们发现成功的原因表现出一致的性别相似。(可是，请记住，在与自信心有关的领域性别差异更为常见。) 尽管在原因方面的性别相似是占大多数的，但是在某些群体和情况下也会发现一些性别差异。

1. 一般情况下，男性和女性从青少年早期到成年早期都有着类似的原因模式。可是，25 岁以上的成年男性会比女性更经常说："我做得出色，

是因为我有很高的能力" (Mezulis et al.，2004)。

2. 在公共场合说话时，女性一般不会把成功归因于自己能力高，而男性对于在公共场合提及较强的能力会感到很自然。在私下里，男性和女性对于原因的解释会比较类似 (J. H. Berg et al.，1981)。

3. 男性比女性更有可能会用能力来解释在典型男性化活动中的成功，比如在自然科学、数学和商业课程中的高分 (C. R. Campbell & Henry，1999；A. K. F. Li & Adamson，1995)。相反，女性比男性更有可能会用能力来解释在典型女性化活动中的成功，比如在抚慰朋友或在英语课中获得高分 (S. Beyer，1998/1999；R. A. Clark，1993)。

在成就动机那一部分的开头，我们提到理论学家们经常喜欢用"女性有缺陷"来解释为什么她们不能在社会中获得社会地位高的职业。可是，对于原因的讨论表明了我们在本章大部分地方所遇到的同样的模式。与主题 1 相一致的是，男性和女性通常是相似的。在出现性别差异时，它们往往可以被追溯到社会环境或该活动的特征。在原因模式中，性别差异如此小而易变，那种责备女性的解释是说不过去的。

在本章，我们强调了男女在认知能力和动机因素中的相似。在第 6 章，我们会继续研究在社会地位高的职业中很少有女性的原因。我们会从社会特征和个体特征角度来进行性别比较。然后，在第 7 章，我们会转向对女性工作经历的讨论，看能否从外部因素找出在工作方面的性别差异。 172

小结——成就动机和对成就的态度

1. 对于成就动机方面的研究通常都会研究典　　型男性化的活动和在北美的白人大学生。

2. 在成就动机和内在动机方面，男性和女性是相似的。

3. 在害怕成就方面，男性和女性也是相似的。

4. 在完成任务上，男性有时会比女性更加自信，尤其是在那些对于自信心的公开评估和传统意义上男性化的活动中。

5. 女性的自信心比男性更有可能会受到别人的评价的影响。

6. 在解释自己的成功时，男性和女性往往会有类似的原因。可是，对于 25 岁以上的人，在公共场合以及在进行典型性别化的活动中会出现性别差异。

 本章复习题

1. 假如你看到一份本地报纸报道说"研究显示男性更有创造性"。文章中说到，在一个创造性测试中，男性平均分是 78，而女性只有 75。根据本章开头所说的注意事项，请回答：为什么对于在创造性方面存在确切的性别差异这一结论要持怀疑态度？

2. 回忆一下那些被认为没有一致性别差异的认知能力。然后，考虑一下你所熟悉的一些人。这些结论和你的观察是否一致呢？

3. 假如一个 3 年级的老师对你说，她班里的女生的语言能力比男生的好。根据本章的内容你会怎么回答？

4. 在数学能力和空间能力中性别差异并不一致。哪些领域中的差异最小，哪些领域中的差异最大？哪些生物学和社会学因素可能会说明这些差异？

173　　5. 假如你在本地报纸上发现了一篇关于数学能力的性别差异的文章。你决定给编辑写封信，请列出你会在信中强调的 4 点。

6. 假如你认识的一位女生在一本面向女性商人的时尚杂志中读到一篇关于害怕成功的文章。然后，她问你这篇文章说的是否正确，女性是否真的明显比男性更加害怕成功，请根据本章中的知识来回答她的问题。

7. 对于成就动机的研究表明，性别差异很少能够在所有情况下适用于所有的人群。请描述能在个体成功的自信心和原因方面起到作用的一些因素。这些因素中有哪些能够被运用到害怕成功的研究中？

8. 我们讨论了在自信心研究中影响性别差异的两个因素。请带着这些因素来设想出一个性别差异很大的具体环境。然后再找出一个性别差异较小的情况。

9. 在第 6 章我们会发现，与男性相比，女性从一定程度上来说更容易受到别人情绪的影响。在本章中，我们了解到在对自信心和原因做判断时，女性更易受到社会因素和别人评价的影响。那么这一点和第 6 章讨论的女性的敏感有什么关系？另外，这种对别人的敏感与本章讨论的自信心有什么关系？

10. 为了让你及早掌握和准备关于女性和工作的知识（第 7 章），请找出一个很少有女性从事的职业。请复习本章所讨论的认知能力和动机因素。这些因素能否为女性很少从事该职业提供一个充分的解释？

 关键术语

* 频率分布图（frequency distribution，147）

* 个人成绩表法（box-score approach，149）

注：这里标有 * 的术语是 InfoTrac 大学出版物的搜索术语。你可通过网址 http：//infotrac. thomsonlearning. com 来查看这些术语。

推荐读物

1. Gallagher, A. M. , & Kaufman, J. C. (Eds.). (2004). *Gender differences in mathematics：An integrative psychology approach*. New York：Cambridge University Press。我强烈推荐该书，其中有 15 章介绍了关于性别和数学的研究。至于作者为什么选择"性别差异"而没有用"性别比较"，我还不十分清楚。可是，如果 Summers 博士曾经读过这本书，他有可能还是哈佛大学的校长。

2. Halpern, D. F. (2000). *Sex differences in cognitive abilities*. Mahwah, NJ：Erlbaum。Diane Halpern 以一种清晰而有趣的方式描写了性别比较，她强调性别差异来自于生理和社会因素交互作用的结果。

3. Wigfield, A. , & Eccles, J. S. (Eds.) (2002). *Development of achievement motivation*. San Diego：Academic Press。令人吃惊的是，最近几十年很少有书讨论成就，因此，该书对于了解成就和性别比较就特别有用。

4. Worell, J. (Ed.) (2001). *The encyclopedia of women and gender*. San Diego：Academic Press。这是一套两册的百科全书，是为图书馆编写的。我特别推荐该书，因为该书中的条目是由女性心理学的著名研究人员和理论学者编写的。与本章关系密切的章节是关于成功和性别的研究。

专栏的参考答案

专栏5.1

a. 1：旋转该线条，使其看起来像两个山顶，然后把最左边的那一块放在小白三角的左上角。a. 2：这个线条能够在左边的两个黑三角形的右边线上找到。a. 3：把该线条向右旋转 100°，使之形成一个稍微倾斜的 Z 形，使其顶端的线条和最上面的白色三角形的顶端的线条重合。b. 该线条应该是水平的，而不是垂直的。c. 1c，2d。

判断对错的参考答案

1. 错；2. 错；3. 对；4. 错；5. 对；6. 错；7. 错；8. 对；9. 对；10. 错。

第6章

社会特征和个体特征方面的性别比较

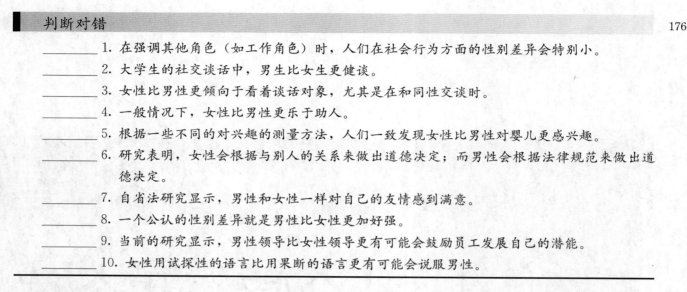

判断对错

_____ 1. 在强调其他角色（如工作角色）时，人们在社会行为方面的性别差异会特别小。

_____ 2. 大学生的社交谈话中，男生比女生更健谈。

_____ 3. 女性比男性更倾向于看着谈话对象，尤其是在和同性交谈时。

_____ 4. 一般情况下，女性比男性更乐于助人。

_____ 5. 根据一些不同的对兴趣的测量方法，人们一致发现女性比男性对婴儿更感兴趣。

_____ 6. 研究表明，女性会根据与别人的关系来做出道德决定；而男性会根据法律规范来做出道德决定。

_____ 7. 自省法研究显示，男性和女性一样对自己的友情感到满意。

_____ 8. 一个公认的性别差异就是男性比女性更加好强。

_____ 9. 当前的研究显示，男性领导比女性领导更有可能会鼓励员工发展自己的潜能。

_____ 10. 女性用试探性的语言比用果断的语言更有可能会说服男性。

　　我被《People》杂志的一个文章标题所吸引："非同寻常的勇敢"。来考虑一下"勇敢"这个单词，你是否想到了一个英勇的男人拯救了一个正在哭泣的女人？这样的故事是符合传说性别角色的。如24岁的Ryen Lane从堪萨斯的洪水中救出了5个人。两个小男孩，Jonathan Griswold和Clay cheza，在英语课堂上制服了一个用手枪指着全班人的学生。可是，《People》杂志上的这个专栏故事描述的是16岁的Roxanna vega在她姨母故意开车坠入悬崖自杀后奋力拯救年幼的堂弟妹。在车坠毁时，她的背部、脚踝和胳膊都受了伤，可是她还是挣扎着爬上了160英尺的悬崖向过往的司机求救（Jerome & Meadows，2003）。

　　在第5章讨论认知能力和成就时，我们发现性别相似很普遍。在本章讨论社会和个体特征时，我们又会发现性别差异只是偶尔出现，并且很小，而性别相似之处却很多（Eagly，2001；M. C. Hamilton，2001；J. D. Yoder & Kahn，2003）。例如，我们会发现男性通常比女性更有可能会成为英勇的救援者，尽管在帮助别人的行为中的全面差异并不大（S. W. Becker & Eagly，2004）。

　　在本章中我们会讨论以下三个领域的性别比较：（1）交流模式；（2）与帮助和照顾相关的特征；（3）好强和能力。在继续阅读之前，请翻到第5章开头部分重新阅读关于认知能力性别比较的

研究中的5个需要注意的问题。在我们研究社会和个体特征性别比较时，这些问题仍需注意。

　　我们会发现社会建构主义观点对于研究社会行为特别有用，对于这一点我们在本书中强调过很多次了。**社会建构主义观点**（social constructionist approach）认为，我们会根据先前的经历、社会交往和观点来建构或形成自己对现实的看法。社会建构主义通常会用语言作为工具来划分我们的经历，比如关于性别的经历（Eckert & McConnell-Ginet，2003；K. J. Gergen & Gergen，2004）。

　　一位同事提供了如何建构个体特征的一个很好的例子（K. Bursik, personal communication，1997）。请用最快的速度来回答下面的问题：谁更情绪化，男性还是女性？大多数人会马上回答"当然是女性了"（J. R. Kelly & Hutson-Comeaux，2000）。但是，你认为情绪包括哪些？仅仅是伤心和哭泣吗？为什么我们不把愤怒包括在内？这可是我们人类最基本的情绪了。在一个男人把拳头愤怒地砸向墙壁时，我们不会说："噢，他太情绪化了。"我们文化中"情绪化"（emotional）主要是指与女性相关的情绪。

　　请注意，我们也会根据行为的执行者来用不同的方式解释一个行为。假设你在去教室的路上看到一个人坐在地上哭。如果他是男性，你会认为他确实是遇到了一个非常重要的问题（L.

Warner & Shields, 2007)。假设这个人是个女性，你是否也会认为她遇到了同样重要的问题呢？

在本章的最后一部分我们会看到，社会建构主义还影响到了我们对好强心理的态度。我们会主要用与男性有关的好强心理来定义"好强"（aggression）这个词。社会建构主义使我们从不同的角度来考虑我们的语言和社会交往（K. J. Gergen & Gergen, 2004）。

每天，我们都在社会中建构什么是男性，什么是女性的概念。在社会建构主义者研究性别时，他们集中考虑一个核心的问题：我们的文化是如何形成性别的概念，并在人际关系和交流模式中保持这一概念的（M. M. Gergen, 2001；Shields, 2002）？

我们不会孤立地构建性别信息，我们的文化为我们提供了图式和其他信息，所有这些信息就像一系列透镜，我们通过它们来分析生活中的事件（Bem, 1993；Shields, 2002）。在第 2 章和第 3 章，我们研究了媒体是如何为成年人和儿童提供文化透镜的。女性的典型特征是温柔、顺从和善于抚育人；而男性的特征是独立、自信和好强。我们的文化为男性和女性建立了不同的社会角色，因此，我们应该发现人们通常会想要保持这些观念（Eagly, 2001；Popp et al., 2003；Shields, 2005）。

在你读本章时，请记住我们在第 5 章所提到的一些性别比较问题。例如，我们发现人们的自信心和成就动机模式受到社会环境的影响。可是，社会因素对认知和成就只有中等的影响，因为这些活动通常是在相对孤立的环境中进行的。在我们研究社会和个体特征时，社会因素就较为重要

了。在别人面前，人们要说话、微笑、帮助别人或是表现得好强。社会环境能为人们理解世界提供丰富的资源（J. D. Yoder & Kahn, 2003）。如果社会环境对人们是否以性别定式的方式来做事有这么重要的影响，那么像"抚育别人"这种特征就未必是所有女性的基本特征。还有像"好强"这样的特征也未必是所有男性的基本特征。

与社会环境有关的一些因素对社会和个体特征中的性别差异的大小有着重要影响（Aries, 1996；M. C. Hamilton, 2001；J. B. James, 1997；Wester et al., 2002；J. D. Yoder & Kahn, 2003）。下面有些例子：

1. 有他人在场时，性别差异最大。例如，当有其他人在附近时，女性更有可能表现出对婴儿的喜欢。

2. 在性别是主要因素，而其他因素基本相同时，性别差异最大。例如，在一个单身酒吧内，性别会被特别重视，性别差异也会因此而变大。相反，在一个专业会计师会议中，工作角色是主要的，因为男性和女性有着同样的工作角色，性别差异也会很小。

3. 在该行为需要具体的与性别相关的能力时，性别差异最大。例如，男性可能会特别愿意主动去干换轮胎或类似的传统男性角色的活。

请注意，在鼓励人们去考虑性别和戴上有色眼镜看人的社会环境中，性别差异会尤为突出。可是，在其他社会环境中，男性和女性的行为有着极大的相似之处。本章中对于社会特征的讨论会集中于下面 3 个方面：（1）交流模式；（2）与帮助和照顾相关的特征；（3）与好强和能力相关的特征。

交流模式

"交流"通常指语言交流，或用话语的交流。许多人对于它有着很浓重的性别定式。例如，他们往往认为女性更善谈。而研究结果可能会让你吃惊。

交流也可以是非语言的。**非语言交流**（nonve-

rbal communication）是指所有不使用话语的人类的交流，比如眼神、声调、表情，甚至是你与别人说话时所保持的距离。非语言交流能很好地传递能力和情绪信息。但是，当我们听到"交流"这个词时，我们通常会想到语言交流而不是非语

言交流。此外，研究表明，有些非语言交流方面的差异值得研究。

语言交流和非语言交流在我们日常交流中都是最基本的。除非你在早饭前读到了这个句子，否则你今天已经遇到了许多人，与某些人交谈，冲某些人微笑，也许还故意躲避了与某些人的眼神交流。下面我们看看语言和非语言交流中的性别比较。

语言交流

John Gray 的最畅销的书是《男人来自火星，女人来自金星》（*Men Are From Mars，Women Are From Venus*）。书中认为，男性和女性"几乎来自于不同的星球，说不同的语言"（Gray，1992，p.5）。他的书是根据推测和非正式观察而写的，不是正式的研究。事实上，在语言交流方面，男性或女性内部都存在巨大的差异，而且社会因素会影响我们对性别差异的观察（Aries，1998；Athenstaedt *et al.*，2004；R. C. Barnett & Rivers，2004；R. Edwards & Hamilton，2004；Shields，2002；Thomson *et al.*，2001）。下面我们来看一下相关研究。

健谈

很长时间以来，人们都认为女性喜欢说个不停（Holmes，1998）。可是实际上，很多研究表明大学生与朋友谈话的长度以及对于鲜明记忆的书面描述都没有性别差异（Athenstaedt *et al.*，2004；Niedźwieńska，2003）。在谈话节目中接受采访时，男性和女性同样都健谈（Brownlow *et al.*，2003）。在小学教室、大学教室和大学生的谈话中的研究资料显示男性比女性更为健谈（Aries，1998；M. Crawford，1995；Eckert & McConnell-Ginet，2003；Romaine，1999；Thomson *et al.*，2001）。总之，研究显示出来的综合结果，并不支持"女性健谈"的性别定式。

插话

假如你正在讲你遇见一位名人的故事。在你刚说了前两句话后，一位听众插话说："那，那好像是我……"。如果研究人员研究这种干扰性的语言，他们会发现男性比女性更经常打断别人（K. J. Anderson & Leaper，1998；Athenstaedt *et al.*，2004）。

另外，关于插话的研究有时会比较地位高的男性与地位低的女性之间的谈话。这种研究一般会发现男性比女性更经常插话。可是，能力而非性别可以解释这些插话（R. C. Barnett & Rivers，2004；Romaine，1999）。其他的研究显示，在与陌生人谈话或者在竞争性的场合中，男性明显比女性会更经常插话。而在其他场合性别差异很小（Aries，1996，1998；Athenstaedt *et al.*，2004；C. West & Zimmerman，1998b）。

语言风格

有些理论人员认为，女性和男性的语言风格差异很大（e.g.，Lakoff，1990；Tannen，1994）。实际上，这种性别差异很微小（Mulac *et al.*，2001；Thomson *et al.*，2001；Weatherall，2002）。男性会更经常说诅咒的话和下流词汇（Jay，2000；Pennebaker *et al.*，2003；Winters & Duck，2001）。然而，其他研究显示，在谈话的礼貌程度或写作风格中，性别差异很小（D. Cameron *et al.*，1993；S. Mills，2003；D. L. Rubin & Greene，1994；Timmerman，2002）。

那么如"我不清楚（I'm not sure）"和"好像（It seems to be）"这样的表示不确定的话又如何呢？研究表明，女性比男性会更经常使用这种语言模式（Mulac *et al.*，2001）。可是，Carli（1990）展示了社会环境的重要性。她发现当同性之间进行谈话时，她（他）们很少使用这些话。相反，当女性和男性进行谈话时，女性会比男性更有可能这么说。

语言内容

我们讨论了人们怎么说话，但是，他们又说了些什么呢？R. A. Clark（1998）要求伊利诺伊州立大学的学生说出最近他（她）与一个同性同学的谈话中所涉及的话题。如图 6—1 所示，性别差异非常明显。事实上，有统计数据意义的唯一明显性别差异是关于运动的谈话。研究也表明男性和女性在谈话节目中接受访问时会有性别相似性（Brownlow *et al.*，2003）。

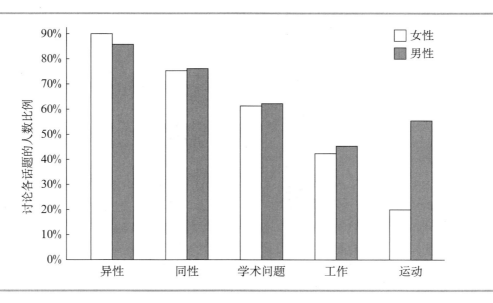

图 6—1　男性和女性在最近与某同性朋友讨论这五个话题的比例

Source：Based on R. A. Clark（1998）.

下面我们来研究谈话的另一个重要方面。在关于性别比较的 4 个归类中，我们注意到在其他角色被强调的情况下，性别差异会很小。S. A. Wheelan 和 Verdi（1992）观察了在商业、政府和服务业中的从业人员，当时，这些被试正在参加一个为期四天的团体关系会议，在这种环境下，工作关系是最重要的。研究人员发现在参加小组讨论方面，男性和女性是相似的。例如，在质疑领导权以及支持别人观点方面的话语数量上，男性和女性很接近。

在 Wheelan 和 Vardi 的研究中，被试组在一起好几个小时；而大多数其他的研究记录的是相对较短的谈话。在第 2 章，我们发现人们在对别人的人品所知甚少时，定式更有可能起作用。当人们初次相遇时，这些定式会使得人们不愿去接受一个有才能的女性的观点。但是，随着时间的推移，其他小组成员会逐渐赞同她的观点，人们的期待也会变得不再根据性别来判断。因此，随着谈话时间的增加，性别差异会逐渐变小。根据对较大范围的谈话的调查，Aries（1998）确信，对于在一起很长时间的人们来说，性别在谈话内容方面是一个相对并不重要的因素。

182

非语言交流

请把电视的声音关掉，观察一下电视节目的非语言行为，你可以读一下某个节目的男主持人和女嘉宾之间的谈话脚本，可是这个脚本并不包括这两个人之间的许多微妙的交流。谈话中的非语言方面对传递社会信息是非常重要的。在本章的稍后部分，我们会发现，在非语言行为的许多方面，性别差异确实是存在的，比如，个体空间、姿势和微笑。

下面我们来看非语言交流的一些组成部分。

首先来看由个体空间、姿势、注视和面部表情所传递的非语言信息。然后是理解能力，它研究在解析这些非语言信息中的性别比较。在这一部分我们会发现，在非语言交流方面的性别差异通常比其他种类的性别差异大（J. A. Hall，1998）。我们还会讨论非语言交流中的个体差异以及对这些性别比较的解释和应用。

在继续学习之前，请做一下专栏 6.1。

专栏 6.1　姿势的性别差异

下面这两幅图画中，哪一幅是女孩，哪一幅是男孩？你根据什么做出的结论？

个体空间

个体空间（personal space）是指在日常社交中别人不能侵犯的无形的个体界限。当一个陌生人离你太近而使你感到不舒服时，你可能最能感受到个体空间。一般来说，女性比男性的个体空间范围小（Briton & Hall，1995；LaFrance & Henley，1997；Payne，2001）。因此，当两个女性谈话时，她们之间的距离要比两个男性谈话时近。在工作场合，地位高的人会比地位低的人占有更大的工作空间（Bate & Bowker，1997）。一般来说，经理们（大部分都是男性）有着很大的办公室，而职位较低的工作人员（大部分都是女性）则在一个相对拥挤的环境中工作。

姿势

在很小的时候，人们就在姿势方面产生了性别差异。专栏 6.1 中的图画是从两个 5 年级的小学生的绘画作业中选出的，其他的性别因素（如服装）都是一样的。左边这幅画，很容易被认为是一个女孩，而右边这个显然是一个男孩。如果你浏览一下杂志，你会更进一步了解姿势中的性别差异。请注意，女性都会并着腿，胳膊和手都贴着身子；相反，男性在坐和站的时候，双腿都会分开，手和胳膊也会离身体很远。男性看上去显得更加放松，即使在休息时，女性也会保持更为拘谨的姿势（Bate & Bowker，1997；J. A. Hall，1984）。在与别人交流时，女性比男性更有可能会保持直立的姿势（J. A. Hall et al.，2001）。

请注意你的观察与我们前面讨论的性别差异是如何吻合的。在语言交流中，男性通常会更多地说话而且会更经常插话，因此男性经常在语言交流中使用更大的交流空间。相应地，男性会使用更大的个体空间（与别人的距离），而且他们的姿势需要更大的身体空间。专栏 6.1 表明，即使儿童也能掌握与各自性别合适的身体语言。

注视

在讨论注视时，性别作为主题变量是很重要的。研究表明，女性比男性会更多地注视她们的谈话对象（Briton & Hall，1995；LaFrance & Henley，1997）。这种性别差异在儿童时期就出现了，即使很小的女孩也会长时间地注视谈话对象。

性别作为参照物变量要比性别作为主题变量更有影响力。具体来说，人们注视女性的时间比注视男性的时间长（J. A. Hall，1984，1987）。注视的结果是，两个女性说话时更有可能会经常进行眼神交流；相反，两个男性谈话时会避免长时间的相互注视，长时间的眼神交流对于男性来说是不多见的。

面部表情

面部表情方面的性别差异比较大。最值得注意的是女性比男性笑得多（L. R. Brody & Hall，2000；J. A. Hall et al.，2000；J. A. Hall et al.，2001）。在一项对微笑频率的 148 个性别比较的元分析中，d 值为 0.41（LaFrance et al.，2003）。

你在专栏 6.2 中会看到的杂志倾向于呈现出微笑的女性和忧郁的男性。对于集体照的调查可能

183

184　会证实这种性别差异（J. Mills，1984；Ragan，1982）。Ragan 研究了将近 1 300 幅绘画作品，发现女性开怀大笑的次数是男性的两倍；相反，不笑的画面男性是女性的 8 倍。

在与陌生人交往时性别差异会特别大（LaFrance et al.，2003）。另外，如果人们在拍集体照，或者他们知道有人在给他们录像时，性别差异会相对较大。相反，在偷拍的照片中男性和女性有着更多相似的面部表情（J. A. Hall et al.，2001；LaFrance et al.，2003）。微笑方面的性别差异有着重要的社会意义。例如，我们知道像微笑这样的肯定答复会影响接受这些愉快信息的人。具体来说，接受方会开始用一种更有效的方式来做事（P. A. Katz et al.，1993；Word et al.，1974）。在男性和女性交谈时，女性的微笑可能会使男性产生有能力和自信的感觉（Athenstaedt et al.，2004）。但是，男性一般不会用那么多的微笑来鼓励女性。

微笑方面的性别差异也有不好的解释。你可能注意过，当有人开女性的玩笑，或在她们面前讲令人尴尬的笑话，或者对她们进行性骚扰时，有些女性会很勇敢地微笑。实际上，社会压力是女性微笑最重要的原因。换句话说，女性经常微笑是因为她们在当前的社会环境中感到不自在，而不是因为她们喜欢这种交流方式（J. A. Hall & Halberstadt，1986；LaFrance et al.，2003）。

专栏 6.2　微笑中的性别差异

首先，请你收集一些杂志，找出其中有面部的照片，并从中找出一些有微笑的。（我们把微笑界定为嘴角稍稍上翘的表情。）请记录下带有微笑的女性照片的数量，然后除以女性照片的总量，从而得出女性微笑照片的比率。用同样的步骤来算出男性微笑照片的比率。然后比较一下这两个值。这种性别比较是否取决于你所研究的杂志的种类（例如，时尚杂志 vs. 新闻杂志）？

然后，找一张高中或大学的集体照。研究其中的图像，并计算出女性和男性微笑的比率。这两个比率值比较后会得出什么结果？

在第 3 章我们讨论过成年人对婴儿的面部表情的带有偏见的解释。具体来说，当婴儿表现出不高兴时，大人们会认为小男孩的这种表情代表"生气"（Plant et al.，2000）。相反，大人们会认为女孩的这种表情代表"害怕"（Condry & Condry，1976）。在人们判断成年人的面部表情时，我们发现了相似的影响。Algoe 及其同事（2000）要求大学生评价照片中成年男女的面部表情。这些照片是一系列标准照片的一部分，并通过精心挑选，以使男性和女性表现出相似的紧张情绪。

作为上述研究的一部分，Algoe 及其同事（2000）请被试判断一个发怒的男人或者女人的照片。这个人被认为是一位涉及工作场合的事故的工人。图 6-2 显示人们认为男性比女性表现出更多的愤怒。然而，更有意思的是，发怒的女性会被认为是有点害怕，而对男性的这种误解要少得多。很显然，当人们看到一个发怒的女性时，他们感觉她实际上是害怕。

其他研究也表明人们会在一个女性含糊不清的面部表情中感受到更多的悲伤而不是愤怒。相反，人们会在一个男性的同样的面部表情中感受到更多的愤怒而不是悲伤（Plant et al.，2004）。

解析能力

到目前为止，我们已经在以下几类非语言行为中发现了确凿的性别差异：个体空间、姿势、注视和面部表情。解析能力有所不同，因为它需要接受信息，而不是发送信息。**解析能力**（decoding Ability）是指通过一个人的语言行为而看出他（她）的情绪的能力。一个具有较好解析能力的人能够注意到其朋友的面部表情、姿势和音调，并从中判断出他（她）心情的好坏。185

研究表明，女性比男性能更准确地解析非语言行为（L. R. Brody & Hall，2000；McClure，2000；Shields，2002）。例如，一项元分析得到了一个适中的 d 值（d = 0.41），在 133 个性别比较研究中有 106 个表明女性有更好的解析能力（J. A. Hall，1984；J. A. Hall et al.，2000）。

婴儿时期，在辨别大人的面部表情方面女婴

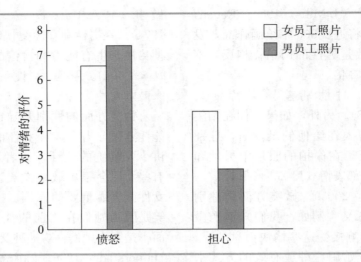

图6—2　对一个发怒的女性或男性员工的愤怒和担心的评价

注：最小值＝0；最大值＝8。

Source：Based on Algoe *et al*.（2000）.

比男婴表现得更好，尽管对于这种性别差异的比较还不清楚（McClure，2000）。在儿童和青少年时期，女孩比男孩的解析能力更好（Bosacki & Moore，2004；McClure，2000）。这种性别差异在各种文化中都存在，在希腊、新几内亚、日本和波兰等国的研究都证明了这一点（Biehl *et al.*，1997；J. A. Hall，1984）。在加拿大和美国此项研究通常是针对欧裔美国人的。观察这种性别差异是否在所有种族中都存在是很有趣的。

186　　　至此，我们一直在讨论从面部表情解析情绪

的性别差异。Bonebright 及其同事（1996）研究了人们从语音信息中解析情绪的能力。她们指导经过培训的演员录下了一些小故事，每次录音描述一种具体的情绪：恐惧、愤怒、兴奋、伤心或平和。然后，她们请一些大学生来听这些小故事，并判断说话者的情绪。在解析表示恐惧、兴奋和伤心的声音方面，女性比男性更为准确，这些差异不大，但却很一致；而在我们认为男性可能会更为准确的愤怒方面却没有发现性别差异；在平和的情绪方面也未见性别差异。

对交流模式的性别差异的解释

我们需要记住本书的主题 4，即性别内部巨大的个体差异（R. Edwards & Hamilton，2004）。例如，在个体空间、姿势、注视、面部表情和解析能力方面女性之间也有差异。这些差异非常大，以至于你会认为一些女性的非语言行为比一般的男性还要"男性化"。例如，或许你认识一些很少微笑的女性，还有另外一些女性，除非你说出自己的感受，否则她们根本不会明白。

尽管存在很大的个体差异，我们还是需要解释语言和非语言交流方面的一些性别差异。具体来说，男性通常会说得较多，占用更大的个体空间，使用更放松的姿势，注视的时间比较短，微笑的次数比较少，解析别人面部表情的能力较差。

既然有着这些有据可查的较大的性别差异，我们会认为理论工作者应该已经形成了一套系统的理论。遗憾的是，他们并未做到。下面我们来看两种常见的解释，它们主要是用来分析解析能力和微笑方面的性别差异的。

权力和社会地位说

像 Marianne LaFrance 及其合作者这样的研究人员认为，对于性别差异最好的解释就是男性在我们的文化中有着更高的权力和社会地位（A. J. Ste-wart & McDermott，2004）。有权的人能够长时间地说话，而无权的人只能听。无权的人在与有权的人说话时应该使用诸如"我不清楚"和"我想"等短语。有权的人拥有很大的个体空间，而无权的人不能随

便进入。有权的人可以很轻松地躺在椅子里,他们不必微笑;而无权的人却必须经常微笑,即使他们并未感到高兴(Athenstaedt et al.,2004;Hecht & LaFrance,1998;LaFrance et al.,2003;Pennebaker et al.,2003)。

Marrianne LaFrance 和 Nancy Henley(1997)对于解析能力方面的性别差异的解释特别感兴趣。他们认为,无权的人必须特别注意听有权的人的话,只有这样他们才能很好地做出回答。假如一位男老板和一个男下属在一起。那么,这个下属必须要注意他老板脸上任何不高兴的迹象,因为从中可以知道老板在当时不愿意被打扰或听到任何坏消息;相反,老板却不需要同样集中注意力。根据以权力为基础的解释,老板很少会从下属的面部表情中得到什么。

LaFrance 和 Henley(1997)认为,当前文化通常赋予男性主导身份,而给予女性附属身份。因此,即使男性和女性在诸如年龄和职业方面平等,男性一般也会有更大的权力。因为有着这种较高的地位,所以男性会有老板似的语言和非语言交流模式,而女性则处于相对附属的位置。

可是,LaFrance 及其同事(2003)指出当人们有类似的权力和身份时,性别差异会最小,这一点在本章开头曾经讨论过。具体来说,她们的元分析研究表明,当男性和女性有同样的角色时,他们会有更相似的微笑模式。

社会学习说

Judith Hall 及其同事认为,社会地位和权力不能解释非语言解析能力方面的性别差异(J. A. Hall & Halberstadt,1997;J. A. Hall et al.,2000;J. A. Hall et al.,2001)。例如,Hall 及其同事(2001)发现身份较高的大学员工与身份较低的大学员工的微笑次数很接近。

188

因此,Hall 及其同事认为我们的文化为男性和女性如何交流提供了角色、期望和社会经历(Athenstaedt et al.,2004;J. A. Hall et al.,2000;Pennebaker et al.,2003;Weatherall,2002)。也就是说,他们强调社会学习,这种解释我们在第 3 章讨论过。例如,随着孩子逐渐长大,他们被强调

要使用与自己性别相一致的非语言行为。他们还会由于使用典型异性的非语言行为而受到惩罚。因此,当一个小女孩在皱眉的时候,她可能会受到责备:"看别人笑得多好!"如果她赞同别人的说法,她会笑得更多。女孩还注意到女性经常微笑着注视谈话伙伴。相反,如果一个小男孩使用"女性化"的手势,他肯定会受到批评。他也肯定会通过家里、社区和媒体中的男性活动而注意到典型的男性化活动。小女孩还学会她们应该注意别人的情绪,因此,她们对面部表情也就很敏感。另外,她们还学到应该注意让别人精神上满足,并且微笑会使人受欢迎。

结论

如同心理学中的许多其他争论一样,这两个角度可能至少是部分正确的。我个人的观点是,这两种解释可以很好地结合起来以解释人们在给别人发送信息方面的性别差异。不过,社会学习说比权力说更能有效地解释人们接受和解析别人情绪的能力。与 J. A. Hall 和 Halberstadt(1997)的观点一致的是,一些高级官员和经理通过微妙的线索阅读别人情绪方面的能力很好。社会敏感使得一些人很受欢迎,也使他们得到了升迁。

虽然我们对于这些解释并不确定,但是确实存在一些性别差异。我们应该怎么办呢?女性不必在不高兴时还要微笑,也不必在沙发上只坐尽可能小的一部分。在语言交流方面,她们应当很自然地要求自己在谈话中应有的份额。男性少插话,并且不要再侵犯女性的个人空间,同时,还要多微笑,坐着时占用更少的空间。

在讨论如何改变非语言行为时,我们必须记住,女性不必努力表现出男性化。因为这种努力会说明男性的行为是占主导的。我记得在一份杂志上有一篇写给女经理们的文章,文中描述了女性怎样才能掌握更有力的、男性化的语言和非语言行为。可是,在本章后面的讨论中我们会发现这种策略可能会事与愿违。另外,我们不能认为女性的行为是需要变化的。其实,我们应当注意男性学到了不正确的交流策略,他们应该更多地学习女性的一些典型策略。

小结——交流模式

1. 社会建构主义观点能帮助我们理解语言是如何构成我们关于性别的观点的，它还解释了为什么我们的文化会对男性和女性理想的社会行为有着不同的标准。

2. 在有他人在场、强调性别角色以及需要性别相关的技巧时，性别差异会最大。

3. 男性比女性说得更多；有些情况下，他们还会更多地插话。

4. 在语言风格方面，女性比男性更少用亵渎的话语；同时，她们在与男性谈话时比与女性谈话时会更多地使用表示不确定的词语（如"我想……"）。

5. 在谈话主题方面的性别差异通常很小。

6. 女性的个体空间一般比男性的小，而且姿势没有男性的放松。

7. 与男性相比，女性往往更多地注视谈话伙伴，尤其是在和同性说话时。

8. 女性通常比男性笑得更多，但是她们的微笑可能是紧张而不是快乐的表现。而且，人们会错误地把女性发怒的面部表情看作是部分地出于害怕。

9. 在解析别人的大部分非语言信息方面，女性通常比男性做得更好。

10. 有些交流方面的性别差异可以追溯到权力方面的性别差异，社会学习说同样重要（比如角色、期待、社会化）。

11. 为了改变交流模式，我们不能强调女性应该如何变得更加"男性化"；相反，男性会通过更多地采取女性的一些典型策略来获益。

 ## 与帮助和照顾相关的特征

请想象出一幅某人帮助别人的场面，并尽量生动形象地描绘出来。然后检查一下你大脑中的形象。这个帮助人的是男的，还是女的？

在北美，有两种不同的助人为乐方面的性别差异。男性在体现英雄主义的活动中更能帮助别人，他们会冒险，甚至会帮助陌生人。相反，在给家人和好友提供帮助和精神支持方面，女性做得更好（Barbee et al., 1993）。

190　　多年以来，心理学家们忽视了长期的亲密关系中的助人为乐，而许多日常活动正是在这种关系中发生的（Eagly & Wood, 1991）。在随后的章节中，我们将会研究在照顾儿童（第7章）、恋爱（第8章）以及照顾年长的亲戚（第14章）等容易被忽视的方面，女性是如何提供帮助的。

另外，女性的工作通常强调这种不受注意的帮助。女性比男性更有可能会从事一些"帮助性的职业"，比如护理和社会工作。总之，助人为乐其实既包括那些受到注意的典型男性化的活动，也包括那些不受注意的典型女性化的活动。下面我们来讨论几个与帮助和照顾有关的主题：利他主义、抚育、通感、对别人的道德判断和友谊。在继续阅读前请做一下专栏6.3。

利他主义

利他主义（altruism）是指对需要帮助的人提供无私的帮助，却不计较回报。对儿童和成年人的研究中都发现了性别相似（N. Eisenberg et al., 1996）。例如，一项包括182个性别比较的元分析得出的 d 值只有0.13，男性仅仅比女性稍微高一些（Eagly & Crowley, 1986）。尽管在有人身危险或者需要经验的传统"男性化"活动中，男性会更有可能提供帮助，但是性别相似是普遍的（Fiala et al., 1999；M. C. Hamilton, 2001）。

一项有代表性的研究展示了性别相似。研究

人员向到一所加拿大科技博物馆参观的成年人发放调查问卷（R. S. L. Mills *et al.*，1989）。每个人都读了 3 个故事（如专栏 6.3 所示），并从两种选择中做出决定。研究结果显示，男性和女性在 75% 的情况下都会做出利他选择。也就是说，在这种假设的、无危险的情况下没有性别差异。

专栏 6.3　进退两难

　　假设你一直想看一个盼望已久的电视节目——一部想看的老电影、一场体育锦标赛或者类似"经典影院"的特别栏目。正当节目马上就要开始时，你的一位好友打电话请你帮忙，因为几天前你曾答应过他（她）——例如，粉刷房屋或贴壁纸。你原以为你朋友会在周一到周五的某个时间找你帮忙，没想到竟然是现在。你现在想要做的就是坐在舒适的椅子里看电视。但是，你知道，如果你不去帮忙，你的朋友会失望的。（R. S. Mills *et al.*，1989）

　　该专栏不会记录你的选择。你会怎么做？

191　　　　Selwyn Becker 和 Alice Eagly 近期的一篇文章（2004）研究了更为危险的情况下的助人为乐。具体地说，她们研究了**英雄主义**（heroism），即为了别人的利益而牺牲自己的生命。例如，她们研究了卡内基英雄奖章名单，该奖项是授予为了拯救别人而牺牲自己生命的美国和加拿大居民的（例如，落水或者触电）。Becker 和 Eagly 发现该名单中有 9% 是女性。第二类英雄是获得"民族英雄奖"的个人，即在纳粹大屠杀中为拯救犹太人牺牲自己的非犹太人。在这类英雄中女性占了 61%。最后，她们研究了那些不是特别危险却也有很大风险的乐于助人。这一次，大多数的人仍然是女性。例如，57% 的"活肾捐赠者"是女性。换句话说，女性比男性更有可能会不惜经历痛苦和潜在的医疗问题来帮助别人。

Alice Eagly 及其同事相信社会角色可以解决助人方面的性别差异（S. W. Becker & Eagly，2004；Eagly，2001；Eagly *et al.*，2000）。**社会角色**（social role）是指文化对于某一特定社会群体，比如"男性"这一社会类别的行为公认的预期。男性通常比女性更雄伟和强壮，也意味着他们更有可能会进行需要这些身体特征的活动，如拯救落水者。他们的英雄主义也更公开化。

　　相反，社会角色解释指出女性的部分社会角色是生育后代。因此，她们更多的是在家里照顾孩子。她们的这种英雄主义不怎么需要体力强健，并且更多地出现在私人场合。例如，在纳粹大屠杀期间拯救犹太人的大多数女性都谨慎地隐藏自己的英雄主义。总之，男性和女性都有英雄主义，但是他们的英雄主义的本质是有区别的。

养育

　　养育（nurturance）是指某人对另外一个年龄较小的或不能独立生活的人的一种帮助。通常认为，女性比男性在养育方面做得更好。事实上，女性在这方面的自我评价确实比男性要高（Feingold，1994；P. J. Watson *et al.*，1994）。

　　那么，是否女性比男性感到婴儿更有趣和迷人呢？对此问题的答案取决于研究人员所采用的操作界定。例如，当操作界定需要生理上的测试（如心率）或行为测试（如逗婴儿玩）时，男性和女性对孩子的反应是相同的。可是，当操作界定是自我报告时，女性会认为她们更喜欢孩子（Ber-man，1980；M. C. Hamilton，2001）。

　　Judith Blakemore（1998）研究了学龄前女孩和男孩对于婴儿的喜爱是否有区别。她请孩子的父母观察自己的孩子在 3 种不同情况下与一个不认识的婴儿的交流，比如当朋友带着婴儿来他们家做客时。为了使结果更客观，每一位父母还必 192须另请一人与自己一起观察自己的孩子。Blakemore 发现，这个人的评价与父母的评价非常接近。对评价的分析显示，在对于婴儿的照顾、喜爱程度、亲吻和拥抱方面，学龄前女孩都比男孩的分数高。

可是，Blakemore 注意到有些父母对于儿子的这种"女孩式的行为"是宽容的。非常有意思的是，他们的儿子会表现得特别喜欢小孩。尽管有些学龄前儿童克服了性别定式，可是请留意学龄前女孩在养育以及与婴儿互动中的行为测试得分比男孩更高。

▌通感

在你了解了另一个人的感受，并感受到同样的感受时，你就具有了通感（empathy）。当看到某人输了比赛，有通感的人会同样感受到失败者所感受到的气愤、沮丧、尴尬和失望。人们通常认为，女性会比男性更易产生通感。但是，通常只有在用自我报告作为研究方法时，研究人员才能发现真正的性别差异（Cowan & Khatchadourian，2003；N. Eisenberg & Lennon，1983；N. Eisenberg et al.，1996；P. W. Garner & Estep，2001）。研究结果会让你想到我们对婴儿的反应的讨论。

1. 在操作界定需要生理测试时，女性和男性同样感到通感。具体来说，用心率、脉搏、皮肤传导力和血压等方法测量，没有发现性别差异。

2. 在操作界定需要非语言测试时，女性和男性同样感到通感。例如，有些研究通过对观察者的表情、声音和姿势的研究来测量通感。一项典型的研究对孩子听到婴儿哭泣是否有面部表情的变化进行了研究。在这种非语言测试中，男孩和女孩通常在通感方面并无区别。

3. 在操作界定是自我报告时，女性比男性会更多地感到通感。一个对于通感的典型的问卷包括诸如"我会为朋友的烦恼而烦恼"这样的条目。对于青少年和成年人的研究发现女性比男性报告更多的通感。另外，那些认为自己具有较高"女性特征"的男性也表现出很高的通感（Karniol et al.，1998）。

在相关的研究中，K. J. K. Klein 和 Hodges（2001）研究了通感的准确性。如果一个人能够正确地猜测出另外一个人正在感受的情绪，那么他（她）就具有较高的通感准确性。在控制的情况下，女性比男性的通感准确性高。可是，如果得到准确性的反馈，或者高通感准确性会得到报酬，那么男性和女性会同样准确。

总之，这些自我报告得出的通感方面的性别差异是不具有普遍性的。如同我们所强调的一样，除非我们知道对通感的研究方法和研究对象，否则，我们不能确定到底是男性还是女性更有通感。我们又一次遇到了主题 1：并非任何情况下都会有性别差异。

▌关于社会关系的道德判断

在做出对别人的生活有影响的道德判断时，男性和女性是否会不同呢？由于这个问题对于解释帮助和照顾的重要性，我们会详细讨论。首先，我们来看一些理论背景，主要强调 Carol Gilligan 的重要贡献。然后，我们会了解其他一些研究，它们一般都支持相似角度观点。最后，我们会对这些问题做出总结。

理论背景
一些著名的女权主义理论家认为在道德判断方面的性别差异很大。他们还强调传统上与女性相关的特征都未受重视（e. g.，Gilligan，1982；Jordan，1997）。这些理论工作者支持**差异角度**（differences perspective），他们会夸大性别差异，而且认为男性和女性有着截然不同的特征。他们的关系模式与文化女权主义也是一致的。在第 1 章中，我们强调过，**文化女权主义**（cultural feminism）强调女性有一些比男性更强的良好特征——比如，养育和照顾别人等特征。

相反，**相似角度**（similarities perspective）倾向于把性别差异最小化，认为男性和女性一般都是相似的。从主题 1 可知，本书通常赞成相似角度观点。相似角度与自由**女权主义**（liberal feminism）的框架是最接近的。通过淡化性别作用和增加平等权利的法律，性别相似会进一步增加。

某些赞成相似角度的人也会认同 Gilligan 模式中的某些方面。关于这一点，我们会稍后讨论。然而，相似角度的支持者认为，在他们所关心的助人和照顾方面，男性和女性很相似，因为男性和女性不是独立生存的。

Carol Gilligan 在她 1982 年出版的书《不同声音》（In a Different Voice）中充分地解释了性别差异角度观点。她的书在一定程度上是对 Lawrence Kohlberg 的研究（1981，1984）的女权主义解释。Lawrence Kohlberg 认为男性比女性更有可能完成复杂水平的道德进步。Gilligan（1982）批判了 Kohlberg 所测验的道德难题中的男性化偏见。然而，对于我们来说，她的书中最有趣的地方是提供了一个关于道德进步的女性模式（Clinchy & Norem，1998）。Gilligan 认为，从道德上来说女性并不比男性差，但是她们确实是"用有别于男性的声音说话"，而这种声音又被主流心理学所忽视。即使研究没有一致地支持 Gilligan 的理论，我们也必须记住这个重要的观点（R. C. Barnett & Rivers，2004）。

Gilligan（1982）比较了道德决定的两种方法。**公平模式**（justice approach）强调个体是等级体制中的一部分，其中有些人比别人有着更大的权力和影响。Gilligan 认为，男性在做道德决定时倾向于强调公平和法律体系。相反，**关怀模式**（care approach）强调个体处于一个相互联系的系统中。Gilligan 认为，女性倾向于赞同关怀模式，把生活看作是建立在与别人的联系之上。

很多女权主义者，包括一些非心理学家，认同 Gilligan 对于性别差异的强调（参见 Kimball，1995）。有可能 Gilligan 的理论对于非心理学家特别有号召力，因为这和人们的性别定式是一致的：男性是直线的，而女性是互相交叉的（Brabeck & Shore，2002；Schmid Mast，2004）。可是许多心理学家认为，女性和男性更可能会表现出道德逻辑方面的相似风格。反对者还指出，如果我们想赞美女性特别擅长养育和照顾，男性就会更不愿意去承认和发展自己在该领域的能力（H. Lerner，1989；Tavris 1992）。

相关研究

许多研究对道德逻辑做了性别比较。不时有

研究表明女性比男性更可能会采取关怀模式（e. g.，Crandall et al.，1999；Finlay & Love，1998）。然而，大多数的研究结果支持相似角度：男性和女性通常会有相似的反应（e. g.，Brabeck & Brabeck，2006；Brabeck & Shore，2002；W. L. Gardner & Gabriel，2004）。另外，个体差异很大。例如，有高度传统女性特征的男孩会强调关怀，这与我们在刚才关于养育中的讨论是一致的（Karniol et al.，2003）。此外，Jaffee 和 Hyde（2000）在 160 项研究中发现其中的 73% 表明有性别相似点，d 值是 0.28，表明只有很小的性别差异。

我们来看一项 Skoe 及其合作者（2002）的研究。在这项研究中，大学生评价了关怀模式和公平模式中的道德困境的重要性。女生认为"关怀困境"稍微比"公平困境"重要。可是，男生却认为"关怀困境"远远比"公平困境"重要。这个结论与 Gilligan 认为女性比男性更关注关怀和人际关系的观点是相矛盾的。

对 Gilligan 的理论持批评意见的人认为，她的理论是建立在欧裔美国人的价值观之上的（e. g.，Brabeck & Brabeck，2006；Brabeck & Satiani，2001；Lykes & Qin，2001）。例如，Brabeck（1996）采访了危地马拉的一些男性青少年，在被问及他们最看重什么特征时，他们强调帮助别人和造福社会。持批评意见的人还认为，除非我们了解了人们做出道德判断的社会环境和情况，否则我们就不能仔细地研究道德判断方面的性别差异（Brabeck & Shore，2002；J. D. Yoder & Kahn，2003）。

关于道德判断的总结

Carol Gilligan 通过强调对别人的责任和联系而构建了一个重要的构架。她强调标准理论没有重视照顾别人这一传统上与女性相关的价值。但是，当前的研究并不认为道德判断方面有很大的性别差异。我更认同那些表明男性和女性对许多道德困境有相似反应的研究。男性和女性生活在同一个道德世界。尤其是当人们在对相似的道德困境做出判断时，以及当我们考虑非欧裔美国人的价值观时，男性和女性看上去是生活在一样的道德世界。我们在公平和照顾别人等基本价值观方面是相同的（Brabeck & Shore，2002；Kunkel & Burleson，1998）。

友谊

几十年以来，心理学家都忽视了友谊这一课题，因为攻击性是更受欢迎的课题！但是，近几年来，许多书籍和文章与友谊的性别差异相关（e. g.，Fehr，2004；Foels & Tomcho，2005；Monsour，2002；Winstead & Griffin，2001）。我们来看关于友谊的性别差异的两个组成部分：（1）女性和男性友谊的本质是否有性别差异？（2）女性和男性帮助朋友的方式是否不同？

女性和男性友谊的本质

请想出是好朋友的两位女性，并考虑其友谊的实质。然后再想出是好朋友的两位男性。女性之间的友谊是否与男性之间的友谊不同？你可能会预料到我们会在这一部分中讨论的问题：尽管在友谊的某些成分中有性别差异，但是性别相似点更引人注意。

在我们讨论朋友在一起会做什么时，我们会发现性别相似点。具体地说，女性朋友或男性朋友在一起主要就是聊天。他（她）们一般不大可能会就某一任务或项目一起工作，更很少会为了解决他（她）们之间出现的问题而聚在一起（Duck & Wright，1993；Fehr，2004；P. H. Wright，1998）。另外一个性别相似之处是，女性和男性对同性友谊表达出同等的满意程度（Brabeck & Brabeck，2006；Crick & Rose，2000；Foels & Tomcho，2005）。但是，女性还强调与朋友的身体接触，而男性通常很少提及这一点（Brabeck & Brabeck，2006）。

在加拿大和美国的研究表明，人们通常相信自我揭示能增加友谊的亲密度（Fehr，2004；Monsour，1992）。**自我揭示**（self-disclosure）就是把自己的事告诉别人。他（她）们还都强调了情绪表达、交流技巧、无条件的支持和信任（Monsour，1992；P. H. Wright，1998）。

其他研究表明，女性通常比男性更强调自我揭示。Dindia 和 Allen（1992）进行了一项包含205个研究的元分析，涉及 23 702 个人。d 值是 0.18，说明区别很小，女性只比男性稍高一些。近期的研究一般认为女性更经常把自己的事告诉朋友（Dindia，2002；Fehr，2004）。

为什么会这样呢？一个原因是女性比男性更看重关于情感的谈论。如前所述，女性在情绪方面接受了更多的锻炼。另外，北美人对于自我揭示有着与性别相关的模式。男性可能想向别人揭示自我，可是他们通常不会与别的男性讨论个人的感情，尤其是在我们文化对男同性恋持反对态度的情况下（Fehr，2004；Winstead & Griffin，2001；P. H. Wright，1998）。

Beverley Fehr（2004）的一项近期的研究比较了男性和女性在与亲密友谊相关的重要因素上的观点。请做一下专栏 6.4 来看看你是否能预测出女性对哪些特征的评价比男性的评价高。

专栏 6.4   亲密友谊的特征

Beverley Fehr（2004）在温尼佩格大学开展了一项研究，她请学生们指出某些特征对于亲密友谊是否重要。下面的这些项目中，女性对其中 5 个项目的评价比男性给的评价高；而其余的 5 个，男性和女性有着类似的评价。请选出你认为展示了性别差异的 5 个特征，答案在本章最后。

1. 如果我需要交谈，我的朋友会倾听。
2. 如果我有了麻烦，我的朋友会倾听。
3. 如果有人在我背后侮辱我或者说我的坏话，我的朋友会为我解释。
4. 无论我是谁或者做了什么，我的朋友都会接受我的。
5. 即使好像没有人关心我，我也知道我的朋友会关心我。

6. 如果我想哭，我的朋友会陪伴我。

7. 如果某事对我来说很重要，我的朋友会尊重它。

8. 如果我做了错事，我的朋友会原谅我的。

9. 如果我需要振作，我的朋友会让我笑起来。

10. 如果我遇到了麻烦，我的朋友会理解我的感受。

Source：Based on Fehr（2004）.

男性和女性帮助朋友的方式

很多文章和书籍讨论了人们是如何在现实生活中帮助朋友的。这些研究通常发现女性更乐于助人（Belansky & Boggiano，1994；D. George *et al.*，1998；S. E. Taylor，2002）。例如，George 及其同事（1998）请 1 004 名社区居民描述近期他们帮助一个同性朋友的情况。与男性相比，女性用了更多时间来帮助朋友。另外，Belansky 和 Boggiano（1994）汇报了人们提供帮助的方式的性别差异。例如，他们研究中的一个情景描述了一个中学生朋友正在考虑辍学。女性一般会鼓励朋友讨论一下这个问题。男性则会选择下面两种策略中的一种："讨论"策略和解决问题策略，如鼓励朋友列出辍学的好处和坏处。

一些近期的研究研究了男性和女性在给朋友精神支持上是否有差异。你可以想象到，研究表明性别差异很小而且不普遍。例如，Erina MacGeoge 及其同事（2004）分析了一些研究，发现男性和女性都会对一个受到困扰的朋友表示同情或者提出建议，而不是改变话题或者告诉他们不要担心。不过，与男性对朋友的评论相比，女性的评论更敏感（MacGeorge *et al.*，2003）。另外，男性比女性更有可能会责备男性朋友所面临的问题（MacGeorge，2003）。把所有的问题都考虑在内，MacGeoge 及其合作者（2004）对"火星文化"和"金星文化"是两个不能相互交流的不同文化的观点进行了评论。这些研究人员总结道："不同文化的主题是一个需要被抛弃的神话"（p.143）。

▌ 小结——与帮助和照顾相关的特征

1. 在帮助方面总体的性别差异并不明显。男性更可能会在危险的任务和需要男性领域专长的情况下提供帮助。在帮助朋友方面，性别差异很小，女性会更多地提供帮助。

2. 对于英雄主义的研究与 Eagly 的社会角色理论一致，都认为帮助方式中的性别差异可以被追溯到女性和男性当前的工作角色和家庭责任。

3. 一般情况下，在养育孩子和对婴儿的反应上，男女并没有差别；学龄前的女孩比在传统家庭中长大的学龄前男孩对于婴儿表现出更大的兴趣；不过，在非传统教育家庭中长大的男孩对养育婴儿表现出很大的兴趣。

4. 在通感方面，男女一般没有差异；通过生理和非语言测试都发现有性别相似点，但是，在用自我报告方式测试时女性会表现出较高的通感。当接到反馈和准确反应会得到报酬时，女性和男性有着同样的同感准确性。

5. Carol Gilligan（1982）支持差异角度，并且认为男性赞同公平模式，而女性强调关怀模式。

6. 大多数的研究都支持相似角度观点，尤其是当人们对同一情况做道德判断时，以及考虑欧裔美国群体以外的文化价值时。

7. 在朋友见面时所做的活动以及从友谊中获得的满足感方面，男性和女性有着相似的模式；女性通常比男性更容易揭示自我。

8. 男性和女性倾向于给朋友类似的精神支持。

与攻击和能力相关的特征

我们发现在有关帮助和照顾的研究中，是不能对性别差异做出简单而直接的结论的。与攻击和能力相关的因素也是一样。

在上文，我们讨论了传统上与女性相关的特征。现在，我们会讨论传统上与男性相关的特征。在这里一个核心的课题是**攻击**（aggression），它是指任何旨在伤害别人的行为（J. W. Wright, 2001）。

我们首先来考虑由社会建构主义者所提出的关于攻击的本质的一些问题。然后，我们来了解关于攻击的研究。随后，我们会转向对能力的讨论，我们会讨论领导和说服力。

性别和攻击：社会建构主义观点

在本章的引言部分，社会建构主义者认为，人类主动地建构对世界的看法。在理论人员和研究人员理解人类行为时，上述观点是正确的。因此，正在研究攻击的研究人员受到分类方法的影响。惯用的语言也限制了研究人员研究攻击的方法（Marecek, 2001a；Underwood, 2003；J. W. Wright, 2001）。因此，他们所持的文化观点会限制其视野。

尤其是，研究人员经常把攻击性建构成了男性的一个特征。请重新阅读攻击的定义。你会想到什么样的攻击——打、掷，还是其他身体暴力？但是，攻击不仅仅针对身体方面，也可能是语言上的。如果你是一名大学生，你更有可能会经历语言攻击而不是身体攻击（Howard & Hollander, 1997）。一句粗鲁的话可能不需要你去医院治疗，但是，它可能会对你的自尊心产生重要影响。可是，我们的文化通常会使我们忽视这种女性经常受到的攻击。

社会建构主义者指出，每个文化都有各自关注的重点（K. J. Gergen & Gergen, 2004；Matsumoto & Juang, 2004）。因此，各个文化都有对诸如攻击行为等社会行为各自不同的建构。在南太平洋的新几内亚附近有一个偏僻的岛屿——瓦纳蒂奈（Vanatinai）岛，其文化是平等文化（Lepowsky, 1998）。在这个特色鲜明的文化中，男孩和女孩都被培养为自信的，而不是有攻击性的。在为期 10 年的研究中，Lepowski 仅仅发现了 5 起暴力事件——其中 4 起是女性施暴。在不鼓励攻击性的文化中，性别差异会消失。

M. G. Harris（1994）研究了在洛杉矶的墨西哥裔少年团伙中的一些女性。她们说，参加团伙的原因一是为了得到小组成员的支持，二是为了报复别人。一位年轻女性成员强调："我的大多数伙伴一直都随身带着武器。枪、刀、棒、撬棍……任何能够伤到别人的东西都可能被带上"（p. 297）。在一个崇尚暴力的文化中，女性和男性都会采取暴力策略，因此，性别差异也会消失（Jack, 1999a；Miller-Johnson et al., 2005）。

在对于攻击性的讨论中，请记住我们所持的文化观点。还要记住，我们问问题的方式对于我们所获得的答案有着重要影响。

身体攻击和关系攻击

如前所述，我们的文化通常会鼓励我们从男性角度来看待攻击性，这就强调了身体攻击。你可以想象到，身体攻击（physical aggression）是指能对别人造成身体伤害的攻击。一般情况下，男性会比女性更有可能进行身体攻击。

下面我们来看对于犯罪率的性别比较研究，这是身体暴力行为的一个重要方面。关于犯罪的数据一致地表明，在所有的犯罪行为中男性所占的比例都比女性高（C. A. Anderson & Bushman, 2002）。例如，在美国诸如谋杀、抢劫和打架等暴力犯罪中被捕的男性罪犯占总数的 73%（U. S. Census Bureau, 2006）。在加拿大，男性罪犯占暴

199

力犯罪罪犯的 84%（Statistics Canada，2006）。在第 13 章讨论家庭暴力时，我们会再讨论这一主题。

无论是在加拿大，还是在美国，媒体都乐于报道女囚犯的数量正在迅速增长。25 年来媒体一直在报告这种增长（S. R. Hawkins et al.，2003）。实际上，这种增长是一个既定的趋势。

那么，我们会从犯罪行为的这些数据中得出什么结论呢？很显然，女性会成为凶残的谋杀犯（C. L. Meyer & Oberman，2001），而且女性还会进行其他严重的攻击行为。例如，美国报纸报道美国士兵虐待伊拉克囚犯时，最令人发指的一张照片的主人公是瘦小而胆大的 Linndie England。照片上她大笑着用拴狗的皮带拉着一个裸体的伊拉克男人到处跑（Cocoo，2004）。当前的女性比多年前的女性更容易犯罪了。但是，身体攻击方面的性别差异还是很大的。

现在我们来看另外一种攻击，这是一种威胁人际关系的攻击（e.g.，Crick Casas & Nelson，2002；Crick, Grotpeter & Bigbee，2002；A. J. Rose et al.，2004；Underwood，2003）。关系攻击（relational aggression）是指通过故意操纵诸如友谊之类的人际关系来伤害另一个人（Crick et al.，2004）。例如，某人可能会散布关于另一个人的谣言，或是故意把另一个人排斥在团体之外。这种攻击在 10～12 岁的儿童中更常见，在女性中比在男性中更常见（Archer，2004；Archer & Coyne，2005；Geiger et al.，2004）。另外，女孩比男孩更有可能会反映说关系攻击让人不安（Crick & Nelson，2002）。

在一个有代表性的研究中，Jamie Ostrov 及其同事（2004）研究了一些 3～5 岁的学龄前儿童。研究人员观察了由 3 个同性别儿童组成的小组，他们被指导着用一支画笔来给如《小熊维尼》的卡通画上颜色。每一次观察都从把 3 支画笔放在桌子中央开始计时。3 支画笔中有一支的颜色是正确的，如给小熊维尼上色的橘红色画笔，而其他两支画笔则是白色的，显然对于白纸是无法上色的。你可以想象到，这种情况下儿童会想要橘红色画笔而不是白色的，那么他们就会尝试多种方法来从正在使用橘红色画笔的儿童手中把笔夺过来。

经过培训的观察人员记录了身体攻击的各种方法，比如打和推别的儿童。他们还记录了关系攻击的方法，比如散布别的儿童的谣言或者不理睬别的儿童。

从图 6—3 你可以看到，男孩比女孩更有可能会使用身体攻击。可是，女孩比男孩更有可能会使用关系攻击。例如，一个 3 个女孩的小组，三号女孩正在使用唯一有用的画笔。一号女孩对二号女孩说"我给你说个事"（p.367），然后她站起来对二号女孩耳语了一番。类似的研究帮助我们重新审视了非攻击性的女性的神话。可是，在强调女性使用关系暴力的同时，我们不能忽视男性身体暴力所带来的后果。没有人会认为女性的闲言碎语会与男性打伤别人的胳膊的后果一样严重。

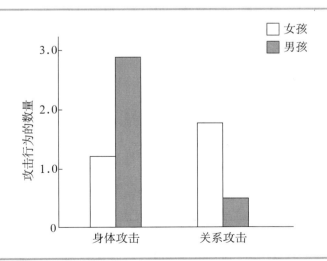

图6—3　男孩和女孩表现出的身体和关系攻击行为的数量

Source：Based on Ostrov et al.（2004）.

性别和攻击：其他一些重要因素

在前面我们了解到，男性较多进行身体攻击，而女性多进行关系攻击。那么，其他因素在性别比较中起到了什么作用呢？

多年以来，心理学家们好像确信男性比女性更有攻击性。但是，对于 Ann Frodi 及其同事（1997）所做的一些研究的回顾给我们对于性别和攻击的理解带来了新的突破。这些研究表明，男性通常更有攻击性。然而，只有 39% 的研究证明了这一点。现在的一些研究和元分析都支持 Frodi 及其同事的研究和分析（e.g.，Archer，2004；Bettencourt & Miller，1996；L. R. Brody，1999；G. P. Knight et. al.，1996）。我们通过这些报告知道，性别差异取决于诸如操作界定和社会环境等因素。下面我们来了解两个因素。

在测量即时攻击时，性别差异较大

男性比女性更易于表现出即时的、不可预料的攻击——即不明原因的攻击。而当人被侮辱时，攻击反应有了具体理由。在这种情况下，男性和女性都会表现出攻击反应。这种情况下没有性别差异（C. A. Anderson & Bushman，2002；Archer，2004；L. R. Brody，1999）。

在人们互相熟悉的情况下，性别差异较大

例如，在 Lightdale 和 Prentice（1994）所做的研究中，被试在电子游戏中向对方的目标投掷炸弹。如果两名被试以前不认识，在研究中就没有发现性别差异。但是，在游戏开始前如果两人有过短暂的接触，男性会比女性表现得更有攻击

性。这种情况下的性别差异的一个原因可能是：与男性相比，女性对于认识的人会产生更多的通感，因此，她们不太愿意以攻击的方式来对待对手（Carlo et al.，1999）。

在考虑性别和攻击时，请记住一个普遍的原则：男性和女性的心理特征总是有着很大的重叠（Archer，2004）。例如，有些研究分析了青少年男女的身体攻击（e.g.，Archer，2004；Favreau，1993；Frey & Hoppe-Graff，1994）。由于测量的是身体攻击，所以这些研究中的性别差异应该比较大。可是，大多数的孩子都同样地没有攻击性，而性别差异能够在极少数好斗的男孩中找到。

同时，请记住研究人员和理论工作者所强调的攻击通常都是男性化的。他们很少研究那些女性可能会更有攻击性的领域。因此，人们倾向于认为女性很少有攻击性。这种错觉对于北美社会有一些副作用：

1. 如果女性认为自己软弱、无攻击性，那么有些女性就会相信她们不能抗拒男性的攻击（J. W. White & Kowalski，1994）。

2. 由于竞争总是伴随着攻击，女性不太可能进入一些重视竞争的行业。

3. 由于男性天生好斗，所以他们不会去掩盖自己攻击性的趋势。

总之，如果我们对攻击方面的性别差异持有传统的观点，那么，男性和女性都会受累。

领导力

到目前为止，我们仅仅考虑了与能力有关的负面特征，如身体和关系攻击。相反，领导权是一个与权力有关的正面角色。我们来考虑关

于性别和领导的两个问题：在领导的风格和效率上，男女是否不同？在回答之前，请做一下专栏 6.5。

专栏 6.5 领导风格

假设你大学毕业正在找工作。请想象你的老板将会具有的特征。请在你认为理想的老板所最应该具有的特征前面打个对号。

_____　1. 我的老板对于公司的目标非常乐观和热情。

_____　2. 如果对员工的工作满意，老板会给奖励。

_____　3. 老板具有使我尊敬他（她）的性格特征。

_____　4. 老板会全心监督员工，并且尽量明白每个员工的需要。

_____　5. 老板会等到问题严重了才解决。

_____　6. 老板会就公司任务的价值与员工交流。

_____　7. 老板会特别注意员工的错误。

Source：Based on Eagly _et al_. (2003) and Powell & Graves (2003).

领导风格

当前研究领导力的研究人员经常提及两种有效的领导风格（Eagly _et al._，2003；Powell & Graves，2003）。具有**转变人的领导风格**（transformational style of leadership）的领导会激励员工、获得员工信任和鼓励员工发展潜能。"转变"是因为领导鼓励员工转变自己。在专栏 6.5 中，第 1、第 3、第 4 和第 6 项代表了转变人的领导特征。相反，具有相互作用的领导风格（transactional style of leadership）的领导会让员工分清他们必须完成的任务，达到要求就奖励，达不到要求就改正。"相互作用"是因为领导关注直接的交换：如果你完成 X，你就会得到 Y。在专栏 6.5 中，第 2、第 5 和第 7 项代表了相互作用风格。Alice Eagly 及其同事（2003）对 45 项关于领导风格的性别比较研究进行了一个元分析。你可以想象到，结果是很复杂的。不过，女性领导在转变人风格方面的分数稍微高一些，平均 d 值是 0.10。在相互作用领导风格的"报酬"方面（专栏 6.5 第 2 项）也稍微高一点，但是在相互作用风格的其他方面都稍微低了一些（专栏 6.5 第 5 和第 6 项）。

一篇在精神健康通讯中的文章总结了这个元分析，并且认为"如果女性更经常地处在领导地位，世界可能会变得更好"（"Do women make better leaders？"，2004，p.7）。不过，给我印象更深的是该研究倾向于说明性别相似。另外，在比较有着近似职位的男性和女性时，领导风格的性别相似点会更多（Eagly & Johannesen-Schmidt，2001）。

领导效率

在领导角色中谁更有效率？男性还是女性？Eagly 及其合作者（2003）对根据多因素领导问卷（MLQ）这个评价技术而开展的研究进行了一次元分析。结果发现女性比男性的得分高（d=0.22）。

但是，与男领导相比，人们是如何评价女领导的呢？很多调查表明，更多的人愿意接受一位男性而不是女性的领导（Eagly，2003；Eagly & Carli，2003；Eagly & Karau，2002；Powell & Graves，2003）。其他研究表明，如果女性领导者的领导风格是专制的，或者她们声称自己擅长于一个典型男性化的课题，那么她们会得到特别差的评价（Chin，2004；Lips，2001；J. Yoder _et al._，1998）。典型传统男性化的男人特别有可能会给女领导负面的评价（Rivero _et al._，2004）。

关于领导能力的研究对于下一章"女性和工作"的讨论有着重要的意义。具体来说，研究表明，女性领导的效率更高。但是，研究还表明人们对男性领导和女性领导有不同的反应，这与主题 2 是相一致的。

可是，令人遗憾的是，很少有研究关注领导力方面的种族问题。例如，我们不知道黑人男性和女性在领导风格上是否有区别；我们也不知道种族在人们对领导者的评价上是否有影响。比如，如果一名亚裔或拉丁裔女性在一个传统上男性的领域做领导，人们是否会更有可能给她较低的评价？

▌说服力

假设你想让一个百货商店的员工告诉你某个　　　　商品在什么地方，而他却拒绝帮忙。你会使用什么说服策略？Garothers 和 Allen（1999）发现雄性激素水平高的男生和女生比其他学生更有可能会威胁说要去找商店经理；相反，其他学生会采取更温和的方法。

那么，人们对男性和女性的劝说又会有什么样的反应呢？研究显示，男性一般比女性更有说服力（Carli，2001；Carli & Eagly，2002）。这种性别差异部分地归因于对于女性的性别定式。在第 2 章我们学习到，人们认为女性友好而且和善，但是能力不够。在女性试图影响他人时，她们就违反了上面的定式，她们就会遇到困难（Carli & Bukatko，2000）。

我们前面对领导力的讨论中提到，如果女性领导表现得过于专制和男性化，她们将会得到不好的评价，同样，她们的劝说力也会下降。例如，男性不会被使用果断语言的女性所说服；相反，他们会被女性犹豫不决的语言打动，比如"我不是很确定"（Buttner & McEnally，1996；Carli，1990，2001）。但是，令人感到奇怪的是，女性往往会被使用果断语言的女性所说服，而不是犹豫不决的语言（Carli，1990）。因此，一个想向选民发表有说服力的演说的女政客面临着一个两难的选择：如果演讲太果断，她会失去男性选民；如果太犹豫，又会失去女性选民！

其他研究也表明，对一个有能力、果断的女性的反应存在同样的性别差异（Carli & Eagly，2002）。例如，Dodd 及其同事（2001）请被试阅读一个小故事，它是 3 个朋友之间的谈话，3 个人中有 1 个女性和 2 个男性。在故事中，一个男的说了句黄色笑话，而那个女的或者装作没有听到，或者做出反应。研究结果显示，男学生会愿意选择女性装作没有听见，而女学生会更愿意她做出反应。

如果女性的非语言行为过于男性化，她们也会遇到问题。Linda Carli 及其同事（1995）做了一个

非常有意思的分析，她们比较了同样使用表现力的非语言风格的男性和女性。具有表现力的非语言风格包括说话时较快的语速、挺直的体态、平和的手势和较长时间的眼神接触。男性听众明显会被这种风格的男性说话者，而不是女性说话者所打动。其他研究表明，如果女性表现出谦虚，她们会更成功；相反，如果男性口若悬河、自吹自擂，那么他们会更成功（Carli & Eagly，2002；Rudman，1998）。同时，如果地位低的人使用只有地位高的人才会使用的行为是不会被接受的（Carli，1999；Carli & Bukatko，2000；Rudman，1998）。

可见，社交活动中性别歧视无处不在。一个有能力的女性会遇到一个两难的境地。如果她很自信地说话，并使用具有表现力的非语言风格，她不大可能会说服和她谈话的男性。但是，如果她很犹豫地说话，并使用不太有表现力的非语言风格，她就不能符合自己的个人标准，而且也不能说服其他女性。在学习第 7 章关于女性的工作经历时，一定要记住这里的问题。

纵观本章，我们在许多社会和个体特征方面比较了男性和女性。例如，我们注意到了交流模式、助人为乐、攻击性和领导风格方面的个别性别差异。但是，性别相似通常更常见。此外，我们所讨论的每一个特征中男性和女性的分数都有很大的重叠。

总之，我们能够反驳那种认为男性和女性来自不同的星球以及很少有相同点的说法。John Gray 的书名《男人来自火星，女人来自金星》非常新奇，而且足以把它带向畅销榜。但是，书中的说法不能正确地表明心理学研究中发现的性别差异。另外，在第 7 章我们会继续寻找能够解释下面两个问题的答案：为什么女性很少从事社会地位较高的职业？为什么在工作场所女性会得到与男性不一样的待遇？在本章我们发现，社会和个体特征中主要的性别差异不能提供答案。

▋ 小结——与攻击和能力相关的特征

1. 社会建构主义观点指出，北美的学者强调攻击性中典型的男性因素。他们通常忽略了女性中更为常见的一些攻击，他们也很少关注其他文

化和次文化中的性别相似角度。

2. 研究人员最近区分了两类攻击：男性更多地表现出显性身体攻击，而女性通常表现出关系

攻击。

3. 攻击方面的性别差异没有一致性。在测量即时攻击时，以及在人们互相熟悉的情况下，性别差异相对较大。

4. 具有转变人的领导风格的领导会激励员工、获得员工信任和鼓励员工发展潜能；具有相互作用的领导风格的领导会让员工分清他们必须完成的任务，达到要求就奖励，达不到要求就改正。与男性相比，女性更有可能会采用转变人的风格，并且会在员工达到要求时奖励他们。相反，男性更有可能会分清员工的任务，并且在员工达不到

要求时纠正他们。

5. 尽管更多的人愿意接受一位男性而不是女性的领导，可是在领导效率方面女性比男性得到了更高的评分。女性更有可能会被给予较差的评价，尤其是如果她们有着传统男性化的领导风格和在被具有传统男性化思想的男性评价时。

6. 男性和女性一般会使用近似的劝说策略，但是，女性会面临一个两难的境地。如果她们表现出男性化，她们很难说服男性；如果她们不够果断，并且典型女性化，她们很难打动女性。

本章复习题

207

1. 在讨论交流模式时，我们指出，男性会比女性占用更多的空间，这里的"空间"既指物理空间，也指谈话空间。请讨论这个观点，并列出尽可能多的性别比较。

2. 假如一男一女两个大学生在你学校某处的长凳上坐着。他们以前从未见过，现在开始谈话。请比较他们在语言交流（健谈、插话、语言风格和语言内容）以及非语言交流（个体空间、姿势、注视、面部表情和解析能力）等方面的异同。

3. 在第 3 章，我们了解到性别发展方面的社会学习观和认知发展观。请指出这一理论应该如何解释语言和非语言方面的性别差异。本章中的能力和社会地位说如何解释大多数的性别差异？

4. 社会建构主义观点强调我们的文化视角会影响我们问问题的方式。尤其是这些视角会影响心理学家选择课题。请归纳关于助人为乐、攻击性、领导力和说服力的课题，然后解释各个领域的各类问题是如何影响研究结果的（例如在典型男性领域与典型女性领域的攻击性）。

5. 根据传统的性别定式的观点，女性关心人与人之间的关系，而男性在意对别人的控制。和其他许多定式一样，这个对比是有一定真实性的。请在帮助他人、友谊、攻击、领导力和说服力等方面讨论这种真实性，然后指出男性和女性的相同点。

6. 什么因素会影响到攻击方面的性别差异？请把尽可能多的因素总结起来，并描述一个性别差异最可能被夸大的场景，以及一个性别差异可能最小的场景。

7. 有些研究人员认为，在男性和女性有着不同经历和培训的领域更可能会出现性别差异。请用本章开头的目录来指出不同的经历是如何来解释众多的性别差异的。

8. 在本章开头我们列出了 3 种可能会出现较大性别差异的情况。请描述在下列情况中这些因素会对性别差异做出什么样的预测：（1）一个男教师和一位女教师有着相似的地位，他们正在讨论他们都读过的一篇专业文章。他们注视的模式会是怎么样的？（2）一组学生在讨论他（她）们是如何帮助一个刚开始学着走路的孩子的。（3）教室里有很多人，要上课时多媒体坏了，老师请学生主动来帮忙修理。谁会来帮忙？

9. 在本章的大部分内容中，我们一直在强调性别作为主题变量的研究，而且性别作为刺激物变量也被提及。人们对男性和女性领导者是如何做出反应的？人们又是如何对试图影响他人的女性做出反应的？为什么"进退两难"和这个问题相关？

10. 为了巩固你的知识，并为学习"女性和工作"（第 7 章）做好准备，请你找出一个女性很少

从事的职业。请复习本章所讨论的社会和个体特征。请留意这些因素是否足以解释女性很少从事该职业这一现象。

 关键术语

208

* 社会建构主义观点（social constructionist approach，177）
* 非语言交流（nonverbal communication，178）
* 个体空间（personal space，182）
* 解析能力（decoding ability，185）
* 利他主义（altruism，190）
* 英雄主义（heroism，191）
* 社会角色（social role，191）
* 养育（nurturance，191）
* 通感（empathy，192）
* 差异角度（differences perspective，193）
  文化女权主义（cultural feminism，193）
* 相似角度（similarities perspective，193）
* 自由女权主义（liberal feminism，193）
* 公平模式（justice approach，194）
  关怀模式（care approach，194）
* 自我揭示（self-disclosure，196）
* 攻击（aggression，198）
* 身体攻击（physical aggression，199）
* 关系攻击（relational aggression，200）
  转变人的领导风格（transformational style of leadership，203）
  相互作用的领导风格（transactional style of leadership，203）

注：这里标有 * 的术语是 InfoTrac 大学出版物的搜索术语。你可通过网址 http：//infotrac. thomsonlearning. com 来查看这些术语。

 推荐读物

1. Barnett，R.，& Rivers，C.（2004）.*Same difference：How gender myths are hurting our relationships，our children，and our jobs.* New York：Basic Books。如果你的朋友相信男性和女性来自不同的星球，你可以给他（她）买这本书。与传统标准的大众心理学相反，Barnett 和 Rivers 的书批判性地评价了诸如情绪、能力和助人行为领域的性别差异神话。

2. Eckert，P.，& McConnell-Ginet，S.（2003）.*Language and gender.* New York：Cambridge University Press。这是一本很优秀的从语言而不是心理学角度研究语言和性别的书，它还介绍了语言使用中性别比较的精妙。

3. Shields，S. A.（2002）.*Speaking from the heart：Gender and the social meaning of emotion.* New York：Cambridge University Press。Stephanie Shields 认为情绪是我们关于性别的观点的核心，该书对该课题做了简洁和良好的解释。这是一本大学图书馆必备的书。

4. Underwood，M. K.（2003）.*Social aggression among girls.* New York：Guilford。当前关于女性攻击性的书有很多，大部分都是要么针对一般读者，要么针对研究人员。该书是我现在最喜欢的书，因为它既有可读性，又有学术价值。

专栏的参考答案

专栏 6.4
女性比男性更有可能赞同的有：1、2、5、6 和 10。在 3、4、7、8 和 9 中没有发现性别差异。

判断对错的参考答案

1. 对；2. 对；3. 对；4. 错；5. 错；6. 错；　7. 对；8. 错；9. 错；10. 对。

第7章

女性和职业

判断对错

　　210

_____ 1. 大多数靠社会福利生活然后又参加工作的美国女性生活在贫困线以下。

_____ 2. 研究者发现美国对女性的肯定政策反而导致多起男性歧视案件。

_____ 3. 尽管女人比男人薪水低，但这可以从教育中的性别差异、工作经历长短及全职工作年限等方面来解释。

_____ 4. 在传统女性职业（如护士）中工作的男性通常会很快被提升到管理职位。

_____ 5. 在北美一所美国开的血汗工厂（违法运行的工厂）中的织布女工通常一个小时挣 1 美元。

_____ 6. 从事相同职业如医药类职业的女性和男性通常在认知和人格特征方面大同小异。

_____ 7. 从事蓝领工作的女性通常因薪水比其他职业女性低很多而对工作不满意。

_____ 8. 美国和加拿大的研究均显示在家务琐事上女性花费的时间是男性的两倍。

_____ 9. 和由母亲在家中照顾的孩子相比，由日间托管中心照看的儿童认知发展正常，但是却明显表现出更多的社会问题和情感问题。

_____ 10. 由于沉重的负担，就业女性比未就业女性可能会面临更多的身心健康问题。

在我准备写本章时，一些与女性和工作相关的问题引起了我的注意。我女儿在旧金山海湾地区工作，她告诉了我发生在附近的州长办公室的性别偏见。在 243 个人的法律代表团中仅有 13 个女性，而且那些男同事还公开吹嘘要把这些女性赶出办公室。同时，这些女性代表们说这些男性经常对她们进行性骚扰，而这些骚扰者还经常被提升（Women's Justice Center，2005）。

我的女性心理学课程中的一个学生给我写了一封关于"平等报酬日"的电子邮件。根据 2004 年的数据，美国男性能挣 1 美元的工作，而女性却只能够挣 0.76 美元（National Committee on Pay Equity，2005）。也就是说，假如一个男性工作 1 年可以挣 30 000 美元，同样的一个女性在同样的时间段却只能挣 22 800 美元。要挣 30 000 美元，这个女性还要继续工作到第二年的 4 月 19 日，这就比男性挣同样的工资多出了大约三个半月！

之后，我浏览了一下学生关于女性和工作的作业，来为本章寻找更多的资料。我发现了一个

学生描述的她母亲所经历的性别歧视。她母亲，我们暂时叫她"W 女士"，在一个小公司工作 14 年了。她对于公司从监督到管理的业务都十分熟悉。几年前，她的老板决定给 W 女士配个男员工来帮她工作。这个男性有着同样的教育背景，但是工作经验不如她，可是他的工资却是 W 女士的两倍。另外，她还要负责培训这位新员工。于是，W 女士决定重新回到学校，现在她正在攻读注册护士学位。

　　211

本章中我们会发现，与主题 1 相一致的是，与工作相关的技术和特征方面的性别差异甚微；可是，与主题 2 相一致的是，男性和女性却往往面临不同的待遇。女性常常在应聘、薪水、待遇及晋升等工作问题方面遇到障碍。

这章的开始我们将挖掘有关女性与就业的一些背景信息，接着我们要思考工作场所的几种歧视现象。然后我们将研究一些传统及非传统意义上的职业。在最后一部分，我们要讨论女性是如何协调就业与家庭责任之间的关系的。

与女性就业相关的背景因素

为了避免混淆，我们需要讨论几个与就业相关的术语。劳动妇女（working women）这一宽泛的术语包括以下两类人：

1. **职业女性**（employed women），或者称有酬劳动妇女。这类女性享受薪水或独自经营。

2. **无业女性**（unemployed women），即无酬劳动妇女。她们或者在自己家中操持家务，或者为志愿者组织义务服务而不收取任何报酬。

在本章中我们可以看到工作已经成为女性生活中越来越重要的一部分。例如，1970年，16岁以上的女性中有43％在工作，而这个比例现在已经增长到了60％（Bureau of Labor Statistics，2004c）。在加拿大，大约有58％的15岁以上的女性在工作（Statistics Canada，2006）。而世界其他地区的女性就业率差别很大。一些有代表性的有：墨西哥为38％、日本为48％、法国为49％、巴西为54％、加纳为73％（United Nations，2006）。

另外一个变化是：在那些曾经是为男人预留的领域，女性的数量明显地增加了。在20世纪，许多医学院校都拒绝招收女生。几十年中，耶鲁大学医学部坚持只招收男生，理由是学校设施中未设女浴室（M. R. Walsh，1990）。在1983年，美国医学院的毕业生中仅有29％是女性。目前，医学院的毕业生中女性占46％（American Mediacl Association，2005）。法律学校和兽医学校中女性的数量也戏剧性地增加。要实现有与男性同等数量的在职女医生、女律师和女兽医，就要看21世纪了。目前女性在职业系统中所占的比例已经很鼓舞人心了。

本章中我们将研究最近几十年中女性取得成就的一些领域以及仍然面临劣势的那些领域。我们先来了解一些职业女性的基本信息，然后简单探讨女性面临的两个严峻问题：福利问题和就业过程中的歧视问题。

职业女性简介

哪些情况或特点可以预测女性是否外出工作？最好的推断因素是教育状况。如图7—1所示，获得硕士学位的女性的从业比例是那些只接受过不足4年中学教育的女性的两倍（Bureau of Labor Statistics，2004c）。在加拿大，教育和就业也是高度相关的（Statistics Canada，2006）。

几十年前，推测女性是否就业的因素是她是否有孩子。然而，当前美国的数据显示，孩子在3岁以下的已婚妇女的就业率和其他已婚妇女的就业率没有差距（Bureau of Labor Statistics，2004c）。

当前数据也显示，种族和就业关系不大。例如，美国的数据显示，当前就业状况是，欧裔女性的就业率为59％，拉丁裔女性为58％，黑人女性为62％，亚裔女性为59％（Bureau of Labor Statistics，2004c）。另一组面临不同就业压力的女性是移民。她们中的大多数不能流利地使用新国家的语言。她们在另一个国家的专业水平以及工作经验在北美申请工作时可能不会得到完全认可（Berger，2004；Naidoo，2000）。

很多移民女性都没怎么接受过正式教育。比如，在刚刚过去的20年中，12％移民美国的亚洲女性只接受过不到9年的教育；而在美国出生的欧裔女性中这个比例是5％。这些女性通常会在机械化的工厂或者家里从事报酬很低的工作（Hesse-Biber & Carter，2000；Naidoo，2000；Phizack-lea，2001）。例如，在纽约大约有50万的女性从事家政工作，她们每天要工作18个小时，也没有假期，每月却只能挣200美元（Das Gupta，2003）。

来自某些国家的女性接受过相对良好的教育。例如，在加拿大的亚裔女性中有47％的人接受过至少大学教育，而号称是"加拿大人"的女性中受过同等教育的只有30％（Finnie et al.，2005）。可是，这些移民的收入水平一般比受过同等教育的非移民群体低得多（Berger，2004；Hesse-Bi-ber & Carter，2000）。

　　总之，教育程度和移民背景与女性就业状况息息相关。但是，家庭地位和种族这两个因素则与之无关。

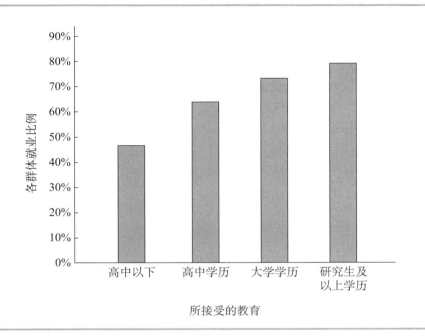

图 7—1　不同学历美国女性的从业比例

Source：Based on Bureau of Labor Statistics（2004c）.

女性和福利

　　目前，在美国有一场长期的关于无业女性的重要辩论。如果经过"适当的"一段时间后她们还没有找到工作，她们的福利待遇应该中止吗？由于福利政策对女性就业前景会产生重要的影响，所以这个辩论特别重要。

　　以前有个政策叫做"帮助有未独立儿童的家庭"（The Aid to Families with Dependent Children，AFDC），该项目是为了给那些没有经济能力抚养孩子的父母提供社会福利。尽管这个项目有着这样那样的缺憾，不容置疑的是，它给许多低收入的家庭提供了帮助。在 1996 年，克林顿总统签署了一条法令废除了 AFDC，并创建了一个名为"贫困家庭临时救助项目"（Temporary Assistance for Needy Families，TANF）。这条法令有许多变化。例如，当前个体享受社会福利的最长时间是 5 年。该计划认为接受社会福利的人大都是懒散和没有接受教育的女性，让她们去从事最低工资的工作可以让她们找到尊严（P. Kahn et al.，2004；Madsen，2003）。

　　美国福利政策的长期目标应该是使妈妈们挣到足够的钱来使家庭自给自足（Kahne，2004）。遗憾的是，这并不是当前的目标。另外，贫困家庭临时救助（TANF）项目中的女性很少被鼓励去接受中学以上的教育（Belle，2004；Ratner，2004）。

　　另外，所有的 50 个州都有权决定哪个人确实需要经济援助。有些州设置了很严重的障碍（P. Kahn & Polakow，2004）。贫困家庭临时救助项目（TANF）给许多女性带来了悲剧性的后果，尤其是由于先前接受这项福利而现在正在工作的大多数女性仍然生活在美国联邦贫困线以下（P. Kahn & Polakow，2004）。举个例子，假设有这样一名大学生，她同时是一位想逃出暴力婚姻的母亲。如果她想要解除婚姻申请福利来养活子女，那么

214

她就将被迫退学，找一份低层次的工作，领着最低的薪水（Evelyn, 2000）。

不过，有几个州已经强调社会福利应该包含高等教育。例如，缅因州设立了"父母做学者"计划。该计划允许参加贫困家庭临时救助项目的女性去上大学，其长期目的是为了提高她们的竞争力并帮助她们摆脱贫困。下面是一个 39 岁的女性的评论，她现在是一个大三的学生，她获得了3.7 的平均分：

> 我的自尊有了很大的提高。以前我一直认为我的智力不足以让我完成大学学业。在我开始上学时我非常紧张，老是在想我是否能成功。我成功了！现在我对于自己考虑学

术和个人问题的能力很自信了。（Deprez et al., 2004, p.225）

从图 7—1 你已经知道，教育程度是预测女性就业率的最好要素之一。和大学毕业生相比，没有大学学历的女性生活贫困的可能性明显要高（Deprez et al., 2004; Mathur et al., 2004）。当前的贫困家庭临时救助项目不可能解决就业问题，而且研究表明，这个政策对这些妇女的孩子有非常重要的影响。研究者确信，那些母亲受过良好教育的孩子在认知和行为方面的问题都会更少些（Deprez et al., 2004; A. P. Jackson et al., 2000）。而目前的福利改革显然是目光短浅的。

雇用模式中的歧视

来看一下下面的研究。Rhea Steinpreis 及其同事（1999）给心理学教授们写信，问他们如何评判一个有潜力的应聘者的各项资历。所有的教授们都收到了一份同样的简历。可是，其中一半的简历使用"凯琳·米勒"这个名字，而另一半则使用了"布莱恩·米勒"。在那些认为应聘者为女性的教授中，同意录用的有 45%，而认为应聘者是男性的教授中有 75% 的人表示同意录用。需要附带说一句，在这个事件中，女教授和男教授在雇用模式中表现出的偏见是相当的。这种偏见特别让人担心，因为心理学教授对于性别定式是十分清楚的（Powell & Graves, 2003）。

入职歧视（access discrimination）这一术语是指雇用过程中的歧视，比如，拒绝录用条件优秀的女性应聘者，或给她们不好的岗位。这些女性一旦被录用，就将会面临另一种歧视，称作**待遇歧视**（treatment discrimination），关于这种歧视我们会在稍后讨论。在随后的章节中，在讨论残疾女性（第 11 章）和肥胖女性（第 12 章）时我们会遇到更多的入职歧视。

入职歧视会在什么情况下出现

你能够想象到，对于入职歧视的研究是很复杂的，以下几个因素决定了女性应聘时是否会遇到歧视。

1. 有强烈性别角色定式的雇主更有可能会表

现出入职歧视。例如，有着强烈性别定式的人事主管通常不会雇用女性（Masser & Abrams, 2004; Powell & Graves, 2003）。另外，宗教意识强烈的人对女性雇员也会有不好的看法（Harville & Rienzi, 2000）。

2. 入职歧视最有可能会在女性申请一个社会地位高的职位时出现。例如，加拿大政府计划奖励一些学术精英来吸引著名学者到加拿大高校任教。遗憾的是，在大约 1 000 个奖励中，只有 17% 给了女性，尽管加拿大全职教师员工中女性占了26%（Birchard, 2004）。另外，一项研究对 3 万名在金融服务机构的员工进行了分析（Lyness & Judiesch, 1999）。调查结果显示，男性有可能在高层职位中被录用；相比之下，女性更有可能在较低职位中被录用，然后几年后被提升到较高的职位。

3. 对于需要特定性别的工作，入职歧视常常对男性和女性应聘者都会起作用。总的来说，如果目前从事这项工作的雇员大多为男性，雇主就会选择男性应聘者；如果目前从事这项工作的雇员大多为女性，雇主就会选择女性应聘者（Lorber, 1994; Powell & Graves, 2003）。

例如，Peter Glick（1991）给人事主管及职业介绍顾问寄去了招聘问卷。他请他们阅读求职表，并就求职者对 35 项具体工作的适宜性做出评判。

然后，他计算了答卷者对于男性和女性的倾向。对于男性雇员占80%～100%的职业，答卷者表现出对男性求职者的明显偏好；而在男性和女性从业者各占一半时，他们对男性求职者的偏好会弱一些；如果从业者绝大多数（80%～100%）为女性，被调查者确实会更倾向于女性求职者。

这些数据表明，雇主倾向于选择一名男士在公司中担任行政职位；但是，在选择日间护理中心员工时更倾向于女性。然而，这两种歧视实际上并不是对等的，因为倾向于男性的岗位大多是报酬高、社会地位高的。

4. 在求职者的资历介于胜任和不胜任之间时，入职歧视会表现得尤为突出。例如，如果两个应聘者都不太能胜任这一工作，雇主会选择男性而不会选择女性。相反，如果有足够的信息证明一个女性完全合格并且有着和应聘的工作直接相关的工作经验，那么，雇主不大可能会对她有歧视（Powell & Graves，2003）。

总之，当评价者持有强烈的定式观念，当这份职位社会地位高，或者该职位被公认为适合男性时，女性不太可能会在求职中胜出。当她的条件不太突出时，她也可能会失利。

入职歧视怎样运作

在第2章我们详细地分析过性别定式观念。令人遗憾的是，人们对于女性的定式思维会通过多个方面导致入职歧视（C. C. Bauer & Baltes，2002；Cramer et al.，2002；Heilman，2001；Padavic & Reskin，2002；Powell & Graves，2003）。

1. 招聘者会对女性的能力有着否定的定式思维。如果一个人相信女性缺乏动力和能力，他就会对女性求职者持否定态度。

2. 招聘者会认为，员工一定要具有某种典型男性化的特征才能胜任工作。女性求职者即使很果断和独立也会被认为具有典型的女性化特征。招聘者也会错误地认为她们在这些较为理想的特征方面欠缺。从第2章你了解到，人们的性别定式会使自己的记忆和判断产生偏见。

3. 当女性求职者面试时，雇主通常会注意到一些较差的方面。面试者会以自然条件、秘书技能、个性来评判女性，而很可能忽略与她应聘的行政职位相关的特征。这种情况就是**性别角色过剩**（gender-role spillover），即把对性别角色及其

特征的观念蔓延到工作场所中（Cleveland et al.，2000）。雇主可能会强调我们在第2章中曾经提到的那些典型的女性特征。

请注意，在各种情况下，定式思维都促使招聘者做出结论，认为那个职位应该给男性。事实上，他们会雇用一个勉强合格的男性而不是一个更为适合的女性（Powell & Graves，2003）。

什么是肯定行为

肯定行为旨在减少入职歧视和其他工作场所的偏见。根据美国现行联邦法律，每个雇员超过50名的公司必须建立肯定行为计划。**肯定行为**（affirmative action）是指公司在做出招聘和提升决定时必须尽量考虑非主流团体中的成员（Cleveland et al.，2000；Crosby et al.，2003）。肯定行为还意味着公司主动克服任何会阻碍真正机会的障碍。多数情况下，被忽视的非主流团体是女性和有色人种。

美国公民对于肯定行为所知甚少（Crosby & Clayton，2001；Crosby et al.，2003；Konrad & Linnehan，1999）。你可能听说过脱口秀主持人或一些政客认为，政府正在强迫公司雇用资历不足的女性，而舍弃能力非凡的男性。他们还会说，政府对公司必须录用黑人员工的具体数目之类都设置了定额。这些说法没有一个是正确的。相反，肯定行为明确表示公司必须对非主流群体求职给予鼓励，并真诚地兑现他们制订的行为目标。

肯定行为的目的是为了确保符合条件的女性和有色人种能在工作场合得到公平的考虑，以弥补过去和现在她（他）们所受到的歧视（Cleveland et al.，2000；Vasquez，1999）。例如，如果一个公司的主管发现公司招聘的女性员工数量比理论要求的数量要少，那么他就必须分析招聘步骤来看是否存在某种偏见（Sincharoen & Crosby，2001）。

研究显示，实施肯定行为计划的美国公司，以及实施一个叫做"平等就业"（Employment Equity）的相似计划的加拿大公司，确实为女性和有色人种提供了更平等的工作职位（Crosby et al.，2003；Konrad & Linnehan，1999）。同时，女性还认为，在一个女员工较多的公司工作时会得到更公平的对待（Beaton & Tougas，1997）。

有些人认为，肯定行为计划带来了反面歧视

（reverse discrimination），即女性找到工作了，而比她们更优秀的男性却没有。根据一项对美国 3 000 起肯定行为案例的研究，只有 3 起带来了反面歧视。尽管如此，令人遗憾的是，保守的政客和评论家却还歪曲事实，声称肯定行为明显对男性不公（Crosby *at al.*，2003；Hesse-Biber & Carter，2000；Salinas，2003）。

小结——与女性就业相关的背景因素

218

1. 女性的就业形势受到教育和移民状况的影响，而父母地位和种族状况与其关系不大。

2. 当前的贫困家庭临时救助项目（TANF）对女性生活有着长期的影响。例如，她们可能会被迫离开职业教育学院而去找一个低层次的工作挣钱。

3. 入职歧视最有可能发生的情况有：（1）雇主有强烈的定式观念；（2）岗位令人垂涎；（3）女性申请一个典型的男性岗位；（4）她的资历不够理想。

4. 定式观念助长了入职歧视，因为公司（1）对女性有负面的定式观点；（2）认为女性缺少典型的阳刚特征；（3）关注与女性所应聘职位无关的因素。

5. 肯定行为政策明确指出，公司在做出关于聘用式升迁的决定时必须考虑非主流团体的成员。

工作场所中的歧视

到目前为止，我们已经讨论了一种针对女性的歧视：在求职时女性所遇到的入职歧视。另一个问题是**待遇歧视**（treatment discrimination），指女性在获得工作后所面临的歧视。我们将会研究薪水歧视、晋升歧视、工作场所的其他歧视以及女同性恋者在工作场所遇到的歧视。

薪水歧视

最明显的一种待遇歧视是女性比男性挣钱少。例如，2004 年，美国全职工作的女性所挣薪水只占男性平均年薪的 76%（National Committee on Pay Equity，2005）。我们可以把这个差别更形象地描述出来：如果男大学毕业生和女大学毕业生都做全职工作，那么女大学毕业生会比男大学毕业生一生少挣 120 万美元（E. F. Murphy，2005）。

219
如图 7—2 所示，薪水的性别差距在欧裔、黑人、拉丁裔人群中都有所表现（Bureau of Labor Statistics，2004c；Padavic & Reskin，2002）。其他数据显示亚裔中也有类似的性别差异（Mishel *et al.*，2004）；令人遗憾的是，目前还没有美国本土工人的统计数据。

加拿大工人也经历着性别差异。2003 年，加拿大全职工作的女性所挣薪水只占男性平均年薪的 71%（Statistics Canada，2006）。令人遗憾的是，加拿大增长最快的就业领域是兼职和临时工作，而从事这些工作的女性的薪水不稳定，工作安全感也极低（De Wolff，2000）。薪水歧视现象仅仅从教育状况的性别差异解释是不够的（Powell & Graves，2003；Statistics Canada，2006）。每个教育层次的女性的薪水都很低。例如，一项分析表明，专科毕业的男性比那些获得学士学位的女性每年能多挣大约 200 美元（Bureau of Labor Statistics，2004a）。也就是说，这些女性比那些男性多上了 2 年大学，可是工资却没有那些男性的高。

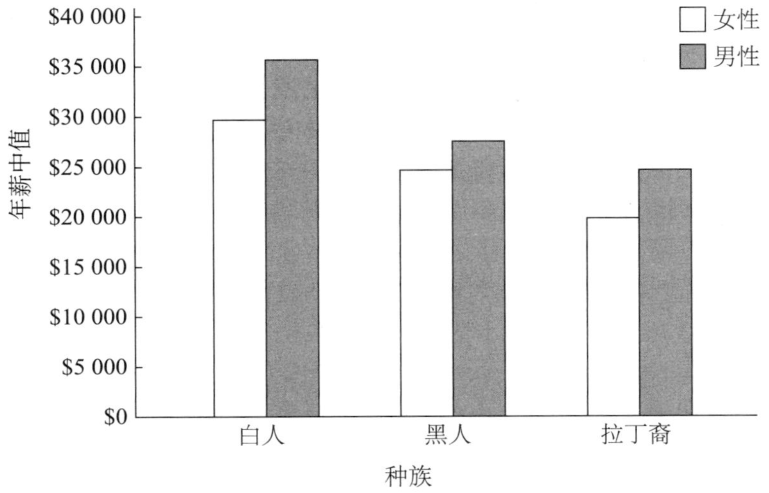

图 7—2　基于性别和种族分类的美国全职人员的年薪中值

Source：Based on Bureau of Labor Statistis（2004c）.

薪水差异的一个重要原因是男性从事薪水较高的工作。主要为男性所从事的律师行业的报酬大约是家政人员的 2 倍，而家政人员通常是女性。可是，即使是在同样的工作里，男性也比女性挣钱多（Lips，2003；E. F. Murphy，2005）。例如，男律师每年的平均收入是 8.4 万美元，而女律师只有 7.3 万美元。男家政人员的年平均收入是 3.8 万美元，而女性只有 3.6 万美元（Bureau of Labor Statistics，2004a）。

能够部分解释工资差异的其他变量包括工作经验和家庭责任方面的性别差异。可是，美国和加拿大的研究证明，即使考虑到其他因素，女性也是低薪的（Drolet，2001；Fogg，2003；Padavic & Reskin，2002；D. Robinson，2001；U. S. General Accounting Office，2003）。

研究表明，除了美国和加拿大之外，其他国家也存在类似的工资差距。例如，在英国、瑞士和德国，女性报酬占男性的 65％～75％不等。在日本，工资差距更大，女性工资只是男性工资的大约 50％。不过，在挪威、丹麦和澳大利亚等几个国家，女性报酬接近男性的 90％（Padavic & Reskin，2002；Powell & Graves，2003）。在政府贯彻报酬平等政策的国家，薪水差距较小。

下面我们来看薪水差距的两个更具体的方面：（1）可比价值的概念；（2）女性对于低薪的反应。

可比价值

大多数人都欣然同意男女要同工同酬，也就是说，干一样的工作就应该获得同样的报酬。

可比价值要更复杂些。**可比价值**（comparable worth）是指，当男女从事的不同工作之间的可比度相等时（也就是说，工作需要一样的培训和能力），他们应该获得一样的报酬（Lips，2003；J. Peterson，2003；D. Robinson，2001）。

可比价值法规的赞同者指出，工资的性别差异有相当一部分归因于**职业隔离**（occupational segregation）。正如我们所注意到的，男性和女性倾向于选择不同的职业。具体来说，"女性的工作"（如护士和秘书）比"男性的工作"（如自动机械工和电工）薪水低。与本书主题 3 相一致的是，就女性实际的劳动收入与其在工作场所的贡献而言，女性的劳动没有得到真正的价值反映。也就是说，这些典型女性的工作的工资低，原因仅仅是由于这些工作是女性从事的，而不是男性从事的（Lips，2003；E. F. Murphy，2005；J. Peterson，2003）。

一般情况下，可比价值策略主张在教育背景、工作经验、技能、危险性和监督责任方面具有相应特征的"男性工作"和"女性工作"应该得到同样的薪水（Lips，2003；Roos & Gatta，1999）。由此推断，一名有学士学位的在日间护理中心照顾孩子的女性应该比有高中学历的修理空调的男技工得到更多的报酬。可是，到目前为止，这项法规只取得了局部的胜利。

221　　**对低薪的反应**

女性会怎样看待自己较低的收入呢？这个问题的答案来源于一项调查。该调查让男性和女性分别判断在某项工作中他（她）应该得到多少报酬。根据在美国和加拿大的调查，女性选择了较低的薪水，这表明她们满足于自己的低薪（Bylsma & Major，1992；Desmarais & Curtis，1997a，1997b；Heckert et al.，2002；Hogue & Yoder，2003，McGann & Steil，2006）。

现在来看一下专栏 7.1，这是 Bylsma 和 Major（1992）所做的一项经典研究。研究人员发现，未接受任何附属信息的男女大学生对薪水所提出的要求不同。具体来说，男生要求的平均薪水是 6.30 美元，而女生要求的是 5.30 美元。在一个近期的类似研究中，Hogue 和 Yoder（2003）发现男性平均要求 10.27 美元，而女性只有 7.48 美元。在薪水方面，男性似乎更有**优越感**（entitlement）。根据他们作为男性社团的一员的认同感，他们相信自己有权获得较高的回报（McGann & Steil，2006；Steil et al.，2001）。

专栏 7.1　薪水要求的性别比较

请一些朋友加入一个简单的研究。最理想的数量是五男五女。（要确保两组在平均年龄和工作经验方面大体相似。）向他（她）们提出下面的问题：

假设你是一名大学生，你作为一个研究助理受聘于心理博士 Johnson 先生。整个夏天你都会为他工作——输入一个研究项目所收集的数据。你认为这个工作的薪水应该为每小时多少？

请收集所有数据，计算出男性和女性提议的平均工资。文本中列举了几年前对学生所做的调查的薪水要求。你所收集的数据和以前的是否有相似的工资差距？

Source：Bylsma & Major（1992）.

女性对于工资的性别差异会做何反应呢？男性和女性都知道女性比男性的工资低（McGann & Steil，2006）。不过，女性比男性更为关心女性的低薪问题（Browne，1997；Desmarais & Curtis，2001）。例如，Reiser（2001）向 1 000 名被试就愤怒提出了一系列的问题。她发现，62%的女性和 38%的男性同意下面这句话：男性比女性有更多的工作机会和更高的报酬让我感到很生气（p.35）。然而，另外 38%的女性和 62%的男性对这种不平等却无动于衷，这难道不让人吃惊吗？

为什么女性会对低薪表现出满意？一个原因可能是女性通常认识不到她们适合该工作（Hogue & Yoder，2003）。另外一个重要原因是她们相信这个世界是个付出就会得到应有的回报的公平又公正的地方（Sincharoen & Crosby，2001；A. J. Stewart & McDermott，2004）。相反，如果一名女性承认自己的薪水低，那么她就必须解释这种不平等。她也不愿意得出结论说自己的老板和单位是恶棍。令人遗憾的是，如果她继续否定个体的劣势，她将不能在工作中得到公平的报酬，以及享受其他社会公平措施。　222

晋升中的歧视

在美国，沃尔玛拥有最多的女性雇员。2001年，沃尔玛的员工把其公司告上了法庭，并陈述了一百多条诉状。很多条诉讼都是关于沃尔玛在晋升方面对女性的歧视。例如，一个正在寻求提升的女性被告知："你不是男性，所以该去照顾家，好好做饭"（Hawkes，2003，p.53）。沃尔玛的高层也声称，男性在工作方面进取心更强，如果提升女性就意味着降低公司的标准。

沃尔玛的女性员工显然遇到了"玻璃顶"（glass ceiling），它是指阻碍女性和有色人种进入许多职业高层的隐形屏障（Atwater et al., 2004；Betz, 2006；Powell & Graves, 2003）。数据使人确信，女性在各个行业都会遇到玻璃顶。与男性相比，女性被提升进入大学教学和商业等领域管理层的可能性较小（Agars, 2004；Fischer & van Vianen, 2005；"Tenure Denied", 2005）。基本上来说，管理者想到"管理者"一词时头脑中会出现另外一名男性的画面（Burk, 2005；Schein, 2001；Sczesny, 2003）。

劳动理论家们创制出另一个隐喻来描写相关的情景。黏地板（sticky floor）这个隐喻代表了女性受雇于缺少提升机会的低层职位的现象（Gutek, 2001）。很多女性做办公室职员、出纳员和服务员。她们整个职业生涯有可能都是从事这些工作，没人考虑给予她们重要的职位（Padavic & Reskin, 2002）。实际上，这些女性甚至都没有机会遇到"玻璃顶"，更不会撞上了。

第三个隐喻描写了性别偏见的另一个组成部分。玻璃电梯（glass escalator）现象是指，一旦男性进入与女性相关的领域，例如护士、老师、图书管理员和社会工作者，便会很快进入管理层（Furr, 2002；Padavic & Reskin, 2002；J. D. Yoder, 2002）。玻璃电梯把他们送上要职。例如，一所特殊基础教育学校的男老师被问及其职业选择时说："我在特殊教育方面极具竞争力。但是，这不是我进入这一领域的原因，而是因为我是男的，所以具有很高的竞争力。"（C. L. Williams, 1998, p. 288）

总之，女性在晋升方面普遍面临歧视（Eagly & Karau, 2002；Whitley & Kite, 2006）。我们在前面提到的 3 种定式观念以及雇用模式都会在女性职业发展中发挥效力（Sczesny, 2003）。在广泛考察待遇歧视后，Mark Agars（2004）得出结论：显然性别定式至少部分地导致了公司高层性别分布的差异（p. 109）。

其他待遇歧视

除了薪水和晋升歧视外，女性还经历着其他方面的待遇歧视（Benokraitis, 1998；Cleveland et al., 2000；Lyness & Thompson, 1997）。几项研究显示，女性在工作场所比男性更有可能得到负面评价（e.g., Gerber, 2001；Heilman, 2001）。你可以回忆一下第 2 章，女性的表现有时（尽管不总是）会受到贬低。在工作场所所做的一项评估调查肯定了我们在整个第 6 章中贯穿的一点：如果女性看起来果断、独立而且阳刚，会更有可能被贬低（Atwater et al., 2001；Eagly & Karau, 2002；Richeson & Ambady, 2001）。

其他分析显示，当评估者被其他任务占据，或者对个体进行观察后，过一会儿才给出评价，尤其会对女性做出负面的评估（相对男性来说）（R. F. Martell, 1991, 1996b）。现实世界中，行政人员经常在精力分散或时间延误的情况下给他们的雇员打分——而女性却是不幸的牺牲品！

对于在大学执教的女性，学生也对她们有着其他形式的待遇歧视。比如，与年轻女教师相比，学生会认为年轻男教师更为认真，并对他们的教学内容更感兴趣（Arbuckle & Williams, 2003）。有时候，这种有歧视的待遇取决于学生的性别。例如，通常男生比女生更有可能会在评教时给女教师打出低分（Basow, 2004）。另外，学生往往推测男教师比女教师的学历高（J. Miller & Chamberlin, 2000）。男学生在称呼有博士学位的女教师时，可能会用"某某小姐"或"某某女士"，而不是"某某教授"（Benokraitis, 1998；Wilbers et al., 2003）。

另外一种类型的待遇歧视是性骚扰（sexual harassment），即"在违背对方意愿的情况下实施的带有性色彩的故意或重复性的评论、动作或身体接触"（American Psychological Association, 1990, p. 393）。我们将在第 13 章中详细讨论性骚扰问题。女性在工作中会经常经历这种歧视。有些性骚扰者向女性明确指出，性慰藉是工作提升的前提条件。其他性骚扰者的信息更加含蓄。可是，这些人所传递的信息仍然是女性是性对象而不是有能力

224 的员工。

另一种潜在的待遇歧视尽管不太强烈，却有着很重要的现实意义。具体来说，一起工作的人会经常做出和性别相关的负面评价，传递出一种信息说女性是二等公民。一名黑人女消防员回忆起她和一名白人男督察第一次见面的情景。

> 我来的第一天，也是我踏入这个行业的第一天，那个家伙告诉我他不喜欢我。然后他说："我现在就告诉你我为什么不喜欢你。第一，你是黑人；第二，你是女人。"说完这些，他就走了。（J. D. Yoder & Aniakudo, 1997, p. 329）

现在，你不会奇怪为什么女性比男性更经常提到工作场所的负面评论了吧（Betz, 2006; Blau & Tatum, 2000; Fassinger, 2002）。此外，无论工作时间还是工作之外的非正式社交活动，男性都会将女性排除在外。而人们正是在这些活动中交换重要信息的。黑人女性特别会被排除在社会交往和指导之外（Fassinger, 2002; Lyness & Thompson, 2000）。另外，在工作之外增进的友谊为重要任命以及提升铺平了道路。除了面对其他形式的歧视之外，女性当然在非正式交际活动中也没有平等参加的机会。

职场对女同性恋的歧视

在第 2 章中我们学习到**异性恋主义**（heterosexism），这是对男、女同性恋及双性恋者的一种偏见。女同性恋者在工作场所经常受到异性恋主义的影响。一位女同性恋债权经纪人这样评价异性恋主义对她职业的影响：

> 起初我在公司发展很快——特别委员会的成员，拿着奖金，一帆风顺。我的上司不知道怎么发现我家中有一个女朋友，接着，没多久我就被解雇了。尽管我并没有出轨行为，不惹是生非，但是，仅仅因为同性恋这一件事就足以被炒鱿鱼。没有法律能保护我的工作权力。（Blank & Slipp, 1994, p. 141）

正如你能想到的，许多雇主拒绝雇用同性恋者。例如，公立学校很少雇用同性恋或双性恋者为教员。一个不太合理的理由是，这些人可能会促使年轻人接受非异性恋倾向。此外，在美国的一些地方，雇主可以因为任何原因解雇员工，包括因为同性恋（Horvath & Ryan, 2003; Peplau & Fingerhut, 2004）。

研究表明，那些公开宣称自己同性恋身份的人都有很强的自尊心（Walters & Simoni, 1993）。

225 令人沮丧的是，许多工作都对同性恋者有着严格的要求。许多同性恋者说，他（她）们花费了很大的精力来掩饰自己的性倾向，以至于荒废了工作（Blank & Slipp, 1994; Hambright & Decker,

2002）。

同性恋者和双性恋者是否应该向他们未来的老板公布自己的性倾向？对于打算在职场标新立异，尤其是不愿意在异性恋环境下工作的人来说，公布身份是明智的（Wenniger & Conroy, 2001）。可是，一些女同性恋者倾向于先接受工作，然后再逐渐向同事透露。正如你从本章所了解到的，当人们逐渐熟悉一名雇员的工作情况后，偏见可能就会比较弱。

近期的一些研究为研究女同性恋及其工作经历提供了有趣的角度。例如，有些研究表明女同性恋员工比女异性恋员工挣钱多。一种解释是女同性恋获得至少学士学位的机会是已婚女性的几乎两倍，而教育与个人收入是相关联的；另外一种解释是女同性恋比其他女性更有可能会在非传统女性职业中就业，这些职业的工资比传统女性职业的工资高（Peplau & Fingerhut, 2004）。

在一个相关的研究中，大学生用 0～100 的分数段评价了求职人员的合格度。除了性别和性取向，这些求职人员的特征都是一样的。学生们给异性恋男性打了 85 分，男同性恋 81 分，女同性恋 80 分，异性恋的女性 76 分（Horvath & Ryan, 2003）。这些结果只对异性恋男性是鼓舞人心的，不过，庆幸的是 4 组人员的分差只有 9 分。

如何对待待遇歧视

这个标题是很振奋人的：我们怎样才能扭转所有助长工作场所性别歧视的力量呢？一些指导性的建议对个人和组织的行动都会有利。

个体能够对自己和其他女性的工作经历产生影响：

1. 女性应该认识到使定式观念达到最小化的条件，例如，求职者的资历应该清晰明确而不能含糊不清；找一份你喜欢的工作，发展与职业尽可能相关的技能和经验（O'Connell，2001）；你还应该了解你的法律权利（Dworkin，2002）。

2. 加入相关组织，使用互联网，与其他支持力量保持联系（Padavic & Reskin，2002；Wenniger & Conroy，2001）。女性组织尤为有益。在Klonis 及其同事（1997）所做的调查中，女性心理学教授们说她们感觉女性主义就像是"性别歧视的冷水中飘摇的一叶救生艇"（p. 343）。

3. 找一位在你所从事的领域取得成功的女性，请她做你的顾问（O'Connell，2001；Quick，2000）。有人指导的员工特别有可能会成功并对自己的工作表示满意（Padavic & Reskin，2002）。

可是，在现实中，个人不能完全解决性别歧视的所有问题，因此，相关组织机构必须做些改变。为了最大限度地实现它们的利益，这些组织应该更加多元化。例如，如果一个公司的多元化程度和外部的真实社会很相像，那么这个公司的销售就会增加（Cleveland *et al.*，2000；Powell & Graves，2003）。另外，性别歧视在法律上是禁止的。致力于改变的组织可以注意以下事项。

1. 理解肯定行动政策并且严肃地对待它们；确保在雇用和晋升时将女性纳入候选人的考虑之内；在组织内部制定指导方针（Bronstein & Farnsworth，1998；Eberhardt & Fiske，1998）。

2. 指定一些工作人员负责审查组织内部的性别问题。公司主管必须公开表明团体的建议能够得到重视和采纳（Cleveland *et al.*，2000）。对成功实现多元化目标的经理人给予鼓励。

3. 对经理人进行培训，使他们能够公平地评价候选人，减轻性别定式思维（Gerber，2001）。鼓励经理人评估员工时进行自我提问，如"如果这个人是一名男性而不是女性，我该如何评价他的行为"（Valian，1998，p. 309）。

从现实角度来看，创造一种性别平等的工作体验需要整个文化的大规模改革，从无性别区分的儿童抚养开始，接受女性的观点并欣赏女性和其他非主流群体的贡献。可比价值也必须成为一项标准的政策（J. D. Yoder，2000）。要实现一个真正拥有平等工作环境的世界，必须拥有一项全民的儿童抚养计划，确保男性具有同样抚养孩子和照料家务的义务，我们将在本章结尾讨论这一课题。

小结——工作场所中的歧视

1. 女性薪水低于男性，即使将职业和经验等因素考虑在内，工资差距仍然存在。

2. "可比价值"指从事对培训程度和技术水平有同样要求的工作的男性和女性应获得同等的报酬。

3. 男性通常比女性更有优越感，并认为自己应该获得高薪；同时，女性可能没有表达出对薪水低的担忧。

4. 女性在晋升方面经常受歧视，3 种相关的歧视分别被称作玻璃顶、黏地板和玻璃电梯。

5. 女性经历着其他类型的待遇歧视，如来自督察者和学生（作为老师的情况下）的较低的评价；女性还会面临性骚扰，并且被排除在社交活动之外。

6. 女同性恋更有可能经历工作场所的歧视。她们可能会因为性倾向而被解聘，因此，她们感到应该掩饰自己的性倾向。

7. 待遇歧视可以通过个体和组织的行为而被提出，但是，真正的解决必须依靠更为广泛的社会变革。

女性在几个特殊领域的就业经历

我们已经看到，女性在求职时面临入职歧视，一旦就业又会遇到一系列的待遇歧视。下面我们将考察女性在几个具体职业中的工作经历。

在北美的新闻中，我们会听到关于女医生、女总裁以及女钢铁工人的报道。但是，女护士、女出纳和咖啡店里的女员工却不会成为头条。尽管已就业女性多数从事职员工作或在服务性行业工作，但是这些数以百万计的女性的工作却并不引人注意。

我们首先来讨论几个传统的女性职业。然后，我们将考察两个女性很少从事的领域：传统男性职业和传统男性蓝领工作。在讨论女性为何很少涉入非传统职业之后，我们会讨论家政劳动者，这是最让人视而不见的女性劳动者群体之一。

在传统女性职业中的就业

表7—1列举了一些有代表性的传统职业，显示了女性劳动者所占的百分比。接近一半的职业女性或技术工人从事于传统领域、护理和大学以前的教学工作。

表7—1	女性劳动者在几个领域中所占的百分比
职业	女性劳动者的比例（%）
秘书	99
语言障碍矫正人员	98
职业护士	87
基础学校教师	83
社会工作者	83

Source：Bureau of Labor Statistics（2004c）.

228 这种判断并不说明传统女性职业有什么不对。事实上，如果幼儿托管和基础教育能够得到更多的重视，我们这个社会的儿童可能会更幸福。然而，从事传统女性工作的女性经常面临现实世界中的问题，如低薪、不能施展才能、缺少决策的独立性。

加拿大也有类似的雇用模式。例如，70%的职业女性从事教育行业、诸如护理的医疗保健职业，或者类似售货员和服务员的职业。相反，这些领域中的任意一个都只有31%的男性职员（Statistics Canada，2004）。

请记住，传统的女性工作在发展中国家可能是大相径庭的。大约80%的西欧女性从事服务性行业；但是，在非洲撒哈拉地区，65%的女性从事着农业生产（United Nations，2000）。即使在同一个大陆内，工作模式也不尽相同。以两个非洲国家为例，在塞拉利昂，男人负责管理稻田；而在塞内加尔，稻田要由女性管理（Burn，1996）。

也许所有传统女性职业共有的一个特征是报酬相对较低。正如我们在福利方面所提到的，女性所从事的这些工作中有许多工资都在贫困线以下。作家 Barbara Ehrenreich（2001）曾经做过报酬为每小时6～7美元的宾馆服务生，看是否能生存。她发现维持收支平衡的唯一办法是每周工作7天……还不能奢望买双新鞋或修理一下汽车。她强调大部分女性还要靠这些微薄的工资来养活孩子。

从表7—1中你可能知道，很多女性从事秘书、图书馆管理员和其他职业。我们来考虑两个你也许不怎么熟悉的传统女性工作：家务工作和服装业。与主题 3 相一致的是，这类女性工作通常也不引人注目；女性从事这个工作，但是很少有人注意（Zandy，2001）。而且，女性最有可能在这些工作中被剥削。

家政工作

来自加勒比海、拉丁美洲和其他发展中国家的移民妇女常常在别人家里做些家政，直到能够挣到一张绿卡，找到更好的工作。她们每天拿着最低的报酬，却被迫天天工作，没有假期。许多妇女描述了雇主对她们的侮辱，并且不允许她们离开房间，像对待现代社会的奴隶一样（B. Anderson，2003；Boris，2003；Zarembka，2003）。例如，一名妇女说道：

> 我工作很努力，我不介意工作辛苦。但是，我希望能得到有人性的温情，能像个人⋯⋯没有人看得起我⋯⋯自打来到这里，这个女人就没有给过我一点作为人应有的温情。（Colen，1997，p. 205）

服装业

几年前，我在女性心理学课堂上播放了一段关于血汗工厂的视频。**血汗工厂**（sweatshop）是指工资和工作条件都违反劳动法的工厂。然后我问学生有多少人熟悉血汗工厂的问题。一个从中国来的名叫"玲"的年轻女孩举起手说："我曾经在纽约的一个血汗工厂工作。"玲描述了这家做服装的血汗工厂的非人工作环境。后来她按照我的要求详细写了下来。她写道，17 岁时她被迫从中学辍学以便能长时间工作。从那以后，她就每天在这个血汗工厂工作，从早上 8 点一直到第二天凌晨一点，中间只有 15 分钟的午饭时间。玲的两个妹妹，一个 14 岁，一个 16 岁，也在放学后来这个血汗工厂上班，直到晚上 10 点。几个月后，玲的妈妈没有得到监工的批准就开始做一件服装。然后监工就用手打她妈妈的胸部，于是她们全家人就报了警。随后，她们都被开除了。

玲是幸运的。她借此机会上完了高中并且考上了大学。玲这样写道：

> 不幸的是，很多年轻人为了在美国生活，

还在那个工厂里工作，她们还在忍受着长时间的工作、低薪和恶劣的工作环境。她们正在逐渐失去作为人的乐趣，而变成乏味枯燥的机械化的人⋯⋯经历了这些以后，我的美国梦变成了所有的工人都能有适合的工作环境、能够维持生活的工资、合理的工作时间以及这些基本的要求在各行各业得到满足后的更进一步的改善。

幸运的是，玲的故事有一个好的结局。她从我工作的大学以优异的成绩毕业，现在是一个组织的组织者。可是，在北美的很多城市里，从洛杉矶到多伦多，血汗工厂还都存在（Bains，1998；Bao，2003；I. Ness，2003）。这些血汗工厂通常雇用刚刚从亚洲和拉丁美洲来的移民。

另外，你在美国买到的衣服有大约一半是在另外一个国家生产的，而且通常是在很恶劣的工作环境下生产的。在拉美，这些血汗工厂又被称作 maquiladoras 或 maquilas，通常由美国公司掌控。在拉丁美洲，年轻女性每小时只能挣 16 美分，这还不足以解决她的食宿问题（Bilbao，2003）。工作时间也是不人道的。在一个典型的血汗工厂中，女工要从早上七点工作到晚上十点（Ngai，2005）。一个女性这样说："在老板眼里，工人就是可以任意处置的东西。"（Ngai，2005，p. 183）

这些女性根本就不可能上学、存钱或者接受培训来找个好工作。除了长时间的劳动、低廉的报酬、恶劣的工作条件之外，在此工作的妇女还经常会受到性骚扰和体罚。如果她们想要组织一个联合会，就会被解雇；许多人甚至还面临死亡的威胁（Bender & Greenwald，2003a；Bilbao，2003）。

如果不审视我们的经济系统，揭露服装业的最大获利者，血汗工厂事件是不会被公布的。如果你关注这个问题，可以访问进行血汗工厂改革的组织的网站，比如国家反血汗工厂动员、国家劳工委员会和"我是女人?!"运动。为了更清楚地了解血汗工厂的问题，请看专栏 7.2。

专栏 7.2 你的衣服是在哪里做的？

打开你的衣柜或抽屉，查看各件衣服的产地标签。记下每个地点。美国和加拿大产的有百分之几？其他国家产的有多少？然后，如果你有机会，请查看一下你学校出售的印有学校标识的帽子和汗衫是在什么地方制造的。

---

231 | 在传统男性职业中的就业

相比于大量从事传统女性职业的女性的了解，我们对从事所谓"男性工作"的女性掌握着更多的信息，而这方面的人数是比较少的，这似乎很有讽刺意味。令人遗憾的是，把重点放在非传统职业方面造成了这样一种印象：职业女性好像更可能从事行政工作，而不是做职员。表7—2列举了在几个社会地位高的职业中女性的比例，这是对现实状况的更为准确的描述。你可以回顾一下

表7—1 来做个比较。

附带说一句，你会注意到，我用了"社会地位高"来指男性为主导的职业。Glick 及其同事（1995）曾经让大学生按照社会地位给各种职业评分。在那些评分高的职业中所有都是男性职员多于女性职员。

我们来考虑从事传统男性职业的女性的一些特征，然后我们再讨论这些女性的工作环境。

表7—2	几个传统男性职业中女性从业者的比例
职业	女性劳动者的比例（%）
工程师	10
牙科医生	19
建筑师	20
软件工程师	26
律师	29

Source：Bureau of Labor Statistics（2004c）.

传统男性职业中女性的特征

总的来说，从事那些人们认为男性化的职业的女性和这一领域的男性相似。例如，Lubinski 及其同事（2001）向参与了数学和科技方面最有声望的大学项目的大学生发放了调查问卷。结果显示男性和女性对于学术经历和将来工作的态度非常相似。在某种程度上来说，这种相似性之所以发生仅仅是因为那些女性具有适合这项职业的人格特征，才使得这些人被选入这个职业并持续下来（Cross & Vick，2001）。例如，在非传统女性职业中的女性在她们擅长的领域特别自信和有成就（L. L. Sax & Bryant，2003）。

如同我们所料，同一职业的女性和男性倾向

于具有相似的认知技能。例如，Cross（2001）发现，从事科学和工程领域的工作的男女在标准化测试中和大学中的得分都相似。其他研究表明，男性和女性有着相似的职业期待和投入（R. C. Barnett & Rivers，2004；Burke，1999；T. D. Fletcher & Major，2004；Preston，2004）。然而，性别差异最常表现的一个方面是自信（Cross，2001）。这个发现并不令人吃惊。我们在第5章学到，男性在某些方面比女性更自信。

传统男性职业中女性的工作环境

在第4章中我们了解到，年轻女大学生在学习中可能会遇到冷遇，这种冷遇对于很多女性来说在毕业后的培训和职业生涯中都会继续存在

(Bergman & Hallberg，2002；Betz，2006；Fort，2005b；Janz & Pyke，2000；Preston，2004；Steeh，2002；R. Wilson，2003）。例如，在女性应聘工作时，我们发现人们会根据她们的外貌而不是与工作相关的能力来评价她们（Dowdall，2003）。在上班后，她们可能会感到男性同事对女性有不好的态度，而且会忽视女性的贡献（Bergman，2003；Bergman & Hallberg，2002；Preston，2004）。

在本章，我们曾经注意到了几种形式的待遇歧视。不幸的是，待遇歧视对职业环境有重要的影响。例如，著名的神经外科医生 Frances Conley（1998）曾经描述她的男同事们如何趁她擦洗时试图吻她的脖子，在病人面前喊她"宝贝儿"，并吹嘘他们自己的性能力。一个医生甚至邀请她和他上床，把骨盆向前挺，低头看自己的生殖器，问她是否愿意享受一下那种感觉。

在第 6 章中我们也看到，女性如果过于自信和果断就会遭到贬低；这一原则在工作环境中仍然适用（Kite et al.，2001；Rudman & Glick，

1999）。另外，Heilman 及其同事（2004）请学生来评价短文中描述的人物。她们发现，当被评价人对工作都有抱负时，学生会对男女的评价相同。相反，当被评价人都很成功时，学生对男性的评价比对女性的高。也就是说，一个自信、果敢和有能力的女性会使同伴对其有负面评价。

传统男性职业中的女性经历的另一个问题是，男性会以傲慢的优越感对待她们（Preston，2004）。例如，一个女天文学家这样说："在一个三四天的学术会议中，你听不到任何一个'她'，所有的科学家都是'他'（男性）"（Fort，2005b，p. 187）。男同事们有时会表现出令人吃惊的大男子主义。例如，一名男化学老师对另一个男的大声说："跟女人费什么口舌？她们像老外一样笨。"（Gleiser，1998，p. 210）很明显，这个老师表现出的不仅是男性至上的大男子主义，而且是美国至上的民族主义。总之，传统男性职业中的女性接受的许多信息都表明她们并没有和男同事实现真正的平等。

在传统男性蓝领职业中的就业

几年以前，Barbara Quintela 是一个秘书，每小时挣 10 美元。在她丈夫离开她和她的 5 个孩子后，她费尽周折说服了一名学校主管，报名参加了培训电工的高中培训课程。在接受了 8 名面目狰狞的主管的面试后，她进入了一个见习班，最后每小时可以挣到 22 美元。她说："我喜欢搞得一身脏、扯线、挖沟、钻洞。我从没想过再回去当秘书。我当不起秘书"（J. C. Lambert，2000，p. 6）。

大多数从事蓝领工作的女性都说，她们的报酬很诱人，尤其是与传统女性工作的薪水相比。

关于职业女性的大多数信息描述的都是从事医学、法律等传统男性职业的女性。相比之下，关于从事蓝领职业的女性的信息却少得可怜。女性正在慢慢地进入蓝领领域，尽管比例尚小。表 7—3 列举了从事这些工作的女性在几个典型职业中的比例。

表 7—3	几个传统男性蓝领职业中女性工人的比例
职业	女性工人的比例（%）
汽车技工	1
虫害防治人员	1
工匠	2
消防员	3
推土机司机	5

Source：Bureau of Labor Statistics（2004c）.

从事蓝领工作的女性说，她们往往比男同事受到更严格的要求。例如，一位黑人女消防员说，一次暴风雪中她的车打滑掉入了洞中，她的白人男督察要求她重新考核认证。相反，一个男同事意外地撞死了一名横穿马路的老年人，他却没有受到任何处罚（J. D. Yoder& Aniakudo，1997）。女消防员们时常说，她们可能要用她们的余生不停地证明，她们是合格的（J. D. Yoder & Berendsen，2001）。男人们常常说女性在体力上无法应付工作（P. Y. Martin & Collinson，1998）。另一个对女消防员的研究发现，44 名女性中只有 3 个说她们在工作中没有遇到大男子主义的待遇（J. D. Yoder& McDonald，1998）。此外，性骚扰十分普遍（S. Eisenberg，1998）。

幸运的是，一些女性说，她们和男同事们保持着良好的工作关系。例如，一位白人女消防员描述了她和黑人男同事们的亲密关系：

> 我们关系很好，因为我很为他们考虑。我们也有默契，他们比白人男同事更了解我。所以呢，他们是些很好的伙伴，我想，从某种意义上说，也是经历过火的考验的。（J. D. Yoder& Berendsen，2001，p. 33）

其他女性也提到了蓝领工作的额外好处，例如对自身力量的自豪感和能够做好工作的满足感（Cull，1997；S. Eisenberg，1998）。还有一些人希望以自身为典型，鼓励年轻女性从事非传统领域的工作（Coffin，1997）。

▌为什么女性很少从事某些职业

为什么传统男性职业或者传统男性蓝领职业的女性从业者相对较少？研究者找到了两种主要的解释。**个人中心说**（person-centered explanations），也称**个体角度**（individual approach），是指女性的社会化使得女性形成了一些不适合从事某些职业的特征（Hesse-Biber & Carter，2000；Riger & Galligan，1980）。个人中心说的一个例证是女性没有男性那样有工作热情。然而，根据第 5 章，女性和男性在与动机和成就相关的领域很相似。

大多数当前的女性心理学研究和理论都支持第二种解释，即**情景中心说**（situation-centered explanations），也称**结构角度**（the structural approach）。它是指组织情景的特征解释了为什么女性在传统男性化职业中就业的人数较少，个人技能和特征不应为此负责（Hesse-Biber & Carter，2000；Riger & Galligan，1980）。例如，入职歧视可能阻碍女性的机会。如果女性经过努力获得了录用，她们还要面对几种待遇歧视，例如，阻碍晋升的玻璃顶

（Powell & Graves，2003）。同时，处于显要职位的人们不愿意帮助新近工作的年轻女性。

请注意，个人中心说和情景中心说为改善女性就业状况提供了不同的策略。例如，如果一名妇女想进入公司的管理层，个人中心说会建议她参加一些管理金融、组织会议及魄力培训等方面的课程。

相反，情景中心说提供了意在改变情景而不是人的策略。例如，公司应该设立一些培训来提高经理人进行客观评估的能力（Gerber，2001），应该开展肯定行为政策，女性应该被提升到要职（Etzkowitz et al.，2000）。

尽管这些建议很好，可是它们不可能自发进行。高层人员应该意识到雇用能力出众的女性并公平对待她们会使公司受益（Etzkowitz et al.，2000；Powell & Graves，2003；Strober，2003）。如果公司高层能够公开声称女性员工是有能力的，她们的同事也会认可她们的能力（Yoder，2002）。在继续阅读前先来看一下专栏 7.3。

专栏 7.3   评价一份职位描述

根据提供的描述，你是否愿意申请这份工作？

条件：聪明机智、精力充沛、耐心细致、熟谙社交、身体健康。

　　任务：至少 20 种不同的岗位。

　　时间：每周大约 100 个小时。

　　薪水：无。

　　假期：无（必须每周 7 天、每天 24 小时待命）。

　　提升机会：无（该职业的经验并不能打动未来的老板）。

　　福利：提供一般的食物、衣服及住宿，额外奖金取决于财政许可及雇主的心情。无保险。

　　工作稳定性：无（有可能会下岗，那么食宿就没有了来源）。

Source：Based on Bergmann（2003）& Chesler（1976）.

家务劳动者

　　你或许可以看出，专栏 7.3 这份并不引人注意的工作列举的是为人妻子和母亲的义务。**家务劳动者**（homemaker）是指在家中全职工作来维持家庭，并给其他家庭成员提供服务的无偿劳动者（Lindsey，1996）。在美国，大约 20％ 的成年女性目前是全职的家务劳动者（Hesse-Biber & Carter，2000）。在本章的下一部分，我们会发现即使全职有偿劳动的女性也继续分担远远超出她们义务的打理家务和照看孩子的任务。这里，我们将关注家务劳动者所担负的繁多的义务。

　　关于家务劳动者的研究很少。正如主题 3 所示，与女性有关的话题几乎无一例外是不为人所注意的。同时，根据定义，家务工作是无偿的，而我们的文化看重的是赚钱的工作（Bergmann，2003；Hesse-Biber & Carter，2000）。

　　我们知道，家务劳动所包括的任务如此宽泛，不胜枚举。这里只是列出了各种义务的框架：给其他家庭成员提供精神上的支持、购物、做饭、洗碗、家用物品采购、清理房间、洗熨和修补衣服、修整花园、照看车辆、为孩子上学做准备、接送孩子、哄孩子睡觉、管教孩子、招聘保姆、计划假日、管理家庭财务以及志愿参加社区活动（Bergmann，2003；Lindsey，1996）。

　　无须赘述，家务劳动者担负的繁多任务显然是不轻的。任何工作如果周而复始地重复或者根本无真正完成可言，都会令人厌烦。（厨房地板真的干净过吗？）

　　总之，本章关于职业女性的讨论必须承认女性在家务活中投入的大量时间和精力。这是必须有人做的工作。遗憾的是，它数目繁多、周而复始以至于让人心烦，而且社会地位比较低。

小结——女性在几个特殊领域的就业经历

　　1. 大多数职业女性从事传统女性职业，如会计和服务性行业。

　　2. 女性特别有可能从事两个低薪的传统女性工作：家务劳动和服装业（包括血汗工厂）。

　　3. 受雇于传统男性职业中的女性普遍和从事这些职业的男性有相似的学术经历、个性特征和认知技能；可是，这些女性的自信程度较低。

　　4. 从事传统男性职业的许多女性都面临着待遇歧视、性骚扰和大男子主义的态度。

　　5. 从事蓝领工作的女性可能面临男同事的偏见，但是，她们看重从这项工作中获得的薪水和自豪感。

　　6. 个人中心说认为，女性很少从事传统男性职业的原因是她们缺少所需的个性特征。

　　7. 情景中心说则提供了更为准确的解释。他们强调，团体组织阻碍了女性走向成功。

　　8. 家务活很少引起人的注意，它令人厌烦并且耗费时间。

协调工作与个人生活

237

许多大学女性打算把工作和家庭生活协调好（Hoffnung，1993，2004；Novack & Novack，1996）。不过，R. C. Barnett 和 Rivers（2004）的研究发现媒体认为结了婚的职业女性肯定是一塌糊涂。每一天，她必须在各种任务中奔波：工作、丈夫、孩子和家务。此外，媒体还强调性别差异非常巨大。因此，女性绝对不能相信自己丈夫照看孩子的能力。媒体还暗示，那么多女性正在辞去自己的工作来逃避这种时间的压力去享受在家里的生活。

可是，这些流行杂志上的文章通常是根据一小部分白人上层女性的例子而写出的（Prince，2004）。纵览本书，我们发现，媒体所报道的和现实生活通常是不同的。在这里，我们会读到，职业女性很难把她们的许多角色协调起来，但是，如同一些杂志文章所表明的一样，女性不会放弃自己的职业。下面我们来看就业是如何影响到女性个人生活的 3 个方面的：（1）婚姻；（2）孩子；（3）个人的健康。

238 **婚姻**

在美国，53% 的已婚夫妇（无论丈夫和妻子）参加了工作（Bureau of Labor Statistics，2004c）。加拿大相应的数据是 67%（Statistics Canada，2006）。请看一下专栏 7.4，然后再继续读，随后

我们会讨论两个问题：

1. 在家庭中，家务活是如何分工的？
2. 就业是否会影响到婚姻满意程度？

专栏 7.4　家务活的分工

请想出一对你所熟悉的夫妇：你父母、好友的父母，或者你和自己的配偶。谁更有可能做下面这些家务活，请在"丈夫"或者"妻子"下面打个对号。你所得到的结果和本章讨论的是否一致？

家务活	妻子	丈夫
买菜	———	———
做饭	———	———
刷碗	———	———
洗衣服	———	———
打扫房间	———	———
洗车	———	———
照料花园	———	———
扔垃圾	———	———
交款	———	———
修理东西		

做家务

在本章，我们经常发现，女性在工作中受到了不公正的待遇。在研究已婚夫妇分配家务活时，我们会发现更多的不公正的例子。例如，劳工统

计局统计数据（2004b）研究了美国大约 21 000 名女性和男性。图 7—3 显示白人女性、拉丁裔女性和黑人女性通常比男性在家务活中花费的时间更多。然后，研究人员抽取了每个人在工作中所花费的时间。与女性相比，男性每天能比女性平均多 36 分钟用于休闲和运动。

那么，如果夫妻双方都工作又会如何呢？美国的一些研究表明，在夫妇双方都工作的家庭中，男性确实会做更多的家务活。可是，男性的家务活仅占家务活的 30%～40%（Coltrane & Adams，2001a；Crosby & Sabattini，2006；Perry-Jenkins *et al.*，2004）。在加拿大对 2001 年数据的分析表明，女性每周平均做家务活的时间为 13 个小时，而男性每周平均只有 7 个小时（Statistics Canada，2005c）。在英国、中国和日本也有着同样的现象（Brush，1998）。

女性比男性更有可能会做饭、打扫卫生、洗衣服、刷碗和购物。唯一男性可能做的较多的家务活是修理东西（Galinsky & Bond，1996；Landry，2000）。另一个问题是男性很少留意到需要做某个家务活了，而会等着妻子提醒他（Coltrane & Adams，2001a）。同时，男性好像不认为他们做的家务活很少。在一个研究中，只有 52% 的男性同意下面这种说法：男性通常没有完成他该干的那份家务活（Reiser，2001，p.35）。在本

章前面的学习中，我们注意到男性和女性的薪水之间存在差距。由于女性在家务活中花费了更多的时间，我们发现职业男性和女性之间也存在空闲差距（Coltrane & Adams，2001a）。

是什么因素影响了家务活的分工呢？如图 7—3 所示，3 个主要种族的女性都比男性做了更多的家务活。可是，在拉丁裔家庭中这种差异最大（Bureau of Labor Statistics，2004b；Stohs，2000）。另外一个因素是夫妇的观念。在美国和 13 个欧洲国家的研究表明，如果男性持非传统观念，或者政治观念上是改革性的，那么男性会更公平地分担家务活（Apparala *et al.*，2003；Sabattini & Leaper，2004）。

那么，男性如何解释自己不愿意做家务呢？尽管很多男性可能更敏感，但是一个男人这样解释：人们不应该做他们所不愿意做的事……我就不想做家务（Rhode，1997，p.150）。在本章的前面部分，我们注意到男性通常认为他们应该得到比女性更高的工资。很显然，很多男性也认为他们的妻子应该做家务（Crosby & Sabattini，2006；Steil，2000）。另外，就连大学生也认为男性应该少做家务活（Swearingen-Hilker & Yoder，2002）。令人奇怪的是，很多女性对她们做较多的家务活并不感到生气（Dryden，1999；Perry-Jenkins *et al.*，2004），这与她们意识不到薪水差距一样。

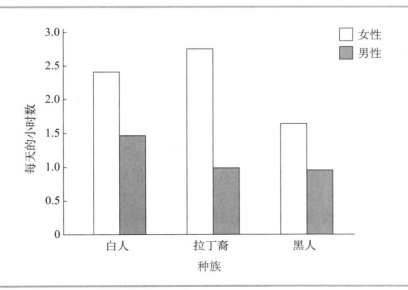

图 7—3　基于性别和种族分类的美国人做家务活中的时间量

Source：Based on Bureau of Labor Statistics（2004b）.

对婚姻的满意程度

一般来说，职业女性这个身份不会影响到她的婚姻满意度或者稳定性（Viers & Prouty, 2001；L. White & Rogers, 2000）。例如, Stacy J. Rogers（1996）分析了取样自全国的 1 323 个女性，她们都没有经历过婚变，而且都至少有一个孩子。她发现，无论是就业还是无业的女性所报告的婚姻质量没有数据意义上的差异。此外，女性工资的增长和将要离婚二者之间没有联系（Rogers & DeBoer, 2001）。有些研究表明，如果女性有工作，婚姻会更加稳定（R. C. Barnett &

Hyde, 2001）。

但是，婚姻的满意度确实是和其他与工作相关的因素相联系的。例如——不足为奇的是——如果丈夫能够较多地做家务，职业女性会对婚姻感到更为满意（Coltrane & Adams, 2001b；Padavic & Reskin, 2002；Steil, 2000）。相反，如果丈夫很少做家务，妻子可能会感到沮丧（C. E. Bird, 1999），我们会在第 12 章讨论这种现象。

总之，外出工作的女性会比无业的女性更为忙碌。但是，她们好像对婚姻感到同样满意。

孩子

在美国和加拿大，大多数对年轻女性的调查显示，她们希望能把职业和做妈妈协调好（Davey, 1998；Hoffnung, 1999, 2000, 2004）。但

是，偶尔也有研究显示，年轻女性说她们一旦有了孩子就可能会放弃职业（Riggs, 2001）。请做一下专栏 7.5，看看你的朋友在这方面的表现。

专栏 7.5 大学生对于职业和生育的打算

请一些朋友加入一个非正式的研究，最好是 5 男 5 女。（要确保被试会和你很坦率而自然地讨论下面的问题。）向他（她）们提出下面的问题：

1. 你毕业后是否打算找工作？你希望每周工作多少小时？

2. 你毕业后是否打算结婚生子？（如果答案是"不"，你就不需要再问其他问题了。）

3. 假设你和配偶有了一个 1 岁的孩子。你希望每周在外面工作几个小时？你希望你的伴侣每周工作几个小时？

4. 你每周会用多少小时来照看孩子？你希望你的伴侣用多长时间呢？

请留意作为 1 岁孩子的父母仍打算工作的比例。如果你所调查的既有男的也有女的，你是否注意到他（她）们的反应之间的差异？

现实情况是，在北美大多数的妈妈都在外工作。在美国，孩子在 18 岁以下的妈妈中有 72％在工作（Bureau of Labor Statistics, 2004c）。在加拿大的情况也类似，孩子在 16 岁以下的妈妈有 70％在工作（Statistics Canada, 2004）。这些研究结果指出了与有孩子的职业女性相关的两个重要问题：

1. 在双亲家庭中，照看孩子的任务是如何分配的？

2. 妈妈的工作是否会影响到孩子的心理调节？

照看孩子

在上一节，我们发现女性比男性做的家务活多。那么，谁在照看孩子呢？研究表明，自从 30 年以前有人做过类似的研究以后，美国和加拿大的父亲们确实增加了照看孩子的时间（R. C. Barnett, 2004；Milkie *et al.*, 2002；Pleck & Masciadrelli, 2004）。

但是，研究人员仍然认为照看孩子的任务大部分是由妈妈们完成的。例如，一个大规模研究调查了孩子小于 18 岁的美国居民。结果显示，女性在照看孩子方面每天用去 1 小时 45 分钟，而男

性每天用去 50 分钟（Bureau of Labor Statistics，2004b）。其他研究也提供了类似的数据，妈妈们完成了 60%～90% 的照看孩子的任务（Laflamme et al.，2002；Pleck & Masciadrelli，2004；Statistics Canada，2005c）。如果我们把做家务和照看孩子的时间加起来，我们会发现与父亲们相比，妈妈们在家中工作的时间多很多（Bureau of Labor Statistics，2004b；M. Fine & Carney，2001）。

与父亲很少照看的孩子相比，被父亲照看较多的孩子会表现出更好的认知和社会技能。孩子的自尊心也比较高，并且很少出现行为问题（Coltrane & Adams，2001b；Deutsch et al.，2001；L. W. Hoffman & Youngblade，1999）。很明显，孩子会从两个照看自己的成年人那里受益匪浅。另外，与很少照看孩子的父亲相比，经常照看孩子的父亲会更加健康，对别人也会更为关心，他们与孩子的关系也会更好（hooks，2000a；Pleck & Masciadrelli，2004）。也就是说，父亲和孩子都会因为在一起的时间而受益。

Francine Deutsch 及其同事研究了平等照看孩子的夫妇（Deutsch，1999，2001；Deutsch & Saxon，1998a，1998b）。这些父母描述了突破照看孩子的传统角色的困难。但是，很多父亲讲述了共同照看孩子的意外之喜。例如，一位妻子做秘书工作的消防员这么说：

> （我经常）和妻子在一起。我是说，时间并不多，但是只要晚上有空就在一起。如果我们中的一个要包揽所有的活，我们就没有时间在一起了。我喜欢和妻子在一起（和孩子也是一样）。有时候听起来很疯狂，大多数时间都是，但是，我喜欢这样的生活。我就喜欢这样的生活，也找不到更好的生活方式了。（Deutsch，1999，p. 134）

许多女性根本就没有同伴能够帮她们照看孩子，连在理论上来说都不可能。未婚的、两地分居的、离异的以及丧偶的妈妈通常会因为经济原因而在外面工作。对于她们来说，照看和接送孩子的后勤问题变得更为复杂了。另外，未婚妈妈通常只能自己养育孩子、辅导作业和教育孩子。

母亲的工作和孩子

大学生倾向于认为母亲参加工作会给孩子带来不良影响（Bridges & Etaugh，1995，1996）。没有在外面工作的妈妈们也认为孩子会因为妈妈的工作而受到不好的影响（Johnston & Swanson，2002，2004）。但是，研究却发现了截然不同的结果。我们需要强调，母亲的工作和孩子的关系是个很复杂的课题。我们的结论取决于很多变量，比如，照看孩子的质量、孩子的年龄、家庭的经济背景和妈妈对于孩子的需要的敏感程度（Brooks-Gunn et al.，2002；Marshall，2004；NICHD Early Child Care Research Network，2001，2002，2004）。

一般来说，在日托幼儿园的孩子和在家里由妈妈照看的孩子的认知发展基本相似。在低收入的家庭中，日托可能会提供更多的认知优势（Loeb et al.，2004；Marshall，2004；NICHD Early Child Care Research Network，2001）。此外，接受较高质量日托的孩子通常更有合作意识，也更少有行为问题（Marshall，2004；NICHD Early Child Care Research Network，2001，2002；Weinraubet et al.，2001）。

另外，大部分在日托中心的孩子与在家里由妈妈照看的孩子都同样对妈妈有着精神上的亲密感。唯一的例外是在质量差的日托中心的妈妈对孩子的需要不敏感（L. W. Hoffman，2000；NICHD Early Child Care Research Network，1999，2001；Weinraub et al.，2001）。

在外工作的妈妈们会倾向于鼓励孩子自立（Johnston & Swanson，2002）。另外，妈妈在外工作对孩子确实有一个重要的好处：他们的妈妈给他们提供了有能力女性的榜样，使他们知道女性也可以在工作中成功（Coontz，1997；L. W. Hoffman & Youngblade，1999）。一般情况下，研究显示，职业女性的孩子比全职妈妈的孩子有较轻的性别定式（Etaugh，1993；L. W. Hoffman，2000）。

总之，孩子的发展确实没有受到缺少母亲照看的影响（Erel et al.，2000；L. W. Hoffman，2000）。但是，美国的家庭面临着一个问题。孩子明显从质量好的日托中受益，但是，价位适中而又质量好的日托是很难找到的（Brooks-Gunn et al.，2002；Coontz，1997）。我们一直在说孩子是第一位的，但是，政府却未能资助养育孩子的问题。这对于低收入家庭来说尤其是一个重要的问题。例如，在美国，85％的手工摘的水果和蔬菜是由移民工人收获的（Kossek *et al.*，2005）。假如你是一个移民工人，而且找不到负担得起的儿童看护。你是否会在工作时带着孩子，而他们是否会遭受日晒雨淋，接触杀虫剂？

在很多欧洲国家，父母可以免费或者只花很少的费用就能够让孩子接受很多的培训（Poelmans，2005）。在发达国家中没有系统养育孩子政策的国家并不多，而美国就是其中之一（Bub & McCartney，2004；Marshall，2004）。显然，孩子在美国并不是第一位的。

▌个人调节

我们讨论了婚姻以及职业女性的孩子。但是，女性自己又在做些什么呢？她们是否经历角色压力？她们的身体和精神健康如何呢？

角色压力

243 一位女医生在市区开了所针对青少年的诊所。她这样评价自己的生活："我所知道的40多岁的职业女性中，没有谁感到自己的生活是平衡的。到了那个年龄，我们都会有过多的束缚。或许到50岁就能好了"（Asch-Goodkin，1994，p. 63）。

这位女性在描述**角色压力**（role strain），即人们很难协调他们不同的角色。例如，对加拿大的护士和医生的研究发现女性护士和医生有很大的角色压力和疲劳感（Bergman *et al.*，2003；K. Thorpe *et al.*，1998）。在美国的研究也表明各个种族的女性都经历着某种角色压力。

职业女性经常会在工作和家庭责任之间经历角色压力（Crosby & Sabattini，2006；Greenhaus & Parasuraman，2002；Powell & Graves，2003）。但是，如果职业女性辞职后，她们经常会说她们很怀念自己工作中的身份。一个妈妈这么说："我有时考虑不要工作。在生了孩子后，我就辞职了。可是我意识到为了我的自我观念，我需要工作这种外部的激励"（Brockwood *et al.*，2001，p. 58）。

身体健康

我们可能会认为角色压力会导致职业女性产生较差的身体状况。但是，研究数据显示，职业女性比无业女性更加健康（Cleveland *et al.*，2000；Crosby & Sabattini，2006）。只有一组职业女性确实有健康问题：从事低薪的工作、有很多孩子以及丈夫不体贴的女性（R. C. Barnett & Rivers，1996；Cleveland *et al.*，2000；Noor，1999）。

精神健康

如果你相信媒体所描述的情况，你会想象一个工作了一天、浑身疲惫的女性回到家就赶紧去喂狗、给孩子换尿布、收拾餐桌。所以，我们猜测她肯定会十分沮丧和生气。但是，我们发现，职业女性通常和无业女性一样快乐。如果她们的工作角色是自我观念中的重要部分，职业女性会更快乐，自我调节也更好（Betz，2006；L. W. Hoffman，2000；Martire *et al.*，2000）。很多女性非常乐意接受艰巨任务的挑战，并能从实现长期职业目标中获得无尽的快乐。

另外，很多女性发现多种角色为她们提供了缓冲器（R. C. Barnett & Hyde，2001；Betz，2006；S. J. Rogers & DeBoer，2001）。具体来说，工作就像是家庭压力的缓冲器，而家庭生活如同是工作压力的缓冲器。当这些角色都呈现良好态势时，多种角色的好处就会大于其不良效应（J. D. Yoder，2000）。

研究也表明女性的工作能够提高其自尊心。一般来说，与无业女性相比，职业女性有着更强的能力、成就感和生活满意度。而且职业女性很 244 少会感到压抑或者焦虑（Betz，2006；Cleveland *et al.*，2000；S. J. Rogers & DeBoer，2001）。

在职业女性的多种角色方面，我们几乎没有跨文化的信息。唯一的研究是由 Park 和 Liao（2000）在韩国所进行的。该研究比较了女教师与在家里做家务的男教师的妻子。他们的研究结果表明，女教师经历了更多的角色压力和更强的满意程度，这与在北美的研究结果是一致的。

在一项大规模研究中，R. C. Barnett（1997）调查了300对全职在外工作的夫妇。她发现，工作比较艰巨、工资比较高的女性能够很好地处理家里的问题，比如令人厌烦的照看孩子的问题。另外一个研究表明，如果法裔加拿大女性能够独立工作，并从中得到成功的感受，她们的自尊心会明显升高。她们的工作的这些特征比工资更能决定自尊心（Streit & Tanguay，1994）。但是，工作和报酬不理想的女性的生活满意度比较低，而且压力比较大（Noor，1996）。

我们不能忽视职业女性所经历的空闲差距，她们的家务和照看孩子的责任要比职业男性的责任更大（D. L. Nelson & Burke，2002）。这个问题是不能通过女性学着如何更为有效地利用时间来解决的。相反，夫妇需要通过协调家庭和工作的矛盾来更加平等地分担家务（Crosby & Sabatti-

ni，2006；MacDermid et al.，2001；Nevill & Calvert，1996）。

最重要的是，我们的社会需要了解职业女性和双职工家庭的真实生活（R. C. Barnett，2001）。公司需要为员工设计真正人性化的家庭政策（Padavic & Reskin，2002；Rosin & Korabik，2002）。Barnett 和 Rivers（1996）这样强调：

> 事实很清楚，女性从业的人数现在很多，在不久的将来人数会更多。她们不再仅仅待在家里。付薪的工作对女性的生理和心理健康都有良好的作用，让她们做兼职或者放弃工作的企图都会危害到她们的健康，而不会给健康带来什么好处。（p. 38）

▍小结——协调工作与个人生活

1. 在北美的家庭中，男性只做 30%～40% 的家务活，但是女性通常不会对此表示愤怒。

2. 一般来说，女性对婚姻的满意度不会受到她是否在外工作的影响。

3. 在北美，女性完成大部分的照看孩子的任务。不过，从父亲与孩子的接触中父子双方都会受益。

4. 一般来说，在日托中心的孩子在认知能力、社会发展和亲密感方面都没有劣势，而且他们会

形成关于性别的更为灵活的观点。

5. 日托的质量对于孩子的心理发展有着重要的影响。遗憾的是，很多家庭负担不起高质量的日托。

6. 职业女性通常会在很多冲突的任务中经历角色压力，但是很多女性认为她们的工作提高了她们的自信。

7. 职业女性与无业女性的健康和心理调节能力基本相似。有着令人满意的工作的女性会更为健康，调节能力也更好。

本章复习题

1. 在过去的几十年里，女性的工作在很多方面发生了巨大变化。请看看本章的概要，并描述哪些因素发生了变化，哪些因素保持了一致。

2. 你原来是从什么渠道了解女性和福利的：其他同学、媒体、还是熟人？本章的哪些讨论和你已经了解的是一致的，哪些方面是你以前不知道的？

3. 根据本章对于入职歧视的讨论，请你描述女性找工作时最可能遇到入职歧视的一个情景。哪 4 个因素会使一个女性最可能避开入职歧视？肯

定行为在招聘中如何起作用？

4. 在工作场合，女性通常会遇到哪种待遇歧视？请你讨论关于本课题的研究，并用"女性在几个职业中的经历"这一部分的一些因素来做个补充。

5. 有人说薪水差距完全可以这么来解释：女性一旦有了孩子就会放弃工作，而且她们的教育程度也较低。你会如何回答这种说法？又会如何解释可比价值的观点？

6. 请在玻璃顶、黏地板和玻璃电梯等方面比较职业女性和男性的经历，同时，请比较同一职业中女性和男性的个性特征。

7. 请列出女性很少从事某些职业的两种解释。并复习第 5 章和第 6 章各部分的小结，来看认知和社会的性别比较最能用来说明哪种解释。

8. 假如你认识一些女性，她们比公司里同样资质的男性工资低，可是她们并不因为这种差异而难过。你如何解释女性为什么不生气？在女性考虑自己和丈夫在家务活和照看孩子方面的差距时，类似的过程是如何形成的？

9. 假如你是一个 25 岁的女性，你在生完第一个孩子后想再回到你原来的工作岗位上去。你的一个邻居告诉你，如果你外出工作，你的孩子可能会产生心理问题。请运用本章的知识来解释你的决定。

10. 假如你是你们省的一个新成立的工作组的一员。该工作组要为改善职业女性的状况来提建议。请根据本章的内容列出 8～10 条建议。

 ## 关键术语

* 劳动妇女（working women，211）
* 职业女性（employed women，211）
* 无业女性（nonemployed women，211）
* 入职歧视（access discrimination，215）
  性别角色过剩（gender-role spillover，216）
* 肯定行为（affirmative action，217）
* 反面歧视（reverse discrimination，217）
  待遇歧视（treatment discrimination，218）
* 可比价值（comparable worth，220）
* 职业隔离（occupational segregation，220）
* 优越感（entitlement，221）
* 玻璃顶（glass ceiling，222）
* 黏地板（sticky floor，222）
* 玻璃电梯（glass escalator，222）

* 性骚扰（sexual harassment，223）
* 异性恋主义（heterosexism，224）
* 血汗工厂（sweatshop，229）
* 在拉美的血汗工厂（maquiladoras，230）
  个人中心说（person-centered explanations，234）
* 个体角度（individual approach，234）
  情景中心说（situation-centered explanations，234）
* 结构角度（structural approach，234）
* 家务劳动者（homemakers，235）
* 角色压力（role strain，243）

注：这里标有 * 的术语是 InfoTrac 大学出版物的搜索术语。你可通过网址 http://infotrac.thomsonlearning.com 来查看这些术语。

 ## 推荐读物

1. Bender, D. E., & Greenwald, R. A. (Eds.) (2003). *Sweatshop USA: The American sweatshop in historical and global perspective.* New York: Routledge. 当前，这本书提供了关于血汗工厂问题的最全面的资料。它强调了美国血汗工厂的历史和当前角度，也讨论了在其他国家的"海外"血汗工厂。

2. Ehrenreich, B. (2001). *Nickel and dimed: On (not) getting by in America.* New York: Metropolitan Books. 如果有人认为一个人可以依靠从事服

246

务行业所挣的最低工资来养活自己，那么这本书就很适合他（她）。Ehrenreich 是位很优秀的作家，她用激情的笔调描述了自己和同事的工作经历。

3. Murphy，E. F. （2005）. *Getting even：Why women don't get paid like men—and what to do about it*. New York：Simon & schuster。Evelyn Murphy 曾经在 1987—1991 年期间任马萨诸塞州副州长，而且也曾经做过公司总裁。这本书提供了关于工资的性别差异和个体如何采取措施来减轻这种差异的信息。

4. Polakow，V.，Butler，S. S.，Deprez，L. S.，& Kahn，P. （Eds. ）（2003）. *Shut out：Low income mothers and higher education in post - welfare America*. Albany，NY：State University of New York。如果读者想了解当前美国的福利政策是否有效，我向他推荐该书。我特别喜欢该书中撰写各个章节的女性的多样性。

5. Powell，G. N. ，& Graves，L. M. （2003）. *Women and men in management* （3rd ed. ）. Thousand Oaks，CA：Sage。该书对这个主题做了清晰的描述，一些特别相关的章节讨论了职业发展、性别歧视和领导权。

判断对错的参考答案

1. 对；2. 错；3. 对；4. 对；5. 错；6. 对；7. 错；8. 对；9. 错；10. 错。

第**8**章

爱情

判断对错

_____ 1. 多数大学女生喜欢更具男性特征的男性伴侣。

_____ 2. 研究表明通常男子更喜欢年轻、具吸引力的女性，因为这些女性生育能力更强。

_____ 3. 目前，在近一半的初次婚姻中，存在未婚同居的情况。

_____ 4. 人们对婚姻的满意度通常会在结婚的前 20 年中下降，但此后就会明显上升。

_____ 5. 新近研究表明，多数拉丁裔夫妻的理想夫妻模式是，男性处于支配地位，女性则是被动和忍耐的一方。

_____ 6. 虽然离婚最初令人痛苦，但很多女性报告说她们发现自己比以前认为的更加坚强。

_____ 7. 许多 20 多岁的女同性恋说她们在之前的 10 年中有时并不确定她们的女同性恋身份。

_____ 8. 通常来说，女同性恋比双性恋更加满意自己的性角色。

_____ 9. 研究人员已经发现有令人信服的证据表明，女同性恋和生理原因有关系。

_____ 10. 和已婚女性相比，单身女性具有更严重的心理问题。

就在我即将开始写作爱情这一章时，丈夫和我订了芝加哥经典剧 "Rigoletto" 的票。剧情是这样的：一名叫 Gilda 的年轻可爱的女子受到了 Mantua 公爵的引诱，这个坏公爵曾经引诱过不计其数的年轻女人，所以当他唱 "La donna é mobile" 时就显得很可笑，这是一支歌唱女人反复无常的咏叹调。Gilda 的父亲 Rigoletto 知晓后大怒，他雇了一名杀手去杀公爵。但是由于晚上太黑，Rigoletto 发现杀手没有杀死公爵，反而把 Gilda 杀死了。几乎每部伟大的歌剧都聚焦在爱情的某一点上。

这个星期，电视播放的肥皂剧 "Soñar No Cuesta Nada"，刚好演到 Señora Roberta 正在藏她的医生情人，因为她的丈夫不期而归。我们当地的电影院正在播放 "史密斯夫妇" （"Mr. and Mrs. Smith"），是部讲述两名男女杀手结婚共同生活的喜剧。与此同时，摆在超市柜台的每本杂志上都赫然印着电影中的两名演员——布拉德·皮特（Brad Pitt）和安吉莉娜·朱莉（Angelina Jolie）不只是"好朋友"。

不管我们听过多少"当男孩遇到女孩"的故事，我们总是希望能有更多。你大概只能想出几部关于权力、冒险或金钱的歌剧、肥皂剧或电影。它们显然没有以爱为主题的剧目多（Fletcher, 2002；Hedley, 2002a, 2002b）。在前一章中，我们探讨了女性和工作——当今女性生活中的一个中心问题。在第 8、第 9、第 10 章中，我们将会关注与女性自身密切相关的一些问题，比如恋爱、性和做母亲等。本章中，我们探讨爱情关系中的 4 个主题：（1）约会和同居；（2）结婚和离婚；（3）同性恋和双性恋女性；（4）单身女性。你将会看到，这 4 个部分比最初看起来要流畅得多。

约会和同居

我们首先探讨的是异性恋，这是在大众传媒中最常见的一种爱情关系。但是，我们也注意到，在很多关于异性恋的报道中，并没有考虑他们的性取向。毕竟，在我们的社会文化中"异性恋"被看作是正常的。当要求异性恋学生去描述他们对这个问题的看法时，他们通常会写些诸如"我从来没想过我的性取向，这只是很自然的事情"之类的话（Eliason，1995，p. 826）。

顺便提一下，本章节使用了"约会"一词作为标题。但是，很多青年人说他们现在通常是住在一起或者参加一群人的聚会，而不再进行事先安排好的正式约会（Baca Zinn & Eitzen，2002；O'Sullivan *et al.*，2001；Wekerle & Avgoustis，

2003）。但我们还是使用"约会"这个词，因为流行文化中还没有出现一个替代词。

下面我们来看一下异性恋中的男女对理想伴侣的要求，然后探讨对其中出现的性别差异的两种解释。接下来，我们就爱情关系中的几个特征对男女做一个比较。最后，我们的主题是同居夫妇和婚姻破裂的夫妇。

理想伴侣

在你开始阅读这一部分前，请先看一下专栏8.1。你可能十分确信征婚广告作者的性别，但请务必对照一下答案。我们先看一下在北美进行的关于这个话题的调查，然后探讨在其他文化中进行的调查研究。

北美的调查

女性和男性希望从伴侣身上得到什么？这个问题取决于他们谈论的是性伴侣还是婚姻伴侣。Regan 和 Berscheid（1997）咨询了一所中西部大学里的本科生，要求他们分别选出对性伴侣和长期伴侣（比如婚姻伴侣）的性格要求。专栏8.1展示的是女性和男性希望伴侣具有的 5 种最重要的特征。

如你所见，女性和男性都看重理想性伴侣外貌的吸引力。此外，一项数据分析表明，和女性相

比，男性更容易将外貌的吸引力列为最重要特征。

但是，请注意，人们对婚姻对象的判断标准发生了变化。性别差异表现得不是很明显，因为女人和男人都看重诚实、良好的人格和聪明这些特点。不过，男人也确实是把相貌的吸引力置于婚姻对象标准的第 3 位。

另外一些调查也表明，当人们开始遇到一个有可能会发展爱情的人时，相貌的吸引力是极其重要的。而且，在男人眼中，姣好的外貌和苗条的身材尤其重要（Fletcher，2002；J. H. Harvey & Weber，2002；Regan *et al.*，2000；Travis & Meginnis-Payne，2001）。在本书的后面部分关于残疾女性的遭遇（第 11 章）和体重超重的女性（第 12 章）中，我们还会谈到这个话题。

251

专栏 8.1　理想伴侣

以下内容选自《都市报》的生活专栏广告（罗彻斯特，纽约）。每条广告描述了登广告的人想寻觅什么样的伴侣。我略去了广告中关于性别的描述，其余部分是完整的。如果你认为登广告的人是女性，就在广告前写 F，如果认为是男性就写 M。

_____ 1. 我想寻找一位温和、聪明、有幽默感的朋友。

_____ 2. 我想寻找一位成功人士，而不是一个工作狂，要很有幽默感、健康、诚实、忠诚、负责任。

_____ 3. 我想交个新朋友，可以一起欢笑。爱好包括：电影、打牌、古董、户外运动。

_____ 4. 我想寻觅一位 30 岁左右的人士，不抽烟，白天可以爬山、骑自行车，夜晚一起分享浪漫文化。希望先做朋友。

_____ 5. 欲寻一位可爱的肤色白皙的单身犹太人，喜欢跳舞唱歌。

_____ 6. 欲寻一名单身白人，基督教徒，45～55 岁，可以分享音乐、烹饪、足球、周末郊游和假日；喜欢散步和骑自行车；不抽烟。

_____ 7. 我欲寻一名 34 岁以下的单身白人，可以一起分享生活乐趣、友情和爱。

_____8. 欲寻一名单身人士，26～35 岁，种族不限。喜欢跳舞、饮食、电影和拥抱，以及令人兴奋的秋日浪漫。我相信您不会让我失望的。

_____9. 欲寻一名事业为重的自信人士，希望能一起进行户外活动，包括骑自行车、滑雪、野营和园艺。

_____10. 欲寻一名 20～40 岁之间的黑人，要求诚实、聪明、积极、可爱、体贴和温柔。

答案在本章结尾。

252　　专栏 8.1 中登广告的人的性别你都猜对了吗？大概有几条会让你犹豫不决，因为这几条中征友者既可以是男性也可以是女性。总之，通过对美国和加拿大的征友广告进行的一系列调查发现，男性比女性更看重伴侣的相貌，相反，女性更重视对方的财务情况。但是，男性和女性对理想伴侣都有相同的具体要求，就是温和、浪漫、善良、敏感、有幽默感（Green & Kenrick，1994；Lance，1998；E. J. Miller et al.，2000）。选择理想伴侣时，主题 4 起着重要作用：同性之间的个体差异比两性之间的差异要大得多。

你可能会问，女人要寻找的究竟是健壮、强势的男人还是和蔼可亲的小伙子呢？Urbaniak 和 Kilmann（2003）研究发现女大学生更喜欢那些"善良、体贴、不大男子主义"的男士，不喜欢那些说自己知道怎么才能得到自己想要的，不愿意总是卿卿我我的男士（p. 416）。另外一些针对理想伴侣的调查也发现了同样的结果（Desrochers，1995；Jensen-Campbell et al.，1995）。而且，Burn 和 Ward（2005）发现，大学女生的观点是，如果男士不是传统的那种健壮的男士，她们反而更满意。如果读者刚好是一位善良、体贴的男士，欲寻一位女性伴侣，那么看到本文一定会很高兴。

跨文化研究

253　　参与理想伴侣调查的人大部分生活在美国和加拿大，都是白种人。如果我们再考察一下非欧洲血统的人群，常会发现几种不同类型的理想伴侣关系（Hamon & Ingoldsby，2003）。比如在印度，婚姻通常是由双方家长做主的，但当男女双方互相熟识之后，两人可能都有对配偶进行选择的权利（Medora，2003；Pasupathi，2002）。当印度的年轻人移民到北美会出现什么样的情况呢？在很多情况下，年轻女性，或者她的家人，会在报纸上刊登征婚广告。以下就是"海外印度"（India Abroad）网站上的一则典型广告（2005）：

　　33/5'6"，Punjabi Arora，漂亮、医术高超的外科医生，有美国和加拿大执照。目前在美国任副教授、外科医生。征求高大、未婚、同等能力的成功医学专家、工程师或律师（名校博士且担任高层管理职位）。

在不同的文化中，对婚姻对象的要求似乎也不同。但是，通常情况下，女性比男性可能更会要求对方有良好的经济实力。相比之下，男性则比女性更注重对方的相貌（Higgins et al.，2002；Sprecher et al.，1994；Winstead et al.，1997）。

在一项跨文化调查中，Hatfield 和 Sprecher（1995）让美国、俄罗斯和日本的大学生列出他们在选择婚姻对象时认为很重要的标准。无论男女，他们列出的很多特点都是相似的。但是，如图 8—1 所示，在这 3 种文化中，女性比男性更看重配偶的经济实力。同时，图 8—2 表明，在 3 种文化中，男性比女性更看重相貌。

论喜好模式中的性别差异

在针对理想伴侣的研究中，备受争议的问题之一就是，进化论学说是否能解释喜好模式中的性别差异。**进化论心理学方法**（evolutionary-psychology approach）认为，各种物种在代代相传中不断改变自身以更好地适应环境。这种方法的基本原理是，如果男女能把各自的基因成功传给下一代，那么这就体现了进化的优势。

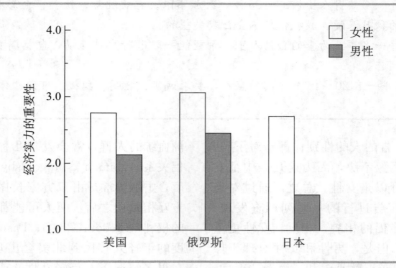

图 8—1　3 种文化中男性和女性对配偶经济实力的重视程度

Source：Hatfield and Sprecher（1995）.

进化论心理学家认为，这种进化论方法能够解释为什么男女对理想伴侣似乎持有不同的观点（Buss，1995，2000；A. Campbell，2002；Fletcher，2002；Geary，1998）。尤其是，男人拼命要寻找年轻、有魅力、身体健康的女人，因为这样的女人生命力旺盛——她们能承担起传承男人基因的重任。但是，与这种进化论观点相反的是，研究人员发现女性的漂亮程度和身体健康或者旺盛的生命力却不成正比（Kalick et al.，1998；Tassinary & Hansen，1998）。

254　进化论心理学家还指出，女人试图选择能保持长期关系的伴侣。毕竟女人必须确保孩子要有经济来源。由此推断，女人想找收入高又值得信赖的男人。进化论心理学家强调，在选择伴侣时，这种性别差异几乎不受文化的影响（Buss，1998）。

很多女性心理学家反对这种进化论学说。比如，他们反驳说，这个理论只是对千百年来一直存在的进化力量进行的一种猜测（Eagly & Wood，1999）。他们还指出，进化论心理学无法确认这些性别差异中的基因机制（Hyde，2002）。此外，进化论心理学也无法解释相同性别之间的感情关系（Surra et al.，2004）。同时，调查显示男人和女人都想拥有长期的关系（L. C. Miller et al.，2002；Popenoe & Whitehead，2002）。比如，在加州一所大学进行的一项调查中，有 99％的女学生说他们希望仅同一个伴侣保持长期关系，持此观点的男生也有 99％（Pedersen et al.，2002）。

我认为听上去还比较可信（可能大多数女性主义者也相信）的一种观点是，可以用社会因素对喜好模式存在的性别差异进行有效的解释。根据社会角色论（social-roles approach）的观点，男女双方所承担的社会角色不同，有不同的社会身份，因此他们面临的社会机会和劣势也各异（Eagly & Wood，1999；S. S. Hendrick，2006；Johannesen-Schmidt & Eagly，2002）。比如，如第 7 章所说，在我们的文化中，女性的经济来源相对来说有限，所以，这迫使女性更加关注伴侣的赚钱能力。

调查数据显示，在女性受教育和赚钱机会都有限的国家，女性更有可能会选择高收入男士，　255 这有力证明了社会角色论（Eagly & Wood，1999；Kasser & Sharma，1999）。反之，在相对平等的国家，女性自己有收入，因此她们不需要找个富有的丈夫。文化因素确实对人们的择偶有影响，这和进化论心理学的推论刚好相反（Travis & Meginnis-Payne，2001）。

社会角色论者提出一个重要的观点：择偶标准的性别差异并不是必然存在的。比如，在我们自己的文化中，如果女性的社会地位提高，那么她们就可能不再看重经济实力，而是注重相貌等因素（Hatfield & Sprecher，1995）。我倾向于社会角色论的另一理由是，由文化造成的择偶标准差异比由性别造成的差异要明显得多（K. K. Dion & Dion，2001b）。

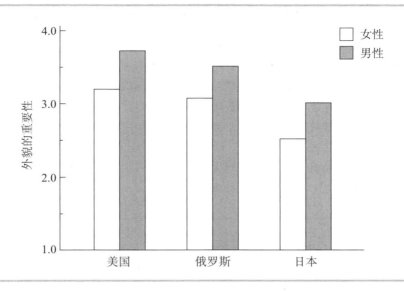

图 8—2　3 种文化中男性和女性对配偶相貌的重视程度

Source：Hatfield and Sprecher（1995）.

异性恋的特征

我们在前面讲到了男性和女性对理想伴侣的要求。但在既定的恋爱关系中，男性和女性有哪些不同？哪些因素能确保恋爱让人感到满意呢？

性别比较

在某种程度上，恋爱中的男女对爱的要求是不同的。比如，和男性相比，女性更认为爱情是以友谊为基础的（K. L. Dion & Dion，1993；Nicotera，1997；Sprecher & Sedikides，1993）。在描述男女关系时，女性倾向于用的词是喜欢、责任和满足——都是积极的情感。但是，女性也用到了更多的悲伤、抑郁、受伤和孤独等词。换句话说，同男性相比，女性的感情体验似乎更丰富，既有好的情感也有不好的情感（Impett & Peplau，2005；Sprecher & Sedikides，1993）。

但是，在其他很多方面，性别的相似性又是很明显的。比如，男人和女人明显指出他们之间关系的基本特性是信任、关心、诚实和尊重（C. Hendrick & Hendrick，1996；Rousar & Aron，1990）。男人和女人也都指出了维持良好感情的相似秘诀，比如，对伴侣态度愉悦、表达爱意等。研究结果表明，其实女性在"感情的维系"中担当的角色更重要（Impett & Peplau，2005；Steil，2001a）。

影响爱情满意度的因素

在你阅读以下内容之前，请先做一下基于 Grote 和 Frieze 的调查结果（1994）的专栏 8.2。这个调查问卷对爱情中的友谊成分进行了评定。我们只看其中关于友谊的性别差异部分。另外有一项研究表明，如果男人和女人的爱情基于友谊，他们会对感情更满意（Grote & Frieze，1994；J. H. Harvey & Weber，2002）。拥有以友谊为基础的爱情的人们，也认为他们之间更能互相理解。此外，以友谊为基础的爱情也会更加持久。

专栏 8.2　以友谊为基础的爱情

如果你现在在谈恋爱，根据你的这段感情判断以下叙述。或者，你也可以对你以前经历的一段感情或者你熟识的一对情侣的感情做评价。用 1~5 分为每句话打分，1 表示非常不同意，5 表示非常同意。然后把得分相加。得分越高说明这段感情越有友谊的基础。

_____ 1. 我对伴侣的爱以深厚、长久的友谊为基础。

_____ 2. 我通过我和伴侣共同喜欢的事情和兴趣表达爱意。

_____ 3. 我对伴侣的爱是一种深沉坚定的感情。

_____ 4. 我爱对方的一个重要因素是我们总是能一起开怀大笑。

_____ 5. 我的伴侣是所有我认识的人中最可爱的人。

_____ 6. 双方的相互陪伴是我们爱情的重要部分。

_____ 7. 我认为我完全信任对方。

_____ 8. 我在需要帮助的时候能够依靠对方。

_____ 9. 我和伴侣在一起时很放松，很舒服。

Source：Based on Grote and Frieze（1994）.

在第 6 章中，我们知道女人有时比男人更容易泄露私人信息。但在爱情中，女人和男人的自我暴露情况却是相似的（Hatfield & Rapson，1993）。此外，如果双方都擅长表达感情，双方会对感情感到更满意（Lamke et al.，1994；Sternberg，1998）。强壮寡言的男性或者古怪沉默的女性可能在电影中很吸引人，但在现实生活中，人们更喜欢敏感、灵活、具有一定人际交往技巧的人。

同居

"同居"这个词用来指那些未婚便住在一起或者具有长久感情和性关系的人（Rice，2001b；Smock & Gupta，2002）。其他的法律术语包括：未婚同居、合法同居和合法关系（加拿大最经常使用这个术语）。所有这些术语听起来更像是业务用词而非男女关系！最新数据显示，在美国大约有 500 万的异性恋伴侣说他们同居，这个数字恐怕还是保守的估计（U. S. Census Bureau，2005）。在加拿大，25~44 岁的女性中，有 13% 的人和未婚男友同居（Statistics Canada，2000）。

在美国，同居情侣的人数在 20 世纪 90 年代末达到了 90 年代初人数的 10 倍之多（Popenoe，2004）。目前数据表明，美国黑人和拉丁美洲人比白人更倾向于同居。在加拿大，原籍法国的加拿大人比其他种族的加拿大人更容易同居（Le Bourdais & Juby，2002；Smock & Gupta，2002；Statistics Canada，2002）。但是，同居现象在法国和其他斯堪的纳维亚国家比在北美更为普遍（Kiernan，2002）。

在北美的初婚家庭中，有一半曾在婚前同居（Smock & Gupta，2002）。美国和加拿大的调查显示，婚前同居的伴侣比没有同居的伴侣更有可能会离婚（Smock & Gupta，2002；Surra et al.，2004）。这是否意味着情侣们为了避免离婚而不要在婚前同居呢？还有另外一种解释就是，婚前同居的人相对来说不那么传统。不传统的人就可能觉得离婚也没有那么多束缚（Smock & Gupta，2002；Surra et al.，2004）。

分手

一对男女在约会大概一年后分手。谁更受伤害？阅读下文之前请看专栏 8.3。

专栏 8.3　如何面对分手?

想一下你以前曾约会过的那个人，你满怀激情，后来两人却分手。阅读以下内容，在符合自己分手后通常表现的描述前面画对号。（如果你自己没有分手的经历，就从最近刚分手的一个好朋友的角度回答这些问题。）

_____ 1. 我试图找出我做错的地方。

_____ 2. 我酗酒或者吸毒。

_____ 3. 我去找朋友聊天，讨论一下有没有办法可以挽救这段感情。

_____ 4. 我开始回忆对方曾经对我是多么不好。

_____ 5. 我让自己忙于学业或工作。

_____ 6. 我告诉自己："能从那段感情中摆脱出来，我很幸运。"

_____ 7. 我比往常更多地参加体育锻炼和其他体力活动。

Source：Based on Choo *et al.*（1996）.

Choo 和同事（1996）调查了夏威夷大学的一群学生。这群学生不像其他人一样来自美国本土，他们是亚裔美国人。他们要这些学生回顾以前的一段感情，并且叙述一下他们在分手时的反应。但是，男生和女生叙述的不好的感觉是相似的（比如焦虑、难过和生气），也都会自责。Choo 和她的同事们（1996）因此指出："男人和女人是不同的，但是他们却更为相似。多数情况下，重要的不是性别而是我们共同的人性"（p. 144）。

如果你知道女生在分手后感到高兴和放松，一定会大吃一惊。如何解释这样的结果？Choo 及其同事（1996）认为，女性通常对两性关系中潜在的问题更为敏感。换句话说，女性可能会预见到分手，并会为一些危险的迹象而担忧。比如，正如第 6 章所讲，相对来说，女性更会解读面部表情。相反，男性可能无法从女性的面部表情中察觉到难过或者生气的迹象。结果，当分手时，女性就可能不会很震惊，反而觉得释然。

男人和女人在一段感情结束后都会产生矛盾的心理（J. H. Harvey & Weber，2002）。比如，一名年轻的女性在分手后一年看到高中时的前男友时这样描述自己的感觉：

在我去读大学一年级的前两天我看到了 Jim，有一种甜蜜的心酸感。我很久没有看到他了，虽然和他只待了一会儿却觉得很舒服……我很欣慰我不再需要他了。我觉得自己长大了。但是，虽然我不再需要他，我却还是希望能和他一起待一会儿。我只是沉浸在过去的回忆中，有好的也有不好的记忆。（N. M. Brown & Amatea，2000，p. 86）

男人和女人如何面对分手？Choo 和同事们（1996）要参与调查者回忆一下他们在感情结束时是怎么做的。专栏 8.3 提供了其中很多选项。研究人员发现，男人和女人都会不约而同地为分手而责怪自己（专栏 8.3 中的问题 1 和问题 3）。他们分手后也都会有酗酒、吸毒的做法（问题 2）。男性倾向于不再去想分手这件事（问题 5 和问题 7）；但是女性好像更容易因为分手而责怪对方（问题 4 和问题 6）。

为什么女性比男性更可能会责怪对方？Choo 和同事们分析了其中的一种可能性：女性通常会更苦心经营一段感情。分手时，她们当然就会责备伴侣，指责他们没有为感情付出努力。

▍小结——约会和同居

1. 男人和女人都把相貌作为理想伴侣的重要标准，但男人更看重这一点。虽然男人和女人都注重理想伴侣的诚实、聪明等性格，但男人仍然比女人更看重相貌。

2. 男人看重相貌，而女人看重经济实力，进化论心理学家对此的理论解释是，每种性别都看

重能够保证他们的基因得以传承的那些特点。

3. 社会角色论观点对男性更看重相貌的解释是，男女都担当不同的社会角色，他们的社会角色不同，他们的社会机会和花销不同，而且这种不同是无法避免的。

4. 女人比男人更看重爱情中的友谊成分；她

们在男女关系中的体验更为广泛。男女关系中的其他性别差异比较小。

5. 如果爱情是以友谊为基础的，而且双方都会表达情感，则双方会觉得更满意。

6. 最近几十年同居情侣人数急剧上升。在北美的初婚家庭中，有一半曾在婚前同居。

7. 分手时，男人和女人的各种感觉是相似的。但女人比男人可能更觉得高兴和释然，也更可能会因分手而责备对方。

结婚和离婚

在我们讨论女性的婚姻经历时，女性生活中的个体差异这个主题尤其重要。下面我们来看一下两名女性对各自婚姻的描述。一名女性接受了我们的采访，描述结婚两年后的婚姻情况：

> 我实在不能理解。我们曾经很喜欢在一起，不管是去参加派对，和朋友吃饭，还是仅仅待在家里看电视。重要的不是我们做过什么事情，而是我们一起去做我就感到很幸福。最近这些天，Edgar 好像不太喜欢和我在一起了。我尝试着想出那些我们能一起做的有趣的事情，我也对他提了很多建议，但他什么都不想做，成天在家里看电视……就好像他浪漫的那一面已经消失了一样（J. Jones et al., 2001, p. 328）。

我们再来看女性主义作家 Letty Cottin Pogrebin（1997）对自己婚姻的看法。Pogrebin的父母婚姻不幸，所以她起初发誓要独身。但是现在，结婚 34 年来她觉得很幸福。如 Pogrebin 强调的那样，女性需要认识到，婚姻应该是力量和快乐的源泉：

> 我所知道的就是我拥有的一切——和心爱的伴侣，既是爱人又是最亲密的朋友，一起相处了 34 年。我了解到，和一个使自己激动、能安抚自己的人一起生活的感觉是多么好，他的幸福安康就如同你自己的一样重要。我明白了单纯的满足就是一种快乐，伴侣会让你陶醉。在长久的共同生活中，安慰和平等是比浪漫更有力量的润滑剂。在被人所爱的同时，去好好地爱别人，能使一个人的灵魂感到满足。我知道了分享一切——悲伤和成功、新的热情、老故事、孩子、孙子、朋友、记忆，这些让生命有了更丰富的层次……我们是天生的一对（p. 37）。

在加拿大，女性的初婚年龄平均是 28 岁，男性是 30 岁（Statistics Canada, 2006）。同时，40～69岁的加拿大女性有90%至少结一次婚（Statistics Canada, 2002）。

在美国，初婚年龄似乎更早一点，女性平均是 25 岁，男性是 27 岁（Surra et al., 2004）。在 2003 年，已婚女性占 63%，比前几年有所下降（Coontz, 2005; Simon & Altstein, 2003; U. S. Census Bureau, 2005）。图 8—3 显示出 3 个不同种族的美国人中已婚女性的比例（U. S. Census Bureau, 2005）。图中也列出了离婚女性的比例。然而不幸的是，最新数据却没有区分亚裔美国人和美国当地人。

要对结婚和离婚进行探讨，让我们先从婚姻的满意度开始谈起。然后我们看一下在有色妇女的婚姻和婚姻模式中的权力分配，最后我们会谈到离婚。

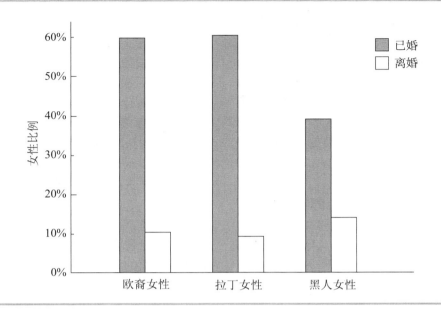

图 8—3　在美国的 3 大种族中，（15 岁或以上的）已婚女性和离婚女性的比例

Source：Based on data from U. S. Census Bureau（2005，Table 51）.

261　**婚姻满意度**

　　女性究竟在婚姻中有多少幸福感？下面我们要看的是婚姻满意度如何随时间而改变，男人和女人有何区别，以及幸福的婚姻有哪些必要特点。

　　在婚姻不同时期的满足感

　　让我们来看"新婚"和"新娘"这两个词。这些词表达的意思有祝福、光芒、忘掉全世界以及完全幸福的感觉。调查发现，尽管存在很大的个体差异，但在所有的年龄段中，年轻的新婚夫妇可能是感觉最幸福的（Karney ＆ Bradbury，2004；Karney et al.，2001）。

　　大约在结婚 1～2 年后，很多人会觉得少了浪漫，不满增加。他们可能发现各自对婚姻有不同的期待（J. Jones et al.，2001；Noller ＆ Feeney，2002）。女性可能会抱怨她们做的家务活比丈夫多，这是我们在第 7 章就已经着重探讨过的不平等现象。在那一章里，我们也看到，孩子出生后，女性做的事情更多。在此期间，女性对婚姻显然不是很满意（K. K. Dion ＆ Dion，2001b）。

262　　结婚 20～24 年的人对婚姻最不满意。但是，在此后的 10 年中，孩子都离开家后，婚姻满意度会渐渐上升（J. Jones et al.，2001；Koski ＆

Shaver，1997）。结婚至少 35 年的夫妇也说，他们几乎没有什么感情冲突（Bachand ＆ Varon，2001；Levenson et al.，1994）。目前尚不清楚婚姻满意度上升的原因，但可能有如下因素：孩子离开家后养育孩子的矛盾随之减少，以及经济收入增加等。

　　婚姻满意度的性别差异

　　在对大学生做的一项调查中，要求他们估计一下未来他们会在婚姻中投入多少精力。男性和女性的回答差不多平均都是 30%（Kerpelman ＆ Schvaneveldt，1999）。

　　但是，结婚之后，根据女性所述，她们的感情比男性的更加极端。尤其是，女性表述的都是美好的情感（W. Wood et al.，1989）。但女性可能比男性有更严重的抑郁情绪，如同第 12 章中所写的那样。

　　谈到婚姻满意度，女性比男性更可能会认为她们的婚姻没有达到理想的程度（Vangelisti ＆ Daily，1999）。同时，女性对于婚姻中存在的问题比男性又更为敏感（K. K. Dion ＆ Dion，2001b；W. Wood et al.，1989）。这和前面我们讲到的女性比男性在约会时能更预见到潜在的问题是同理的。然而，当前研究的重点一般是婚姻满意度中的性别相似（Kurdek，2005）。

幸福、稳定婚姻的特征

在幸福、长久的婚姻中，妻子和丈夫都觉得他们的情感需要完全得到了满足，彼此都使伴侣的生活更加充实。两人互相理解并尊重对方，如同Pogrebin所写的那样（1997）。彼此也理解并珍视对方的文化背景（Gaines & Brennan，2001；Leeds-Hurwitz，2002）。

研究人员发现，一些心理学上的特点和婚姻的幸福稳定有关（Bradbury et al.，2001；Cobb et al.，2001；Cutrona et al.，2005；Donaghue & Fallon，2003；Fincham，2004；Perry-Jenkins et al.，2004；Prager & Roberts，2004；Steil，2001a；Wickrama et al.，2004）。

1. 交流技巧和理解力。

2. 大量积极的评价和感情的表达，而不是消极的指责和反应。

3. 解决冲突的能力很强。

4. 信任对方。

5. 互相支持。

6. 相信任何一方都真心关心对方。

7. 灵活性。

8. 平等分工做家务。

9. 平等做决定。

幸福的夫妇和不幸福的夫妇对对方同一种行为的理解甚至也是不同的。比如，假设杰克送给妻子玛丽一件礼物。如果玛丽的婚姻很幸福，她可能会想："多好啊！杰克想为我做些什么！"但如果玛丽的婚姻不幸福，她可能就会想："他送我这些花可能是因为他做了什么事感到内疚。"从正面或者负面的角度都可以对令人不快的沟通进行解释。这些解释会使幸福的婚姻更加幸福，同时却加剧了不幸婚姻中的矛盾冲突（Fincham，2004；Karney & Bradbury，2004；Karney et al.，2001）。

263

婚姻中权力的分配

在第7章中，我们探讨的是女性如何逐渐希望出去工作。但是，丈夫在婚姻中享受的权力仍然比女性多。下面我们来看一下男性和女性的薪水是如何对婚姻中的权力平衡产生影响的。然后，我们将会探讨北美婚姻中的权力分配方式。

薪水和权力

从某种程度上说，金钱就是权力。在婚姻中，赚钱比妻子多的男性通常拥有更多的权力（N. M. Brown & Amatea，2000；Deutsch et al.，2003）。

工作的女性比不工作的女性有更多的决策权。在早期，薪水比丈夫高的女性经常觉得很尴尬。如今，女性薪水高容易对自己的赚钱能力变得骄傲起来（Deutsch et al.，2003）。但是，在传统的婚姻中，这些女性仍然在家庭财务问题上不能和丈夫平起平坐。虽然这种女性给家里的钱比丈夫多，但多数经济决策仍然由丈夫做出（Steil，1997，2001b）。

权力分配模式

本书中，我们重点强调的是个体差异。婚姻中的角色其实也因人而异（N. M. Brown & Amatea，2000）。在**传统婚姻模式**（traditional marriage）中，丈夫比妻子更有主导性，双方都承担着传统的性别角色。妻子没有工作，丈夫控制着家里的钱。妻子只是负责家务事和养育孩子的问题，而丈夫在家庭决策中则有绝对的权威。他也控制着家中财政。在有传统宗教背景的人里面，传统婚姻尤其普遍（Impett & Peplau，2005；Peplau，1983；S. E. Smith & Huston，2004）。但是，在最近几十年，不太传统的婚姻更为典型（Amato et al.，2003）。因为丈夫仍然可能比妻子拥有更多的权力，美国和加拿大的婚姻大多能被归在传统婚姻和平等婚姻的类别之中。

在**平等的婚姻模式**（egalitarian marriage）中，双方不再承担传统的性别角色，而共享平等的权力。妻子和丈夫共同分担家务活、养育孩子、经济以及决策的问题。平等婚姻还重视夫妻双方的陪伴和分享。这种婚姻以真正的友谊为基础，双方确实互相理解并互相尊重（Impett & Peplau，

264

2005；Peplau，1983)。

在平等婚姻中，男人和女人共有很多相同的兴趣爱好，也知道如何公平地解决矛盾分歧（Peplau，1983)。有位结婚 16 年的丈夫这样说：

> 我起初是非常传统的。但是这些年来却逐渐在改变。我们两人都要工作，所以只能一起照顾孩子……我们都在教堂里工作，彼

此都全身心地投入到维护和平的工作中去。因此，我们共同分享。我也不知道，你不能去设计这些事情。你们自然而然地就那样做了，你需要这样做，然后很快你就会发现旧的模式不起作用了，而新的方式却很好。(P. Schwartz，1994，p. 31)

婚姻和有色人种女性

对于欧裔以外的种族中的婚姻模式，我们并没有很多系统研究。但是，有些材料还是为我们提供了部分信息。在这一部分，请谨记各个种族的差异（Baca Zinn ＆ Eitzen，2002；Chan，2003；Diggs ＆ Socha，2004)。比如，拉丁裔美国家庭就是各不相同的，因为彼此的家庭收入、受教育程度、祖籍、当前居住地和对传统文化的传承程度等都有很大的不同。

拉丁裔女性

通常说来，拉丁女性认为她们对于自己的家庭担负着重要的责任（de las Fuentes et al.，2003；Parke，2004；Torres，2003)。在谈到拉丁裔女性时的一个重要概念就是大男子主义（machismo）。社会科学家对**大男子主义**的传统定义是，它表示男人应该强壮、性感，甚至带点暴力，以表现他们的男子气概，在两性关系中处于主导地位（de las Fuentes et al.，2003；Ybarra，1995)。这种大男子主义还强调男人不应该做家务（Hurtado，2003)。

与之相对的关于女性的一个词语叫做**圣女信仰**（marianismo）。社会学家对圣女信仰的传统定义是，女性必须被动和忍耐，要牺牲自己的需要去帮助她们的丈夫和孩子（de las Fuentes et al.，2003；Hurtado，2003)。圣女信仰一词来源于天主教的代表形象圣母玛丽亚，她是拉丁女性的典范。大男子主义和圣女信仰在传统的拉丁裔女性的婚姻中是互补的：

> 去爱并尊重你的男人——为他做饭、打扫房间，随时满足他的性需要，为他生育、照顾孩子，能看到婚姻中背叛的另一面……反之，他要承诺保护你和你的孩子，他要去

工作，要去付账单。(M. Fine et al.，2000，p. 96)

现在拉丁裔的两性关系中，大男子主义和圣女信仰分别怎样呢？拉丁裔女性认为，比起白人或者黑人，她们拥有的平等权利更少。最近到北美的移民可能重视传统价值观（Steil，2001b；Torres，2003)。但是，关于丈夫主导和妻子服从这种陈旧观念却不再得到广泛认可（Baca Zinn ＆ Wells，2000；Matsumoto ＆ Juang，2004；Roschelle，1998)。只有不到一半的拉丁裔男性和女性认为，婚姻就应该是不平等的模式。而且，拉丁裔女性和拉丁裔男性都认为，他们能够通过坦诚和交流来对伴侣产生影响（Beckman et al.，1999)。

同时，对于几百万贫穷的拉丁裔女性来说，她们为了生活必须要出去工作，圣女信仰模式就不再适用于这些女性的角色。当女性在工厂做工或者做农活时，她们就不能被动地完全只考虑丈夫和孩子。总之，很多拉丁裔女性和拉丁裔男性的婚姻模式已不同于大男子主义和圣女信仰价值观引导下的那些模式。

黑人女性

在 20 世纪 60 年代，美国政府官员用**黑人母权社会**（Black matriarchy）这个术语专指黑人家庭中女性的主导地位。黑人家庭中的女性占有主导性地位，以至于黑人男性好像变弱了，从而引发了另外一些家庭问题（Baca Zinn ＆ Eitzen，2002；Gadsden，1999；R. L. Tayior，2000)。

早期的很多研究关注的是多数贫穷的黑人家庭。后来，调查人员根据这些有选择性的样例对所有的黑人家庭进行了归纳总结。从根本上来说，

那种认为黑人女性更有精力出去工作，在家中也是强权的观点是不公平的（P. H. Collins，1990；Gadsden，1999；L. B. Johnson，1997）。

他们的研究并不支持黑人母权社会这种观点（Dodson，1997；L. B. Johnson，1997）。例如，Oggins 和她的同事们（1993）调查发现不管是黑人家庭还是白人家庭，都认为丈夫比妻子的权力更大一些。有些人还调查了非洲裔美国家庭中的决策权问题（J. L. McAdoo，1993；Parke，2004）。这些家庭大多数比较接近平等的婚姻模式。丈夫和妻子平等地决定买车、买房子、管束孩子和其他类似的事情。总之，黑人母权社会这个概念在目前的黑人家庭中不再适用。

亚裔女性

亚裔父母期望子女和同种族的人结婚（Chan，2003），他们的子女也照办。比如，对洛杉矶的韩国社区进行的婚姻调查发现，92%的韩国人选择的婚姻对象是韩国人或者有韩国血统的人（Min，1993）。大约有 60% 的韩国人和生活在美国的韩国人结婚。但是，大约有 30% 的人回韩国结婚，然后再带配偶到美国。韩国裔美国人和移民到美国的韩国人之间的婚姻可能会存在很多问题需要调节。比如，丈夫从韩国带过来的韩裔美国女性可能会发现，她们的配偶有极端传统的性别角色意识。

家乡的传统习俗和如今北美的性别角色之间的冲突逐渐在破坏着新近移民的婚姻（Chan，2003；K. K. Dion & Dion，2001a；Naidoo，1999）。有对韩国夫妇移民到了美国，现在两人共同打理一份家庭事业。丈夫这样评价道：

> 她工作以后在家里说话比过去大声了。现在，她想和我说什么就说什么，她更有主见了。以前在韩国她可不这样。就在我刚到美国的时候，我听说韩国的妻子在美国会变化很大。现在，我清楚地知道这句话是什么意思了。（Lim，1997，p. 38）

再来看一下妻子的想法，做一下对比：

> 在韩国，妻子要听从丈夫，因为丈夫有经济能力养家。但在美国，妻子也和丈夫一样工作赚钱，所以女性至少能大声发表一次以前不能说的观点。（Lim，1997，p. 38）

我们已经了解到了拉丁裔人、黑人和韩国裔人的妻子和丈夫的相对权力。当夫妻双方从印度移民到美国后，传统的妻子应该安静地服从丈夫和丈夫家族的人。她同时也要自我牺牲，毫无怨言（Gupta，1999；Tran & Des Jardins，2000）。这些夫妇将决策权按照传统的性别角色进行了分工（Park，2004）。而且，妻子主要负责食品和家庭装饰方面的事情；而丈夫主要负责家中重大金额的金钱支出问题，比如买车以及到哪里去居住（Dhruvarajan，1992）。

总之，拉丁裔人、黑人和亚裔美国家庭都受各自不同的文化传统影响，这和本书的主题 4 相关。但是，在这里，我们也看到了这 3 种文化中的女性如何形成了她们自己的婚姻类型，和她们的传统角色迥然不同。

离婚

到目前为止，我们探讨的主要是一些让人愉悦的话题，比如约会、同居和结婚。但我们都知道，在北美，最近几年来离婚已经很普遍。据最新预计，美国和加拿大，大约有40%～50%的初婚夫妇打算离婚（Kitzmann & Gaylord，2001；Popenoe & Whitehead，2002；Statistic Canada，2002）。在美国，不同的种族离婚率似乎也不相同（见图 8—3），离婚率最高的是黑人，最低的是亚裔美国人（Kitzmann & Gaylord，2001；U. S. Census Bureau，2005）。

虽然离婚现在已经不像几十年前那样备受非议，但是对大多数人来说，离婚却依然是伤痛的经历。下面我们来看一下和离婚有关的 3 个方面：（1）决定离婚；（2）心理影响；（3）经济影响。

决定离婚

谁更可能会选择离婚，男人还是女人？人们一般认为男性更渴望摆脱婚姻。然而，你可能会想起前面所讲过的，女性在恋爱关系中更容易预见其中存在的问题。数据显示，由妻子提出的离婚更普遍（Rice，2001a）。比如，对 40～69 岁年龄段离过婚的人做的一项调查显示，有 66% 的女性说是她们提出的离婚，男性只有 41%。同时，有 14% 的女性说配偶要求离婚使她们很吃惊，而男性比例是 26%。女性列出的离婚三大原因有：精神或者感情暴力、说谎、吸毒或酗酒暴力（Enright，2004）。我们在第 13 章中还将深入探讨家庭暴力问题。

离婚的心理影响

离婚特别让人伤心，因为它不仅使你与配偶分离，同时也造成了很多其他的改变和分离（Baca Zinn & Eitzen，2002；Ganong & Coleman，1999）。当一名女性离婚时，她可能就会和以前两人共同的朋友和亲戚断绝关系。她可能要离开她所熟悉的家，离开她的孩子。而且，人们通常觉得离婚的女人是不好的（Etaugh & Hoehn，1995）。

离婚是人们经历的最有压力的变化之一（Enright，2004；Kitzmann & Gaylord，2001）。人们通常的反应是绝望和生气，女人尤其如此（Kaganoff & Spano，1995；J. M. Lewis et al.，2004）。离婚后的适应期是很困难的，可能要用很长的时间（M. A. Fine，2000）。此外，母亲还需要帮助孩子适应离婚后的现实（J. M. Lewis et al.，2004）。

但是，离婚也能使人产生很多积极的情感。受不幸婚姻束缚的女性可能会觉得解脱了（Baca Zinn & Eitzen，2002）。就如一名女性所说："对我来说，离婚并不困难。在婚姻结束之前，多年以来我一直生活在孤独之中。所以现在独自一人我觉得很自由"（Hood，1995，p. 132）。"很多女性也说，离婚后她们才知道，原来她们比自己想象的要坚强。有些女性说不幸确实也能产生广泛的积极影响（Bursik，1991a，1991b；Enright，2004；McKenry & McKelvey，2003）。

离婚的经济影响

除了偶有的正面影响，离婚的后果之一是痛苦。离婚之后，女性的经济情况通常会更不好，特别对于那些带着孩子的女性来说（Rice，2001a）。在加拿大，有三分之二的离婚单身女性和她们的孩子生活在贫困之中（Gorlick，1995）。在美国，其实只有不到一半的父亲离婚后付孩子抚养费（Baca Zinn & Eitzen，2002；Stacey，2000）。黑人女性比白人女性更容易面临财务困难（McKenry & McKelvey，2003）。

总之，离婚为女性提供了认识自己的力量和独立性的机会。但不幸的是，很多离婚女性发现，经济窘迫使她们和孩子生活在真正的危机中。

268

■ 小结——结婚和离婚

1. 在新婚初期婚姻满意度最高，之后可能会下降。在结婚的前 20～40 年间满意度最低，在孩子长大离家之后可能又开始上升。

2. 女性对于婚姻比男性有更为积极的情感，但是她们对婚姻中的问题也更为敏感。

3. 有较强沟通能力和解决矛盾的能力，又互相信任、支持、平等的人们通常婚姻幸福。

4. 婚姻中的权力和薪水有关。婚姻可以划分为传统婚姻和平等婚姻。

5. 虽然很多拉丁裔男性和女性看重婚姻中的大男子主义和圣女信仰，很大一部分拉丁裔男性和女性却期望更平等的婚姻模式。在黑人家庭中进行的调查并没有显示存在黑人母系社会的情况。亚裔美国家庭可能会面临传统的价值观和北美的性别角色之间的冲突。

6. 女性比男性更容易提出离婚，大多数是因为精神或者感情暴力、说谎、吸毒或酗酒暴力。

7. 离婚几乎总是让人产生压力，因为它容易造成抑郁和愤怒。有些女性会从中受到积极影响，比如独立性和自我完善能力的提高。但是，多数离婚女性会遭遇经济问题，从而严重阻碍了她们生活的幸福。

同性恋和双性恋女性

Rita 和 Sandy 是对女同性恋，在一起已经 16 年了，她们对彼此的关系做了如下描述。Rita 回忆了刚开始的 10 年，她觉得她们的关系那时好到了极点：

> 现在，从我们相处的第 10～16 年里，我觉得简直太棒了！我们的感情越来越深，我们越来越相爱，当时，和任何一对一样，我们也有遇到问题的时候。我们的感情也有起伏，我们不断出现问题，然后再把它们解决。很难形容我们之间深深的爱。它一直在不断地增长。所以我想象不出再过 16 年我们的关系会怎么样。

Sandy 做了补充：

> 我们互相感激对方，坦率地表达感谢，互相尊重。我想这是特别重要的。（Haley-Banez & Garrett，2002，pp.116-117）

女同性恋是指从心理上、情感上和性上喜欢女性的女性。多数女同性恋喜欢用 "lesbian" 这个词，不喜欢用 "homosexual"。她们认为 "lesbian" 肯定了这种关系中的感情因素，而 "homosexual" 强调的只是性而已。"lesbian" 这个词语和 "gay" 一样，更为骄傲、有政治性、健康和积极（Kite，1994）。有些心理学家使用 "性少数派"（sexual minority）这个术语来指代喜欢同性的人（女性或者男性）（L. M. Diamond，2002）。"性少数派" 这个词指称所有的女同性恋、男同性恋、女双性恋和男双性恋。在这部分我们会看到，

我们对性取向的讨论主要集中关注的是爱、亲密、感情以及性的感觉。

在第 1 章中，我们介绍了异性恋（heterosexism），或者说它是不同于女同性恋、男同性恋和双性恋这些词语的一个术语。在北美文化中，异性恋造成了严重后果，使我们对于异性恋爱和女同性恋、男同性恋及双性恋的感情采取不同的态度（S. D. Smith，2004）。看看专栏 8.4 以便了解异性恋心态如何侵入到了我们的文化思想之中。

现在有一点很重要，那就是心理学研究人员不再对女同性恋视而不见。我在准备本章节的内容时，在一个叫做 "psycINFO" 的资料库中进行了搜索。从 2000 年 1 月到 2005 年 6 月，928 篇发表的学术文章标题中有 "女同性恋" 一词。

在第 2 章中，我们考查了性取向中的异性恋和双性恋；在第 4 章中，我们探讨的是女性青少年对同性恋身份的公开；在第 7 章中，我们重点谈论的是女同性恋在职场受到的歧视。在下面的几章中，我们要探讨的是女同性恋的性问题（第 9 章）、对同性恋母亲的调查（第 10 章）和经历伴侣去世的女同性恋（第 14 章）。

在本章，我们首先探讨女同性恋的心理调整，然后是女同性恋关系中的几个特征、有色人种中的女同性恋、性取向的不定性以及女同性恋的合法地位和双性恋女性的内容。最后一个主题是对性取向做出的可能性解释。

专栏 8.4　异性恋思维

回答以下问题，然后解释为什么回答每个问题时我们总是从异性恋的角度去考虑。

1. 假如你正在大学里走在去教室的路上，看到一个男孩和一个女孩在接吻。你是否会想："他们何必要宣扬自己是异性恋呢？"

2. 闭上眼睛，想象两名女性在一起接吻的画面。你觉得这是色情的吻还是深情的吻？现在再闭上眼睛想象一名女性和一名男性在接吻。你对他们的接吻是否有不同看法？

3. 假设你和一位女教授有一个约会。当你到她的办公室时，你注意到她戴着结婚戒指，还看到一张

她和一名男士凝望微笑的照片。你是否会想："她为什么要在我面前表现她的异性恋倾向？"

4. 如果你是异性恋者，有没有人这样问过你："你难道不认为异性恋只是一个阶段，你长大后就会改变想法吗？"

5. 在公共场合中，你会听到很多关于性取向的讨论，你有没有听到过有人问以下这些问题：

a. 异性恋的离婚率现在大约是 50%。为什么异性恋不能维持更稳定的关系？

b. 为什么异性恋的男性更容易对女性进行性骚扰或者强奸？

c. 究竟为什么会有异性恋？

Sources：Based partly on L. Garnets（2004a）and Herek（1996）.

女同性恋的心理调适

1973 年，美国精神病学会做出决定，不再在专业书籍及《精神疾病诊断与统计手册》（Diagnostic and statistical manual）中将同性恋列为精神错乱（J. F. Morris & Hart，2003；Schuklenk et al.，2002）。

很多调查表明，女同性恋和女异性恋的自我调适能力平均来说是基本相等的（J. F. Morris & Hart，2003；Peplau & Garnets，2000a）。Rothblum 和 Factor（2001 年）进行的一项调查颇具代表性，他们将 184 对女同性恋和她们各自的异性恋姐妹从心理健康状态上做了比较。结果发现，两组人群的心理调适状态是均等的，一些女同性恋甚至更好一点。

另外一些调查表明，同性恋和异性恋女性的心理状态几乎相同，只是女同性恋在一些积极的性格方面得分更高，比如"自我承受"、"自立"和"决策"（Garnets，2004a；Peplau & Garnets，2000）。同时，在解决冲突时同性恋伴侣和异性恋伴侣具有相同的效率（Kurdek，2004）。

如同在第 2 章中我们重点讨论的异性恋和性别歧视一样，很多性取向小众人士成了仇恨的牺牲品。因此，经历过仇恨的女同性恋、男同性恋和双性恋容易产生沮丧和焦虑情绪，这点并不让人吃惊（Bontempo & D'Augelli，2002；Herek et al.，1999；I. L. Meyer，2003）。换句话说，仇恨情绪影响到了成千上万男女的生活幸福。但是让人吃惊的是，比起异性恋女性，同性恋女性并没有面临更多自杀的危险（I. L. Meyer，2003；Remafedi et al.，1998）。在存在性取向歧视的现状下，同性恋人群的心理障碍率反而并不高，这确实很奇怪（J. F. Morris & Hart，2003）。

班上的学生经常问我，接受自己性别身份的同性恋者是否心理状态会更好。调查表明，接受了自己的身份的女同性恋比起那些没有接受自己的女同性恋者，会更加自信（Garnets，2004a；J. F. Morris et al.，2001）。

很多女同性恋创建了她们自己的社区，她们自己选择的这些"家庭"形成了一个温暖、互相支持的网络。在女同性恋被自己的家庭拒绝时，这些社区对她们尤其有帮助（Esterberg，1996；Haley-Banez & Garrett，2002）。但是，女同性恋对于她们的生活更满意，当家庭和朋友不支持时也不太沮丧（Beals & Peplau，2005）。

女同性恋关系的特征

对于多数北美人——女同性恋、男同性恋、双性恋或者异性恋——来说，爱情就是他们幸福的全部（Peplau et al.，1997）。调查表明，40%~65% 的女同性恋目前有一段稳定的感情（Peplau & Beals，2004）。换句话说，很多女同性恋认为有一个恋人是生活中的重要部分。

现在让我们近距离地看看女同性恋之间关系的特征。尤其是，很多人是如何开始一段感情的？相互平等吗？女同性恋幸福吗？在感情破裂时她们是怎么办的？

感情的开始

女同性恋对于伴侣的要求和女异性恋有很多相同的地方，比如要求对方独立、人品好等（Peplau & Beals，2004）。调查显示，大多数女同性恋者首先是朋友关系，然后相爱（Peplau & Beals，2004；S. Rose，2000；Savin-Williams，2001）。对很多年轻女性来说，在自己的同性恋身份认同过程中，有份感情是很重要的一个里程碑（M. S. Schneider，2001）。

深厚的友谊最重要的标志就是感情的亲密。我们将会看到，女同性恋好像特别看重感情的亲密。在女同性恋的恋情中，相貌的吸引力相对来说不是很重要。其实，当女同性恋在报纸上做征友广告时，她们几乎不会提到相貌的要求（Peplau & Spalding，2000；C. A. Smith & Stillman，2002）。

女同性恋关系中的平等

权力的平衡在女同性恋者的关系中极其重要。如果双方有平等的决策权，那么两人的生活会更加幸福（Garnets，2004a）。此前我们看到，薪水决定着异性恋人之间的权力分配。但是在女同性恋者中，薪水和权力的关系并不大（Peplau & Beals，2004）。一般说来，女同性恋尽量避免让薪水情况影响到感情。

在第 7 章中我们看到，在异性恋的婚姻中，即使丈夫和妻子都是全职工作，女性依然承担着大部分的家务工作。你大概会猜到，女同性恋者特别倾向于两人共同分担家务（Oerton，1998；Peplau & Spalding，2000）。

满意度

在女同性恋中进行的调查显示，她们的满意度和异性恋以及男同性恋感受到的满意度是相似的（Kurdek，1998；C. J. Patterson，1995；Peplau & Beals，2004）。

心理上的亲密在女同性恋中可能尤其重要

（Mackey et al.，2000）。一名女性这样描述那种互相关心的亲密感：

> 这种互相关心、互相尊重的感觉特别好，让你觉得有个人真的关心着你，有你最感兴趣的东西，并且爱你，比任何人都更了解你，而且还很喜欢你……就是这种了解、这种亲密感以及深入的联系使这份感情意义非凡。有一种精神上的东西，而且它有自己的生命。这就是让我觉得特别舒服的地方。（Mackey et al.，2000，p. 220）

分手

我们对于女同性恋之间会如何分手的问题掌握的资料不多。但通常她们和异性恋之间的分手情况似乎差不多（Kurdek，1995a；Peplau & Beals，2001）。分手的原因通常有：冲突、孤独、感情疏远，以及兴趣、背景和对待性的态度的差异（Kurdek，1995b；Peplau et al.，1996）。

感情破裂时，女同性恋和女异性恋所经历的那种悲喜掺杂的心情是相同的（Kurdek，1991）。但是，女同性恋者分手还是和异性恋的婚姻破裂有所不同。在当前美国文化中，有些因素更能避免异性恋夫妇的分离，比如离婚的代价、共同的财产和孩子的问题（Beals et al.，2002；Peplau & Beals，2004）。此外，女同性恋很少得到家人的支持——而家人的支持通常是使异性恋夫妇在一起的一个因素。

我的女同性恋朋友们还向我提到了另外一点。女同性恋大都从她们的伴侣那里得到坚定的情感支持，因为她们从异性恋中得到的情感支持相对很少。当关系破裂时，没有什么人能和她们一起分担痛苦。此外，她们的异性恋朋友通常会觉得，同性恋关系的破裂比异性恋关系破裂带来的打击要轻。

有色人种的女同性恋

在美国社会中，有色人种女同性恋常常认为她们面临着三重阻碍：她们的种族、她们的性别以及她们的性取向（R. L. Hall & Greene，2002；J. F. Morris，2000；J. F. Morris et al.，2001）。

从其他国家移民到美国和加拿大的女同性恋甚至面临着更多的阻碍。比如，她们在国内可能已经备受困扰（Espín，1999），现在，还要奋力抗争文化差异，在新的文化中，对待同性恋的态度可能和她们本国有所不同。

　　由于很多有色同性恋女性本身的文化比欧美主流文化对待女性的观点更加传统，她们还面临着特殊的阻碍。比如，黑人教堂明显表现出对同性恋的个人歧视（Cole & Guy-Sheftall，2003；B. Greene，2000a）。拉美女同性恋并不扮演曾经是拉美女性模式的传统角色，比如服从丈夫、按照传统养育孩子（Torres，2003）。女同性恋不繁衍后代，也不为男人做家务或者提供性服务。结果，她不管在自己国家还是在外界的文化中都被边缘化了（Gaspar de Alba，1993）。

　　另外一个问题是，其他文化中对待性的问题也可能比欧美文化更为传统。比如，亚洲文化认为性是不能被谈论的（C. S. Chan，1997；Takagi，2001）。亚洲的父母也认为有个同性恋女儿就是对他们的文化价值观的反对（Hom，2003）。

　　还有一个问题是，很多有色异性恋者认为只有欧美人才会出现同性恋"问题"（Fingerhut et al.，2005；J. F. Morris，2000）。而且，性取向的小众人群中，其他人种可能会比白种人更担心父母会因为他们的性取向而拒绝他们（Dubé et al.，2001）。这两方面造成的结果就是，有色人种中的同性恋比欧裔美国社区中的更不明显。

　　有色女同性恋是如何看待她们自己的感情关系的呢？Peplau 和她的同事（1997）对美国的黑人女同性恋发放了调查问卷。有四分之三的女性说她们在"相爱"，和伴侣有非常亲密的关系。她们还说她们对这种关系感到很满意：最低的满意度是 5.3，而最高的满意度是 7.0。

　　现在，越来越多的有色女同性恋者能够找到支持她们的组织和团体（J. F. Morris，2000）。但是这些团体可能一般都在北美的城市中。比如，Mariana Romo-Carmona（1995）说，纽约的拉丁裔女同性恋者能观看有关拉丁裔女同性恋的电视节目，阅读有拉丁裔女同性恋写的西班牙语健康安全宣传册，能和拉丁裔男女同性恋队伍在波多黎各生日那天上街游行。虽然现在仍然存在着种族歧视和异性恋心态，但是这些团体能够提供一种归属感。

　　北美的一些地区有亚裔同性恋社团，为亚裔同性恋孩子的父母提供帮助，组织以及举办相关的会议。但是，批评家强调仍然需要做大量的工作，将同性恋视角纳入当今亚裔美国人问题框架之中（Duong，2004；Fingerhut et al.，2005；Takagi，2001）。

女性性取向的不定性

　　在 20 世纪 90 年代，对同性恋者的性别取向感兴趣的研究人员都认可一种直接的模式。具体就是，当一名年轻人不再满足于异性恋关系时，她或他就会对自己的性别产生疑问，然后就会接受女同性恋、男同性恋或者双性恋的身份。最新的调查却显示，这种模式太过简单，因为它没有表现出性取向形成过程中的不同方向，特别是对于女性来说（Baumeister，2000；L. M. Diamond，2002，2003b，2005；Peplau，2001；Vohs & Baumeister，2004）。以前的研究存在的一个问题是，那些与别人分享自己故事的性取向小众人群，大都是对其他男性有吸引力的外向型男性。与本书主题 3 相关的是，早期研究注重的是性取向小众人群中的男性而不是女性。

　　现在的研究表明，性别取向是不断变化的，而不是一成不变的。以 Lisa M. Diamond（2000，2002，2003b，2005）的调查为例，她首先对 80 名 18～25 岁之间的女性进行了采访，她们都认为自己是"非异性恋"，这个术语包含了同性恋和双性恋在内。Diamond 是在修读大学性别学课程的学生、大学校园群体及由同性恋和双性恋组织的社区活动中找到她们的。

　　她在 8 年之后再次采访了她们。在第一次采访中就承认自己是同性恋的女性中，有些人叙述了自己"经典"的同性恋身份的形成过程。这些"稳定的女同性恋"（stable lesbian）从儿童时期就关注女孩或者女人，在青年时期一直持续。但有相当大一部分女性应该属于"不定性女同性恋"（fluid lesbians），因为她们对自己的性取向产生过不同程度的怀疑，甚至发生过改变。看以下一段

275

被归类到"不定性女同性恋"的一名女性的叙述：

> 我大学毕业后……发现我自己其实也不是两个性别都喜欢，而是比较认同那种观点，就是或许……或许我需要的是一个人，而没有什么性别的区分。（L. M. Diamond, 2005, p.126）

女同性恋关系的合法化

Linda Garnets 是加州大学洛杉矶分校（UCLA）的一名教授，她对女同性恋的感情进行了调查，她这样描述自己的看法：

> 我有一个22年的生活伴侣，但是这段感情没有法律地位，因为同性婚姻是非法的。我的伴侣和我不能共同享有保险，我们的关系不适用于遗产法或者医院探视条例……我们的一个好朋友要去世了，可是医院只让她相伴12年的伴侣以姐妹的身份去探视她。根据医院的条例，她不是她的"直系亲属"。（Garnets, 2004a, p.172）

目前，生活在美国的女同性恋伴侣一般不能结婚或者得到法律的认可。只有少数一些情况例外（Schindehette et al., 2004）。

为什么一对女同性恋要结婚？其中明显的一个原因是非常私人的：两个女人希望彼此认可。还有一个原因则有些政治性：她们想克服异性恋的偏见，不想使同性恋被视而不见（Garnets,

很有意思的是，参与调查的很多女性强调说，她们不喜欢被别人贴上标签或者加以归类。

在本章中，我们关注的是女性不同的感情，和主题4相关。如同前面所述，目前的调查也表明，女性的性取向在一生中是会变的。在本章最后关于女同性恋和女双性恋的内容中，我们将会看到性取向理论对这种变化做出的解释。

2004a）。第三个原因是很实际的：在美国，已婚的两个人比未婚的人能从联邦政府和州政府多领一千多美元的津贴（Garnets, 2004b）。2004年美国心理学会研究了调查结果，得出的结论是，同性伴侣也应该和异性伴侣一样享有同等的结婚权利（American Psychological Association, 2004；Farberman, 2004）。

到了2006年，同性婚姻在加拿大、荷兰、比利时、西班牙和南非得到了允许。一种更具限制性的"伴侣关系"在丹麦、瑞典、匈牙利和葡萄牙获得了法律认可（Hamon & Ingoldsby, 2003；Merin, 2002；J. Thorpe, 2005）。同时，在美国，人们对于同性婚姻的态度越来越积极。比如，盖洛普（Gallup）民意调查表明，2003年12月有31%的人支持同性婚姻，到了2004年5月上升到了42%（Younge, 2004）。现在我们来看专栏8.5，它为我们提供了更多关于人们对于同性婚姻态度的信息。

专栏8.5　对女同性恋结婚的态度

首先，请你回答以下问题：

苏珊·布朗和杰西卡·史密斯1990年大学毕业不久相遇。她们相爱了，1991年决定同居。她们互相把对方看作生活伴侣，打算结婚。你觉得她们应该有结婚的权利吗？为什么？

现在，看一下如果你问朋友们这个问题，你是否会感到尴尬。如果不会尴尬，去问几个人。从他们的回答中，你能找到一个统一的模式吗？

女双性恋

Heather Macalister 是名心理学教授，她描述了她对性别吸引力的个人观点：

随着年龄增长，我想我更坦率，大部分人如此。当我 17 岁时，我发现对我有吸引力的一些人是女性。我对此十分兴奋。我觉得这有助于心灵开放，进行自由的思考，能够将感情的吸引置于性别或者性之上。坦白地说我从来没有把我自己看成是"双性恋"。只是后来我说的"心灵开放，自由思考，将感情的吸引置于性别或者性之上"，人们听了常常疑惑，所以我为了方便开始用"双性恋"这个标签，但我还是觉得它不够全面。我并不存在选择性别、性或者是性取向的问题，而是以我是否喜欢为选择标准。（Macalister，2003，pp. 29 - 30）

双性恋女性（bisexual woman）无论在心理、感情，还是性方面都同时喜欢女性和男性，因此双性恋女性在选择伴侣时不会因为性别原因而排斥某人（Berenson，2002；Macalister，2003）。让我们继续前文所探讨的内容，在双性恋女性的一生中，她可能对男女都会产生感情，而不仅仅对女同性恋者（L. M. Diamond，2002，2005；Rust，2000）。我们接下来会看到，双性恋揭示了倾向于进行清晰界定的文化中存在的一种困境。

双性恋女性的身份问题

多数双性恋女性说她们对男人感兴趣比对女人感兴趣的时间要早（R. C. Fox，1996；Weinberg *et al.*，1994）。Weinberg 和他的同事认为，双性恋者主动选择了他们的性取向，即构建了他们的双性取向。如果我们的文化中存在异性恋歧视，那他们可能会发现，在承认对同性的喜好之前，如果表明对异性感兴趣可能会比较容易。

大多数双性恋女性说她们的性倾向是波动的。如同一名女性所述，"我觉得在身体上我更喜欢男性，但在精神或感情上更喜欢女性"（Rust，2000，p.212）。总之，双性恋的身份是不断变化的，而不是单一的生活方式（Rust，2000；M. J. K. Williams，1999）。

虽然几乎没有关于双性恋女性心理问题的研究资料，她们似乎也没有特别的问题（R. C. Fox，1997；Ketz & Israel，2002）。同样，女双性恋和女同性恋都对她们当前的性别定位很满意（Rust，1996）。具有多重种族背景的双性恋常常发现，他们的混合传统和自己的双性恋身份不谋而合。毕竟，他们自己的种族背景使他们很小就知道，我们的文化建立的是单一的种族类别。结果，当他们发现我们的文化对于性取向也是单一的划分时就不吃惊了（Duong，2004；Rust，2000）。

人们对双性恋女性的态度

双性恋女性常说她们被异性恋和女同性恋群体拒绝。因为性别偏见，异性恋可能会责怪双性恋女性与同性之间的关系。其实，异性恋者对双性恋的看法比对同性恋更差（Herek，2002b；Whitley & Kite，2006）。很多异性恋还觉得双性恋总是对伴侣不忠（Ketz & Israel，2002；Peplau & Spalding，2000）。相比来说，女同性恋常常说双性恋是因为对异性恋"献媚"才否认她们是同性恋（Herdt，2001；Ketz & Israel，2002；Peplau & Spalding，2000）。结果，这两个群体对双性恋仿佛视而不见（Robin & Hamner，2000）。

在第 2 章中，我们强调，人们喜欢对男性和女性进行具体分类，把每个人都归入某一类别之中。对同性恋的偏见，部分是因为女同性恋违背了这个分类中的既定角色：人不能去爱同类的人。双性恋也为那些喜欢做具体分类的人提供了另外的难题。而且，双性恋甚至不能被归入单一的女同性恋之列，这是彻底颠覆了分类原则的一个群体。双性恋者尤其使那些不能接受含糊概念的人大伤脑筋。

性取向的理论解释

如果我们试图弄清楚为什么女同性恋在心理、情感和性上更亲近女性这个问题，那我们也应该思考另外一个问题：异性恋女性为何会在心理、情感和性上更亲近男性？然而不幸的是，理论学家几乎很少提及这个问题。① 由于我们文化中的异性恋心理作祟，女性如果对男性很感兴趣就被认为是自然而然、很正常的事情。在这种想法下，女同性恋则被看作是不自然、不正常的，不正常的事情通常需要加以解释说明（Baber，2000；Nencel，2005）。

但在现实中，异性恋更让人觉得困惑。因为针对社会心理学的不同分支做的调查显示，我们都喜欢像我们自己一样的人，而不是和我们不同的人。照此推论，我们应该喜欢和我们同性别的人。

流行出版物的很多篇文章指出，用生物学因素可以解开女同性恋或者男同性恋之谜。但在现实中，我们对于同性恋或双性恋女性的性取向并没有充分的生物学理论加以解释。不过还好，喜好社会文化论的心理学家现正着手研究一种理论，即社会力量和我们的思想过程可能塑造出了我们的性取向。下面我们首先来看一下生物学解释，然后再对社会文化论做一个总结。

生物学解释

倾向于生物学解释的研究人员通常研究男同性恋，而不是女同性恋。比如，发表在《华尔街期刊》（*Wall Street Journal*）上的一篇文章，标题叫做"研究新成果：性取向影响下的大脑反应"（Brain Responses Vary by Sexual Orientation，New Research Shows，2005）。在这篇文章中几乎看不到女同性恋的研究，谈论的都是男同性恋。还有一些调查针对的是从胎儿期荷尔蒙就不正常的那些人的性取向。无法为女性的性取向提供有力的解释。

其他一些针对正常人的调查，旨在考察他们的性取向是否受基因、荷尔蒙、大脑结构的影响（e.g.，Hershberger，2001；LeVay，1996；Savic et al.，2005）。比如，也有很多研究表明，X 染色体上的一个特殊区域可能存在同性恋的基因。但是，这类研究过度关注男同性恋，而不是女同性恋和双性恋（Peplau，2001；Savic et al.，2005）。其他一些研究人员也指出，很多这类研究存在方法论上的错误（e.g.，J. M. Bailey et al.，2000；

J. Horgan，2004；Hyde & DeLamater，2006；L. Rogers，2001）。

下面我们看几项对女同性恋做的基因研究。Bailey 和他的同事研究了一些刚好有双胞胎姐妹的女同性恋（J. M. Bailey et al.，2000）。在这些女同性恋中，24％的人的双胞胎姐妹也是同性恋。这个比例相当高。但是，如果基因决定性取向，而每对双胞胎都有特定的基因，为什么这个比例没有接近 100％呢（L. Rogers，2001）？另外一项类似的调查没有显示生物学方法能解释女性的性取向（J. M. Bailey et al.，1993；Hyde，2005b；Pattatucci & Hamer，1995）。

总之，生物学因素可能对一小部分女性的性取向有一些影响，但是关于同性恋和双性恋女性的研究太少了。我们应该看到，这些研究反而都倾向于认为生物学因素对男同性恋的性取向有影响（Baumeister，2000；Fletcher，2002；Hershberger，2001；Vohs & Baumeister，2004）。但是，流行出版物显然过分强调了女性性取向的生物学因素的重要性（J. Horgan，2004）。

社会文化解释

最近的研究和理论表明，女性的性取向受社会文化及状况的影响比受生物学因素的影响要深（Baumeister，2000；L. M. Diamond，2003b；Vohs & Baumeister，2004）。下面我们看关于社会文化因素如何起作用的两种互补理论：（1）社会建构理论；（2）个人职业理论。在你阅读这两种理论时，请注意，二者是共容的，我们没有必要选择一种而反对另外一种。而且，请注意这两种社会文化解释如何强调了女性之间的个体差异（Vohs & Baumeister，2004）。

社会建构理论（social constructionist approach）认为在我们的文化中产生了性别类型，以此来规范我们对性的看法（Baber，2000；Bohan，1996；C. Kitzinger & Wilkinson，1997）。社会建构主义者反对研究性取向的本质。换句话说，性取向并不是人的基本特征，在人类出生前或者童年期也不属于必备的主要个性特点。

社会建构理论认为，在生活经历和文化信息

---

① Hyde 和 Jaffee 的一篇优秀论文是个例外（2002），论文中提到，传统的性别角色和大量反对同性恋的文章都促使少女形成异性恋的心态。

影响下，大多数北美女性形成了异性恋的身份特征（Baber，2000；Carpenter，1998）。但是，一些女性在回顾了自己的性经历和感情经历之后，决定或者做同性恋，或者做双性恋（Bociurkiw，2005；L. M. Diamond，2003b）。

社会建构理论认为性取向既不确定又容易变化，这和我们之前对其的探讨是一致的。比如，女性在重新对她们的生活或者政治价值观进行评价后，会从异性恋变成同性恋（C. Kitzinger & Wilkinson，1997）。

为了检验这种理论，Celia Kitzinger 和 Sue Wilkinson（1997）采访了 80 名女性，她们在至少 10 年的时间里坚定地认为自己是异性恋，但就在接受采访的时候，她们却都坚定地宣布自己是同性恋。这些女性叙述了她们在这种转变中如何重新审视自己的生活。比如，一名女性说道：

> 我看着镜子中的自己，心想，那个女人是个同性恋。然后，我让我自己明白，我说的那个女人就是我。此时，我第一次有了一种完整的感觉，但也极度恐惧。（p. 197）

但是，我们需要强调的一点是，很多女同性恋相信她们的性取向是完全不受意识控制的（Golden，1996）。这些女性从很小就觉得自己和别的女孩子不一样，尤其是在6～12岁时。

总之，社会建构理论认为，异性恋、双性恋和同性恋这些分类都是会变化的。这种方法同样也解释了一些女性如何有意选择了她们的性取向。

第二种社会文化解释叫做"个人职业理论"（intimate careers approach），它强调的是女性性取向的多面性，就如同女性的生活也是五花八门的

一样。此理论由著名的女同性恋和男同性恋研究专家 Letitia Anne Peplau 提出（Peplau，2001；Peplau & Garnets，2000）。Peplau 认为，我们可以把人们的感情取向和性取向比作人们的职业选择。比如，你的两个朋友可能就会选择不同的职业道路。可能一个朋友一直对心理学感兴趣，另外一个朋友在决定读心理学之前已经取得了生物学和社会学学位。

个人职业理论用职业来比喻我们在个人情感选择中的不同方式。比如，可能你认识的女性中有一名完全是异性恋，一名是同性恋，另一名是双性恋。这种理论还指出，由于各种原因，不同的人可能当前会有相同的性取向（L. M. Diamond，2003c）。例如，你可能认识一位女性，她从记事起就对女性感兴趣；另外一位在未成年前可能以为自己是异性恋，后来她和其他女性有了一段深厚的友谊，然后发展成了同性恋关系。虽然这种理论还有待完善细节，但它却符合我们强调的个体差异。

然而，实际上我们并没有令人满意的理论，能够阐释女性的性身份和情感身份的复杂性。为了建立这种理论，我们需要对同性恋、双性恋和异性恋的女性进行仔细的调查和研究。其实，关于性取向的最有说服力的理论可能就包括生物学上的假设，认为生物学特性使很多女性形成了同性恋或双性恋的身份（L. M. Diamond，2003c）。但是，究竟哪些女性会选择同性恋或双性恋身份，哪些女性会选择异性恋身份，这由她们的社会经历决定。同时，这种综合理论也特别指出，性身份显然是不断变化的。性取向不是一种单一的分类，而是个人不断自我发现的过程。

▌小结——同性恋和双性恋女性

1. 女同性恋在心理、情感和性上都对女性感兴趣。但是，我们的异性恋文化观点却认为异性恋和其他感情不同。

2. 调查显示，同性恋和异性恋的女性心理调适能力都很好；女同性恋如果接受了自己的同性恋身份，她们明显更自信。

3. 调查显示，多数同性恋关系从友谊开始，

同性恋者之间更重视感情的亲密度。如果平等拥有决策权，女同性恋双方会更幸福。女同性恋和女异性恋对感情的满意度相似。

4. 女同性恋和女异性恋对于分手的反应几乎类似。但异性恋的分手更容易受到法律因素的制约。

5. 如果女同性恋中的有色女性居住在价值观

(U. S. Census Bureau,

保守的种族社区，那么她们就比欧美的女同性恋更难认可自己的身份，但也出现了很多支持这些有色女同性恋的组织。

6. 大多数女同性恋承认性取向是不定的，有时喜欢异性，而不是一直喜欢同性。

7. 同性婚姻在美国大部分地方是非法的，但很多同性恋伴侣希望能以结婚来向世人表明他们的结合、反对异性恋主义以及获得法律上的平等。

8. 双性恋女性本身就说明，感情的喜好经常变化。但不幸的是，这些女性遭到了女同性恋和异性恋的双重拒绝。

9. 生物学研究考察基因、荷尔蒙和大脑结构这些因素是否决定着性取向。但是这些调查很少以女同性恋和双性恋为核心。目前，对于生物学因素是否对大部分女性的性取向有影响，我们尚未有充分的证据加以证明。

10. 研究人员提出了两种成熟的互补理论：（1）社会建构理论强调性取向是变动的，人们的性身份是可以后天形成的，人们会改变自己的异性恋或者同性恋身份。（2）个人职业理论也指出了女性的性取向的可变性，在女性的各种经历和每个女性的生活轨迹中都是变化的。

 ## 单身女性

最新数据表明，在18岁及以上的女性中，有21%的女性一直未婚（U. S. Census Bureau, 2005）。在加拿大，这个比例是27%（Status of Women Canada, 2000）。虽然"单身女性"这个分类包括所有的未婚女性，但也涵盖了我们已经讨论过的一些群体。比如，正在约会或者同居的女性也属于单身一列，还包括已经分居或离婚的女性，还有尚未结婚的女同性恋或女异性恋。我们在第14章中将会谈到寡妇，她们也属于单身女性。

在关于单身女性的这一章中，我们将会关注从来没有结过婚的女性，因为本书中的其他章节均未涉及她们。但前面提到的那些女性其实和未婚女性有很多共通的正面或者负面的体验。阅读下文之前，请先看专栏8.6。

283

专栏8.6　人们对单身女性的态度

假设有朋友邀请你去参加她的家庭野餐聚会。她给你简单介绍了即将出席的亲戚。说到美琳达·泰勒的时候，她说："我不是很了解她，但是她已经快40了，还没结婚。"

根据以上描述，设想一下美琳达·泰勒的性格。

根据以下列表中的个性特征，将她和同年龄段的女性做个比较。判断是否美琳达·泰勒的这些个性表现得更明显（若是不同用M，若相同就用S，若不明显用L）。

_____ 友好
_____ 专横
_____ 聪明
_____ 孤独
_____ 没有条理
_____ 有魅力
_____ 温和
_____ 幽默

_____擅长沟通

_____不快乐

_____女权主义者

_____政治自由主义

在你的回答中是否能发现某种模式？

单身女性的特征

虽然单身女性也属于成年女性的一部分，但心理学家和社会心理学家很少研究单身女性（M. S. Clark & Graham，2005；B. M. DePaulo，2006；B. M. DePaulo & Morris，2005）。数据表明，单身女性比已婚女性更有可能外出工作（Bureau of Labor Statistics，2004c）。很多单身女性受教育程度很高，有自己的事业。作为单身女性，她们常常发现工作时间和地点更自由（DeFrain & Olson，1999）。

284　　很多单身女性之所以选择不结婚，是因为她们没有找到理想的伴侣。比如，《时代周刊》杂志调查了 205 名未婚女性。有个问题是：如果你找不到合适的人，你会不会随便找个人结婚呢（T. M. Edwards，2000，p. 48）？只有 34% 的人回答她们

会选择一个离理想比较接近的人结婚。另外一些女性保持单身是因为她们觉得很难有幸福的婚姻（Huston & Melz，2004）。

调查表明，在关于心理问题的测试中，单身未婚女性和已婚女性的分数一样高（N. F. Marks，1996）。在有关独立性的测试中，单身女性比已婚女性得分要高。但在自我接受的测试中，单身女性比已婚女性得分低（N. F. Marks，1996）。另外一项调查显示，单身女性和已婚女性的寿命差不多，都比离婚女性活得长（Fincham & Beach，1999；Friedman et al.，1995）。总之，单身女性通常自我调适得很好，她们对这种单身状态一般很满意。

社会对单身女性的态度

在专栏 8.6 中，你是如何回答的？同时，回想在你成长过程中听到的人们对一直未婚的女性的议论。单身女性受到的同情和指责通常比单身男性多（B. M. DePaulo & Morris，2005）。比如，单身女性说她们在餐馆不像已婚女性那样受尊重和得到良好的服务（Byrne & Carr，2005）。Bella DePaulo 和 Wendy Morris 做的调查（2005）表明，大学生对单身女性的描述是孤独、羞涩、不幸福、不安全和不灵活。但这些大学生也认为单身女性是友好的、好相处的，所以学生们承认了她们的

一些好的方面。

和中早期相比，现在单身得到了人们更多的尊重（Baca Zinn & Eitzen，2002）。原因之一是现在女性们更可能保持单身，部分原因是受过高等教育、经济自立的女性数量的增多（Whitehead，2003）。而在 1970 年，25～29 岁的女性中，只有 10% 的人未婚，2003 年却达到了 40%（DeFrain & Olson，1999；U. S. census Bureau，2005）。现在很多电视节目也将单身女性作为一种时尚的代表。

单身的好处和坏处

经常提到的单身女性的好处是自由和独立（DeFrain & Olson，1999；B. M. DePaulo & Morris，2005；K. G. Lewis & Moon，1997）。单身女性可以根据个人喜好做自己想做的事情。其实，

和已婚女性相比，单身女性更容易将时间用在休闲、旅游和社会交往上（Lee & Bhargava，2004）。她们还有更多的自由选择和谁在一起（B. M. De-Paulo & Morris，2005）。

单身女性也经常提到，她们还有一个好处就是有隐私。她们如果想做自己就可以做自己，不会冒犯到别人。单身女性还说，通过学着和自己单独相处，她们对自己有了更高程度的自我认知（Brehm，Miller *et al.*，2002）。

在被问到单身的坏处时，她们通常会提到孤独（T. M. Edwards，2000；Rouse，2002；White-head，2003）。有一名女性说："我不是寡妇，但我活得却像个寡妇。独自生活，回到家是空空的房子"（K. R. Allen，1994，p. 104）。

单身女性有时提到，她们在一夫一妻家庭为主的社区——有些人戏称为"诺亚方舟"——处于劣势地位。我们的文化似乎认为，社会上的女性如果独自一人就是不正常的（Watrous & Honeychurch，1999）。

但是，大多数单身女性建立了包括朋友和亲戚的社会关系网（Rouse，2002）。很多人和室友同住，共同分享快乐、悲伤和沮丧情绪。有位女性认为，这种社会交往的好处就是"有些朋友关心你，他们关心的是你这个人，而不是作为夫妇中的一方"（K. G. Lewis & Moon，1997，p. 123）。总之，单身女性通常会建立起关心她们的社会联系系统。

单身女性中的有色人种

我们注意到，很少有关于单身女性这个大众话题的调查。让人伤心的是，在心理学研究中更是不见有色单身女性的身影。这个结果特别可笑，因为有37%的黑人妇女和24%的拉丁裔女性一直未婚，而欧美女性中只有18%（U. S. Census Bureau，2005）。

在一些种族社区中，未婚女性起着重要作用。比如，在一种叫做美国墨西哥混合式（Chicana）的文化中，家庭中的未婚女儿要照顾年迈的父母，或者帮忙照顾侄子和侄女（Flores-Ortiz，1998）。

这种未婚女儿的角色也存在于亚裔的美国单身女性中（Ferguson，2000；Newtson & Keith，1997）。很多亚裔美国女性还有其他单身原因，就是她们要接受高等教育，或者是没有找到合适的结婚对象（Ferguson，2000）。

对单身黑人女性进行的研究似乎比较多。比如，研究表明，黑人女性更愿意保持单身，而不是和当前一个事业平平的男人结婚（Baca Zinn & Eitzen，2002；Jayakody & Cabrera，2002）。

互相支持的友谊通常为单身的黑人女性提供了宝贵的社会交往。有一项调查针对弗吉尼亚州里士满市未婚和已婚黑人女性的社会交际网（D. R. Brown & Gary，1985）。调查的问题是，和她们保持亲密关系的朋友和亲戚有多少人。未婚女性在回答中强调，其他家庭成员在她们的生活中极其重要，大约有三分之二的女性在描述亲密关系时提到了家人和亲戚，大约有四分之一的女性说她们最亲密的朋友是女性。单身的黑人女性还能在工作中找到陪伴支持她们的朋友。比如，黑人职业女性描述了朋友们从很多方面对她们的鼓励（Denton，1990）。

过去的调查并未为对待单身女性的态度、她们的社会状况和行为提供一个丰富的阐述。在此后的几十年中，对于种族背景不同的单身女性，我们或许会有更全面的理解。而且，如同 Bella DePaulo 和 Morris（2005）所强调的那样："觉醒了的人们开始意识到你不需要为了成为领导而做男人，不需要为了显得正常而变得平庸，不需要为了可爱成为白人，不需要为了幸福而找个伴"（p. 78）。

小结——单身女性

1. 关于单身女性的调查很少。但是，在很多心理状况方面，单身女性和已婚女性特别类似。

2. "单身主义"指对于未婚女性的偏见。单身女性受到了一些歧视，大学生也对单身女性有一些负面看法。

3. 单身女性重视她们的隐私和对休闲活动的

自由追求，但是她们也提到了不好的一方面——孤独。多数单身女性会选择为自己建立起社会关系网。

4. 未婚的拉丁裔女性和亚裔女性通常需要去照顾家庭成员。黑人单身女性认为家庭成员和朋友很重要，和他们可以有亲密的关系，获得帮助，在社会生活和工作中都是如此。

 ## 本章复习题

1. 在本书中，我们经常会谈到吸引力这个话题。在异性恋和同性恋的感情中，吸引力究竟有多么重要？

2. 我们在本章中有几处对北美的黑人女性进行了一些跨文化研究和调查。根据以下的主题对这些调查做一个总结：（1）理想伴侣；（2）婚姻；（3）女同性恋；（4）有色单身女性。

287　　3. 什么是进化论心理学？它对女性和男性选择理想伴侣是如何进行解释的？为什么它对当前的感情关系不适用？社会角色理论是如何对调查进行解释的？最后一个问题是，为什么进化论心理学难以解释女同性恋关系？

4. 本章中有几次谈到权力问题。对婚姻中金钱和权力的关系、三种婚姻模式中的权力分配、黑人家庭中的权力、女同性恋关系中权力平衡的重要性进行一下总结。同时讨论对于已婚有色女性来说权力是如何分配的。

5. 讨论一下本章是如何对女性的个体巨大差异这个主题通过事例进行证明的。记住要包括以下的主题，比如同居模式、离婚的反应、性取向和单身女性的社会关系。

6. 讨论本章讲解的性别比较，包括理想的性伴侣、理想的婚姻伴侣、分手的反应、婚姻的满意度和离婚的决定。

7. 我们注意到，女同性恋和女双性恋可能让那些喜欢清晰界定的人很头疼。根据 Lisa Diamond 的调查、女双性恋的经历和关于性取向的两种社会理论，对性取向的变化特性进行讨论。

8. 女同性恋、女双性恋和单身女性的生活方式都不算正常。人们对这 3 种女性的态度是怎样的？

9. 假设你和一个很熟悉的高中朋友在聊天。这个朋友说她觉得女同性恋比女异性恋有更多的心理问题，她还觉得女同性恋伴侣之间可能更容易存在问题。本章中有哪些内容和她的想法有关联？

10. 假如你继续和问题 9 中那个高中朋友在谈话，你们开始谈起一直未婚的那些人。她告诉你她很担心一名同性朋友，因为这个朋友好像对约会或找丈夫没有什么兴趣。你对朋友的担忧如何回答？

 ## 关键术语

* 进化论心理学（evolutionary psychology approach，253）
* 社会角色论（socia-roles approach，254）
* 同居（cohabitation，257）
* 传统婚姻（traditional marriage，263）
* 平等婚姻（egalitarian marriage，264）

* 大男子主义（machismo，264）
* 圣女信仰（marianismo，264）
  黑人母权主义（black matriarchy，265）
* 女同性恋（lesbian，269）
* 性少数派（sexual minority，269）
* 异性恋主义（heterosexism，269）

稳定的女同性恋（stable lesbians，275）

不定性女同性恋（fluid lesbians，275）

*女双性恋（bisexual woman，277）

社会建构理论（social constructionist ap-

proach，280）

个人职业理论（intimate careers approach，281）

单身主义（singlism）（284）

注：标有 * 的术语是 InfoTrac 大学出版物的搜索术语。你可以通过网址 http：//infotrac. thomsonlearning.com 来查看这些术语。

288 ## 推荐读物

1. Conger，R. D.，Lorenz，F. O.，& WicKrama，K. A. S.（Eds.）（2004）. *Continuity and change in family relations：Theory，method，and empirical findings*. Mahwah，NJ：Erlbaum。该书特别关注感情随时间的变化；关于婚姻的继续和改变的章节和本章特别相符。

2. DePaulo，B. M.（2006）. *Singled out：How singles are stereotyped，stigmatized，and ignored，and still live happily ever after*. New York：St. Martin's Press。我每次审订这本教材，都希望能找到值得推荐的新书！Bella DePaulo 是位社会心理学家，她的书将社会调查和有趣的叙述结合了起来。我计划把这本书送给几位有"单身主义"经历的单身朋友。

3. Leeds-Hurwitz，W.（2002）. *Wedding as text：Communicating cultural identities through ritual*. Mahwah，NJ：Erlbaum。我对于作者描写她研究的伴侣们在婚礼上的文化象征非常着迷，作者使用了一些有趣的概念，是你在传统的新娘杂志里绝对看不到的。

4. Rose，S.，& Hall，R.（2005）. *Innovations in lesbian research*［Special section］. *Psychology of Women Quarterly*，29（2），119－187。《女性心理学季刊》中的这个话题包括 7 篇文章，主题分别是女同性恋的稳定性和变化性比较、女同性恋的幸福生活以及年老的黑人女同性恋的生活。

5. Vangelisti，A. L.（Ed.）.（2004）. *Handbook of family communication*. Mahwah，NJ：Erlbaum。我强烈推荐这本优秀的材料，它讨论了诸如在婚姻、同性恋家庭和离婚家庭中的伴侣选择和沟通问题。

专栏的参考答案

专栏 8.1

1. F；2. F；3. M；4. M；5. F；6. F；7. M；8. F；9. M；10. M。

判断对错的参考答案

1. 错；2. 错；3. 对；4. 对；5. 错；6. 对；7. 对；8. 错；9. 错；10. 错。

第 **9** 章

性

■ 判断对错

_____ 1. 阴蒂，一个小小的性器官，在女性的性高潮中起着关键作用。

_____ 2. 男女两性在性欲方面的差别是最大的。

_____ 3. 在最近十年中，人们对有性行为的未婚男性的评价比对同等类型的女性的评价往往要好。

_____ 4. 大多数美国父母表示希望中学的性教育课程中能够讨论避孕问题。

_____ 5. 大多数女性回忆说她们的第一次性交经历是很愉快的。

_____ 6. 如果一名女性经常跟性伴侣讨论她在性生活方面喜欢什么和不喜欢什么，她可能比不愿透露这方面信息的女性对自己的性关系更满意。

_____ 7. 当女性难以达到性高潮时，一个普遍的原因是她担心控制不住自己的感情。

_____ 8. 在性行为中，女性常常容易担心自己的身体魅力问题。

_____ 9. 美国少女怀孕的可能性是加拿大少女的两倍。

_____ 10. 女性因意外怀孕而做人工流产一般不会给她们造成严重的心理影响。

开始编写关于"性"这一章的那天，我碰巧经过一个药店的杂志架。"女性专栏"充斥着各种性信息。《自我》（*Self*）有个标题是："得到最好的性"。《魔力》（*Glamour*）更是充满诱惑力，印着"3 000 多份 X 光，揭示女人的性秘密"。但是，赢得青睐的还是《大都市》（*Cosmopolitan*）杂志，有一个标题赫然印着："淘气的性：从来没有公开的 8 种火辣体位"。同一个封面上还有"如何开启你的那一位"、"性后要做的最性感的事"以及"男人希望女朋友了解的 4 件事"。

我们的北美文化对性的话题如此热衷，所以我们可能会认为人们对这一话题了解颇多，但研究表明情况并非如此。Mariamne Whatley 和 Elissa Henken（2000）在佐治亚州做过一项调查，他们让人们讲述自己听过的各种跟性有关的话题。

有些人认为以下这些情况会使女性怀孕，如接吻、跳舞时跟男性靠得太近、经期中（而不是排卵期中）有性生活等。另一些人说妇科专家在做女性盆腔检查时曾在女性阴道里发现过蛇、蜘蛛或蟑螂等。还有一些人说他们听说塞入女性阴道的月经棉会跑到女性的胃里。很显然，人们对怀孕及女性生理构造方面存在严重的错误认识！

我们这一章首先会涉及关于性的一些背景知识。（但我想你肯定知道阴道并不是跟胃相连的。）在第二部分我们会讨论性观念和性行为。第三部分将探讨的是性功能障碍。最后我们将探讨避孕和人工流产问题。（顺便提一下，第 11 章我们将讨论跟性传播疾病有关的问题。）

女性性研究的背景

本章的大部分内容主要是关于人们对性的态度以及女性的性行为。性不仅仅是种生理现象（Easton *et al.*，2002；Marecek *et al.*，2004）。为了能够较自然地切入这些话题，我们需要先看一些相关问题：在性研究方面当今最有影响的理论方法是什么？女性身体的哪些部位在性生活中尤为重要？女性通常经历哪些性反应？同时，男女在性欲上有区别吗？

理论研究

女权主义心理学家指出，关于性的研究经常存在着局限性（L. M. Diamond，2004；Marecek et al.，2004；Tiefer，2000）。例如，跟本书主题 3 一致，研究者对女性性研究所做的努力较少。事实上，他们经常把男性的性经历看成是规范的标准。中学教材里对性的描述便体现了这种以男性为主的做法。比如，这些书从男性的角度讲解性器官。在一本教材中，"阴茎"一词被定义为"男性生殖器"，而"阴道"一词则被解释为"在性交过程中用来接纳阴茎"的器官（C. E. Beyer et al.，1996）。同时，这些书还有异性恋偏见。在大量有关性的研究中，女性的伴侣通常被既定为男性。

在对性的讨论中还存在一种偏见，即人的性经历经常是被从纯粹的生理角度讨论的。因此，激素、大脑结构以及生殖器成为讨论的重点（Tolman & Diamond，2001a；J. W. White et al.，2000）。此外，这些生理过程常常被认为适合所有女性（Peplau，2003；Tiefer，2000）。

这种对生理的过分关注跟本质主义的观点是一致的。我们在第一章已经讨论过，**本质主义**（essentialism）认为性别是存在于个体内部的一个稳定的基本特征。本质主义者认为，所有女性的心理特征都是相同的（Marecek et al.，2004）。本质主义忽视了女性性反应中普遍存在的个体差异，

这跟本书的主题 4 是一致的（Baber，2000）。当研究者在采用本质主义的观点时，他们往往忽视了社会文化因素，而此因素是相当重要的，因为性在我们的通俗文化中的地位非常突出。

跟本质主义观点相对应的是社会建构论的观点。此观点强调社会力量对人们性观念和性行为的重要影响。我们在第 1 章和第 6 章已讨论过，**社会建构论**（social constructionism）认为，个人和文化群体根据自身的经历、社会交往以及信仰建构或创造了他们对现实的看法。比如在北美文化中，人们认为男性有性欲，很少提及女性的性欲（Tolman，2002）。但在另一种文化中，女性可能又会被认为性欲很强烈（Easton et al.，2002；Fontes，2001；Tiefer，2004）。

社会建构论认为，人们对性的基本概念的理解甚至也是由文化决定的（Marecek et al.，2004）。拿"发生性行为"这个概念为例。大多数北美女性认为这一概念只指跟男性发生性交，即便并不是一次愉快的性经历（Rothblum，2000）。如果性活动只限于"口交"，她们可能不会认为是"发生性行为"。现在我们简要讨论一下女性的生殖器官构造、女性的性反应以及性欲这些重要话题。然后，我们将较详细地探讨女性的性观念和性行为。

女性生殖器官构造

图 9—1 显示了成年女性的外部生殖器官。这些器官在具体的形状、大小以及颜色上因人而异（Foley et al.，2002）。一般来说，阴唇向里侧折叠，这样才能遮住阴道口。但此图中阴唇是向外展开的，目的是显示尿道口和阴道口的位置。

阴阜是位于耻骨前方的脂肪组织。在青春期，阴阜开始被阴毛覆盖。大阴唇是皮肤褶皱，位于女性大腿内侧。两片大阴唇之间是两片小阴唇。

请注意阴唇的上部构成了阴蒂包皮，覆盖着阴蒂。在这里我们将了解到，**阴蒂**（clitoris）

是一个很敏感的小器官，它在女性的性高潮中起着核心作用。它包含着高度密集的神经末梢，它唯一的功能就是产生性兴奋（Foley et al.，2002）。

尿液经由尿道口流出。请注意阴道口位于尿道口和肛门之间。**阴道**（vagina）是一个有弹性的通道，月经便由此流出。在男女性交过程中阴茎插入阴道。阴道还为正常地分娩胎儿提供了一条通道。如要回顾了解女性的重要内部生殖器官，请查阅本书图 4—1。

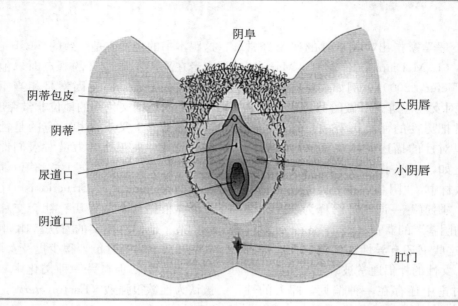

图 9—1　女性外部生殖器官

性反应

　　女性在性生活中有各种不同的反应，她们认为情感和想法特别重要。某些视觉刺激、声音和气味都会增强或减弱性欲（L. L. Alexander *et al.*，2004）。下面我们将讨论女性在性生活中所经历的一般阶段，并对男女在此方面的差异稍作比较。

女性性生活的一般阶段

　　William H. Masters 和 Virginia Johnson（1996）写过《人的性反应》（*Human Sexual Response*）一书，该书总结了他们对在性生活中容易体验到性高潮的人们的研究。可以想象，他们的研究成果不可能适合任何人，因为性本身会表现出更多的变化，而不仅仅像他们所描述的那样一切按固定次序发生（L. L. Alexander *et al.*，2004；Basson，2006；Foley *et al.*，2002）。Masters 和 Johnson 把女性性生活划分为 4 个阶段，每个阶段主要侧重外生殖器的变化。当你阅读关于这些阶段的描述时，请记住 C. Wade 和 Cirese（1991）的提醒："这些阶段并不像自动洗衣机的程序。我们不是被设定了程序机械地从一个阶段进行到下一个阶段的（p. 140）。"

　　Masters 和 Johnson 把第一阶段称为**兴奋期**（excitement phase）。在这一阶段，女性由于抚摸和性爱的想法而产生了性欲。女性体内的血液涌向阴部，引起**血管充血**（vasocongestion），或称为充血肿胀。阴蒂和阴唇由于充血而变大，阴道也由于分泌液体而变得潮湿。

　　在**持续期**（plateau phase），阴蒂变短并收缩到阴蒂包皮之下。阴蒂附近区域此时变得异常敏感。因此，不管是由于阴茎的拨弄还是其他触摸引起阴蒂包皮运动，都会造成对阴蒂的刺激。

　　在**高潮期**（orgasmic phaes），子宫和阴道外部以大约一秒的间隔强烈收缩。（图 4—1 标明了女性内部生殖器官，可以看出子宫位于阴道上方。）女性在性高潮中通常经历 3～10 次这样的快速收缩（Foley *et al.*，2002）。

　　在**消退期**（resolution phase），性器官恢复到未受刺激的状态。这一阶段会持续半个小时甚至更长的时间。但女性可能会经历另一次高潮，而不是直接进入消退期。

　　你会发现阴蒂在女性经历性高潮时是极其重要的（L. L. Alexander *et al.*，2004；Crooks & Baur，2005）。正如 Masters 和 Johnson（1966）所说的那样，性高潮源于对阴蒂的刺激，不管这

294

种刺激是来自对阴蒂附近区域的直接抚摸还是间接挤压，比如性伴侣的阴茎的刺激。从生理角度讲性高潮是相同的，不管受到的是哪种刺激（Hyde & DeLamater，2006）。

当今支持女权主义的研究者和理论家强调说，女性在性生活中并非只关注外生殖器和性高潮（Conrad & Milburn，2001；J. W. White et al.，2000）。正如 Naomi McCormick（1994）所写的那样：

> 拥抱、自我表露，甚至凝视对方的眼睛受到女性的高度重视。女性在看待性的问题时考虑的是完整的人，而并不只是彼此的外生殖器。心理上的打动、互相表露自我和全身的情欲会使她们感到像性高潮时一样"性感"。(p. 186)

男女的性反应对比

从 Masters 和 Johnson 所做的研究以及其他最近的研究可以看出，女性和男性在性反应的很多方面是极其类似的。例如，女性和男性在性反应中经历相似的阶段。男性和女性都会经历血管充血，他们的性高潮在生理上也是相似的。

此外，女性和男性对性高潮有类似的心理反应。请阅读专栏 9.1 并推测那是男性还是女性的描述。Vance 和 Wagner（1977）让人们去推测哪些是男性对性高潮的描述，而哪些又是女性对性高潮的描述。大多数回答者都不能有把握地做出判断。另一个在性别上的相似之处是女性在阴蒂附近区域受到直接刺激时能跟男性一样快速达到性高潮（Tavris & Wade，1984）。但我们需要强调的是，女性通常并不认为"越快越好"！

专栏 9.1　性高潮的心理反应

试推测以下对性高潮的描述是由男性还是女性做出的。在每一条描述之前标上 M（代表男性）或 F（代表女性）。答案见本章结尾。

_____ 1. 先是突然感到头昏眼花，然后是一阵强烈的释放和愉悦。全身肌肉在紧张地抽搐。深深的陶醉感，接着是极度的平静和放松。

_____ 2. 对于我来讲，跟其他任何快乐和满足感相比，性高潮是我体验过的最大的满足和快乐。

_____ 3. 性高潮就像打开了一个水龙头。你可以看到迎面的水流，但可以根据你的意愿随时打开或关闭。你能感觉到水阀门的打开和关闭以及液体的流动。性高潮使你的头脑和身体受到一阵强烈冲击。

_____ 4. 一阵紧张感变得越来越急促，接着突然从紧张中释放出来，有一种想要入睡的感觉。

_____ 5. 性高潮是一种愉悦的、释放紧张感的肌肉收缩，是一种精神上和肉体上的发泄与释放。

_____ 6. 一种高度紧张感的释放。一般意义上的紧张感会让人不舒服，然而性高潮之前的紧张感则是愉悦身心的。

_____ 7. 性高潮是紧张感的强烈释放，在极度高潮时伴随着肌肉抽搐。这正是我对性高潮的体验。

_____ 8. 紧张感越来越强烈，时而伴随着挫败感，直至高潮来临。一种身体内部的收缩，有节律的悸动，完全释放，然后是温暖和平静。

Source：Based on Vance and Wagner（1977，pp. 207—210）.

一般而言，男女在跟性有关的各种内在和生理因素上是非常相似的。但是，在性欲等性的其他方面，男女的性别差异也是非常明显的。

性欲

你在高中时的"性教育"课程，告诉了你性器官的解剖学知识，以及对性"说不"，包括怀孕的危险和性传播的疾病。你可能不太会听到"性欲"这个词，尤其在和女性的交往中（Tolman，2002）。对于**性欲**（sexual desire）的一个定义是"寻求性刺激或者进行性行为的需要或动力"（L. M. Diamond，2004，p.116）。不同的性荷尔蒙和性欲有关，但是社会文化因素也同等重要。例如，在多数北美社区中，女青少年被认为是没有性欲的（Tolman & Diamond，2001a）。

女权主义者逐渐研究总结出，性欲上的性别差异比其他心理方面的性别差异更大（e.g.，Diamond，2004；Hyde & DeLamater，2006；Hyde & Oliver，2000）。和女性相比，男性（1）更频繁地想到性；（2）更频繁地需要性行为；（3）更主动地挑起性行为；（4）对性行为更有兴趣，不考虑情感问题；（5）更希望有大量的性伴侣（Impett & Peplau，2003；T. A. Lambert *et al.*，2003；Mosher & Danoff-Burg，2005；Peplau，2003；Vohs & Baumeister，2004）。

我们如何解释性的性别差异？有一个因素是很明显的。女人裸体时很少看自己的阴蒂，可能她都不知道在什么位置。男人只需简单地往下看看就能看到自己的阴茎，所以他可能会想到手淫，对性的感觉会更熟悉（Hyde & DeLamater，2006）。同样明显的是，女性比男性更关心会不会怀孕。我们下面即将看到，这个双重标准可能也抑制了女性的性行为。但是，荷尔蒙分泌的性别差异可能与性欲并无关联（Hyde & DeLamater，2006）。

进一步来说，利用男性规范的标准或许能寻找出某些性别差异，比如，只关注性交本身而非其他的性欲标准（Peplau，2003）。在此后的10年中，研究人员可能会对性欲上的性别差异得出更清晰的结论。同时，他们可能也会更多地关注性欲的个人质量方面的性别比较，而不仅仅是性欲的强度（Tolman & Diamond，2001a）。

如同我们的主题"个体差异"所示，有些女性的性欲可能比男性更强。但是，性欲的性别差异有助于我们理解本章的几个主题，比如手淫、性脚本和被称为性欲低下的性问题。

小结——女性性研究的背景

1. 女权主义心理学家认为性研究很少关注女性，而且性研究过分强调生理因素（跟本质主义观点一致）而不是社会文化因素（跟社会建构论观点一致）。

2. 阴蒂是在女性性高潮中起关键作用的性器官。

3. 情感、思想和感官刺激是影响女性性反应的最重要因素。性反应因人而异，并不遵循固定的顺序。W. H. Masters 和 Johnson（1966）描述了性反应一般包括的4个阶段：兴奋期、持续期、高潮期和消退期。

4. 不管是直接还是间接刺激阴蒂引起的女性性高潮都是相似的。当今的性学理论家更关注除外生殖器和性高潮之外的其他方面。

5. 女性和男性在性的心理反应上是相似的，但男性通常性欲更强。

性观念和性行为

前面从生理方面对性进行了简要讨论——肿胀的外生殖器和收缩的子宫。下面我们的话题将转向拥有这些性器官的人类。我们将会谈及以下问题：人们对性持有什么态度？人们对性的态度如何体现在对青年人的性教育中？成年人会讲述什么样的性经历？在阅读下文之前，请先试着做一下专栏9.2。

专栏 9.2 对性行为的评价

假定你发现你认识的一名 25 岁未婚女士有过性行为。下面列出了可能的 4 个人。依次给这 4 个人的道德观打分。尽量单独划分每个人，不要受其他 3 个人的影响。

```
1        2        3        4        5
```

不好的道德观   好的道德观

_____ 1. 没有过性伴侣的一名男士。

_____ 2. 曾有过 19 名性伴侣的一名男士。

_____ 3. 没有过性伴侣的一名女士。

_____ 4. 曾有过 19 名性伴侣的一名女士。

Source：Based on M. J. Marks and Fraley（2005）.

---

297 **男女两性的性观念**

当今，多数北美人认为婚前性行为是可以接受的，比如在双方订婚的情况下。一项跨文化调查显示，在被调查者中，只有 12% 的加拿大人和 29% 的美国人认为婚前性行为不论怎样都是错误的（Widmer *et al.*，1998）。然而，在这项调查所涉及的 24 个国家里，人们的态度大不相同。在奥地利、德国、斯洛文尼亚和瑞典，只有不到 5% 的被调查者认为婚前性行为是错误的，而持有这种观点的人在爱尔兰占 35%，在菲律宾占 60%。

在北美，在性的问题上男性一般比女性持更开放的态度（Brehm *et al.*，2002；N. M. Brown & Amatea，2000；Hyde & Oliver，2000）。例如，Oliver 和 Hyde（1993）所作的元分析表明，男性对婚前性行为明显持有更开放的态度，这种性别差异的 d 值为 0.81，有显著意义。也就是说，性别是一个重要的被试变量。

那么性别作为刺激变量又是怎样一种情况呢？人们对男性的性行为和女性的性行为是否会做出不同的评价呢？在 20 世纪 60 年代以前的北美，人们持有**双重性标准**（sexual double standard）。人们认为婚前性行为对女性来说是不合适的，但对男性来说却是可以原谅的甚至是合适的。通常说来，黄金时段的电视剧仍然宣扬双重标准（Aubrey，2004）。但在现实生活中，双重标准并不是很普遍（Crooks & Baur，2005；Marks & Fraley，2005；Milhausen & Herold，1999）。比如说，男性和女性都认为婚前性行为在双方已经订婚的情况下对两性都是无可厚非的（Hatfield & Rapson，1996）。

Michael Marks 和 R. Chris Fraley（2005）提供了一些当前对性的双重标准的更多信息。专栏 9.2 是他们研究的一个简化版本，而且，每个参与者只评价一个人。调查对象包括研究生和网络上的参与者。相对于给没有性伴侣的人打的分数，这两类人给有 19 名性伴侣的人打的分数都较低。但令人吃惊的是，对于男性和女性，两类人给的分数非常相似。换句话说，他们没有发现双重性标准的证据。我们无法明确知道，如果参与者是面对面完成调查，而不是通过网上作答，那么研究人员是否能证明双重性标准。

然而，在北美以外的很多国家的文化中，双重性标准经常会给女性的生命造成威胁。例如，在一些亚洲、中东和拉美文化中，人们认为男性为了维护家庭的荣誉，应该杀掉被怀疑有"不正当"性行为的女儿、姐妹甚至是母亲（Crooks & Baur，2005；P. T. Reid & Bing，2000；Whelehan，2001）。但男性家庭成员如果有不正当性行为则不会被追究。

性脚本

脚本的用途是具体说明人物的语言和动作。性脚本描述的是性行为的社会模式，而这种认识是我们在成长过程中受文化背景的影响而产生的（Rowleg *et al.*，2004；Delamater & Hyde，2004；Mahay *et al.*，2002）。21世纪的北美文化提供了一种异性夫妇的性脚本：男性在性关系中有主动权，而女性则应该抵制或被动地顺从其性伴侣挑起的性行为（Baber，2000；Impett & Peplau，2002，2003；Morokoff，2000）。持有传统价值观念的人往往会按照性脚本中的这些描述去做。例如，在约会时，女性被认为应该等待对方的亲吻，她不应该主动亲吻对方。在这种受传统性脚本影响的两性关系中只有一方享有控制权。即便是长期或者婚后的性生活也是根据男性的欲望来安排的。

有两种关系并没有被这种传统性脚本所束缚。在平等关系中的女性可以更自由地表露自己的性欲，她们也能自由地拒绝进行性行为（Peplau，2003）。

在第13章我们将了解到，男性有时会违背通常的性脚本。在女性不愿意的情况下，他们仍然可能会继续向女性发起性挑逗，坚持要跟女性发生性关系。比如男性会以不发生性关系就分手来逼迫女友（Brehm *et al.*，2002）。最具有胁迫性的性交便构成了**强奸**（rape），这是未经对方允许而强制发生的性交。我们在第13章将了解到，不仅仅是陌生人、熟人、男友，甚至是丈夫，都可能会对女性实施强奸。

在一些案例中，男女是否遵从一种性脚本不是很明显。比如，一名35岁的女性说她的伴侣觉得"在他选择要进行性行为时她非常乐意如此"（Bowleg *et al.*，2004，p.75）。她的话究竟代表了典型的性脚本，还是代表一种胁迫呢？

性教育

停下来想一想你最初对性的看法、态度以及经历。在学校的餐厅里，是否一谈到性的话题就会引起一阵窃笑？你是否曾担心自己在这方面懂得太多或经验不足？对青少年甚至是很多儿童来说，性是一个重要的话题。在这一部分我们将讨论孩子是如何通过家庭、学校和媒体了解性的。

父母与性教育

女性小时候对性的了解往往是从母亲而非父亲那里获得的（Baumeister & Twenge，2002；Raffaelli & Green，2003）。另外，父母一般不会谈到性的积极方面（Conrad & Milburn，2001；Tolman & Diamond，2001a，2001b）。因此，有些话题他们从未跟孩子讨论过。例如，在某大学学习性教育课程的学生中，曾经听父母提过"阴蒂"这个词的还不到1%（Allgeier & Allgeier，2000）。还有一些女性回忆道，他们从父母那儿听到过各种各样关于性的说法，如"性是肮脏的"、"留给你爱的人"等（O'Sullivan *et al.*，2001；K. Wright，1997）。

研究人员还在有色人种的女性中对父母与孩子的交流做了调查。拉美裔和亚裔美籍女青少年说她们从来不跟父母谈论性的话题，父母对于异性约会看法保守（Chan，2004；Hurtado，2003；Raffaelli & Green，2003）。跟拉美或欧洲血统的母亲相比，黑人母亲在跟女儿谈及性的话题时似乎比较坦然。例如，一位黑人母亲说"我记不起来具体我几岁开始谈论……在性以及其他相关的事情上我对自己的女儿非常开放"（O'Sullivan *et al.*，2001，p.279）。

学校与性教育

学校又是如何看待性的问题的呢？很多性教育课程探讨的是人类的生殖系统，或者是对器官的描述。教师在课堂上不会讲到性和情感之间的联系。学生很少听到同性恋的观点，很多课程回避讨论避孕用品。因此学校的性教育对学生的性行为往往起不到什么作用（Easton *et al.*，2002；Feldt，2002；T. Rose，2003）。

近年来，学校的很多课程往往只简单地强调要对性"说不"，包括很多典型的错误信息（Bartell，2005；Wagle，2004）。它们对降低学生的性行为发生率以及性疾病的传播率没有成效（Daniluk & Towill，2001；S. L. Nichols & Good，2004；Schaalma et al.，2004；Tolman，2002）。尽管如此，美国政府仍然每年在这些无效的课程上花费大约 3 亿美元（Hahn，2004）。

300　　　然而，在美国有一些团体采取了综合的方式处理性教育问题。这种课程除了给学生提供相关的信息，还探讨价值观、态度和情感问题，并教给他们一些策略，使他们在性的问题上做选择时有据可依（B. L. Barber & Eccles，2003；Florsheim，2003）。这种综合的教育方案，有助于培养学生运用所学知识解决问题的能力，比如如何同伴侣讨论及正确使用避孕用品。参加这种综合课程，而不是节欲课程的青少年，一般能在年龄足够大时才发生性关系，同时他们的怀孕率也比较低（S. L. Nichols & Good，2004；Tolman，2002）。

我们经常会听到关于父母反对学校性教育的报道。但令人惊奇的是，大多数父母承认中学应该开设综合的性教育课程（Hahn，2004）。例如，美国的一次大规模调查表明，94％的父母想让孩子在课堂上了解如何应对发生性关系带来的压力；90％的父母想让孩子了解避孕知识；79％的父母想让孩子了解人工流产知识（Hoff & Greene，2000；S. L. Nichols & Good，2004）。

媒体

一项调查显示，很多青少年是从媒体上获得对性的了解的。40％的青少年从电视和电影了解性知识，而 35％的青少年是通过杂志（Hoff & Greene，2000）。网络也是一个关于性的重要信息来源——包括错误信息，只是对它的研究还不够深入（G. Cowan，2002；Escobar-Chaves et al.，2005；Lambiase，2003）。

大多媒体调查集中在杂志上。比如，年轻女孩阅读的杂志对于如何吸引年轻男性没有提供足够的性脚本（J. L. Kim & Ward，2004）。同时，年轻男孩们阅读的杂志会教他们说女人是性客体，男人采取具体的步骤就能提高他们的性生活质量（C. N. Baker，2005；L. D. Taylor，2005）。

根据 M. J. Sutton 和他的同事的研究（2002），一般青少年每年会通过媒体目睹大约 2 000 幅色情画面。不幸的是，青少年好像并不能通过媒体获取有关性的准确信息。一项调查指出，电视和电影在涉及性的时候，提到怀孕及性传播疾病的危险的几率还不足万分之一（Pediatrician Testifies，2001）。绝大多数节目不会向人们表明性行为的影响，不管是正面影响还是负面影响（Cope-Farrar & Kunkel，2002）。

与此同时，年轻女性常常觉得她们不能获得像媒体中刻画的女性那样的完美形象。在一次讨论中，很多拉美裔女性尤其认为她们比不上媒体中刻画的欧美女性形象（Dello Stritto & Guzmán，2001）。此外，媒体的这些画面往往暗含着单纯与性感的结合（Kilbourne，2003；J. L. Kim & Ward，2004）。例如，在一则广告画面中，一位年轻女性穿着旧式的白色连衣裙，而她的裙子是没有系扣子的，并从一侧肩膀垂下来。现实生活中的青少年怎么能理解这幅画所传递的既单纯又性感的复杂信息呢？

301 ▌　　异性恋青少年的性行为

比起大多数同龄人，提前进入青春期的少女较有可能有早期性经历（Bergevin et al.，2003；Weichold et al.，2003）。其他与女性早期性行为有关的因素包括不自重、学习成绩落后、跟父母关系欠佳、不擅长与父母沟通、接触有性内容的媒体、贫穷、过早喝酒以及吸毒等（Crockett et al.，2002；Escobar-Chaves et al.，2005；Farber，2003；Furman & Shaffer，2003；Halpern，2003；Sieverding et al.，2005；Spencer et al.，2002）。

青少年性经历还跟种族有关。例如，在美国少女中，黑人少女第一次发生性关系的年龄可能要比欧裔美国少女和拉美裔美国少女小一两岁（Joyner & Laumann，2002；O'Sullivan & Meyer-Bahlburg，2003；P. T. Reid & Bing，2000）。亚裔美国少女发生早期性行为的几率通常最小（Chan，2004）。在加拿大，其他国家出生的青年人和移民比加拿大本土青少年发生早期性行为的几率要小（Maticka-Tyndale et al.，2001）。

你或许能想象得到，来自同龄人的压力促使一些青少年发生了性关系（Kaiser Family Foundation，2003；O'Sullivan & Meyer-Bahlburg，2003）。这些青少年冒着怀孕和患性传播疾病的危险（关于这些话题我们在本章和第 11 章还将讨论到）。换句话说，生理因素、心理因素和文化因素对青少年性经验都会产生重要影响（Crockett *et al.*，2002）。

对于很多青少年来说，对自己的性行为所做的决定是她们自身价值观的重要体现（Tolman，2002）。例如，有这样一位少女，她在性行为上的态度是既不轻率也不过分保守。她决定不跟异性发生性关系。她解释道：

> 我有义务珍视自己的天资和才能。这是上天赐给我的东西，我不会不负责任地对待它，对待我的身体。我认为性是上天赋予我的宝贵的东西之一。伴随我们成长的"性革命"在很多方面使本来很宝贵的东西变得廉价了。（Kamen，2000，pp. 87－88）

一般爱情小说描绘的女孩的理想形象是女孩在第一次性经历后的愉快转变。然而，大多数女性在回忆第一次性交时都觉得那并不是一次愉快

的性经历（Conrad & Milburn，2001；Tiefer & Kring，1998）。第一次性经历还可能伴随着身体上的疼痛（Tolman，2002）。此外，有 10% 的高中女孩说她们是被迫的（Centers for Disease Control and Prevention，2004a；S. L. Nichols & Good，2004）。

然而，有些女性对她们的第一次性经历所做的描述却是非常积极的：

> 我们完全沉醉在爱河中。我们希望这是一生中最美好的经历。我在他的住处，整个过程都很顺利。我们在此之前先谈过这个问题，并做了准备。我们认为这次经历是我们共同未来的最好见证。他很温柔，对我动作很慢。我感到自己很美丽，有一种被宠爱、被尊重的感觉。那是一个美妙的夜晚。（P. Schwartz & Rutter，1998，p. 97）

总而言之，少女应该以更理想的途径来获取对性的了解，我们已讨论过，父母、学校和媒体很少帮助她们在性的问题上做出明智的决定。此外，大多数少女的早期性经历可能并不像她们所期待的那么浪漫和愉快。

异性恋成年人的性行为

任何关于性行为的调查都难免会遇到阻碍。对于这样一个敏感的话题而言，如何才能获取一个包含来自所有地区、民族和收入水平的被试的随机样本呢（Dunne，2002）？社会学家 Edward Laumann 和他的同事（1994）所做的调查也许是美国最权威的一项关于性行为的调查。在这项调查中，有 3 432 位成年人就多种多样的话题接受了访问。结果显示，分别有 17% 的男性和 3% 的女性声称他们曾有过 20 位以上的性伴侣。

对 12 项早期调查的元分析证实，男性倾向于夸大自己性伴侣的数量，*d* 值为 0.25。在所有这些调查中，男性很可能夸大自己性伴侣的数量，而女性可能恰恰相反。（P. Schwartz & Rutter，1998）

调查还显示，手淫对于男性要比女性平常得多（Hyde & Oliver，2000；Vohs & Baumeister，2004）。Oliver 和 Hyde（1993）得出的 *d* 值为 0.96，这个量值使我们在本书讨论的大多数其他性别差异相形见绌。例如，在 Laumann 和他的同事的调查中，分别有 27% 的男性和 8% 的女性声称自己至少每周手淫一次。根据调查人员的记录，很多女性都没有这种毫无风险的性活动，这是很奇怪的（Baber，2000；Shulman & Horne，2003）。也许在手淫上的某些性别差异要归因于男性外生殖器的凸显（Oliver & Hyde，1993）以及男女的性欲差别。关于手淫的性别差异对被研究人的性行为会有重要的理论意义和现实意义。

302

性的交流

我们已谈到过，父母在跟孩子谈到性的问题时往往会感到难堪。事实上，大多数夫妻在互相谈到性行为时也会感到尴尬，不管是在性生活之前、性生活中，还是性生活结束后。大多数人采用非言语手段来表达自己的性欲，如接吻和抚摸。女性比男性更倾向于通过间接方式传递言语信息，比如问她们的性伴侣是否戴避孕套（Hickman & Muehlenhard，1999）。

然而，一个基本的问题是，关于性的很多信息是很难传达的。假设你是一位女性，你想向男士传达这样的信息：我不确定是否要过性生活。多数女性说她们很难通过非语言手段交流这样的信息（Brehm *et al.*，2002；O'Sullivan & Gaines，1998）。试着想象一下在这种情况下你会如何用非语言的方式向你的性伴侣探询这种信息，你会预计到一些沟通上的困难，女性可能会尝试传达这种不确定的想法，但是男性很可能不能理解（Tolman，2002）。

在性交流这一领域的重要发展是对女性的**"性的自主性"**（sexual assertiveness）的探讨（P. B. Anderson & struckman-Johnson，1998）。以往的研究表明，女性可能不愿拒绝性伴侣的性要求，因为她们不愿伤害对方的感情。

另一个重要的话题主要探讨了性的自我暴露。例如，E. Sandra Byers 和 Stephanie Demmons（1999）对恋爱至少 3 个月以上的加拿大大学生做过一项调查。他们发现被调查者不愿意跟自己的男/女朋友谈论自己在性活动中的喜好与反感。然而，那些愿意向对方透露自己对性的想法的人则往往更满足于他们的性关系。这种相关跟我们在第 8 章中的某些讨论是一致的，即如果采取有效的交流方式，已婚男女会对婚姻关系更满意。

女同性恋者与性

前面的很多讨论大多都是围绕异性关系展开的。在同性恋关系中，性是否大不相同呢？你或许能猜到，要找到有代表性的同性恋女性进行采访难度更大。研究表明，女同性恋者更看重的是除生殖器之外的身体接触，如拥抱和互相依偎等（Klinger，1996；McCormick，1994）。然而，我们北美文化往往是从生殖器刺激和性高潮的角度去定义性行为的。支持这种定义的研究者可能会得出这样一个结论，即女同性恋对性行为不如异性恋或男同性恋热衷（L. M. Diamond，2003a；Peplau & Beals，2001）。对于在一起很多年的伴侣来说情况更是如此（Haley-Banez & Garrett，2002；Vobs & Baumeister，2004）。

女同性恋伴侣在进行跟生殖器有关的性活动时比异性恋女性更容易达到性高潮。这可能是因为女同性恋伴侣会更有效地交流对性的感受，也更善于体察彼此的喜好。相对异性恋伴侣而言，她们可能还会更多地亲吻和爱抚对方（Hatfield & Rapson，1996；Herbert，1996）。

Laura S. Brown（2000）认为，同性恋女性就像早期绘制地图的人。她们的性行为是一个未知的地域，她们必须绘制出自己的"地图"。毕竟那存在已久的"地图"——性脚本——代表的是异性恋者的地盘。而且，很多同性恋女孩提到她们必须隐藏起自己的性欲望。后来，当她们有了一段感情后，发现很难表达自己的欲望。还有一个挑战是，在我们的文化中两位女性在公共场所是不能有性爱表示的。我记得一位女同性恋朋友告诉我，她跟自己的伴侣在公共场所不能牵手或拥抱，更谈不上接吻了。这让她感到伤心和不满。

年长女性与性

女性随着年龄的增长生殖系统会发生某些变化。我们在第 14 章将会谈到，雌激素的分泌在更年期会急速下降。因此，阴道会在一定程度上失去弹性，分泌的液体也会减少（Foley *et al.*，2002）。然而这些问题至少可以通过使用辅助的润滑剂得到缓解。而且如果女性多年来一直过性生活，阴道可能不会发生这些变化（Hyde & Delamater，2006）。此外，很多人认为荷尔蒙水平的下降会导致性欲的下降。这种观点值得怀疑，因为并没有得到研究证实（Kingsberg，2002；Rostosky & Travis，2000）。

研究人员经常指出，不管是异性恋女性还是同性恋女性，随着年龄增长跟生殖器有关的性行为会减少（Brugess，2004；Dennerstein *et al.*，2003）。但是，女性的年龄对于愉快的性感觉影响不是很大（Burgess，2004；Laumann *et al.*，2002）。最能说明女性性满足的是她自己良好的感觉和与伴侣之间的亲密感，而不是更"生物性的"标准，比如阴道分泌物（Bancroft *et al.*，2003）。

305

Mansfield和她的同事（1998）指出，很多年长女性还强调"甜蜜、温暖和温柔"以及"身体上的靠近和亲密无间"。一位女性写道："抚摸和拥抱变得跟实际的性生活同等重要，甚至更加重要"（p. 297）。请注意，这些研究注重把性作为一个广义的概念，而不仅仅只关注生殖器。

通常来说，很多年长妇女对性生活还保持着

强烈的兴趣，在生理上也仍然有能力体验到性高潮。但她们到这个年纪可能已经没有性伴侣了。此外，上了年纪的男性可能已经不能保持勃起，而且一旦不能性交，他们可能就不再爱抚对方和进行性活动（Ellison，2001；Kingsberg，2002；Leiblum & Segraves，2000）。

另一个问题是，在北美，人们似乎认为上了年纪的女性不应该对性感兴趣。在我们的文化中，祖母的形象是在厨房里烤着小甜饼，而不是在卧室里嬉戏。在一些对性持消极态度的文化中，比如在印度北部的奈尼塔尔邦，人们认为上了年纪的女性不应该有性生活。然而在一些对性持积极态度的文化中，对上了年纪的女性来说性被认为是健康的（Whelehan，2001）。

年长女性的性行为似乎比同龄男性的性行为受到更多的指责（C. Banks & Arnold，2001）。人们对一位性欲旺盛的老妇人可能会疑心重重或者深表反感。一位女士内衣生产商为了反对这种观点，特请了一位穿着网眼内衣的老妇人做广告，并附有这样的广告词："时间是一个净化器，它使我变得更加聪明、自由、善良，有些人说更性感了。谁能说时间是我们的敌人呢？"当然，此广告的策略并不是受到利他主义或女权主义的影响。然而，此广告会有助于改变人们对年长女性性行为的看法。

▍ 小结——性观念和性行为

1. 在北美，大多数人认为婚前性行为在某些情况下是可以接受的。对性的双重标准已经不再被人们普遍接受，但在亚洲、中东和拉丁美洲，女性因可疑性行为可能会被杀掉，而男性则享有性自由。

2. 性脚本明确了在一定文化中男性和女性性行为的内容。例如，人们认为男性在性活动中应该采取主动。

3. 大多数青少年说，父母在对他们进行性教

306

育时不会讨论性的积极方面。很多学校采取"禁欲"的性教育课程，通常无法涉及跟青少年关系密切的话题。但有些综合的性教育课程讨论到情感问题，告诉学生在遇到某些问题时如何做决定。

媒体经常会涉及色情内容，却很少显示性行为的后果。

4. 大多数女性说她们第一次性经历并不愉快，10%的女性说她们是被迫的。

5. 研究表明，男性所承认的性伴侣的数量比女性所承认的性伴侣的数量要多，而且男性更愿意表明自己有手淫的习惯。

6. 伴侣之间在性交流上似乎存在着困难。"性自主性"对交流起着重要的作用。如果伴侣经常交流彼此在性生活中的喜好，他们一般会对他们的性关系感到更满意。

7. 女同性恋伴侣一般更注重除生殖器之外的身体接触。跟异性恋女性相比，她们更容易

体验到性高潮，这也许是因为她们之间有较好的沟通。

8. 很多年长女性在性反应上有细微的变化，但并不是说性快感会下降。而缺乏性伴侣是年长女性性生活中的一个更大障碍。

性功能障碍

性功能障碍（sexual disorder）是指在性欲的激起或性反应方面的异常现象，这种异常会引起精神上的痛苦（L. L. Alexander *et al*.，2004；Hyde & DeLamater，2006）。你可能会想，要估计到底多少女性有性功能障碍真是太难了。然而，有项调查以 1 749 名有性生活的美国女性为对象，根据她们的说法，43％的人认为自己的性经历不甚理想（Laumann *et al*.，2002）。对性生活不满意的现象尤其多见于受教育程度低的女性及心情抑郁或近期有经济困难的女性中。而且，一天的劳累也可能会引发性的问题（Deveny，2003；Shifren & Ferrari，2004）。

在关于"性功能障碍"这一部分，我们首先将探讨女性中较普遍存在的两个问题：性欲低下和女性性高潮障碍。接着我们将看到女性的性功能障碍跟传统的性别角色有一定的关系。最后我们将讨论女性性功能障碍的治疗方法，包括女权主义理论家和研究者提出的一些令人深思的问题（e. g.，Kaschak & Tiefer，2001；Tiefer，2004）。

性欲低下

307

如同标题所示，**性欲低下**（low sexual desire）或**性欲紊乱**（hypoactive sexual desire disorder）的女性对性行为不感兴趣，同时为性欲的缺失而苦恼（Basson，2006；Hyde & DeLamater，2006；LoPiccolo，2002）。在本章前面的内容中，我们注意到女性可能比男性性欲低。有位女性说自己性欲低，但她结婚 31 年来一直很幸福，她说丈夫很爱她，对她温柔体贴。然而，她在性生活中一直是完全被动的。其实她满脑子都在想做菜和购物（H. S. Kaplan，1995）。

性欲低下的问题会由多种多样的心理因素导致，包括像心情抑郁或者是焦虑这样的普遍问题（Wincze & Carey，2001）。对感情生活不满意也会导致女性性欲低下（Hyde & DeLamater，2006；O'Sullivan *et al*.，2006；Schnarch，2000）。

对于女同性恋伴侣来说，性欲低下是她们在性方面最常见的问题。在很多情况下，女同性恋双方可能有融洽的社会关系。然而，她们可能不再有性的接触，因为对性较感兴趣的一方不愿意强迫其性欲低的伴侣（M. Nichols，2000）。

女性性高潮障碍

有**性高潮障碍**（female orgasmic disorder）的女性能体验到性快感，但达不到性高潮。到底什么样的现象被视为性高潮障碍呢？一些女性在每次性生活时都渴望达到性高潮，而另一些女性则认为，她们只要在性生活中跟自己的伴侣在感情上亲密无间就满足了。如果一位女性目前在性生活中达不到性高潮，但她满足于自己的性生活，那么她就不应该被视为有性高潮障碍。例如，假定一位女性在性交中达不到高潮，但通过刺激阴蒂能够达到性高潮。如果她对自己的性体验感到满意，大多数女权主义性问题治疗专家认为，她不应该被诊断为患有性高潮障碍（Hyde & DeLamater，2006）。

女性性高潮障碍的一个普遍原因是，女性习惯于抵制自己的性冲动，因此即使在不受干扰的正常的性活动中，她们有时也难以克服自己的拘谨。另外有些女性之所以体验不到性高潮是因为她们怕在性高潮中感情失去控制（LoPiccolo，2002）。她们会由于体验到如此强烈的性快感而感到尴尬。还有些女性在性生活中注意力很容易被分散。她们可能突然会把注意力从性快感转移到远处的某种声音上（Wincze & Carey，2001）。此外，很多女性达不到性高潮是因为其性伴侣没有进行适当的性刺激。不管怎样，不幸的是，女性性高潮障碍是性生活中较为普遍存在的问题（Baber，2000；Heiman，2000）。

▌性别角色如何导致性功能障碍

308

性功能障碍是极其复杂的问题。有些是由疼痛或药物的副作用引起（Wincze & Carey，2001），也可能是由多年前经历过的心理创伤所导致（Offman & Matheson，2004）。此外还包括一些其他心理因素，包括自卑感或性生活中的细微问题（Crooks & Baur，2005）。

性别角色、传统观念以及偏见也会导致性功能障碍。女权主义者曾指出，异性恋的婚姻通常是一个不平等的竞技场，男性有更多的权力（Tiefer，1996；Tolman & Diamond，2001b）。以下是性别角色导致或加剧性功能障碍的一些原因（Baber，2000；Crooks & Baur，2005；Foley et al.，2002；LoPiccolo，2002；Morokoff，1998）。

1. 很多人认为男性应该是性欲旺盛、主动的，而女性应该对性不感兴趣，是被动的，所以很多人认为女性不应享受性生活的乐趣。

2. 我们的文化强调男性阴茎的长度、力量和持久性（Zilbergeld，1999）。当男性专注于这些问题时，他可能不会去想如何使他的伴侣感觉更愉快。

3. 由于一贯重视对男性的性研究，研究者会了解身体上的疾病和药物如何影响男性的性反应。然而在这方面他们对女性的了解却相对很少。跟本书的主题 3 相一致，女性相对而言不受重视。

4. 女性不愿要求得到自己喜欢的某种性行为，如温柔的爱抚或阴蒂刺激，因为她们认为那样会显得很自私。传统观念认为女性应该给予，不应该索取。

5. 跟男性相比，人们更看重女性的外在美，所以女性可能更关注自己的外表，而不是性的愉悦。

关于最后一点，我们再仔细探讨一下。在关于青少年和约会的章节中我们讨论过女性魅力的重要性。同时，我们在后面的第 12 章谈到吃的心理障碍时还会涉及这一问题，在第 14 章关于年长女性的讨论中也有此类问题。

事实的确如此，很多男性更喜欢想象《花花公子》等杂志中被修饰得很完美的女性身体，而不是他们认识的女性的身体。Gary R. Brooks（1997）把这一问题称为"杂志插页图片综合征"。感觉自己外表不够完美的女性——也就是说几乎所有的女性——都会担心自己的身体不够有魅力。因此女性可能会由于采用审视的眼光看待自己的身体，产生**"自我物化"**（self-objectification）的感觉——似乎自己的身体只是一个物体（T. Roberts & Waters，2004）。Tomi-Ann Roberts 和 Jennifer Gettman（2004）精心设计了一项调查，鼓励一组年轻女性想一些表现身体很好的词语，诸如"健康"、"活力"、"强壮"等，同时鼓励另外一组年轻女性想一些"物化"的词，比如"有魅力"、"身材好"、"苗条"等。和"身体好"一组的气氛相比，"物化"组的女性更多有种丢人、厌恶和焦虑的感觉。她们对性的身体方面也更不积极。

309

总的来说，我们的文化强调的是男性的性，关注的是男性的阴茎和男性性问题的解决方法。相对来说，女性的性愉悦没有受到什么关注。此外，自我物化也导致了女性的性问题。

性功能障碍的治疗

1970 年，Masters 和 Johnson 推出了一种叫做"感觉集中训练法"的性功能障碍治疗方法。这种疗法鼓励男女双方把注意力集中在感官体验上，而不是试图快些达到性高潮这个目标。性伴侣采用抚摸的方式发现自己和对方身体上的敏感部位，并把注意力集中于肉体的愉悦感上（LoPiccolo，2002；Wincze & Carey，2001）。这种疗法还鼓励有性高潮障碍的女性自己用手刺激阴蒂。

这种疗法被广泛应用，尽管几乎没有什么研究能证明其有效性（Christensen & Heavey，1999）。也许在某些时候这种疗法是有效的，但并不是一种完善的解决办法（Wincze & Carey，2001）。比如，这种方法可能不太关注做爱时的温柔和关爱（Tiefer，2004）。

性功能障碍治疗专家还研究出很多其他的疗法（e. g., LoPiccolo，2002）。例如，Masters 和 Johnson（1970）建议的**"认知行为疗法"**（cognitive-behavioral therapy）把行为练习和重在关注人们的性心理的治疗手段结合起来。一个常见的治疗手段是**"认知重建法"**（cognitive restructuring）。治疗专家试图通过这种手段改变人们对性的某些不恰当的负面的想法，同时也减少干扰性行为和愉悦感的想法（Basson，2006；Wincze & Carey，2001）。

然而，所有这些传统的治疗方法也许都有太大的局限性。Leonore Tiefer（1996，2001，2004）是最有影响的女权主义性问题治疗专家之一，她指出，应该从广义的社会的角度来探讨性功能障碍问题，而不能只关注生理方面：

> 人们花了大量的时间使阴茎变硬、阴道变湿，却较少关注跟性有关的各个方面的评价和教育，如性动机、性脚本、性快感、力量、情感、性欲、沟通以及交合等。（Tiefer，2001，p. 90）

不幸的是，迄今为止，性功能障碍治疗专家并没有设计出一个综合方案，以便在解决性反应中的具体问题的同时还能探讨男女在性关系中不平等的问题。一个理想的综合方案是对男性和女性在性生活中的愉悦经历同等关注。温柔、体贴以及交流同样是必不可少的（Basson，2006；O'Sullivan et al.，2006）。

小结——性功能障碍

1. 性欲低下的女性对性行为不感兴趣，并为此感到苦恼。心情抑郁或其他心理问题以及伴侣关系方面的问题都会导致这种障碍。

2. 女性性高潮障碍是指女性能体验到性快感，但体验不到性高潮，这通常跟心理因素（如担心感情失去控制）和性刺激不够有关。

3. 性别角色会通过以下几个方面导致性功能障碍：（1）女性被认为不应该对性感兴趣；（2）男性性别角色造成了一些问题，对性的双重标准在某些情况下仍然起作用；（3）研究者大多关注的是有关男性的性研究；（4）女性不愿要求得到她们喜欢的性刺激；（5）跟男性相比，人们更看重女性的外在美，因此女性可能会有"自我物化"感。

4. Masters 和 Johnson（1970）的"感觉集中疗法"在有些情况下可能是有效的，"认知行为疗法"，如认知重建法也是如此。

5. 从女权主义的角度看，传统的性疗法方法很局限。性功能障碍的治疗应该从广义的角度着手，包括关注两性平等、温柔和沟通等。

避孕与人工流产

避孕与人工流产是本世纪两个颇具争议的话题。美国关于怀孕的最公开的数据一般是关于青少年的。然而不幸的是，美国少女生育的比例比世界上其他任何工业化国家都要高（Singh & Darroch，2000；United Nations，2005b）。请参看表 9—1，你可以了解到加拿大、美国和很多欧洲国家的大致生育率（在本章我们还将讨论到表 9—1　　中的人工流产率）。

表 9—1	加拿大、美国和西欧国家少女的年生育率（每 1 000 名 15～19 岁的女性）	
国家	生育率（‰）	人工流产率（‰）
比利时	14	5
加拿大	20	21
丹麦	8	14
法国	9	10
德国	10	4
意大利	7	5
荷兰	8	4
挪威	11	19
西班牙	9	5
瑞典	7	17
英国	29	18
美国	49	29

311

注：有几个西欧国家由于人工流产数据缺失未被收录。

Source for birth data：United Nations（2005b）.

Source for abortion data：Reproduced with the permission of The Alan Cuttmacher Institute form Singh, S., & Darroch, J. E.（2000）. *Adolescent pregnancy and childbearing：Levels and trends in developed countries. Family Planning Perspectives*，32，14—23（data selected from Table 2，p. 16）.

图 9—2 表明了美国每年大约 80 多万怀孕少女的大致情况（Alan Guttmacher Institute，2004）[1]。一位意外怀孕的少女如果没有意外流产或早产，那么她就必须做出一个非常重要的决定：是选择分娩，还是选择人工流产？是选择结婚，还是做单身母亲？或者她应该把孩子送给他人收养？

在这一部分我们将首先讨论女性关于避孕的做法，然后我们将谈到人工流产以及其他处理女性意外怀孕问题的办法。由于这是一本心理学教材，我们将主要围绕女性的体验展开讨论。但有一点需要注意，诸如少女怀孕之类的问题在政治和经济上都产生了普遍的影响。例如，美国每年由于少女怀孕问题消耗大约几十亿美金。在纽约州，仅产前和产后的育婴成本方面，如果在计划生育上多花 1 美元就能在以后节约 3 美元（Family Planning Advocates of New York state，2005）。

312

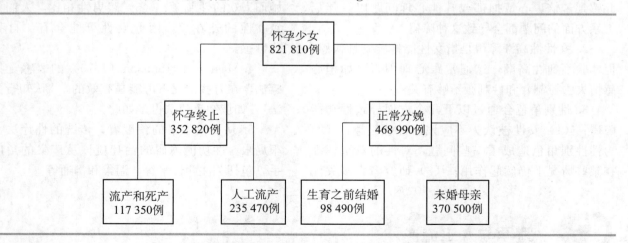

图 9—2　2000 年美国少女（15～19 岁）怀孕的大致结果

Source：Calculations based on data form Alan Guttmacher Institute（2004）and Farber（2003）.

①　遗憾的是，没有数据显示加拿大怀孕少女的情况。然而通过表 9—1 我们得知，加拿大少女怀孕的可能性还不到美国的一半。而且加拿大少女的人工流产率也较低。

避孕措施

如果有性生活的女性不采取避孕措施的话，她在一年内受孕的几率是 85%（Hatcher *et al.*，2004）。表 9—2 列出了主要的避孕措施及其避孕成功率。你会注意到禁欲是唯一的百分之百有效的避孕方法。多年以前，提倡禁欲的人可能被认为过于保守。然而在如今这个时代，性交不仅意味着女性将承受相当大的怀孕风险，还很有可能会感染致命的疾病。在第 11 章我们将讨论到，几乎没有哪种避孕措施能减少感染艾滋病的风险。即使是避孕套也不能完全阻止艾滋病的传播。的确，避孕套能使性交比较安全，但并非绝对安全。

顺便说一下，有两种行为性的避孕措施在表 9—2 中未被列出：（1）抽出法，即在射精之前抽出阴茎；（2）安全期避孕法，也称为自然避孕法，即只在女性最不可能怀孕的时间性交。表中没有列出这两种方法是因其避孕成功率还不到 80%，不能被人们认可（Aalan Guttmacher Institute，2005；Foley *et al.*，2002；Hatcher *et al.*，2004）。

让我们将焦点放在跟避孕有关的心理问题上。我们需要看一看影响人们采取避孕措施的个人因素、阻碍人们采取避孕措施的因素以及发展中国家的计划生育状况。

表 9—2	主要避孕方法	
方法	避孕成功率（持续使用）	可能的副作用和缺点
禁欲	100%	对身体无不利影响（假定丝毫没有精子接触）
女性输卵管结扎法（切断女性输卵管）	99%	轻度手术风险；典型不可逆性对心理可能有负面影响
男性输精管结扎法（手术阻断精子通过）	99%	轻度手术风险；典型不可逆性对心理可能有负面影响
口服避孕药（女性服用的人造激素）	97%～99%	偶尔会导致血液黏稠度升高（尤其对于 35 岁以上的女性和吸烟者）；可能伴有其他副反应；必须定期服用
避孕套（佩戴在男性阴茎上）	85%～95%	必须在性交前佩戴；可能会减少男性的快感
子宫帽和外用避孕药（杀精药膏）	70%～95%	必须在性交前使用；可能会刺激阴部
杀精药膏（不用避孕套或子宫帽）	75%～80%	必须在性交前使用；可能会刺激阴部

注：如要获得更多信息，请联系 L. L. Alexander 等（2004），Crooks 和 Baur（2005），Hatcher 等（2004）以及 Hyde 和 DeLamater（2006）。

谁采取避孕措施

很多有性生活的女性只采取了不可靠的避孕措施（比如涂抹杀精泡沫法、抽出法或安全期避孕法），有些人甚至根本不采取避孕措施。由于伴侣在性生活中并不是每次都采取有效的避孕措施，很多女性意外怀孕。例如，我们曾强调过，在美国每年大约有 80 万少女怀孕。如果我们把美国所有年龄段的女性都计算在内，那么在所有怀孕的女性中大约有一半人属于意外怀孕（Alan Guttmacher Institute，2005）。

以下是与女性采取避孕措施相关的因素：

1. 社会阶层。中上层社会经济阶层的女性更倾向于采取避孕措施（Allgeier & Allgeier，2000；Farber，2003）。

2. 种族。在美国，欧裔美籍女性和拉美裔美籍女性比黑人女性更有可能采取避孕措施（Kaiser Family Foundation，2003）。我们没有得到其他种族的相关数据。

3. 教育程度。受过大学教育的女性比其他女性更有可能采取避孕措施（E. Becker *et al.*，1998）。然而，根据一项调查，在至少有硕士学位的女性中，只有 52% 的人表示她们一直采取避孕措施（Laumann *et al.*，1994）。也就是说，在这些受过良好教育的女性中，大约有一半可能会经历意外怀孕。

4. 个性特点。关于青少年的研究显示，自尊

心强或者不愿冒险的女性更有可能采取避孕措施（E. Becker *et al.*，1998；N. J. Bell *et al.*，1999）。

阻碍人们采取避孕措施的因素

为什么在美国超过半数的怀孕都属于意外怀孕呢？问题在于有很多因素阻碍了人们采取有效的避孕措施。一位女性如果要避免怀孕，就必须有充足的避孕知识，她还必须有获得这些知识的途径，并愿意坚持应用这些知识。根据加拿大和美国对有正常性生活的成年人所做的调查显示，只有25%～40%的人表示他们上一次性交时采用了避孕措施（Fields，2002；Statistics Canada，2000）。

以下是阻碍人们采取避孕措施的一些具体因素：

1. 父母和教育工作者很少跟年轻人讨论避孕问题，因为他们不愿让他们对此有了解。因此，很多年轻人对此问题的认识存在误区，或者缺乏这方面的知识（Feldt，2002；Kaiser Family Foundation，2003；Tolman，2002）。

2. 有些女性得不到有效的避孕措施，因此她们就选择了不太可靠的避孕手段（Feldt，2002；Hyde & DeLamater，2006）。在美国还有一些女性不享有健康保险，或者她们的健康保险不涵盖避孕的费用（Alan Guttmacher Institute，2001）。

3. 很多年轻女性在发生性关系前没有准备。根据对一组去佛罗里达度春假的加拿大女大学生所做的调查，她们当中有13%的人表示跟自己刚刚结识的人发生了性关系（Maticka-Tyndale *et al.*，1998）。而26%的美国大学生则表示自己跟当天晚上刚刚认识的人发生了性关系。这种随意的性行为使她们无法沟通，不能仔细地为避孕做

好准备（M. Allen *et al.*，2002；Hyde & DeLamater，2006；S. L. Nichols & Good，2004）。

4. 人们也许不能理性地把握跟性紧密相关的情绪问题。例如，性经验不足的女性常常认为自己在发生性关系时不会怀孕（Brehm *et al.*，2002；Hyde & DeLamater，2006）。美国的一份对青少年的调查显示了其他缺乏理性的例子。比如67%的女青少年表示她们会坚持使用避孕套，然而她们当中只有50%的人说在上次性交中使用了避孕套（Kaiser Family Foundation，2003）。加拿大的一项调查也显示了相似的情况（H. R. L. Richardson *et al.*，1997）。

5. 传统的女性认为，如果她们事先做好了避孕准备，就等于承认自己准备发生性关系，因此不是"好女人"（Luker，1996；Tolman，2002）。实际上，大学生中在发生性关系前准备好避孕套的女性会受到贬低（D. M. Castnneda & Collins，1998；Hynie *et al.*，1997）。

6. 人们往往认为避孕用品会破坏做爱的气氛，因为人们认为这些东西不利于激起性欲，也不浪漫（Perloff，2001）。从专栏9.3我们可以看出，不论是电影、电视，还是浪漫小说和杂志，都很少提到避孕套和其他避孕用品。我们看到的是男人和女人脱衣、抚摸、呻吟、交合……唯一避讳的话题好像就是避孕了！有意思的是，经常看浪漫小说的女性尤其可能会对避孕持消极态度（Diekman *et al.*，2000）。

专栏9.3 避孕是一个避讳的话题

在接下来的两个星期内，请记录下你通过媒体接触到男女性关系话题的次数。请留意电视节目、电影、杂志、书籍、网络以及任何其他相关的来源。请注意每次是否都提到了避孕，或者避孕问题是否得到了体现或暗示。

315   7. 很多女孩是被迫发生性关系的，对方经常是比自己大很多的男性 (Centers for Disease Control and Prevention, 2004a)。当一位 14 岁的女孩跟 21 岁的男孩发生性关系时，她不可能劝说他戴避孕套。

    在本章我们曾经指出，学校必须开设更加综合的性教育课程。社区需要确保青少年在发生性关系之前已经获取了必要的性知识。我们还应该改变人们对待避孕问题的态度。如果人们能够看到肥皂剧中的女性跟妇科医生讨论避孕问题，如果电影银幕上的男子汉能够在狂放的色情镜头出现之前小心地调整自己的避孕套，那么人们可能会更多地采取避孕措施。

发展中国家的避孕与计划生育

    在美国，74% 的育龄夫妇采取某种避孕措施；加拿大的比例大致相同，为 73%。全世界的发展中国家情况又如何呢？不同的国家情况大不相同。在埃塞俄比亚、安哥拉和其他非洲国家，只有不足 5% 的夫妇采取避孕措施。然而在古巴，70% 的夫妇进行了避孕，几乎和北美相同 (Neft & Levine, 1997; Stout & Dello Buono, 1996)。即使在很多天主教盛行的国家，人们采取避孕措施的比率仍然很高 (Neft & Levine, 1997)，比如法国 81%，巴西 78%，意大利 78%。

    在发展中国家，女性采取避孕措施的情况跟她们的文化程度有关 (Winter, 1996)。例如在印度，接受中学教育的女性的比例是 31%，每个成年女性生育孩子的平均数量是 3.7。在印度的喀拉拉邦，有 93% 的女性接受中学教育，平均每位成年女性仅生育 2 个孩子 (B. Lott, 2000)。这个比率和美国的平均数很接近，美国是 1.9 (Townsend, 2003)。

    受过良好教育的女性倾向于把握自己的生活，并为未来做好打算。控制家庭的规模可以使她们在经济上和生活上更自由，还有利于缓解世界人口过度的问题 (P. D. Harvey, 2000)。她们还可以更好地照顾自己现有的孩子。

    避孕措施的使用在全世界范围内都在持续发展，有 50%~60% 的夫妇采用避孕措施 (David & Russo, 2003; Townsend, 2003)。然而据估计，316 全世界仍然有 1.2 亿已婚夫妇没有进行避孕 (García-Moreno & Türmen, 1995)。而且还有数百万未采取避孕措施的未婚男女。这些数字实在让人汗颜。其实接下来的 5 分钟里，大约就会有 950 名女性有可能意外怀孕。每个人大概都需要做出选择：继续怀孕直至生产，将孩子送给他人收养，或者进行人工流产。下面我们来谈一谈人工流产这个颇具争议的话题以及意外怀孕的女性做出的其他选择。

人工流产

    在 1973 年以前，很多人工流产都是非法进行的，医生一般没有受过严格训练，卫生条件也不合格。据估计，那时候美国每年有 20 万~120 万例人工流产，每年约有 1 万名女性死于这些非法人工流产 (Gorney, 1998)。在 1973 年以前，很多女性还曾试图自己想办法解决意外怀孕问题。她们吞服毒药（如松节油），或者把衣架或其他尖锐物通过子宫颈捅入子宫 (Baird-Windle & Bader, 2001; Gorney, 1998)。

    1973 年，美国最高法院通过的罗伊诉韦德案 (Roe vs. Wade) 在法律上赋予了女性进行人工流产的权利。然而，在整个北美，实施人工流产的保健专家曾受到反对人工流产者的骚扰甚至谋杀，人工流产诊所也曾遭到炸弹袭击 (Baird-Windle & Bader, 2001; Feldt, 2002; Quindlen, 2001b)。1998 年，反对人工流产者在纽约的阿默斯特 (Amherst) 杀害了妇科专家 Barnett Slepian，那儿离我家只有大概一小时的车程。

    值得注意的是，吸烟几乎能使女性意外流产的几率加倍 (Ness et al., 1999)，然而，反对人工流产者却没有骚扰过烟草公司。

有一点我们需要强调：没有人建议把人工流产作为一种常用的节育方式。我们应该给女性提供更全面的性教育，使她们无须走上人工流产这条路（Adler *et al.*，2003）。从表 9—1 可以看出，美国和加拿大的少女人工流产率比表中列出的任何其他国家都高。全世界每年各个年龄段的女性进行的人工流产有 5 000 万例，其中大约 40% 是违法的（Caldwell & Caldwell，2003；C. P. Murphy，2003；United Nations，2000）。全世界大约每 5 分钟有 120 名女性因此丧命（David & Russo，2003）。如果采取了有效的避孕措施，这些人工流产大多是可以避免的。

在美国和加拿大，全部的怀孕情况中大约有 1/4 以合法人工流产的形式告终（Singh *et al.*，2003；Statistics Canada，2000）。跟保留意外怀孕的女性相比，进行人工流产的女性更多是来自中产阶级或上层社会的单身女性（S. S. Brown & Eisenberg，1995；L. Philips，1998）。

317

人工流产也许是一个有争议的问题，但有一点毋庸置疑，即它的安全性。在美国，女性由于分娩而死亡的几率是进行合法人工流产而死亡的几率的 30 倍（Adler *et al.*，2003）。一般来说，受孕后不久就做人工流产的女性比过段时间再做的女性身体恢复得快，并发症也较少（Allgeier & Allgeier，2000）。以上我们谈的是人工流产的方法、数量以及安全性等客观情况，现在我们需要来讨论一些较复杂的话题，主要涉及跟人工流产有关的心理问题。

人工流产的心理反应

大多数女性表示她们做完人工流产后的主要感受是解脱（David & Lee，2001；Russo，2004）。有些女性有一些不良的心理感受，如伤心、失落感等。不同人的心理感受大不相同，这跟本书的主题 4 正好是一致的（Major *et al.*，1998；Russo，2004）。然而，研究表明，一般女性在经历人工流产后不会有长期抑郁、焦虑、自尊心受挫等心理反应（N. E. Adler *et al.*，2003；E. Lee，2003；C. P. Murphy，2003；Russo，2004）。

女性在人工流产后的心理调适跟哪些因素有关呢？一般来说，受孕后不久就做人工流产的女性心理调适较快（Allgeier & Allgeier，2000）。促使女性较快做好调整的另一个重要因素是**自我认可**（self-efficacy），即女性由于觉得自己在生理上有能力做母亲而产生的满足感（Major *et al.*，1998）。如果女性人工流产的决定得到了亲戚朋友的支持，那么她的心理调适就会较快（N. E. Adler & Smith，1998；David & Lee，2001）。在做人工流产的过程中医务人员的帮助和支持也有助于女性较快地做好心理调适（De Puy & Dovitch，1997，p. 56）。

由于未做成人工流产而出生的孩子

在很多情况下，意外怀孕的女性本身想做人工流产，但情况不允许（比如经济困难等）。因此，很多女性会不情愿地把孩子生下来。让我们把焦点对准这些孩子：这种情况下出生的孩子在心理发展上会受到怎样的影响呢？

研究人员在美国无法探讨这个问题，因为自从 1973 年以来人工流产已经合法化了。但在其他国家对此问题有过一些研究。在前捷克斯洛伐克，研究人员对 220 名由于母亲未做成人工流产而出生的孩子做过长期的跟踪调查（David *et al.*，1988；David *et al.*，2003）。其中每个孩子都跟另一个计划内怀孕出生的孩子做配对研究，配对条件有包括社会阶层在内的 8 项指标，因此这两组具有可比性。

研究表明，到 9 岁时，跟计划内怀孕出生的孩子相比，意外怀孕出生的孩子朋友较少，对压力的应对能力也较差。到 23 岁时，意外怀孕出生的孩子更倾向于透露他们的母亲对自己不感兴趣。318 这些孩子也更有可能需要心理治疗。另外，他们在婚姻、吸毒、工作以及法律等方面都会产生更多的问题和麻烦（David *et al.*，1988）。对这两个组继续进行的研究又表明，这些由于意外怀孕出生的孩子在长大后会有各种各样的问题，而其他孩子的问题则较少（David & Lee，2001；David *et al.*，2003）。

其他类似的研究显示，未做成人工流产的女性多年以后对自己的孩子仍然怀有消极的情感，缺乏关心（J. S. Barber *et al.*，1999；Sigal *et al.*，2003）。政府在制订合理的人工流产政策时应该考虑到对孩子的这些影响。

意外怀孕的其他解决途径

意外怀孕可以通过除人工流产之外的其他途

径解决。例如，反对人工流产的人士经常建议把孩子送给他人收养，这对一些女性来说也许是一个合适的选择。然而，这可能会给女性带来特有的心灵创伤和痛苦（David & Lee，2001；Feldt，2002；MariAnna，2002）。一位把女儿送给他人收养的女性两年后说道：

> 看不到她我很伤心，看不到她咿呀学语、蹒跚学步，也看不到她长出第一颗牙齿。我什么都错过了，未能看着她慢慢了解这个世界。我爱她，爱得发疯。假如明天我接到电话得知她发生了什么事情，我会毫不犹豫地为她做任何事。我愿意为她献出我的生命。（Englander，1997，p.114）

女性处理意外怀孕的另一种方式是把孩子生下来自己做母亲。很多意外怀孕的女性到分娩时发现自己想要这个孩子。然而，每年有成千上万的女性生下自己并不想要的孩子，这种情况不论对于母亲还是对于孩子都是极其有害的。在美国大多数生下孩子的少女如今选择做单身母亲（Farber，2003；Florsheim et al.，2003）。不幸的是，这些年轻的未婚母亲大多会遭遇很多困难，如完不成学业、找不到工作、经济困难、健康问题、忍受社会上对未婚母亲的偏见等（Hellenga et al.，2002；MariAnna，2002；S. L. Nichols & Good，2004）。

可以看出女性处理意外怀孕的每一种方式——人工流产、把孩子送给他人收养，或者选择做单身母亲——都各自存在着问题。其实要想避免意外怀孕所带来的心理痛苦，最好的办法莫过于采取避孕措施了。

小结——避孕与人工流产

1. 美国每年大约有 80 多万名少女怀孕，而在加拿大和西欧怀孕率要低得多。

2. 任何一种避孕方法都有问题，也都不能完全避免性传播疾病。

3. 很多发生性关系的女性并没有采取可靠的避孕措施。女性是否采取避孕措施跟很多因素有关，如社会阶层、种族、教育程度、自尊心强弱、是否爱冒险等。

4. 男女在发生性关系时不进行避孕的原因有很多，如缺乏避孕知识、缺乏避孕用品、准备不充分、思想不理智、不愿承认自己打算发生性关系，以及感觉使用避孕用品会降低情调等。另外，对女性实施性侵犯的男性是不可能用避孕套的。

5. 有些发展中国家实施了计划生育方案，但也有一些发展中国家并不赞同这种方案。女性是否采取避孕措施跟她们的文化程度密切相关。

6. 在罗伊诉韦德案通过之前，每年成千上万的女性死于非法的人工流产。合法的人工流产比分娩安全得多。

7. 在经历人工流产之后，大多数女性感到如释重负。以下几种因素最有利于女性尽快调整好心态：在怀孕初期就做人工流产；女性对自己的生理能力有自我满足感；朋友、家人和医护人员的支持。

8. 由于母亲未做成人工流产而出生的孩子比计划内怀孕出生的孩子很明显更易于产生心理和社会困难。

9. 一般说来，把孩子送给他人收养会给女性带来感情上的困扰，不是一个好办法；而选择做单身母亲的女性会面临很多困难。而避孕则是较好的解决办法。

本章复习题

1. 在本章有好几个地方我们可以看出，性在传统上是以男性为中心的。请围绕以下知识点探讨这个问题：（1）关于性的理论研究；（2）性脚本；（3）性功能障碍。另外请对比本质主义和社会建构论对性的不同看法。

2. 在本章的第一部分，我们注意到男女在性欲以及其他多数问题上的差别都很明显。这种差别对性行为和性功能障碍带来的影响是什么？

3. 本章的好几处谈到了少女的问题。请描述在以下几种情况下少女可能会面临的情形：跟父母谈论性的话题；在中学里听性教育课；发生第一次性关系；在避孕问题上做决定；在意外怀孕之后做决定。

4. 以下几个方面跟性别角色有何关系？挑起性行为；性交过程；性功能障碍；性功能障碍的治疗；关于避孕和人工流产的决定。

320
5. 对一名性正常的女性来说，本章中的哪些信息对她了解性的交流、自我物化以及避孕方法是需要的？

6. 请描述当今人们的性观念。对性的双重标准在 21 世纪的北美是否仍然适用？

7. 我们对同性恋女性的性行为和性功能障碍有何了解？为什么以男性为中心的性观念使人们难以判断对于女同性恋伴侣来说什么样的行为算性行为？为什么这种性观念还会影响到年长女性的性行为？

8. 请描述本章所讨论的两种性功能障碍。为什么年长女性尤其容易遇到这些障碍？此外，请概括如今常用的治疗性功能障碍的方法。

9. 假如你得到了一大笔拨款，用于减少在你就读的高中的意外怀孕的数量。为了既达到短期效果又达到长期效果，你会准备哪些方案？

10. 我们对以下问题有何了解？人工流产的安全性；人工流产对女性的心理影响；由于母亲未做成人工流产而出生的孩子所受的影响。

关键术语

* 本质主义（essentialism，291）
* 社会建构论（social constructionism，291）
* 阴蒂（clitoris，292）
* 阴道（vagina，293）
兴奋期（excitement phase，293）
血管充血（vasocongestion，293）
持续期（plateau phase，293）
高潮期（orgasmic phase，293）
消退期（resolution phase，293）
* 性欲（sexual desire，294）
* 双重性标准（sexual double standard，297）
* 性脚本（sexual script，298）
* 强奸（rape，298）

* 性功能障碍（sexual disorder，306）
* 性欲低下（low sexual desire，307）
* 性欲紊乱（hypoactive sexual desire disorder，307）
* 女性性高潮障碍（female orgasmic disorder，307）
* 自我物化（self-objectification，308）
* 感觉集中训练法（sensate focus，309）
* 认知行为治疗（cognitive-behavioral therapy，309）
* 认知重建（cognitive restructuring，309）
* 自我认可（self-efficacy，317）

注：标有 * 的术语是 InfoTrac 大学出版物的搜索术语。你可以通过网址 http：//infotrac.thomsonlearning.com 来查看这些术语。

推荐读物

1. Brown，J. D.，Steele，J. R. & Walsh-Childers，K. (Eds.)(2002). *Sexual teens*，*Sexual media*： *Investigating media's influence on adolescent sexuality*. Mahwah，NJ：Erlbaum。该书共有 13 章，分别介

绍了青少年从电视、杂志、电影和网络等媒介中学到的各种知识。

2. Florsheim, P. （Ed. ）（2003）. *Adolescent romantic relations and sexual behavior：Theory，research，and practical implications* . Mahwah, NJ：Erlbaum。这本书针对青少年生活中感情和性方面的内容，焦点是异性和同性情侣。

3. Hyde, J. S. , & DeLamater, J. D. （2006）. *Understanding human sexuality* （9th ed. ）. Boston：McGraw-Hill。Janet Hyde 和她的丈夫 John DeLamater 从女性主义角度写的一本书，言辞清晰易读又充满趣味。

4. Tiefer, L. （2004）. *Sex is not a natural act and other essays*. Boulder，CO：Westview Press。我隆重推荐这本书，它提供了一种女性主义的性视角——而不是一种生物或者医学方法。这本书包含了很多理论文章，其中很多文章是适合普通大众阅读的。

5. Tolman, D. L. （2002）. *Dilemmas of desire*：*Teenage girls talk about sexuality*. Cambridge，MA：Harvard University Press。我之所以推荐这本书，原因在于此书为了解年轻女性对待性的心理提供了一个窗口，而不是仅仅关注疾病和怀孕。

专栏的参考答案

专栏 9.1

1. F； 2. M； 3. F； 4. F； 5. M； 6. M；

7. M； 8. F。

判断对错的参考答案

1. 对；2. 对；3. 错；4. 对；5. 错；6. 对；

7. 对；8. 对；9. 对；10. 对。

第 10 章

怀孕、分娩、成为母亲

判断对错

_____ 1. 心理学家在女性怀孕和分娩方面的研究很少。

_____ 2. 世界上大约有三分之一的怀孕女性在生产之前没有做过孕前检查。

_____ 3. 孕期中的女性通常会产生更多的积极和消极情绪。

_____ 4. 人们对于怀孕的女性通常持有或敌意或善意的性别歧视，依据具体情况而定。

_____ 5. 在孕妇生产时，如果有经验丰富的人在场，将会缩短生产过程。

_____ 6. 孕妇准备生产就是学习呼吸以及其他的技巧，这样能够减轻分娩时的疼痛。

_____ 7. 在孕妇生产后的第一个月，这名母亲将会体验到大功告成以及体内滋生力量的感觉。

_____ 8. 女同性恋目前带大的孩子和由异性恋女性带大的孩子相比，在智力、心理、健康和人缘方面都很相似。

_____ 9. 北美大约有一半的女性在生完第一个孩子几天后会患产后忧郁症。通常的症状表现为痛苦、忧伤和易怒。

　　年轻的 Ingrid Johnston-Robledo 博士是一位已婚的欧裔美籍心理学家。在她撰写关于初为人母这一话题的时候，她已经明显地具有怀孕迹象了（Johnston-Robledo，2000）。在书中她评述了人们在不同的社会场合看到她时对她的不同反应：

　　　　陌生人总是面带赞许的微笑跟我打招呼。他们似乎对我选择成为一位母亲而感到高兴，同时也为我有这种能力而欣喜。有时这些陌生人（通常是早已经历了这一过程的女性）居然会停下来摸摸我的肚子，试着根据肚子的形状来判断一下胎儿的性别，或者问一些怀孕方面的问题……但是当我跟波多黎各籍的丈夫和融合了两种文化、刚会走路的孩子待在一块儿的时候，人们的反应就会有所不同。他们的眼神不再那么友善，说得委婉些，就是他们的眼神充满了疑惑。他们或许在想"他们可能根本就没结婚"或者"看，就是她，又怀孕了"。前几天一位从我旁边经过的男士指着我们对他的同伴说："看，这……这就是那个问题，这正是我所说的问题。"难道我们是某种社会疾病的活生生的例子吗？（p.129）

　　我们在本章将会看到，女性可能会接受到关于生孩子和做妈妈的多种多样的信息。

　　全世界目前有 60 多亿人口，每个人都是由母亲怀胎所生。"生子"对于个人来说是件非常重要的事情，怀孕生子这件事情发生的频率如此之高，难道还不足以使之成为心理学的一个普通研究对象吗？然而，令人惊讶的是，怀孕这个话题在心理学中几乎从来没有出现过（Greene，2004；Johnston-Robledo & Barnack，2004；Rice & ElseQuest，2005；Stanton et al.，2002）。心理学家们每年撰写的有关少女怀孕、意外怀孕、吸毒和孕期暴力问题之类的文章寥寥无几。相比来说，心理学家似乎忽视了女性怀孕时的喜悦和期待当妈妈的心理（Marlin，2003）。

　　在各种各样的媒体中，我们也看不到任何有关怀孕生子及抚育婴儿等方面的报道。从第 8 章我们可以看出，是"爱"这个主题主宰了音乐、电视以及娱乐领域。同样，第 9 章的焦点"性"也得到了媒体的偏爱。然而，怀孕生子问题却不受关注，这跟主题 3 是一致的。对于如何抚育婴儿，报道中也很少进行深入的探讨。

　　那么，让我们来仔细地研究一下生育的这几个阶段吧。你将会看到每个阶段都有心理学的因素存在于其中。

怀孕

怀孕的主要生理变化都有哪些？女性是如何从情感上和生理上对怀孕做出反应的？还有，其

他人对怀孕女性是如何做出反应的？最后，女性是如何在怀孕的情况下对待她们的工作的？

怀孕的生理

一般来说，卵子经过输卵管向外排出时与精子相结合。这种相结合的行为看起来似乎非常简单，但有趣的是它却带有一种性别偏见的倾向。具体来说，可能你从高中的生物课本上学到的是男性的精子穿透了女性的卵子。但是这种描述与事实并不相符，实际上在受精的过程中卵子比精子更加活跃。卵子的一部分延伸出去把精子拽进了卵子当中，接着卵子穿透精子的头部使精子内的基因物质散发到整个卵子内部（Crooks & Baur, 2005；E. Martin, 2001；Rabuzzi, 1994）。

受精后的卵子顺输卵管往下游，在子宫内到处游荡几天，最后落脚在已变厚的子宫内壁组织上。如果受精卵不能植根于子宫内壁上，这个组织就会随着月经的到来而脱落——就跟卵子没有受精时一样随着月经脱落。但是，一旦受精卵植根于这一组织之上，这个组织将提供使受精卵成功发育成为胎儿的绝佳环境。

在受精卵落脚后不久，胎盘开始生长。和发育中的胚胎相连接的胎盘（placenta）组织可以把氧气和营养由母体输送给胚胎。胎盘还可以帮助把胚胎产生的废物运送回母体。这个神奇的组织甚至还可以制造荷尔蒙。在怀孕的后期，女性体内的雌激素和黄体酮的水平比她们怀孕前要高得多（L. L. Alexander et al., 2004）。

一般情况下，女性在有性生活的情况下，错过一个月经周期而停经，就应考虑到自己是否有怀孕的可能。当然非常有必要去做一次检查以确认是否怀孕，因为在一些情况下，女性在怀孕的同时还会有月经周期，或者有时因为其他的因素会导致停经或月经推迟（L. L. Alexander et al., 2004；Hyde & DeLamater, 2006）。

孕期的检查是非常重要的，它不仅能够提供一些跟怀孕有关的信息，还有利于确诊和治疗一些与怀孕相关的并发症。然而在世界上的发达地区仅有65％的怀孕女性接受孕期检查。在发展中国家，比例就更低了。以阿富汗为例，在他们国家仅有8％的怀孕女性在怀孕期间做过至少一次的孕期检查（Uinted Nations, 2000）。

怀孕期间的生理反应

实质上女性身体的每个器官都受到怀孕的影响，尽管大多数的变化相对比较微小。怀孕期间最明显的变化是体重增加和腹部突出。很多女性还有乳房变得柔软、尿频和乏力等现象（L. L. Alexander et al., 2004；Hyde & DeLamater, 2006）。

在头三个月里恶心呕吐是最普遍的一个症状。通常这种现象被称为孕妇晨吐，其实这一现象在一天当中的任何时候都可能发生（Feeney et al., 2001；MurKoff et al., 2002）。调查显示，70％～90％的女性在怀孕期间经历过不同程度的恶心和呕吐（Q. Zhou et al., 1999）。

女性之间不论是在孕期还是在生命的其他阶段都存在着大量的个体差异（Stanton et al., 2002）。比如，大多数女性在怀孕期间对性事兴趣下降，但有很多人的性欲反而有所增强（Haugen et al., 2004；Hyde & DeLamater, 2000；MurKoff et al., 2002；P. Schwartz, 2000）。而且，"孕期的夫妇们"通常喜欢一些其他的性爱表达方式。

怀孕期间的情绪反应

我心里想的全是孩子……我非常兴奋。我很想现在就拥有这个孩子。无论如何，这一周我处于一种极度兴奋的状态中。我喜欢观察胎动。(Lederman，1996，p.35)

从一定意义上来说，我觉得我已经得了产前抑郁症……从复活节开始，我就不再教书了，就这样一直待在家里。这个事实对我来说是最大的打击……一天的时间总是在期待孩子到来的思绪中滑过，而后又逐渐认识到这将会是一个多么巨大的变化，我沮丧极了，因为我曾非常积极地投入到工作中，并且工作在过去的 4 年里一直是我生活中非常重要的一部分。(Lederman，1996，p.39)

以上两位怀孕女性对怀孕的描述，说明不同的女性对相同的怀孕事实的反应是多么不一样，这与主题 4 相一致。怀孕期间的很多情况是很难预测的，原因是不同的女性在怀孕的 9 个月中会经历多种情绪的变化。比如，以上的两段引文，尽管在语气上有所不同，但却有可能出自同一位女性。

积极情绪

对于很多女性来说，怀孕的消息会突然带来积极情绪，比如兴奋和期待。也有一些女性说一想到在她们的身体里有一个正在成长的新生命就会感到神奇和畏惧。一项对已婚夫妇的调查显示，很多丈夫也共同体会到了这种创造一个新生命的神奇之感 (Feeney et al.，2001)。

大部分的已婚女性还体会到别人对她怀孕的赞同，这一点我们在这一章的开头已经提到过了。毕竟，女人是应该生孩子的，所以家人和朋友提供的都是社会支持 (Morling et al.，2003)。

对很多女性来说，怀孕代表着进入成人期的一种过渡。她们可能感到怀孕是一种被需要的感觉或是一种成就感 (Leifer，1980)。另一种快乐的情绪是她们可以感到对腹中成长的婴儿有日益增长的依恋感 (Bergum，1997；Condon & Corkindale，1997)。一位女性写道：

在我第一次扫描的时候，操作员给我解释了很多东西，比如，这是他的腿，这是脚，还有小手、小脑袋。我没有看到他的另外一条腿，于是我就问："另外一条腿在哪？"他们朝反方向推了他一下，给我看了一下他的另外一条腿。感觉很好。正是你从扫描仪上看到他的那一刻你才会意识到你有了一个孩子。(Woollett & Marshall，1997，p.189)

另外，很多女性由于想到要当妈妈抚育孩子而感到快乐。她们认为这个任务会带给她们极大的满足感。但是她们的期待往往和现实相差很远，这一点我们将会在初为人母的那一部分看到。

消极情绪

孕妇通常还有很多消极情绪，感到害怕和焦虑，担心分娩时的疼痛 (Feeney et al.，2001；Melender，2002；L.J.Miller，2001)。很多女性说她们的情绪非常脆弱，并且一直处于变化当中。但是，大多数女性在怀孕期间情绪能在正常范围之内。很多女性调节得很好，她们的压力不会影响到腹中的胎儿 (DiPietro，2004；Johnston-Robledo & Barnack，2004；Stanton et al.，2002)。

还有一个潜在的问题是，随着女性的身体逐渐膨胀起来，她的自我形象可能会大打折扣 (Philipp & Carr，2001)。在怀孕期间，女性通常觉得自己很胖，并且很难看，特别是北美文化以苗条为美。

然而有趣的是，这些女性的具有罗曼蒂克情调的伴侣的观点却恰恰相反。C.P.Cowan 和 Cowan (1992) 曾经调查过处于怀孕状态的已婚夫妇，他们的调查表明大部分丈夫对妻子身体的变化持肯定态度。比如，一名叫做 Eduardo 的男士看着自己的妻子说道："尽管很多杰出的画家都试图去展现怀孕女性之美，但当我看到 Sonia，我就觉得他们并没有做到恰到好处" (p.59)。幸运的是，很多女性能够克服我们的文化对于体重的关注。当女性看到自己腹部的膨胀、感觉到胎儿的踢动、期待平安顺利地怀孕生子的时候，她们都会感到兴奋不已。

有些女性可能会担心自己的健康和身体机能 (Johnston-Robledo & Barnack，2004)。越来越多的证据揭示出吸烟、喝酒、多种药物以及环境污染都会损害胎儿的发育，怀孕女性的焦虑也随着此类证据的增多而有所加剧 (T.Field，1998；

R. B. Ness *et al*., 1999；Newland & Rasmussen，2003；Streissguth *et al*，1999）。顺便提一下，美国和加拿大的研究显示，很多试图在孕期戒烟的女性实际上很难戒除这种习惯（N. Edwards & Sims-Jones，1998）。大约有 11％ 的女性在孕期仍然吸烟。美国土著人和白人女性的吸烟人数更多，而拉美以及亚洲女性的吸烟人数是最少的（Arias *et al*.，2003；Hoyert *et al*.，2000）。

女性对怀孕的消极情绪很大部分是由人们开始对她们另眼相看而导致的，下面的一部分我们将提到这个问题。她们被归为"怀孕的女人"，也就是说她们除了对发育中的胎儿有责任以外，没有其他的身份可言（Philipp & Carr，2001）。女性也开始看到自己总是和这些词语联系到一块儿。

当然，女性对怀孕的总体反应取决于很多因素，比如她怀孕时的生理反应、怀孕是否在计划之中、她和孩子父亲的关系以及她的经济状况等（Barke *et al*.，2000；Hyde & DeLamater，2000；Tolman，2002；Webster *et al*.，2000）。我们可以明显地从一个 16 岁未婚先孕的女孩身上感觉到她的消极情绪，这个女孩已经被她的家人和男友所抛弃，不得不当服务员来工作赚钱。如果她成为无力承担产前检查费用的美国怀孕女性中的一员，她的问题就会更为严重（S. E. Taylor，2002；P. H. Wise，2002）。同样，我们还可以从一位 26 岁有幸福婚姻的女性那里感觉到她的积极情绪，她为了怀孕已经等待了两年，并且她的家庭收入允许她去购买工作时穿的漂亮妈咪服，她可以穿着这些漂亮衣服去完成自己有趣并且很有成就感的工作（Feeney *et al*.，2001）。

很多怀孕女性在胎儿成熟前会遭遇流产（miscarriage），即非计划性怀孕终结。比如，在表 9—2 中，我们看到美国每年大概有 15％ 的怀孕少女会流产。我们无法为青少年和每个年龄段女性的流产率提供准确估计，因为大量的流产发生在怀孕早期，是非医疗行为。你或许能想象得到，很多女性会为失去孩子而极度悲伤（McCreight，2005）；另外有些人则觉得释然或者有其他一些复杂情感。

总而言之，女性对怀孕的情绪反应是从兴奋到富有期待的焦虑，然后到身份的迷失以及悲痛（Statham *et al*.，1997）。和本书的主题 4 一致，在这个方面，人和人之间的差异很大。对大多数的女性来说，怀孕是一次快乐情绪和悲伤情绪相互交织的人生经历。

对怀孕女性的态度

几乎所有女性都要经历 3 个重要的女性生理阶段：月经初潮、怀孕和绝经。月经初潮和绝经是非常隐私的问题，只是在关系非常亲密的熟人之间有所讨论。相反，怀孕却是公开的，尤其是在孕期的最后 3 个月。本章开头的引文中曾提到，即便是陌生人也可以轻拍一下孕妇的腹部，还可以主动问一些问题或提一些建议等。如果这位女性没有怀孕，你觉得同一个陌生人会有这种自由去这样对待这位女性吗？

Michelle Hebl 和她的同事（2006）最近做的一些研究表明，人们对待孕妇的态度取决于周围的环境。研究人员安排年轻女士在不同的场合下分别进入同一家零售店。在第一种场合下，他们教这些女士咨询如何找工作；在第二种场合下，这些女士要问的是如何为妹妹挑选一件礼物。实验的第二个可变条件是女士们是否看起来怀孕了。每种情况中，女士们有一半的时间穿着"仿孕妇装"，经过专业设计，她们看上去像是怀孕 6～7 个月的样子。另外一半的时间里，她们不用穿"仿孕妇装"。同时，观察人员默默观察，记录下店员对待这些女士的方式。

在第 2 章里，我们讨论了两种性别歧视，敌意性别歧视（hostile sexism）是其中最明显的，它建立在女人应该屈从于男人的观念之上，即"知道自己的位置"。在这项调查中，当一名女性去找工作时，店员对看起来怀孕的女性比没有怀孕的女性表现出了更明显的歧视态度。毕竟，这名女性怀孕了，她就不应该再出来找工作！另外的研究验证了这种不愿意招聘怀孕女性的歧视心理（Bragger *et al*.，2002）。

善意性别歧视（benevolent sexism）是比较微妙的，它认为女性应该是美好、纯洁的。在 Hebl 和她同事做的调查中，当一名女性要买件礼物时，店员对看上去怀孕的女性比没有怀孕的女性表现出了更多善意的性别歧视。因为，这名女性怀孕了，所以她需要特别帮助；店员对她都特别热心，甚至都有些热情过度。其他的一些研究也表明人们非常乐意去帮助怀孕的女性，比如当她不小心把钥匙掉地上时（Walton et al.，1988）。

在另外一项调查中，Horgan（1983）通过百货公司里孕妇装的摆放位置衡量人们对孕妇的态度。价钱高的、档次高的商场会把孕妇装摆放在贴身内衣和家居服的旁边。这种摆放方式显示出一种女性特质，细腻、华贵、隐私。相反，在档次较低、价钱便宜的商场，孕妇装则与制服和适合较胖女性穿着的衣服相邻摆放。在这里，怀孕女性被看成是肥胖的并且是有工作要做的。可以看一下专栏 10.1，其内容是修改过的 Horgan 的研究成果。

专栏 10.1　百货商场所反映出的人们对怀孕女性的态度

选择附近的几个销售孕妇装的商场，试着选出几个具有不同档次的典型代表。把每个商场都逛一遍（你可以以为你怀孕的朋友买衣服为掩饰理由）。记下孕妇装所摆放的位置。它们是被摆在了贴身内衣旁边呢，还是跟肥胖女性的衣服或制服摆在了一起，还是挨着其他的什么东西？

同时还要注意一下衣服本身的特点。19 世纪 70 年代的孕妇装都很幼稚，装饰有蝴蝶结和褶皱。现在的孕妇装倒更像是给没有怀孕的女性准备的。是不是不同类型的商场有不同的风格？

最后，留意一下衣服的价格。假设一位怀孕的女性在她孕期的后 6 个月需要穿孕妇装，那么她需要花多少钱来置办这些衣服呢？

▌孕期女性的职业生涯

几十年前，居住在美国和加拿大的欧裔女性一旦发现自己怀孕了，就会停止到外面去工作。然而黑人女性却有不同的做法。成为一位好妈妈绝不意味着女性应该一直待在家里（P. H. Collins，1991）。在一些发展中国家，女性从怀孕以后一直到临产之前，在田里耕作或是干其他消耗体力的工作都被认为是很正常的事情（S. Kitzinger，1995）。

现在，北美的很多女性都打算在孕育和抚养孩子的同时还拥有一份工作，尤其是如果她是大学毕业生的话（Hoffnung，2003，2004）。研究表明，怀孕女性通常是在离预产期很近的时间才会停止工作（Hung et al.，2002；Mozurkewich et al.，2000）。

调查表明，怀孕时从事一般的体力工作通常不会对胎儿产生不良影响（Hung et al.，2002；Klebanoff et al.，1990）。但是如果工作本身比较耗费体力，比如上夜班，或者需要长时间站立工作，无法坐下，这时怀孕女性流产的几率会大一些（Mozurkewich et al.，2000）。

▌小结——怀孕

1. 媒体和心理学研究对女性怀孕和分娩方面的事宜关注很少。

2. 怀孕初期，受精卵落脚在子宫内壁的组织上，在受精卵着床不久，胎盘开始生长。

3. 尽管每个人的情况相差很大，怀孕却有几种普遍存在的生理反应，包括体重增加、乏力和恶心。

4. 女性对怀孕的情绪变化多种多样。积极的情绪包括感到惊喜、很神奇、有一种被需要和依赖的感觉，还有对初为人母的期待。330

5. 消极的情绪有情绪脆弱、担心自己的体型变化和健康问题，并且还比较在意别人对自己的态度和评价。有一定数量的女性还会经历流产。

6. 当人们和一名看起来像是怀孕的女性接触时，如果这名女性做的事情不是很传统，比如找工作，他们一般会表现出敌意的性别歧视。如果这名女性做传统女性做的事情，比如逛街、买礼物，他们会对她表现出善意的性别歧视。

7. 大多数女性能够在不影响胎儿的情况下外出工作。但是，体力消耗大的工作以及长时间站立会增加流产的风险。

分娩

美国女性平均每人生育 2.1 个孩子，加拿大女性平均 1.6 个（United Nations，2005b）。换句话说，也就是在北美女性分娩是一件相对普遍的现象。但是，这一重要的事情其实被很多心理学家忽视了。对于很多有意义的话题，比如女性在分娩期间的情绪问题，很少有具体的报道和研究。

事实上，我们的大部分信息必须通过护理专业的期刊才能收集到。下面让我们来关注一下分娩的生理过程以及女性对分娩的情绪反应。然后我们还要看一下现行的有助于女性顺利分娩的一些具体措施。

分娩的生理过程

分娩是随着子宫的剧烈收缩开始的。分娩分为 3 个阶段。在第一个阶段，子宫每隔 5 分钟收缩一次，子宫颈扩张为 10 厘米（4 英寸）左右，这个过程大约会持续几个小时甚至一天（L. L. Alexander et al.，2004；Feeney et al.，2001）。

分娩的第二个阶段从几分钟到几个小时不等。随着子宫收缩，胎儿沿阴道下滑。当一名产妇被鼓励用力的时候，她通常会说这是生产过程中最积极的部分（Crooks & Baur，2005）。女性反映说在这个阶段她们感到很强的压力和扩张力。这时的子宫收缩往往是伴有剧痛和压力感的（Soet et al.，2003）。在第二个阶段，黄体酮的水平开始下降。这个阶段一直持续到孩子出生。

331　　分娩的第三个阶段通常持续不到 20 分钟，很明显是一个弱化的过程。胎盘同子宫壁分离，接着和其他一些围绕胎儿的组织一起被排出体外。在这个阶段雌激素和黄体酮的水平下降，并且两者的水平相比于几个小时前的水平来说是急速下降。

社会因素对产妇和新生儿的健康都有深远的影响（"Challenging Cases"，2004；Hoyert et al.，2000）。比如，在爱尔兰进行的一项研究中，怀孕女性参加了一个培训项目，其中包括为女性量身定做的分娩课程，并且还为每位女性配备了一名在整个分娩过程中助产的护士（Frigoletto et al.，1995）。相对于另外一组情况相同，但是接受普通护理的女性而言，她们的生产时间要短 2.7 个小时。再者，在非洲国家博茨瓦纳的医院内进行的一项研究表明，如果女性在临产和分娩过程中由一位女性亲属陪同的话，她们所需要的止痛药物就会显著减少（Madi et al.，1999）。

在很多文化中——从北欧的斯堪的纳维亚地区到拉丁美洲的玛雅社区——人们把分娩看成是一个正常的现象，而非一个医学上的壮举。在这些文化当中，孕妇在整个生产过程中都有人陪同（DeLoache & Gottlieb，2000；Klaus et al.，2002；Whelehan，2001）。现在很多北美的医院提供助产士（doula）服务。助产士都有过生育经历，能够在生产过程中提供持续的帮助（"Challenging Cases"，2004）。

现在，美国大约有 29% 的新生儿、加拿大有 332

17％的新生儿是通过剖腹产手术出生的（Canadian Institute for Health Information，2004；Hoyert et al.，2000；Diony Young，2003）。在剖腹产手术（cesarean section，C-section）中，医生在女性的腹部和子宫上切一条小的切口来取出胎儿。

对于那些通过正常的阴道顺产会有危险的女性来说，剖腹产是必要的，比如，婴儿的头比母亲的骨盆大时（L. L. Alexander et al.，2004）。然而，剖腹产对母亲和婴儿的健康都有危险（R. Walker et al.，2002）。剖腹产同时也是一种外伤（Johnston-Robledo & Barnack，2004）。还有很多的健康护理评论家指出，剖腹产手术比率高的原因在于剖腹产对于医疗人员来说相对比较方便，还有一些其他的相似便利（M. C. Klein，2004；Diony Young，2003）。

女性通常经过 40 周的孕期，然后生下婴儿。早产（preterm birth）被定义为孕期少于 37 周，早产会给婴儿带来危险。美国的调查表明，教育程度不高、过度瘦弱的女性容易有早产的危险。同时，黑人女性早产的几率是白人、拉丁和亚洲女性的两倍。通过优化生育年龄、提高教育程度，黑人女性的早产可能性仍然很大。研究人员尚未得出为何种族成为早产的重要原因，可能怀孕前的健康状况与此有关（R. L. Goldenberg & Culhane，2005；Haas et al.，2005）。

女性对分娩的情绪反应

女性对孩子即将出生这一事实的情绪反应就如同对怀孕时的反应一样多种多样，各不相同（Johnston-Robledo & Barnack，2004；Wuitchik et al.，1990）。一些女性认为分娩就意味着孩子出生，这是她们的一次极致的人生体验。一位女性回忆了当年她第一次生孩子时欢欣鼓舞的情绪：

> 孩子出生后，我进入了一种从未有过的兴奋状态！我想这可能与这是我的第一个孩子有关。所有的事情你都会亲力亲为，我觉得那时如果我能尝试飞翔的话，我真的就会飞起来了。对于其他的事情我从来就没有过那种感觉。对结婚这件大事，对其他的孩子，对所有的一切我都没有过那种感觉。（Hoffnung，1992，p. 17）

一位女性描述了自己如何忍住疼痛、全神贯注地生孩子：

> 我认为我们不应该把注意力集中在疼痛上，我也不认为女性应该毫无例外地都经历这种疼痛，而是在疼痛当中有一种对内在精神和疼痛这种感觉本身的体验——并不是享受这种疼痛，而是接受这种疼痛，坚持下去，或者做一些其他你可以做到的来掌控这种疼痛——并且要告诉自己这个过程将意味着一个新生命的诞生。（Bergum，1997，p. 41）

陪同分娩的父亲们同样会体会到一种强烈的喜悦感，就像这位刚成为父亲的男性所描述的一样：

> 当我看到 Kevin 从 Tanya 的身体中生出来后，我有着从来不曾想到过的不可思议的强烈感情。我就在那儿，这就是我的儿子！接下来的一整天，无论他笑还是喝奶，我都会流泪。我傻站在那儿看着他。这是我所经历过的最神奇的感觉。（C. P. Cowan & Cowan，1992，p. 71）

其他分娩方式

很多保健医生建议说女性分娩这一经历可以变得更加舒服和惬意。最为广泛使用的分娩方式是"有准备的分娩"（prepared childbirth），其特点表现为以下几点（L. L. Alexander et al.，2004；Allgeier & Allgeier，2000；Hyde & DeLamater，2006）：

1. 接受一些怀孕和生子方面的知识教育，以减少和驱散恐惧感和神秘感。

2. 学习放松技巧并且进行肌肉强化训练。

3. 学习控制呼吸的技巧，这可以分散对子宫收缩带来的疼痛的注意力。

4. 在分娩时有周围人的支持，通常是孩子的父亲或是产妇的密友，或者由接受过训练的人来照顾。

强调"有准备的分娩"的人指出这种方法并不是从根本上驱除了疼痛。分娩仍然是一个令人紧张的经历。然而，那些在分娩过程中有一个能够帮助和指导自己的人陪同的女性对分娩过程会更加满意（Dannenbring et al. ，1997）。这种"有准备的分娩"似乎能够提供很多实质性的帮助（Chalmers，2002；Diong Young，1982）。妈妈们对这一方式反映出了一种更加肯定的态度。在分娩中，紧张焦虑情绪变少了，并且这种方式减少了疼痛。她们所需要的医学治疗也减少了。

在过去的50年里，助产技术已经有了很显著的提高，产妇和新生儿的死亡率已有了很大的降低。然而这种采用高科技的分娩方式却有一个令人遗憾的副作用：在医院的分娩关注的仅仅是昂贵的医疗器械、胎儿的监测设备以及把母亲身体的每一部分进行消毒的状况（Chalmers，2002；Howell-White，1999；Wolf，2001）。

与采用高科技的分娩方式相反，在美国和加拿大以家庭为中心的分娩方式（family-centered approach）强调在为女性提供安全、高质量的健康护理的同时，还要关注女性的个人感受、自主性以及家庭的社会心理需要（C. R. Phillips，2000；"Spotlight on Canada"，2000；Diony Young，1982，1993）。以家庭为中心的方式承认某些高风险的怀孕状况需要特殊的技术。然而，绝大多数的分娩都是正常的。与过分关注分娩的医疗方面的状况相反，以家庭为中心的方法坚持认为专业人士应该认识到分娩是一个重要的心理事件。通过这一过程，一个新的家庭成员诞生，并且由此形成新的关系。应该被放在分娩这一事件的中心位置的是母亲们，而非分娩所运用的技术（Chalmers，2002；Dahlberg et al. ，1999；Pincus，2000）。

一些有助于改善以家庭为中心的分娩方式的变化包括以下几点（M. C. Klein，2004；Kozak & Weeks，2002；Pincus，2002；Soet et al. ，2003；Van Olphen-Febr，1998；Diony Young，1982，1993）：

1. 医生不能仅仅为了工作方便而人为诱导分娩。

2. 女性应该有特殊的分娩房间，使分娩过程更加愉悦。

3. 要有一位具有鼓励作用的家人、朋友或助产士的陪同。

4. 女性在分娩过程中应该能够活动，在分娩时可以选择坐着。

5. 医院中对健康不利的分娩措施应该得到修改。这些措施包括例行的灌肠法、刮去生殖区体毛。

6. 除非患者要求使用或是很有必要使用麻醉剂的状况下才能使用麻醉剂。

7. 保健医生必须是说话坚决的可以鼓励女性用力的人。

以家庭为中心的分娩方式强调产妇的意愿应该得到认真对待。这种方式有助于产妇再分配自己的力气，这样产妇在分娩过程中可以更好地控制自己的身体，对于以哪种方式进行分娩应由自己决定，而不应被动地顺从他人或被当成孩子一样来对待。

请看一下专栏10.2，了解一下你所认识的几个女性的分娩经历，同时，看一下你是不是能够从最近生产过的女性的生产经历中发现任何分娩步骤的变化。

专栏10.2　分娩经历的对比

选定那些近期刚刚生产的女性、10多年前生孩子的女性、20多年前生孩子的女性或是那些孩子比你都大的女性。如果可能，可让你的母亲或你的亲属加入到你的访问中来，让她们中的每一位尽可能详细地描述一下她们分娩时的经历，然后，你可以问一下以下的这些问题，假设这些问题还没有找到答案。

1. 你是否接受过任何的医学治疗？如果有，你记得是哪种吗？

2. 你在医院住了多长时间？

3. 婴儿是与你待在同一个房间吗？还是喂完奶后，她就被抱回了育婴房？

4. 你分娩时有没有亲戚或是朋友在产房陪你？

5. 在生产过程中，有没有医生或护士让你躺下？

6. 你采用的是"有准备的分娩"方式吗？

7. 你还能记得医疗人员对待你的任何一种消极方式吗？

8. 别人是不是把你当作是一个有能力的成人来对待的？

9. 你还记得医务人员对待你的任何一种积极方式吗？

10. 如果你觉得你的分娩经历中有一个方面需要改进的话，具体是哪一方面？

▌小结——分娩

1. 分娩的 3 个阶段：子宫颈的扩张；孩子的出生；胎盘的排出。社会因素会影响分娩的持续时间并且还会影响疼痛对药物的依赖程度。

2. 分娩中的两个问题分别是剖腹产和早产。

3. 女性对分娩的反应差别很大，有些女性对分娩这一经历持一种非常肯定的态度；另外一些则努力克服分娩的疼痛。

4. 有准备的分娩方式强调教育培训、学会放松、学会锻炼、控制呼吸，以及获得外界支持。这种方式通常会让女性的分娩经历更加满意。

5. 以家庭为中心的分娩方式关注为分娩的女性提供帮助，这种方式不鼓励使用一些不必要的高科技。

成为母亲

335

"母亲"这个词会使人想到一些已经形成的定式，尽管有时这与现实很矛盾。首先我们将关注一下这些定式，接着我们来分析一下这些定式是如何与现实状况相违背的，另外我们还会研究一下有色人种女性和同性恋女性抚育孩子的经历，这两组母亲不同于处于异性婚姻中的具有欧洲血统的美国主流女性。然后我们会聚焦在两个产后女性关注的问题上：产后抑郁和母乳喂养。这一章的最后将讨论产后女性如何下定决心重返工作岗位、女性不要孩子的选择，以及不孕不育的问题。

▌关于母亲角色的定式

对大部分人来说，"母亲"往往会使人联想到一系列的快乐情绪，比如温暖、力量、保护、养育，贡献及自我牺牲（Ganong & Coleman，1995；Johnston & Swanson，2003b；Swanson & Johnston，2003）。根据这些传统观念，怀孕女性被认为是充满欢乐情绪的、乐观向上的，并且热切地期盼这一上帝的恩赐。而母亲的形象也被媒体刻画成永远都幸福和满足的"完美妈妈"（Johnston- Robledo，2000；Maushart，1999；J. Warner，2005）。而且，人们对母亲的定式强调，女性最终极的成就感是通过成为一名妈妈来实现的（P. J. Caplan，1998，2000，2001；Johnston & Swanson，2003b）。

对母亲的定式思维还包括认为母亲一看到新生的婴儿就觉得自己完全胜任，"天生"的母性技巧就会显示出作用（Johnston & Swanson，2003b， 336

Johnston-Robledo，2000）。她完全把自己奉献给了她的家庭，她对自己的需要不会有任何的关注（S. J. Douglas & Michaels，2004；Ex & Janssens，2000；Johnston & Swanson，2003b）。就像我们所想到的一样，很多妈妈因为自己不能达到这一堪称完美的育儿水平而产生负罪感（P. J. Caplan，2001；S. J. Douglas & Michaels，2004；J. Warner，2005）。

北美文化对于"母亲"可谓爱恨交加，尽管通常来说负面的观点较之正面的不甚突显。媒体通常过分夸大母亲的错误，而忽略她们的优点。同时，一些心理治疗专家在孩子们出现精神错乱时会去责备母亲而非父亲（P. J. Caplan，2000，2001）。可以回想一下第 2 章中的观点，即在古希腊神话和宗教中女性有时是圣人，而有时则是恶棍。同样，关于母亲的定式也包含了这两种极端的看法（P. J. Caplan，2001）。

母亲的现实状况

尽管人们写出很多崇高的话语来赞美母亲，但实际上这个角色被赋予了很低的威望（P. J. Caplan，2000；Hoffnung，1995）。我们的社会崇尚的是金钱、权力和成就，而不是哺育孩子（J. Warner，2005）。事实上，母亲并没有得到她们应该得到的感谢。

对母亲的任何一种模式化的印象都没有注重她们所经历过的各种各样的情绪。专栏作家 Anna Quindlen（2001a）是这样描述这一点的：

> 孩子们使我成了一个完整的女人，但是这个事实并不意味着他们有时就不会是使人难以对付的和令人非常头疼的一种责任……虽然我爱孩子胜过爱自己的生命，但是你爱一个人并不意味着你对他日复一日地照顾会是件不难或是并不糟糕的事情。(p. 64)

在往下看之前，看一下专栏 10.3，我们在后面将会讨论到这个问题。现在我们将更加具体地探讨一下母亲所面临的一些现实，首先我们要关注一下一系列的负面因素，接着看一些更加抽象但却非常重要的正面因素。

负面因素

新生儿的降生必然会给母亲带来很多压力和紧张感，以下所列出的是女性们经常提到的负面因素：

1. 照顾孩子是一件令人殚精竭虑的事，无法保证睡眠是非常普遍的（Cusk，2002；Huston & Holmes，2004；J. F. Thompson et al.，2002），同时，由于照顾孩子需要很多的时间，刚成为妈妈的女性觉得除了照顾孩子，她们几乎什么事也做不了。

2. 在美国大约有 35％ 的婴儿由未婚妈妈所生（Hoyert et al.，2000），父亲们可能不会和他们居住在一起，母亲可能会缺少抚养婴儿的足够的钱。

专栏 10.3——新生儿死亡率

看一下以下所列举的 15 个国家，想一下哪些国家可能有较低的新生儿死亡率（即新生儿出生后一年内的死亡率）。这 15 个国家至少都有完备的健康保障体系，他们的新生儿死亡率为每 1 000 名中 3～7 名不等。把这些国家依次排名，在你认为死亡率最低的国家前标上数字"3"，表示婴儿在这个国家是"最安全的"。同样，在你认为新生儿死亡率最高的国家前标上"7"，表示这个国家对婴儿来说是"最不安全的"。依次类推，用 3～7 分别为 15 个国家打分。答案就在本章的末尾。

____澳大利亚	____日本	____比利时	____希腊	____法国
____捷克	____古巴	____瑞典	____爱尔兰	____以色列
____德国	____波兰	____丹麦	____美国	____加拿大

注：这些数据是 2003 年的新生儿死亡率，是现在从国际上所能获得的最新信息。

Source：United Nations（2005a）.

---

337 3. 和婴儿住在一起的父亲们对抚育婴儿所提供的帮助要比女性所期望的少得多。在第 7 章曾提到，母亲们承担了照顾孩子的主要责任，包括像换尿布这样的不愉快的任务（Gjerdingen & Center，2005；Milkie *et al.*，2002；Rice & Else-Quest，2006S）。

4. 在孩子出生后的几周里，产妇觉得自己的身体很脏，并且总是有一些分泌物从体内排出。她们还能经常感觉到阴道和子宫的疼痛（J. F. Thompson *et al.*，2002）。

5. 新妈妈中，很少有人为了担当母亲这一角色而去参加培训，她们经常觉得自己不能胜任。结果是她们感到很惊讶，因为她们发现居然没有人告诫她们照顾小孩的麻烦和孩子出生后她们的生活将会如何被改变（Fuligni & Brooks-Gunn，2002；Gager *et al.*，2002；J. Warner，2005）。

6. 怀孕女性通常会想象出她们怀里抱着面颊红润婴儿的一幕。但事实是婴儿通常哭的居多，直到两个月左右才会笑（Feeney *et al.*，2001）。

7. 由于产后一直待在家里，所以刚成为妈妈的女性与其他人的联系很少（Johnston & Swanson，2006S）。朋友和亲戚可能也不能及时出现来提供帮助。单身女性可能会遗憾失去了社会联系。这种孤立的状态在客观上也体现了女性备受冷落，这是整本书中我们所讨论的一个重要问题。

338 8. 由于母亲的注意力转移到了新生儿身上，她的具有浪漫情调的伴侣会觉得自己被忽略了。很多成为母亲的女性说她们的丈夫使她们觉得自己因为不够称职而有一种负罪感。无论是异性恋还是同性恋伴侣，他们的婚姻质量都相应降低了（Huston & Holmes，2004）。

9. 女性会因为她自己不能与完美母亲这一标准相一致而感到失望，完美母亲的标准是大公无私、完全奉献，这就是我们的文化所刻画出的对母亲的传统印象——但是没有任何人能真正达到那个标准（P. J. Caplan，2000；Quindlen，2005a）。

还有一个负面因素，它是如此可怕以至于我觉得不能简单地把它列入前面的这个系列当中。事实上很多孩子在很小的时候就夭折了。最常见的一种衡量指标叫做"新生儿死亡率"（infant mortality rate），它所衡量的是 1 000 名新生儿在出生后一年当中的死亡比率。比如，在安哥拉、

利比亚、马里和塞拉利昂以及其他的一些撒哈拉周边的非洲国家，1 000 名新生儿里会有 100 多个在一岁前死去（United Nations，2005a）。在一些所谓的发达国家，新生儿死亡率要比人们所预测的数值高得多。可以对照本章末尾专栏 10.3 的答案。你有没有猜到美国在所列出的 15 个国家中成绩最差呢？

积极因素

成为一位母亲当然也有其积极的因素，尽管这些积极的因素在成为母亲的前期并不占主导地位。一些女性发现自己在成为妈妈后一个很重要的变化就是有一种力量感。一位女性朋友曾告诉我说："我感觉到自己被赐予了很多的力量和自信，就好像是说'我已经生过孩子了！我是伟大的'"（T. Napper，Personal communication，1998）。令人伤心的是，我们通常把很多的注意力集中在这一事件对女性的负面影响上，以至于我们不能够去探讨它对女性生命提升的正面影响。一名女性写道：

> 我在 46 岁时生了个孩子。在那之前，我很喜欢和其他人的小孩在一起，有时那些小孩子使我很生气，我就心想，我怎么能担当起一名全职妈妈的责任呢？可是，成为一名母亲后这种想法就改变了。你和孩子之间存在一种不可言说、难以表述的内在关系，在长期共处中超越了每天发生的小烦恼（Boston Women's Health Book Cllective，2005，p. 311）。

父母经常指出孩子是很有意思并且是很好玩的，尤其是当他们能够通过自己的眼睛——这是一双孩子的眼睛——以新奇的眼光来看待这个世界时。另外，一位母亲这样解释她的孩子们是如何成为她个性中很重要的因素的："我的孩子们在我心灵中开启了一些我以前从来不知道其存在的一些情感，他们以一种幸福的方式使我的生命节奏慢了下来"（Villani，1997，p. 135）。很多女性指出有孩子可以帮助她们认识和发展她们抚育孩子的能力（Bergum，1997）。

我们还需要承认，很多父亲在照顾孩子方面也 339 很在行（R. C. Barnett & Rivers，2004；Deutsch，1999）。一些父亲也对其配偶表达了敬佩和深厚的感

情。在这样的家庭中，孩子出生后婚姻的满足感会上升（Shapiro *et al.*，2000）。很多父母亲说他们很享受这种一家人团聚融合的感觉（Feeney *et al.*，2001）。

通过总结很多女性的观点，Hoffnung（1995）写道：

> 母亲这个角色所带给女性的不仅有有益的方面，也有一些限制。孩子的到来会促使父母双方的个人成长，使他们能够处理抚育孩子所带来的各种冲突，使他们具有灵活性并且建立起同情心，并且还提供给他们一个体会人与人之间亲密和相互爱护关系的机会……他们通过其具体的抚育行为、想象力和他们与生俱有的亲和力来拓展他们的看护本领。尽管为人母这一事实对于大部分女性来说并不足以成为其人生的全部，但是这是她们生命中最有意义的经历之一。（p. 174）

如果让那些有孩子的母亲来列举出当妈妈的正面影响和负面影响，负面的很有可能会比正面的更多而且更具体。大部分的母亲们发现做妈妈的正面因素更为抽象并且更难描述，但是却最为强烈（Feeney *et al.*，2001）。相比之下，人们更容易去描述换尿布之类的单调乏味的工作，却很难描述自己感受更贴切的欣喜情绪。比如当她们意识到这个鲜活的生命曾经是她身体的一部分，而现在他却呼吸自如，嘴上吐着小泡泡，还打着饱嗝。

还有，婴儿在出生后不久，就会有一些和其他人交流的方式。看到孩子第一次片刻微笑的欣喜，是任何人都无法否认的。稍大一点的婴儿和成人就能通过适当的目光接触和口头声音进行更有意思的相互交流。大多数母亲也很喜欢看着自己的婴儿学会新技能。她们也很珍视和孩子之间建立起来的那种亲密和照顾的关系（Feeney *et al.*，2001）。成为一名母亲有许多令人高兴的事情，然而，不幸的是我们的社会还没有发现一些具有创意的方式来减少那些负面影响，从而可以使我们更加充分地去体会做母亲的快乐。

有色人种女性的生育状况

美国人口普查局（US Census Bureau，2005）提供了各种族女性一生中生育的孩子的平均数目（请记住每个类别中都有一些女性是不生孩子的）。这种种族差异比很多人预计的要小得多：白人和黑人女性为2.1个，亚裔女性为2.3个，美国土著为2.5个，拉丁裔女性为2.8个。

关于家庭规模的数据可能相对比较相似，但是有色人种女性的生育经历和欧美女性相比却差别很大。不幸的是，关于有色人种女性生育状况的描述却很少，即使是在比较全面的资料里也不多见（Hellenga *et al.*，2002）。

一些理论家曾经指出，黑人文化中存在着大家族所带来的稳定影响（Kirk & Okazawa-Rey，2001；H. P. McAdoo，2002；Parke，2004）。由奶奶、外婆、姑姑、阿姨、兄弟姐妹以及亲密的家庭友人等所组成的这些关系网在经济状况差的黑人母亲的生活中作用尤其重要（P. H. Collins，1991）。

对于侨居美国的拉丁裔的家庭而言，大家族也很重要（Cisneros，2001；Harwood *et al.*，2002；Matsumoto & Juang，2004）。比如说，很多从拉美移居来的居民是和已经在北美落脚的亲戚住在一起的。结果就是，幼小的拉美后裔很有可能就是由大家庭的成员来照顾的（Leyendecker & Lamb，1999；Parke，2004）。在第8章我们看到，拉美人的"圣女信仰"（marianismo）要求女性必须是被动的和处于长期忍耐状态的，要放弃她们自己的要求来帮助她的丈夫和孩子（de las Fuentes *et al.*，2003；Hurtado，2003）。Ginorio和她的同事们（1995）强调说拉美血统母亲在真实生活中并不是被动的；相反，她们在家庭中是掌握实权的。而且，这些拉美母亲当前正重新塑造她们的角色，变得更加独立，尤其是当她们正以逐渐增长的趋势加入到劳动人口的行列中时。

一些种族重视母亲的价值，而这一点对于欧美女性来说并不是很重要。例如，很多的北美印第安人重视种族的繁衍，只有当女儿生育了孩子以后，外婆的地位才会变得重要（A. Adams，

340

1995）。以土著居民 Theresa 为例，她居住在加拿大西海岸，她描述了其母亲对于她生下女儿时的反应：

> 我妈妈在我女儿出生后的一天来到我这儿。她说："我非常以你为傲，我很幸福，因为我一直把你当作我的朋友。现在你也有了自己的女儿，因此你也有了自己的朋友。"事情确实就像我妈妈所说的那样，我女儿在很长的一段时间里一直是我的朋友。（D. Morrison，1987，p. 32）

亚裔美国人对于生育的看法和他们的祖先以及整个家庭在美国生活了几代有关（Parke，2004）。对于从亚洲移民到美国的女性来说，她们的文化信仰可能会和美国的医疗模式相冲突。比如，从东亚移民到美国的赫蒙（苗族）女性，一想到自己怀孕后要接受男性产科医生的检查就会觉得很恐怖。对于其他的医疗步骤，比如说要向男性产科医生提供尿检样本则会使她们觉得很恐惧，尽管这些对于欧裔美国人而言都是一些常规的检查（Symonds，1996）。

正如 P. H. Collins（1994）所指出的，如果我们坚持向世人声称，有色人种女性的生育经历要比中产阶级白人女性的生育经历得到了更妥当的处理，那么这并不能从根本上帮助我们更真实地获取对女性生育问题的了解。相反，P. H. Collins 强调："从多个角度出发来研究女性生育问题就应该展示出其丰富的具有差异性的结构。如果这样，我们就有望重新把女性生育问题置于具体的社会环境中来考察，并且这也可以使我们朝着女权主义所指明的方向走，而女权主义的理论就是把差异性当成是普遍性的一种基本组成成分"（p. 73）。

女同性恋母亲

女同性恋成为母亲的方式多种多样。数量最大的一类是首先在异性恋关系中生育了孩子，而后又认定是同性恋的女性们。还有一些同性恋女性则决定使用他人捐献的精子通过人工授精的方式来怀孕，或者领养孩子。有些女同性恋是单亲母亲，有些则和她们的女性伴侣在一块儿生活（C. J. Patterson，2003）。你可以想象得到，要估算抚育孩子的女同性恋的人数是非常困难的。据估计，美国大约有 40% 的女同性恋伴侣在抚养孩子（Human Rights Campaign，2003）。虽然加拿大的相应数据是未知的，但是估计在加拿大生活着大约 20 万名女同性恋母亲（Walks，2005）。

有些研究对比了女同性恋母亲与异性恋母亲的抚育风格。而这两类母亲在其抚育孩子的热情方面、对孩子的关爱方面以及自我评价方面表现的特征很相似（Golombok et al.，2003；S. M. Johnson & O'Connor，2001；C. J. Patterson，2003）。一项研究结果还发现，和异性恋母亲相比，同性恋母亲更容易和孩子玩一些想象类的游戏，也很少打孩子（Golombok et al.，2003）。

还有其他一些研究——包括 M. Allen 和 Bur-rell 所做的元分析（2002）——把在女同性恋家庭中长大的孩子和在正常家庭中长大的孩子的心理调适能力进行了对比。根据美国和加拿大的调查结果，这两类孩子在智商、发育、自我评价、心理状况、受欢迎程度，以及对待家庭的积极情感方面都很相似（Foster，2005；Golombok et al.，2003；S. M. Johnson & O'Connor，2002；C. J. Patterson，2003；Savin-Williams & Esterberg，2000；Stacey & Biblarz，2001；M. Sullivan，2004；Tasker & Golombok，1995）。

我的学生经常问我由同性恋女性抚养长大的孩子会不会由于性歧视方面的问题而很难被人们广泛接受。尽管一些孩子在说起母亲的性取向时感到不自在，但大部分的孩子对于母亲所具有的非传统的性关系却持肯定的态度（S. M. Johnson & O'Connor，2001；C. J. Patterson & Chan，1999；Tasker & Golombok，1997）。很多孩子还说他们和异性恋家庭的孩子相比，更能接受不同的事物（D. Johnson & Piore，2004；C. J. Patterson，2003；Peplau & Beals，2004）。

许多研究表明女同性恋母亲所抚育的孩子与

异性恋母亲抚养的孩子心理调适能力是相似的。

342　　由此我们可以看出，研究已经证实，由女同性恋抚养的孩子心理的稳定性和适应性很强，并且他们和由异性恋女性抚养的孩子没有实质性差别。根据这些发现，专业化的机构早就强调在监护权诉讼案中法庭不应歧视同性恋母亲。法庭应当允许同性恋母亲收养孩子（e. g.，American Academy of Pediatrics，2002a，2002b；American Psychological Association，2004）。

但是，在美国很多地方同性恋伴侣领养孩子是不合法的（C. J. Patterson，2003；Peplau & Beals，2004）。女同性恋伴侣还面对着各种各样的歧视，这是异性恋父母无法想象的。比如，在加利福尼亚一家医院的儿科病房，保安拒绝让两名同性恋伴侣去看望她们的孩子，按照保安的说法，法律规定只有"父母"才能进入病房（M. Sullivan，2004，p. 177）。

母乳喂养

现在，在北美大约 70％ 的女性通过乳汁来喂养新生儿，并且 25％～35％ 的女性会用母乳喂养至少 6 个月的时间（Callen & Pinelli，2004）。与用牛奶喂养的女性相比，进行母乳喂养的女性可能是接受过较好教育的（Heck et al.，2003；
343 J. A. Scott et al.，2004；Slusser & Lange，2002）。30 多岁或是年纪更大一些的女性相对于少女而言也更倾向于选择母乳喂养（J. A. Scott et al.，2004；Slusser & Lange，2002）。调查表明，欧裔美国女性和亚裔美国女性更倾向于母乳喂养，拉美裔女性少一些，黑人女性是最不会采用母乳喂养的（Kruse et al.，2005；R. Li & Grummer-Strawn，2002；Slusser & Lange，2002）。

你可能会想到，如果朋友们和医护人员支持和鼓励产妇进行母乳喂养的话，她们有可能会做得更好（Dennis，2002；Kruse et al.，2005）。医院早期对母乳喂养的鼓励还可能使孕妇们顺产，而不用剖腹产（Rowe-Murray & Fisher，2002）。

一些保健医生已经设计了一些课程来鼓励妈妈们进行母乳喂养。比如，巴西的研究人员发现，那些曾经观看过有关母乳喂养方面录像的女性比实验中对照组的女性更有可能进行母乳喂养，并且至少坚持到孩子 6 个月大的时候（Susin et al.，1999）。其他的研究表明，那些低收入的母亲如果从曾经成功母乳喂养过孩子的女性那里得到指导，她们也更有可能进行母乳喂养（e. g.，Ineichen et al.，1997；Schafer et al.，1998）。比如，一位黑人女性这样描述了她对自己第 3 个孩子的感觉，她在一位咨询师的帮助下对这个孩子进行了母乳喂养：

　　的确，我爱我所有的孩子并且跟他们很亲密。但是我跟这个孩子之间却有某种特殊的关系。就好像他是我的组成部分，他依然是我的一部分。我有他需要的东西，我给了他，而这并不是别人为我准备的。我给了他他所需要的东西，因为我的存在他才健康。（Locklin & Naber，1993，p. 33）

进行母乳喂养的女性通常认为母乳喂养是一件令人觉得幸福的事情，她们感到一种温暖、分享和无私（Houseman，2003；Lawrence，1998）。而用牛奶喂养的妈妈们更倾向于强调牛奶喂养的方法很方便，可以省去很多麻烦。

研究表明，对婴儿来说母乳比那些基于牛奶而合成的配方奶粉更好。毕竟，人类的进化会促进母乳的发展，而母乳是一种得到进化完美设计的能够被有效吸收的物质。母乳还能预防过敏、腹泻、感染和其他一些疾病（American Academy of Pediatrics，2001；Slusser & Lange，2002）。对女性来说，母乳喂养还能产生一些对健康有益的因素，比如可以减少乳腺癌和卵巢癌的发病几率（Lawrence，1998；Slusser & Lange，2002）。

由于这些有益健康的因素的存在，健康专家应当试着去鼓励女性进行母乳喂养。这对于发展中国家来说尤为必要。那里的卫生条件使得用奶瓶喂养存在着潜在危险。但是，健康专家也不应当让那些用奶瓶喂养的母亲觉得自己无能或是有犯罪感（L. M. Blum，1999；Else-Quest et al.，2003；Lawrence & Lawrence，1998）。

产后精神紊乱

我们在前面提到过，人们认为刚做母亲的女性由于新生儿的降生以及自己成为一名母亲而感到非常欣喜。然而令人遗憾的是，相当多的女性在产后（postpartum period）有精神紊乱的症状，持续时间 0～6 周不等。可以稍微回头看一下我们上面曾讨论过的那 9 个负面因素。想象一下作为一名新生儿的母亲，由于分娩已经精疲力竭，而你还要去面对那么多不愉快的事情。还有，假设你的孩子还没有长大到能够以幸福的微笑回报你，在这些如此让人感到精神紧张的状况下，出现情绪上的问题自然是情理之中的事情（Mauthner, 2002）。

相对而言，有两种产后问题比较多见。最常见的一种叫做产后忧郁（postpartum blues）或产妇忧郁（maternity blues），通常是在产后的头 10 天里出现的短期的情绪变化。在北美大约有一半的产妇经历过这种情绪变化，并且在很多不同的文化中都会出现（G. E. Robinson & Stewart, 2001）。常见的表现包括哭泣、悲伤、失眠、易怒、焦虑并且觉得不知所措（O'Hara & Stuart, 1999）。产后忧郁大概起因于产妇的情绪在经历了孩子出生后的极度喜悦后感到的一种失望，再加上孩子出生后的睡眠时间不足，以及其他一些现实生活的改变。大多数女性说这些不良情绪在数天之内就烟消云散了，但是让女性清楚地知道这一点依然是很重要的（Mauthner, 2002; G. E. Robinson & Stewart, 2001）。

产后抑郁症（postpartum depression）又叫产妇抑郁症（postnatal depression），是一种更为严重的精神紊乱，常见的一些情绪包括极度的悲伤、乏力、绝望、对一些令人愉快的活动丧失兴趣、对孩子也没有兴趣、有负疚感（Kendall-Tacker, 2005; Mauthner, 2002）。产后抑郁症通常出现在孩子出生后的 6 个月内，并且可能持续几个月的时间（G. E. Robinson & Stewart, 2001）。情绪低落的母亲不再热衷和婴儿之间的交融，对婴儿的健康和心理问题很危险（Bartlett et al., 2004; Hay et al., 2003; P. S. Kaplan et al., 2002; Kendall-Tackett, 2005）。

大约有 10％～15％ 的女性产后会受抑郁症的困扰（P. S. Kaplan et al., 2002; Kendall-Tackett, 2005; L. J. Miller, 2002）。不同的文化中有相同的问题存在（e. g., des Rivieres-Pigeon et al., 2004; E. Lee, 2003; Wang et al., 2005; Webster et al., 2003）。

美国的一位女性这样描述她的产后抑郁症：

> 没有任何希望……就像要窒息了，像在一个小监狱里……我觉得醒来面对可怕的日子是最困难的事情。起床后就想："啊！天哪！我还得应付一天的时间。"我是说，我从来没有想到过自杀。我从来没有过那种念头。我只是想挖个很大的洞，不让别人找到我。（Mauthner, 2002, p. 189）

产后抑郁症和其他的跟孩子无关的抑郁症很相似。其实，这种抑郁可能和周期性的抑郁一样（G. E. Robinson & Stewart, 2001; Stanton et al., 2002）。在第 12 章我们将具体探讨抑郁问题。幸运的是，大部分抑郁病例能够得到成功治疗。

美国、加拿大和欧洲的研究表明，社会因素也同样重要。比如，那些在怀孕期间经历严重生活压力的女性更有可能患产后抑郁症。因此，低收入女性患病的危险更大（L. J. Miller, 2002; G. E. Robinson & Stewart, 2001）。

那些缺乏伴侣或亲戚朋友帮助的女性也可能患产后抑郁症（Feeney et al., 2001; G. E. Robinson & Stewart, 2001; Thorp et al., 2004）。有意思的是，研究人员发现从东南亚移民到威斯康星州的赫蒙（苗族）女性患产后抑郁症的比率却很低（S. Stewart & Jambunathan, 1996）。他们还注意到这些女性从配偶和家庭成员那里得到了大量的支持。

此外，Lavender 和 Walkinshaw（1998）对一组以欧裔美国女性为主的刚做母亲的女性进行了一项严格控制的研究。其中一半（控制组）女性没有接受任何治疗，而另外一半则与一位提供帮助和非正式咨询的助产士进行了谈话，咨询时间大约为 1～2 个小时。产后 3 星期，控制组的女性和接受过咨询的女性相比，她们在标有"非常低落"的那项中得分普遍很高。如果其他的研究得到同样的结果，那么有支持作用的咨询会对产后容易患抑郁症的女性有帮助。

产后忧郁和抑郁症的起因是有争议的，我们已提到过在分娩的最后几个阶段，黄体酮和雌激素的水平会急速下降，其他荷尔蒙的水平在产后的几周内也会有所变化。受女性欢迎的一些杂志倾向于强调说这些激素水平的变化就是精神紊乱产生的原因（R. Martinez *et al*., 2000）。然而，激素水平和产后精神紊乱之间的关系并不是很明显，并且有时并不一致（Mauthner, 2002；G. E. Rob-inson ＆ Stewart, 2001）。而且正像前面所讨论过的一样，外界的因素在产后精神紊乱中的确扮演着很重要的角色。

还需要注意的一个事实是，很多女性在产后既没忧郁也没有抑郁。本章我们曾提到过，有些女性在怀孕期间只会经历很少的不适感和产生很少的心理问题。在第 4 章我们还指出，很多女性并没有严重的经前或经期的症状。在第 14 章我们也将看到大部分女性会在没有任何绝经症状的情况下经历绝经。总之，女性之间的差异是很大的。女性生育过程中的几个阶段并不是不可避免地会带来情绪或心理上的问题。

产后重返工作岗位

女性在产后是否应该重返工作岗位呢？媒体和公共意见基本都认为这是一种"无法取舍"的两难境地。如果女性有了小孩，就应该待在家里成为全职妈妈。但是女性——特别是那些受到良好教育的女性——应该外出工作，而不是浪费潜能（Johnston ＆ Swanson, 2003a, 2004；Rice ＆ Else-Quest, 2006）。更为复杂的是：假设一名女性确实决定在产后出门工作，人们常常会认为当了妈妈的雇员不如没生孩子的雇员更胜任工作（Cuddy ＆ Fiske, 2004；Ridgeway ＆ Correll, 2004）。

在整个这一章，我们都可以看到用来证明本书主题 4 的充足证据：女性在整个怀孕、分娩及为人母的过程中，个体的差异性很大。Marjorie H. Klein 和她的同事们（1998）调查了女性在对待母亲和工作这两种角色时反映出的个体差异。研究者调查了居住在 2 个中西部城市的 570 名女性。她们都是刚刚成为母亲。总体而言，他们发现女性休产假的时间（重返工作岗位前的这段时间）与她们抑郁、焦虑、愤怒以及自我评价的心理健康指数并不相关。

但是，Klein 和她的同事们对一部分女性进行了一项独立的分析，这些女性认为工作是她们身份的一个重要体现。然而，对于她们来说，一个较长的产假却与较高的抑郁指数相关。所以在女性确实重视自己工作角色的情况下，休一个漫长的产假与婴儿待在一起实际上对她们来说并无好处。

Klein 和她的同事们（1998）在这项研究中还比较了 3 组女性的心理健康状况：家庭主妇、从事兼职工作的女性和从事全职工作的女性。在产后的一年中，这 3 组女性在抑郁、焦虑、愤怒及自我评价方面的测量指数并无差别。

在第 7 章我们看到，由其他人而不是妈妈来照顾的孩子并不会有什么问题。同样，那些选择返回工作岗位的妈妈并不会比其他的妈妈更有可能产生心理问题。实际上，那些忙着承担多个角色（比如，既照顾孩子也从事工作）的女性通常会比那些仅有一种角色的女性有更好的身体和心理健康状况（R. C. Barnett ＆ Hyde, 2001）。总之，妈妈们应该根据自己的个人情况和喜好来为关键问题做决策。

决定是否要孩子

在 20 世纪 70 年代，大部分的已婚女性根本就不需要费心去想是否要孩子，几乎所有的已婚女性都会有成为一名妈妈的预期，她们几乎没有意识到自己还有选择权。然而，这种态度现在已经发生了变化。比如，在美国大约 25% 的女性不会要孩子（Warren & Tyagi，2003）。其中的一部分女性选择不要孩子的原因是她们没有结婚，有一些则是因为她们或是她们的伴侣没有生育能力，因而不可能有孩子。

让我们看一下别人如何看待这些"不要孩子"的女性，我们还要探讨不生育孩子的一些有利因素和不利因素。

对不生育孩子的女性的态度

很多人认为所有的女人都应当要孩子，这一观点被称为"女性有义务做母亲"（compulsory motherhood）（Boston Women's Health Book Collective，2005；Coltrane，1998）。几十年前，不打算要孩子的年轻女性曾被人们以异样的眼光来看待。现在对于这样的女性人们依然持一种莫名的否定态度（P. J. Caplan，2001；Mueller & Yoder，1999）。

已婚夫妇说他们从很多不同的人，包括父母、朋友及熟人那里得到了一些有关理想家庭人口数的建议（Boston Women's Health Book Collective，2005；Casey，1998；Mueller & Yoder，1999）。不要孩子的夫妇则清楚地被告知他们俩都是以自我为中心的，并且过于以事业为中心。有了一个孩子的夫妇则会被错误地告知，独生子女会面临情感问题。而有了 4 个或 4 个以上孩子的夫妇则被告知他们肯定是疯了，因为无法给孩子足够的关爱（Blayo & Blayo，2003；Kantrowitz，2004）。

在这儿要注意一下，我们的文化似乎喜欢为数不多的狭窄的选择范围，一对夫妇可以有 2～3 个孩子。如果他们有少于 2 个或是多于 3 个的孩子，那么他们将会遭到批评。然而有趣的是，Mueller 和 Yoder（1999）还发现家庭人口的多少与夫妇们的真实的满意状况并不相关。换句话说，没有孩子的夫妇跟有一个、两个、三个或是更多孩子的夫妇一样幸福。

不要孩子的优势和劣势

已婚夫妇为他们不想要孩子列举出了很多原因（Boston Women's Health Book Collective，2005；Casey，1998；Ceballo et al.，2004；Megan，2000；Townsend，2003；Warren & Tyagi，2003）：

1. 亲子关系是一个无法取消的选择，你无法将孩子退回商店而获得退款。

2. 很多男士和女士担心他们成不了称职的父母。

3. 有些夫妇意识到他们实在是不喜欢孩子。

4. 有了孩子要以孩子为中心，而有些夫妇不愿意放弃舒适而惬意的生活方式。

5. 孩子会影响父母参与继续教育和外出度假的计划。

6. 养育一个孩子会付出很昂贵的代价，特别是当孩子要读大学的时候。

7. 即使人们没有自己的孩子，也依然能和其他人的孩子相处。

8. 有些夫妇不希望把一个生命带到当前这个被核武器、恐怖主义以及其他严重的全球问题所威胁的世界上来。

同样，那些热衷于生育的人们也提供了很多生育的理由（Boston Women's Health Book Collective，2005；Ceballo et al.，2004；C. P. Cowan & Cowan，1992；McMahon，1995）：

1. 做父母使你和其他的人类建立了长至一生的爱与养育的关系，孩子丰富了人们的生活。

2. 父母有了一种独特的机会去为某个人的教育和培养负责。在养育孩子的过程中，父母能澄清他们自己的价值观，并逐渐将其灌输给自己的孩子。

3. 父母能够见证他们的孩子逐渐成长为一个对社会负责的成年人的过程，并且他能使这个世界变得更加美好。

4. 做父母是一个很有挑战性的工作。他提供了一个让人们具有创造性并了解自己潜能的机会。

5. 有些人想成为父母是为了成就和配偶的关系而组成一个"家庭"。

6. 孩子是快乐、满足和自豪的源泉。

不孕不育

你可能会认识一位这样的女性：她希望自己能够生育孩子，但怀孕对她来说却好像是不可能的。比如，有位女性写道：

> 为何怀孕生子对于我来说成了一件令人魂牵梦绕的事情呢？我一直在设想当你想怀孕的时候，一定会有一项机械装置可以帮助你成功，而不是让你必须接受你无法怀孕的事实，迫使你自己要不断地尝试，不管可能性有多少或是付出多大的代价……直到我深陷其中时，我才意识到这种生育的愿望是何等强烈。（Alden，2000，p. 107）

根据当前的定义，不孕不育（infertility）是指在经过一年不避孕的性生活后仍然无法怀孕（Carroll，2005；Pasch，2001）。在美国，约有10%～15%的夫妇是不孕不育的（Beckman，2006；A. L. Nelson & Marshall，2004）。

一些女性努力缓解自己最初的悲伤情绪。下面是刚才那位女性最后得出的结论：“我意识到这其实只是一个在生育和不生育这两件都不错的事情中的选择。没有孩子的生活对我来说也是很好的。我看到了最好的最适合我的生活”（Alden，2000，p. 111）。那些本来把孩子当作自己婚姻生活中心的女性却经受着痛苦和真真切切失落的折磨。然而通过对具有生育能力和没有生育能力女性的比较，这两组在婚姻满足感和自尊方面并没有差别（Beckman，2006；Stanton et al.，2002）。

然而，研究确实也显示，没有生育能力的女性比具有生育能力的女性表现出更多的忧伤和焦虑（L. L. Alexander et al.，2004；Stanton et al.，2002）。我们需要强调一个很重要的观点：理论家认为，没有生育能力会导致悲伤和焦虑，但是悲伤和焦虑不会引起不孕不育。同样，对不孕不育的心理反应也是存在个体差异的，这与本书中的主题4是一致的（Stanton et al.，2002）。

那些不孕不育夫妇的一个心理压力来源是他们可能不断地抱有一个希望，那就是“也许下个月就会……”。他们可能把自己看作是“还没怀上”而不是认为自己是永久无法生育。这样的结果可能使他们感到不安，并且因为这个永远都不会存在的孩子而陷入希望与悲痛之中。

当有色人种的女性面临不孕不育问题时，她们会面对更多的压力。比如，Ceballo（1999）采访了一些非洲裔美籍女性，她们已经为了怀孕而努力多年。这些女性经常与具有种族主义观点的保健顾问相抗争，这些顾问好像对黑人女性不能生育感到非常惊奇。当这些女性解释时，这些具有欧洲血统的美国人好像认为只有白人才会不孕不育，因为他们认为黑人女性的性意识强，性关系非常混乱，她们易于生育。一位女性指出她是如何开始意识到这些具有种族主义色彩的信息的，她甚至认为自己是“地球上唯一的一个不能生育的黑人女性”。不幸的是，心理学家对不孕不育现象对有色人种女性所造成的影响却知之甚少（Pasch，2001；Stanton et al.，2002）。

很多为不孕不育而发愁的夫妇决定咨询专门治疗不孕不育的医疗专家，他们双方都要接受医疗检查。大约一半寻求医学治疗的夫妇最终会成为孩子的父母（A. L. Nelson & Marshall，2004）。他们将会使用一系列帮助人们生育的技术中的一种，这些技术相当昂贵，而且这些费用一般都不包含在健康保险计划里（Beckman & Harvey，2005；Boston Women's Health Book Collective，2005）。

然而，即使接受了医学治疗，仍然有很多女性不会怀孕或是她们会意外流产。最后一些人会选择收养孩子（Ceballo et al.，2004）。还有一些人会去追求一些其他的乐趣。一个在头几年可能一直沉浸在无法生育的遗憾之中的女性，在这种情况下她会把其关注点从她所无法拥有的东西上转移开来，从而充分欣赏在她未来生活中可以确实存在的一些积极选择（Alden，2000）。

▌ 小结——成为母亲

1. 对于生育的传统观念体现了我们对于母亲角色的正反两个方面的观点：做母亲应该觉得幸福和满足，但是又会由于孩子出了问题而责备他们。

2. 成为母亲会给女性带来很多消极的影响，因为她们可能会有精疲力竭、工作过重、身体不适、无能为力、得不偿失、孤立无援的感觉，会为没有达到"完美母亲"的理想境界而感到失望。除此之外，尤其是在发展中国家，很多孩子在1岁之前就夭折了。

3. 成为母亲也会给女性带来很多积极的因素。这些有益的影响包括女性会感到一种力量感，可以和孩子愉快地交流，并且培养了同情心，增加了育儿技巧，同时还感觉到一些难以用语言描述的强烈的喜悦。

4. 与白人女性相比，有色人种的女性可能会经历很多状况不同的初为人母的体验。黑人女性往往可以得益于其庞大的家族；拉美女性必须和她们的"圣女信仰"（marianismo）所崇尚的价值观做抗争；北美的印第安女性则强调成为母亲这一事实的延续性；对于移民到美国的亚洲女性而言，她们的文化信仰会跟美国的医疗措施产生冲突。

5. 对于同性恋母亲的研究显示，她们无论在抚育孩子的技巧上还是对孩子心理的调适上都跟异性恋母亲没有差距。

6. 母乳喂养有助于母子之间关系的建立，同时对母亲和孩子的健康状况都有好处。

7. 大约有一半刚成为妈妈的女性会出现短暂的产后忧郁症状；10%～15%的女性会经历更为严重的产后抑郁症。

8. 成为母亲的女性无论是家庭主妇、承担兼职工作的女性，还是做全职工作的女性，她们的心理健康状况并无差异；承担多种角色对她们的身体和心理健康甚至有很多的益处。

9. 现在，人们对不生育孩子的女性所持有的观点依然是难以言明的否定态度；对于有很多孩子的女性，人们的态度也是否定的。

10. 不生育孩子的夫妇认为成为父母的不好之处在于孩子不能像商店的商品一样不想要了就可以退回去，养育孩子会影响自己的生活方式和工作，并且还会为孩子花费很多的开销。

11. 想要孩子的夫妇们列出了一些要孩子的好处，比如孩子有很多使人快乐的特点、会有教育孩子的机会、他们会接受成为父母所带来的挑战。

12. 没有生育能力的女性同有孩子的女性在婚姻满意度和自我评价上相似，但是她们可能比较忧虑；很多女性在得知自己患有不孕不育时能够把注意力集中到生活上来。

 本章复习题

352

1. 怀孕和分娩都是一种生理过程，但是社会因素对其也有显著影响。描述一下社会因素是如何影响怀孕和分娩的。

2. 这一章比其他各章更加强调指出一些相互矛盾的情绪和想法。注意针对以下的6个话题所提出的相互矛盾的问题：（1）对怀孕的情绪反应；（2）对分娩的情绪反应；（3）成为妈妈这一现实；（4）决定要孩子；（5）产后返回工作岗位；（6）对不孕不育的反应。

3. 描述一下人们对怀孕做出的反应。人们的这些反应对怀孕女性自己的情绪反应是如何产生作用的？务必提及敌意和善意的性别歧视。

4. 把使用高科技的分娩方式与以家庭为中心的分娩方式相比较，其中哪些方面可以使女性更有可能觉得自己在分娩过程中具有控制力？

5. 在这一章中，我们看到传统观念其实与现实并不总是一致的，从这个角度出发就为人母的一些问题进行讨论。

6. 在讨论有关女性和工作的章节里，我们讨论过 Francine Deutsch 对于某些家庭的研究，在这些家庭里女性和男性对于抚育孩子几乎承担了同等的责任。当然，男性是不可能怀孕或是分娩的。基于这一章所提供的信息，请描述一个完美父亲在妻子怀孕和分娩时如何提供最为可能的支持。一旦孩子降生，完美父亲应该做些什么，才能使得妻子在产后的阶段尽可能产生一些愉快的情绪？

7. 人们对已经成为母亲的有色人种女性有哪些传统观念？这些观念又与现实在哪些方面有差异？对于同性恋母亲而言，这些传统观念和现实状况又是怎样的？

8. 分娩教育专家在研究中已经在分娩方法上做出了深刻的改变。然而，女性初为人母的压力依然存在。设想如果我们的社会非常珍视女性成为母亲这一现实状况，并且为了减少女性在分娩后的前几周内所遭遇的困难，社会会资助一些项目；如果现实状况真的是这样就好了。首先，回顾一下女性为人母所面临的诸多压力的来源，然后描绘出这样一个完美的包含教育、资助及社会支持的资助项目。

9. 此章提到心理学家在女性怀孕、分娩及为人母这些话题方面所做的研究比其他的任何一个话题都要少。回顾此章，然后提出几个有可能成为研究项目的建议，这些项目要向人们阐明女性是如何经历这3件在她们生命中占有重要位置的事件的。

10. 在这一章我们曾指出，女性在她们的生育阶段面临生育和工作的冲突，她们所面临的是一个没有胜算的两难局面。思考一下以下3类女性的选择：已婚女性、同性恋女性、单身女性。人们针对每一类女性都分别会有哪些歧视呢？（例如，人们对于决定要孩子并且要承担全职工作的同性恋女性的观点怎样？）这些女性中的任何一位有没有可能赢得社会的完全认同呢？

 ## 关键术语

* 胎盘 (placenta, 324)
* 流产 (miscarriage, 327)
  敌意性别歧视 (hostile sexism, 328)
  善意性别歧视 (benevolent sexism, 328)
  助产士 (doula, 332)
* 剖腹产术 (cesarean section, C-section, 332)
* 早产 (preterm birth, 332)
* 有准备的分娩方式 (prepared childbirth, 333)
* 以家庭为中心的分娩方式 (family-centered approach, 333)
* 新生儿死亡率 (infant mortality rate, 338)
* 圣女信仰 (marianismo, 340)
* 产后阶段 (postpartum period, 343)
* 产后忧郁 (postpartum blues, 344)
* 产妇忧郁 (maternity blues, 344)
* 产后抑郁症 (postpartum depression, 344)
* 产妇抑郁症 (postnatal depression, 344)
* 女性有做母亲的义务 (compulsory motherhood, 346)
* 不孕不育 (infertility, 349)

注：标有 * 的术语是 InfoTrac 大学出版物的搜索术语。你可以通过网址 http://infotrac.thomsonlearning.com 来查看这些术语。

 ## 推荐读物

1. Biernat, M., Crosby, F. J., & Williams, J. C. (Eds.)(2004). *The maternal wall: Research and policy perspectives on discrimination against mothers* [special issue]. *Journal of Social Issue*, 60 (4)。《社会问题期刊》刊载一些关于不同的社会公正方面的问题，很多文章关注的是女性和性心理学。这本专刊探讨了有工作的母亲受到的歧视问题。

2. *Birth*: *Issue in Perinatal Care*。这本季刊从多种视角涵盖了心理学家通常忽视的一些话题。里面的文章审视了女性从怀孕、分娩到产后的过程；还探讨了分娩的创新操作步骤。

3. Feeney, J. A., Hohaus, L., Noller, P.,

&. Alexander，R. P. （2001）. *Becoming parents：Exploring the bonds between mothers，fathers，and their infants*. New York：Cambridge Press。这本书通过对澳大利亚已婚夫妇的调查，关注了父母身份转变中的很多方面。该书是专业书籍，但是也有一些接受调查的夫妇的精彩言论。

4. Mauthner，N. S.（2002）. *The darkest days of my life：Stories of postpartum depression* Cambridge，MA：Harvard University Press。Natasha Mauthner 采访了英美两国有过产后抑郁症的女性。她引用了这些女性中的一些特别激烈的言论，该书强调社会和文化问题会引发产后抑郁症。

专栏的参考答案

专栏 10.3

注：每个国家后的括号里都标注有该国家的新生儿死亡率（1 000 名新生儿在出生后一年当中的死亡比率）。

澳大利亚（6）；希腊（4）；古巴（6）；以色列（5）；丹麦（3）；日本（3）；法国（4）；瑞典（3）；德国（4）；美国（7）；比利时（4）；捷克（4）；爱尔兰（6）；波兰（6）；加拿大（5）。

判断对错的参考答案

1. 对；2. 对；3. 对；4. 对；5. 对；6. 错；7. 错；8. 对；9. 对；10. 错。

第 11 章

女性和生理健康

判断对错

_____ 1. 因为妇女经常有其特有的健康问题，因此相对于男性而言，医学研究更倾向于研究女性。

_____ 2. 与男性相比，妇女更容易患有伴随一生的健康问题，例如呼吸道疾病和一般性疲惫。

_____ 3. 在美国，一个人的社会阶层对其健康不再有影响。

_____ 4. 媒体报道了非洲、中东和亚洲一些国家的年轻女性的割礼问题，但是最新的调查结果表明仅有 5 000～7 000 人在该仪式中身体受到损害。

_____ 5. 美国女性死于心脏病的比率要比死于乳腺癌和其他癌症的比率高。

_____ 6. 大约 20％的美国女性和 30％的加拿大女性患有某种形式的残疾。

_____ 7. 女性与男性艾滋病病毒携带者发生性关系而感染艾滋病病毒的可能性要大于男性与女性艾滋病病毒携带者发生性关系而感染艾滋病病毒的可能性。

_____ 8. 除了艾滋病以外，其他的性传播疾病也同样给病人带来烦恼和痛苦，但是它们不会造成长期性的健康问题。

_____ 9. 在美国，吸烟是一种最普遍的造成死亡的原因，但它是可预防的。

_____ 10. 在一生的某个阶段，白人妇女比黑人妇女更容易吸烟和吸毒。

一位叫 Samantha 的妇女这样描述她和丈夫 Michael 的关系："我们彼此充满激情地爱慕，并且经常如此。残疾在现实中的确影响我们如何做事以及我们一起能做什么，却不能影响我们的关系。假想总是构成问题。人们会假想因为我残疾，我的性能力以及享受和参与性生活的能力就不复存在。参与一个旨在挑战这一观点的教育过程很有趣。"Samantha 四肢麻痹，这意味着她的四肢都是瘫痪的（Boston Women's Health Book Collective，2005，p. 216）。

本章探讨对残疾妇女的成见以及她们的现实状况。我们还要考虑有关女性健康状况、性传播感染以及物质滥用等方面的信息。以上这些问题都是**健康心理学**（health psychology）的一部分，这也是心理学的一个分支，主要是研究疾病的起因、治疗、预防和如何改善健康状况（BrannFon & Feist，2004；Gurung，2006；Sarafino 2006）。为什么在一个心理学课程中要特别关注女性的健康问题呢？在这一章，我们将强调健康问题与女性心理及性心理密切相关的 3 个主要原因。

1. 性别对人们罹患何种疾病有影响。这本书的一个主题就是心理上的性别差异一般来说是比较小的。但是，一些生理上的性别差异对于女性的健康有重要影响，其中一些影响是显而易见的。比如说，妇女可能会担心得卵巢癌或子宫癌，但是她们不必担心患前列腺癌。

还有一些影响更为隐蔽一些。比如，女性身体中脂肪含量高于男性，体液含量低于男性。这种性别差异对于酒精的新陈代谢是有重要影响的。特别是，女性身体可供酒精扩散的体液低于男性。因此，即便男性和女性体重相当，喝了等量的酒，女性血液中的酒精含量也要高于男性（L. L. Alexander et al.，2004；L. H. Collins，2002a）。

2. 性别差异对于疾病的确诊和治疗方式也有影响。比如，我们注意到男性比女性更容易被确诊为患有某种心脏病，这跟本书的主题 2 是一致的。护理人员也许会认为男性身上出现的症状才是该病的一般表现（Benrud & Reddy，1998）。相比较而言，同样的病表现在女性身上症状就会有所不同。比如，艾滋病可以影响女性的生殖系统。可笑的是，女性疾病的症状通常被认为是偏离病症主流的，这跟我们在前面谈论到的以男性为标准的概念是一致的（Porzelius，2000）。

性别也影响着人们如何去看待某些疾病。比如，过去几十年里研究人员很少研究骨质疏松，因为该病的患者大多是女性。正如本书主题 3 强调的那样，对女性来说非常重要的问题却常常被忽视。

然而，有一类女性健康问题却被广为关注：女性的生殖系统（N. G. Johnson，2001）。19 世纪末的一位内科医生关注了这个现象：女人就是一对卵巢，女人本身不过是附属品，而男人却是装配有一对睾丸的人（引自 Fausto-Sterling，1985，p. 90）。

3. 疾病是很多女性生活的一部分。一本关于女性心理学的教科书必须要研究两性的差异和女性的生活经历。但遗憾的是，健康问题困扰着很多女性，而且随着年龄的增长这个问题会越来越严重。据估计，55 岁以上的女性约有 80% 至少患

有一种慢性病（Meyerowitz & Weidner，1998；Revenson，2001）。

在本章，我们将探讨女性生理健康的几个重要组成部分。在第一部分，我们主要探讨性别是如何跟保健和健康状况相关的。在第二部分，我们将通过研究残疾女性生活的差别来审视女性个体差异。本章的最后两部分将关注性传播疾病和物质滥用。尽管这几部分表面看起来联系不大，但它们都围绕着两个中心问题：性别如何影响人们的生理健康；健康状况如何影响女性的生活。

健康护理和女性的健康状况

357

本书的主题 2 说明了人们对待男性和女性的方式是不同的。健康护理体系中针对女性的偏见进一步证明了这个主题，在北美和一些发展中国家都是如此。在这个部分，我们同样需要审视寿命、整体健康状况和一些对女性健康构成重大威胁的疾病的性别差异。

对女性的偏见

医疗行业一直对女性存有偏见。女医生和女患者都遭遇到不公正对待。Mary Roth Walsh（1997）在她吸引人的书中提到过 1946 年报纸上的一则广告："招聘医生，女性不能申请。"这本书记录了长期以来妇女被排斥在医学院和医疗行业之外的历史。即使在现代，女性在医学院担任系主任和在一些医疗机构担任管理人员的人数还是有限的（Ketenjian，1999a；Robinson-Walker，1999）。

从好的方面来看，现在美国医学院 46% 的毕业生是女性。而在 1969 年，这个比率仅仅是 9%（American Medical Assosiation，2005；N. Eisenberg et al.，1989）。目前，女性学生已经成为医学院的重要组成部分，也许这种歧视会慢慢减弱。

然而，医疗行业和医疗系统对女性患者仍然存有偏见。在审视这些偏见的时候，请注意以下三点：（1）不是每一名医生对女性都有偏见；（2）不是每一名女医生都是女权主义者；（3）一些男

医生是女权主义者。在医疗行业究竟是什么样的偏见使得女性成为二等公民呢？

女性经常在医疗行业和医学研究中被忽视

比如，一项研究分析了在医学课本中所有关于男性和女性的插图，不包括有关妇科和生殖系统的插图。在医学课本的插图中，男性出现的频率几乎是女性的 4 倍（Mendelsohn et al.，1994）。这和本书的主题 3 相一致，即男性身体被看作常规，被当作标准。从这个观点出发，一些医学专家经常会假定女性身体与男性基本相同，只是型号小了点……当然，男性和女性的生殖系统不同（L. L. Alexander et al.，2004）。

而且，医疗保健对女性健康的观念并不一定建立在对女性研究的基础上。比如，5 项大型研究表明，少量的阿司匹林可以降低患心脏病的危险。然而其中 3 项研究没有涵盖女性，另两项则在没有足够的女性样本的情况下就得出了结论。事实上，有一项大型研究对妇女进行了监测，结果表明少

量的阿司匹林并没有减少妇女心脏病发作的几率（Ridker *et al.*，2005）。

庆幸的是，这种对女性的忽视招致了一些患者和立法者的不满。医学院的教师目前积极倡导医学院把女性健康作为固定课程的一部分（Fonn，2003；N. Rogers & Henrich，2003）。从 19 世纪 90 年代初以来，美国国家卫生研究院和其他的一些机构规定科研项目必须要包括女性和少数民族成员（L. L. Alexander *et al.*，2004；N. G. Johnson，2001）。同样，一些激进组织，例如妇女健康研究协会（2006）鼓励妇女要更好地了解最新的科研和保健策略。

这些措施并不能立即扭转几个世纪以来医疗专家们对女性的忽视。但是，女性的健康问题已经日益突现出来。医疗领域也是女性运动对于女性生活产生重要影响的领域。

医药领域的性别成见仍然明显

在第 2 章，我们介绍了大众对男性和女性的一些普遍认识。医学行业仍然持有很多此类成见。比如说，一些医学期刊的广告里很少把女性放在一个工作环境中（J. W. Hawkins & Aber，1993）。而且，许多医生对待女性的抱怨不如对待男性的抱怨那样认真。医生们也许认为女性比男性更情绪化，而且女性无法理解她们健康问题的信息（Chrisler，2001）。性别成见阻碍了女性接受恰当的治疗。

提供给女性的医疗服务经常是不负责任的和有所欠缺的

针对女性的医疗服务时而过度，时而欠缺（Livingston，1999），特别是一些外科手术被过度应用。我们在第 10 章将注意到妇女生产时过多采用剖腹产，在随后这部分的内容里我们也会发现子宫切除也过于普遍。这像我们前面提到的那样，医疗机构过于强调女性的生殖系统。

相反的是，对于一些男女都有的疾病，女性接受的治疗就相对有限。比如，同等程度的冠心病，女性接受检查和手术治疗的可能性要低于男性（Gan *et al.*，2000；Travis，2005）。"过度"和"不足"的结合意味着女性经常接受不恰当的治疗。

医患交流模式经常使女性感到无能为力

在第 6 章里，我们注意到，男性经常在日常交谈中打断女性。在医院里，当医生是男性而患者是女性的时候，患者往往会觉得格外无能为力（Manderson，2003b；Porzelius，2000）。很多医疗计划把病人的诊疗时间限制在 15 分钟。这项政策不利于女性提问题和了解治疗程序。另外，医生也会漏掉有利于诊断和治疗的信息（Boston Women's Health Book Collective，2005；Klonoff & Landrine，1997）。

幸运的是，一些研究表明在医生的谈话方式中没有性别歧视，特别是当医生是女性的时候（Roter & Hall，1997）。例如，一位妇女这样描述她和医生的交流方式：

> 有些朋友羡慕我和当前医生的亲密关系，我可以反驳、提问、与她和她的同事意见相左。她尊重我，信任我，让我告诉她病情的发展。而反过来，我也信任她，让她倾听，提建议，在采取行动之前提供咨询。（Boston Women's Health Book Collective，2005，p. 715）

寿命的性别比较

我们要关注一个更为普遍的问题：女性和男性的寿命如何？图 11—1 显示了北美 3 组人口寿命的性别差异。另外，研究者还发现，美国的人口死亡率（Mortality）存在着种族差异。尽管发展中国家妇女有大量的健康问题，但几乎世界各国的人口寿命都有性别差异（Costello & Stone，2001；U. S. Census Bureauf，2005）。请注意图 11—1 中的性别差异虽然很小但一直存在。

但是为什么女性寿命长呢？答案包括生物、社会和环境因素（Stanton & Courtenay，2004；D. R. Williams，2003）。例如，女性的第二个 X 染色体会帮助她们免于疾病（Landrine & Klonoff，2001）。人类活动和生活方式方面的性别差异也是有可能的。例如，男性更容易死于自杀、他杀和机动车事故。和女性相比，男性食用更多的含脂肪和含盐食物。另外，工作时，男性比女性面临更多的危险，例如煤矿工人和工厂工人（Stanton & Courtenay，2004；D. R. Williams，2003）。本章后面还要提到，北美的男性当前更容易死于艾滋病。

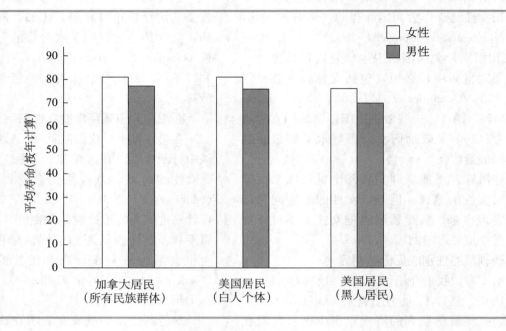

图 11—1　寿命的性别差异

Sources：Statistics Canada（2005b）；U. S. Census Bureau（2005）.

在美国和加拿大，另外一个导致女性长寿的原因显然是女性更经常去咨询健康顾问（Stanton & Courtenay，2004；Stafisfics Canada，2000；D. R. Williams，2003）。我们在前几章提到，女性更容易情绪冲动和产生人际关系的问题。和男性相比，女性对能够预示体内隐患的信号更加敏感（Addis & Mahalik，2003；R. Martin & Suls，2003；Stanton & Courtenay，2004）。相反，男性角色鼓励男人的身体要"强壮"，很少在乎一些细小的病症。女性会在重大疾病的早期咨询医生，这样可以早诊早治。

整体健康状况中的性别差异

我们已经知道女性在寿命方面有优势。然而，美国和加拿大的女性在患病率（morbidity）方面却有劣势，即一般意义上的健康不良和疾病。研究表明，和男性相比，女性更容易患上肥胖、贫血以及呼吸道疾病。女性更容易患上终生相伴的疾病，像头痛和一般性疲惫（Chrisler，2001；Field & Brackin，2002；Stafisfics Canada，2006）。

有些性别差异很容易解释：女性寿命比男性长，所以更容易患上与老年有关的非致命性疾病（Crimmins et al.，2002）。有些差异其实是因为对发病率的估计经常来源于自我评估（Brannon & Feist，2004；Chrisler，2001；Skevington，2004）。女性会抱怨说自己患上了关节炎，而男性则不在乎。

对发病率的性别差异的其他解读就不那么明显了。例如，女性是主要的强奸受害者，被强奸过的女性在之后的岁月里很容易患上疾病（N. G. Johnson，2004）。另据估计，有2 200万美国妇女在一生中的某段时间遭受过身体暴力，施暴者或是男友，或是配偶，或是同居者

（M. C. Roberts et al.，2004）。和老年男性相比，老年女性更易遭受虐待（Whitbourne，2001）。经济因素也会导致健康方面的性别差异，我们会在后面讨论这一点。所以，在各个方面，妇女都更容易经受疾病和健康不良的问题。

社会阶层如何影响美国女性的健康

社会阶层可以通过一个人的职业、收入或教育状况来衡量。无论社会阶层如何衡量，它都与疾病和寿命息息相关（Adler & Conner Snibbe，2003；Gallo & Matthews，2003；Pappas et al.，1993）。这些相互关系中的一个重要因素是医疗保健的质量。没有哪个国家的医保体系是完美的。例如，加拿大研究者指出，他们国家的医保体系应该强调疾病预防，而不应主要是治疗（Arnett et al.，2004；Romanow & Marchildon，2003）。然而，加拿大和其他工业化国家向公民提供普遍的医疗保健，美国则不是。

不幸的是，4 600 多万美国公民——特别是妇女——没有任何健康保险（U. S. Census Bureau，2007）。另外，和女性相比，男性更有可能接受雇主提供的私人保险，私人保险是最好的医疗保障（Brannon & Feist，2004）。相反，女性更容易获得公共医疗补助——这只能提供劣质的医保——或根本就不是什么保障（Chrisler，2001；Land-rine & Klonoff，2001）。有色人种女性特别有可能获得劣等医保（Brannon & Feist，2004；Land-rine & Klonoff，2001）。例如，约 40% 的拉美人没有医疗保障（Pérez-Stable & Nápoles-Springer，2001）。而现实生活中，医疗保险可能使人面临生死差别。

除了一个人的健康保险质量之外，还有很多因素可以解释社会阶层对疾病和寿命的影响。例如，低收入人群的住房通常建在有毒物质含量高的地方。还有，低收入家庭通常居住在吵闹、拥挤的环境里。这些因素都与健康状况不良密切相关（Adler & Conner Snibbe，2003；Csoboth，2003）。而且，贫穷经常与消极的想法和情绪联系在一起，这些心理因素可以导致心脏病和其他健康问题（Adler & Conner Snibbe，2003；Gallo & Matthews，2003）。总之，要改善美国（无论男性还是女性）的医保体制，就必须关注社会阶层的直接或间接影响。

发展中国家女性的健康问题

在发展中国家的女性比北美的女性受到更多的歧视。事实上，其他国家的女性不必担心接受歧视性治疗，因为她们根本没有机会接受医生、护士或者那些接受过专业训练的医疗人员的治疗。当资源紧缺的时候，女性特别容易遭受苦难（Marton，2004）。在亚洲、非洲和中东搜集的数据表明，父母更愿意为他们的儿子而不是女儿寻求医疗帮助。比如，印度的男孩接受治疗的比率是女孩的 2 倍（Landrine & Klonoff，2001）。在许多发展中国家，只有最富有的女性才有机会享有医疗保健。

发展中国家的女性通常营养不良，医疗保健不健全。目前世界上食不果腹的人口当中，70% 是女性（"Join the Global Effort"，2005；Marton，2004）。所以她们在怀孕和分娩的过程中死亡的几率高。比如，生活在马里和塞拉利昂这两个中非国家的女性，在生产中死亡的几率是美国妇女的 130 倍，是加拿大妇女的 360 倍（World Health Organization，2005b）。

另一个被广泛讨论的发展中国家女性健康问题就是女性的生殖器损毁问题。女性生殖器损毁（female genital mutilation），也叫女性生殖器切割（female genital cutting），包括切割或切除女性的外阴。在这个过程中，女性的部分或者全部阴蒂被切除。在一些文化里面，小阴唇也一并被切除。而后大阴唇被缝和起来（见第 9 章图 9—1，可全面了解女性的外生殖器）。这种极端的措施使得外阴只有一个尿液和经血共同通过的小孔

（S. M. James & Robertson，2002；Kalev，2004；Whelehan，2001）。

女性生殖器损毁是一个棘手的问题。一方面，有些人说，北美人不应该对别国的一种文化行为横加指责。另一方面，女性生殖器损毁显然给女孩和妇女带来了健康问题。手术的过程也极端痛苦。它会造成严重的失血和感染（通常导致死亡）、破坏其他的器官，并且造成难产（S. M. James & Robertson，2002；Schiffman & Castle，2005；Thriupkaew，1999）。

一些人使用"割礼"来指代妇女生殖器官的损毁。但是，这个定义容易被误解成一个相对轻微的手术。比如，男性生殖器的切割——把阴茎顶部的包皮切除，并不损坏阴茎本身（S. M. James & Robertson，2002）。如果要使二者的程度达到一致的话，那就意味着要切除男性的整个阴茎和"睾丸"附近的部分皮肤（Toubia，1995；Whelehan，2001）。

在全世界的30多个国家中，大约有1亿的女孩和妇女遭遇了生殖器的损毁（Kalev，2004；Walley，2002；Whelehan，2001）。其中大部分的妇女居住在非洲、中东和亚洲，也有很多人移居到了加拿大、美国和欧洲（Nour，2005）。

女孩子通常在4岁到青春期之间被实施该手术。女孩通常被她的女性亲属按倒在地，而由村子里年长的女性来做手术，她们使用的手术工具通常是没有经过消毒的刀片、玻璃碎片或者是锋利的石块。对于生活在这种文化中的人来说，割掉女性的生殖器会使生殖器更清洁（Nour，2005）。人们还认为这样可以减少婚外性行为。确实，女性的性快感由于阴蒂的切除而大大减少了（Walley，2002）。

世界卫生组织和其他一些知名的健康组织都纷纷谴责这种行为。一些国家也通过文化教育等措施减少了这种现象的发生（El-Bushra，2000；363 Gunning，2002；Walley，2002）。

心血管疾病、乳腺癌和其他具体的健康问题

到目前为止，我们注意到，性别对死亡率和发病率都有影响。妇女寿命长，但是她们在一生中会经历更多的疾病。现在就让我们来关注几种具体的病症和对女性至关重要的健康问题。第一个问题，心血管疾病影响女性健康，因为它是造成女性死亡的最常见原因。另外的3个问题——乳腺癌、生殖系统癌症和骨质疏松症，仅发病于女性或者是女性的多发病。因此，这些病症需要在我们讨论女性健康这部分中加以说明。

心血管疾病

心血管疾病（cardiovascular disease）一词包括心脏（如心脏病）和血管（如发生在脑部血管的中风）的诸多紊乱。心血管疾病是造成美国女性死亡的主要原因。事实上，它比所有的癌症合起来还要致命（Travis & Compton，2001）。每年，心血管疾病会造成大概50万美国女性和27 000名加拿大女性的死亡[1]（L. L. Alexander et al.，2004；Hansen，2002；Stafisfics Canada，

2000）。

许多人认为心脏病是男性的疾病，但这是一种误区。男性比女性的患病时间要早一些，但是75岁以上的女性患病几率与男性相同（Brannon & Feist，2004）。另外，黑人女性比白人女性死于心脏病的比率要高（Brannon & Feist，2004）。

一个重要的问题是，男性患心脏病时典型的症状是胸痛。女性也可能感到胸痛，但是她们还有呼吸困难等症状（Skevington，2004）。如果医务人员在女性患者身上寻找"典型的"男性症状，则有可能无法诊断出心脏病。

另外，正如我们在这章开始时讨论的那样，男性比女性更多地接受诊断和外科治疗。例如，即使病情相同，男性接受心脏搭桥手术的可能性也比女性高一倍（Travis，2005）。

就心脏疾病而言，研究人员也更倾向于研究男性，而非女性（Boston Women's Health Book Collective，2005；Travis & Compton，2001）。这

---

[1]　试作比较：美国人口约为加拿大人口的9倍。这样看来，美国死于心脏病的女性所占比例要高于加拿大。

样一来，我们不太了解如何使女性避免罹患心脏疾病。例如，从 20 世纪 80 年代起，医生就建议男性服用少量阿司匹林以预防心脏病。但是，针对女性的类似研究直到大约 20 年后才发表。这项研究表明，低剂量的阿司匹林对于预防女性心脏病并无效果，但却能显著降低女性中风的危险（Ridker *et al.*，2005）。

人们能做什么来预防心脏疾病呢？其中的一些防范措施包括食用低盐、低胆固醇和低饱和脂肪的食品，保持合理的体重，并定期锻炼（Brannon & Feist，2004；Oldenburg & Burton，2004）。我们在这章的后面会讨论到，吸烟的女性患病几率更高。

乳腺癌

在本章的开始，我们注意到性别差异确实存在于一些疾病中。我们注意到许多人没有把心脏病和女性联系起来。受到广泛关注的女性疾病是乳腺癌。

乳腺癌的确是一个需要广泛医学研究的重要问题，而且我们都知道女性一直在与这种疾病做斗争。然而，健康心理学家也不确定为什么医学研究者和大众更加关注乳腺癌，而不是其他对女性来说更加危险的疾病。一种可能就是因为，我们的文化倾向于认为，乳房是女性身体的一个基本组成部分。因此，被切除乳房（或者部分切除）的女性其女性特征就不太明显了（Chrisler，2001；Saywell，2000）。

每年大约有 18 万的美国女性被确诊患乳腺癌，而且有大约 4 万名将会死于该病（Backus，2002；Compas & Luecken，2002）。并且，每年有 19 000 名加拿大女性被诊断患有乳腺癌，大约有 4 300 人死于该病（Canadian Cancer Society，2005a）。也许以下数据与个人关系最密切：如果你是美国或加拿大的女性，假设你的寿命为 80 岁，那么一生中有 12% 的几率患上乳腺癌（Canadian Cancer Society，2005a；Compas & Luecken，2002；Wymelenberg，2000）。在阅读下面的内容以前，先看一下专栏 11.1。

专栏 11.1 有关乳腺癌的问题

考虑并且回答以下有关乳腺癌的问题并且考虑它与你生活的联系。

1. 你最后一次看到或者听到关于乳腺癌的讨论是什么时候？这种讨论是泛泛的，还是提供了如何进行乳房自测和胸部透视的具体说明？

2. 你是否看过有关乳房自测和胸部透视方面的宣传（比如在公共建筑或者是在学生健康服务中心）？

3. 如果在你居住的地区有女性想进行胸部透视，你知道她应该去哪儿吗？（如果不知道，你可以拨打 800-227-2345 给美国癌症协会或者登录其网站 www.cancer.org，即可找到就近地点）。

4. 找出一些对你来说非常重要并且年纪超过 50 岁的女性。你跟她们讨论过乳腺癌或者胸部透视的问题吗？如果没有，试着看看你能否跟她们尽快讨论这个问题，或者找一个能够说服她们在近期进行检查的人。

定期、系统的乳房自检是检查出癌症的一个重要办法。能早期确诊乳腺癌非常重要，因为这样可以提高治愈率。如果你是一名年龄超过 20 岁的女性，你应该至少每个月检查一下自己的乳房（L. L. Alexander *et al.*，2004；Keitel & Kopala，2000）。成熟女性应该在经期结束一周后检测乳房，因为在经期中乳房可能会有正常的肿块。

乳房也可以通过科学手段来检测。比如说，胸部透视（mammogram）是用 X 光检测乳房，也就是乳房组织的图片，是把乳房组织平放在两个塑胶板中间拍摄下来的（L. L. Alexander *et al.*，2004）。超过 50 岁的女性每年或者每两年应进行胸部透视，以检测自测时无法察觉的肿块。然而，胸部透视能否使那些年纪不超过 50 岁的女性受益，尚不十分清楚（Aiken *et al.*，2001）。

不幸的是，许多年纪超过 50 岁的女性没有定期进行胸部透视。有色人种的女性进行胸部透视的比率尤其低（Borrayo，2004；Gotay *et al.*，2001）。比如，在一项研究中，只有大约 50% 的亚裔美国女性报告说她们进行了胸部透视，而这一比例在欧裔女性中为 70%（Helstrom et al.，1998）。亚裔女性比率低可能是由于以下几个原因：她们中的很多人不说英语，或者没有医疗保险来偿付检查费用。但更主要的原因也许是，许多亚裔女性在早年就被教育不要讨论与性有关的话题，因此乳腺癌是谈话中的一个禁忌话题（Ketenjian，1999b）。

拉丁裔女性也可能不愿进行乳房自检或到医疗机构接受乳腺癌检查，持传统健康观念的女性尤其如此。例如，许多墨西哥裔女性认为，让医生检查他们赤裸的乳房是不雅的（Borrayo，2004；Borrayo & Jenkins，2001，2003；Borrayo et al.，2001）。

目前最普遍的乳腺癌治疗方法是采用切除术，就是用外科手术来切除癌变肿块和周围的乳房组织。也可能用放射疗法或者化疗（L. L. Alexander et al.，2004）。值得庆幸的是，比起几十年前，乳腺癌的发现已经更及时，治疗手段也更完善，女性患病死亡的几率大大减小了（Backus，2002）。

乳腺癌的诊断和治疗当然会带来一些恐惧、焦虑、痛苦、绝望和愤怒。治疗周期既会带来生理上的痛苦，又会给病人带来一种孤独的体验（Andersen & Farrar，2001；Compas & Luecken，2002；Spira & Reed，2003）。女性在治疗中及治疗后的几个月中都可能感到精疲力竭（Kaelin，2005）。

你可以想象到，女性对手术的反应不一（Rosenbaum & Roos，2000；Spira & Reed，2003；Yurek et al.，2000）。而且，接受外科手术的女性可能出现较大的情绪波动，有些女性总是忧心忡忡。比如，一位 70 岁的黑人妇女接受了化疗，4 年之后癌细胞被清除。但是，她对癌症仍心有余悸，"总想着癌症这回事，在脑子里赶也赶不走。癌症已经成了我生活的一部分。有时候，你简直想把脑袋伸到水龙头底下，冲走那些挥之不去的忧虑"（Rosenbaum & Roos，2000，p.160）。

幸运的是，大部分做过手术的女性能够调整好情绪，尤其是她们拥有朋友和家庭成员的支持时（Andersen & Farrar，2001；Bennett，2004；Compas & Luecken，2002）。例如，在一项针对黑人女性术后两个月的反应的研究中，62% 的妇女说她们精神状态良好（Weaver，1998）。

女性经常强调说，乳腺癌的经历迫使她们重新审视自身的价值观并且设定未来的目标（Backus，2002）。一位妇女这样评述自己的转变：当你被确诊得了乳腺癌，你就成了一个老年人，不管你当时年纪是多少。通过发生的这些事，你做的决定，重新定位和重新设定目标，你获得了智慧和力量（McCarthy & Loren，1997，p.195）。

生殖系统癌症和子宫切除

许多癌症经常影响女性的生殖系统。例如，子宫颈癌（cervical cancer）影响子宫的底端（见图 4—1 的女性生殖器官剖面图）。

在北美，女性很少死于子宫颈癌。一个主要原因是，她们在常规妇科检查中接受一项准确率很高的检查——子宫颈涂片检查。在子宫颈涂片检查（Pap smear test）中，妇科医生从宫颈上提取一些细胞样本，看它们是正常、癌前期还是已经癌变（L. L. Alexander et al.，2004）。如果宫颈癌能够及早发现，治愈的可能性就很大（Burns，2001；Robertson et al.，2003；Schiffman & Castle，2005）。妇科医生建议，所有有性生活或者达到 18 岁的女性应该每年进行一次子宫颈涂片检查。但是，很多年轻女性不了解这项检查的重要性（Blake et al.，2004）。这种致命的疾病可不仅仅在老年妇女中发病！

在加拿大，大约 75% 的成年女性在过去 3 年内进行过涂片检查（Stafisfics Canada，2000）。大部分在美国的欧裔女性也定期进行涂片检查，但是数百万没有医疗保险的人却不能定期进行这项检查（Landrine & Klonoff，2001）。比如，一位 45 岁的妇女说：

> 今年母亲节，我收到了迄今为止最好的礼物。我女儿带我去做了免费子宫颈涂片检查……她知道，我已经很多年没有做这个检查了。我的家族里有很多人患过癌症。我们负担不起医疗保险（Feldt，2002，p.92）。

正如我们在本章前面已经提到的，没有保险的美国女性面临更严重的健康问题。

相比欧裔美国女性，拉丁裔和其他有色人种女性死于子宫颈癌的比例更高，主要是因为她们更少进行这种检查（Borrayo et al.，2004；Rimer et al.，2001）。在全世界，子宫颈癌是造成死亡的一个主要原因，特别是发展中国家的女性，她们没有条件接受涂片检查（World Health Organization，2005a）。

我们在本章开头指出，性别影响着疾病治疗的方式，而女性的生殖系统疾病比其他健康问题得到了更多的关注。这一原则的最佳证明就是子宫切除术在美国的高实施率。子宫切除术（hysterectomy）就是通过外科手术来切除女性的子宫（Elson，2004）。有时候，切除子宫是明智之举，比如在小范围的手术无法控制扩散的癌细胞时。然而，许多外科医生在其他更为温和的手段也可能有效的情况下就切除了子宫。结果是，大约有三分之一的美国女性可能在有生之年接受切除手术。这个比率较之其他发达国家要高出许多（Elson，2004）。女性应该在得到适当的有关其他替代疗法的信息后，才决定她们是否应该接受子宫切除术手术。

有些子宫切除术在医学上是必须的。而且，一些接受子宫切除术的女性只经历了较小的心理和生理症状。不过，我们一直强调情况是因人而异的。有些女性称，切除子宫使她们失去了女性身份的一个重要部分（Elson，2004；Todkill，2004）。显然，医学界需要去审视这种广为流传的治疗方法的实施原则。

另外一种生殖系统疾病没有得到应有的关注。在美国，卵巢癌是所有生殖系统癌症中死亡比率最高的（L. L. Alexander et al.，2004；Burns，2001）。不幸的是，现有的检查没有一种是既可靠又可行的。而且，这种病会导致痉挛、腹部绞痛和呕吐等，人们容易将其视为某些小病的症状。结果，多数卵巢癌直到晚期才被发现，癌细胞已经扩散到身体其他位置（Boston Women's Health Book Collective，2005；Robb-Nicholson，2004）。相比过去几十年，大多数女性的健康问题受到了更为广泛的关注。但是，卵巢癌仍然是一个需要深入研究的疾病。

骨质疏松

在这种被称为骨质疏松（osteoporosis）的疾病中，骨头变得多孔并且脆弱。根据评估方法的不同，女性的患病比率大约是男性的 4 倍（L. L. Alexander et al.，2004；Fausto-sterling，2005）。骨质疏松在老年女性中最为普遍，特别是绝经后的妇女。骨质疏松使得人更易骨折，即使是绊倒或者在浴室摔倒也可能发生骨折。骨质疏松导致的髋部骨折会造成严重问题，特别是这会导致长期的残疾（Raisz，2005）。

女性可以通过定期进行锻炼，如散步或慢跑等，来降低患骨质疏松的危险。即使是年轻女性也应该摄取足够的钙和维生素 D 来使骨骼强壮，并且在一生中都应该保持这种谨慎（Boston Women's Health Book Collective，2005）。另外，美国骨质疏松症基金会和其他专业机构建议，65 岁以上的妇女应进行骨密度测试（Raisz，2005）。

369

▎ 小结——健康护理和女性的健康状况

1. 女性健康是很重要的问题，原因如下：（1）女性的疾病与男性不同；（2）性别影响着疾病治疗的方式；（3）疾病在女性生活占有重要的位置。

2. 对女性的偏见包括在医学上忽视女性，普遍的性别歧视，在治疗上的不全面和不负责，以及医患关系中的问题。

3. 所有种族的美国女性都比男性寿命要长，这种性别差异在加拿大也存在。但是，女性比男性报告了更多的健康问题。

4. 在美国，社会阶层和一个人的健康状况有关。针对有色人种女性的医疗尤其缺乏。

5. 发展中国家的妇女饱受营养不良和医疗不完善的折磨。女性生殖器损毁损害了大约 1 亿名少女和妇女的健康。

6. 心血管疾病是造成女性死亡的最普遍原因，合理的饮食和锻炼是非常重要的。

7. 在美国和加拿大，寿命为 80 岁的女性中，大约有 12% 可能在有生之年罹患乳腺癌。但是，若发现及时，患这种癌症的女性存活率很高。大部分的女性能够较好地处理这种疾病。

8. 子宫颈涂片检查对发现早期子宫癌症是非

常有效的。子宫切除在一些情况下是可行的，但
是许多没有经过足够的论证。卵巢癌是一个特别

致命的疾病。

9. 骨质疏松经常导致绝经后的妇女严重骨折。

370

残疾女性

我们已经看到，性别影响人们的健康，不管
是从医疗还是从具体疾病来说都是如此。现在让

我们看看性别是如何对残疾人构成影响的。

▌ 有关残障研究的背景知识

本书的一个重要主题就是每个女性都各不相
同。我们已经审视了一些构成多样性的因素：种
族、居住国、社会阶层和性别取向等。残疾是另
外一个构成多样性的因素。残疾（disability）指一
种生理或者是精神损害，它限制了一个人以被他
人认为正常的方式去从事某项行为（Asch，2004；
Cook，2003；Korol & Craig，2001）。一般来说，
"残疾人"这个词更加倾向于这个表述：身体有某
种缺陷的人（Humes et al.，1995）。"身体有某种
缺陷的人"首先强调了一个人的个体，其次才是
残疾。

本书的另外一个主题就是女性相对来说更容
易被忽视。在妇女研究这个学科里，残疾女性的
问题一直没有受到关注。不过值得庆幸的是，现
在已经有若干本关于残障研究的书籍（M. E.
Banks & Kaschak，2003；Braithwaite & Thomp-
son，2000；G. A. King et al.，2003b；C. Lewis et
al.，2002；Olkin & Pledger，2003；B. G. Smith
& Hutchison，2004；snyder et al.，2002）。残障
研究（disability study）是一个边缘学科，它从社
会科学、自然科学、艺术、医学等角度来研究残
障问题（Brueggemann，2002；B. G. Smith，2004）。
在国际上，也有越来越多的国家，包括乌干达、
萨尔瓦多和尼泊尔等，在进行残障研究（C. Lewis
et al.，2002）。

据估计，21% 的美国女性有残疾（Asch et
al.，2001）。正如你所想的那样，老年女性更容易
身患残疾。比如，想想加拿大超过 65 岁、在家居
住的女性，她们中大约 26% 身患某种残疾（Sta-

tistics Canada，2000）。和之前关于发病率的讨论
一致，加拿大男性平均患残疾 8 年，而女性则高达
11 年（Statistics Canada，2005a）。

残疾的范围是很宽泛的。事实上，残疾女性
仅仅是一个将各种不相关条件联系起来的社会构
成（Mason et al.，2004；Olkin，2004）。事实上，
失明女性、独臂女性和中风康复患者的生活情况
差别很大（Asch，2004；B. G. Smith，2004）。但
是，很多人仍然以别人的残疾来判断那个人。正
如 Y. King（1997）说的那样，流行文化认为残疾
就是这些人的状态了："她就是那个坐在轮椅上
的人。"

当我们考虑残疾这个问题的时候，需要提醒   371
自己，残疾女性和非残疾女性是一样的。许多人
现在没有残疾。然而，每个人都可能在几秒钟内
因为意外、中风或者某种疾病而变成残疾人
（Garland-Thomson，2004）。正如 Lisa Bowleg
（1999）指出的那样，非残疾人的正确标志是
"目前健全"。

理论学家经常说，女性生活在世界的边缘，
而男性占据着中心区域。在许多方面，残疾女性
生活在边缘的边缘。结果就是，她们觉得文化把
她 们 忽 视 了（A. M. Bauer，2001；Goldstein，
2001；Kisber，2001）。有色人种女性如果是残疾
人，那么就面临着三重威胁，包括性别歧视、种
族歧视和残疾歧视（ableism），也就是针对她们身
体残疾的歧视（Nabors & Pettee，2003）。

但是残疾如何能够同性别联系起来呢？为什
么残疾女性与残疾男性的生活如此不同？我们随

后针对残疾人教育、就业和社会关系的讨论会进一步凸现男性和女性的待遇差别。

残疾女性的教育和工作模式

残疾女性如果要继续接受高中以上的教育，会面临许多障碍。例如，一项美国的调查表明，只有 15％的残疾女性拥有本科以上学历，而这一比例在非残疾女性中为 33％（Schur，2004）。大学校园里存在许多障碍，使残疾女性很难在高中以后继续接受教育。比如，她们常常找不到方便残障人士进入的大楼、为坐轮椅的人设计的人行道、能翻译手语的人和其他的支持服务。

目前，44％的美国残疾妇女有工作；而男性的比率是 49％。换句话说，两组人群的就业率相似（Schur，2004）。但是，在美国和加拿大，残疾人与正常人相比就业率还是偏低（Mackinnon *et al.*，2003；Schur，2004）。

性别和残疾以独特的方式结合起来，给残疾女性就业带来了困难（Mason *et al.*，2004；Schur，2004）。例如，Mary Runté（1998）描述了自己由于残疾而不能用手的经历。她的老板没有让她出席一个重要的会议，因为他认为女性应该在会上充任记录员，而 Mary 无法胜任这个工作。她写道："残疾妇女面临的职业壁垒使她们的工作困难重重"（p. 102）。

可以想象，残疾女性经常遇到经济困难。比如说，残疾女性的平均收入仅仅是残疾男性的 60％（Schur，2004）。残疾女性获得足够退休福利的比率也更低。残疾会拉大男女工资差距。

在第 7 章，我们讨论了女同性恋者在工作中面临的艰难选择：她们是否应该冒着被歧视的危险而坦白？她们是否应该保持缄默，尽管这种选择意味着她们要隐藏自己身份的一个重要部分？那些患有隐性残疾的女性可能面临同样的境地（Garland-Thomson，2004；G. A. King *et al.*，2003a；Kleege，2002）。比如，一个患多发性硬化的女性看起来可能正常，但是她更易疲劳，或会面临迟钝或者记忆下降问题。她是否应该告诉她的老板而获取一些居高临下的安慰或者歧视呢？或者她应该隐藏这个事情，继而精疲力竭却被人批评为懒惰呢？在第 7 章，我们关注了许多职业女性受到的歧视，这些歧视在残疾女性中尤为严重。

残疾女性的个人关系

在整本书中，我们都强调了人们是如何通过女性的外表来判断她们的。不少北美人对于魅力有着较为刻板的标准，因此许多残疾女性都被认为是没有吸引力的（D. Crawford & Ostrove，2003；Mason *et al.*，2004）。结果是，他们有可能被排除在社会交际或者是就业机会以外（Asch *et al.*，2001；A. Sohn，2005）。异性恋的残疾女性难以约会和结婚。事实上，28％的残疾女性独自生活，这一比例在非残疾女性中为 8％（Olkin，2004；Schur，2004）。

我们对同性恋残疾女性的恋爱关系更加缺乏了解。但是研究表明，她们中的很多人也缺乏恋爱的机会（Asch & Fine，1992；Chinn，2004）。Ynestra King（1997）描述了一个残疾女性在恋爱方面受到歧视的有趣例子。她坐着的时候，没有人知道她是残疾的；当她站起来时，很明显她行动困难。她评价了交往中人们的反应：

> 特别值得注意的就是，当对方调情和恭维的时候，我一站起来对方情绪就有了明显改变。接受约会邀请之前，我总是要当着他的面走一走，这样会避免使双方尴尬。一旦对方发现了我的残疾，性吸引的电流通常就没有了——短路了。"缘分"没了。我一生经历这种情况太多了，其他的残疾女性也是一样。（p. 107）

许多北美人认为，有肢体残疾的人对性不感兴趣，或者没有能力进行性生活（D. Crawford &

Ostrove，2003；Dotson *et al* ．，2003；Olkin，2004）。残疾女性经常抱怨说她们没有在性方面得到足够的辅导（Asch *et al*．，2001）。

　　另外，女性本身的性欲也会被忽视（A. Sohn，2005）。一名有脊柱残疾的女性描述了在她青春期时跟医生的一次谈话。她问医生能否与男性有和谐的性关系。医生回答说："别担心，宝贝，你的阴道紧到可满足任何一个男性"（Asch *et al*．，2001，p.350）。很明显，他并没有考虑到这名女性能否获得满足！

　　纯友谊也是困难的。比如说，跟残疾女性一起要避免讨论一些话题。这些禁忌话题包括性、

约会和生孩子。有一些残疾女性指出，她们的朋友看起来尽量避免去了解跟一个残疾人生活是什么样的（Wendell，1997）。

　　从本书来说，我们了解了歧视对于社会上不太受欢迎的团体会有什么影响。除了女性以外，我们看到了不同种族和性取向的人是如何遭受不公待遇的。随着残疾人活动家更加活跃，我们会对这种歧视获得更多的信息（Kreston，2003）。诚如 Rosemarie Garland-Thomson（2004）所说："残障歧视和性别、种族歧视一样，是无处不在的，只要我们留意"（p.100）。

373

374

▍小结——残疾女性

　　1. 直到近期，残疾女性一直被忽视；但是，现在残障研究是一个相对活跃的学科。

　　2. 残疾女性各不相同，但是在一个对性别和残疾都有歧视的社会里，她们面临相同的不公正待遇。残疾也使得男女的差异扩大化。

　　3. 残疾女性可能面临教育困难、就业歧视和

经济问题。

　　4. 具有隐性残疾的女性面临着是否应该在工作中说明病情的两难境地。

　　5. 残疾女性经常被排除在恋爱、性和友谊这些社交活动以外。

艾滋病和其他性传播疾病

　　性传播疾病对于女性的健康有重要影响。比如，每年数以千计的北美女性从她们的性伴侣那里感染艾滋病。在这个部分，我们将重点讲述艾滋病。但是，我们还要简单介绍其他五种性传播疾病

对女性的影响：（1）人类乳突病毒，又称 HPV 或尖锐湿疣；（2）衣原体病毒；（3）外生殖器疱疹；（4）淋病；（5）梅毒。

▍艾滋病的背景资料

　　获得性免疫缺损综合征（acquired immunodeficiency syndrome），或称艾滋病（AIDS），是一种通过感染者的血液、精液、阴道分泌物来传播的疾病。这种疾病破坏了人体正常的免疫系统（Blalock ＆ Campos，2003）。艾滋病是由人类免疫缺陷病毒（HIV）引起的，这种病毒可破坏部分免疫系统。HIV 特异性地入侵白细胞并自我繁殖。

随后，HIV 破坏白细胞，而这种细胞能够调节免疫系统对抗传染病的能力（L. L. Alexander *et al*．，2004；Kalichman，2003）。

　　女性比男性更易感染性传播疾病。根据目前的估计，女性同男性艾滋病携带者发生无保护性行为而感染艾滋病的几率，是男性与女性艾滋病携带者发生无保护性行为而感染几率的 2～8 倍

（R. W. Blum & Nelson-Mmari，2004；Gurung，2006；E. M. Murphy，2003）。这种性别差异的一个原因就是因为精子携带的细菌和病毒的浓度要远大于阴道分泌物。

女性越来越面临着艾滋病和其他性传播疾病的威胁。在美国和加拿大，大约有 15%～20% 的艾滋病病毒检测呈阳性的人是女性（A-VERT，2005；Ciambrone，2003）。在世界上的其他国家，女性感染者的比例更大。比如，在撒哈拉沙漠以南的非洲国家中，平均有 55% 的 HIV 阳性感染者是女性。在博茨瓦纳，36% 的人口是艾滋病感染者，每年都有数十万妇女和少女死于艾滋病（Coates & Szekeres，2004；Townsend，2003）。

截至 2005 年底，大约有 440 000 名美国男性和 86 000 名美国女性死于艾滋病。另外，到 2005 年底，大约 342 000 名男性和 127 000 名女性携带艾滋病毒（Centers for Disease Control and Prevention，2005）。如果我们放眼世界，那么这个问题就显得更为严重。目前，大约有 2 900 000

人死于艾滋病（Global Health Facts，2006）。事实上，在世界范围内，艾滋病是导致青少年和年轻人死亡的第二大原因。只有交通和其他意外比这种病更加致命（R. W. Blum & Nelson-Mmari，2004）。

图 11—2 表明了自 1991 年来美国女性死于艾滋病的数字逐年增加。不同种族的感染率也有所不同。在美国，黑人女性的感染者相对更多。事实上，在 HIV 呈阳性的女性中，黑人女性占到 69%（Grassia，2005）。拉丁裔、亚裔、土著和欧裔女性的感染率相对比较低（Centers for Disease Control，2005；McNair & Prather，2004；Nichols & Good，2004）。在加拿大，黑人和土著（加籍印第安人）女性的发病率比白人女性或亚裔女性要高（Loppie & Gahagan，2001；Ship & Norton，2001）。

现在，让我们看看艾滋病是如何传播的，以及艾滋病给身心带来的影响。随后，我们将探讨如何预防这种病。

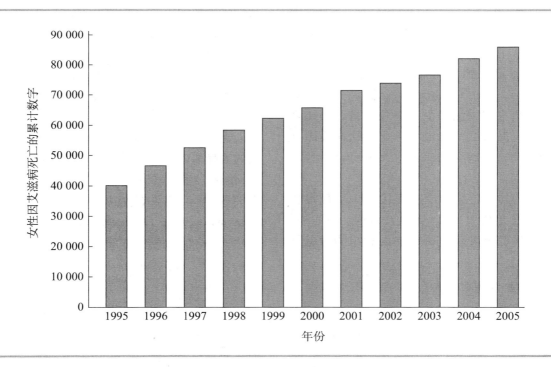

图 11—2　美国女性死于艾滋病的统计数据

Source：Centers for Disease Control（2002，2005）.

艾滋病的传播

375　　任何一个同艾滋病感染者发生过危险性行为的人都可能感染艾滋病。有研究表明，人们认为他们能判断什么样的人看起来像有 HIV 感染（L. D. Cameron & Ross-Morris，2004）。不过不幸的是，单凭肉眼判断他人是否感染是不可能的（Blalock & Campos，2003）。

大部分女性感染了 HIV 是因为她们使用了注射毒品或者是同感染的男性发生了阴道性交或者肛交（Ickovics et al.，2001；Kalichman，2003）。一个重要的发现是通过异性传播的疾病在女性比男性中更为普遍。这种趋势在拉丁裔女性中更为明显。事实上，在一项抽样调查中，只有 1% 的拉丁裔男性是通过异性而感染艾滋病的，而女性的比率则是 42%（D. Castañeda，2000a）。

艾滋病的医学表象

376　　许多 HIV 阳性感染者起初并没有症状，因此他们也没有意识到自己感染了。事实上，很多人可能 10 年之久也没有症状。然后，他们就出现了症状，比如淋巴腺肿胀、疲劳、发疹、不明发热、体重减轻和腹泻（L. L. Alexander et al.，2004；Kalichman，2003）。男性和女性感染者都会出现这种症状。

另外，女性感染者很可能患阴道感染或者是宫颈癌（Herbert & Bachanas，2002）。因为医学界更倾向从男性模式出发，这些生殖系统的症状在初期的诊断中通常被排除在外了。因此，许多女性被错误诊断，她们可能无法接受及时治疗（Ciambrone，2003；Truthout，2005）。另外，医务人员一般会主动检测艾滋病高危人群。相比之下，他们很少提出给一位大学毕业的欧裔美国女性做检查（I. Ingber，personal communication，2005）。

在感染的初期，尽管没有症状，HIV 病毒也具有很高的传染性（Blalock & Campos，2003）。结果，艾滋病携带者就很可能在无意识的情况下把疾病传染给他人。

从携带病毒到发病要经历大约 10 年甚至更久的时间（Kalichman，2003）。如果携带者的免疫力降低到一个特定的范围内，就可以被确诊是艾滋病了。在这个阶段，病人的症状很重，除了前面提到的症状外，免疫力的降低也会带来其他的感染（Blalock & Campos，2003）。另一个问题是，艾滋病毒会破坏中枢神经系统，导致失忆、认知障碍和抑郁等心理问题（Blalock & Campos，2003；F. J. González，2001；Herbert & Bachanas，2002）。

医学界已经开发了药物疗法来延长 HIV 携带者的寿命。这使得很多携带者需要长期与疾病做斗争（Coates & Szekeres，2004）。然而，低收入的人无法承受昂贵的治疗费用。女性不如男性接受的治疗多，一部分是因为经济原因（Blalock & Campos，2003；Ciambrone，2003）。这些新药物在 HIV 感染高发的发展中国家也不易购买到（Cowley，2004；D'Adesky，2004）。

艾滋病对心理的影响

正如你所能想象的那样，HIV 阳性人群经常处于沮丧、焦虑、愤怒和恐惧中（Blalock & Campos，2003；F. J. González，2001）。一名艾滋病患者这样描述她确诊后的反应：整个人都惊呆了，简直失去了知觉……什么事情都没有意义了。当然，立刻就被判了死刑，这就是站在那儿能想到的一切（Ciambrone，2003，p.24）。

有些女性形成了对生活的新认识，心怀更多希望。比如，一位成为艾滋病活动家的妇女说：

377　　　　我现在的目标是帮助其他感染了病毒的人，让他们知道，你可以规划未来——生活还会继续，不要放弃。我永远知道，只要勇于抗争就会没事。你必须抗争，必须有求生的欲望……当我终于开始接受现实并向周围的人坦白时，我有了如释重负的感觉。是啊，我可以坦白，也不会为此感到羞愧。（Ciambrone，2003，p.72）

艾滋病病毒携带者经常说她们由于周围人不经意的行为而感到震惊（Ciambrone，2003；Gahagan & Loppie，2001）。比如，家庭成员也许不表达任何同情（Derlega et al.，2003）。一个 32 岁的加拿大女性被问到她的家庭是否提供了帮助时，她回答说："你开玩笑吗？如果我向家人寻求帮助，他们就会说你自找的，现在你让我们给你收拾烂摊子吗？我从不跟他们讨论这个"（Gahagan & Loppie，2001，p.119）。

同时，一些女性也对她们得到的帮助感到惊讶。比如，Runions（1996）是一个基要主义基督教堂的成员。当她公开讲述了自己患艾滋病的事情时，许多教友给她写信。"这些信很温暖，接受并且宽恕了我。那座我认为已经破坏的、不可挽救的桥却因为我的病而得到了修复"（p.67）。

在继续阅读之前，请做一下专栏 11.2，以测评你对使用安全套的态度。

专栏 11.2　对待使用安全套的态度

设想一个年纪在 18～35 岁之间的异性恋女性。她性行为频繁，而且没有长期的恋爱关系。从这个女性的角度来回答以下问题：

1. 你对使用安全套的一般态度是什么？
2. 你最后一次发生性行为是什么时候？
3. 你是否要求你的性伴侣使用安全套？
4. 你认为你的性伴侣对使用安全套感受如何？
5. 你和性伴侣讨论使用安全套时感觉自然吗？
6. 你外出社交的时候通常携带安全套吗？
7. 你在哪儿购买安全套？
8. 你购买安全套时觉得尴尬吗？
9. 假如你喝酒了并且要发生性行为，你会记得使用安全套吗？
10. 假如你的性伴侣说他不喜欢使用安全套，你怎么做？

Source：Based on Perloff（2001）.

378　　## 预防艾滋病

目前，我们无法治愈艾滋病，所以唯一的办法就是预防它。不幸的是，美国的民众对于这个健康问题越来越不关注了（E. Dauglas，2001）。而且预防艾滋病是很困难的，无论是个人还是全世界（Jenkins，2000；T. K. Logan et al.，2002；Oldenburg & Burton，2004）。

预防艾滋病遇到的问题之一是大部分人认为"不会发生在我身上的"（Dudley et al.，2002；Perloff，2001）。饮酒之后，人们尤其会低估自己感染的危险（L. D. Cameron & Ross-Morris，2004）。许多人也相信他们能通过询问性伴侣的 HIV 状况除去这种威胁。然而，研究表明，病毒感染者中有 40% 的人没有向性伴侣说出自己的病情（Ciambrone，2003；Stein et al.，1998）。而且一些人说，为了发生性行为，他们会就艾滋病毒的问题说谎（Noar et al.，2004）。

你也可以预见另外一个问题。许多人是 HIV 感染者却毫不知情。因此，一个女性也许跟一个没有意识到自己是病毒感染者的男性，或者同一个在两个月前同病毒感染者发生性关系的男性发生关系。一般来说，如果一个女性决定发生关系，她的性伴侣就不仅仅是对方，而且是对方曾经有过的所有性伴侣，以及她们的性伴侣！

正如我们在第9章看到的，用节欲和"坚决说不"的方式确保性行为的安全无法降低少女怀孕比例；这种方式也无法降低艾滋病感染的几率（Coates & Szekeres，2004）。所有艾滋病预防项目都必须包括强调使用安全套的、全面的性教育。这些项目也必须强调减少高危性行为的策略，以及积极参与角色扮演的重要性（I. Ingber，person-ad communication，2005；B. T. Johnson et al.，2003；Marín，2003）。

安全套能够帮助控制艾滋病的蔓延。但是调查结果表明，只有不到40％的女性说她们在性交时总是使用避孕套（Kaiser Family Foundation，2003；Noar et al.，2004）。在专栏11.2中，我们注意到一些阻碍人们持续使用避孕套的原因。在我们的社会文化中，人们不愿意跟他们的性伴侣讨论避孕的问题（Kaiser Family Foundation，2003；Perloff，2001）。

使用避孕套中的一个重要问题是，男性是真正决定是否使用避孕套的那一个。在全世界，性关系中的男女权利大多不是平均分配的。这使得许多女性觉得她们不能做主是否让对方用避孕套（R. W. Blum & Nelson-Mmari，2004；Ciambrone，2003；Marín，2003）。在美国，拉丁裔男性通常在性交过程中决定是否使用避孕套，因此一个仅仅针对拉丁裔女性的项目就可能失败（D. Castañeda，2000a）。任何艾滋病预防项目都要注意项目中人群的不同文化背景（L. A. Beatty et al.，2004；Jipguep et al.，2004）。

即使定期使用避孕套也不能完全保证不感染艾滋病，因为避孕套可能破裂或者滑落（L. L. Alexander et al.，2004）。没有万无一失的性爱，只有更为安全的性爱。用安全套总比没有任何保护要好。

到目前为止，美国在鼓励使用避孕套和艾滋病预防项目上的努力落后于其他发达国家。但是，国际研究表示，一些发展中国家通过广泛的艾滋病和安全套使用教育成功降低了感染率（Commonwealth Secretariat，2002；D'Adesky，2004）。艾滋病教育在发展中国家尤其困难，因为那里的文盲率高（Nyanzi et al.，2004）。

▌其他性传播疾病

艾滋病在本世纪比其他所有的性传播疾病加在一起吸引的注意力还要多（R. W. Blum & Nelson-Mmari，2004）。但是，其他的性传播疾病对于女性尤其重要，因为女性比男性更容易通过一次性行为而感染。加拿大的研究表明，年轻女性比年轻男性患衣原体感染、淋病或者梅毒的比率高3～7倍（Stafisfics Canada，2000）。而且女性性传播疾病的症状比男性更难以察觉（Jadack，2001）。

另外，女性患病的后遗症更为严重。比如，如果女性不及时治疗，她们可能会不孕或者可能会把疾病传染给下一代（L. L. Alexander et al.，2004；R. W. Blum & Nelson-Mmari，2004）。另外一个问题是，淋病和梅毒等疾病会造成表皮损坏，使艾滋病病毒更易侵入人体。

表11—1列出了5种对女性生活影响最大的疾病。它们是尖锐湿疣（HPV）、衣原体感染（chlamydia）、外生殖器疱疹（genital herpes）、淋病（gonorrhea）和梅毒（syphilis）。

尖锐湿疣应引起格外关注，因为这是美国最常见的性传播疾病，特别是在15～24岁的人群中（Moscick，2005）。一项研究调查了从未发生过性行为的大学女生。在后来发生了性行为的人中，有30％在一年内感染了尖锐湿疣（Moscick，2005；Winer et al.，2003）。但不幸的是，很多人对这种病并不了解。比如，在一项加拿大的调查中，87％的青少年从未听说过尖锐湿疣（Dell et al.，2000）。换言之，很多年轻女性可能感染上尖锐湿疣，即使她们不知道这种病的名字。她们甚至可能最终患上致命的宫颈癌（Hillard & Kahn，2005）。不过，最近的调查表明，如果她们的性伴侣持续使用安全套，大部分大学女生都不会感染尖锐湿疣（Winer et al.，2006）。另外，现在越来越多的人了解了子宫颈涂片检查，所以女性能够在感染早期得到及时治疗。

考虑发生性关系的女性不仅要担忧怀孕，还要担忧性传播疾病的威胁。一些疾病使人痛苦不堪，而另一些病则会导致重复发生的健康问题或者对新生儿构成威胁。更悲惨的是，与一个患有性传播疾病的人发生性关系是致命的。

表 11—1	除了艾滋病之外的性传播疾病	
疾病	疾病描述（针对女性）	后果（针对女性）
尖锐湿疣	由人类乳头瘤病毒引发；形小，通常在阴道内有无痛肿物；多见于年轻女性，可以治疗，有时可治愈。	可导致宫颈癌，进而引起死亡；可在分娩过程中传染给新生儿
衣原体感染	多发于年轻女性；经常没有症状，但可以引起尿痛和阴道分泌物，可治愈	可导致不孕，在分娩过程中可传染给新生儿
生殖器疱疹	生殖器水泡伴有疼痛，每年可发多次，可以治疗，但当前无法治愈	可导致宫颈癌，进而引起死亡；可在分娩过程中传染给新生儿
淋病	可产生阴道分泌物和盆腔疼痛，可能无可见症状；可治愈	可导致不孕；在分娩过程中可传染给新生儿
梅毒	无痛脓肿，可能出现身体皮疹，也可能无可见症状；可治愈	可传染给胎儿或在分娩过程中可传染给新生儿

Sources：Based on L. L. Alexander et al.（2004），Foley et al.（2002），Hyde & DeLamater（2006），"New CDC Data"（2005），Rupp et al.（2005）.

▌ 小结——艾滋病和其他性传播疾病

1. 获得性免疫缺陷综合症（AIDS）是由人类免疫缺陷病毒（HIV）引起的。艾滋病已经导致了数 10 万的北美人死亡。其中女性的死亡率在近年急剧上升。艾滋病在撒哈拉以南地区的女性中蔓延。

2. 大部分女性感染 HIV 是因为她们使用注射毒品或者同感染男性发生阴道性交或者肛交。

3. HIV 呈阳性的人感染性强，然而开始他们也许并没有症状，因此会散布疾病。如果他们能够负担昂贵的药费，寿命可大大延长。

4. 艾滋病病毒携带者更容易沮丧、焦虑、愤怒和恐惧。

5. 目前，艾滋病不能被治愈。性行为活跃的

人应该知道避孕套不能提供完全保护。另外，因为权利的不均衡，女性通常没办法坚持让男性使用避孕套。预防艾滋病的项目必须要注意目标群体的文化背景。

6. 其他的性传播疾病可以感染新生儿。这些疾病包括：

（1）尖锐湿疣，多发于年轻人的传染病，可导致子宫颈癌。

（2）衣原体感染，可导致不孕。

（3）生殖器疱疹，无法治愈，可导致子宫颈癌。

（4）淋病，可导致不孕。

（5）梅毒，在女性中可能难以检测。

女性和物质滥用

物质滥用是女性心理学中的一个重要问题，原因在本章的开头已经提过。第一，男性和女性滥用的形式不同，随后我们会讨论到。第二，男性和女性滥用的治疗方式也不同（L. A. Beatty et al.，2006；Lex，2000）。比如，如果是女性，那么医生在诊断是否有酒精和毒品滥用方面就会有问题。另外，用于测试滥用的筛选测试是以男性为模板的。它忽视了一些普遍的女性因素，比如成为性虐待或家庭暴力的受害者（T. K. Logan et al.，2002；Rheingold et al.，2004；S. H. Stewart & Israeli，2002）。最后的一个原因是这些物质是造成女性疾病和死亡的普遍原因。

吸烟

吸烟是造成美国和其他发达国家可预防的死亡的罪魁（Steptoe & Wardle，2004）。每年大约有178 000名美国女性的死亡与吸烟有关（Centers for Disease Control，2004b）。肺癌是最被广泛宣传的吸烟造成的后果，因为只有15％的人在确诊患上肺癌后能够存活5年以上（Springen，2004）。每年，大约有44 000的美国女性死于肺癌（Centers for Disease Control，2004b）。由于不明的原因，吸烟造成的癌症在女性中比在男性中更为普遍（Cowley & Kalb，2005；Henschke & Miettinen，2004）。

吸烟的女性比不吸烟的女性更容易死于肺气肿、其他肺部疾病、各种癌症、心脏病和中风。吸烟也会造成妇科隐患。吸烟女性更易患宫颈癌、不孕、流产、早产和更年期提前。另外，吸烟女性生的孩子比非吸烟女性生的孩子体重要轻（L. M. Cohen et al.，2003；Dodgen，2005；Steptoe & Wardle，2004）。

老年吸烟女性也更易患骨质疏松症和髋骨骨折（Dodgen，2005；Steptoe & Wardle，2004）。加拿大的一项研究表明，女性吸烟者的平均寿命为75岁，而不吸烟的女性为85岁（Bélanger et al.，2002）。这就是为什么有人说香烟业是一个杀死它最忠诚顾客的行业！

许多不吸烟的女性成为她们吸烟的丈夫或者配偶的受害者。比如说，那些嫁给吸烟男性的女性比嫁给不吸烟男性的女性得肺癌或者心脏病的几率要高（Brannon & Feist，2004；L. M. Cohen et al.，2003；Dodgen，2005）。

吸烟无疑有成瘾性。比如，长期吸烟的人很少戒烟，即使他们采用设计周密的戒烟计划（T. B. Baker et al.，2004；Dodgen，2005；Hettema et al.，2005）。

在美国，大约有22％的女性和26％的男性吸烟（American Cancer Society，2005）。加拿大的烟民率较低，女性为17％，男性为22％（Canadian Cancer Society，2005b）。人种对于吸烟率有重大影响。比如，目前美国土著妇女的吸烟率是41％，白人女性是22％，黑人女性是19％，拉丁裔女性是11％，而亚裔女性仅仅为6％（Centers for Disease Control，2004b）。

为什么明知吸烟会造成很多问题，还有这么多年轻女性要吸烟呢？同伴影响是导致少女吸烟的主要因素（L. L. Alexander et al.，2004；T. B. Baker et al.，2004）。另外，青少年女性说她们靠吸烟来控制体重和保持身材（L. M. Cohen et al.，2003；C. S. Pomerleau et al.，2001；Saules et al.，2004）。有趣的是，仅仅有4％的就读于高中的黑人女性是烟民（Gotay et al.，2001；Husten，1998）。一部分原因是因为黑人女性没有白人女性那样关注她们的体重和外表（C. S. Pomerleau et al.，2001）。

在第2章，我们注意到广告使得性别差异进一步模式化。在第12章，我们将注意到广告也会造成女性的饮食失衡。美国烟草业每年花费超过150亿美元在烟草营销和广告上，特别是针对青少年

（Cowley & Kalb，2005；Nichols & Good，2004）。悲哀的是，香烟广告正是表达了女性想保持身材和气质优雅的渴望。正如 Kilbourne（1999）所说的："所有广告中的谎言中，香烟广告是最为致命的"（p. 180）。专栏 11.3 中的论证教你去分析目前的香烟广告。

专栏 11.3 香烟广告中的女性

从现在到学期末，试着去分析你在媒体中看到的香烟广告（如果你发现你最喜欢的杂志没有香烟广告，给这本杂志写一封感谢信）。如果你真的发现了香烟广告，有没有一条广告中的女性身材不苗条？这些广告中的女性是年轻还是年老？想想烟民比例最低的种族，他们在广告中出现的频率是不是比在全部人口中所占的比例更高？她们在这些广告中做什么？这些广告是否涵盖了诸如提升你的社交生活或者帮助你更好地享受生活这样的信息？香烟广告经常包含一些暴力、性暗示和承诺自由的信息。你发现的这些例子是否支持了这种说法？

---

383 **酗酒**

一位 30 岁的女性，在反思她的生活时，写下了以下的文字：

> 我知道我不应该是一个酒鬼。我工作不错，而且我只喝葡萄酒。我看起来真的不像一个酒鬼，不管看起来像什么。我花了很长时间才承认我真的是依赖酒。我每天都需要喝酒来麻醉自己。（L. L. Alexander et al.，

2004，p. 496）

酗酒（alcohol abuse）指一种反复导致严重损害的饮酒方式（Sher et al.，2005）。损害包括误工或者逃学、由于酗酒引发的犯罪或者家庭问题（Erblich & Earleywine，2003）。在继续阅读之前，请看专栏 11.4。

专栏 11.4

回答下列问题，答案务求准确。

1. 回顾一下你上两周的行为。如果您是一名女性，有多少次您连续喝了 4 杯酒或更多？如果您是一名男性，有多少次你连续喝了 5 杯酒或更多？（这里的"杯"是指 12 盎司啤酒或清爽酒，4 盎司葡萄酒，或 1.25 盎司烈酒。）

2. 这个学年开始以来，酒后你有多少次踫到下列情况：

a. 宿醉；b. 跷课；c. 未按时完成作业；d. 做了一些令你后悔的事情；e. 忘了你做了些什么；f. 与朋友争论；g. 酒后乱性；h. 性行为未采取安全措施；i. 破坏公物；j. 与校园警察或当地警察发生冲突；k. 自己受伤；l. 寻求治疗。

由酗酒引发的问题

酒精直接影响女性的健康，可造成肝脏问题、溃疡、脑损伤、高血压、心脏病、中风、认知障碍和各种癌症（L. L. Alexander et al.，2004；Brannon & Feist，2004；M. D. Wood et al.，2001）。酗酒母亲的孩子也容易患胎儿酒精综合征（fetal alcohol syndrome），特点是面部畸形、生长缓慢、心理异常和智力缺陷（Sher et al.，2005；M. D. Wood et al.，2001）。

酒精对女性的健康也有间接影响。比如说，酒精造成了美国每年 16 000 起车祸。另外，男性酗酒之后更容易强奸或虐待女性（Abbey，2002；

L. H. Collins，2002a；Sfeptoe & wardle，2004）。酗酒也增加了工伤的死亡率、溺死、火灾、暴力犯罪和自杀（Jersild，2002；M. D. Wood *et al.*，2001）。

性别和酒精

在美国 18～45 岁的人群中，大约 4％的女性和 9％的男性酗酒（Sher *et al.*，2005）。但是，这个性别比例在将来可能改变。针对美国高中学生的调查显示，女性喝酒比男性稍为频繁（Centers for Diseases Control，2004a）。酿酒公司在极力增大女性的饮酒量，因为他们的杂志广告渲染未成年女性而非男性形象（Jernigan *et al.*，2004）。

大学校园的研究表明，男性比女性酗酒人数更多，尽管性别差异不是特别明显。比如说，Wechsler 和他的同事（1994）从美国 140 所有代表性的大学搜集了 17 592 个学生的数据。最让人震惊的发现就是大部分的学生在两个星期前都有过狂饮（binge drinking）的行为（其定义就是男性饮酒一次超过 5 杯，女性饮酒一次超过 4 杯）。（这项研究指定女性饮酒量低，因为她们的体重一般要轻些）。这项研究表明，有 50％的男性和 39％的女性可以被归类为放纵饮酒者。

大学校园的研究也表明了酗酒带来的行为后果。具体地说，经常狂饮的人更容易做出一些事后会后悔的事。他们也称自己会进行意外性行为和无保护性交（L. A. Beatty *et al.*，2006；Canterbury，2002；wechsler *et al.*，1994）。

在讨论性别和饮酒的过程中，我们需要详述在这章前面提到的话题。研究表明，当同样体重的男性和女性消耗数量相同的酒精时，女性血液中的酒精水平会更高（L. L. Alexander *et al.*，2004；L. H. Collins，2002a）。这就意味着一个 150 磅的女性如果喝 2 盎司的威士忌比一个 150 磅的男性喝 2 盎司的威士忌的血液酒精含量要高。换句话说，女性比男性在饮酒方面要更加小心。

在寻求治疗酗酒问题方面，男性和女性也存在差异。家庭成员倾向于否认女性家庭成员有酗酒问题。医生更不容易发现女性患者的酗酒问题（Blume，1998）。另外，社会更加不认可女性在聚会上醉酒的行为。因此女性更不愿意承认自己有酗酒问题（L. A. Beatty *et al.*，2006；L. H. Collins，2002a；Springen & Kantrowitz，2004）。和主题 2 一致的是，人们对于男性酗酒和女性酗酒的反应是各不相同的。

其他物质滥用问题

吸烟和饮酒是两个最基本的滥用形式，但是女性也有其他方面的滥用，比如处方药。女性比男性更容易滥用止痛药和镇定剂（L. L. Alexander *et al.*，2004；Canterbury，2002；Merline *et al.*，2004）。这些药品在社会上可以被接受——毕竟是医生开的药。在前面，我们注意到健康专业人士经常给女性太多的关注。在这种情况下，他们会给不需要药品的女性开一些不必要的、仅仅是安慰性质的药。

当我们考虑违禁药品时，情况就不同了。因为男性更容易吸食毒品。比如，一个美国的全国调研表明，42％的男性和 30％的女性曾经吸过毒（Kilbey & Burgermeister，2001）。这些毒品包括大麻、可卡因、海洛因和迷幻药。其他研究发现，成人药品滥用的性别差异也与此相同（Lex，

2000；Merline *et al.*，2004）。造成这种性别差异的一个原因是人们更难容忍女性吸毒。并且，男性更容易接触到卖违禁药的人（J. Warner *et al.*，1999）。但是，吸毒的这种性别差异在近几年正在缩小（L. A. Beatty *et al.*，2006）。

一项针对高中学生的调查表明，男性和女性尝试吸毒的可能性相同（Centers for Diseases Control，2004a）。另外一个让大家感到震惊的趋势是，欧裔女性比黑人女性更容易在一生中某个时间尝试毒品（Centers for Diseases Control，2004a）。与典型的偏见不同的是，一个尝试毒品的年轻女性更容易是一个欧裔女性。

女性吸毒后的变化与男性相比也有差异，但是在这方面的研究并不多。另外，很少有关于滥用的项目是为帮助女性设计的（L. L. Alexander *et* al., 2004；L. A. Beatty *et al.*, 2006)。女性的健康问题不容易被发现，而且她们的健康需要也常常被忽视。

386　　　在这章，我们已经审视了许多对女性至关重要的健康问题。一开始，我们讨论了一些普遍的健康问题，表明了美国女性经常是二等公民。发展中国家的女性面临着医疗条件差、孕期并发症和女性生殖器损害等危险，而北美女性的主要问题在于心血管疾病和癌症。我们也注意到残疾女性面对了更大的歧视。另外，当代的女性更容易接触艾滋病和其他性传播疾病。最后，许多女性有吸烟、酗酒和吸毒的问题。女性主义研究的问题增加了对女性健康问题的关注，但是许多健康问题还没有得到解决。

小结——女性和物质滥用

1. 当前，女性和男性都比较容易吸烟，这对于女性的健康状况有致命的影响。

2. 女性酗酒的比例比男性低，但是女性酗酒会导致无数健康问题，并且会引起胎儿酒精综合征。而且，人们比较容易忽视女性的酗酒问题。

3. 女性比男性更容易滥用处方药，但是男性比女性更容易使用违禁药品。

本章复习题

1. 本章一开始，我们讨论了女性医疗的 4 个一般趋势。请补充这些趋势的内容。

2. 在这章开始的时候，我们还审视了男女在死亡率、发病率以及使用健康服务体系的差异。对这些信息进行总结，并且描述这些因素如何相互联系。

3. 本书的一个主题就是男性和女性受到不同的对待。在下面的论题中关注这个主题：（1）医疗体系中对女性的歧视；（2）残疾女性；（3）一些特定疾病的确诊；（4）物质滥用。

4. 女性容易面临哪些具体的健康问题？她们应该如何降低患病几率？吸烟和酗酒的女性面临哪些健康问题？

5. 什么是残疾？残疾女性的个体差异是什么？残疾女性和正常女性的生活方式有什么差别？

6. 设想你在为高中女生提供关于艾滋病和性传播疾病的咨询。描述这些病症，并解释为什么性活跃女性需要关注这种疾病。

387　7. 有些人说性传播疾病本身就是"性别歧视"，因为它们对女性的影响要大于男性。请提供一些例子来支持这种说法。这种说法是否适用于吸烟和酗酒问题？

8. 当我们讨论艾滋病人的医疗、死亡率以及寿命问题时，不同社会阶层的人有什么差别？而当我们讨论妇女寿命、发展中国家的妇女、艾滋病以及物质滥用的问题时，不同的种族有什么差别？

9. 解释为什么当我们讨论物质滥用的问题时，性别差异的因素非常复杂。在你阅读物质滥用这个部分之前，你认为这个领域的性别差异是什么？

10. 本书的一个主题是女性相对被忽视。在诸如女性健康的研究、残疾女性的具体研究和物质滥用女性的研究中考虑这个问题。女性经常在什么领域被忽视？

关键术语

* 健康心理学（health psychology，355）
* 死亡率（mortality，359）
* 发病率（morbidity，360）
* 女性生殖器损害（female genital mutilation，362）
  女性生殖器切割（female genital cutting，362）
* 心血管疾病（cardiovascular disease，363）
* B超（mammogram，364）
* 乳房肿瘤切除术（lumpectomy，365）
* 宫颈癌（cervical cancer，367）
* 子宫颈涂片检查（Pap smear test，367）
* 子宫切除术（hysterectomy，368）
* 骨质疏松症（osteoporosis，368）
* 残疾（disability，370）
  残障研究（disability studies，370）

* 残疾歧视（ableism，371）
* 获得性免疫缺乏综合征（acquired immunodeficiency syndrome，AIDS，373）
* 人类免疫缺陷病毒（human immunodeficiency virus，HIV，374）
* 人类乳突病毒或尖锐湿疣（human papillomavirus，HPV，or genital warts 379—380）
* 衣原体感染（chlamydia，379—380）
* 生殖器疱疹（genital herpes，379—380）
* 淋病（gonorrhea，379—380）
* 梅毒（syphilis，379—380）
* 酗酒（alcohol abuse，383）
* 胎儿酒精综合征（fetal alcohol syndrome，383）
* 狂饮（binge drinking，384）

注：标有 * 的术语是 InfoTrac 大学出版物的搜索术语。你可以通过网址 http://infotrac. thomsonlearning.com 来查看这些术语。

推荐读物

1. Alexander, L. L., LaRosa, J. H., Bader, H., & Garfield, S. (2004). *New dimensions in women's health* (3rd ed.). Sudbury, MA：Jones and Bartlett。这是一本优秀的关注女性健康的书，内容全面、清晰、有趣。

2. Ciambrone, D. (2003). *Women's experiences with HIV/AIDS：Mending fractured selves*. Binghamton, NY：Haworth。在关于女性与艾滋病的所有书籍中，Ciambrone 的这本书观点最为广博，且富于同情心，书中包含许多精心挑选的患病女性的口述经历。

3. Manderson, L. (Ed.). (2003). *Teaching gender, teaching women's health：Case studies in medical and health science education*. Binghamton, NY：Haworth。Manderson 的书是一本优秀的介绍医疗教育性别差异的书，其中的若干章节讨论了全世界的情况。

4. Smith, B. G., & Hutchison, B. (Eds.). (2004). *Gendering disability*. New Brunswick, NJ：Rutgers University Press。我强烈推荐这本有关残障研究的入门书籍。它包括与残疾女性相关的理论、历史和心理学观点。

判断对错的参考答案

1. 错；2. 对；3. 错；4. 错；5. 对；6. 对；7. 对；8. 错；9. 对；10. 对。

第12章

女性和心理疾病

判断对错

_____ 1. 美国和加拿大的女性处于消沉状态的比率是男性的2～3倍；然而，在其他国家，研究人员发现这种性别差异很小。

_____ 2. 在美国和加拿大，男性比女性更容易尝试自杀，并且由此引发死亡。

_____ 3. 女性比男性更愿意就医，抑郁症之所以显示出性别差异，约60%是这个因素造成的。

_____ 4. 当不幸发生后，女性比男性更容易考虑到她们的情绪和这个事件的前因后果。

_____ 5. 患有厌食症的人体重低于正常标准，而且他们会有许多健康问题。然而，他们也可以调整好这些问题。

_____ 6. 患有易饿症的人通常因为暴饮暴食，体重过重。

_____ 7. 上小学的时候，孩子们就会歧视肥胖的同学。

_____ 8. 黑人女性比欧裔女性对她们的身材更加满意。

_____ 9. 有色人种女性比欧裔女性更少使用心理治疗服务。

_____ 10. 女权治疗法强调权利应该在临床医学家和客户间平等分配。

Katie是一名16岁的腼腆女孩，她描述了与抑郁症做斗争的经历：

> 抑郁的感觉就像是跌入一个又深又黑的洞里，爬不出来。掉进去的时候，你尖叫，但是仿佛没人能听到……抑郁症影响了你看待事物的方式。它影响你认识自己和认识别人的方式。（Barlow & Durand, 2005, p.205）

Jennifer，一个17岁的女孩，患有饮食失常。她描述了这种失常的早期症状：

> 我大约5英尺6英寸高，体重76磅。我开始掉头发，而且我的皮肤又干又脆。人们都盯着打量我。有些人说我看起来像集中营里的难民。我把这些评论当成赞扬。我以为他们嫉妒我的身材，嫉妒我减掉的体重。她们的评价也使我确信，我控制热量摄入是正确的。我是成功的。（shandler, 1999, p.24）

正如世界上的许多人一样，这两个年轻女性都心理失常（psychological disorder）。她们有反常的情绪、想法和行为，使自己烦恼，也与社会规范不符（Barlow & Durand, 2005）。我们在这章将看到，女性比男性更容易精神压抑和饮食失常。她们也更容易因为此类问题而寻求治疗。

男性比女性更容易有其他方面的问题。我们在第11章注意到，目前男性比女性更容易滥用酒精和毒品。男性出现反社会人格失常（anfisocial personalify disorder）的几率是女性的3倍，特点就是出现一系列明确损害他人利益的行为。这些行为包括过度说谎、冲动和好斗（American Psychiatric Association, 2000；Barlow & Durand, 2005；Nydegger, 2004）。有这些失常情况的人也相信，他们自己是正常的，其余人才有毛病。

如果我们汇集所有的种类——包括所有有滥用和反社会人格失常的人——那么女性和男性心理失常的几率相同（Nydegger, 2004；Wilhelm, 2006）。不过要记住，失衡的具体类型有所差异。

在本章，我们需要集中讨论两种类型的失常，因为它们在女性中比较多见：抑郁和饮食失常。然后来探讨一下传统和非传统的治疗心理失衡的办法。

抑郁

Katie，就是我们在本章开头介绍的那位女性，受到抑郁的困扰。有**重度抑郁症**（major depressive disorder）的人经常会有绝望或者自信心降低的症状，这些人很少能在活动中找到乐趣（American Psychiatric Association，2000；Whiffen ＆ Demidenko，2006）。世界卫生组织将抑郁列为世界上五大健康杀手之一（Sáez-Santiago ＆ Bernal，2003）。

在北美，女性一生中患抑郁症的几率是男性的2～3倍（Kornstein ＆ Wojcik，2002；Statistics Canada，2006；Whiffen ＆ Demidenko，2006）。有趣的是，在孩子中出现抑郁的几率没有稳定的性别差异（Crick ＆ Zahn-Waxler，2003；R. C. Kessler，2006）。然而，在青春期前后，女性的抑郁症状比男性更多。例如，L. J. Sax 和她的合著者（2002）发现，在大学的第一学期，11％的女生和6％的男生称经常感到压抑。这种性别差异会持续一生（Kornstein ＆ Wojcik，2002；Lapointe ＆ Marcotte，2000；Whiffen ＆ Demidenko，2006）。

患抑郁症几率的性别差异对于美国白人、拉丁裔、黑人、亚裔和印第安裔都是如此（Nolen-Hoeksema，2002；Sáez-Santiago ＆ Bernal，2002；Saluja et al.，2004）。加拿大的研究表明，所有种族背景的人，包括英国人、欧洲人和亚洲人，这种性别差异都存在（K. L. Dion ＆ Giordano，1990；Kornstein ＆ Wojcik，2002）。

另外，跨文化研究表明，在诸如瑞典、德国、黎巴嫩、以色列、智利、韩国、乌干达和新西兰等地，女性患有抑郁的可能性更高（Frodi ＆ Ahnlund，1995；Kornstein ＆ Wojcik，2002；Nedegger，2004；Whiffen ＆ Demidenko，2006；Wilhelm，2006）。让我们来看看抑郁的特征和为什么抑郁在女性中更为普遍。

392 **抑郁的特征**

抑郁是一种包括情绪、认知、行为和生理症状的失常状态（J. R. Depaulo ＆ Horvitz，2002；Horowitz，2004；Mann，2005；Whiffen ＆ Demidenko，2006；Worell ＆ Remer，2003）。

1. 情绪症状：感觉悲伤、灰暗、易哭、内疚、冷漠、易怒，无法感受快乐。

2. 认知症状：信心不足、无价值感、绝望、自责和对未来悲观。这些悲观的想法妨碍了大脑正常的功能，因此在集中注意力和做决定方面都有困难。

3. 行为症状：处理日常事务和工作的能力下降，忽视个人外表，社会交往下降，睡眠不好。许多有抑郁的人尝试自杀。在美国和加拿大，女性比男性更容易想到或者尝试自杀。然而，男性更易于死于自杀（Canetto，2001b；Centers for Disease Control，2004a；Nedegger，2004）。这种自杀死亡率的性别差异在多数发达国家都存在，但也不是全部发达国家均如此（Kennedy et al.，2005；Range，2006；Stafistics Canada，2006）。

4. 生理症状：有头痛、眩晕、疲劳、消化不良和疼痛等症状。体重增加或降低也很普遍。

我们应该强调，大部分人偶尔都有极度悲伤的情况。比如说，如果一个好朋友或者家人去世，这种悲伤就是正常的。但是，这种情况不会持续很多年。有严重抑郁的女性会有持续的压抑症状，无法释怀（Whiffen ＆ Demidenko，2006）。她们还会出现其他问题，比如说物质滥用、焦虑症或者饮食失衡（Crick ＆ Zahn-Waxler，2003；J. R. Depaulo ＆ Horvitz，2002；Kornstein ＆ Wojcik，2002）。其他的这些问题反过来会使得这种抑郁更加严重。

没有一种"典型"的抑郁女性。然而，有些特征是与抑郁相关的。比如，一位女性，如果家中有许多年幼的孩子，并且收入很低，那么她就更容易抑郁（Whiffen，2001）。正如你能想象到的那样，婚姻不幸福的女性比婚姻幸福的女性更容易抑郁（Kornstein ＆ Wojcik，2002）。

个性特征也很重要。抑郁的女性尤其容易自信心低，个人成就感低，传统女性角色感强，对于自己的生活无法控制（Hoffmann et al.，2004；Malanchak ＆ Eccles，2006；Travis，2006；Whiffen ＆ Demidenko，2006）。

抑郁症性别差异的解释

抑郁在女性中流行的原因是什么呢？让我们先看看曾经被认为非常重要、现在却似乎不再相关的解释。然后我们来看看更多对抑郁中的性别差异起作用的因素。

被认为不再相关的因素

几十年前，许多理论家相信生物因素的性别差异可以解释为什么女性比男性更易于抑郁。比如，性别差异可以直接追溯到生化因素、荷尔蒙波动，或者与两个 X 染色体相关的基因因素。然而，仔细考察文献后却发现，生物因素无法解释为什么抑郁在女性中更加普遍（Nolen-Hoeksema，2002，2003；Whiffen & Demidenko，2006；Worell & Remer，2003）。[①]

现在让我们来考虑一下当前被认为与抑郁的性别差异有关的因素。在心理学中，人类行为是复杂的，单一的解释通常是不全面的。以下所有的因素通常能够帮助解释为什么女性抑郁的几率比男性高那么多。

求医的性别差异

也许你会考虑到另外一个可能的解释。在第 11 章，我们指出女性比男性更可能寻求医疗帮助。有没有可能男性和女性同样容易抑郁，但女性更愿意接受治疗师的帮助呢？研究人员发现，女性比男性更愿意去就医（Addis & Mahalik，2003；Mosher，2002；Winenman，2005）。不过，研究人员调查了整个人口中抑郁的发病情况，女性仍然比男性更容易抑郁（R. C. Kessler，2006；Kornstein & Wojcik，2002）。总之，我们必须寻找其他原因，来解释抑郁症的这种显著性别差异。

医生诊断的偏见

研究表明，医生通常过分诊断女性的抑郁状况（Sprock & Yoder，1997）。也就是说，男性和女性如果有同样的症状，医生更容易诊断女性抑郁较严重。同时，医生倾向于低估男性的抑郁（Sprock & Yoder，1997；Whiffen，2001）。也就是说，医生对男性的成见就是他们很"坚强"，因此不愿意说他们有抑郁症。另外，男性可能通过

酗酒来掩饰他们的失落，所以医生可能诊断他们为酗酒而非抑郁（McSweeney，2004；Wolk & Weissman，1995）。医生的偏见也是为什么女性比男性更容易被诊断成抑郁症的原因。然而，很多其他因素也可以解释为什么抑郁症中有性别差异。

对女性普遍的歧视

许多形式的歧视都可以增加女性抑郁的可能（Belle & Doucet，2003；Mendelson & Muñoz，2006；Nydegger，2004；M. T. Schmitt et al.，2002）。在前面的章节，我们注意到女性通常会受到歧视，而且她们的成就与男性相比也常常被低估。如 Klonoff 和她的同事（2000）发现的那样，受到性别歧视对待的女学生尤其会说她们有抑郁症状。

并且，在第 7 章，我们谈到过女性在工作中更难被雇用和提拔。在许多情况下，女性工作回报更少，难以获得声望。女性如果在事业中面临障碍并且成就没有得到认可就容易抑郁。对女性的歧视——在日常生活中和在工作中——导致女性感觉到她们对自己的生活无法控制（Lennon，2006；Nolen-Hoeksema，2002；Travis，2006）。

暴力

我们在第 13 章会强调，许多女性是暴力的牺牲品。有些女孩在童年就受到性虐待。有些女性在学校和工作单位受到性骚扰。她们的身体可能受到男朋友或丈夫的虐待。另外，很多女性被相识的人或者陌生人强奸。这些暴力的压力很明显会导致抑郁（Koss et al.，2003；Mendelson & Muñoz，2006；Travis，2006）。

一个 30 岁的拉丁籍教师在谈到她被一个熟人强奸后的感受时说道：

> 我每周有三四个早晨在恐惧中醒来……我最后一个梦使我回忆起大学的时候，有人跟我约会，开车带我去了一个僻静的地方，抓住我，并且威胁我说如果我不同他发生性关系他就打我。我尽力想逃脱，但是没有成功。我放弃了斗争。但是我的反应让人无法

---

① 研究人员发现生物因素易于使人抑郁（如 Mann，2005）。然而，这些生物因素对男性和女性的影响是类似的。比如说，女性遗传与抑郁相关的基因的概率并不比男性高。

理解。这个经历是 10 年前的事，那个时候我并没有怎么样。我没有跟任何人提起过，直到上周我拨打了紧急热线电话。我觉得自己快要疯了。我通常不是这么容易因为什么事而发狂的。(Worell & Remer，2003，p. 204)

女性在被强奸后的几个月都会觉得抑郁和焦虑，这并不令人惊讶 (J. A. Hamiltion & Russo，2006)。事实上，令人惊讶的是，很多遭受过暴力的女性避免了这些抑郁症状。

贫困

在本书中，我们已经强调了社会阶层如何影响人的心理和生理健康。另外，有经济问题的人抑郁程度更深 (Gallo & Matthews，2003；Travis，2006；Whiffen & Demidenko，2006)。相比有经济来源的女性，低收入女性的选择更少 (Belle & Dodson，2006；Belle & Doucet，2003；Ehrenreich，2001)。我们能明白为什么一个要抚养 3 个年幼孩子的失业女性 (丈夫抛弃家庭) 可能会有抑郁。但令人惊讶的是，许多经济上有困难的女性性格很开朗 (V. E. O'Leary & Bhaju，2006)。

家务劳动

选择传统角色，做全职家庭主妇的女性常常觉得她们的付出没有动力，没有得到认可。注意力全部集中在照顾别人也会导致抑郁 (Kornstein & Wojcik，2002；Lennon，2006)。另外，在外工作的女性要兼顾家务和工作。

在第 7 章我们看到，大部分有工作的女性生活得都不错。但是，有些女性既要照顾家务又要工作就会抑郁 (Lennon，2006；Nolen-Hoeksema，2001；Travis，2006)。

注重外表

从青少年时期起，有些年轻女性就过分关注她们的外表。在本章饮食失常的部分我们会看到，年轻女性常常憎恨她们在青春期增加的体重。在这个骨感模特大行其道的时代，她们觉得自己在这个阶段改变的体型非常难看。这种不满跟抑郁也有关 (Girgus & Nolen-Hoeksema，2006；Travis，2006；Whiffen & Demidenko，2006)。在往下读以前，请做一下专栏 12.1。

专栏 12.1 对抑郁的反应

假如你最近因为一件私事情绪低落 (比如考试成绩一落千丈，失恋，与好朋友或者亲属吵架)。看看以下哪些事是你情绪低落的时候做的：

1. 集中精力做自己喜欢做的事。
2. 写日记来记录下自己的感受。
3. 离开周围的人，自己解决情绪。
4. 和朋友一起做点什么。
5. 买醉。
6. 告诉朋友你有多难受。
7. 砸东西。
8. 从事体育活动。
9. 给别人写封信来描述你的心情。
10. 做一些不顾后果的事 (比如以极速开 10 英里)。
11. 听音乐。
12. 把你为什么沮丧难过的原因列表。

做完后，数数你的回应有多少归入第一组：2，3，6，9，11 和 12。然后数数有多少归入第二组：1，4，5，7，8 和 10。结果会在随后讨论。

Source：Based on Nolen-Hoeksema (1990) .

396

女性的私人关系

女性比男性更容易觉得自己要对爱情和婚姻关系的顺利负责（Crick & Zahn-Waxler，2003；Girgus & Nolen-Hoeksema，2006；Nolen-Hoeksema，2003）。她们相信，她们应该在婚恋中无私，而不是只关心自己的个人喜好（Jack，2003；Mc-Gann & Steil，2006；Whiffen & Demidenko，2006）。拉丁裔的少女和妇女尤其有自我牺牲精神（Travis，2006）。

另外，许多女性过分地参与到朋友或者家庭成员的生活中去。我们在第6章发现女性之间的朋友关系比男性之间的更为密切。然而，有时候女性会因为过度关注他人的生活而忽视了自己的需要（Helgeson & Fritz，1998；McMullen，2003；Whiffen，2001）。

如何面对抑郁

目前，我们注意到一系列的导致女性抑郁更加普遍的原因。女性比男性更愿意就医，而医生可能会过高估计女性的抑郁状况。另外，许多因素——普遍的歧视、贫困、暴力、家务、对于外貌的忧虑和人际关系等——都把女性推向抑郁。

另外一个主要原因也导致了女性抑郁：在面临低落情绪时，女性和男性的反应有差异。专栏12.1集中论述了对抑郁的反应。想想第3章提到的，父母往往会鼓励女孩子——而不是男孩子——去反思自己为什么感到悲伤。这一因素可能导致女性抑郁。

Susan Nolen-Hoeksema 研究的主要领域就是面对抑郁时的反应。她提出，当女性感觉压抑的时候，她们通常进行内省并且关注自己的症状。她们思考不良情绪的原因和结果，这种方法也叫**沉思式**（ruminative style）的响应。比如，她们担忧自己多么疲劳，也对生活中的麻烦事想个不停（Nolen-Hoeksema & Jackson，2001）。研究证明，在感觉抑郁时，女性比男性更倾向于使用这种反思策略（Girgus & Nolen-Hoeksema，2006；Mor & Winquist，2002；Nolen-Hoeksema，1990，2003；Tamres et al.，2002）。其他研究表明，人们认为女性理应倾诉悲伤，理应比男人多虑，而且也确实比男人多虑（Broderick & Korteland，2002；M. Conway et al.，2003；Marecek，2006）。

另外，Nolen-Hoeksema 提出，反思延长和加重了这种坏情绪。反思导致人思维中的负面倾向，因此占据主导的是悲观想法。人们就更责备自己，感觉无望。这种悲观也提高了更加长期和严重的抑郁的可能性（Nolen-Hoeksema，2002；Scher et al.，2004）。我们在前面的部分也注意到女性更加担忧他人的问题。经常想这些的女性的抑郁问题会更加严重。

现在来看看你如何回答专栏12.1的问题。很自然地，只有12个问题的问卷不能明确说明你对抑郁的响应方式。然而，如果你选择的项属于第一组的更多，估计你是属于反思型的。比较而言，如果你选择的项属于第二组的更多，那么你在压抑的时候就更善于分散自己的注意力。（如果你选择了第1项、第4项或第8项，你分散注意力的方式也许能帮助你排遣悲伤情绪。然而，如果你选择了第5项或第10项，你应该注意这种响应方式会使自己和他人陷入危险境地。）

397

如果你是反思型的怎么办？那么下次你沮丧的时候，就大概想想问题所在并且做点其他能够转移注意力的事，直到你的坏情绪平稳了一些。然后你再来分析问题所在。当你不再那么沮丧时，就能够更清楚如何解决问题，控制局势。然而，如果你还是抑郁，你就应该寻求医生的帮助了。

关于性别与抑郁的结论

医生能够帮助女性来调整她们的反思方式。但是看看其他性别差异的原因，比如说贫困、暴力和工作压力。我们社会的这些问题不会因为医生治疗了一两个病人就得到解决。真正关心女性抑郁的人们应该通过敦促领导者和加入一些组织来宣传这个问题。如果社会不平等导致了抑郁的问题，我们应该尽力去改变这种不平等。

许多当代的心理学家和精神病学家过分强调一些人们内部的生物因素。当他们治疗抑郁症时，他们简单地开抗抑郁的药，比如"百优解"这样的药物，而不是关注社会问题。这种焦点的转移反映了美国国内保守势力的逐渐增强。比如，我们在第7章看到美国政府的福利政策已经改变。这个新政策意味着贫困是女性自己的问题，政府没有责任消除贫困。相反，女性主义心理学家强调不同的策略：要解决心理问题，我们必须承认，这些问题与社会环境密切相关（Cosgrove & Caplan，2004；Marecek，2006；Nolen-Hoeksema et al.，

1999）。事实上，这些社会问题和其他在本书中讨论的两性不平等是有连带关系的。

小结——抑郁

1. 女性比男性更容易患有抑郁症和饮食失常，男性更容易有滥用或者反社会人格失常的问题。

2. 抑郁在女性中的发生率是男性的 2～3 倍，这种性别差异在北美和其他许多国家的许多种族群体中都存在。

3. 抑郁包括感觉悲伤和冷漠、缺乏自信、悲观、能力下降、自杀倾向和头痛、眩晕等身体问题。

4. 抑郁在家中有幼子、低收入、婚姻不幸和不自信的女性中更为常见。

5. 生理上的性别差异不能解释抑郁的性别差异。

6. 一些能够解释抑郁中性别差异的因素包括求医的性别差异、医生诊断的偏见、普遍歧视、暴力、贫困、家务、对外貌的重视、婚恋关系和对抑郁的反思。为了降低女性的抑郁，必须要强调社会问题。

饮食失常和相关问题

Frances M. Berg 在她关于饮食失常的书的开头写了一段发人深省的话：

> 一个聪明、有抱负的女性的第一愿望不是保护雨林或者事业成功，而是减肥……为什么生活在富有国家的女性看起来像是发展中国家的饥饿难民呢？为什么她们选择虚弱、麻木而无法为家庭、事业和社会贡献力量呢？其实她们本可以结实、强大而富有同情心。(p. 15)

事实上，北美的大部分女性都对体重极为关注。许多女性也许没有我们将要讨论的致命的失衡现象。然而，她们的生活常常远离社交的快乐和对事业的重视，因为她们只关注自己的外表和节食。

而且，饮食失常症状的严重性是逐级递增的（Calogero et al., 2005；Piran, 2001；Ricciardelli & McCabe, 2004）。厌食症、易饿病和暴食症处于最严重的等级。其他许多女性对自己的体型有不同程度的认识问题，因此她们的病症比较轻。

在这部分，我们首先来考虑厌食、易饿和暴食。然后我们来讨论文化中鼓励苗条的问题。我们最终的话题是超重与节食的关系。我们首先需要强调的是超重并不是一种心理失常，而强调苗条、节食和害怕超重是造成饮食失常的主要原因。

神经性厌食症

在本章的开始，你读到了一个有厌食症的年轻女性的故事。有神经性**厌食症**（anorexia nervosa）的人极度恐惧肥胖并且拒绝保持正常体重，体重通常是预期体重的 85%（American Psychiatric Association, 2000；Garfinkel, 2002）。有这种病的人对自己的体型认识不正确（Garfinkel, 2002；stice, 2002）。比如，一个有厌食症的年轻女性仅仅有 100 磅。但是她却说：

> 我照镜子，看到自己肥得不得了——真的很胖。我的腿和胳膊都很胖，我真的不能忍受自己看到的。我知道别人说我太瘦了，但是我能看到自己，我只相信自己眼中的自己。(L. L. Alexander et al., 2001, p.64)

大约有 95% 患厌食症的是女性，而且 0.5%～4% 的青春期女性患有这种疾病。厌食症患者的典型年龄跨度是14～18岁，尽管她们对体重的担忧许多年前就开始了（Jacobi, Hayward *et al.*, 2004；Jacobi, Paul *et al.*, 2004）。厌食症在西方和非西方文化中都存在（Keel & Klump, 2003）。在北美，这种病在白人女性中比在黑人女性中更常见，但在其他种族中的数据并不一致（Jacobi, Hayward *et al.*, 2004；O'Neill, 2003；Strigel-Moore *et al.*, 2003）。

患有厌食症的原因不尽相同。有些女性厌食的原因是开始有些超重，然后某个人不经意地问"你胖了吗？"这就促使她们开始努力减肥。还有一些女性的饮食失常是由于生活压力的增加，比如进入一个新学校，或者遭受创伤，比如说性虐待（American Psychiatric Association, 2000；Beumont, 2002）。许多有厌食症的人都是急于取悦他人的完美主义者（Guisinger, 2003；Polivy & Herman, 2002；stice, 2002）。比起没有饮食失调的女性，她们的自尊也较低（Jacobi, Hayward *et al.*, 2004；Jacobi, Paul *et al.*, 2004）。

厌食症的一个严重后果就是**闭经**（amenorrhea），或者停经。其他常见的后果包括心脏、肺、肾和胃肠失调（American Psychiatric Association, 2000；Michel & Willavd, 2003；D. E. Stewart & Robinson, 2001）。另外一个后果就是骨质疏松，这个问题我们在第11章已经谈过了。骨质疏松在厌食症女性中多发，因为她们雌激素含量低并且营养不良（Gordon, 2000）。

厌食症是非常严重的疾病，因为5%～10%的厌食症病人因此死亡（American Psychiatric Association, 2000；Keel *et al.*, 2003；P. F. Sullivan, 2002）。不幸的是，治疗这种失常非常困难，因为许多厌食症病人同时患有严重的抑郁症。如果在厌食症早期进行治疗，大约75%的病人可以完全康复（Powers, 2002；P. F. Sullivan, 2002）。

400

神经性易饿症

有神经性易饿症（bulimia nervosa）的人可以保持正常体重（和厌食症患者不同），但是经常有暴食情况，而且使用不恰当的方式来控制体重增加。暴食意味着摄入大量食物，一般是每次2 000～4 000卡路里（M. Cooper, 2003；Garfinkel, 2002；Keel *et al.*, 2001）。患者通常隐藏自己的暴食行为，然后通过呕吐和吃泻药来消耗热量（Stice, 2002）。暴食之后，他们可能过度节食或运动。

和有厌食症的人一样，有易饿症的人也感到抑郁和自尊低下（M. Cooper, 2003；Jacobi, Paul *et al.*, 2004；Keel *et al.*, 2001）。他们同样沉溺在食物、饮食和外表中。比如，有一个患有易饿症的女大学生说道：

> 我已经吃了多纳圈、冰淇淋、两个芝士汉堡和一大份炸薯条，然后觉得再吃点巧克力饼干也不错。所以我就吃了。然后我又特别想吃糖，但是不知道吃哪种，所以就两种

都吃了……有时候我就是个无底洞……然后我就立即去呕吐，能吐多少吐多少。（Kalodner, 2003, p.76）

大约有90%的易饿症患者是女性，这种病在大学校园里更为普遍。大约1%～5%的青少年女性有这种病（Jawbi, Hayward *et al.*, 2004；National Institute of Mental Health, 2001；Piran, 2001）。然而，这种病不容易识别，因为有易饿症的人通常可以保持正常体重（Beumont, 2002）。他们在人群中并不那么突出。

易饿症的后果包括肠胃失衡，心脏、肝脏、新陈代谢和月经周期问题（Andreasen & Black, 2001；M. Cooper, 2003；Kreipe & Birndorf, 2000）。易饿症通常不像厌食症那么致命。但是这个病很难治愈；而且常常伴有严重的医疗和心理疾病（R. A. Gordon, 2000；Keel *et al.*, 2003；Tobin, 2000）。

暴食症

心理学家和精神病学家最近提出了第3种饮食　　　失常的形式，尽管对这种形式的研究还不如厌食

症和易饿症的那么全面（M. Cooper，2003；Schmidt，2002）。患暴食症（binge-eating disorder）的人经常暴饮暴食（连续 6 周，每周有两次）。他们吃大量的食物，并且感觉自己无法控制。随后，他们通常觉得沮丧并很厌恶自己。跟有易饿症的人不同的是，他们不使用不恰当方式，比如呕吐或吃泻药来排出暴食的食物（Grilo，2002；Michel & Willard，2003；Stice，2002）。结果就是，这类病人通常体重超常。

大约有 1%～4% 的人有这种饮食失常。其中大约有 60% 是女性。换句话说，主要是女性，但是比率没有像厌食症和易饿症那样倾斜于女性（Grilo，2002；Kalodner，2003）。这项研究也表明，有暴食症的人不像其他两种病的病人那样在乎体重（R. A. Gordon，2000）。有暴食症的人常常感到抑郁、自尊心低下，这和厌食症、易饿症患者相似（Grilo，2002；Jacobi，Hayward *et al.*，2004；Michel & Willard，2003）。

现在让我们简单回顾一下 3 种类型的饮食失常，然后再考虑跟这些病症相关的文化因素。

1. 有厌食症的人不愿保持正常体重，因此她们的身体瘦弱不堪。

2. 有易饿症的人保持了正常体重，但是她们有暴食状况，经常使用不恰当方式来避免体重增加。

3. 暴食症患者经常暴食，但是她们不使用不恰当的方式来避免体重增加，她们一般都超重。

苗条文化

大部分的北美女性关注自己是否超重——即使她们并不超重——这被称为 **苗条文化**（Culture of thinness）（M. Cooper，2003）。正如我们在第 4 章看到的，青少年女性常常十分关注自身的体重。有关苗条文化的信息可以帮助我们了解那些有饮食失衡或者过分关注身材的人的行为。我们看看媒体中的形象，对于肥胖人群的歧视，以及女性对身材的普遍不满。最后，我们集中讨论有色人种女性如何看待她们的身体。

媒体中的形象

Kate Dillon（2000）回顾了她早年在模特界的经历。她有 5 英尺 11 寸高，体重仅有 125 磅，但是她还被要求减下 10～20 磅。寻求治疗饮食失衡的女性经常反思说，杂志中消瘦的女性是她们追求苗条的重要动因（Kalodner，2003；Smolak & Striegel-Moore，2001）。

研究证明，媒体强调关注体重、保持苗条和控制饮食，而年轻女性也意识到了这种信息（Greenbery & Worrell，2005；Quart，2003；C. A . Swith，2004）。针对媒体的其他研究评价了这些形象如何影响了女性对身材的看法。比如，研究表明经常读时尚杂志的女性更容易对自己的身体不满（M. Cooper，2003；Greenwood & Pietromonaco，2004；Henderson-King *et al.*，2001；Vaughan & Fouts，2003）。

对肥胖女性的歧视

我们的社会对肥胖女性有歧视。比如，大部分人在说种族歧视的话时还会想想，但是他们在议论一个肥胖女性时则肆无忌惮（Brownell，2005；Dittman，2004；C. A. Johnson，2005；Myers & Rothblum，2004）。另外，与本书主题 2 相对应，人们对肥胖女性的歧视要大于对肥胖男性的歧视（Greenberg *et al.*，2003；J. M. Price & Pecjak，2003；Smolak，2006）。

和苗条女性相比，肥胖女性更难找到工作。肥胖女性的工资往往更低，她们在工作中还遭受其他形式的歧视（Fikkan & Rothblum，2005；Myers & Rothblum，2004）。人们还认为，肥胖女性不像苗条女性那样容易找到恋爱对象（Greenberg *et al.*，2003）。即使是 5 岁的孩子也说他们愿意跟苗条的孩子交朋友。从早年开始，孩子们对同龄人中的肥胖者就有歧视（Latner & Schwartz，2005；Rand & Resnick，2000；Rand & Wright，2000）。而且，肥胖女孩比肥胖男孩更常遭到嘲笑（Neumark-Sitainer & Eisenberg，2005）。孩子们的外表吸引力与别人如何对待他们有很大关系（Langlois *et al.*，2000；Ramsey & Langlois，2002）。

但是，在评价有色人种女性时，这种针对肥胖人群的歧视并不如此强烈。例如，在一项研究中，白人大学生对体重稍重的黑人女性的评价要高于对苗条黑人女性的评价（T. J. Wade & Dimaria，2003）。

女性对身材的不满

在我们的文化中，最理想的身材就是时尚杂志里瘦弱的模特，结果导致许多女性对她们的身材不满（Forbes et al.，2004；Kalodner，2003；Markey，2004）。比如，女性较之男性，对自己的身材更为不满（T. F. Davison & Mc Cabe，2005）。另外，体重正常的女性常认为自己体重偏重（Mc Creary & Sadava，2001）。大学女性尤其认为其他的女性要比她们自己瘦（Sanderson et al.，2002）。结果，女性白白花费大量时间担心她们的体重。

针对学龄前儿童和小学生的一项研究表明，很多小女孩担心自己肥胖，想要节食（Kalodner，2003；Smolak，2006）。迪士尼公司出售一种"小美人鱼浴室体重秤"，使得小女孩过分重视节食。从5岁开始，那些体重超常的女孩和正常体重的女孩相比更容易自我否定（K. K. Davison & Birch，2001）。

并且，目前我们的文化鼓励年轻女性去从他人的视角来评价自己的身材（Gapinski et al.，2003；Smolak，2006）。女性目前对身体的不满导致了沮丧。这也让她们过分关注一些表面的东西和她们自己本身，而忽视了与其他人有意义的交流（F. M. Berg，2000）。

并不是所有的女性都只关注外表。与异性恋者相比较，同性恋女性通常对自己的身体更加满意（Moore & Keal，2003；Rothblam，2002）。并且，社会阶层比较低的欧裔女性不如来自中上层的女性对身材是否苗条那么关注（Bowen et al.，1999）。另外一个与对身材不满相关的因素是种族。现在让我们看看有色人种的女性如何看待她们的身体形象问题。

有色人种女性，身体形象和苗条

许多年来，有关身体形象的研究主要针对欧裔人口进行（Smolak & Levine，2001）。不过，现在有更多的研究针对拉丁裔、非洲裔和亚裔女性进行。

一般来说，黑人女性比欧裔女性对身体形象更加满意（Bay-Cheng et al.，2002；B. D. Hawkins，2005）。黑人女性也认为一个中等体重的女性要比一个过分瘦弱的女性更有吸引力（Markey，2004；Smolak & Striegel-Moore，2001；E. A. Wise et al.，2001）。然而，欧裔对苗条的渴望现在也波及到黑人。不久我们会注意到黑人女性中饮食失常比率的上升（Markey，2004；Polivy & Herman，2002）。

针对拉丁裔女性的研究显示了相矛盾的结果。一些研究表明拉丁裔女性对身材苗条不是非常关注，但是其他的研究表明拉丁裔女性和欧裔女性对身材有相同程度的不满（Bay-Cheng et al.，2002；Bowen et al.，1999）。其中一个原因是每个种族的多样性。比如，来自多米尼加共和国的女性不是特别关注苗条。比较而言，生长在阿根廷上层社会的女性要比欧裔女性更关注身材（B. Thompson，1994；J. K. Thompson et al.，1999）。诸如社会阶层、出生国家和目前的居住地等因素都无疑影响了拉丁裔女性如何看待自己的身材。

针对亚裔的研究也显示了不确定的结果。比如，一项研究表明，父母从柬埔寨移民到美国的女性比欧裔美国女性对身材的看法更为积极（Franzoi & chang，2002）。但是，其他研究也表明，华裔、韩国裔、印度裔和巴基斯坦裔的北美女性往往对自身体型不满（Cachelin et al.，2000；Chand，2002）。

令人惊讶的是，这样的结果无法用接触北美文化的多少来解释。比如，一项针对加拿大西部女大学生的调查显示，在加拿大生活时间的长短与对自身形体的满意度不相关。另外，欧裔加拿大女性比亚裔和南亚女性拥有更积极的形体认识（Kennedy et al.，2004）。

超重和节食

用来评价一个人是否肥胖的方式很多。根据特定方式的不同，美国有 33%～61% 的成年人体重超常（Cogan & Ernsberger，1999；Wadden et al.，2002）。体重超常不属于精神类疾病（Kalodner，2003）。然而，我们需要讨论肥胖的问题，因为它成了许多女性生活的中心问题。另外，害怕肥胖也是厌食症和易饿症发病的一个重要因素。

研究表明，人们如果摄入高热量食品，并且没有做足够的运动，就会面临比他人更多的健康隐患。另外，肥胖的人比其他人更易患糖尿病、癌症和心血管疾病（Hu et al.，2004；J. M. Price & Pecjak，2003；Wing & Polley，2001）。在前面，我们曾指出肥胖人群面临着一系列的来自社会和工作环境中的歧视。

不幸的是，减肥是一个巨大的挑战。有些人开始吸烟以控制体重。然而，我们在第11章看到，吸烟对健康非常有害。而且，如果人反复减肥又恢复体重，就很容易出现心脏问题（Ernsberger & Koletsky，1999）。

根据一项统计，大约有40%的美国女性目前通过控制饮食来减肥（男性是20%）（F. M. Berg，1999）。北美居民有数千种不同的减肥计划和减肥食品可供选择，而且通常价格不菲。另外，这些方法功效不高，因为反弹时常发生（J. M. Price & Pecjak，2003；Wadden et al.，2002）。想一想：如果这些方法中有一种真正有效，为什么市场上还存在那么多种方法呢？如果它们真的有效，为什么还会有那么多胖人？

不幸的是，大多数人减肥之后还会反弹（J. M. Price & Pecjak，2003；C. A. Smith，2004）。节食会引起新陈代谢的紊乱。节食的人逐渐适应食物摄入量逐渐减少，因此，"正常"的摄入量就会导致体重上升。另外，节食的人如此想

吃东西以至于他们有时无法抗拒暴食（Polivy & McFarlane，1998）。因为这些原因，许多医生建议患者接受自己，避免体重进一步增加，不要勉强达到一个特定体重，并且适当运动（Myers & Rothblum，2004；C. A. Smith，2004；Wing & Polley，2001）。其他医生建议，肥胖患者不要追求减去很多体重。他们的目标应该切合实际——大概减去体重的10%——这样的目标是能够真正达到的。

在关于饮食失调的这部分，我们看到了4组非常关注体重的人群：

1. 有厌食症的人尽力减肥并且取得成效，但是有时候后果是致命的。

2. 有易饿症的人在暴食和节食间游走，她们的体重一般正常，但是饮食习惯却引发一系列问题。

3. 有暴食症的人经常暴食，她们通常体重超常。

4. 肥胖的人会尽力减肥，但成效甚微。

想想如果更多的女性被鼓励着接受自己的身材，这4组人群中的女性的罪恶感和焦虑会减轻多少啊。我们不要那么关注体重的问题，并且应敦促媒体不要展示那么多消瘦的女演员和模特。如果一个体重正常的女性开始减肥，那么肯定什么地方出了问题！想象一下，如果媒体中展示了各种不同身材的女性而不是现在这种单一的瘦弱女性；如果在杂货店里的杂志封面上不再看到诸如"解决问题大腿的终极办法"或者"如何在一个月内减掉15磅的体重"的标题，那么我们的感受会好多少呢！现在你对饮食失常的相关问题已经熟悉了，来做一下专栏12.2。

专栏 12.2　分析你对身材的态度

用下面的分值来回答以下的问题：

1	2	3	4	5

从不　　　　　　　　　　　　　　　　　　　经常

1. 我当着别人评价我自己的体重。
2. 如果他人体重下降，我会赞美他们。
3. 如果某人胖了，我尽量不去谈这个。
4. 我开胖子的玩笑。

5. 我鼓励人们对自己的身材有自信，尽管他们同我们社会中的苗条观念有所差距。

6. 看时尚杂志的时候，我为许多过度消瘦的模特感到担忧。

7. 当有人嘲笑胖人的时候，我提出自己的不同意见。

8. 我吃的东西比较少，这样就可以比别人瘦一些。

9. 当别人控制他们的饮食的时候，我夸奖他们。

10. 看杂志的时候，我担心里面的图片会导致饮食失常。

现在计算你的得分。把问题1、2、4、8、9的得分加在一起。减去你在问题3、5、6、7、10的得分。如果你的得分低，那么恭喜你，你对于身材多样性持正确的态度。

Source：Based on F. M. Berg (2000).

■ 小结——饮食失常和相关问题   406

1. 许多女性有不同程度的身体形象问题。厌食症、易饿症和暴食症是最严重的。

2. 有厌食症的人极度害怕肥胖，而且她们无法维持正常体重。她们的身体状况堪忧，后果也很严重。

3. 有易饿症的人经常暴食，但是她们可以维持正常体重，因为她们时常通过呕吐或者其他方式来控制体重增加。她们通常有许多健康问题。

4. 有暴食症的人经常暴食，但是她们不采取非正常手段来维持正常体重。

5. 媒体呈现的都是夸张了的瘦弱形象，这些形象使得女性对自己的身材不满。成人和孩子都对肥胖人群有歧视。

6. 许多女性对自己的身材不满，尽管这种不满在同性恋和黑人女性中较为少见。拉丁裔和亚裔美国女性对自身体型的认识尚不明确。

7. 体重超常不属于心理失常，但是它会导致潜在的健康和社会问题。节食既艰难又危险。

8. 值得推荐的减肥策略包括适当运动和更现实的减重目标。

治疗女性的心理失常问题

到目前为止，我们讨论了两种在女性中更为普遍的心理问题：抑郁和饮食失常。为了控制本章的长度，我略去了第三种在女性中更常见的心理问题。这种问题叫做**焦虑性障碍**（anxiety disorders），症状是强烈、持久的焦虑。例如，女性患**特定对象恐惧症**（specific phobia）的几率是男性的2倍，这是对某些特定事物（例如蛇）的极度强烈、持久的恐惧（American Psychiatric Association，2000）。另一种焦虑性障碍叫做**恐慌症**（panic disorder），表现为反复、无征兆的恐慌发作。女性患恐慌症的几率是男性的2～3倍（American Psychiatric Association，2000）。

如果女性因为抑郁症、饮食失常或焦虑性障碍等心理问题去寻求治疗，精神疗法和/或药物治疗是最普遍的治疗方式。**精神疗法**（psychotherapy）是临床医生主要通过语言交谈来治疗心理问题的一种方法（Gilbert & Kearney，2006；Worell & Remer，2003）。重症患者通常在医院和其他心理机构接受治疗。其他人可以常年接受心理治疗，但是仍然生活在自己家中。还有一些人选择在生活中压力最大的时候接受心理治疗。   407

药物疗法（pharmacotherapy）就是通过用药来治疗心理失常。近年，开发的新药可以帮助人们应对更多的心理问题。当和精神疗法一起使用时，这些药物效果更好。然而，有时候医生开的药并不恰当。我们会在这部分主要谈谈药物疗法，尽管我们更加强调把精神疗法作为治疗精神疾病的方法。

精神疗法和性别主义

本书主题 2 强调人们对待男性和女性是不同的。我们也许期待，医生的职业训练会使他们对潜在偏见高度敏感。但是，研究表明女性在接受精神治疗时经常遭遇性别歧视。

性别和误诊

在本章前面的内容里，我们注意到性别歧视对于诊断心理问题的影响。特别是，医生会夸大女性的抑郁问题而低估男性的抑郁问题（Sprock & Yoder，1997）。另外一个问题是，医生常常过度依赖《精神疾病诊断与统计手册》（American Psychiatric Association，2000）。不幸的是，这本手册中的许多指导都未经科学验证（P. J. Caplan & Cosgrove，2004a；Houts，2002；Spiegel，2005；Wiley，2004）。另外，医生通常会忽略贫困、歧视和其他导致妇女抑郁的文化因素（McSweeney，2004）。最后一个问题是，医务人员可能把女性的身体疾病误诊为"病由心生"（Di Caccavo & Reid，1998；Klonoff & Landrine，1997）。

对女性的治疗

性别偏见会导致误诊，也会导致治疗的方式不当。比如，医生会认为男性比女性在工作中更为有能力（Gilbert & Scher，1999）。医生也会通过患者的行为是否符合性别规范来评价他们（P. J. Caplan & Cosgrove，2004a）。另外，医生会因为一些不在她们控制范围内的事情而责备她们。比如，在治疗一个受过性虐待的女性时，他们会问是否她们自己挑起了这次进攻。总结来说，医生会受整个文化中的性别模式和歧视行为的影响。

医生和病人间的性关系

心理医生和精神医生的一项道德准则就是他们不能同病人发生亲密关系从而损害二者之间的医患关系（Bersoff，2003；Fisher，2003）。然而，调查显示，大约有 4% 的男医生和 1% 的女医生与病人发生了性关系（Pope，2001）。我们需要强调，大多数医生都是有道德感的人，他们明白与病人发生性关系是被禁止的（Bersoff，2003；Pope，2001）。我们可以想象，一个女性如果被医生占了便宜，很容易觉得有罪恶感、愤怒和情绪脆弱，她自杀的可能性也会增加（Gilbert & Rader，2001；Pope，2001）。

医生与病人发生性关系后果特别严重，因为他们破坏了这种信任，并且也意味着掌握权利的人利用了相对无力和脆弱的人（Fisher，2003）。我们在第 13 章将谈到权利不平等的问题，其中包括性骚扰、强奸和殴打。

针对同性恋和双性恋女性的精神疗法

同性恋和双性恋女性在就诊的时候，应该和其他病人一样感受到尊重。事实上，道德准则要求医生必须消除**性别偏见**（Sexual Prejudice），这是一种针对个人性取向的消极态度。因此，医生应该了解性取向的研究情况和恋爱关系的重要性。他们不应该试图改变一个人的性取向。医生也要意识到，大部分的同性恋和双性恋女性都会受到性歧视。她们也应该注意到有色人种的双性恋和同性恋女性会在她们各自的社会中受到不同形式的性歧视（Greene，2000b；T. L. Hughes et al.，2003）。另外，医生应该了解针对同性恋和双性恋女性的社区资源和支持团体。

医生也要警惕异性恋主义（heterosexism），就是对男性同性恋、女性同性恋、双性恋或者任何不是完全异性恋的偏见。比如，异性恋医生必须要避免假设认为病人的同性恋不如异性恋的恋爱关系那么重要（Gilbert & Rader，2001；C. R. Martell et al.，2004；T. L. Rogers et al.，2003）。女权主义者认为，女性不应该被认为是二等公民。另外，女权主义者认为，和异性恋女性相比，同性恋和双性恋女性不应该被当作二等公民。现在让我们考虑一下，相对收入较高的欧裔美国女性、低收入女性和有色人种女性是如何常被当作二等公民的。

精神疗法和社会阶层

正如我们在第11章看到的，很多女性没有医疗保险。而且，大多数保险公司只赔付心理治疗的一小部分费用（Aponte，2004；Katon & Ludman，2003；Travis & Compton，2001）。女性的收入也比男性低，所以男性可以享受的一些精神治疗，女性无法负担（Gilbert & Rader，2001；V. Jackson，2005；Nydegger，2004）。加拿大的国家医疗体系当然比美国的全面得多。但是，心理治疗涉及的范围主要是药物疗法，而不是精神疗法（Romanow & Marchildon，2003）。这导致很多美国和加拿大的低收入女性无法负担心理咨询的费用。即使她们能够获得咨询服务，也需要克服诸多困难，如请假、托管孩子和交通等（V.

Jackson，2005；L. Smith，2005）。

而且，精神治疗师常带着阶级偏见对待经济状况不好的女性。比如，治疗师可能假设，低收入女性可能仅仅是需要房子、食物等基本资源，谈论孤独和抑郁等心理问题无法帮助她们。治疗师可能持一种精英主义观点（myth of meritocracy），认为社会阶层反映着人们的能力和成就。这样的话，治疗师可能认为病人的经济状况不好，是因为她不愿意工作，不愿意接受培训，找个更好的工作（L. Smith，2005）。显然，治疗师需要克服阶级偏见，也应该接受有关社会阶层问题的专业培训。而且，这些阶级偏见对有色人种女性的危害尤其严重。

针对有色人种女性的精神疗法

美国和加拿大迅速成为世界上种族最多的国家。比如，在美国，9 700万的人口（总人口是3亿）说他们是拉丁美洲人、黑人、亚洲人或者土著人。在加拿大，500万人口（总人口是3 200万）认为他们的血统是亚洲、土著、非洲或者拉丁美洲。因此，北美的医生需要对不同种族的价值观和信念非常敏感（Brooks et al.，2004；Sue，2004）。

一个基本的问题是有色人种不像欧裔那样愿意接受心理治疗。其原因是：（1）不愿承认帮助是必需的；（2）语言和经济障碍；（3）对和医生讨论私人问题的怀疑，特别是欧裔医生；（4）使用其他有文化特性的方式，如祷告等（R. C. Kessler et al.，2005；K. E. Miller & Rasco，2004a；L. Smith，2005；Snowden & Yamada，2005）。

大部分少数民族无法选择来自同样背景的医生。仅有6%的美国医生是属于少数民族的（American Psychological Association，2003）。而结果是，大部分的有色人种要咨询与他们的生活经历非常不同的医生。比如，有些医生不了解有色

人种所面临的种族歧视（Comas-Díaz，2000；Sue & Sue，2003）。

你可能预见到另外一个问题。很多有色种族的人不能说流利的英语。而且，很多欧裔医生除了英语外不会其他的流利语言。因此语言是有色人种的一个主要障碍（Bemak & Chung，2004；Sue & Sue，2003）。设身处地想想，如果你的母语不是西班牙语，而自己只能用西班牙语向医生描述自己的心理问题。你的西班牙语也许讨论天气没有问题，但是你能跟一位拉丁裔医生准确描述你如何感到抑郁和抑郁的原因吗？你能准确捕捉你暴食的细节吗？所有这些因素都能解释有色人种为何较少寻求治疗，并且为何会较快放弃治疗（Snowden & Yamada，2005）。

现在让我们看看在治疗4类不同种族女性时存在的重要问题：拉丁裔、黑人、亚裔和土著。然后我们来讨论一些针对有色人种的治疗问题。

拉丁裔女性

在前面那些章节里，我们注意到拉丁文化中的性别角色强调男性要有男子气概，女性要有女性气质（Arredondo，2004；Garcia-Preto，2005；

Sue & Sue，2003）。在传统家庭中，拉丁裔女性必须在婚前保持处女之身。一旦结婚，她们必须把家庭需要放在第一位。这样，如果建议拉丁裔女性花更多时间满足自身需求，她们可能无法接受这样的建议（G. C. N. Hall & Barongan，2002）。

另外，有些拉丁人作为来自于战乱或者混乱国家的难民来到北美。比如，20 世纪 80 年代萨尔瓦多的政府镇压导致 75 000 人死亡，以及无数的强奸、折磨、"失踪"和其他的违背人权的行为。一位逃离了萨尔瓦多的年轻妇女可能目睹了姐妹被屠杀，她可能在难民营住了很多年（Kusnir，2005）。生活在这种惨痛的背景下会导致由压力引发的长期的心理失常和其他心理问题。好心的医生，即使他们的西班牙语流利，恐怕也无法为这种生活在政治剧变中的女性提供合适的治疗。

黑人女性

黑人女性可能经受与中产阶级欧裔女性性质不同的压力。具体来说，黑人女性压力大的原因包括极度贫困、居住面积小和社区犯罪（Black & Jackson，2005；Sue & Sue，2003；Wyche，2001）。黑人女性经常遭到歧视。例如，在一项调查中，80%的成年黑人女性说别人常令她们感到自卑（D. R. Brown et al.，2003）。

然而，黑人女性比欧裔女性具有某种优势，因为她们与配偶的关系在权利方面更加均衡（Black & Jackson，2005；R. L. Hall & Greene，2003；P. M. Hines & Body-Franklin，2005）。然而，如果黑人女性去见了一个信奉母权社会观点（参见第 8 章）的欧美医生，那么情况就不妙了（Baca Zinn & Eitzen，2002）。医生也要避免认为所有的黑人女性都是强大而开朗的（P. T. Reid，2000）。那种观点让医生相信他们的黑人病人不需要那么小心她们自己。另外，医生应该避免认为所有的黑人女性都很贫穷，因为她们当中越来越多的人是上中产阶级（Sue & Sue，2003）。

亚裔女性

我们在前面提到过，很多拉丁女性因祖国战乱成了难民。很多亚裔美国女性也是难民。她们从柬埔寨、老挝、斯里兰卡和东帝汶等有战乱的亚洲国家逃离（Bemak & Chung，2004；Lee & Mock，2005a；K. E. Miller & Rasco，2004b）。

不少亚裔美国人找不到英语和亚洲语言都流利的翻译（Mckenzie-Pollock，2005）。例如，在 20 世纪七八十年代，说赫蒙语的东南亚人移民到明尼苏达。现在，超过 45 000 名赫蒙族人住在明尼苏达圣保罗地区。诚如你所想象的，很少有翻译能说英语和赫蒙语，并理解这两种语言的精妙之处（Go et al.，2004）。

我们需要再次强调，亚裔美国人之间有很大的个体差异。许多亚裔家庭还受着传统观念里认为男性是家庭中最强大的成员的影响。这些家庭经常希望女性扮演一个被动、附属的角色（Lee & Mock，2005a；Mckenzie-Pollock，2005；Root，2005）。

许多研究人员努力寻找为什么亚裔女性不愿意接受心理治疗的原因。他们认为，亚裔和欧裔女性同样可能有心理问题（G. C. N. Hall & Barongan，2002；Lee & Mock，2005a，2005b）。然而，许多亚洲国家的一个重要价值观就是维持家庭的荣誉，不要使家人蒙羞。心理问题被认为尤为严重。结果，一个女人如果接受精神疗法就是承认她失败了（G. C. N. Hall & Barongan，2002；W. M. L. Lee，1999；Shibusawa，2005）。

许多亚裔精神健康中心努力推行一些项目，并且关注文化差异。这些中心在增加社区居民就医方面做得非常成功（G. C. N. Hall & Barongan，2002；Mckenzie-Pollock，2005）。

土著

在美洲土著和加拿大土著女性中，两个严重的精神健康问题就是酗酒和抑郁（G. C. N. Hall & Barongan，2002；Sutton & Broken Nose，2005；Tafoya & Del VecChio，2005；Waldram，1997）。许多理论家把这些问题归咎于早期美国和加拿大政府的一些举措（Sutton & Broken Nose，2005；Tafoya，2005；Tafoya & Del VecChio，2005）。比如，土著儿童被带出家庭，安置住校，在这里他们如果说自己的语言就会受到处罚（Tafoya，2005）。这些项目鼓励儿童融入加拿大的欧洲主流文化并且削弱部落老者的影响。

目前，失业和贫困在许多土著社会中非常普遍（Winerman，2004）。所有的因素结合在一起构成了高自杀率的部分因素。比如说，加拿大土著女性的自杀率比其他的加拿大女性更高（Statistics Canada，2000；Waldram，1997）。

Tawa Witko 是美国土著，获得了心理学博士学位。之后她回到南达科他州的保留地，和拉科塔苏族印第安人一起生活和工作。她提供精神治疗以及有关物质滥用和家庭暴力的咨询（Winerman，2004）。值得庆幸的是，有些欧裔美国医生可以在美国和加拿大土著社区里顺利工作。如果他们帮忙训练当地人从事心理健康医疗服务，工作会更有成效（Wasserman，1994）。

治疗有色人种女性的基本策略

许多医生为欧裔医生提出一些帮助有色人种女性技能的方法。其中的许多建议已经被融入了研究生培训项目中（American Psychological Association，2003；Aponte，2004；Cervantes & Sweatt，2004；R. L. Hall & Greene，2003；Mcgoldrick *et al.*，2005b；Sue & Sue，2003；Wyche，2001）。许多这种意见对所有的病人都适用，而不仅仅是有色人种女性。

1. 了解病人的过去，寻找可以协助咨询的长处和技能。

2. 表达对病人的理解、关注、尊重和欣赏。

3. 研究病人种族的历史、经历、宗教、家庭构成和文化价值观。

4. 要明白每个种族的文化构成各有不同。

5. 要注意有些移民和有色人种也许愿意融入欧美主流文化，但是其他人仍然愿意跟她们的文化保持密切联系。

6. 告诉病人，种族主义也许对她的生活有重要影响，试着判断病人对种族歧视有何反应。

7. 雇用双语的员工和来自相关种族背景的助手，招募其他的社区专业人士（比如学校教师）来帮助明确社区中的相关问题。 413

传统疗法和女性

医生用不同的理论观点来解决工作中的问题。一个医生的观念影响着他/她对待女性的态度、治疗过程中使用的技术和治疗的目标。我们将讨论两种传统的精神疗法：心理动力疗法和认知—行为疗法。我们将在这部分讨论药物疗法。

心理动力疗法

心理动力疗法是指起源于弗洛伊德在 20 世纪早期提出的心理分析理论的一系列方法。在治疗过程中，传统的心理分析要求"病人"畅所欲言，随意说出心中的想法，医生的作用就是去分析这些想法（Andreasen & Black，2001；D. Young，2003）。像弗洛伊德的心理分析一样，目前的**心理动力疗法**（psychodynamic therapy）主要研究自童年起的无意识的和无法解决的心理冲突。然而，当今的心理分析师比弗洛伊德更加强调社会交往（D. Young，2003）。

我们来讨论一下弗洛伊德与治疗相关的理论，因为这影响着我们关于女性和精神疗法的文化视角（Bornstein，2001）。有趣的是，弗洛伊德自己也承认女性问题是他著作的一个薄弱环节（Slipp，1993）。然而，当弗洛伊德的支持者在讨论他的理论时却很少提到这点。

现在弗洛伊德方法中的一些内容为关注女性心理健康的人提出了新问题（P. J. Caplan & Cosgrove，2004b；Chodorow，1994；Enns，2004a；Saguaro，2000）。

1. 在弗洛伊德的理论中，男性是人类的主要形式，而女性就不那么重要。

2. 根据弗洛伊德的理论，女性没有男性生殖器官导致她们经历了更多的羞耻和嫉妒，女性意识到她们比男性地位低下。弗洛伊德也认为女性的正义观还不成熟，因为她们没有完全处理童年的矛盾冲突。

3. 弗洛伊德理论认为对男性生殖器的嫉妒可以部分通过生孩子得到解决。如果一个女性决定不生孩子，可以认定她有心理问题。

4. 母亲负责照顾年幼的孩子。弗洛伊德理论认为，孩子的心理问题应归咎于母亲，但不肯定母亲与孩子互动中的积极部分。

5. 弗洛伊德没有谈到社会阶层或者种族的问题，尽管这些对女性生活经历有重要影响。

心理动力疗法的一个重要部分主要关注了童年关系和无意识影响力——帮助医生了解当前心理问题的因素。这种对无意识作用的强调本身并 414

没有歧视女性的倾向。然而，大部分的女权批评家争辩说我们刚刚列出的 5 点无法使女性变得更加自信或者心理更加健康。

许多现代心理动力学家重新定义了弗洛伊德的一些基本概念。你也许想多了解一些女权主义的理论（Brabeck & Brabeck, 2006; Chodorow, 1999; Enns, 2004a; Jordan, 2000; Saguaro, 2000）。

认知—行为疗法

认知—行为疗法（cognitive-behavioral therapy）认为心理问题是由不恰当思维（认知因素）和不恰当学习（行为因素）引起的。这种理论鼓励病人尝试新的行为方式（Powers, 2002）。比如，医生鼓励一个抑郁孤独的女性在下一周主动发起至少 5 次社交活动（Andreasen & Black, 2001）。这种认知—行为疗法也要求病人去质疑他们任何非理性的思维模式。比方说，假如一个女性因为自己缺乏社交技能而感到压抑。医生可以帮助女性从另外的角度来看待这个问题，比如"今天我的朋友跟别人吃饭并不意味着我是个失败者"。一项可信的研究论证了认知—行为疗法（CBT）在缓解抑郁方面和药物一样有效（Craighead et al., 2002; Hollon & DeRubeis, 2004; Worell & Remer, 2003）。

另外，认知—行为疗法经常被用来治疗饮食失常（e.g. Kalodner, 2003; Wilfley & Rieger, 2003）。针对易饿症患者做的研究表明，认知—行为疗法比一直作为标准疗法的抗抑郁药更加有效（Agras & Apple, 2002; C. T. Wilson & Fairburn, 2002）。比如，认知—行为论医生也许会帮助病人采用一些行为策略来降低强迫进食和有关体形的无意识的想法（M. Cooper, 2003; Kalodner, 2003）。医生会与病人一道把一些负面的评述（比如我的大腿看起来太恶心了）改变成更为中性

的评价（比如我的大腿是我身上最重的部分）。

认知—行为疗法对男同性恋和女同性恋也有益。例如，这种疗法可以帮助女同性恋处理好与歧视同性恋的熟人的关系（C. R. Martell et al., 2004）。而且，许多认知—行为原则可以和女权主义理论结合在一起（Worell & Remer, 2003）。不久我们就会讨论到，大部分的认知—行为医生致力于改变病人的个人行为和不恰当的想法（Enns, 2004a）。他们通常不与病人讨论社会上广泛存在的性别歧视问题。

药物疗法

正如在前面提到的那样，药物疗法通过使用药物来治疗心理问题。我们在本章的重点是精神疗法，但是其他的渠道也提供了关于药物疗法的相关信息（e.g. Dunivin, 2006; Gitlin, 2002; Shatzberg et al., 2003）。

女性比男性更多地使用镇定剂和抗抑郁剂（Nydegger, 2004; Travis & Compton, 2001）。然而，这些药品也许更适于治疗女性的心理问题。不幸的是，当前的研究没有检验医生是否给女性病人开药过多。

在当前，药物疗法是治疗严重心理疾病的一个重要组成部分（Gitlin, 2002; Mann, 2005; Shatzberg et al., 2003）。在很多情况下，药物可以使有严重心理问题的病人更愿意接受治疗。然而，医生必须要谨慎选择药品并且与病人进行讨论。医生和治疗师必须检测所有药品的用量和副作用（Dunivin, 2006; Sramek & Frackiewicz, 2002; "治疗抑郁", 2004）。另外，医生必须强调病情严重到要吃药的病就要接受精神疗法（P. J. Caplan & Cosprove, 2004b; Dunivin, 2006）。在往下读以前，读一读专栏 12.3。

专栏 12.3　喜欢哪种医生

想象一下你从大学毕业，私人生活出现了问题，因此你想去咨询一位医生。你觉得问题不是很严重。然而，你想通过跟一位精神医师谈话来理清自己的想法和情绪。以下的列表描述了一些医生的特征和治疗方法。在你认为医生需要具备的特征前面做标记。当你完成的时候，查看本章末尾的答案来看看对你回答的解释。

1. 我希望医生认为，传统的性别角色可以摈弃。

2. 我希望医生帮我找出社会中导致我这种问题出现的原因。

3. 我希望医生认为，在治疗过程中医生和病人应该权利相当。

4. 我的医生应该相信，女性和男性一样有魄力，男性和女性一样有同情心。

5. 我希望医生了解关于女性和性别的研究。

6. 我希望在合适的情况下，医生能谈谈自己相关的经历。

7. 我希望医生在治疗过程中谈除性别外的相关问题，比如年龄、社会阶层、种族、残疾和性取向。

8. 我的医生应该鼓励我发展一段双方比较平等的关系。

9. 我希望医生不要用带有性别偏见的模式来与我交往。

Source：Based on Enns（2004a）.

女权主义疗法

我们已经审视了心理动力疗法、认知—行为疗法和药物疗法如何应用在治疗心理疾病的过程中。然而，女权主义者强调精神疗法必须要关注性别问题。

大部分医生也许相信，治疗方法是没有性别之分的。根据**非性别歧视疗法**（nonsexist therapy）的原则，女性和男性应该受到平等对待（Worell & Johnson，2001；Worell & Remer，2003）。非性别歧视疗法理论强调，医生在与男女病人的交往中，不应带有性别偏见。另外，医生应该了解当前关于女性心理和社会上性别歧视的普遍性的相关研究（Enns，2004a）。然而，女权主义疗法比非性别歧视疗法更进一步——去解决这些社会中的不平等现象。专栏12.3强调了女权主义疗法和非性别歧视疗法的异同。

女权主义疗法（feminist therapy）有3个重要的组成部分：（1）病人不应该受到性别歧视；（2）社会不平等对女性行为的形成负有责任，因此个人的也是政治的；（3）病人和医生间的权利应该平等分配（Slater *et al.*，2003；Symanski，2003；Worell & Remer，2003）。很多新近出版的书籍和材料讲述了女权主义心理治疗的理论和实践（e.g.，Ballou & Brown，2002；Enns，2004a；R. L. Hall & Greene，2003；Marecek，2001b；Silverstein & Goodrich，2003；Worell & Johnson，2001；Worell & Remer，2003）。让我们分析一下女权主义疗法是如何解决两个中心问题的：社会压力和心理治疗中的权力。

女性疗法的许多原则描述了北美文化是如何

贬低女性的（Brabeck & Ting，2000；Enns，2004a；Goodrich，2003；Marecek，2001b；Nolen-Hoeksema，2003；Rastogi & Wieling，2005；Szymanski，2003；Tien & Olson，2003；Worell & Remer，2003）。让我们来分析这些重要的原则：

1. 女权主义疗法医生认为，在我们文化中女性占有弱势，因此女性处于相对低下的地位。女性其实有很多优势，她们的主要问题不是内在的个人缺陷；相反，这些问题主要是社会问题，比如说性别歧视和种族歧视。

2. 男性和女性在家庭和其他社会关系中应该权利均衡。

3. 社会上的男权状况要有所改变，女性不该被迫通过变得更加安静和顺从来适应这个男权社会。

4. 我们要致力改变这些贬低女性的制度，包括政府机构、司法体系、教育体系和家庭结构。

5. 针对种族、年龄、性取向、社会阶层和残疾人的不平等问题都要解决，性别不是唯一重要的不平等。

另外一个女权主义疗法的重要构成主要讨论了治疗关系中的权力问题。在传统精神疗法中，医生比病人的权限更大。比较而言，女权主义疗法强调更为平等的交流（Enns，2004a；Gilbert & Scher，1999；Mahalik *et al.*，2000；Marecek，2001b；Sommers-Flanagan & Sommers-Flanagan，2003；Szymanski，2003）。以下就是协调女权主义疗法中权力分配的一些方法。

1. 只要有可能，医生就应该尽力提高在治疗关系中病人的权限。毕竟，如果女性病人在治疗中被摆在一个从属的位置，这种状况就加强了女性在社会中地位低下的状况。

2. 在治疗过程中，应该鼓励病人成为更加自信和独立的个体，而且培养她能够帮助自己的技能。

3. 医生认为病人（而不是医生）最了解病人自身的状况。

4. 恰当的时候，女权主义医生可以分享他们的生活经历，进一步降低权利差异。当然，医生的主要任务是倾听和思考，而不是说。

女权主义疗法在鼓励病人分析她们的心理问题和开发个人能力上是一个强大的工具。然而，目前我们在分析女权主义疗法的有效性方面的研究还远远不够。我们了解到，认为自己是女权主义者的患者遇到一个女权主义的医生时满意度就

更高（Marecek，2001b）。在其他的研究中，病人认为她们的自尊、个人权利和社会参与度都随着与持女权观念的医生接触而得到提升（Worell & Johnson，2001；Worell & Remer，2003）。

理想的状态是所有的医生都尊重女性的价值观并且努力实现与病人的平等关系。Szymanski 和她的同事（2002）发现，仅有四分之一的男医生认为自己属于女权主义者。幸运的是，几位男性医生提到了在与男病人打交道的时候，女权主义疗法是如何起作用的（G. R. Brooks，2003；Rabinowitz & Cochran，2002）。医生应该致力于提高人类的心理健康。许多医生忽视了女性有同样获得心理健康的权利，这不令人感到困惑吗？为什么没有更多的医生，以及更多的心理学家，积极支持女权主义政治家、性别平等的立法和更广泛的性别平等呢（Nolen-Hoeksema，2003）？

小结——治疗女性的心理失常问题

1. 焦虑性障碍是第三种常见于女性的心理疾病，包括某些恐惧症和恐慌症。

2. 性别偏见可能导致医生错误地诊断心理失常问题，并且用性别歧视的方法治疗病人。

3. 一个明显的违反道德准则的行为就是医生跟病人发生性关系。

4. 为了治疗女同性恋和女双性恋患者，医生必须要意识到性别歧视和异性恋歧视的问题。

5. 很多低收入女性无法负担心理治疗费用，而且有些医生会用带有阶级偏见的方式治疗病人。

6. 有色人种的人比欧美人更少使用心理辅导。医生必须要意识到不同种族之间的差异。

7. 医生可以通过一系列的方法来提高自身帮助有色人种女性的技能，包括研究病人的经历以寻求其个人优势，更多地了解她的种族，并且意

识到这个种族中的多样性。

8. 心理分析疗法是建立在弗洛伊德理论基础上的。这个理论强调了童年经历和潜意识斗争。弗洛伊德理论以男性为范本，认为女性是相对幼稚的，女性应该对她们孩子的心理问题负责。

9. 认知—行为疗法强调了重新构建不恰当的想法并且改变行为。这对治愈抑郁、饮食失常和其他心理问题是非常有效的。

10. 药物疗法有时候可能起作用，但是必须要谨慎使用。

11. 非性别歧视疗法对男性和女性采用相似的疗法来治疗，并且试图避免性别偏见。

12. 女权主义疗法建议：（1）医生必须采用非性别歧视疗法；（2）社会不平等导致了女性行为的形成；（3）医生和病人之间的权利分配要相当。

本章复习题

1. 描述抑郁的主要特征。什么样的性格容易导致抑郁？根据这些特征，请描述一名不容易患

抑郁的女性。

2. 哪些因素可以解释抑郁症在女性中的多发？这些因素与文化和社会力量有何关系？

3. 讨论一下厌食症和易饿症的典型特点，以及它们带来的健康后果。解释为什么这两种疾病的患者更容易抑郁。暴食和其他两种饮食失常有什么差别？

419

4. 描述一下"苗条文化"。它如何导致饮食失常？什么样的女性最可能抵抗这种文化模式？

5. 讨论种族和身体特征的相关信息。然后总结有色人种女性带给心理疗法的特有问题。为什么医生要强调每个种族内部的个体差异？

6. 很多女性想要减肥并不再反弹。谈一谈为什么超重和节食让这些目标如此困难。

7. 根据你在本章读到的东西，弗洛伊德的传

统疗法给那些倾向非性别或者女权主义的方式提出了哪些问题？

8. 想象一下你是一个女权主义医生，病人是一个严重抑郁的女性。想象一个符合上述描述的人，指出你如何使用女权主义疗法的某些原则来促进她的恢复。社会阶层在此情况下有何相关性？

9. 许多医生喜欢用折中的方法来治疗心理疾病，他们把多种疗法的元素结合起来。如果你是一名医生，你如何把认知—行为疗法和女权主义疗法的因素结合起来？

10. 在本章，我们着重讨论了心理疾病问题。有些医生指出心理医生应该更加强调个体如何达到积极的心理状态而不仅仅是避免失常。根据在本章学到的知识，描述一名心理健康的人的性格特征。

关键术语

＊心理失常（psychological disorders，390）

＊反社会人格失常（antisocial personality disorder，390）

＊重度抑郁症（major depressive disorder，391）

沉思式（ruminative style，396）

＊神经性厌食症（anorexia nervosa，399）

＊闭经（amenorrhea，399）

＊神经性易饿症（bulimia nervosa，400）

＊暴食（binge-eating disorder，400）

苗条文化（culture of thinness，401）

焦虑性障碍（anxiety disorders，406）

特定对象恐惧症（specific phobia，406）

恐慌症（panic disorder，406）

＊心理疗法（psychotherapy，406）

＊药物疗法（pharmacotherapy，407）

＊性别歧视（sexual prejudice，408）

＊异性恋主义（heterosexism，408）

精英主义（myth of meritocracy，409）

＊心理动力疗法（psychodynamic therapy，413）

认知—行为疗法（cognitive-behavioral therapy，414）

非性别歧视疗法（nonsexist therapy，416）

女权主义疗法（feminist therapy，416）

注：标有 ＊ 的术语是 InfoTrac 大学出版物的搜索术语。你可以通过网址 http：//infotrac.thomsonlearning.com 来查看这些术语。

推荐读物

C. Z. Enns（2004）. *Feminist theories and feminist psychotherapies*（2nd ed.）. NY：Haworth. 卡

罗琳·恩斯这本书的最新版本涵盖了各种女权主义理论和女权主义治疗方法。她还收录了自测题，帮助读者明确自己对这些治疗方式的态度。

Kalodner，C. R.（2003）. *Too fat or too thin? A reference guide to eating disorders*. Westport，CT：Greenwood。我向所有想了解饮食失调的人推荐这本书。本书还详细描述了导致北美人强调苗条的社会文化因素。

420 McGoldrick，M.，Giordano，J.，& Garcia-preto，N.（Eds.）.（2005）. *Ethnicity and family therapy*（3rd ed.）. New York：Guilford。本书内容涉及 40 多个种族，包括菲律宾人、亚美尼亚人、巴西人和希腊人等。每一章都谈到了家庭特征、价值观和与治疗相关的问题。

Nolen-Hoeksema，S.（2003）. *Women who think too much：How to break free of overthinking and reclaim your life*. New York：Holt。Susan Nolen-Hoeksema 为身患抑郁症的女性写了一本精彩的书。这本书主要介绍减轻忧虑的方法。

Worell，J.，& Coodheart，C. D.（Eds.）.（2006）. *Hand book of girls' and women's psychological health：Gender and well-being across the life span*. New York：Oxford。我强烈建议大学和社区图书馆收藏这本手册。本书包括介绍心理疾病的章节，如抑郁症和其他严重的心理问题。全书的 50 个章节涉及了少女和女性生活的方方面面。

专栏的参考答案

专栏 12.3

看一下你的答案，如果你选择了第 1 项、第 4 项、第 5 项、第 9 项，那你倾向于认可非性别歧视疗法。如果你所选项目的个数接近 9 个，那么你除了倾向非性别歧视疗法，还认可女权主义疗法。

判断对错的参考答案

1. 错；2. 错；3. 错；4. 对；5. 错；6. 错；7. 对；8. 对；9. 对；10. 对。

第13章

针对女性的暴力

422　**判断对错**

_____1. 从法律角度给"性骚扰"下定义的人一定表达了某种程度的性喜好。

_____2. 曾经遭受性骚扰的女性说这种经历使人不快，但是对她们没有长期的精神影响。

_____3. 在大多数调查中，男性比女性更能容忍性骚扰。

_____4. 估计有 20% 的北美女性是强奸的受害者。

_____5. 声称害怕夜间独自行走的女性是男性的 2 倍。

_____6. 绝大多数强奸的受害者在此之前都和强奸她们的人熟识。

_____7. 根据一项研究，所有精神稳定的男性都说他们永远不会考虑强奸妇女。

_____8. 很多受过虐待的妇女说，心理虐待比生理虐待更痛苦。

_____9. 失业增加了虐待配偶的可能性。

_____10. 大部分虐待关系可以得到改善，但是如果情况严重或者持续存在时就推荐进行治疗。

在美国，大约 50 万女性是农民工，靠在田地里采摘水果、蔬菜赚取微薄的收入。不幸的是，女农民工受到性骚扰和性侵犯的几率是其他女工人的 10 倍。比如，Olivia 是加利福尼亚州的农民工，她屡次遭受监工的骚扰和侵犯。这名监工叫 Rene，也是墨西哥裔美国人。他说要开车送她去工作地点，然后就强奸了她。他还在 Olivia 的丈夫外出工作时来到她家，再次强奸她，并威胁如果走漏风声就杀掉她。Olivia 向主管报告了这些事情，但是上司们说她没有证据。女农民工遭受性侵犯的事情非常普遍，艾奥瓦州的一名女性对律师说："我们以为在美国，要想保住工作，就必须得上床"（Clarren，2005，p. 42）。

Olivia 的故事描述了性骚扰和性侵犯，也就是本章的两个话题。性骚扰、性侵犯和针对女性的虐待有很多重要的共同点。很明显，这三者都涉及某种程度的暴力——不管是身体的还是精神的。

另外，在这三种情况中，男性比女性拥有更多的控制权。性侵犯者通常是在工作或学术环境中掌握权力的人（DeSouza & Fansler，2003；Foote & Goodman-Delahunty，2005）。在强奸和虐待中，男性的身体力量更大。人们在一生中都会接触到这些关于力量和性别的信息。从某种意义上说，性骚扰、强奸和虐待女性都是传统性别角色的悲剧性夸张。

另外一个相似点是关于权利，我们曾经在第 7 章"女性与工作"中讨论过。在我们的文化中，许多男性有**特权**（entitlement）**感**；因为他们是男性社会团体的成员。他们认为自己同女性交往的时候，应该享受某种"特权"和回报（Baumeister et al.，2002；A. J. Stewart & McDermott，2004）。比如，一个高级行政人员认为自己有爱抚秘书的权利；大学男生强暴了女朋友之后可能觉得满不在乎；如果妻子下班回家晚了，丈夫认为打她一顿是理所当然的。

另外，女性在这三种情况下受到暴力侵犯后会感觉更加无能为力。她们被迫接受多余的性关注，或者身体受到虐待或殴打。无能为力成为本书的一个主题的变异：女性经常受到区别对待。

不幸的是，女性常常隐瞒对她们实施的暴力。法律过程常常使人尴尬和羞愧，它们进一步侵犯了女性的隐私权。所有这些暴力行为都促使女性更加沉默，更加受到忽视（Foote & Goodman-Delahunty，2005；T. S. Nelson，2002）。女性受到忽视是我们在这本书中反复讨论的问题。

这 3 种情况中的另外一个相似点就是人们通常埋怨受害者（T. S. Nelson，2002；J. W. White et al.，2001）。一个女性受到性骚扰是因为"那些紧身裤导致的"。女性被强奸的原因是她的诱惑行为，"她活该"。女性被殴打的原因是"她做了让她丈夫生气的事情"。比较而言，攻击者却被认为表现得"像任何一个正常男人"。尽管人们的态度在改变，攻击者受到的责备却很少。

423

性骚扰

性骚扰（sexual harassment）指的是有害的与性相关的行为，比如性强迫、冒犯性的性关注，或者在语言和行动上有敌意的针对性的行为（Fitzgerald *et al.*，2001；Gutek *et al.*，2004）。大部分的性骚扰发生在工作场合或学校里。调查显示，女性遭到性骚扰的几率是男性的 2～7 倍（Foote & Goodman-Delahunty，2005）。

美国司法系统现在禁止两种形式的性骚扰。第一种是**交换式骚扰**（quid pro quo harassment），就是掌权人明确指出地位较低的人为了在课程中拿高分、获得工作或升职等，必须要提供性贿赂（Gutek *et al.*，2004；M. A. Paludi，2004；Woodzicka & LaFrance，2005）。

第二种形式的性骚扰，也叫做**敌对环境**（hostile environment），指的是学校和工作环境如此让人害怕和紧张以至于学生或者职员不能高效地工作（Fitzgerald *et al.*，2001；Foote & Goodman-Delahunty，2005；M. A. Paludi，2004）。在你往下读以前，看一下专栏 13.1，这是帮助你了解自己对性骚扰的态度的测试。

专栏 13.1　对性骚扰的态度

按照下面的级别，给有关性骚扰的 6 个陈述分级，然后对照本章末的答案。

1	2	3	4	5

完全不同意　　　　　　　　　　　　　　　　　　　　　　　　　　　　完全同意

_____ 1. 性骚扰明显与权力有关。
_____ 2. 女性常常通过诱使教授或导师对她们产生"性"趣来获得较高的成绩。
_____ 3. 女性缺乏幽默感，所以把课堂上与性有关的议论和玩笑看得很严重。
_____ 4. 做出性骚扰指控的女性，大多数都确实受过害。
_____ 5. 女性常常用自身的魅力去挑逗教授和导师。
_____ 6. 男性教师或导师提出性暗示后，如果女性说"不"，他就应该意识到，她确实不愿意。

Source：Based on Mazer and Percival (1989) and Kennedy and Gorzalka (2002).

让我们考虑性骚扰的几个例子，以便能够了解这个问题的多样性。

1. 交换式的性强迫。Anna 和她的上司 Jason 一起出差。旅途中，Jason 总是说有关性的话题，并不断揉搓 Anna 的肩膀和颈部。她没有做出反应，于是他让她放松一点。之后，Anna 问到公司里是否有晋升机会。Jason 回答："若想让我推荐你，你就得放松点，对我好一点。"他随后搂住 Anna 的腰说："记住，我可以让你过得很轻松，也可以让你很难熬"（Foote & Goodman-Delahunty，2005，p.54）。

2. 学校里的敌对环境。在田纳西的一所大学里，一名教授犯罪学的老师被指控亲吻和拥抱数名女学生。他说的话也非常无礼，比如，他对一名女生说只有和像他这样的已婚男人上床之后，她才会知道什么是真正的快乐（R. Wilson，2004，p. A12）。注意，这个例子不属于交换式性强迫的范畴，因为这名教师没有说明性行为可能带来的学术回报。

3. 工作中的敌对环境。在一项针对黑人女消防队员的研究中，有 90% 的人说她们在工作中受到过非自愿的性挑逗和玩笑（J. D. Yoder &

Aniakudo，1996）。她们还声称她们的男同事也常常恶作剧，比如把糖浆倒入她们的消防靴内，或者在她们方便的时候突然闯入卫生间。性别歧视和种族主义共同作用，使这些女性陷入敌对环境中。

这部分分析了男性如何对他们认为是异性恋的女性实施性骚扰。记住，同性恋女性也可能遭遇性骚扰，比如，来自地位高于自己的男性或者女性。男性也可以受到来自男性或者女性的性骚扰。然而，最普遍的情况是，男性骚扰女性（De-Four et al.，2003；Foote & Goodman-Delahunty，2005；Hambright & Decker，2002）。

你可能读过关于女性从小学到大学一直受到男同学骚扰的报道，女性在工作中也可能受到同事的骚扰（Duffy et al.，2004；Strauss，2003）。另外，女性在公共场所也可能受到口哨或者明显带有性评价的骚扰。这些形式的性骚扰当然令人烦恼。不过在本章，我们将重点考虑女性受到地位更高的男性骚扰的两种情况：（1）大学中，教授骚扰学生；（2）在工作中，上级骚扰员工。两种情况都提出了具体问题，因为他们包含了权力的不平等和女性同骚扰者之间的长期关系。

为什么性骚扰是一个重要问题

性骚扰之所以重要，是因为以下几个原因（Foote & Goodman-Delahunty，2005；T. S. Nelson，2002；Norton，2002；M. A. Paludi，2004；Piran & Ross，2006）：

1. 性骚扰强调了在我们的社会中，男性通常比女性掌控更大的权力。

2. 性需求通常是强迫性的，因为女性被许诺，如果她们顺从就会得到经济或者学业上的好处，如果不同意就会有严重后果。

3. 性骚扰剥夺了女性的人性，把她们作为性玩物。女性首先是被作为性工具而不是聪明、有技能的员工或者学生。

4. 女性经常被迫成为沉默的牺牲品，因为恐惧或者为了保住工作、维持学业。

5. 如果性骚扰发生在公共场所，没有受到上级的指责，那么许多的旁观者会认为这种行为是可以被接受的。

性骚扰发生的频率

很难估计性骚扰发生的频率。性骚扰的界定不清晰。并且，人们不愿意使用"性骚扰"这个说法，尽管她们遇到了明显的骚扰（M. A. Paludi，2004）。另外，许多人不会报案（Fitzgerald et al.，2001；Norton，2002；Wenniger & Conroy，2001）。

大学校园里关于性骚扰的研究表明，大约20%～40%的女本科生和女研究生被骚扰过（Dziech，2003；Frank et al.，1998）。美国和加拿大的工作场所性骚扰发生率各不相同，主要看雇用环境的不同。受雇于传统男性职业的女性更容易受到性骚扰（DeSouza & Fansler，2003；Foote & Goodman-Delahunty，2005）。比如，军队中的女性经常遭到性挑逗、违背意愿的触摸和被占便宜。根据一项研究，50%～75%的部队女性说她们受到过性骚扰（T. S. Nelson，2002；J. D. Yoder，2001）。战争期间，军队中的性骚扰则更普遍（Gluckman et al.，2004）。

性骚扰不仅仅存在于北美。英国、德国、荷兰、巴基斯坦、印度、阿根廷、土耳其等地区都存在这种情况（Hodges，2000；Kishwar，1999；M. A. Paludi，2004；J. Sigal et al.，2005）。在所有的文化中，一个共同的发现是，只有一小部分女性选择说出来（Fitzgerald et al.，2001）。

女性对性骚扰的反应

性骚扰对女性不是小问题，它可以改变人的生活。如果一个女性拒绝她老板的要求，她就会在工作中受到负面评价、被降职或是换工作。她可能被解雇或者遭受辞职的压力（Foote & Goodman-Delahunty，2005；Kurth et al.，2000；T. S. Nelson，2002）。在学校受到骚扰的女性可能会辍学或者逃骚扰者的课（Duffy et al.，2004；Fogg，2005）。

女性对性骚扰的情感反应是什么呢？大部分的女性感到焦虑、恐惧、自我怀疑、窘迫、无助和压抑。她们会觉得羞辱，好像她们该对骚扰负责

似的（Fogg，2005；Foote & Goodman-Delahunty，2005；T. S. Nelson，2002；Shupe et al.，2002；Woodzicka & LaFrance，2005）。比较而言，女性在受到犯罪的侵害，比如说抢劫的时候，就不觉得该为此负责。可以理解，受到性骚扰的女性对自己的学业和职业不那么自信（Duffy et al.，2004；Dsman，2004）。一般的生理反应包括头痛、饮食失常、物质滥用和睡眠不良（Foote & Goodman-Delahunty，2005；Lundberg-Love & Marmion，2003；Piran & Ross，2006）。

公众对性骚扰的态度

Susan Bordo（1998）回忆了她当研究生时的一次性骚扰经历。在挤满学生的教室门口，她的教授一边拍着她的臀部一边大笑着说："该上课了，亲爱的。"当她跟她的男性好友描述这件事的时候，他们对此不以为然。他们回答说："当然，还想怎么样呢？你穿的又不跟尼姑一个样"（p. B6）！

在北美和世界范围内，男性比女性对性骚扰持更加开放的态度（De Judicibus & McCabe，2001；Dziech，2003；Russell & Trigg，2004；Sigal et al.，2005）。比如，Kennedy 和 Gorzalka（2002）让加拿大一所大学的学生填写了一份有关性骚扰的问卷，其中的 19 道题和专栏 13.1 的类似。他们发现，和男性相比，女性更倾向于认为性骚扰是严重的问题。

如何应对性骚扰

我们应该如何解决性骚扰这个问题？让我们分别看看个人和相关机构能够为此做些什么。

个人反应

一个女性受到性骚扰后该怎么办？以下是对担心在学校受到性骚扰的女性的建议（Fogg，2005；M. A. Paludi，2004）：

1. 了解学校对于性骚扰的政策，并且知道谁负责处理这类事件。

2. 如果无法理解一位教授的行为，那么就与你信任的人客观地分析这个情况。

3. 如果问题一直存在，考虑直接告诉骚扰者说你觉得不舒服。另外一个策略就是给骚扰者写封信。描述这件事的前因后果，表达你的抗议，并且明确说明你希望这个行为能够停止。许多的骚扰行为不能得到法律处罚，除非骚扰者曾被警告他的行为不恰当。

4. 记下所有的事情，并且给往来的信件备份。

5. 如果问题持续下去，就向学校的官员报告这件事。如果学校没有采取行动，在事件以后还发生相似的事件，那么学校就应该为此负责。

6. 加入校园中的女性团体，或者筹备成立一个。一个强有力的支持团体应该鼓励给女性真正的权利，降低其他学生遭遇性骚扰的可能性，并在这些重要问题上帮助改变学校的政策。

这 6 点建议对工作场所也适用，职业女性可以采用相似手段来避免性骚扰。如果骚扰者屡教不改，那么警告对方说你要向上级汇报也许有用。雇员可以向上级、工会组织领导或者人力资源部门递交一份正式汇报。适当的法律咨询也是必要

的。幸运的是，美国最高法院的裁定规定，不管公司知情与否，雇主要对上级骚扰员工承担经济赔偿（Fitzgerald *et al*.，2001）。

有些递交性骚扰诉讼的女性会发现，她们的申诉是被严肃而认真对待的。然而，很多人会受到来自于学校管理人员或者公司官员的漠然回应（Foote & Goodman-Delahunty，2005；T. S. Nelson，2002；Reese & Lindenberg，1999）。她们会被告知整件事只是误会，或者骚扰者权高位重，因此这件"小"事应该被忘记。许多女性说，她们在这件事后觉得孤独或者被排挤。

学习女性学的学生说性骚扰完全没有公平可言。这种观点是完全正确的。女性本不应该遭受性骚扰的痛苦和尴尬，本不该面临工作效能的降低，并且在许多情况下，发现管理者、上级和司法体系并不支持自己。

男性如何帮助女性

关注女性和女性问题的男性可以提供部分帮助。首先，他们自己要避免可能被认为属于性骚扰的行为。另外，男性在看到其他男性有这种行为时应该站出来。骚扰者如果意识到其他的男性反对他们的行为，基本上会停止性骚扰行为。另外，男性主管或顾问可以支持性骚扰受害者（T. S. Nelson，2002）。

如果你是一名男性，正在阅读本书，那么设想一下，如果一名女性被你的朋友骚扰，你会怎么做。对他说"女性不愿意听他评论她的身材"很不容易。但是，如果你保持沉默，他就会认为你认同了他的行为。你还可以为遭受性骚扰的女性朋友提供支持和帮助。

社会对骚扰问题的反应

男性和女性都要对性骚扰采取行动。然而，为了更有效地禁止性骚扰，相关机构必须要致力于解决这个问题（Foote & Goodman-Delahunty，2005；C. A. Paludi & Paludi，2003）。比如，军队中的女性称，她们的上级没有将性骚扰当做必须杜绝的严重事件对待（Firestone & Harris，2003；T. S. Nelson，2002）。很明显，许多官员并没有明确地禁止性骚扰。

大学和公司需要制定明确的有关性骚扰的政策（Foote & Goodman-Delahunty，2005；C. A. Paludi & Paludi，2003；Wenniger & Conroy，2001）。他们应该公布这些政策和规定，并且针对性骚扰的问题组织研讨会，由高层管理人员参加。学生和员工应该知道他们受到性骚扰之后该如何处理。

大众的观念也需要有所转变。人们应该意识到，作为性骚扰受害者的女性不应遭到责难。人们也应该认识到，性骚扰限制了女性在工作和学校中的权利和机会。男性需要认识到，女性通常不喜欢不请自来的性关注。另外，男性认为的调情在女性看来很可能是性骚扰（Norton，2002）。有些骚扰女性的男性并不认为他们带来了麻烦。其他的则认为，其他的男性认同他们的行为，他们就可以心安理得地这么做了。

然而，真正的问题在于男女之间权力的不平等分配。如果我们想彻底根除性骚扰，就不仅仅要使骚扰者改变他们的行为。我们需要改变导致性骚扰发生的权力不平等分配。

▌ 小结——性骚扰

1. 性骚扰、强奸和虐待都与暴力和权力不平等分配有关——这种情况下男性认为他们拥有某种特权。所有这些行为使得女性更加脆弱，受到忽视。女性也常被指责为是暴力的始作俑者。

2. 两种形式的性骚扰是：（1）交换式骚扰；（2）导致敌对环境的骚扰。

3. 性骚扰是一个重要的问题，因为：（1）它加重了性别不平等；（2）它是强迫性的和降低人格的；（3）它迫使女性成为沉默的牺牲品；（4）它可以使旁观者认为性歧视行为是可以接受的。

4. 性骚扰经常发生在大学校园和工作中，特别是在传统男性职业中更普遍。

5. 遭受性骚扰的女性经常辞职或者辍学，她们经常感觉焦虑、恐惧、难堪、压抑、羞愧、自信下降，并有某些生理症状。

6. 男性比女性对性骚扰更加容忍。

7. 当我们考虑如何降低性骚扰时，我们不仅要强调男性和女性的个人行为，学校和企业也应该出台明确的政策，大众必须了解性骚扰，以及社会中权力不公平分配的问题。

 # 性侵犯和强奸

430

性侵犯（sexual assault）是一个广泛的定义，包括了性行为和其他形式的非自愿的性接触。性侵犯通常伴随着心理强迫以及身体威胁（O. Barnett *et al.*, 2005）。比如，一个男性说："如果你真的爱我，就跟我上床。"或者他威胁说如果对方不答应，他就打断她的手臂。

强奸则是一种更为具体的性侵犯。**强奸**（rape）可以被定义为不经个人的允许，通过暴力或者威胁手段实现的性行为，或者在受害者不能表达同意时强迫发生的性行为（Tobach & Reed, 2003; Wertheimer, 2003; Worell & Remer, 2003）。我们在这里主要讨论强奸。但是，性侵犯这个广泛的定义能帮助我们了解男性统治女性生活的多种方式（J. W. White & Frabutt, 2006）。

虽然有些强奸是陌生人发起的，但强奸犯更可能是熟人（Koss, 2003; J. W. White & Frabutt, 2006）。换言之，害怕被强奸的女性应该更加警惕熟人而不是陌生人。

丈夫也可能强奸妻子。根据估计，大约有10%～20%的妻子曾经被丈夫或者前夫强奸过（Herrera *et al.*, 2006; Koss, 2003）。不幸的是，世界上只有17个国家认为婚内强奸是一项犯罪行为（Women in Action, 2001）。

强奸的发生率在不同文化中有所不同。在女性从属于男性的文化中，强奸通常更为多发（Sanday, 2003; J. W. White & Post, 2003）。近年来，入侵的士兵经常强奸孟加拉国、阿富汗、塞浦路斯、危地马拉、秘鲁、索马里、乌干达、卢旺达和波斯尼亚地区的妇女（Agathangelou, 2000; Barstow, 2001; Borchelt, 2005; Hans, 2004; Nikolic-Ristanovic, 2000）。例如，苏丹达尔富尔地区有200万人被迫离开家园，迁往难民营。这些难民营中的妇女需要长途跋涉去收集做饭用的柴火。入侵的民兵寻找这些妇女，并经常强奸她们（Doctor Without Borders, 2005; Obama & Brownback, 2006）。因此强奸既是战争武器，也是对女性进行性攻击的手段（Agathangelou, 2000; Lalumiere *et al.*, 2005）。

强奸发生的频率

正如你能想象的那样，估计强奸发生的频率是不容易的。原因之一就是各项调查对强奸和性骚扰的定义不同（Hamby & Koss, 2003）。另一个原因是，女性不愿意在调查中承认自己曾经被强奸。而且，只有一部分受害者选择报警。比如，在美国，根据调查团体的不同，只有5%～20%的受害者选择报警（Bachar & Koss, 2001; Herrera *et al.*, 2006; J. W. White *et al.*, 2001）。

在美国，每年警察局接到90 000起强奸案的报案（U. S. Census Bureau, 2001），当然，这比实际案发数量少得多。目前美国和加拿大估计有15%～25%的女性在一生中的某个时间曾经遭到强奸（Felson, 2002; Herrera *et al.*, 2006; Rozee, 2005; Tjaden & Thoennes, 2000; J. W. White & Frabutt, 2006）。这个数字明确说明，强奸是北美女性面临的一个重要问题。

继续阅读之前，请做专栏13.2来评测一下你对强奸的了解。然后参照本章末尾的答案。

专栏 13.2　关于强奸的知识

以下就是关于强奸的一些论述，把你的答案写在空白处。

　　　　　　　　　　　　　　　　　　　　　　　　　　　　对　　　错

1. 女性与男性发生性关系后，经常说她们被强奸了以维持名誉。　——　——
2. 女性往往无法抵御攻击者以避免被强奸。　——　——
3. 男性强奸的原因是他们无法控制自己的性欲望。　——　——
4. 大部分女性私下里希望被强奸。　——　——
5. 大部分被强奸的女性没有报案。　——　——
6. 一个有过性经历的女性被强奸不会受到伤害。　——　——
7. 女性穿着性感就是在引诱他人犯罪。　——　——
8. 大部分报案的性骚扰事实上就是性骚扰。　——　——
9. 性骚扰通常在远离女性居住地的偏僻地方发生。　——　——
10. 你可以通过一个人的外貌和举止来判断该人是不是强奸犯。　——　——

Source：Based partly on Worell and Remer（2003，p.203）.

熟人强奸

心理学家和其他的研究人员逐步意识到，强奸犯不仅仅是黑暗小巷里的陌生攻击者。相反，强奸犯可能是你化学实验室里的伙伴、你姐姐的男朋友、商业伙伴或者隔壁的男孩。调查表明，大约85％的强奸受害者认识强奸她们的人（Koss，2003）。**熟人强奸**（acquaintance rape）指受害者认识，但与受害者无血缘或者婚姻关系的人实施的强奸。例如，一名高三女生收到同学的约会邀请，但她拒绝了他。

> 他很生气，骂我是个骚货，还给了我一个耳光。我打开自己汽车的车门想逃走，但他抓住我的胳膊，强行把我塞进汽车后座。然后，我就只记得自己大喊大叫，想把他推开。他强奸我之后，就把我扔在汽车后座，我流着血，几乎昏迷了。（A. S. Kahn，2004，p.11）

调查表明，大约有15％的美国女性经历了熟人强奸。另外有35％～40％的人会受到来自熟人的其他形式的性侵犯（Rickert et al.，2004；J. W. White & Kowalski，1998）。但是，遭到男友强奸的女性往往不会把这种情况视为强奸（Frieze，2005；A. S. Kahn，2004；A. S. Kahn et al.，2003；Z. D. Peterson & Muehlenhard，2004）。在加拿大和美国的研究人员研究了曾经遭到熟人的性侵犯，以及其经历可以被归为强奸的女性群体。在这些女性中，只有40％认为这种性侵犯属于强奸（A. S. Kahn & Andreoli Mathie，2000；Shimp & Chartier，1998）。换句话说，大部分的女性确实被强奸了，但是她们没有认为这种侵犯属于强奸。而且，和一般的受害者相比，遭到男友或其他熟人强奸的女性往往较少报案（Worell & Remer，2003）。

熟人强奸的一些案例可以被追溯到某种具体的误会。具体来说，男性比女性更易于认为其他人是具有性诱惑力的（Abbey et al.，2000，2001；Henningsen，2004）。比如说，Saundra 可能在跟 Ted 谈话的时候满脸微笑。对她来说，这种非语言行为的目的是传递友谊，但是 Ted 可能认为她是在给他性暗示。另外一种误会是，有些男性认为，即使女性说"不"，她们实际上也想发生性行为（Osman，2004）。

另外，具有性侵略性的男子尤其可能误解正常的行为（V. Anderson et al.，2004；Bondurant & Donat，1999；Felson，2002）。不幸的是，研

究成果经常被误解。比如，大众媒体经常指责女性发出了错误的信息，而对男性错误理解了信息却视而不见。

对沟通障碍的研究对于男性和女性都有重要意义。首先，女性应该意识到她们的友好行为可能会被男性误解；其次，男性应该意识到，女性友好的语言和非语言信息可能仅仅意味着"我喜欢你"或者"我喜欢跟你说话"而已。一个微笑或者长时间的目光交流并不一定完全意味着"我想跟你发生性关系"。

酒精和毒品的作用

根据一些估计，至少有半数的强奸是受害者或者罪犯酒后发生的（Abbey，2002；Davis et al.，2004；Marchell & Cummings，2001）。酒精确实可以损害人们做出正确判断的能力（Abbey et al.，2002）。比如，喝了酒的男性往往会过度估计女性对性行为的兴趣。而喝了酒的女性会误把对她们比较危险的环境视作安全（Testa & Livingston，1999；J. W. White & Frabutt，2006）。

你可能知道有一种叫做洛喜普诺（Rohypnol）的迷奸药，有时候也叫做迷药或者是约会强奸药。洛喜普诺跟酒精混合起来会提高醉酒的感觉（Dobbert，2004；Wertheimer，2003）。在美国和加拿大，都有在女性的酒中掺入洛喜普诺或类似药物来实施强奸的案例。作用就好像是酒精导致的眩晕。事后，女性通常忘记发生了什么，即使是强奸。很明显，由药物引发的强奸对女性有严重后果。

女性对于强奸的反应

女性在面临强奸的时候反应不一，这要看袭击的本质：她是否认识袭击者、威胁的程度、她的年纪和其他的情况等。然而，所有被强奸的女性都说她们在这个过程中感觉恐惧、憎恶、困惑和紧张（Llogd & Emery，2000）。许多女性担心自己会受到严重伤害（Raitt & Zeedyk，2000；Vllman，2000）。事实上，大约25%的女性受了伤（Koss，2003）。

在强奸的过程中，许多女性说她们觉得身体不属于自己了（Matsakis，2003）。一个女性在描述她对熟人强奸的反应时说道：

> 整个过程从粗鲁的爱抚到强行进入。我意识到墙上的苍蝇能看到两个人做爱。但是我内心非常恐惧，觉得这一切不可能发生在我身上。我想吐，我的内在枯萎了。这样我的外在和他触及的部分就是一个空壳了。（Funderburk，2001，p. 263）

短期调整

女性在被强奸后的前几个星期感受不一。有些女性是表达型的，她们通过哭泣或者坐立不安表达了她们的恐惧、愤怒和焦虑（A. S. Kahn & Andreoli Mathie，2000；Llogd & Emery，2000）；其他的女性属于控制型的，她们用镇静、沉着和表面的压抑来掩饰她们的感受。

我们必须要再一次强调个人差异的主题。比如，Michelle Fine 描述了一位24岁的母亲被流氓团伙强奸的经历。她对自己的身体和精神健康没有表现出太多的关注，并且选择放弃诉讼。她告诉医院急救室的医务人员说："起诉？我现在就想回家。等我把这群人找出来，谁知道我的妈妈和孩子乱成什么样了"（p. 152）。

大部分的受害者都感觉无助和价值感降低。很多女性感到自责（Funderburk，2001；A. S. Kahn & Andreoli Mathie，2000；Koss，2003）。比如，一个被熟人强奸的女性说："在此之前，我从来没有考虑过约会强奸的事。我常常埋怨自己导致了这一切"（Lloyd & Emery，2000，p. 119）。自我指责是尤为不良的反应，因为在几乎所有情况下女性并没有做任何导致侵犯发生的事。

在强奸发生以后，女性会感觉疼痛，生殖系统也会出现症状，比如阴道流脓和无显著特点的疼痛。被强奸的女性要担忧怀孕的可能性，以及攻击者是否会传染给她艾滋病和其他性传播疾病（W. S. Rogers & Rogers，2001）。然而，许多女性感到沮丧和羞愧，不愿寻求医疗帮助。去医院就医的女性可能得到关爱，但也有些人说医务人员并不同情她们（Boston Women's Health Book Collective，2005；Wasco & Campbell，2002）。

被强奸的女性还要决定是否报警。女性经常选择不报警，因为"没有什么好处"。她们认为司法系统不能有效处理案件，警官不会信任她们，而且核实的过程让她们觉得羞耻。这些担忧是现实的。法律体系经常让被强奸女性烦恼和害怕，忽视她们的压力，而且经常指责受害者而不是支持她们（Raitt & Zeedyk，2000）。不过近年来，越来越多的女性表示她们得到了同情和尊重。

长期的调整

强奸的影响不会立即消失。它对人身体和精神的影响可以持续很多年。常见的身体健康问题包括骨盆疼痛、经血过多、阴道感染、孕期反应、胃肠问题和头痛（Ullman & Brecklin，2003；E. A. Walker et al.，2004；C. M. West，2000）。抑郁、体重迅速下降、饮食失常、物质滥用和性功能丧失也是普遍的后遗症（Funderburk，2001；Herrera et al.，2006；Ullman & Brecklin，2003）。曾经遭受强奸的女性更易参与高危性行为（Rheingold et al.，2004；Ullman & Brecklin，2003）。她们也更易自杀（Ullman，2004）。

许多强奸受害者会出现一种叫做**创伤后应激障碍**（post-traumatic stress disorder，PTSD）的心理问题。症状包括创伤后的高度恐惧、焦虑和感情麻木等（American Psychiatric Association，2000；Cling，2004；Ullman & Brecklin，2003）。一名在被强奸后有创伤后应激障碍的女性可能说，她感觉强奸的经历反复出现，不管是在噩梦里还是白天突然有的念头。她记忆中的强奸经历清晰而历历在目（McNally，2003b；Schnurr & Green，2004）。然而，个人的差异十分显著。比如，许多女性在强奸发生后 3 个月心理症状逐步减轻，但是许多女性的症状可以持续很多年（Frieze，2005；Ozer & Weiss，2004；Warshaw，2001）。

许多女性通过接受专业的精神治疗来减轻症状。一项对比研究表明，许多精神疗法是有效的。许多当前的理论都借鉴了认知—行为理论（见第 12 章）。比如，治疗师帮助病人逐渐面对痛苦的回忆，然后逐步解决这次痛苦经历所带来的焦虑（Enns，2004a）。小组咨询也是有效的，因为女性可以跟有相同经历的人来分享感受（Funderburk，2001）。

被强奸的女性常常设法把痛苦的过程转化成使得她们更加坚强、坚定和开朗的经历（Slater et al.，2003）。许多幸存者选择站出来反对暴力——比如在大学校园的论坛里。正如 Funderburk 所写：

> 说出经历不仅仅是治疗的过程，它可以帮助把自我责备转化成义愤，并促使学校通过教育和提高意识来改变社会问题。(p. 278)

对强奸的恐惧

在前面的部分里，我们主要讲述的是被强奸的妇女。然而，我们需要考虑所有受到强奸威胁的女性（Beneke，1997；Rozee，2004）。年轻女孩和老年妇女都可能被强奸，而且许多女性是在她们"安全"的家里——被认为最有安全感的地方——受到强奸。

美国和加拿大的调查都证实了这种对危险和强奸的恐惧（Frieze，2005；M. B. Harris & Miller，2000）。比如，大约有 40% 的女性说她们在夜间出行时感觉不安全，而只有 15% 的男性是这样认为的（Rozee，2004；M. D. Schwartz & Dekeseredy，1997；Statistics Canada，2000）。事实上，男性得知女性有如此之多的安全防范措施时常常感到非常吃惊（Rozee，2004）。一个相关的问题是，女性为了避免被陌生人强奸采取了诸多措施，但却对熟人强奸疏于防范，尽管她们也知道熟人强奸更为多发

（Hickman & Muehlenhard，1997）。

对强奸的恐惧控制了女性的行为，并且限制了她们能做什么，不管她们身处何处。我曾经在纽约北部某个小村子的一所学院任教。我的女学生们如果晚上独自一人，就会觉得不安全。悲哀的是，害怕被强奸的恐惧极大地降低了女性的自由感和权力（Rozee，2004）。

公众对强奸的态度

在继续阅读以前，做一下专栏 13.3，来测试你对强奸的看法。

专栏 13.3　强奸的责任分配

首先读这个专栏里面的第一个情景。然后判断谁应该为这起强奸负责，是 John 还是 Jane。如果你认为 John 是负有全责的，那么就在 John 那栏画上 100%，在 Jane 那栏画 0%。如果你认为他们的责任均等，那么就分别画上 50%。如果 Jane 是负有全责的，那么就在 Jane 那栏画上 100%，在 John 那栏画 0%。使用任何 0%～100% 的值，只要两栏的值加起来是 100%。为了便于比较，假设 5 种情况下的 John 和 Jane 都是大学生。在做完一个情景后，再继续阅读和评价下一个。

John　　Jane

_____　　_____　　1. Jane 在 9 点的时候从图书馆回宿舍，走了一条大家都认为安全的路。她路过科学楼的时候，John 跳出来，把她击倒，把她拖入一个黑暗的地方，强奸了她。

_____　　_____　　2. Jane 参加了一个聚会，在那她遇到了一个英俊的小伙子叫 John。他们跳了一会儿舞，然后 John 建议他们出去凉快凉快。没有人在外面，John 把她击倒，把她拖入一个黑暗的地方，强奸了她。

_____　　_____　　3. Jane 参加了一个聚会。她穿着短裙。在那她遇到了一个英俊的小伙子叫 John。他们跳了一会儿舞，然后 John 建议他们出去凉快凉快。没有人在外面，John 把她击倒，把她拖入一个黑暗的地方，强奸了她。

_____　　_____　　4. Jane 第一次跟 John 约会，以前他们在历史课上见过。看完电影后，他们出去吃了顿不错的晚餐。他们决定分摊电影和吃饭的费用。在回家的路上，John 把车停在一个僻静的地方。Jane 意识到他的企图后极力挣脱，但是 John 比她强壮得多，他把她按倒在地强奸了她。

_____　　_____　　5. Jane 第一次跟 John 约会。以前他们在历史课上见过。看完电影后，他们出去吃了顿不错的晚餐。John 承担了看电影和吃晚饭的费用。在回家的路上，John 把车停在一个僻静的地方。Jane 意识到他的企图后极力挣脱，但是 John 比她强壮得多，他把她按倒在地强奸了她。

被强奸的女性经常受到双重伤害。首先是来自于强奸犯的，其次来自于他人的态度（R. Campbell & Raja，2005；J. W. White & Frabutt，2006）。受害者发现她们的家庭和朋友、司法系统和社会都指责她们，不善待她们，即使她们自己并没有错。这种反应在她们需要帮助和安慰的时候无疑是一个重大打击。事实上，这种"第二次伤害"增加了女性患创伤后应激障碍的可能性（R. Campbell & Raja，2005）。

司法体系如何来处理强奸问题不是我们这本书要探讨的问题。然而，我们听过许多司法不公正和错误的例子。比如，一位纽约州的法官建议宽大处理一个强迫智力迟钝女性实行口交的男性，理由是"整个过程也没有什么暴力"（Rhode，1997，p. 122）。

人们对于强奸的态度不一。比如，那些持有传统性别角色观念的人更容易指责受害者对强奸负有一定的责任（A. J. Lambert & Raichle，

2000；Simonson & Subich, 1999）。另外，男性比女性更容易指责强奸的受害者（Emmers-Sommer *et al*., 2005；W. H. George & Martínez, 2002；Walkerman & Freeburk, 1999）。比如，Alan J. Lambert 和 Katherine Raichle（2000）让中西部大学的学生读了一个约会后发生强奸的场景。在这个情景中，两名学生，Bill 和 Donna，在晚会中交谈，然后来到了 Donna 的公寓。他们脱光了衣服，Donna 说她不想做爱，但是 Bill 坚持要做，不顾 Donna 的苦苦哀求。参与者被问及这两个人分别应该负有多少责任。如图 13—1 显示的那样，男性更多地认为 Donna 应该负责。

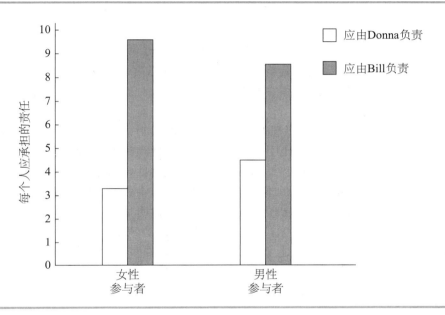

图 13—1　不同性别的参与者对熟人强奸场景的不同反应

注：o=不负任何责任，io=负很大责任。

Source：Based on A. J. Lambert and Raichle（2000）.

人们对于强奸的态度也依案件发生的情况而定。比如，人们认为比起被陌生人强奸，在熟人强奸的案例里受害人过失更大（L. A. Morris, 1997；Wallace, 1999）。比较一下你对专栏 13.3 中第一个场景和第二个场景的答案。在第一个场景中，你是否认为 John 应该负有全责或绝大部分责任？当强奸发生在 Jane 认识 John 30 分钟过后，你是否认为 Jane 应该承担一定的过失？

现在看看你对第三个场景的反馈，也就是 Jane 穿着短裙的那个场景。人们倾向于认为，如果女性穿着短裙而不是衣着保守，那么女性应该对强奸负有更大的责任（Workman & Freeburg, 1999）。

现在看看场景 4 和场景 5 中的过失承担有什么区别。一般来说人们认为，如果男性承担了约会的费用，那么女性承担较大的过失（L. A. Morris, 1997；Parrot, 1999）。比如说一晚上花了100 美元，在场景 4 中，他们每人付了 50 美元，在场景 5 中，John 付了 100 美元，如果 John 付的钱超过 50 美元，那么他有没有权利强奸 Jane 呢？

关 于 强 奸 的 误 区

我们谈到的对强奸的看法一部分是由于对强奸、强奸犯和受害者的误解造成的。可以想象，对于强奸的不了解加重了被强奸女性的痛苦。以下有 4 个常见误区。

误区一：强奸犯是陌生人，也就是说，跟受害者并不认识。之前我们提到，大约 85% 的强奸是 438

熟人作案（Koss，2003）。但是，实际比例可能更高，因为强奸如果是由熟人实施的话，女性更不愿报警（Z. D. Peterson & Muehlenhard，2004）。

误区二：只有不正常的男性才会强奸女性。许多人认为，只有心理有重大疾病的男人才会考虑强奸别人。这种想法是错误的（Dobbert，2004；Lalumiere et al.，2005；Rozee，2004）。比如说，Osland 和她的同事（1996）给隶属于新教教堂的中西部某学院的男学生发放了一份调查问卷。我们可能认为在这种学校的男生会尤其反感性暴力。但是，有 34％的男生说他们可能会实施强奸或者强迫性行为。换言之，强奸犯也可能是很多通常看起来"正常"的男性。

误区三：女性自找的强奸。如果她们想避免，完全可以避免。有些人认为强奸是女性引发的（Frieze，2005；Matsakis，2003；Worell & Remer，2003）。比如，根据一项研究，17％的本科生
439 同意说是女性挑起了事端（B. E. Johnson et al.，1997）。另外，许多广告美化了强奸。比如，一则出现在许多青少年杂志上的香水广告描述了一个年轻女性，广告语是这样的：往脖子上喷点吧，这样在你摇头说"不"的时候，他能闻到香气

（Kilbourne，1999，p. 213）。尽管原因还不清楚，但有色人种女性更容易在被强奸后受到指责（C. M. West，2004；Wheeler & George，2005）。

误区四：色情内容没有增大男性实施强奸的可能。研究表明，这种说法不正确。事实上，渲染暴力的色情内容确实有害（B. A. Scott，2000；J. W. White & Frabutt，2006）。

Neil Malamuth（1998）进行的一项研究，男性被问到他们是否曾经对女性构成性威胁。Malamuth 通过 3 个危险因素来评价这些男性，他称之为敌对态度、乱交和沉溺色情。研究结果表明，72％的敌对态度强烈、性伙伴众多和色情消费多的男性说至少犯过一起性侵犯行为。比较而言，44％的敌对态度强烈、性伙伴众多，但色情消费少的男性声称有过性侵犯行为。尽管我们需要谨慎审视这些参数，但是经常看色情内容的男性在这个样本中有较高的性侵犯危险。

色情明显是一个复杂的社会、道德和法律问题（B. A. Scott，2004；J. W. White & Frabutt，2006）。许多男性虽然看色情内容，但是没有对女性做出过激行为。然而，色情电影不仅仅是一个单纯的娱乐活动。

▌针对儿童的性虐待

到目前为止，我们主要讨论了对青少年和成年女性的性虐待问题。我们还需要讨论针对儿童的性虐待，这也是性暴力中最为令人发指的罪行。比如，Sashima 9 岁的时候，她母亲的男朋友搬来和她们同住。一开始，这个男人在晚上探视 Sashima，抚摸她的身体。不久以后，他开始触摸她的乳房和生殖器，不断告诉她，他有多么爱她。然后他试图与她发生性行为。在一名好心的老师的帮助下，Sashima 向儿童保护机构报案。该名男子随即被捕（O. Barnett et al.，2005）。对儿童的性虐待提醒我们，不仅成年女性是暴力的受害者，儿童也容易受到侵犯。

儿童的性虐待问题是非常残酷的，因为在大多数情况下，儿童受到来自亲属、邻居和看护者的性侵犯（Freyd et al.，2005）。而这些侵犯者本应该是保护她们、照顾她们，并且站在她们利益

一边的。

对儿童的性虐待的定义不同。有些定义强调了罪犯和儿童间的身体接触，有些则没有。儿童 440
性虐待的发案率取决于对案件的定义。这种预测非常困难，因为只有一小部分案件报警了（O. Barnett et al.，2005；Frieze，2005；Ullman，2003）。即使是这样，有估算还是认为，有 20％～30％的美国和加拿大女性在 18 岁之前受过性虐待。男性受虐待的情况则少得多（O. Barnett et al.，2005；Herrera et al.，2006；Olio，2004；Tudiver et al.，2002）。根据目前的研究，种族对儿童性虐待的发生率没有直接影响（Doll et al.，2004）。

乱伦是儿童性虐待的一个重要形式，而且定义有所不同。一个被广泛接受的定义是，**乱伦**（incest）指血亲之间的性关系（Frieze，2005）。不幸的是，大部分儿童性虐待案件，包括强奸，

都是由亲属实施的（Olafson，2004；L. Phillips，1998；J. W. White *et al.*，2001）。

儿童性虐待的后果

性虐待对孩子有深远的影响，短期和长期都是如此。儿童性虐待造成的心理后果包括恐惧、气愤、压抑和罪恶感。噩梦和其他形式的睡眠失常非常普遍。正如你能想象到的，许多受害者不再信任他人（Slater *et al.*，2003；tudiver *et al.*，2002）。长期的后果包括创伤后神经失调症、压抑、焦虑性障碍、饮食失调、物质滥用和危险性的性行为。曾被虐待的儿童在成年后会有长期健康隐患（O. Barnett *et al.*，2005；Duncan，2004；Frieze，2005；Herrera *et al.*，2006；McNally，2003b；Ullman & Brecklin，2003；Zurbriggen & Freyd，2004）。

关于复苏的记忆和虚假记忆的争论

儿童的性虐待问题在心理学家中存在很大争议。当儿童遭受性虐待的时候，有些心理学家说他们会忘记这次经历，然而此后由某件事情触发了回忆，随后记起，这就是**复苏的记忆**（recovered-memory）。其他的心理学家认为许多"复苏的记忆"都是不正确的，或者是对从来没有发生的事件的杜撰，也叫**虚假记忆**（false-memory）。这个争论引发了数以百计的文章和书籍的出版（e. g. Brainerd & Reyna，2005；Enns，2004b；M. Gardner，2006；Loftus & Guyer，2002a，2002b；Lynn *et al.*，2003；Olio，2004；Stoler *et al.*，2001；Zurbriggen & Freyd，2004）。

一个重要的问题是，我们无法轻易判断童年时期遭受性虐待的记忆是否准确。儿童经常在没有证人在场的情况下遭受侵犯。而且，我们无法对儿童性虐待问题进行既真实可靠又符合伦理的研究。我们从针对目击证人的研究中知道，人们可能对从来没有发生的事情产生虚假记忆。比如，研究者向成人脑中植入一个关于童年时期的一个虚假"记忆"，如婚礼上的一杯插着吸管的甜酒。

在随后的调查中，这些成年人会说这件事确实发生过（Hyman *et al.*，1995；Loftus，1997）。然而，这种温和的虚假记忆的产生，与遭到信赖的成年人的性虐待的记忆的产生是大不相同的（L. S. Brown，2004；Zurbriggen & Freyd，2004）。

现在，美国和加拿大的心理学家已经认识到问题的复杂性。他们认为复苏的记忆和虚假记忆都有可能出现（e. g.，Enns，2004b；Frieze，2005；Matlin，2005；Sivers *et al.*，2002）。

以下是一些要点：

1. 在许多情况下，儿童可以提供如何受到性虐待的准确证词（比如由陌生人实施的），而且他们拒绝"记起"别人强迫他们记起的虚假信息（Enns，2004b；Goodman，2005；Olafson，2004）。

2. 在一些情况下，那些在童年时候受到性虐待的人可能十几年来遗忘了这个经历（Freyd *et al.*，2005；Goodman *et al.*，2003）。后来，他们的记忆可能突然复苏。这种记忆的复苏在施虐者是近亲或者其他可以信任的成人时更是如此（L. S. Brown，2004；Enns，2004b；Schacter *et al.*，1999；Sivers *et al.*，2002；Zurbriggen & Freyd，2004）。

3. 在其他情况下，对儿童性虐待的虚假信息可以由治疗师、亲属或者其他人植入，使人错误地"记起"整件事。这种虚假记忆在信息看似可信或者集中在一些相关细节时更容易出现（Pezdek，2001；Stoler *et al.*，2001）。然而不幸的是，有些人可以"记起"一个从没有发生的完整的性虐待的经历（Brainerd & Reyna，2005；McNally，2003a）。

目前关于复苏的记忆和虚假记忆的争论不应该分散我们对于主要问题的关注。儿童时期的性虐待是一个非常棘手的社会问题，因为儿童遭遇到亲密的监护人滥用他们的权力而带来的创伤（Enns，2004b；Olafson，2004；Zurbriggen & Freyd，2004）。

如何防范性侵犯和强奸

我们审视了强奸的许多重要特征，人们该如何来防范这种行为呢？防止强奸案件的发生对于

每个女性和整个社会来说都是重要问题。表 13—1 列出了女性可以采用的一些防范措施，这些措施

是从若干材料中精选出来的。这些材料列出了 1 100多种防范强奸发生的策略，但是提出的建议让人感到困惑和矛盾（Corcoran & Mahlstedt，1999；Fischhoff，1992）。另外，没有万能的方法

能够杜绝强奸发生，尽管一些策略可以降低危险。让我们分别考虑女性如何能够防范陌生人和熟人的侵犯。接着我们将考虑一下社会如何能够防范强奸。

表 13—1	防止被陌生人强奸的一些安全防范措施

注：在阅读以下信息之前，请先阅读关于个人如何防止被陌生人强奸的部分。

一般的注意事项
1. 在紧急情况未发生时，找最近的强奸紧急应对中心或者类似机构以获得防止被强奸的资料。
2. 要确保你喝的酒或者吃的药没有降低你的警觉；在受到强奸袭击前吸食毒品或者酗酒的女性可能遭遇更为强烈的身体伤害。
3. 选修自我保护的课程，了解潜在袭击者身体的脆弱部分。
4. 如果被袭击，要勇于反击，要大声喊叫并且把身边的物品砸向袭击者。

在家中的注意事项
1. 要确保在门上或者窗上使用安全锁。
2. 在开门之前，确认修理工和配送工的身份；不要让陌生人进入你家使用你的电话。
3. 如果你居住在一个公寓中，不要和陌生男子一同进入电梯，不要进入无人的地下室和洗衣房；让公寓管理人员保持走廊、入口和地下室灯光明亮。

在大街上的防范措施
1. 当你在街上行走的时候，要有目标地前进；对身边的环境保持警觉。
2. 避免夜间在街上和大学校园里独自行走；如果必须要独自一人，带一个能发出很大声音的口哨，或者"实用"的武器，比如雨伞、钢笔或者钥匙。
3. 如果你被车跟踪，迅速掉头，向相反的方向走，走到最近的商店或者邻居那儿。

乘车、公共汽车或者地铁的注意事项
1. 把车门锁好，即使是开车时也是这样。
2. 把油箱加满油，保持车的良好状态。如果车出了问题，拨打 911 或其他应急电话。
3. 如果你开车时被跟踪了，不要停靠路边；开到最近的警察局或者消防队，然后按喇叭。
4. 在汽车站或者地铁站，待在灯光明亮的地方，靠近货摊或者人群。

Source：Based on L. L. Alexander *et al.* (2001), Boston Women's Health Book Collective (2005), Crooks and Baur (2005), Parrot (1999), Rozee (2005).

如何防范陌生人的性侵犯

对于个人能采用什么措施来避免被强奸有一个重要问题，那就是归咎于受害人。注意，表13—1 中的许多项目都会限制女性的自由。女性不应该搭便车或者在黑暗地区行走。为什么女性作为受害者应该被限制行为自由？这种抱怨不能得到满意的回答（Koss，2003；Rozee，2004）。这种情况确实是不公平的。然而，事实是，女性如果采用了这些防范措施，被强奸的可能性就会降低。这种不公平也强调了，真正的解决方式是改变社会，而不是仅仅规范自己的行为。

研究也表明，如果女性尽力阻挡、推挤或者袭击进攻者的下体，她们被强奸的危险就会降低。奋力反抗的女性也更容易迅速消除心理阴影

（Crooks & Baur，2005；Gavey，2005；Rozee，2005）。

避免遭受强奸的书籍还建议提供自卫的培训，这主要是因为自卫给女性提供了更大的能量和个人能力（Crooks & Baur，2005）。在遭到强奸时，女性必须要迅速判断具体的情况，在决定是否反抗前估量个人的体能。然而，即使女性被强奸，这也绝不是她们的错。

如何防范熟人的强奸

女性通常认为锁上门，或者晚上避免在危险区域行走就能够避免强奸的发生。但是这些措施能够避免女性被相识的人强奸吗？

不幸的是，女性必须使用其他策略来保护她们自己不被相识的人强奸（Rozee，2005）。其中

一个注意事项就是，避免和对女性持负面观点或者控制欲强、羞辱你和忽视你想法的男性发展关系。这些男性会不顾你的反对强迫跟你发生性关系（Adams-Curtis & Forbes，2004；Crooks & Baur，2005）。

在约会中的防范措施听起来老生常谈，但是它可以降低熟人强奸的几率。如果你刚刚认识某人，最好和一群人结伴去公共场所。如果可能的话，提前约好所有人在聚会结束后一起离开。控制自己的酒量，并且确保别人不能往你的饮料中下药（Boston Women's Health Book Collective，2005；Crooks & Baur，2005）。并且，用点时间来考虑，如果情况变得危险的话你会怎么办。你的选择会是怎样？在谈恋爱的过程中，跟你的约会伙伴讨论什么样的性行为是恰当的，什么样的是不恰当的（Abbey，2002）。

在前面的那部分，我们讨论了如何能够有效防范陌生人的强奸。如果袭击者是熟人，那么他会对斩钉截铁的语言有反应。比如，一个女人可能喊着说："停下，这是强奸。我要叫警察了！"（Parrot，1996，p.226）喊叫和逃跑也许会有效。

444

在理想状态下，女性可以信赖自己的约会对象、同学和朋友。在现实中，绝大多数的男性不会强奸熟人。但是，有些人确实会这样，因此女性必须有所防范。

社会防范强奸的措施

个人可以通过一定的防范措施来避免被强奸。然而，仅从个人层面解决这个问题意味着女性要一直生活在可能被强奸的恐惧中（Rozee，2004）。为了防范强奸，我们需要采取一个更为广泛的方法，那就是鼓励人们平等地尊重男性和女性。我们必须承认一个暴力社会——经常贬低女性的价值——会引发强奸案（O. Barnett et al.，2005；Christopher & Kisler，2004）。我们先谈一些具体的建议，然后再考虑一些需要从根本上改变的问题（Abbey，2002；Boston Women's Health Book Collective，2005；Corcoran & Mahlstedt，1999；Dekeseredy & Schwartz，1998；Rozee，2005）。

1. 从事儿童工作的专业人士需要警惕针对儿童的性虐待，学校也应该让孩子了解性虐待的问题。

2. 医院和医疗机构应该关注被强奸的妇女和儿童的精神和身体需要。

3. 法律必须要变革，使法律过程对受害者来说压力更小，支持性更大。

4. 对强奸知识的教育需要普及提高，应从初中或者高中开始。学生在年轻的时候就需要此类知识，因为他们在升入大学的时候已经对强奸问题形成了自己的认识。防范强奸的项目必须要强调，男性是可以控制自己的冲动的，女性不应该受到指责（L. A. Anderson & Whiston，2005；B. Fouts & Knapp，2001）。

5. 男性团体应该积极参与到预防强奸的努力中来（Binder，2001）。在一些大学校园，兄弟会和大学的女性团体一道组织了强奸警示日或者集会（Abbey & McAuslan，2004；Marine，2004）。男性团体需要记住这句话：如果你不解决问题，那么你就是问题。

6. 媒体不要美化暴力。大家都意识到电影、游戏、电视和流行音乐中的暴力比比皆是，而且这个问题在近年没有什么实质的改变（Dill et al.，2005；Escobar Chaves et al.，2005；Kimmel，2004；Rozee，2004）。我们必须要强调"暴力娱乐"会导致针对女性的过激行为。

7. 从根本上，我们的社会必须要更多地关注女性的需要，正如我们在这本书中强调的那样，女性收入低，权力小，并且被他人所忽视。她们的需求经常被忽视。每个女性都应该感受到自己的身体是安全的，并且跟男性一样有行动的自由。我们的文化不应该创造针对女性的暴力。

445

▌ 小结——性侵犯和强奸

1. 强奸发生在世界上所有社会中。大约15%～25%的美国和加拿大女性可能成为强奸的受害者。

2. 被熟人强奸的女性往往不会认为这种袭击属于"真正的"强奸。有些情况的熟人强奸可以归结为对性兴趣的不同理解。

3. 酒精和毒品会增大性侵犯的可能性。

4. 被强奸的女性说，在被侵犯的过程中，她们感觉到恐惧、困惑和紧张。随后，受害者感到绝望，价值感下降。受害者承受的长期影响包括创伤后神经失调症和生理健康问题，但这是因人而异的。

5. 因为强奸的威胁，许多女性觉得不安全，并且限制自己的行为。

6. 被强奸的女性可能会受到家庭、司法体系和社会大众的指责。对待强奸的态度取决于很多因素，比如说性别、性别角色观念，以及女性是被陌生人还是熟人强奸的。

7. 许多关于强奸的误区都是与事实相悖的。事实上，强奸犯通常是熟人；看上去"正常"的男性可能考虑强奸；女性没有故意诱人犯罪；色情内容会增大强奸的案发率。

8. 儿童性虐待对于孩子的身心健康有短期和长期的影响，有些记忆可以被忘记，后来复苏，但是有些成人虚构了在儿童时期受性虐待的故事。

9. 对陌生人的防范措施通常限制女性在家中和公共场合中的自由，重要的是不要指责受害者。

10. 对熟人的安全防范措施包括避免接触歧视女性的人；在交往开始时尽量多人一起出去；语言上要坚定。

11. 最终，强奸的发生率可以通过社会对女性需要的关注而降低。这个问题包括改革针对强奸受害者的医疗、法律和教育资源。媒体不应该美化暴力，女性问题应该受到更多的关注。

对女性的虐待

446

看看下面这一段，一位女性描述了遭受丈夫虐待的经历：

> 渐渐地，他使我和朋友们断绝了往来，说服我辞掉工作。他对我做的家务不满意，还随时查看汽车的里程表以防我外出。最后，他越来越频繁和激烈地殴打我，我求告无门，完全孤立无援。（Boston Women's Health Book Collective，2005）

虐待女性（abuse of women）指故意伤害女性的行为。这些行为可以是身体的、心理的或者性的（我们在前面讨论过性虐待的问题）。虐待女性这个词比其他类似的词具有更广泛的意义。比如，**家庭暴力**暗指两人同居。这样，家庭暴力这个词就不适用于中学生、大学生情侣之间的暴力（Dekeseredy & Schwartz，1998；J. Katz，Carino & Hilton；2002；J. W. White & Frabutt，2006）。家庭暴力这个词和另一个相关的词"挨打的妇女"还暗指身体虐待（J. W. White et al.，2001）。但是很多遭受过虐待的女性说，精神虐待是最令人痛苦的（Offman & Matheson，2004；K. D. O'Leary & Maiuro，2001）。

身体虐待包括打、踢、烧、推、掐、扔东西和使用武器。精神虐待包括侮辱、辱骂、恐吓、嫉妒、拒绝交谈和将某人与亲朋好友隔离（D. A. Hines & Malley-Morrison，2005；Straus，2005）。另外一种形式的精神虐待是经济方面的。比如，男性控制钱财，毁坏妻子的信用卡（Castañeda & Burns-Glover，2004；Martz & Saraurer，2002）。

因为篇幅有限，我们在这部分主要讨论男性对女性的暴力。研究表明女性也会虐待男性。然而，更多的研究证明女性受到来自男性配偶的虐待要频繁和严重许多（Dekeseredy & Schwartz，2002；Frieze，2005；D. A. Hines & Malley-Morrison，2005；McHugh，2005；Statistics Canada，2006）。比如，男性骚扰前配偶的几率是女性的9倍（Loseke & Kurz，2005）。

另外，我们不会讨论女同性恋中的虐待状况，这个问题在其他的书中曾经讨论过（e. g.，D. A. Hines & Malley-Morrison，2005；Ristock，2002；J. W. White et al.，2001）。在继续阅读以前，请做一下专栏13.4。

专栏 13.4 想想自己的恋爱关系

正如你能想象到的，没有一份问卷能够简单地评价恋爱关系中是否存在虐待问题。然而，看看以下的问题，看看它们是否适用你当前的或者以前的恋爱关系。

你的另一半是否：

1. 在他人面前，用贬低你的语言来取笑你？
2. 告诉你每件事情都是你的错？
3. 到工作的地方或其他地点检查你，来确认你在你自己声称要去的地方？
4. 使你在当前的关系中觉得不安全？
5. 让你觉得如果你做错事情他（或她）就会爆发？
6. 对你跟他人可能产生的恋爱关系十分警觉？
7. 极力阻碍你同他人发展非恋爱的友谊关系？
8. 强迫你做你不喜欢做的事情？
9. 经常指责你？
10. 决定你该穿什么，吃什么，买什么——尽管你有自己的喜好？
11. 威胁或者殴打你？
12. 故意对你的身体造成伤害？

Source：Frieze（2005），Shaw and Lee（2001），Warshaw（2001）.

虐待发生的频率

在本章开头，我们讨论了估测有多少女性经历了性骚扰和强奸的困难程度。大多数女性不愿意让他人知道自己受到了虐待，这种沉默使得我们无法获取在亲密关系中发生暴力的准确数字（Jiwani，2000）。根据统计，大约有 20%～35% 的美国和加拿大女性可能遭受虐待（Christopher & Lloyd，2000；Statistics Canada，2006）。从另外一个角度来看待这些数字：每年有 200 万～300 万的女性受到了虐待（Koss et al.，2003；J. W. White & Frabutt，2006）。

另外，美国医院急救中心救治的伤者中有 30%～55% 的女性遭受到了家庭暴力（Warshaw，2001）。即使是怀孕也不意味着可以免受虐待。每年有 15%～20% 的怀孕女性受到了身体虐待或者性虐待（Berkowitz，2005；Frieze，2005；Logan et al.，2006）。

正如我们在前面提到的，恋爱关系中也存在虐待。在加拿大和美国的调查表明，男性从小学开始就虐待自己的女友，这种情况会一直持续到高中和大学（Dekeseredy & Schwartz，1998，2002；Frieze，2005；J. Katz，Carino & Hilton，2002）。比如，一项在加拿大大学生中的大规模调研表明，31% 的女性被约会伙伴推搡、猛抓或者猛撞过。精神虐待更加普遍：65% 的女性说她们在家人或者朋友面前受过羞辱，65% 受过辱骂（Dekeseredy & Schwartz，1998）。

配偶虐待并不仅仅存在于北美。欧洲国家的比率跟北美相当（O. Barnett et al.，2005）。在亚洲、拉美和非洲的比率更高（O. Barnett et al.，2005；Krahé et al.，2005；Malley-Morrison，2004；Stahly，2004）。女性在战争或自然灾害的混乱中尤其容易遭受虐待，例如在 2004 年袭击南亚的海啸中，正如一位女性所说：对虐待女性的沉默，比海啸的浪潮更为振聋发聩（Chew，2005，p. 1）。

在许多国家，有超过半数的女性说她们曾经受过配偶的身体虐待。比如，当问到一名韩国男性是否殴打妻子时，他说：

我 28 岁结婚，现在 52 岁了。我怎么可能结婚这么多年而没打过老婆呢？对我来说，能发泄怒气让一切都过去更好。否则，我内心的怒气就会越来越大。　（Kristof，1996，p. 17A）

注意，这名男子从来没有考虑过殴打是否对于他的妻子也更好一些。

虐待发生的过程

大部分女性并不是一直受到虐待。循环的形式更加普遍，尽管这不是必然的（Downs & Fisher，2005；Stahly，2004；L. E. A. Walker，2000，2001）。这种虐待循环（abuse cycle）通常有 3 个阶段：（1）积压阶段；（2）爆发阶段；（3）和好阶段。

在紧张状态的积压阶段，对身体的虐待相对较小，但是语言的冲突和威胁加重了紧张。女性经常尽力劝慰配偶。她可能尽力避免冲突升级。正如一位来自萨斯喀彻温农村的妇女所言：你不断努力，不断努力，但是发现不管你做什么都于事无补，永远没有用（Martz & Saraurer，2002，p. 174）。

当压力过大的时候，施虐者会出现剧烈的虐待行为，这是第二阶段的标志。女性会受到身体虐待。即使一件小事也会导致伤害事件。比如，一个富有的男子可能因为妻子没为豪宅中的植物浇水而大发雷霆，打坏他妻子的下巴（Stahly，2004）。

在第三个阶段，施虐者又变得可爱了。他道歉并且保证永远不会再这样了。他可能鼓励女性忘掉冲突、困惑和前两个阶段的痛苦。不幸的是，这个循环会重复，通常虐待程度会加重，和好阶段会缩短（Frieze，2005；Harway，2003；Slater et al.，2003）。

女性对虐待的反应

如你所期望的那样，女性面对虐待时经常表现出恐惧、害怕和不信任。受到虐待的女性可能是高度警惕的，关注配偶可能出现的再次袭击（Martz & Saraurer，2002；Statistics Canada，2005）。处于长期暴力关系中的女性说她们对这种关系不满（J. Katz，Kuffel & Coblentz，2002；S. L. Williams & Frieze，2005）。受虐女性通常紧张并且缺乏自信。有一半的受虐女性心情抑郁，有些人试图自杀（Koss et al.，2003；Offman & Matheson，2004；Stahly，2004）。

受虐女性在身体健康上会经历更多问题。她们受虐的直接结果就是身体淤伤、割伤、烫伤、骨头破裂和脑损伤。施虐者可能阻止受虐女性去看病。而后许多个月，女性可能受到头痛、失眠、极度疲劳、腹部疼痛、骨盆疼痛、生殖系统疾病和其他慢性病的困扰（O. Barnett et al.，2005；Koss et al.，2001；Logan et al.，2006）。自然地，这些身体问题会加重她们的心理问题。这些身体问题也使得女性无法工作，进而引发更多的问题（Mighty，2004；Riger et al.，2004）。

虐待关系的特征

研究人员研究了一系列与虐待妇女有关的因素。比如，有些家庭因素与虐待有关。另外，一些特定的个人因素在男性虐待配偶中十分普遍。

与虐待有关的家庭因素

对女性的虐待在低收入家庭中更加普遍，尽管虐待与社会阶层之间的关系十分复杂（D. A. Hines

& Malley-Morrison，2005；Logan et al.，2006）。但是，没有女性能够幸免。例如，一位在知名大学任教的女教授描述了她的经历。她嫁给了一个受过良好教育的男人，但他在 12 年中对她进行言辞攻击和身体折磨。最终她离开丈夫之后，她的丈夫自杀了（Bates，2005）。

种族和家庭暴力之间的关系也很复杂多变（Flores-Ortiz，2004；Harway，2003；Logan et al.，2006；C. M. West，2002）。许多分析没有考虑到社会阶层，而我们注意到社会阶层也跟虐待的形式有关系。加拿大统计局（2006）认为，土著女性遭受家庭暴力的比率是其他加拿大女性的 3 倍。

相比之下，在亚裔社会中报告的家庭暴力的比率较低（O. Barnett et al.，2005；G. C. N. Hall，2002）。一个原因是他们不愿家族成员以外的人了解他们的家庭内部问题（McHugh & Bartoszek，2000）。许多亚洲社会认为女性应该接受痛苦并且忍受困苦，这种价值观也阻碍了女性告发她们受到的家庭暴力（G. C. N. Hall，2002；Tran & Des Jardins，2000）。

男性施虐者的个人特征

男性施虐者的最普遍的特征就是他们认为他们有权利去伤害他们的配偶。从利己的角度来讲，他们自己的需求是第一位的（Birns，1999）。这种男权视角的一个明显例子就是韩国男性认为释放怒气的最好方式就是殴打妻子（p.448）。

施虐者认为男性应该是家庭的首领，并具有其他关于性别角色分工的传统观念（D. A. Hines &

Malley-Morrison，2005；J. W. White et al.，2001）。施虐者比非施虐者对身体和语言的攻击态度更无所谓（D. A. Hines & Malley-Morrison，2005；J. W. White & Frabutt，2006）。另外，施虐者比非施虐者更可能在童年时期目睹了家庭暴力（D. A. Hines & Malley-Morrison，2005；Martz & Saraurer，2002；McHugh & Bartoszek，2000）。

情景因素也增加了配偶虐待的可能性。比如，失业男性实施家庭暴力的比率相对较高（Frieze，2005；Marin & Russo，1999）。那些其同性朋友认可虐待女性行为的男性，也更可能有暴力倾向（Dekeseredy & Schwartz，1998）。

研究也提出有酗酒问题的男性更可能对女性实施身体虐待（D. A. Hines & Malley-Morrison，2005；J. W. White & Frabutt，2006）。酒是其中一个重要的因素，因为它影响了人的判断能力和认知过程。然而，酒精可能不会直接导致暴力。比如，有些男性仅仅把酒作为实施暴力的借口（Gelles & Cavanaugh，2005）。男人可能会这样解释自己的暴行："我不知道自己怎么想的。一定是因为喝了酒。"

公众对虐待女性的态度

在前面的章节，我们指出，媒体对性别偏见和身体形象可以造成负面影响。然而，北美的研究表明，媒体对于人们对家庭暴力的了解给予了正面影响（Goldfarb，2005；Rapoza，2004）。比如，在一次全国范围内的调研中，93％的美国人说他们从媒体的报道中了解到家庭暴力是一个重要问题（E. Klein et al.，1997）。如果女性主义教育可以和媒体、法制改革共同作用，改变社会态度，我们将为此高兴（Frieze，2005；C. M. Sullivan，2006；Yllö，2005）。比如，在一项加拿大的公共意见调查中，77％的被访者认为家庭暴力问题应成为联邦政府的工作重点（Dookie，2004）。

总体上，女性比男性对待虐待的态度更为激烈。相比之下，男性则更可能指责女性做了一些错事招致惩罚（Frieze，2005；D. A. Hines & Malley-Morrison，2005；Locke & Richman，1999）。Nayak 和她的同事（2003）开展了一项研究，评估对体罚妻子的男性的态度。这些研究者从 4 个国家的大学里收集数据：印度、日本、科威特（这是一个中东国家，在研究开展时，那里的妇女没有投票权）和美国。每个国家的女性较之男性都更倾向认为妻子不应受到虐待，这和其他研究的结果是一致的。另外，和其他 3 个国家的学生相比，美国学生更不能容忍虐待。但是，国家间的差异确实如你所想象的那样大吗？

关于虐待女性的误区

我们已经讨论了人们在虐待女性方面的几个普遍误区。比如，以下说法都是不正确的，因为研究结果与其相反。

1. 虐待相对罕见。
2. 男性受到虐待的可能性跟女性一样大。
3. 虐待仅仅存在于社会底层。
4. 虐待在少数民族团体中更加普遍。

让我们来审视其他的一些误区。在每种情况下，考虑这些误区如何导致了人们指责受虐女性。

误区一：受虐妇女喜欢被殴打。弗洛伊德等早期理论家解释说，处于暴力关系中的女性喜欢被殴打。一部分人仍然持有这种看法。然而，我们无法证实这种观点（Frieze，2005；Stahly，2004；L. E. A. Walker，2000）。女性不喜欢被殴打，正如她们不喜欢被强奸一样。

误区二：受虐女性活该被打、被羞辱。按照这种观点，当女性没有做好女朋友或妻子时，就活该被打。换句话说，人们应该指责女方的表现，而不是男性的处理方式（O. Barnett et al.，2005）。我的女性心理学课上的学生谈到，她曾跟朋友描述一个虐待妻子的案例。丈夫严重伤害了他的妻子，因为她在他下班回家前没有准备好晚饭。这群学生中的一名男生——原本我的学生认为他是开明的——回答说："是啊，她确实应该按时准备晚餐。"

误区三：受虐女性可以轻易离开，如果她们真想的话。这种误区忽视了阻止女性离开的人际和现实因素。受虐女性可能确实认为她的男友或丈夫本质是好的，是可以被改造的（Frieze，2005）。

许多受虐女性面临一些现实障碍。一个女人可能无处可去，身无分文，无处躲藏（O. Barnett et al.，2005；Frieze，2005）。另外一个现实顾虑就是施虐者可能威胁报复想要离开的妇女。她离家之后，他可能变得更加暴力（O. Barnett et al.，2005；D. A. Hines & Malley-Morrison，2005；Stahly，2004）。

受虐女性如何采取行动

有些受虐女性会选择维持关系。她们可能从亲朋好友那里寻求支持。比如，一位女性描述了一位朋友对她的帮助："她曾经有过类似的经历，理解我的处境，能和她聊聊真好。她能够理解，为什么我明知不应该却还是要维持这段关系"（Martz & Saraurer，2002，p. 178）。

在某种程度上，女性处理虐待的方式要看她们的家庭背景。比如，有些家庭强调忍受不愉快并且隐瞒家庭问题（O. Barnett et al.，2005；Ho，1997）。社区成员和宗教领袖可能反对离婚（McCallum & Lauzon，2005）。在这种情况下，妇女就更难逃离虐待的关系。

让我们讨论被虐待女性的几种选择：她们可以接受治疗，离开，或者到受虐妇女收容所。

治疗

虐待关系很少能自然地得到改善。事实上，正如我们在前面看到的那样，暴力在家庭关系中常常愈演愈烈。女性常常寻求治疗师的帮助，治疗师通常明白，社会态度可以激化对妇女的虐待。理想状态下，治疗受虐妇女的医生会采取女性主义疗法。医生应该尊重女性的能力和困难。他们也应该帮助女性同情自己而不是指责自己。像其他一些以女性为中心的疗法一样，这种模式赋予女性追求自己目标的权利，而不是简单地关注他人的需要（Ali & Toner，2001；Frieze，2005；Logan et al.，2006）。

想想 Rinfret-Raynor 和 Cantin（1997）在治疗加拿大法裔受虐妇女时使用的女性疗法。医生告诉妇女她们的法律权利，帮助她们寻找社区资源，并且进行个人和团体的治疗。这种疗法传递的一个重要信息就是，对暴力负有责任的是施虐者，而不是受害者。医生也致力于提高女性的自信和自立感。同那些接受无性别差异疗法的妇女相比较，那些接受女性疗法的妇女受到身体暴力的几率明显降低。

一般来说，医生认为处于虐待关系中的男女

双方不能同时接受夫妻疗法。如果双方在同一时间见医生，妇女可能说出一些会让男人在随后作为殴打借口的话（O. Barnett *et al.*，2005；Christensen & Jacobson，2000；D. A. Hines & Malley-Morrison，2005）。但是，有些医生说，如果在暴力升级之前寻求帮助就会成功（D. A. Hines & Malley-Morrison，2005）。

脱离关系

许多女性认为遭受虐待是她们维持一段关系付出的最大代价。在某一次暴力事件之后，许多女性感到忍无可忍（Lloyd & Emery，2000）。比如，一位女性在丈夫打断她的肋骨之后决定离开（Martz & Saraurer，2002）。

其他一些妇女在孩子面前受到袭击后决定离开。比如，一位女性在丈夫当着孩子的面威胁要杀死她之后决定离开。一些女性发现配偶不能实践停止虐待的诺言，或者意识到这种关系不可能改善，她们因此下定决心离开（O. Barnett *et al.*，2005；Jacobson & Gottman，1998）。

不幸的是，人们经常想：为什么被殴打的妇女不离开呢？他们忘记了更重要的问题（Stahly，2004）。这些问题包括"为什么有暴力行为的男性被允许留下来"和"我们的社会如何能够明确，精神和肉体的虐待都是不被接受的"。

受虐女性收容中心

北美的很多社区为受虐妇女提供帮助。有些社区配有收容中心，受虐女性和她们的孩子可以得到保护、支持和社区内的服务信息。许多收容中心提供咨询服务和援助（O. Barnett *et al.*，2005；C. M. Sullivan，2006）。加拿大目前有 500 个收容所来处理家庭暴力问题（Statistics Canada，2006）。美国——人口是加拿大的 9 倍——目前仅有 2 000 个收容中心（D. A. Hlines & Malley-Morrison，2005）。收容中心和其他社区组织经常赞助在学校和当地团体中进行的讲座，以提供关于家庭暴力的信息并消除误区。

不幸的是，这些收容中心的预算极为有限，而且我们在北美需要更多这样的收容中心。每年，数以千计的妇女因为容量有限被拒绝进入收容中心（L. E. A. Walker，2001）。这些妇女很多无家可归。另一些人则必须回家，这样她们可能再次被殴打。可笑的是，截至 2007 年 1 月 20 日，美国政府已经在伊拉克战争上投入 3 600 亿美元（National Priorities Project，2007）。正如 Logan 和她的合著者（2006）所强调的，比起美国所遭受的任何恐怖袭击，虐待女性这一问题波及的范围更广。然而，我们的政府正在削减对受虐妇女收容中心的投入，迫使收容中心向个人和社区机构来寻求资金。

社会对虐待问题的反应

近年来，司法体系和社会大众逐步意识到虐待是一个严重的问题。然而，政府政策尚没有一个持续为受虐妇女提供收容、服务和协助的计划。这些政策也不要求对施虐男性进行强制辅导。政府官员和机构必须要让大众了解，任何形式的虐待都是不可接受的。大学和高中应该积极开展反暴力宣传（Giordano，2001；Kuffel & Katz，2002）。正如 Leonore Walker（2000）指出的：家庭暴力不应该被认为是一个私人家庭问题，这是社会的一个弊病（p.218）。

社区机构对于被虐女性的问题经常保持沉默。想象一下如果教会、父母—师长协会和服务机构（比如扶轮社和同济会）发起一个针对家庭暴力的项目，效果会怎么样。这些组织常常为社会设定道德界限，它们可以传达重要的信息，那就是虐待妇女是社会所不容的。

一个让人乐观的改进就是医疗机构逐渐开始关注虐待妇女的问题（O. Barnett *et al.*，2005；Koss *et al.*，2001；Logan *et al.*，2006）。比如，医生现在被要求通过问一些问题来筛选出受虐女性："我们关注家庭暴力对健康的影响，所以我们现在对所有的病人都要问下列问题"（Eisenstat & Bancroft，1999，p.889）。培训的资料也在逐步推广。现在一种新的模式已经建立，医生就更不会忽视虐待的证据。

男性个体也可以帮助改变现状（Goldrick-

Jones，2002；Poling *et al.*，2002）。例如，James Poling 描述了他和两位男性同事如何从对虐待行为缺乏认识到越来越关注这个问题："因为很多女性坦诚地讲述了她们遭遇暴力的经历，最后我们开始相信很多开拓眼界的原则。"这样一来，他们在提供宗教服务的时候就将反暴力内容包含在内。

对虐待妇女问题的关注在发展中国家进展缓慢。比如，世界上大部分国家不为受虐女性提供法律保护（R. J. R. Levesque，2001）。但是，仍然有些进展是鼓舞人心的。最近我去尼加拉瓜的时候，我发现对于虐待女性问题有很多的资源可以利用。一个宣传册，是为尼加拉瓜教会所写，痛斥了人们的一些误区，比如说女性就应该被虐待，虐待是上帝的意愿，虐待仅仅存在于社会底

层（M. West & Fernández，1997）。医疗工作者也得到了有关虐待妇女问题的宣传手册（Ellsberg *et al.*，1998）。

最终，任何旨在解决虐待女性的尝试必须要承认，两性关系中的不平衡反映了社会的不平等（Goldfarb，2005；Pickup，2001）。另外，我们的文化也培养了男性通过对配偶的精神和肉体虐待来达到控制她们的目的。有些电视节目、音乐和其他的媒体也都加强了男性对女性实施暴力的欲望。我们可以鼓励媒体播放无暴力的娱乐节目来解决这个问题（Kimmel，2004）。我们必须致力于创建一个不把暴力指向妇女，并使她们变得更为无能为力的世界。

▌ 小结——对女性的虐待

1. 美国和加拿大大约有四分之一的女性在一生中会遭受虐待。虐待在恋爱关系中也比较普遍，虐待在其他国家中也更加普遍，包括某些亚洲、拉丁美洲和非洲国家。

2. 通常的虐待模式，开始是语言交锋和轻度的身体虐待，随后是矛盾加剧引发激烈的爆发，然后恢复一个阶段的相安无事。

3. 经常被虐待的女性感到恐惧、紧张、压抑并且会有许多身体健康问题。

4. 虐待在某种程度上跟社会阶层有关，与种族的关系比较复杂，施虐男性有理所当然感，失业也是一个危险因素。

5. 大多数北美人认为家庭暴力是一个严峻的问题，女性对家庭暴力的看法比男性更为激烈，

人们的态度与所居住的国家有关。

6. 关于被虐女性有三个误区，这些误区不被研究所支持：女性是受虐狂，她们活该被打，她们可以很容易结束这种关系。

7. 针对受虐女性的疗法集中在降低自我责备感和关注自身需求上。女性经常在到达极限点后选择结束这种虐待关系。帮助中心有所帮助，但是常常资金不足，而且是临时性质的。

8. 政府政策在为受虐女性提供帮助方面没有统一规定。医疗提供者应该接受更多关于家庭暴力方面的培训。

9. 与其他的暴力问题一样，如果不寻求社会层面的平等和在文化中消除暴力，受虐女性的问题就无法得到解决。

本章复习题

1. 通过本章，我们着重讨论了人们常常因为受害人本身无法控制的事情而指责他们。描述这种情况在性骚扰、强奸和虐待中是如何发生的。

2. 我们在本章的介绍中提出，认为男性比女

性重要的文化，倾向鼓励男性认为他们拥有某种特权。解释一下这种特权感与性骚扰、强奸和虐待的相关性。

3. 在本章，我们解释了人们对性骚扰、强奸

和虐待的看法。找到这三个问题的相似之处。同时评价人们看法中的性别差异以及性别角色与大众认知间的关系。

4. 性骚扰分为哪两大类？根据最近媒体的报道和朋友的讲述，在每个领域至少举出一个例子。这些例子为什么说明性骚扰是一个重要问题？

5. 总结一下熟人强奸和儿童性虐待的相关信息。这其中哪些是与个人恋爱关系中的权力平衡和性暴力相关的信息？

6. 对于性骚扰、强奸和虐待的常见误区有哪些？这些展现了人们对男性和女性的哪些错误认识？

7. 对北美以外地区的性骚扰、强奸和虐待，你掌握了哪些信息？这些信息与北美地区的同类信息有明显差异吗？

8. 想象一下你被任命为一个全国委员，来关注有关性骚扰、强奸和虐待的问题。你会对政府政策、司法体系、大学、商务机构、媒体和教育部门提出怎样的建议？试着列出本章中没有出现的建议。

9. 根据主题 3，女性在许多重要的领域被忽略了，有关女性生活的重要问题也相对被忽视。在你读到本书以前，你能经常读到有关性骚扰、强奸和虐待的问题吗？有哪些因素导致这三个问题相对遭到忽视？

10. 回想一位你认识的高中女性。想象一下她要上大学，本章中有哪些反暴力内容是对她有用的？现在回想一位你认识的男性，你认为有哪些内容对他是有用的，包括避免对女性施暴和男性对受虐女性的支持？（最好能够就相关问题跟这些人做访谈。）

 ## 关键术语

* 特权（entitlement，423）

* 性骚扰（sexual harassment，423）

* 交换式骚扰（quid pro quo harassment，423）

* 敌对环境（hostile environment，423）

* 性侵犯（sexual assault，430）

* 强奸（rape，430）

* 熟人强奸（acquaintance rape，431）

* 创伤后应激障碍（post-traumatic stress disorder，

PTSD，434）

* 乱伦（incest，440）

复苏的记忆（recovered-memory perspective，440）

虚假记忆（false-memory perspective，440）

* 虐待女性（abuse of women，446）

* 虐待循环（abuse cycle，448）

注：标有 * 的术语是 InfoTrac 大学出版物的搜索术语。你可以通过网址 http://infotrac.thomsonlearning.com 来查看这些术语。

 ## 推荐读物

1. Chrisler, J. C. , Golden, C. , & Rozee, P. D. (Eds.)(2004). *Lectures on the psychology of women*（3rd ed.）. Boston：McGraw-Hill。这本优秀的书包括 23 章，涵盖女性生活的各个方面，其中性骚扰、对强奸的恐惧、色情和被虐女性等论题与本章的内容最为相关。

2. Foote, W. E. , & Goodman-Delahunty, J.（2005）. *Evaluating sexual harassment：Psychological, social and legal considerations in forensic examinations*. Washington, DC：American Psychological Association。这本书为性骚扰的诉讼案件提供资料，其中也包括大量调查结果和性骚

扰的心理学后果。

3. Frieze, I. H.（2005）. *Hurting the one you love：Violence in relationships*. Belmont，CA：Thomson Wadsworth。Irene Frieze 是知名心理学家，她发表了许多有关性侵犯和虐待妇女的研究文章。这本叙述简洁的书包括 9 章相关内容，另外还有 3 个详细的案例分析。

4. Logan，TK，Walker，R.，Jordan，C.E.，& Leukefeld，C.G.（2006）. *Women and victimization：Contributing factors，interventions，and implications*. Washington，DC：American Psychological Association。TK. Logan 和她的同事撰写了一本清晰、全面的书，概述女性遭受的性侵犯、身体侵犯和心理虐待等问题。

专栏的参考答案

专栏 13.1
把你对第 1 项、第 4 项和第 6 项的评分加起来，然后减去你对第 2 项、第 3 项和第 5 项的评分，得出总分。如果你的总分为负，那么你倾向于容忍性骚扰；如果你的总分为正，那么你已经意识到，性骚扰是一个严重的问题。

专栏 13.2
1. 错；2. 对；3. 错；4. 错；5. 对；6. 错；7. 错；8. 对；9. 错；10. 错。

判断对错的参考答案

1. 错；2. 错；3. 对；4. 对；5. 对；6. 对；7. 错；8. 对；9. 对；10. 错。

第14章

年老女性的生活

判断对错

_____ 1. 因为大部分的研究者是中年人或者老年人，因此出版物中对这一阶段的描述比对童年和青年阶段的描述多。

_____ 2. 人们一般来说对老年女性的负面判断要比对老年男性的负面判断多。

_____ 3. 目前的研究表明，日本和韩国的年轻人认为老年人很可亲但是并不明智。

_____ 4. 女性通常比男性更少有退休方面的问题。

_____ 5. 尽管青年男性比女性收入更为可观，但退休男性和女性的收入基本相当。

_____ 6. 目前，医生建议大多数更年期女性接受荷尔蒙替代疗法。

_____ 7. 进入更年期的女性常常产生抑郁和易怒等心理变化。最新的研究表明，生理因素是导致这些问题的根本原因。

_____ 8. 大部分女性在孩子离家后会感到一定程度的抑郁。

_____ 9. 欧美裔老年女性比亚裔和土著人的老年女性更常与年轻的家庭成员一起生活。

_____ 10. 老年女性经常有健康、经济和社会等问题。但是，她们中的大多数对生活比较满意。

看看以下两位中年女性的说法：

我对衰老的态度随着时间而改变。我 42 岁的时候生了最小的女儿。她觉得我很年轻，我 58 岁的时候还觉得自己比较年轻。我不能相信，自己的母亲 38 岁的时候，我就觉得她很老了，那个时候我和我女儿现在一样大。我对寿命的理解扩大了，因为活跃的壮年时期增长了，而老年时期要到 80～85 岁才开始。

我想好好利用时间，过一种能够真正实现自我价值的生活。有些女性在大学时代就考虑这个问题。对我而言，那个时候我只想结婚生子。现在我想做什么呢？我想为子孙留下些什么。人到中年的时候我才完全意识到这一点。（Boston Women's Health Book Collective，2005，pp. 527—528）

在本章，我们将探讨中年和老年女性的生活。我们将看到很多实例，它们反映出上述两段引言中谈到的活力和使命感。在这本书中，我们强调了人们对女性的偏见和女性现实生活的差异。这种差异在我们审视中老年妇女生活的过程中仍然明显。我们很少看见媒体提及这个群体。（这更显示了女性遭到忽视！）

中年和老年这两个阶段没有清晰的年龄分界点。一个普遍的标准界限就是中年大约开始于 40 岁，而老年大约开始于 60～65 岁（Etaugh & Bridges，2006；Lachman，2004）。

多年以来，心理学研究忽视了中老年人，特别是中老年女性，这与我们的"被忽视"主题是一致的（Canetto，2001a；Lachman，2004）。女性研究对中老年妇女的关注也不够（Calasanti & Slevin，2001；S. Greene，2003）。那些在核心期刊，比如《妇女心理半月刊》以及《性别角色》中出现的有关超过 40 岁女性的文章也很少。即使那些流行的"建议书"也很少提及中老年女性（A. R. Hochschild，2003）。这种忽视是没有道理的，因为北美和欧洲女性的平均年龄是 80 岁（Kinsella，2000）。换句话说，女性生活的一半被忽视了。

这种信息的缺乏对于拥有大量年老女性的北美来说是不幸的。在 2000 年，美国有 2 060 万超过 65 岁的妇女和 1 440 万超过 65 岁的男性——女性比男性多了 43%（U. S. Census Bureau，2001）。加拿大 2001 年的相应数字是 220 万超过 65 岁的妇女和 170 万超过 65 岁的男性——女性比男性多了 33%（Statistics Canada，2001，2006）。随着越来越多的女性步入 70 岁、80 岁或者更老，我们需要关注中老年女性的问题。

心理学和女性研究现在开始增加了对于年老女性的需要和经历的关注（Sinnott & Shifren，2001）。比如，我们此前已经探索了许多中老年女性生活的组成部分。尤其是在第 8 章，我们讨论了长期的恋爱关系；在第 9 章，我们谈到了性和年龄；在第 11 章，我们探讨了与年老女性健康有关的问题，包括心脏病、骨质疏松症、生殖系统癌症和乳腺癌。

在本章，我们要集中讨论 4 个另外的话题：（1）对年老女性的态度；（2）退休和经济问题；（3）更年期；（4）对年老女性的社会生活。

 ## 对老年女性的态度

年龄歧视（ageism）是建立在年龄的基础上的，大部分是针对中老年人的（Cruikshank，2003；T. D. Nelson，2005b；Palmore，2001）。年龄歧视的普遍形式包括负面的情感态度、误解、定式和歧视，也包括开中老年人的玩笑和尽量避免跟他们接触（Bytheway，2005；Siegel，2004；Sneed & Whitbourne，2005）。我们已经提到了一个年龄歧视的例子，就是研究人员通常避免研究年纪大的人。另外一个年龄歧视的例子就是，人们和年纪大的人说话时可能语速慢、句子简单，就像和小孩子说话一样（Hummert et al.，2004）。另外，很多医生认为中老年人对小毛病大惊小怪（Jorgensen，2001；Zebrowitz & Montepare，2000）。比起对年轻病人，医生对老年人不够尊重（Palmore,2001；Pasupathi & Löckenhoff,2002；

T. L. Thompson et al.，2004）。

年龄歧视是一个可笑的歧视，因为老年群体是我们每个人最终都要加入的——除非我们意外早逝。另外，如果年龄歧视阻碍了我们与老年人交往，我们不会意识到许多年龄歧视是不正确的（H. Giles & Reid，2005；Hagestad & Uhlenberg，2005）。可惜的是，对老龄歧视的研究比对种族和性别歧视的研究少得多（Hedge et al.，2006；T. D. Nelson，2005b）。

在这部分，我们将首先研究媒体是如何对待年老女性的；而后我们将研究女性是否比男性更容易受到年龄歧视——就是年龄的双重标准；最后，我们将看到年老女性在其他文化中可以受到更加正面的对待。

462

年老女性和媒体

试着做一下专栏 14.1 来看看电视是如何呈现年老女性形象的。例如，电视广告中很少出现中老年女性（Kaid & Garner，2004）。当你最终发现了一个描写中老年妇女的电视节目时，其中大部分女性关注的也是做甜点的配方和假日如何装点房子，而不是更加重要的问题。

我们都知道现实生活中有精力充沛、有成就的中老年女性——这些女性过着活跃和有意义的生活，和我们在本章开头的两段引言一样。但是，电视节目中的中老年女性似乎大部分不属于这一类（Bedford，2003；Cruikshank,2003；J. D. Robinson et al.，2004）。许多正在读本书的是中老年女性，她们就

会注意到像她们这样的中老年女性在媒体中被忽视了（Bedford，2003；Kjaersgaard，2005；J. D. Robinson et al.，2004）。也许当"婴儿潮"一代的女性步入 60 岁，中老年女性会受到更多关注，但这一趋势在目前尚不明显。

中老年女性在电影中也不经常出现（Markson & Taylor，1993）。比如说，一项针对 2002 年百部最受欢迎电影的分析表明，只有 34% 的女主角超过40 岁，然而美国女性中有 54% 年龄都超过了 40岁。老年男性出现的频率则较高，在这些电影里，45% 的男主角超过了 40 岁，而美国男性中 51% 的年龄超过 40 岁（Lauzen & Dozier，2005）。

专栏 14.1　电视中的中老年女性

从现在开始到学期末，记录下中年和老年妇女在电视节目中是如何被描述的。要注意包括多种节目（肥皂剧、益智节目、情景喜剧、黄金时段节目和周六早晨的卡通片）以及广告。

注意中老年女性的数量和她们出现的形式。她们是在外面工作吗？她们是否有兴趣爱好和非常关注的事情，或者仅仅是忙着培养后代？她们是被描绘成机智的人还是漠然的人？她们喜欢交朋友吗——像真正的中老年女性那样？她们看起来是否真实，还是仅仅是大众眼中的陈旧形象？

463　　杂志也传递了相同的信息。年老女性基本上是被忽视的（McConatha et al.，1999）。在时尚杂志中，年老女性都主要是为一些掩饰年龄的产品做广告。这些广告尤其使得她们自惭形秽（Calasanti & Slevin，2001；Etaugh & Bridges，2001）。为了掩饰岁月的痕迹，这些广告说，女人要染发并且做面膜。一个外科手术从女性的大腿和臀部去除脂肪，然后注射进嘴唇，来恢复年轻时的丰满。想象一下！你可能是街区里第一个屁股长在嘴唇上的人！

这种对年老女性广泛的偏见其实并不是近年来才出现的。那些邪恶的中老年妇女形象在西方文学作品、故事和童话中很普遍（Mangum，1999；Rostosky & Travis，2000）。孩子在万圣节扮成"邪恶的老巫婆"，但是你见过邪恶的老头的服装吗？你听过许多有关岳母的笑话，有没有岳父的笑话？当中老年妇女自己表现出年龄歧视时，我们不应该感到惊讶。悲哀的是，她们确实对同年龄的人常持有偏见（H. Giles & Reid，2005；B. R. Levy & Banaji，2002；Whitbourne & Sneed，2002）。

对老龄化的双重标准

正如我们看到的，北美人通常对老龄化的过程有负面态度。有些理论家提出人们对老年女性的评价比对老年男性的评价更加尖刻，这种差异就叫做**老龄化的双重标准**（double standard of aging）（Halliwell & Dittmar，2003；Whitbourne & Skultety，2006）。比如，人们认为男人脸上的皱纹是性格和成熟的标志；然而，女人脸上的皱纹就传递了负面的信息（Erber，2005；Etaugh & Bridges，2006）。毕竟，理想的女性的脸是没有瑕疵、没有留下岁月痕迹的。

研究为老龄化的双重标准提供了证据吗？这是一个难以回答的问题，因为对中老年女性和中老年男性的定式是复杂的。你将看到，这些偏见取决于我们所评判的特征，以及我们如何衡量自己的评判（Canetto，2001a；Kite et al.，2005；D. J. Schneider，2004）。让我们考虑一下双重标准是如何在以下两个领域得到验证的：（1）个性特征；（2）两性关系。

个性特征

Hummert 和她的同事（1997）从事的一项著名研究中，说明了老龄化双重标准在个性特征中的体现。这些研究者收集了代表不同年龄段的男性和女性的照片。让我们具体探讨这次研究的一部分成果：比较他们 60 岁或者 70 岁的面部表情。这次研究的参与者年龄段是 18～96 岁。被试被要求把照片摆在 6 张卡片边上，这些卡片有描述正面形象的（比如活泼、交际广泛或者有趣），也有描述负面形象的（比如压抑、胆怯或者孤独）。464

图 14—1 表明了选择正面形象的参与者的数量（参与者的年龄不会对他们的判断有重要影响，因此图 14—1 结合了所有参与者的评价）。你可以看到，人们为老年女性选择的正面形象要远远低于其他 3 组。

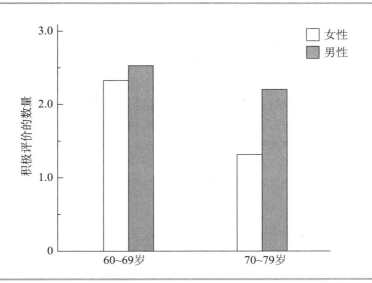

图 14—1　年龄与性别的双重标准

Mary Kite 和她的同事（2005）在近期开展了一项大规模调查，证明在有些个性特征上存在老龄化双重标准，有些则没有。如果老龄化的双重标准确实存在，那么人们对老年女性的评价就应该比对年轻女性的评价低得多；同时，他们对老年男性的评价则不会比对年轻男性的评价低多少。换句话说，这种"落差"在女性研究对象中应该更明显。Kate 和她的合著者发现，在两种情况下"落差"较大：（1）当人们就慷慨和友善程度等个性特征评价男性和女性研究对象时；（2）当人们衡量自己愿意与男性和女性研究对象交往的程度时。

不过，Kite 和她的同事得到了一些令人惊讶的发现。当人们就智力、记忆力和其他与能力有关的特征进行评价时，男性研究对象的落差比女性更大。换言之，人们认为中老年男性的能力比年轻人差得多，而中老年女性和年轻女性的能力则相似。我们在本书中看到，人们经常低估女性的能力。现在人们觉得女性不会随着年龄增大而变得更笨，这是否可喜可贺呢？

我们已经看到了他人对中老年人的态度。那么女性在衰老过程中如何认识自己呢？Quirouette 和 Pushkar（1999）研究了加拿大接受过大学教育且年龄在 45～65 岁的女性。他们发现，大部分女性对老龄问题持乐观自信的态度。她们希望未来可以平稳，少有变动。人们常认为不良的偏见是针对某一群体、而非他们自己的（Kopera-Frye et al.，2003）。

婚姻爱情

Mary Kite 和她的同事（2005）认为，在衡量男性和女性的外在魅力时，老龄化的双重标准尤其显著。不过，没有足够正规的研究能够客观地分析魅力度。一项研究表明，与老年男性相比，老年女性在评价自己衰老的身躯时更加苛刻（Halliwell & Dittmar，2003）。

而且，正如我们在前面讲的，年老男性比年老女性更常出现在电影中，而且常常是爱情故事的主角，而年老女性则不然。比如，我在校对本章的前一天看了《末路爱神》（Venus）这部电影的预告。男主角是 74 岁的 Peter O'Toole，他的角色爱上了 24 岁的 Jodie Whitaker 扮演的年轻女郎。其他研究则发现，人们常认为如果妻子比丈夫年长很多，那么婚姻不容易幸福（G. Cowan，1984）。

女同性恋也说当她们一方年长另一方很多时，周围的人也会有想法。一个 41 岁的女性写道：

> 我开始告诉我的朋友，我是同性恋，与此同时，我爱的是一个 63 岁的女人。她们问我的问题，不论是明说还是话中有话，都是：我是否恋母？我是不是给自己年老的时候找个保障？同性恋是不是真是无性的？（Macdonald & Rich，2001，p. 11）

465

老龄化的双重标准在性的方面也存在，因为人们通常认为年老女性是不受欢迎的性伴侣（Blieszner，1998；R. H. Jacobs，1997）。在第 9 章，我们提到了人们尊重老年男子对性的需求，却打压老年女性的同样需求。老年女性因此在性方面明显处于劣势。她们不但被认为是不性感的，而且被认为不能表现出对性的兴趣。

在这次讨论中，我们发现，人们在评判一个人是否讨人喜欢，以及他们是否愿意与这个人交往时，对年老女性的评价较低。同时，年老男性则在能力方面获得了较低评价。在评判外在吸引力和爱情关系的时候，年老女性再次被打压。注意，这种双重标准事实上是这本书主题 2 的一个分支：人们对待男性和女性的态度是不同的。而且这种差异会随着男性和女性年龄的增长而加大。

跨文化视角下的老年女性

466

在这本书中，我们主要讨论的是北美女性。然而，在我们探索其他文化的过程中，我们发现一些有用的对待年老女性的模式。在许多这样的文化中，女性的权力随着她年纪的增长而得到加强（Uba，1994）。比如，在一些非洲国家，如尼日利亚和肯尼亚的亚文化中，老年妇女地位相当高（Calasanti & Slevin，2001）。

这些文化中的正面态度对于认知的正常运转有重要意义。比如，在一项调查中，中国的老年妇女很少有记忆力下降的迹象，在开展调查时，中国文化尊重老年人（B. R. Levy & Langer，1994）。相反，如果一些文化并不期望老年妇女特别有智慧，那么这些预期将间接导致老年人在某些认知任务中表现得不那么出色（Gilleard & Higgs，2000）。

不幸的是，现代化可能会带来不良影响。在中国香港、日本和韩国有一些新的调查，这三个东亚国家和地区有尊重老人的传统。令人吃惊的是，Cuddy 和她的合著者（2005）发现，这些国家和地区的年轻人认为，老年人慈祥善良，但是能力和智力都较差。不过，这项研究没有证明老年人是否真的有认知缺陷，也没有审视年轻人是否持老龄化双重标准，也就是老年女性的衰退程度比老年男性大。

小结——对年老女性的态度

1. 年龄歧视是一种针对人们年龄的偏见，主要是针对老年人。

2. 媒体不恰当地或者错误地展示了年老女性——比如在杂志广告和电视中。

3. 老龄化的双重标准指人们评价年老女性要比年老男性苛刻。这种双重标准存在于某些领域，比如在衡量一个人是否讨人喜欢时，但在衡量一个人的能力时则不是这样。

4. 老龄化的双重标准也适用于当人们评价外在魅力的时候。比起年老女性，年老男子被认为更加适合作为伴侣。

5. 各个文化对衰老的看法正在改变。在北美以外的一些文化中，老年妇女的权力随着她们年龄的增长而得到加强。但是在某些亚洲国家和地区，人们认为老年人（包括男性和女性）可亲，但没什么能力。

 # 年老女性、退休和经济问题

467

考虑一下女性和退休的问题。你是否读过关于女性退休的故事或者书？你是否看到过反应类似问题的电视或者电影？女性在有关退休问题的流行文化和研究中被忽略了（Canetto，2003；Moen & Roehling，2005；Whitbourne & Skultety，2006）。比如，有一篇加拿大期刊中的文章的题目是"65 岁之后的工作"，然而这项研究中只包括了男性（M. Walsh，1999）。我们又一次有了证据来证明女性的相对被忽略性。

然而，这种现象也许会随着越来越多的妇女外出工作而得到改善。比如，美国大约有 65％年龄在 45～64 岁的女性有工作（Bureau of Labor Statistics，2004c）。媒体通常要滞后于现实，也许不久我们就会在电影中看到为女性开退休晚会的场景！让我们先看看退休的若干问题，然后关注年老女性面临的经济问题。

规划退休

女性退休的原因各异，比如说个人的健康问题和对自由时间的渴望（Etaugh & Bridges，2006；Price & Joo，2005）。许多女性退休的原因是照顾患病的亲属（Kim & Moen，2001b；Whitbourne & Skultety，2006）。

一个令人担忧的性别差异是女性在退休前不像男性那样愿意寻求关于福利待遇的信息（Dailey，1998；Kim & Moen，2001a，2001b）。一个重要的原因是已婚女性认为她们的丈夫会承担起经济规划的问题（Onyx & Benton，1999）。这种回避会成为一个主要问题，因为我们将看到，她们退休后的福利不如男性。

退休后的调整

与这本书主题 4 相符的是，女性对退休的反应不一（Bauer-Maglin & Radosh，2003b）。许多女性喜欢退休，并以此作为一个放松、追求新兴趣、做志愿工作、关注社会公正问题和参与社交活动的新机会。然而，更多的研究表明，女性可能比男性更可能面对退休带来的问题。女性也可能需要更多的时间来适应退休（Kim & Moen，2001a，2001b；Price & Joo，2005）。追求享受可能会令女性觉得自己"自私"，他们需要时间来适应这种生活（S. B. Levine，2005）。但是，Reitzes 和 Mutran（2004）发现对退休的适应没有性别差异。研究人员需要明确帮助男性和女性享受退休生活的因素。

造成这种性别差异的一个原因是许多女性的收入偏低，因此她们经常面临一些经济问题（Calasanti & Slevin，2001）。另外一个原因是退休妇女比她们的丈夫要做更多的家务，而很少有妇女乐于做这些（Bernard & Phillipson，2004；Charles & Carstensen，2002；Szinovacz，2000）。正如一名妇女评价的那样："当一对已婚夫妇退休以后，女性在家务中会花费更多的时间，而男人则是真正退休了"（Skucha & Bernard，2000，p. 32）。

当职业女性退休以后，他们经常抱怨说她们丧失了职业身份（Bauer-Maglin & Radosh，2003b；Whitbourne & Skultety，2006）。Barbara Rubin 曾经是纽约的优秀大学教授，她这样描述自己退休第一年的感受：

> 为了这个职业，我付出过很多努力和心血。现在没有了教师这个身份，我变得六神无主，忽然开始质疑，自己到底是谁？我还能不能再做一些有意义的事情，像我过去所做的那样引人注目的事情？就在那个时候，我去参加了曼哈顿的一个聚会。主人把我介绍给一位客人……她以前是妇女研究领域的第一把手。（B. Rubin，2003，p. 190）

正如你能想象的那样，一名女性退休后的调整是受她退休原因影响的。如果一名女性退休的原因是因为她想有更多自己的时间，那么她更容易调整好。比较而言，如果退休的原因是照顾生病的亲属，那么她可能不会喜欢退休（Bauer-Maglin & Radosh，2003a；V. E. Richardson，1999）。一些重要的人生转折，比如离婚或者亲属的去世，也会影响女性退休后的调整。然而，如果已婚夫妇退休超过两年，那么双方都会对他们的生活和

468

婚姻更加满意，这是与未退休夫妇比较而言的（Kim & Moen，2001a；Moen *et al.*，2001）。

关于女性和退休还有很多未回答的问题。比如，我们如何鼓励女性更多地了解她们退休后的福利待遇？女性如何在家庭中与对方平等分担家务？女性如何保持她们在工作中建立起来的社交关系？什么样的活动最容易提升女性对生活的满意度？

经济问题

469　　很多美国的老年女性面临着经济困难。超过 65 岁的美国女性年平均收入是 15 300 美元，而男性是 28 400 美元。美国女性的社会福利待遇比男性低（Hartmann & Lee，2003）。经济问题在有色人种女性中更加普遍。比如，超过一半的黑人和拉丁老年妇女生活在贫困中（Canetto，2001a；Cox，2001；Markham，2006）。与此同时，加拿大 65 岁以上妇女的贫困率在近年来有所下降，只有 9％目前属于低收入人群（Statistics Canada，2006）。

老年妇女的另一个主要收入来源是个人退休金。退休金也是依据收入发放的，而且很多女性受雇的职业并不提供退休金。在美国，只有 30％的 65 岁以上女性和 47％的 65 岁以上男性有退休金（Hartmann & Lee，2003）。黑人和拉丁裔女性能获得退休金的更少（Canetto，2001a；Older Women's League，2006a）。但是，目前在加拿大没有这种性别差异，39％的在职女性和 40％的在职男性有退休金（Statistics Canada，2006）。

Silvia Canetto（2003）说"晚年的贫困反映了女性一生中劣势的累积结果"（p. 59）。在老年阶段，女性收入低于男性还有其他原因（Bedford，2003；Cruikshank，2003；Markham，2006；Moen & Roehling，2005；Older Women's League，2006a，2006b）。

1. 女性的工资比男性低。比如，在加拿大，年龄 55～64 岁的在职女性的薪水是同年龄段男性员工的一半左右（Statistics Canada，2006）。在美国，这种工资差异意味着女性一生的收入平均要比男性低 250 000 美元（Butler，2002）。另外，很多中年女性遭到解雇，因此没有了收入（Moen & Roehling，2005）。

2. 女性在家中的义务劳动没有得到相应的报酬。

3. 许多女性负责家务，而后离婚或者丧偶。结果是，她们的收入有限。对于丧偶的女性来说，家庭的积蓄已经为给丈夫治病而所剩无几。另外，丧偶女性也不再享受丈夫工作带来的医疗福利金。

4. 女性寿命更长，她们积蓄的利息收入要远远低于男性的年收入。而且，女性的积蓄必须负担她们退休后很多年的开销。

5. 正如我们在第 11 章看到的那样，女性更容易患有慢性病，治病的花费又减少了她们的可支配收入。

自然地，我们需要提醒我们自己个体的差异。很多老年女性的生活因贫困而改变；很多低收入女性根本不能退休（Hedge *et al.*，2006）；但是有些女性的收入相对可观。在本章的第四部分我们将看到，许多老年女性过着满意而富足的生活。

小结——年老女性、退休和经济问题

470

1. 女性的退休问题在媒体和心理研究领域涉及不多。

2. 女性比男性获取的关于退休福利的信息更少。

3. 尽管个体的差异很大，女性在退休后需要调整的问题也比男性多，特别是当她们面临经济问题时。

4. 许多美国的老年妇女生活在贫困中。她们收入偏低的原因包括，在受雇期间的收入偏低，退休福利偏低，积攒的年收入低和治疗慢性病的花费。

更年期

到目前为止，对年老女性的研究主要涉及了两个对她们最重要的问题：（1）别人对待她们的方式和她们在媒体中的形象；（2）年老女性如何面对退休和其他的经济问题。现在让我们来关注一个吸引了大部分媒体注意的问题——更年期。我们将看到，大部分年老女性不认为更年期对她们的人生特别重要。

随着女性年龄的增长，她们的卵巢分泌的雌激素和黄体酮越来越少，因此原本平稳的月经周期被打乱（Baram，2005；Kurpius & Nicpon，2003）。女性停经一年之后，便进入了更年期（menopause）。大部分女性的更年期时间是 45～55 岁，而 51 岁是最普遍的年纪（Dell，2005；Derry，2004）。

让我们来讨论一下更年期的 4 个组成部分。让我们先从生理的角度开始，并且讨论一下荷尔蒙替代疗法为何不再被广泛使用，接着是对更年期的态度，最后讨论女性更年期的心理变化。

更年期的生理变化

伴随绝经有很多普遍的生理症状。最普遍的症状就是潮热（hot flash），是一种来自体内的热流，热流伴随大量出汗，有时还可能影响睡眠（Lachman，2004；Stanton et al.，2002）。不过，潮热的出现频率和强度会逐渐降低（Boston women's Health Book Collective，2005；Derry，2005；Sommer，2001）。

471　　其他一些生理变化包括骨质疏松症（这在第 11 章讨论到了）、阴道分泌物减少、阴道组织变薄、头痛、排尿症状和疲劳（Dell，2005；Sommer，2001；Stanton et al.，2002）。这些生理症状听起来很可怕，但是很少有女性会有所有症状。在这本书里，我们强调了妇科问题中的个体差异，比如说初潮、月经疼痛、经前综合征、怀孕和生产。女性对更年期的反应也有类似的个体差异（Crooks & Baur，2005；Derry，2004；Stanton et al.，2002）。这再次论证了本书的主题 4。

荷尔蒙替代疗法的现状

在 20 世纪 90 年代，医疗机构经常建议女性在更年期到来之后服用荷尔蒙（Lachman，2004）。**荷尔蒙替代疗法**（hormone replacement therapy）指雌激素和黄体酮的联合应用。这种治疗确实缓解了更年期的一些症状，如潮热汗出。同时，研究表明荷尔蒙对健康有其他好处，比如可以降低患心脏病的危险。

但是，关注女性健康的人期待看到长期研究项目的结果。这些项目中最大的一个是由"女性健康行动计划"开展的，研究对象是 16 000 多位女性。在这项设计严密的研究中，一半的女性接受了荷尔蒙替代疗法。另外一半作为对照组，使用一种不含有效成分的安慰剂。

在 2002 年 5 月，"女性健康行动计划"的研究者们突然停止了这次研究——比预期的时间提前了 3 年。他们分析了结果，发现雌激素—黄体酮结合并没有阻止心脏病的发病率，事实上，还稍稍提高了心脏病、中风和血栓的发病率。而且乳腺癌的发病也有所上升。这种疗法确实降低了髋骨骨折、结肠癌和直肠癌的可能，但是不足以抵消其他疾病发病率的上升（Cheung，2005；Grodstein et al.，2003；Writing Group for the Women's Health Initiative Investigators，2002）。研究人员建议女性停止使用荷尔蒙替代药物。其他研究也证实，荷尔蒙替代疗法对身体疼痛、睡眠问题和心理健康等没有有益影响（Hays *et al.*，2003）。

很自然，这项研究的结果使得数百万北美女性十分愤怒和困惑（S. B. Levine，2005；Seaman，2003；Solomon & Dluhy，2003）。为什么研究者以前没有进行相关研究？为什么药品公司没有发现这种激素结合疗法的副作用？目前，医疗机构通常不再推荐荷尔蒙替代疗法。女性被鼓励吃有营养的食品并适度锻炼。另外，我们都学会了一件重要的事：对药品公司的广告持谨慎态度（Naughton *et al.*，2005；Seaman，2003）。

人们对更年期的态度

你可以通过做专栏 14.2 来检验你的朋友对于更年期的态度。更年期已经不是一个禁忌话题，但是我那些 20 几岁的学生说她们很少讨论更年期的话题。而且，很多经历着更年期的女性说，他们没有关于更年期的详细信息。有些人说她们甚至不和朋友讨论更年期这个话题（Koch & Mansfield，2004）。

不幸的是，更年期在医学领域长期以来都具有负面意义——仿佛这是一种慢性病（Derry，2002，2004；Dillaway，2005；M. M. Gergen & Gergen，2006；S. Greene，2003；Rostosky & Travis，2000）。自助书籍和大众媒体的看法也是如此。这些资料认为，经历更年期的女性荷尔蒙急剧波动，导致她不满、高度焦虑和压抑（e.g.，Futterman & Jones，1998）。一项针对大众印刷媒体的研究表明，对绝经期症状的描述中有 350 条是负面的，而仅仅有 27 条是正面的（Gannon，1999）。

另外一个问题就是媒体展示的都是最坏的情景，这导致了大众对更年期的消极态度。媒体也加深了另外一个相关的误区：更年期妇女已经对性行为不感兴趣了。在第 9 章，我们注意到，有性伴侣的女性通常在年老时仍然性生活活跃。

由于医学界和媒体对于更年期的种种负面描述，大众自然而然地会持有相应的消极态度。比如，Amy Marcus-Newhall 和她的同事（2001）让人们用一些词语来描述他们看见的三组接受调查的中年妇女（专栏 14.2 就是基于这个研究），然后用分值来评价每个词语。人们对于 45～55 岁的老年绝经妇女的态度要比 45～55 岁没提到绝经的妇女和男性的态度消极得多。比如，她们认为那些绝经妇女比起其他两组人兴趣爱好会更少，不那么积极，更加容易表现消极态度。在专栏 14.2 中，你的朋友是否也有同样的倾向呢？

专栏 14.2   对于绝经的态度

在这个专栏中，你需要选出 6 位朋友来参与一个简单研究，研究不同年龄阶段的人对处于中年阶段的人持有什么态度。在每种情况至少选择两人来进行测试。

告诉第一组的人："请选出你想到 45～55 岁的人时会联想到的一些词语。你可以列出诸如反映他们的个性、外貌、态度、兴趣、情绪和行为的词语。"几分钟过后，让他们回过头来给他们列出的词语根据正面到负面的程度打分。告诉他们 1 是最消极的，3 是中性的，5 是非常积极的。

在其他两组中重复上述步骤。在第二组中，增加下述描述："45～55 岁的女性"。在第三组，增加这样的词语："绝经期的 45～55 岁的女性"。

在各组测试完之后，计算一下每组的平均值，看看是否有所不同？

更年期的心理反应

在这章的开始,我们强调了人们对年老女性通常持有消极态度,没有真实反映现实生活中老年妇女的生活。相应地,我们发现人们对更年期的认识也没有准确反映妇女在这个阶段的真实经历(Hvas,2001;Stanton et al.,2002)。有一些女性有压抑、易怒和情绪变化等心理症状。然而,我们没有证据证明,是更年期本身导致了这些症状的发生(Sommer,2001;Stanton et al.,2002)。

在这章,我们已经指出有很多因素导致了年老女性的抑郁,比如社会对于年老女性的态度和她们的经济状况。女性还面临着健康问题、离婚、亲属去世或者丧偶。所有这些因素都比更年期本身对绝经中年妇女的精神状况影响大(Avis,2003;Glazer et al.,2002;sommer,2001)。

大多数女性没有感到她们在更年期期间有重大的心理变化(Avis et al.,2004;G. Robinson,2002;sommer et al.,1999)。比如,一位 50 岁的妇女描述了她对更年期的看法:我还没意识到发生了什么就已经进入更年期了。我的症状不明显,很轻微。我不知道那些大肆宣传的症状(L. L. Alexander et al.,2001,p.398)。某些女性则如释重负,因为不必再担心怀孕了。某些女性把更年期视为人生中重要的一件事,帮助她们审视自己的生活并且决定是否要改变方向(Rich & Mervyn,1999;Zerbe,1999)。

一项研究显示,那些已经经历过更年期的女性对更年期的态度最为积极(Gannon & Ekstrom,1993)。比如,Lotte Hvas(2001)让丹麦妇女描述她们的更年期经历。大约一半的人指出了至少一个积极因素。比如,一位 51 岁的妇女说:

生理上,我已经有足够的力气通过这一关——我的性生活变得更享受,我明确地知道自己要什么——不久,我就快成祖母了。我想换份工作,我期待着这一切。(Hvas,2001,p.14)

不过,一般来说,更年期的正面意义通常被医学界和媒体所忽视(Sherwin,2001)。

有些研究人员研究有色人种女性是如何度过更年期的。一项研究称,较之欧裔女性,黑人女性更认为月经是正常生活的一部分(Sampselle et al.,2002)。在一项大规模调查中,Barbara Sommer 和她的同事(1999)分析了他们针对美国 16 000 位女性所做的电话采访。种族的差异虽然不大,但是对数据分析来说却意义非凡。黑人女性的态度最为积极,欧美女性和拉丁女性位于中间,而亚洲女性是态度最消极的。研究还表明了其他因素也可能会影响有色人种女性对更年期所持的态度。比如,韩国和菲律宾的移民说,比起适应一个新的文化,更年期确实不算什么大问题(J. A. Berg & Lipson,1999;Im & Meleis,2000)。

来自希腊、墨西哥南部和其他北美以外文化的女性持有相对积极的态度,特别是在那些尊重老年女性的文化中(S. Greene,2003;G. Robinson,2002)。比如,Lamb(2000)研究了印度西孟加拉地区一个城镇的女性。年轻女性和老年女性都选择了用比较积极的词语来描述更年期,因为这意味着她们可以脱离月经带来的苦恼,并且参与到一些禁止行经女性参与的宗教仪式中去。这种标新立异的观念也帮助我们了解了不同文化是如何塑造人们对更年期的观念的。多元文化和跨文化的观念也为我们提供了一些积极的看法。

小结——更年期

1. 更年期是月经的停止。一些普遍的更年期生理症状包括潮热汗出、骨质疏松、生殖器官改变、头痛和疲劳。

2. 进入更年期的女性不再被推荐使用荷尔蒙替代疗法。

3. 更年期在媒体和医学界都是以负面形象出现的,大众对"更年期女性"这个词持消极反应。

4. 与大众中广为传扬的不同,绝经不会导致压抑和易怒等心理症状。女性经常对绝经持有正面积极的态度。美国的一些少数民族和世界上其他一些地区的女性对更年期持有相对积极的态度。

年老女性的社会关系

在本章，我们已经讨论了社会如何看待年老女性，以及女性在绝经和退休后的生活经历。现在让我们来审视一下年老女性生活中社会关系的变化。她们的家庭关系随着她们年纪变大有何变化？妇女对配偶或者恋人的去世有何反应？有色人种女性的生活比起欧美女性有何不同？女性对她们的生活是否满意——如果不满意，她们将如何改变？在这部分，你将看到更多支持个体差异这一主题的证据（kjaersgaard，2005）。

家庭关系

在第 8 章，关于婚姻家庭关系这一部分，我们探讨了对许多女性都很重要的一个家庭角色：妻子。在该章，我们探讨了一些维持幸福和长期关系的因素。我们也审视了女同性恋和双性恋关系，这也是许多女人生活的中心。现在我们来研究一下年老女性生活中其他重要的家庭角色——她们作为母亲、女儿和祖母的角色。

作为母亲

大部分关于中年妇女的早期研究和理论都集中在空巢（empty nest）问题上。在这段时间，孩子不再跟父母生活在一起，注意空巢这个概念的内涵是把女性完全作为母亲来定位的。许多年前，研究者们急切地要证明母亲在孩子离家后会感觉压抑。

但是在现实中，研究揭示出了女性的个人差异，这和我们在讨论女性生活时的发现是一样的（主题 4）。一般来说，目前的研究证实了空巢并不会引发抑郁（Canetto，2003；Hunter et al.，2002）。事实上，家中无子女的中年女性与家中有至少一个子女的女性相比是同样快乐甚至是更快乐一点（Antonucci et al.，2001；Calasanti & Slevin，2001；Johnston-Robledo，2000）。记住，大部分母亲还是牵挂子女的，即使他们不在家中居住（Pruchno & Rosenbaum，2003）。

我那些 20 几岁的大学学生得知他们的母亲在子女离家后某种程度上更快乐了，心中有些沮丧。请不要错误地认为女性是因为孩子离家才觉得快乐的。母亲确实会觉得伤心，但是确实很少有严重的压抑。相反，母亲会随着儿女进入成年期而逐步通过培养新兴趣、开展新活动而重塑自己的生活（Johnston-Robledo，2000）。

作为女儿

我们经常认为成年女性的角色就是母亲和祖母，但是成年女性同时也要扮演女儿的角色。大部分关于女儿角色的研究都集中在照顾年迈父母的成年子女层面。许多女性照料父母的时间比照料子女的时间都长（Crose，2003）。"三明治的一代"（sandwich generation）这个词就指那些同时肩负着照顾年幼子女和年迈父母重任的中年人，特别是女性（Boston Women's Health Book Collective，2005）。大部分的研究人员估计，承担照顾患病父母的子女中，女儿的可能性是儿子的 3 倍（Cruikshank，2003；Hunter et al.，2002；Mosher & Danoff-Burg，2004）。因为女性花费在此类工作上的时间更多，照顾老年人其实是女性的问题。

许多关于女性照看父母的书都强调说，这些任务对于中年女性来说是不愉快的和麻烦的。事实上，照顾父母确实很辛苦，而且对生理和心理健康有负面影响（E. M. Brody，2004；Miller-Day，2004；Vitaliano et al.，2003）。但是，近期的研究发现，许多女儿是自愿承担这个责任的，

476

因为她们觉得她们的父母用宽容和爱把她们抚育成人（Martire & Stephens，2003；Musil *et al.*，2005；Whitbourne，2005）。能让父母得到良好的照顾她们也觉得欣慰（Fingerman，2003；Hunter *et al.*，2002；Menzies，2005）。

比如，一位同事讲述了她每天跑 800 英里去照顾病重的母亲，同时还要在大学工作的经历。确实，她经历了无法想象的压力。有一次，在重症室，她用右手紧紧握住母亲的手，看着母亲与肺炎抗争。同时，她用左手敲打键盘，给学生出心理学的试题，然后传真给同事。这些额外的负担确实对她的学术生涯有影响。但是，她这样写道：

> 我认为我自己很幸运，能够照顾母亲并且给她周到的护理。她在我怀里去世。确实压力很大，也很艰难。但是这对我有积极的影响，当然也有消极的。我做这些了，无怨无悔，如果再给我一次选择，我还是会这样做。（L. Skinner，personal communication，1999）

一小部分研究人员开始探索成年子女和父母间关系的其他方面——除了照顾以外的（Fingerman，2001，2003；Hunter *et al.*，2002）。不幸的是，媒体经常忽略中年子女和她们父母关系的社会层面。除了偶尔的一笔带过，你是否能够经常读到成年女性和她们的母亲作为成年人的互动呢？

作为祖母

根据传统的观念，祖母通常满头白发，给她们的孙辈吃的和爱。而另外的一个传统观念是，祖母都是脆弱和无助的（Denmark，2002；L. Morgan & Kunkel，2001；P. K. Smith & Drew，2002）。这些传统的观念都没有反映现实生活中祖母的能力、兴趣和性格特征（Barer，2001）。

大部分女性一生中有三分之一的时间扮演祖母的角色（P. K. Smith & Drew，2002）。和祖父相比，祖母和孙子、孙女的交流更多（P. K. Smith & Drew，2002）。然而，最近的研究很少有关于这个方面的。

她们在和孙辈的交流中通常都做些什么呢？在活动方面，祖母可能会照顾孩子或者偶尔和孩子一起出游。祖母去看孩子的时候，跟他们一起玩游戏、读书、讲家里的故事或者聊天。

祖母还可能给孩子灌输什么样的行为是符合道德标准并且为社会所接受的（Erber，2005；Fingerman，2003；P. K. Smith & Drew，2002）。比如，魁北克的一位白人祖母和一个黑人家庭交好，她带上孙子出席了这家人的生日庆祝会。孙子后来说他以前从来没看见过黑人。这位祖母强调说："我作为祖母的一言一行都会灌输给我的孙子，我认为这非常重要。我相信孩子们会反思你所做的事情"（Pushkar *et al.*，2003；p. 258）。

然而，这种祖母模式中的个体差异也很大。有些女性争辩说，好的祖母不应该干涉孙辈的成长，但是有些女性认为这是她们的责任（Erber，2005；Whitbourne，2005）。在黑人和土著家庭中，祖母通常扮演非常重要的支持者和建议者的角色（P. K. Smith & Drew，2002；Trotman & Brody，2002）。

在撰写本章的前几天，我和丈夫去波士顿为外孙 Jacob Matlin-Heiger 庆祝两岁生日。和小 Jacob 在一起的时候，我们的喜悦和惊奇是难以形容的。看到我们的女儿女婿如此称职、慈爱地抚育着外孙，我们对他们无比赞赏。研究显示，祖母们常说当祖母比当母亲清闲得多。毕竟，祖母无须每天都照料孩子。正如一位祖母所说，"我不需要再上前线了，只是作壁上观"（Miller-Day，2004，p. 81）。

守寡和丧偶

对于已婚妇女来说，配偶的死亡是她们一生中最致命的伤痛（Carr & Ha，2006）。妇女丧偶的可能性比男子丧妻要大。许多因素与此有关。

比如，女性的寿命较长，她们通常与比自己年长的男子结婚，并且不太可能再婚（Canetto，2001a；Carr & Ha，2006；Freund & Riediger，

2003)。美国的数据表明，丧夫女性的人数是丧妻男性的 4.1 倍（U. S. Census Bureau，2005）。这个比率在世界的其他地区更为明显。比如，非洲寡妇的数目是鳏夫的 7 倍（United Nations，2000）。

当一个妇女的丈夫死亡时，她面临着痛苦、伤心和悲哀。她可能会感到身心俱疲，如果丈夫临终之前一直由她照顾，则更是如此（Christakis & Allison，2006；H. E. Edwards & Noller，2002；Pruchno & Rosenbaum，2003）。寂寞对于她们来说是一个重要的问题（Bedford & Blieszner，2000a；P. Chambers，2000）。丧夫的妇女还说，她们在社交场合看到其他女性跟丈夫在一起就会感到尴尬。

大部分近期的关于丧偶的性别比较显示，男性比女性更容易觉得压抑（Canetto，2001a；Charles & Carstensen，2002；Pruchno & Rosenbaum，2003）。然而，当配偶去世的时候，男性和女性都可能面对孤独、悲伤、压力和健康问题。对于那些婚姻幸福、矛盾较少的人而言，适应鳏居或寡居生活尤其困难（Pruchno & Rosenbaum，2003）。

我们对于同性恋伴侣的伤痛知之甚少。毕竟，在很多女同性恋寻找终身伴侣的时代，大多数人还是谴责同性关系的（D'Augelli et al.，2001；Deevey，2000；Whipple，2006）。另外，老年有色人种同性恋女性尤其被忽视了（R. L. Hall & Fine，2005）。

看看 Marilyn 的情况，她的伴侣 Cheryl 最近去世了。Marilyn 描述了她的困境：

> 我成了寡妇。但是法律不认可，我的税

收报表不认可。填写着我婚姻状况的无数张表单都不认可。但是每次我看到这一栏填写着"单身"时，都想尖叫，想把它擦掉，改成"丧偶"。但我是一个失去了伴侣的女同性恋，所以在很多方面我不符合一名寡妇的身份……虽然我们都只有一个伴侣，相亲相爱 31 年，还共同抚养了 3 个可爱的孩子，但这一切似乎都于事无补。（Whipple，2006，p. 129）

不幸的是，我们所处的异性恋文化不会给予女同性恋们相应的社会支持。比如，一名在郊区小学校任教的老师不敢在她的配偶去世后表现出悲伤，因为她害怕这样一来她会丢掉工作（Deevey，2000）。她们一直隐匿她们的关系，所以现在她也无法公开表现她的悲痛。

我们发现丧偶后女性的反应个体差异也很大（Siegel，2004；Stroebe et al.，2005）。许多女性极度悲伤，在配偶去世后很久都是这样。事实上，如果孀居的妇女不再结婚，她可能在丈夫死后 8 年甚至更长的时间里都不会感到快乐（Lucas et al.，2003；Whitbourne，2005）。

但是，有些女性最终发现一种能够使她们重新振作的内在力量。比如一名 48 岁的妇女写道：

> 我认为当你失去配偶的时候，也是你的一次重生。你不可能永远都沉浸在悲痛中，你必须要想想现在你该怎么办。现在每一天对我来说都是一个学习的过程，一个人尝试一些新的东西。（Nolen-Hoeksema & Larson，1999，p. 149）

▎年老有色人种女性

在讨论年老有色人种女性的时候，我们需要强调每个种族中都有明显的个体差异（Iwamasa & Sorocco，2002）。我们也应该意识到就这一话题开展研究所要面临的挑战。例如，Delores Mullings（2004）是一位年轻的加勒比裔加拿大人，她想了解更多与自己同种族的老年女性的情况。她描述了向被研究对象表达自己诚意的很多种方法，包

括穿着和用词的选择，以及谈话方式等。

我们在前面谈到，黑人和拉丁裔老年女性比欧裔女性更可能生活在贫困中（Canetto，2001a；Cox，2001；Markham，2006）。目前，许多有色人种老年女性每天都在为住房、医疗、交通甚至吃饭的问题发愁。然而，有色人种的老年女性确实有一个优势：她们通常有居住在附近的亲属，

可以给她们提供帮助和支持（Armstrong，2001；Saperstein，2002；Trotman，2002）。

谈到老年黑人女性，人们通常会联想到以下两种形象（Ralston，1997；Trotman，2002）。一个是被描述成贫困的牺牲品和城市的边缘人；另外一个就是被描述成那种凭借努力工作和心地善良来克服一切障碍的超人。这两种描述都没有体现她们实际生活的复杂性。

一般来说，老年黑人女性通常在社区组织，比如教堂里比较活跃（Armstrong，2001；Conway-Turner，1999）。而且，老年黑人女性一般会比较在意孙辈的事情（Conway-Turner，1999；McWright，2002；P. K. Smith & Drew，2002）。她们给孩子们支持，监督他们的行为，管理他们，并且鼓励他们有所作为。然而，许多老年祖母说她们讨厌照顾孙辈，特别当她们刚刚脱离照顾子女的任务时（Barer，2001；Calasanti & Slevin，2001；Harm，2001）。

我们对拉丁裔女性的研究甚少（Du Bois et al.，2001）。像黑人祖母一样，拉丁裔祖母也受到尊重，并且她们也喜欢自己的社会角色。然而，她们常把自己的角色描绘成"有局限性的"，尤其是当她们要肩负起照顾孩子的责任时（Facio，1997；Harm，2001）。生活在美国的波多黎各老年妇女被期望给孩子和孙辈提供帮助。反过来，她们在需要帮助的时候也可以求助于年轻的亲属（Sánchez，2001；Sánchez-Ayéndez，1993）。

当我们审视亚裔老年女性的时候，我们可以在这个种族团体中看到不同的表现。比如，来自印度的女性可能是一名退休医生，而老挝的老年女性中很少有高中学历的（Kagawa-Singer et al.，1997）。不过一般来说，亚裔老年女性与欧裔女性相比更可能跟孩子居住在一起（Armstrong，2001；Conway-Turner，1999；Saperstein，2002）。另外，亚裔美国人通常更尊敬老人。不过研究者尚未证实这种尊重是否让亚裔老年人对生活感到更满意（Iwamasa & Sorocco，2002）。

老年的土著女性在心理学研究中是最受忽视的一群（Polacca，2001）。大约有一半的土著人生活在城市中。我们对于这些城市老年妇女的情况知之甚少（Armstrong，2001）。另外一半的人生活在郊区或者保留地中，她们的角色通常是祖母、护理者、教育者和建议者（Conway-Turner，1999；Polacca，2001）。

针对居住在亚利桑那州的阿帕契族祖母的研究强调了祖母和祖孙之间的关系（Bahr，1994）。比起欧裔的孩子，阿帕契族的孩子们大多跟祖父母生活在一起，因为他们的父母要到城市去打工。研究中的大部分祖母们说她们很乐于照顾这些孩子。这些祖母们通常聪明、有活力并且知识丰富，特别是在教授孩子民族文化这方面。反过来，青年土著人比欧裔的年轻人更认为他们有赡养老年人的责任（Gardiner et al.，1998；Polacca，2001）。

在本章，我们讨论了对老年女性群体的忽视，尤其是对有色人种的老年女性。心理学家简单地探讨了有色人种老年女性，但是我们仍然缺乏深入了解她们生活和经历的重要信息。

对生活的满意度

如果阅读了我们在这本书中提出的一些主题，会注意到有很多原因会导致老年女性不开心。在第 11 章，我们讨论了一些生理上的因素，比如说乳腺癌和骨质疏松，这在老年女性中十分普遍。在本章，我们看到了退休会导致女性不快乐，许多人担心她们父母的健康，许多人因为配偶和亲人的去世而悲痛。

许多老年女性，特别是有色人种女性，可能会遭遇经济危机。即使是没有上述问题的女性也可能受到周围人群的消极对待，因为她们生活的社会文化中歧视老年女性的皱纹和其他老龄特征。

然而事实上，大部分中年女性和老年女性对她们的生活比较满意（Bourque et al.，2005；Freund & Riediger，2003；Miner-Rubino et al.，2004；Whitbourne & Sneed，2002）。比如，Neill和Kahn（1999）发现，老年丧偶女性给她们的生活满意度打分平均是 19 分，最满意的分数是 26分，而最不满意的分数是 0 分。另外，老年女性事实上比年轻女性更不容易情绪低落（D. G. Myers，2000）。这项研究证明了**幸福的悖论**（paradox of well-being）。虽然很多老年女性面临着客观困难，但她们还是对生活很满意（Kahana et al.，2005；K. S. Lee，2004；Whitbourne，2005）。

许多因素帮助解释了为什么老年女性相当快乐。尤其是，她们学会了如何有效处理消极情绪并且把时间花费在她们感兴趣的活动上。她们把目标调整得更加符合实际。另外，她们对自己持有正面的认识，即使面对困难的时候（Hunter et al.，2002；Magai，2001；Whitbourne & Sneed，2002）。

老年人研究的一个新重点叫做"成功地变老"。虽然定义有所不同，成功地变老（successful aging）主要指扩大收获，减少损失。比如，如果一位老年女性做到以下几点，她就成功地变老了：（1）对生活的各个方面都很满意，比如家庭和朋友；（2）态度乐观，相信自己正在达成个人目标；（3）身体健康，认知能力健全；（4）对收入和生活条件满意（Freund & Riediger，2003；Whitbourne，2005）。

我们在本书中强调了个体差异。女性获得快乐的方式同样各异，没有现成的快乐方式（Charles & Pasupathi，2003；S. B. Levine，2005）。一位女性也许从她的丈夫和孩子那里能够获得快乐，另外一位可能从一种非常规的生活中获得快乐。

重新书写我们的生活

许多年轻女性认为她们了解自己生活的方向，而且许多女性的生活确实表现出了连续性和可预测性。然而，许多女性发现她们生活的方向是不可预测的（Plunkett，2001）。大部分中年女性欢迎新挑战，而且与年轻时相比，显得更加自信（S. B. Levine，2005；A. J. Stewart et al.，2001）。另外，中年女性说女权运动使她们觉得更有地位，感觉更加自信（S. B. Levine，2005；A. M. Young et al.，2001）。

是的，许多中年女性这样说，若干年前她们对自己的生活道路感到遗憾。然而，如果她们能够改变和重写自己的人生故事，她们就比那些一直生活在悔恨中的女性满意度更高（S. B. Levine，2005；A. J. Stewart & Vandewater，1999）。比如，在46岁的时候，Linda N. Edelstein（1999）面对癌症的危险，所幸肿瘤是良性的。她说这件事迫使她重新考虑她真正想要什么，以及她如何能够追逐梦想。正如她写的那样：中年女性的悲伤和绝望不是来自于尝试和失败，而是来自于从来没有尝试（p. 195）。老年女性通过更加深爱自己所爱的人以及发展新的兴趣来重写自己的人生（K. J. Gergen & Gergen，2004）。

不过我们需要强调，如果我们的社会——尤其是政府——真正珍惜这些女性，那么美国的老年女性更容易在我们的社会中谱写积极的、有成效的生活篇章。在一个拥有大量财富的国家，不应该还有女性为了吃住和医疗而烦恼。在本章的最后，如果有合适的机会，试着做一下专栏14.3。

专栏14.3　年老女性的生活故事

这个专栏的问题与前面相比更为开放。找一个你比较了解的年纪至少在40岁以上的女性。问一下你是否可以在方便的时间访问她。

在采访前，选择几道专栏中的问题。记住，有些问题可能太私人了。同时，根据本章提供的信息提出几个其他问题。在开始访问前，告诉她她可以不回答提出的个别问题。

问题举例：

1. 你一生中最快乐的时光是什么时候？

2. 当你 20 岁时，是否想过你的生活会像现在这个样子？

3. 如果你有机会重新来过，你是否会尝试做不同的事情？

4. 你的自信程度在你 20 岁或者 30 岁的时候是否有所改变？

5. 假设你 20 岁，生活在当今的社会，你会作出怎么样的选择？

6. （如果相关）当你孩子离家后，你的情绪反应是怎样的？

7. （如果相关）当你退休后，你有什么样的情绪反应？

8. 你觉得自己是否仍然在寻找自我？

9. 你觉得别人是否因为年纪和性别而区别对待你？

10. 关于你的生活是否还有我没有问到的问题——你个人比较感兴趣的？

结束语

在本章末尾，我让一位 69 岁的朋友回忆她的生活和老年阶段。在 58 岁的时候，Anne Hardy 和她的丈夫决定离开他们在纽约切斯特的舒适社区，到南部去工作。他们为若干机构工作，都是与民权和法制有关的。关于这段时间，她写道：

> 当我们的孩子上完大学，独立的时候，我们觉得我们也该结束为了赚钱而活的时代了。我们从来没有空巢的感觉。确实，这是一种解放，就好像进入了一个新阶段。正如结婚是一个新阶段，生孩子是一个新阶段，孩子离家同样也是。

> 这种照顾、分享、在别人需要的时候互相帮助会一直伴随孩子，即使我们不生活在同一屋檐下。我们准备好有所转变，孩子们也一样。我们许多年来做了很多次的义工，现在终于有机会做全职了。我们只要能够有维持基本生活费用的工作，直到可以接受社会保障就可以了，那时候我们就可以全职工作，也不拿工资了……

> 我十分清楚，自己的生活不够"典型"，如果说确实有"典型"这么一回事的话。我享受过很多别人所没有的优势。有段时间我们的收入确实不高，但也不至于贫困，不会吃不饱；我的健康状况大多数时候也良好；我们的孩子可爱、孝顺；最棒的是，丈夫是我最佳的伴侣和最好的朋友。如今经济压力和家庭纠纷很普遍，所以我觉得自己的生活不是一般人都能有的。

在南部工作 10 年后，安和她的丈夫退休搬回了北方。Anne 继续为女性和平自由国际组织和美中民间友好协会这样的机构工作。她这样评价她这次的转变：

> "退休"有很多好处，参与到更多的活动中去，并且没有压力。我们有自己的日程安排，不受人管制。如果有什么让我们感兴趣的事，我们就可以做。这样更加灵活，不用生活得那么机械。

> 在 69 岁的时候，我还不觉得自己老，尽管从年纪来说我确实不小了。我想，如果身体还不错的话，那么衰老就是一个循序渐进的过程，更多是要靠生活的质量。我的兴趣没有改变，虽然我们的生活中又有了 6 个孙辈。老年人和年轻人一样各不相同。她们之间还是有差异的，以前的好恶还存在。我还是我，不管年老还是年轻，尽管我觉得已经更加善解人意，更加客观，更加敢于尝试新的经历，更加尽力成为一个完善的人。

> 我们经历了亲友的去世，朋友中很多人患上了慢性和恶性疾病。这当然让人悲伤，但是仍然有积极的一面，让我们跟现有的家人和朋友走得更近，使我们更加相爱，更加愿意忽略小的摩擦，更加宽容……

> 自然而然地，我们对于个人问题，比如说健康和丧偶，以及一些国内和国际问题都有很多担忧和期望……我觉得我们不能够影响事情的进程，我越来越坚信，我们受控于跨国公司和财团，以及艾森豪威尔的"军事工业共同体"。这种感觉一直根深蒂固。但

是坐以待毙就是助长这些。我知道这是老生常谈，但是如果我们担心事态的发展，我们可以尽力改变它。"就这样了"并不是一定的。我们必须要能够说："过去是这样，但是我们已经努力改变了。"我安慰我自己说，40年前，我们还在争论说要不要把孩子带到这个世界上，现在我还是有同样的顾虑——

但是我们还在这里！

我的一个信奉正统基督教的亲戚问我，我对于永恒怎么看。我回答说，永恒对我来说就是每天都做有意义的事，通过帮助他人来实现自己，输出价值观，并且把有益的价值观传递给下一代，这样他们又能把这些传递给自己的世界和子孙。

小结——年老女性的社会关系

1. 有些女性受到了空巢效应的影响，但是研究表明，大部分女性在孩子离家后相对来说比较幸福。

2. 在中年的时候，女儿比儿子更可能照顾年迈父母。这种角色的负面影响在研究中被着重提出，但是许多女性提出了这样做的积极意义。

3. 女性在做祖母的方式上各不相同。不少祖母认为，她们应该向孩子灌输道德观和社会责任观。

4. 大部分已婚女性觉得配偶死亡很痛苦，孤独是一个常见的问题。当女同性恋失去配偶时，掩饰自己的悲痛成为她们的额外负担。

5. 年老有色人种女性很可能在经济上遇到困难，但是比起欧裔女性，她们更可能获得家庭成员的帮助。

6. 老年黑人女性在社区机构中更加活跃，而且更可能担负起照顾孙辈的责任。老年的拉丁裔女性被期望帮助照顾子女和孙辈，并且能够在她们自己需要帮助的时候寻求帮助。年老的亚裔女性和土著女性更可能跟子女生活在一起。年老的土著女性通常会跟孩子们分享文化传统。

7. 虽然中老年女性面临很多问题，但她们对生活的满意度和年轻女性是差不多的，这种现象叫做"幸福的悖论"。

8. 许多女性在中年或者之后重新考虑自己的生活，并且做出新选择，找到新方向。

本章复习题

1. 本书的一个主题是女性相对被忽视。讨论这种趋势在老年女性问题上如何变得更加明显，指出年老女性在以下这些领域如何没有受到足够的重视：（1）在媒体中的展现；（2）退休问题的研究；（3）有色人种老年女性的生活。然后把其他比较重要却没有包括在本章的领域添加进来。

2. 老龄化的双重标准是什么？什么情况下这种标准会适用，什么情况下不适用？还有哪些本章没有提到的方面会受到老龄化双重标准的影响？

3. 根据你了解的退休问题，描述一位能够很好地适应退休的女性，再描述一名无法很好地适应退休的女性。

4. 描述一下退休女性的经济状况，并且列出

你认为影响男女收入差异的因素。

5. 想想几位你认识的退休女性，她们的生活是否与我们在本章讨论的一致，比如退休的时间、中老年时期的经济来源，以及如何调整退休后的生活。

6. 更年期的生理变化是什么？想象一下一名中年女性朋友正处在更年期，你能告诉她哪些关于荷尔蒙替代疗法的信息？

7. 女性对于更年期的反应是什么？更年期前的女性对此的看法和真实情况有何不同？

8. 女性的心理学研究通常偏重欧裔的中产阶级女性。你在本章学到了哪些关于老年有色人种女性、经济劣势女性和其他文化女性的知识？

9. 在本书中我们一直强调性别差异。然而，有一些研究者认为，个体差异会随着年纪增长而加大。看看本章的提纲，并且描述这些个体差异的本质。

10. 在本章，我们讨论了老年女性对生活不满的客观原因。列出你知道的原因。然后说说为什么"幸福的悖论"适用于很多老年女性。

关键术语

* 年龄歧视（ageism，461）

　老龄化双重标准（double standard of aging，463）

* 更年期（menopause，470）

* 潮热（hot flash，470）

* 荷尔蒙替代疗法（hormone replacement ther-

apy，471）

* 空巢（empty nest，476）

* 三明治的一代（sandwich generation，476）

　幸福的悖论（paradox of well-being，481）

　成功地变老（successful aging，481）

注：标有 * 的术语是 InfoTrac 大学出版物的搜索术语。你可以通过网址 http：//infotrac. thomsonlearning. com 来查看这些术语。

推荐读物

1. Chrisler，J. C.（Ed.）（2004）. *From menarche to menopause：The female body in feminist therapy*. New York：Haworth。目前有若干本书集中讨论更年期问题，但这本书有最全面的女性主义理论框架，以及有关月经、怀孕和绝经的章节。

2. Nelson，T. D.（Ed.）（2005）. Ageism. *Journal of Social Issues*，61（2）。《*Journal of Social Issues*》是一本知名刊物，这本特刊研究针对年龄的偏见，包括对老年人的普遍态度、其他国家的年龄歧视和减少年龄歧视等问题。大多数的研究没有区分针对男性和女性的歧视，因此如果你在寻找与性别相关的有趣研究课题，那么这

本书会很有用。

3. Nussbaum，J. F.，& Coupland，J.（Eds .）（2004）. *Handbook of communication and aging research*（2nd ed）. Mahwah，NJ：Erlbaum。本资料包含丰富的、精彩的信息，具体涉及年龄偏见、媒体对老年人的描述，以及晚年社会和家庭关系的本质等方面。

4. Whitbourne，S. K.（2005）. *Adult development and aging：Biopsychosocial perspectives*（2nd ed.）. Hoboken，NJ：Wiley。我向所有想详细了解老龄化过程的人推荐这本书，其内容包括研究方法、认知过程、退休、社会关系和成功的老龄化等章节。

487

判断对错的参考答案

1. 错；2. 错；3. 对；4. 错；5. 错；6. 错；7. 错；8. 错；9. 错；10. 对。

第15章

未来走向

判断对错

489

_____ 1. 虽然女性教育有了进步，但在美国获得博士学位的 70% 都是男性。

_____ 2. 心理学研究审视有色人种女性时，常用合乎规范的欧裔女性作为标准参照。

_____ 3. 当来自一些种族团体的女性成为女性运动家时，这个种族的男性经常警告她们说这种运动对她们的种族团体构成了威胁。

_____ 4. 美国的墨西哥裔女权主义运动从 20 世纪 70 年代早期开始活跃。

_____ 5. 男性运动的一个分支"前女权主义者"，认为刻板的性别角色同时伤害男性和女性。

_____ 6. "信守承诺"组织和其他通过宗教形式支持男权运动的人的一个基本信念就是男性必须要夺回他们作为家族首领的权力而女性必须成为追随者。

_____ 7. 根据一项定性研究，学生认为女性研究课程已经增加了他们的女性主义特征；然而，定量研究却表明女性研究课程并没有产生重大影响。

_____ 8. 北美的第一次女权主义浪潮开始于 20 世纪 20 年代，此时女性获得了选举权。

_____ 9. 北美女权团体的数量在过去的一个世纪里事实上是下降了。

_____ 10. 到 2005 年，女性只在 12 个国家里成为领袖；只有北美和欧洲的学校开设女性主义研究课程。

你已经阅读了 14 章关于女性生活的内容，从出生前一直到年老。当你接受所有这些不同的数据、研究、理论和个人经验论证时，你也许会问一个重要的问题：女性的生活近年来是否有所改善呢？为了回答这个问题，让我们考虑本世纪有关女性生活的一些有代表性的信息——包括那些振奋人心的和令人沮丧的。

● 被授予博士学位的学生中，女性占了 45%（"The Nation：Students"，2005）。

● 在巴基斯坦中东部城市木尔坦，一个小男孩因为和一位来自贵族家庭的女性同行而遭到部落自治会的谴责。为了惩罚这个男孩的"罪恶"，他的姐姐 Mukhtaran Bibi 被自治会判轮奸。4 个男人反复地强奸她。按照传统，她应该自杀。但是，她接受了政府给她的 8 300 美元，用这些钱创建了一所女子学校。加拿大政府、《纽约时报》的读者以及其他的捐助者帮她筹集了用于建立图书馆、操场和女性基金项目的费用（Kristof，2005；Moreau & Hussain，2005）。

● 联合国"关于取消所有形式针对妇女的歧视的协定"（CEDAW）得到了世界上 170 多个国家的认可——其中包括伊拉克和阿富汗，这两个国家没有支持女权主义的政策。这个文件谴责了女性生殖器官切除、贩卖女性卖淫、家庭虐待和其他伤害妇女的行为。然而，一些国家仍然拒绝签署协定，包括美国、索马里、苏丹、阿曼、文莱……（Quindlen，2005b）

490

正如这些例子所展示的那样，女性生活在许多方面得到了改善，但是进程仍然缓慢。我们在这一章会讨论女性心理学这门学科的地位，有色人种女性中女权主义的形成，男权运动的许多不同组成部分，以及女性运动在北美和世界各地的当前趋势。

女性心理学研究的未来

正如我们在第 1 章看到的那样，女性心理学是相对新兴的一门学科。大部分冠以此名的大学课程通常都是在20世纪七八十年代首次开设的。大部分教授女性心理学和性别心理学的教师都经常强调女性生活与这门新兴学科之间的联系（e. g., Baker，2006；Deaux，2001；Hyde，2001）。比如，Letitia Anne Peplau说："从女性的角度出发使我更加能够从一个全新的或者更加深刻的角度来了解自己的生活经历和婚姻生活……女权运动致力于提高女性的生活，建构一个强调男性和女性价值的公平社会"（Peplau，1994，p. 44）。

成千上万的北美教授对于教授和研究女性心理都有极大的热情。关乎这个学科未来的两个主题是：（1）越来越多的女性进入了心理学领域；（2）发展壮大一个涵盖更加广泛的女性心理学领域。

学习心理学的女性在增加

在1920—1974年间，美国的心理学博士学位获得者中只有23%是女性（Baker，2006）。值得庆幸的是，这种情况已经改变。现在的比例是69%（The Nation：Students，2005）。而且，加拿大心理学博士学位课程的全日制学生中，有70%都是女性（Boatswain et al.，2001）。然而，目前心理学教师的性别比仍然倾向于男性，但是这个比率会随着越来越多的女性毕业入职而得到提高。

女性学习心理学的人数的提高并不保证一个强大的女性研究领域的出现。正如我们在本书里看到的那样，男性和女性对于性别具有同样陈旧的观念。但是，随着越来越多的女性进入心理学领域，这会为女权理论和研究提供越来越多的支持。

491 发展涵盖更加广泛的女性心理学领域

在构建女性心理学这个新领域的过程中，我们希望能够形成一种女性和男性同等重要的观念。但是一个仍然存在的问题就是从事女性心理学研究的普遍是受过教育的、异性恋的、健全的、中产阶级欧裔美国女性（Enns，2004a；Olkin，2006；J. D. Yoder & Kahn，1993）。毕竟，心理学家——以及他们通常研究的大学女性——普遍是接受过教育的、异性恋的、健全的、中产阶级欧裔美国女性（Enns，2004a）。

近年来，有些学者已经脱离了传统的欧裔女性人群，进而研究其他的人群（e. g.，Baca Zinn & Dill，2005；Blea，2003；K. R. King，2003）。然而，当前关于有色人种女性、同性恋和低收入家庭女性的研究还局限于"典型人群"和"非典型人群"的比较研究。这种群体比较法经常使欧裔女性处于中心地位，其他的任何一个群体都是"特例"，处于边缘（Morawski & Bayer，1995；J. D. Yoder & Kahn，1993）。

群组比较的另外一个问题就是，在心理学家经常选择的论题中，非欧裔的种群被认为有缺陷。比如，当我在查看一些关于美国和加拿大土著人群的研究时，我发现研究都是关于酗酒和自杀的。为什么我没有在其他方面，比如说同性恋、双性恋女性的经历和她们作为母亲的反应方面，发现同样充足的资料？

不幸的是，心理学家很少触及那些有色人种成功解决问题的案例。我们都应该从第14章的研究中有所收获，了解到老年黑人女性在社区组织中非常活跃。这些机构是如何提供有效的网络来帮助其他种族的老年、低收入女性的？

总而言之，女性心理学的研究者不能犯上个世纪心理学家同样的错误，那就是忽视女性。正如主题4说到的那样，我们需要重视被称为"女性"的这个群体的多样性。在下一个部分，我们将集中讨论一个相关话题：有色人种女性对女权运动的反应。

小结——女性心理学研究的未来

1. 女性心理学是一个相对新兴的学科，这个领域的研究者致力于这个学科的发展。

2. 学习心理学的女性的比率日益增加，虽然并不是所有的女性心理学家都是女权主义者，这种趋势对于女权理论和研究仍有支持作用。

3. 这门学科需要探讨女性所代表背景的多样性，而不是局限在受教育的、异性恋的、健全的中产阶级欧裔美国女性。

492

有色人种女性和女权运动

我们在本书中看到，来自不同种族的女性有着不同的经历。同样，黑人女性、拉丁裔女性和亚裔女性对女权主义的看法也有所不同。她们也可能觉得被排除在"主流"的白人女权主义之外（Enns，2004a）。

黑人女权主义者

黑人女权学者 bell hooks 回忆了她在一个礼堂里做演讲的经历。在这次演讲中，她描述了女权运动如何改变了她的生活。一位黑人女学生站起来，激烈反对女权运动。这名学生说女权运动仅仅关注白人女性，她们与黑人女性是截然不同的（hooks，1994）。

许多黑人女性觉得自己与女权运动没有关系。黑人女性说她们的生活经历与经济上明显优于她们的白人女性大为不同（Cole & Guy-sheftall，2003；G. C. N. Hall & Barongan，2001；Roth，2004）。黑人女性还抱怨说，她们同有种族歧视倾向的白人女性没有什么关系（hooks，2001；Roth，2004）。另外，黑人女性可能不愿意指责黑人男性，因为他们已经在白人群体中处于不利地位（S. A. Jackson，1998；Rosen，2000）。另外，黑人男性认为女权主义使黑人女性远离了消除种族歧视的抗争，而黑人男性认为这个目标更为重要（Cole & Guy-sheftall，2006）。

有些黑人女性参与了女权运动，但她们不愿意称自己为女权主义者（J. James，1999；Roth，2004）。比如说，S. A. Jackson（1998）采访了那些由黑人女性领导的组织中的活跃分子。其中一名女性认为自己是女权主义者，她对此的定义就是"那些致力于提高女性权益的人"（p. 41）。然而，大部分参与者尽量避免这个称谓，或者她们对女权主义有着比较复杂的感情。你可以想象，很多来自其他种族群体的女性也很可能有这种想法。

拉丁裔女权主义者

493

大部分美国学生在高中学习过一些黑人历史和民权运动的知识。然而，除非你生活在美国西部，你很少有机会了解关注居住在美国的墨西哥人的运动。墨西哥裔女权主义运动的历史比大多数人想象的都要长。比如，在 1971 年，墨西哥裔女权主义者在田纳西州的休斯敦召开过一次全国大会（Roth，2004）。

随着女性参与到墨西哥人运动中来，她们开始质疑自己的传统角色。她们还抗议说这个运动忽视了妇女问题（Blea，2003；Enns，2004a；Saldivar-Hull，2000）。另外，她们认为墨西哥女权运动在强调性别差异外，应该同时强调种族和阶级问题（Moraga，1993；Roth，2004）。

然而，墨西哥男性经常错误地认为女权运动会影响整个墨西哥运动政治上的团结。事实上，墨西哥男性活动家可能称那些女性为"Vendidas"，也就是"已售罄"。墨西哥的女权主义者也

会被指责为"表现得像一名白人妇女"（Kafka，2000；E. Martínez，1995；Roth，2004）。然而，关于墨西哥人研究的许多大学课程现在都强调墨西哥女性的贡献（Blea，1997；Saldívar-Hull，2000）。

亚裔女权主义者

亚裔女性在女权运动的过程中面临同样的挑战。一般来说，亚洲文化需要女性相对地被动、内敛，并且作为男性的贤内助（Chu，2004；Root，1995）。Amita Handa（2003）描述了青少年时期在多伦多成长的艰辛，她的父母是来自印度旁遮普地区的移民。她发现自己既不符合西方青少年的标准，也达不到优秀南亚女孩的要求（p.109）。

亚裔女性希望社会变革可以采取一种非直接的形式，而不是直接对抗（Ang，2001）。当亚裔女性想表达女权观点的时候，她们很可能被周围的人批评。这些批评会指责说她们削弱了亚裔社区的资源，并且破坏了亚裔男性和女性的关系（Chow，1991）。

另外，许多亚裔女性对女权运动并不熟悉。如果她们刚刚移民到北美则更是如此（G. C. N. Hall & Barongan，2001；J. Lee，2001）。Pramila Aggar-wal（1990）描述了她如何找到同移民加拿大的印度女性探讨女权问题的方法。她是一名双语学生，受雇于多伦多一家服装厂，教在这里工作的彭加比女性英语。在英语课上，她发现这些女性对女性问题非常感兴趣，比如说家庭内部劳动分工和工作中的性骚扰。从这次经历中，她总结出了女权组织需要关注女性的特定需求，而不是把自己的观点强加给她们。

美国和加拿大的一些地区长期以来都有不少亚洲人居住。女权主义在这些地方可能更明显。比如，在20世纪70年代，加州大学伯克利分校、

洛杉矶分校和旧金山州立大学等高校开始设置亚裔女性研究课程（Chu，2004）。完成了这些课程的学生对女权主义和种族主义都有了深刻的见解。

总而言之，有色人种女性能够在她生活中分辨出什么是女权问题。但是，她们经常不愿意把自己称为女权主义者。她们觉得自己很难成为女权活动家，因为自己的文化与此不相符，或者同族的男性会认为女权运动会对种族内部的和谐构成威胁。另外，她们认为由欧美女性成立的组织可能不关注有色人种女性的需求。

幸运的是，这种状况正在逐渐改变，而且各个种族的妇女都在描述女权运动如何改变了她们的生活（Enns，2004a；Kirk & Okazawa-Rey，2001）。用黑人女权主义者 Johnetta Betsch Cole 和 Beverly Guy-Sheftall（2003）的话说："我们相信，在继续与种族不平等和贫困做斗争的同时，我们可以一起消灭性别歧视和对同性恋的歧视"（p.70）。

同时，来自所有种族的女权主义者都认为，当前的女权主义必须超越性别问题。Claire kirch 与一位持女权主义观点的出版商合作，她这样写道：

> 今天的女权主义是关于社会公正的。不是只针对女性的公正，而是针对所有人的公正。所有的声音都在呼吁一件事情：世界和平、经济公平和社会公正。这是一个关于最低生活工资、全国医疗保险、自尊自爱和推进生态保护的运动。

小结——有色人种女性和女权运动

1. 许多黑人女性觉得女权运动同她们无关，因为她们的生活与欧裔女性大为不同，而且她们不愿指责黑人男性。

2. 同样，墨西哥男性指责女权运动破坏了墨

西哥人权运动。现在大学里有关于墨西哥问题的课程承认墨西哥人的贡献。

3. 亚裔女性会发现女权运动与她们文化中对女性角色的传统定位不相符合，批判者会认为亚裔女权主义者破坏了社会的安定团结。

4. 越来越多的有色人种女性在写关于女权运动的文章，她们强调女权运动是社会公正的重要组成部分。

 # 男权运动

495

从 20 世纪 70 年代起，有些男性开始审视男性的性别角色和这对男性生活的影响。这些研究开辟了一个新的研究领域，即男性学（Kilmartin，2007；Smiler，2004）。男性学（men's studies）是由一系列的学术活动组成的，比如针对男性而设计的课程、研究的项目。男性学经常强调性别角色的社会化、性别角色的斗争、性别歧视和种族多样性（Blazina，2003；A. J. Lott，2003；Richmond & Levant，2003）。

男性学还探讨男性行为的适应不良问题。比如，我们在第 11 章、第 12 章看到，男性不像女性那样愿意就身体和心理健康问题求医（Addis & Mahalik，2003；Greer，2005；Rochlen et al.，2006；

D. R. Williams，2003）。有色人种男性尤其不愿意寻求帮助（A. J. Lott，2003；Smiler，2004）。若干资料展示了男性研究的更多细节（e. g.，Berila et al.，2005；Blazina，2003；G. R. Brooks，2003；Hammond & Mattis，2005；Kersting，2005；Kilmartin，2007；Kimmel，2004）。

正如没有单一的女权运动一样，也没有单一的、唯一主题的男权运动（Kilmartin，2007）。一般男权运动中都会提到 3 个标准：（1）倾女权主义；（2）神话化运动；（3）以宗教为导向的方法。学习女性心理学的学生需要了解，有些男权组织可以作为盟友，而其他的组织则可能处于敌对方。

倾女权主义方式

倾女权主义者（profeminists）想排除性别差异具破坏性的一面，比如说性别偏见、两性不平等和与性别相关的暴力（Kilmartin，2007）。倾女权主义运动是从女权运动延伸出来的男权运动的一个分支。倾女权主义者认为，刻板的性别角色对男女都有害（Blazina，2003）。他们还反对对女性进行性剥削（Goldrick-Jones，2002）。Goldrick-Jones（2002）撰写了一本书，列出了 25 个倾女权主义组织的名单，其中大部分位于美国和加拿大。大部分在高校教授男性学课程的教师可能把他们自己称为倾女权主义者（Rhode，1997）。

最大的国家级倾女权主义组织是"全国男性反性别歧视组织"（NOMAS），该组织成立于 20 世纪 70 年代早期。在心理学界，最有影响的倾女权主义组织是"男性心理学研究学会"（SPSMM，美国心理学会的第 51 个分支机构）。该组织的宣言

中提到该组织应该：

● 推进有关如何塑造性别的批判性研究并规范了男性的生活。

● 致力于加强男性的能力，使他们充分发挥潜能。

● 致力于消除对男性特征的狭隘界定，因为它历来都限制了男性的发展，限制了他们形成有益的关系，也导致了对他人的压迫。

● 承认受到女权主义性别研究的启发，致力于支持女性、同性恋和有色人种等团体，这些团体遭到了性别、阶级和种族体制的严重压迫。

● 积极支持超越狭隘、有局限性的性别定义，从而使所有人获得权利。这能够使男性和女性发挥最大的能力，使性别互动最为健康，男女之间的交往最为有益（SPSSM，2006）。

作为个体来说，倾女权男性可以作为同盟者

496

（allies），他们可以为组织外的团体提供帮助（Kilmartin，2007；Roades & Mio，2000）。做一下专栏15.1，从细节上来探索这个概念。

专栏 15.1　寻找同盟

正如我们在课文中所讲的，同盟能够为自己组织以外的人提供帮助。在你认识的男性中，找出几位可能为女性提供支持的人（如果你是男性，也可以在名单上写自己）。

写下这位男性的名字，并列出他曾经做过的帮助少女和其他女性的事情。然后重复这个练习，写下能够帮助有色人种的白人，说明他们具体的贡献。针对其他经常遭受歧视的社会群体继续这个过程（如同性恋、移民和残疾人）。

倾女权男性可以共同参与组织一些公共活动。比如，加拿大男性发起了"白丝带运动"，以纪念1989年蒙特利尔科技大学被杀的14名女性。此后"白丝带运动"一直在研究男性暴力问题（Gold-rick-Jones，2002）。比如在密歇根大学，男性派发白丝带，组织关于性侵犯的教育活动，并开展值夜活动来提高人们对女性所受暴力的认识（K. Schwartz，2006）。

神话化方式

倾女权的男性集中讨论传统的性别角色如何同时伤害了男性和女性，而赞同神话化方式的男性强调这些性别定式如何伤害了他们自己。赞同**神话化方式**（mythopoetic approaches）的男性相信现代男性应该用神话或者是诗歌来提升他们的精神生活（Blazina，2003；Kimmel，2004；Sweet，2000）。为了达到这种提升，男性参加只有男性成员的集会，这些集会通常在野外，目标是解决他们的心理问题、强调男性角色，并且获得一个成熟的男性品质。总的来说，赞成神话化方式的男性认为，倾女权主义者太在乎女人的事情，而忽略了他们自己的性别（Kilmartin，2007）。

许多神话诗歌运动中的男性表达了某种程度的女权观点，同时强调了性别公平（Barton，2000；Goldrick-Jones，2002）。然而，倾女权主义者指出，大部分参与神话诗歌集会的男性是中产阶级中年欧美异性恋男性。他们代表了北美最有权利的一部分人；与其他人相比，他们有更多的经济来源，并且是社会中收益最多的一群人（Kilmartin，2007；S. R. Wilson & Mankowski，2000）。

宗教方式

男权运动中的宗教方式已经在近年来越来越普遍。这种**宗教方式**（religious approaches）认为，男性应该退出自己作为家庭生活领袖的角色，而成为家族、教堂和社区的领导（Blazina，2003；Levant，2001；Metzger，2002）。而结果是，女性应该接受作为随从的角色。如果这种原则听起来还不那么耸人听闻，那么试试把这种性别歧视用种族歧视的说法来替代一下："白人应该占据自己作为主人的角色，黑人应该接受作为奴隶的角色。"

在这些宗教的方法中，最著名的是"信守承诺"组织（Kilmartin，2007；Metzger，2002；Van Leeuwen，2002）。他们经常在足球场举行大型集会，内容还是非常传统的。男性们被告知要坚决退出自然赋予他们的角色，并鼓励成员邀请其他男性朋友参加集会。在"信守承诺"的网站上，罗列着其在美国各地的分支机构，包括堪萨斯城、达拉斯、科罗拉多斯普林、亚特兰大，以及加拿大和新西兰的一些地方。"信守承诺"者强调本质主义——男女有别，因为女性是为男性而存在的（Kilmartin，2007）。

"信守承诺"和其他以宗教为基本形式的男权运动也许会做出些有意义的号召，比如说种族融合，以及鼓励男性在哺育孩子的过程中积极参与（L. B. Silverstein *et al.*，1999；Van Leeuwen，2002）。然而我们必须要谨慎观察他们的原则，因为这些组织一般是想削减女性权利的。

大学生对这些不同的男权组织有什么反应呢？Rickabaugh（1994）要求加州大学的本科生阅读对于不同男性的描述，每位男性都代表男权运动的一个分支。男女生都对倾女权的男性给予了很高的评价。他们认为倾女权主义的男性能力超群——这种结果可以鼓励正在阅读这本书的倾女权男生。

▌ 小结——男权运动

498

1. 男性学包括一些学术活动，比如说教授课程和进行研究，并且是专门研究男性生活的。

2. 男权运动的 3 个主要领域是：（1）倾女权主义，认为性别角色对男女都有害；（2）神话化方式，着眼于男性的精神成长；（3）宗教方式，比如"信守承诺"组织。

女权主义当前的趋势

在 21 世纪的第一个 10 年里，女权主义是否能够蓬勃发展呢？那些对女性而言很重要的问题会怎样呢？让我们从 4 个方面来看这些问题：（1）女性学课程；（2）北美的女权运动；（3）全球范围内的女权运动；（4）你如何为女性的幸福做出贡献。

▌ 女性学课程

北美的高校提供了数以千计的女性学课程。美国女性研究协会估计，目前在美国有大约 1 000 个女性研究项目（L. Younger，personal communication，2006）。女性学现在是一个成熟的领域，注册这门课程的人数超过了其他任何一个跨学科领域（Buhle，2000；Maynard，2005；S. M. Shaw & Lee，2001）。而且，研究生阶段也有很多女性学课程，另外有 10 所美国大学授予女性学博士学位（Banerji，2006；O. C. Smith，2006）。

学生们经常评价说，他们从这些女性学课程中获得了新的视野（Dodwell，2003；Musil，2000b）。在这些课上，学生学会了将学术内容和个人生活联系在一起（Enns & Forrest，2005）。正如一位女性所说，女性学课程"不仅充实了你的头脑，也充实你的身体和心灵，让你成长"（Musil，2000b，p. 2124）。

有色人种女性有时说，女性学课程让她们了解了性别和种族问题。比如，一个来自于威斯康星的墨西哥女性是这样评价她的女性学课程的：

> 我是一名墨西哥女性。我不仅面临种族歧视，而且要生活在一个性别歧视的世界里。我的家庭，比起美国的其他家庭，观念更加保守……男性观念更加普遍，虽然看不见摸不着，但是确实存在。我在高中的时候从来没有仔细思考过重要的女权问题。但是我一直知道女性在我们的社会里是受压迫的，在我自己家里就有。直到我离开家才开始考虑自己的身份。我必须说我第一次关注女权的问题是离开家上大学的时候，就是我开始学

499

习并且尽力理解女权思想的时候。（Rhoades，1999，p. 68）

定量研究方法证明，这些课程对于学生的生活产生了重要影响。比如，注册女性学课程的女性比选修其他课程的女性更容易对性别角色形成一种非传统的态度，并且具有突出的女权主义特征（K. L. Harris *et al.*，1999；Malkin & Stake，2004；Stake & Hoffmann，2001）。其他研究证明，女性研究课程对男性和女性都有益处（Stake & Malkin，2003）。而且，这些课程更能够激励学生就女性问题采取行动（Stake & Hoffmann，2001）。另外，这些课程提到了自信和对自我生活的掌控感（Malking & Stake，2004；Stake & Hoffmann，2000）。最后，学生强调说，他们的女性课程也鼓励了批判式的思维（Sinacore & Boatwright，2005；Stake & Hoffmann，2000）。

Michelle Fine 是一个特别有创造力的女性心理学家。她和同事记录了女性学在特殊环境下的作用。贝德福德女子监狱，是位于纽约州的一座高度设防监狱（M. Fine，2001；M. Fine & Torre，2001；M. Fine *et al.*，2001）。在这个项目中，女犯读了 Alice Walker 写的小说，并且讨论了后现代哲学。管教对她们的转变十分震惊。正如一位官员说的：以前，在晚上，她们互相厮打，而现在她们都在读书（M. Fine，2001）。另外，出狱之后，这些女性再次犯罪入狱的比例只是那些没有参加过教育项目的女性的 24%。

总之，学生说女性学课程启迪了思维，并且丰富了知识。这些课程也帮助影响了学生的态度、行为、自信和批判性思维。在监狱中，女性学课程有彻底改变女性生活的潜力。

▌北美的女权运动

北美的第一次女权运动浪潮是由 19 世纪 30 年代的反奴隶制运动点燃的。一些女性，比如 Susan B. Anthony 和 Elizabeth Cady Stanton，了解了如何组织政治运动，并且看到了解放奴隶和解放妇女之间的关联（Enns，2004a；Kravetz & Marecek，2001）。然而，她们的愿望过了一个世纪都没有实现。比如，美国女性直到宪法的第 19 次修订案通过后才获得了选举权，那时已经是 1920 年 8 月 26 日。

当代的女权运动起源于 20 世纪 60 年代对重要社会问题的普遍不满。女性积极参与了民权运动和反越战的抗议活动。对于社会公正问题的重视使得美国和加拿大女性更加意识到她们是二等公民（Rebick，2005；Tobias，1997）。全国妇女联盟（NOW）成立于 1966 年，现在仍然是美国最大的妇女权益机构。在加拿大，全国妇女地位行动联盟（NAC）成立于 1972 年，该组织有 700 多个分支，解决女性庇护所、移民妇女、同性恋团体和学生问题等（National Action Committee，2006；Rebick，2005）。

目前的女权组织涵盖的领域非常广泛。有一些组织，比如全国妇女联盟，关注的中心就是对妇女实施暴力行为、生殖权益和工作问题。其他的团体强调更加具体的问题，比如"艾米莉的名单"（Emily's List），是一个筹款帮助女权主义女性入选国会和其他重要领导机构的组织（S. M. Evans，2003）。

北美其他女权团体关注的问题包括虐待妇女、反军国主义、女性健康、生殖权益、妇女精神、福利问题、城市学校、有色人种女性、老年女性、同性恋和双性恋、移民问题、反贫困问题和社区问题等（S. M. Evans，2003；Freedman，2002；Kravetz & Marecek，2001）。有些团体强调生态女权主义（ecofeminism），反对人类破坏其他动物和自然资源。另外，女性社团已经建立了许多由女权主义者经营的商业机构，包括女性疗法团体、女性书店、影院、度假胜地和音乐会等。虽然媒体发出了误导信息，但女权主义还远没有"消亡"（Pozner，2003）。

女权运动的批判者认为，女权主义制定了某些刻板的规定。然而，女权主义没有单一的模式（S. M. Evans，2003；Felski，2003；Jervis，2004/2005）。比如，女权主义者之间就许多重要问题都有分歧。这些问题包括是否应该鼓励女性参军、

500

是否应该限制色情内容，以及性别差异是大是小等（R. C. Barnett & Rivers，2004；W. S. Rogers & Rogers，2001）。女权主义原则认为，我们应该尊重妇女以及她们在生活中做出的选择。我们也应该看到影响这些选择的社会因素（Pollitt & Baumgardner，2003；Stange，2002）。

女权运动的批评者还认为，女性和男性现在已经受到平等待遇，女权主义者应该停止发牢骚。来自媒体的大量反女权运动信息在美国和加拿大民众间起了负面影响（S. M. Evans，2003）。比如，右翼电视福音传教士 Pat Robertson 曾说：

"女权主义者鼓动妻子离开丈夫、杀害孩子、实施巫术、变成同性恋、破坏资本主义"（Baumgardner & Richards，2000，p. 16）。不幸的是，这种负面影响破坏了女权运动近年来所取得的真正成果。这种错误信息也影响了很多尊重女性，相信男女在社会、经济和法律上应该平等的人。特别是，这些人试图远离女权主义者这个标签，他们说："我不是女权主义者，但是……"（A. N. Zucker，2004）。做一下专栏 15.2，看看你的朋友们对女权主义的看法。

专栏 15.2　对女权主义的不同看法

拿几张纸，在顶端写上说明：请用自己的话给女权主义下定义，并描述女权主义是否与你的生活相关。选自己的几个朋友，给每个人发一张纸，让他们填写答案。（你可以说明他们不用在纸上写名字，或者用其他方法使他们的回答匿名。）在那些支持女性主义的人中，你能看到不同的观点吗？（参见第 1 章关于不同类型女性主义的信息。）在那些持反对态度的人中，想想为什么媒体可能影响了他们的看法？

总之，北美的女权运动在近年来已经广泛开展并且相当多样化。可喜的是，美国和加拿大的女性现在强调全球模式：女性在任何一个国家都面临着歧视，我们必须要致力于改变这个问题。

世界范围内的女权运动

在新西兰，女性在 1893 年获得了选举权。澳大利亚、加拿大和许多欧洲国家在随后的 30 几年内纷纷效仿。然而，科威特的女性直到 2005 年才获得选举权。女性曾在 30 多个国家成为领袖，这些国家包括印度、海地、尼加拉瓜、玻利维亚、土尔其、冰岛、英国和加拿大，但是不包括美国。另外，只有 6 个国家的立法机关里女性占到三分之一以上的席位，这 6 个国家都是北欧国家（Sapiro，2003）。总之，在政府中获得正式职位方面，女性要想获得平等权利还有很长的路要走。

有时候，一位杰出的人物可以对女性的生活产生重要的影响。比如，在 2003 年，一位叫做 Shrin Ebadi 的伊朗女性获得了诺贝尔和平奖，她为支持女性和儿童权力做了很多工作（Denmark，2004）。

民间女性活动在美国以外的其他国家产生了重要影响。想想"五月广场"的那些母亲们，这群女性的孩子在 1976—1983 年阿根廷军事独裁时期"失踪"。大约有 3 万人在这个阶段被杀，许多年轻人因为反对政府而被秘密杀害。政府禁止任何公开的抗议活动，但是这些母亲冒着生命危险，每周四聚集在布宜诺斯艾利斯的五月广场，手举失踪孩子的照片。她们的勇敢最终帮助结束了这个恐怖的政府，并且帮助了萨尔瓦多和危地马拉的许多女性成了活动家（Brabeck & Rogers，2000）。

一群墨西哥裔美国女性从这些阿根廷母亲身上获得启发，建立了"东洛杉矶母亲"（Mothers of East Los Angeles）组织。这些母亲成功地阻止了社区内一个危险的垃圾焚烧厂的修建（Pardo，2005）。注意，这些政治策略常常是从发展中国家传入北美的，而不是仅仅从美国传出（Brownhill & Turner，2003；Mendez，2005）。

在世界上，许多女性团体致力于提高女性的生活。现在有丰富的介绍女性活动的资源（e.g., Chesler, 2006；Essed *et al.*, 2005；Grewal & Kaplan, 2002；Maynard, 2005；Mendez, 2005；Mohanty, 2003；Naples & Desai, 2002）。现在在印度、日本、韩国、泰国、克罗地亚、拉脱维亚、土耳其、加纳和巴西都开设了女性学课程（Bonder, 2000；Howe, 2001b；Kuninobu, 2000；Musil, 2000a；L. White, 2001）。

另外一个卓越的团体是女性全球基金会（2006），该组织为全世界范围内的女性事业提供小额资助。截至2006年，这个基金会为160个国家的3 200多个团体提供了5 300万美元的资助。

以下是4个近期有代表性的资助项目：

● 在非洲国家多哥的首都洛美，提供资金给教女性识字的组织，并帮助这些女性了解她们的权利。

● 在巴勒斯坦加沙地区，为一群致力于提高难民营卫生条件的女性提供援助。

● 在智利首都圣地亚哥，对公众开展关于家庭暴力的教育。

● 在印度尼西亚雅加达，让公众进一步意识到国家警察对待女性的暴力行为。

发展中国家的女性与北美和欧洲的女性有着同样的观点和顾虑。然而，这些国家的女性必须要首先克服基本的生存问题。许多北美女权主义非常细节的观念对于印度女性并不适用。在印度，母亲知道自己必须要给男孩多喂东西，以便他能更加强壮。这些女权主义细节观念对于缅甸那些为美国大公司做拖鞋，每天赚取不到1美元，且工作环境非常恶劣的女性来说，也没有什么意义。

近年来，发达国家的男性和女性都意识到一个重要问题：为了让北美人生活得更舒适、更愉快，世界上其他地方的人正在承受巨大的痛苦（Mendez，2005）。在第7章，我们讨论血汗工厂对女性的剥削。另一种更为可怕的剥削是人口走私，也就是为非法目的贩卖人口。每年，超过5万名女性和儿童被偷运进美国和加拿大。这些人从他们在亚洲、拉丁美洲和东欧的家中被绑架或收购。他们被装上船——就像鞋子和衬衫一样——运到北美。在那里，她们做妓女为别人赚钱（Poulin，2003；Seager，2003）。这个国际女性问题还远远没有解决（Trépanier，2003）。

帮助改变未来：成为一名活动家

到目前为止，在这个关于女性研究未来走向的部分，我们已经审视了女性学的课程、北美的女权运动和世界的女权运动。在大部分心理学课程中，学生在读到一门学科的未来时都持保留态度。这次有所不同：你可以成为这个潮流的一部分——如果你现在还没有参与进来的话，而不是简单期望他人去做这项工作。比如，北卡罗来纳州班尼特大学的黑人女性决定开展一项教育计划，以庆祝"美国印第安人遗产纪念月"（Malveaux，2006）。这里有一些建议可供选择：

● 订阅一份女权主义杂志，比如《女士杂志》或《加拿大女性研究》。它会告诉你许多你想参与的政治活动，并且会引领你思考许多女权问题。

● 访问女权运动的网站，如 www.feminist.com/activism/，找到你感兴趣的话题。说出自己的看法，并参与进来！

● 跟朋友和亲属探讨女权问题。在我们日常的交谈中，我们需要做许多的决定。参与进来应从点滴做起。如果其他人说出有性别歧视或种族歧视倾向的笑话，我们不应该付之一笑。如果能够说"这根本不可笑"，那就更好。

● 成为一个女孩或者一名年轻女性的顾问。比如，一名选修我心理学课的女孩去年和她的母亲、阿姨和10岁的表弟到纽约塞尼卡瀑布附近的女权博物馆参观——这里是最早的女权运动的发源地。她的表弟非常热切地了解女性的历史，并且对现在女性收入低于男性的状况十分愤慨（K. DePorter，私人交流，2002）。有些学生选择去做更正式的工作，比如为青少年组织一个为期6周的性别问题教育课程（E. C. Rose，2002）。

● 派送提供少女和其他女性问题信息的礼物。比如，为9~12岁的少女订阅《新月》杂志。为10岁以上的女孩（包括你自己）购买《所有女孩都应该了解的女性历史中的33件事》（Bolden，2002）。

● 帮助与歧视女性的现象做斗争。当你看到那些展现女性负面形象的广告时，通过网络查询出该公司的地址。然后给他们写信来表达你的不满；而看到一条展示女性正面形象的广告时，给公司发封表扬信。

● 当你在媒体中读到或者听到女性的报道时，做一个"批判的消费者"。查看一下图1—3列出的报道误区，然后问问自己这些报道的结论是否可信。如果你想表达异议，或者赞同，那么就拨打电台的电话或者给报纸杂志的编辑写信。记住，你现在比其他人获取了更多女性生活的信息，因此你能够告诉其他人这些观点。

● 参加校园里或者社区的女性团体，或者帮助发起这样一个团体。和这些团体一道把多样化的问题作为自己使命的一部分。《我们的身体，我们自己》是一本重要的女性主义著作，这本书为如何组织起来改进社会现状提出了一些极佳的建议（Boston Women's Health Book Collective，2005）。

记住：没有一个人能够独自解决所有女性所面临的问题，而变化也不是一朝一夕的（Baumgardner ＆ Richards，2000；Naples，2002）。珍惜每一个小小的成功，并且和其他人分享它们。另外，有一种保险杠贴纸引用了人类学家 Margaret Mead 的话，记住这句话："永远不要怀疑一小群有思想的、忠诚的人们能够改变世界，确实是这样的。"

▌小结——女权主义当前的趋势

1. 定量和定性研究表明，女性学课程可以影响人们的态度、自信和批判性思维能力，并且可以改变妇女的生活。

2. 北美女权运动的第一次浪潮是受到反奴隶运动影响的，最终使美国宪法的第19条修正案得以通过。

3. 目前的女权运动可追溯到民权运动和反战运动。当前的女权团体关注了与女性相关的许多问题。

4. 在世界范围内，女性很少成为国家领导人。一些民间女性组织的成就令人瞩目，但严重的弊端依然广泛存在。

5. 学生可以用很多方法来帮助女性改善她们的生活，比如谈论性别歧视、指导年轻女孩，以及参与女性组织的活动等。

本章复习题

1. 学习心理学的男女性别比率是多少？在你的大学或者学院里心理学教师和心理学专业学生的男女比例是多少？这种性别比率如何影响女权运动？为什么影响不如预计中的那么大？

2. 关注女性心理学的人强调说，这门学科应该包括更多关于有色人种女性的信息。举出两个研究人员使用传统方法研究种族问题时会出现的问题。

3. 在本章，我们讨论了有色人种女性和女权主义，而且我们指出大部分的学生很少有机会了解除黑人以外的种族研究。在你选择有关心理学的研究课程之前，你在高中和大学学到过哪些有关种族的知识？你在大众媒体中又学到了什么？这些信息着眼于男性还是女性？

4. 为什么有色人种女性在女权运动中面临特别的挑战？为什么有色人种男性会反对他们种族团体中从事女权运动的女性？

5. 描述一下男权运动的3个分支。哪个分支更倾向于支持女权运动的发展？哪些分支反对？哪个认为无关紧要？在你所在的社区或学校是否有男权运动发生的迹象？

6. 简单回顾一下北美女权运动的历史。早期的活动家关注的是什么问题？然后评价一下全世界的女权运动。它们关注的是什么问题？

7. 在本章的很多部分，我们都审视了对女权主义的态度问题。是什么原因让北美和世界各地的人们都不愿把自己称为女权主义者？

8. 提出一个与你重视的女性或相关的问题。如果你想加强人们对此问题的认识，可以采用从

"成为活动家"这一部分学到的哪些策略？

（以下两个问题需要读完整本书再回答）

9. 在本章，我们主要讨论了女性和性别的当前趋势。为了帮助你回顾本书的内容，请回顾这 15 章。注意哪些方面是朝积极方向发展，哪些是朝消极方面发展的。

10. 你需要留几个小时做最后一个作业：拿一张纸，列出本书的 4 个主题。然后略读 15 章的内容，在纸上列出这些主题出现的地方。（你可以通过查看索引表来检查自己的列表是否完整。）完成任务后，把所有内容和 4 个主题联系起来。

关键术语

* 男性学（men's studies，495）
　倾女权主义者（profeminists，495）
* 同盟（allies，496）

　神话化方式（mythopoetic approach，496）
* 宗教方式（religious approach，497）
* 生态女权主义（ecofeminism，500）

注：标有 * 的术语是 InfoTrac 大学出版物的搜索术语。你可以通过网址 http：//infotrac. thomsonlearning. com 来查看这些术语。

506

推荐读物

1. Baca Zinn M. ，Hondagneu-Sotelo，p. ，& Messner，M. A. （Eds. ）（2005）. *Gender through the prism of difference* （3rd ed. ）. New York：Oxford University Press。这本女性主义研究的教材主要讨论家庭、工作中的性别，以及教育等问题；同时，也涉及种族对性别角色的影响。

2. Dicker，R. ，& Piepmeier，A. （Eds. ）（2003）. *Catching a wave*：*Reclaiming feminist for the 21ˢᵗ century*. Boston：Northeasten University Press。这是一本有趣的书，共 16 章，研究当前女性主义的各种观点。作者分析了媒体，近 10 年内的女权运动，以及女权主义者可以努力的新方向等。

3. Enns，C. Z. ，& Sinacore，A. L. （Eds. ）（2005）. *Teaching and social Justice*：*Integrating multicultural and feminist theories in the class-room*. Washington，DC：American Psgchological Association。这是在大学课堂上应用女权主义理论的一个优秀范例，强调了多元文化的方法。

4. Kilmartin，C. （2007）. *The masculine self* （3rd ed. ）. Cornwall-on-Hudson，NY：Sloan Publishing。我推荐这本优秀的书。该书是关于男性心理学研究的简要总结，带有倾女权主义观点，作者对男权运动中的各个团体的描述尤其值得阅读。

判断对错的参考答案

1. 错；2. 对；3. 对；4. 对；5. 对；6. 对；　　7. 错；8. 错；9. 错；10. 错。

参考文献

Abbey, A. (2002). Alcohol-related sexual assault: A common problem among college students. *Journal of Studies on Alcohol, 14*(Suppl.), 118–128.

Abbey, A., & McAuslan, P. (2004). A longitudinal examination of male college students' perpetration of sexual assault. *Journal of Consulting and Clinical Psychology, 72,* 747–756.

Abbey, A., Zawacki, T., & McAuslan, P. (2000). Alcohol's effects on sexual perception. *Journal of Studies on Alcohol, 61,* 688–697.

Abbey, A., et al. (2001). Attitudinal, experiential, and situational predictors of sexual assault perpetration. *Journal of Interpersonal Violence, 16,* 784–807.

Abbey, A., et al. (2002). Alcohol-involved rapes: Are they more violent? *Psychology of Women Quarterly, 26,* 99–109.

Abele, A. E. (2000). A dual-impact model of gender and career-related processes. In T. Eckes & H. M. Traytner (Eds.), *The developmental social psychology of gender* (pp. 361–388). Mahwah, NJ: Erlbaum.

Aboud, F. E., & Fenwick, V. (1999). Exploring and evaluating school-based interventions to reduce prejudice. *Journal of Social Issues, 55,* 767–786.

Adair, L. S., & Gordon-Larsen, P. (2001). Maturational timing and overweight prevalence in U.S. adolescent girls. *American Journal of Public Health, 91,* 642–644.

Adair, V. C., & Dahlberg, S. L. (Eds.). (2003). *Reclaiming class: Women, poverty, and the promise of higher education in America.* Philadelphia: Temple University Press.

Adams, A. (1995). Maternal bonds: Recent literature on mothering. *Signs, 20,* 414–427.

Adams, K. L., & Ware, N. C. (2000). Sexism and the English language: The linguistic implications of being a woman. In A. Minas (Ed.), *Gender basics* (pp. 70–78). Belmont, CA: Wadsworth/Thomson Learning.

Adams, S., Juebli, J., Boyle, P. A., & Fivush, R. (1995). Gender differences in parent-child conversations about past emotions: A longitudinal investigation. *Sex Roles, 33,* 309–323.

Adams-Curtis, L. E., & Forbes, G. B. (2004). College women's experiences of sexual coercion. *Trauma, Violence, & Abuse, 5,* 91–122.

Addis, M. E., & Mahalik, J. R. (2003). Men, masculinity, and the contexts of help seeking. *American Psychologist, 58,* 5–14.

Adler, N. E., & Conner Snibbe, A. (2003). The role of psychosocial processes in explaining the gradient between socioeconomic status and health. *Current Directions in Psychological Science, 12,* 119–123.

Adler, N. E., Ozer, E. J., & Tschann, J. (2003). Abortion among adolescents. *American Psychologist, 58,* 211–217.

Adler, N. E., & Smith, L. B. (1998). Abortion. In E. A. Blechman & K. D. Brownell (Eds.), *Behavioral*

图书在版编目（CIP）数据

女性心理学（第 6 版）/（美）马特林著；赵蕾，吴文安等译 . —北京：中国人民大学出版社，2010
（心理学译丛·教材系列/许金声主编）
ISBN 978-7-300-12478-0

Ⅰ . ①女… Ⅱ . ①马… ②赵… ③吴… Ⅲ . ①妇女心理学-教材 Ⅳ . ①B844.5

中国版本图书馆 CIP 数据核字（2010）第 135517 号

心理学译丛·教材系列

女性心理学 （第 6 版）

［美］玛格丽特·W·马特林　著

赵蕾　吴文安　等译

Nüxing Xinlixue

出版发行	中国人民大学出版社			
社　　址	北京中关村大街 31 号		**邮政编码**	100080
电　　话	010 - 62511242（总编室）		010 - 62511770（质管部）	
	010 - 82501766（邮购部）		010 - 62514148（门市部）	
	010 - 62515195（发行公司）		010 - 62515275（盗版举报）	
网　　址	http://www.crup.com.cn			
经　　销	新华书店			
印　　刷	涿州市星河印刷有限公司			
规　　格	215 mm×275 mm　16 开本		**版　　次**	2010 年 8 月第 1 版
印　　张	22.25 插页 2		**印　　次**	2022 年 6 月第 7 次印刷
字　　数	596 000		**定　　价**	79.00 元

Supplements Request Form（教辅材料申请表）

Lecturer's Details（教师信息）			
Name： （姓名）		Title： （职务）	
Department： （系科）		School/University： （学院/大学）	
Official E-mail： （学校邮箱）		Lecturer's Address / Post Code： （教师通讯地址/邮编）	
Tel： （电话）			
Mobile： （手机）			

Adoption Details（教材信息）　　原版□　　翻译版□　　影印版 □

Title：（英文书名） Edition：（版次） Author：（作者）	
Local Publisher： （中国出版社）	
Enrolment： （学生人数）	Semester： （学期起止时间）

Contact Person & Phone/E-Mail/Subject：
（系科/学院教学负责人电话/邮件/研究方向）
（ 我公司要求在此处标明系科/学院教学负责人电话/传真及电话和传真号码并在此加盖公章。）

教材购买由　我□　我作为委员会的一部分□　其他人□[姓名：　　　]决定。

Please fax or post the complete form to(请将此表格传真至)：

CENGAGE LEARNING BEIJING
ATTN ：Higher Education Division
TEL：（86）10-82862096/ 95 / 97
FAX ：（86）10 82862089
ADD：北京市海淀区科学院南路 2 号
融科资讯中心 C 座南楼 12 层 1201 室　　100080

Note：Thomson Learning has changed its name to CENGAGE Learning

VERIFICATION FORM ／ CENGAGE LEARNING

推荐阅读书目

ISBN	书名	作者	单价（元）
	心理学译丛		
978-7-300-26722-7	心理学（第3版）	斯宾塞·A. 拉瑟斯	79.00
978-7-300-28545-0	心理学的世界	阿比盖尔·A. 贝尔德	79.80
978-7-300-29372-1	心理学改变思维（第4版）	斯科特·O. 利林菲尔德 等	168.00
978-7-300-12644-9	行动中的心理学（第8版）	卡伦·霍夫曼	89.00
978-7-300-09563-9	现代心理学史（第2版）	C. 詹姆斯·古德温	88.00
978-7-300-13001-9	心理学研究方法（第9版）	尼尔·J. 萨尔金德	68.00
978-7-300-16579-0	质性研究方法导论（第4版）	科瑞恩·格莱斯	48.00
978-7-300-22490-9	行为科学统计精要（第8版）	弗雷德里克·J. 格雷维特 等	68.00
978-7-300-28834-5	行为与社会科学统计（第5版）	亚瑟·阿伦 等	98.00
978-7-300-22245-5	心理统计学（第5版）	亚瑟·阿伦 等	129.00
978-7-300-13306-5	现代心理测量学（第3版）	约翰·罗斯特 等	39.90
978-7-300-17056-5	艾肯心理测量与评估（第12版·英文版）	刘易斯·艾肯 等	69.80
978-7-300-12745-3	人类发展（第8版）	詹姆斯·W. 范德赞登 等	88.00
978-7-300-13307-2	伯克毕生发展心理学：从0岁到青少年（第4版）	劳拉·E. 伯克	89.80
978-7-300-18303-9	伯克毕生发展心理学：从青年到老年（第4版）	劳拉·E. 伯克	55.00
978-7-300-29844-3	伯克毕生发展心理学（第7版）	劳拉·E. 伯克	258.00
978-7-300-18422-7	社会性发展	罗斯·D. 帕克 等	59.90
978-7-300-21583-9	伍尔福克教育心理学（第12版）	安妮塔·伍尔福克	109.00
978-7-300-16761-9	伍德沃克教育心理学（第11版·英文版）	安妮塔·伍德沃克	75.00
978-7-300-29643-2	教育心理学：指导有效教学的主要理念（第5版）	简妮·爱丽丝·奥姆罗德 等	109.00
978-7-300-18664-1	学习心理学（第6版）	简妮·爱丽丝·奥姆罗德	78.00
978-7-300-23658-2	异常心理学（第6版）	马克·杜兰德 等	139.00
978-7-300-17653-6	临床心理学	沃尔夫冈·林登 等	65.00
978-7-300-18593-4	婴幼儿心理健康手册（第3版）	小查尔斯·H. 泽纳	89.90
978-7-300-19858-3	心理咨询导论（第6版）	塞缪尔·格莱丁	89.90
978-7-300-29729-3	当代心理治疗（第10版）	丹尼·韦丁 等	139.00
978-7-300-30253-9	团体心理治疗（第10版）	玛丽安娜·施奈德·科里 等	89.00
978-7-300-25883-6	人格心理学入门（第8版）	马修·H. 奥尔森 等	98.00
978-7-300-14062-9	社会与人格心理学研究方法手册	哈里·T. 赖斯 等	89.90
978-7-300-12478-0	**女性心理学（第6版）**	**马格丽特·W. 马特林**	**79.00**
978-7-300-18010-6	消费心理学：无所不在的时尚（第2版）	迈克尔·R. 所罗门 等	79.80
978-7-300-12617-3	社区心理学：联结个体和社区（第2版）	詹姆士·H. 道尔顿 等	79.80
978-7-300-16328-4	跨文化心理学（第4版）	埃里克·B. 希雷	55.00
978-7-300-14110-7	职场人际关系心理学（第12版）	莎伦·伦德·奥尼尔 等	49.00
978-7-300-15678-1	社会交际心理学：人际行为研究	约瑟夫·P. 福加斯	39.00
978-7-300-13303-4	生涯发展与规划：人生的问题与选择	理查德·S. 沙夫	45.00
978-7-300-18904-8	大学生领导力（第3版）	苏珊·R. 考米维斯 等	39.80

西方心理学大师经典译丛

当代西方社会心理学名著译丛

* * * *